“十二五”普通高等教育本科国家级规划教材
普通高等学校机械类一流本科专业建设精品教材

机械工程图学

（第五版）

侯洪生　闫　冠　谷艳华　主　编

科　学　出　版　社
北　京

内 容 简 介

本书是“十二五”普通高等教育本科国家级规划教材、国家精品在线开放课程和国家级一流本科课程“工程图学”配套教材，同时也是中国大学慕课等国内多家在线开放平台“工程图学”线上课程的使用教材。本书是基于高等教育对高素质人才培养的要求，根据教育部“工程图学”课程教学指导委员会新修订的普通高等院校“工程图学”课程教学基本要求和近年来国家质量技术监督局发布的《技术制图》、《机械制图》国家标准，并总结多年教学改革经验编写而成的。

本书除绪论和附录外共 17 章，主要内容有：制图的基本知识和技能、投影法与几何元素的投影、几何元素间的相对位置、空间几何元素的度量、三维立体的构型与分类、基本立体及复合立体的投影、切割体和相贯体的投影、立体视图画法、轴测图、读立体视图与构型分析、立体上的尺寸分析及标注、机件的表达方法、标准件和常用件、零件图、装配图、表面展开图和焊接图、曲线和曲面。

本书可作为普通高等学校机械类、近机类等专业的教材，也可作为相关工程技术人员及参加自学考试人员的参考书。

与本书配套出版的《机械工程图学习题集(第五版)》可供读者选用。

图书在版编目(CIP)数据

机械工程图学 / 侯洪生，闫冠，谷艳华主编. —5 版. —北京：科学出版社，2022.8

(“十二五”普通高等教育本科国家级规划教材 • 普通高等学校机械类一流本科专业建设精品教材)

ISBN 978-7-03-072672-8

Ⅰ. ①机… Ⅱ. ①侯… ②闫… ③谷… Ⅲ. ①机械制图－高等学校－教材 Ⅳ. ①TH126

中国版本图书馆 CIP 数据核字(2022)第 111126 号

责任编辑：朱晓颖 / 责任校对：王 瑞

责任印制：霍 兵 / 封面设计：迷底书装

科 学 出 版 社 出版

北京东黄城根北街 16 号

邮政编码：100717

http://www. sciencep. com

三河市宏图印务有限公司印刷

科学出版社发行 各地新华书店经销

*

2001 年 9 月第 一 版 开本：787×1092 1/16

2022 年 8 月第 五 版 印张：24

2024 年 6 月第 35 次印刷 字数：600 000

定价：65.00 元

(如有印装质量问题，我社负责调换)

前 言

“工程图学”课程是普通高等学校工科专业的一门重要的技术基础课程，被喻为工程界的技术语言。其任务是教授学生掌握投影理论，培养空间想象能力和构思能力，运用不同作图手段表达机械零部件的结构形状和尺寸。培养学生动手能力和工程素养及设计意识，同时培养学生严谨的工作作风和责任担当意识。

随着三维 CAD、CAE、CAM 等现代设计制造技术的迅速推广和应用,“工程图学”课程教学内容、教学方法、软硬件环境和技术手段等都发生了全方位的变化。为适应信息技术发展的需要，我们对 2016 年出版的《机械工程图学(第四版)》再次进行修订。这次修订继续保持前几版“语言简练、通俗易懂，插图清晰准确、立体感强，便于读者自学”的特点，同时继承了将计算机三维构型设计的概念、术语和方法与传统工程图学相关内容融为一体的先进性。继承融合的具体内容有：

(1) 将计算机三维构型中的“拉伸成形”法用于轴测图的绘制，并将其放在基本立体章节之后介绍，使轴测图真正成为一种帮助学生阅读立体三视图、想象其空间形状的工具。

(2) 将现代造型方法和传统投影理论相结合，用于立体的绘制及阅读，使读者不但能根据二维视图快速想象出立体的形状，而且知道立体现代成形的方法和过程，扩展了学生空间思维能力，提高了构型设计能力。这是本书的一个创新点。

(3) 尺寸标注是图样中的重要内容，本版教材对该部分内容从平面图形尺寸标注、立体的尺寸标注、零件图的尺寸标注、装配图尺寸标注，以及由装配图拆画零件图的尺寸标注都进行了强化，同时单列一章介绍立体的尺寸标注，编写时按照基本立体、复合立体、切割体、相贯体、组合体的尺寸标注顺序编排，使该部分内容更加系统、连贯、完整，便于学生理解掌握。

(4) 为提高学生的工程意识，在第 14 章“零件图”中增加了 14.9 节“零件图的作用”。本节通过一典型零件的图样，介绍了零件的加工制造、表面处理及产品检验的全过程，旨在使学生对零件图的作用有更深刻的了解，以此提高学生的工程素养和设计意识。

党的二十大报告提出“推进教育数字化，建设全民终身学习的学习型社会、学习型大国”“加强基础学科、新兴学科、交叉学科建设，加快建设中国特色、世界一流的大学和优势学科”，这意味着国家将进一步发展面向全社会的教育智慧平台。因此本次修订对与教材和习题集配套的电子课件进行了完善，同时考虑到当今多种教学模式的课程需求，将信息化技术融入教材和习题集的编写之中。通过二维码技术将重点、难点知识的三维动画和零件加工制造的真实场景视频嵌入书中，用以加深学生理解、掌握课程内容。

本次教材修订注重体现教育部产学合作协同育人项目“混合教学模式下课程的改革实践”和吉林省“示范性虚拟仿真实验课程建设”的成果，基本实现了立体化教材的建设，为践”和吉林省“示范性虚拟仿真实验课程建设”的成果，基本实现了立体化教材的建设。

本教材面世已有20多年的历程，在广大读者的关心和支持下，获得了较多荣誉：

中国图学会优秀教材奖；

吉林省优秀教材奖；

2006年被评为“十一五”普通高等教育本科国家级规划教材；

2012年被评为“十二五”普通高等教育本科国家级规划教材。

本教材是吉林大学的国家精品在线开放课程和国家级一流本科课程“工程图学”的配套教材，也是中国大学慕课等国内多家在线开放平台“工程图学”线上课程(主讲人：谷艳华等)的使用教材。

参加本版教材修订和编写的人员有：王瑜蕾(第1章、第5章、第11章)，才委(第2章、第9章)，闫冠(第3章、第7章)，侯洪生(4.2节、附录)，文立阁(4.1节、第16章、第17章)，董立春(第6章、第8章、第10章)，刘颖(第12章、14.7～14.9节)，张秀芝(第13章)，侯磊(14.1～14.6节)，谷艳华(第15章)。全书由侯洪生、闫冠、谷艳华担任主编，董立春、刘颖、才委担任副主编，最后由侯洪生统稿。

与本教材配套的课件主编为闫冠、张秀芝，副主编为王瑜蕾、谷艳华、刘颖，参编为才委、董立春、文立阁。闫冠对课件进行了整体设计。另外，本教材由侯洪生策划，谷艳华主持，董立春、文立阁作为主要参加人，完成了新形态教材项目的建设工作。

本教材从初版到第五版是一个不断完善、不断提高的过程。在此，谨向曾参与本教材各版编写的教师们表示感谢。

在这里还要感谢使用本教材的广大师生和社会读者，他们提出了许多有益的意见和建议，使得本次修订工作得以顺利进行，教材内容不断完善。

在本教材编写过程中参考了一些国内同类教材、习题及有关文献，在此特向有关作者致谢！

由于编者水平有限，书中疏漏之处在所难免，希望读者批评指正。

编　者

2021年10月

目 录

绪论 1
0.1 本课程的研究对象、性质与任务 1
0.2 本课程的主要任务 1
0.3 本课程的学习方法 1
第 1 章 制图的基本知识和技能 3
1.1 国家标准《技术制图》和《机械制图》的一般规定 3
1.1.1 图纸幅面和格式 3
1.1.2 比例 5
1.1.3 字体 7
1.1.4 图线 9
1.1.5 尺寸注法 11
1.2 常见几何图形画法及徒手绘图 14
1.2.1 正多边形画法 14
1.2.2 斜度和锥度 15
1.2.3 椭圆画法 16
1.2.4 徒手绘图 16
1.3 平面图形的画法及尺寸标注 18
1.3.1 平面图形的画法 19
1.3.2 平面图形的尺寸标注 22
第 2 章 投影法与几何元素的投影 24
2.1 投影法的概念及分类 24
2.2 单面投影图与多面正投影图 25
2.3 三投影面体系及几何元素的投影 27
2.3.1 三投影面体系的建立 27
2.3.2 几何元素的投影 27
第 3 章 几何元素间的相对位置 40
3.1 点、线、平面的从属问题 40
3.1.1 属于直线的点 40
3.1.2 属于平面的点和直线 41
3.2 两直线相对位置 44

3.2.1 两直线平行 ······ 44
3.2.2 两直线相交 ······ 46
3.2.3 两直线交叉 ······ 47
3.2.4 两直线垂直 ······ 48
3.3 直线与平面及两平面相对位置 ······ 50
3.3.1 直线与平面平行及两平面平行 ······ 50
3.3.2 直线与平面相交及两平面相交 ······ 53
3.3.3 直线与平面垂直及两平面垂直 ······ 56
第 4 章 空间几何元素的度量 ······ 62
4.1 换面法的概念及变换规律 ······ 62
4.1.1 换面法的基本概念 ······ 62
4.1.2 点的投影变换规律 ······ 63
4.1.3 四个基本问题 ······ 65
4.2 图解几何元素之间的距离和夹角 ······ 67
4.2.1 图解几何元素之间的距离 ······ 67
4.2.2 图解几何元素之间的夹角 ······ 71
4.2.3 综合应用 ······ 74
第 5 章 三维立体的构型与分类 ······ 77
5.1 二维草图与三维立体的构型设计 ······ 77
5.2 三维立体的分类 ······ 81
5.2.1 基本立体 ······ 81
5.2.2 复合立体 ······ 82
5.2.3 切割式立体 ······ 83
5.2.4 相贯式立体 ······ 83
5.2.5 组合式立体 ······ 84
第 6 章 基本立体及复合立体的投影 ······ 86
6.1 平面基本立体的投影及其表面上取点、取线 ······ 86
6.1.1 平面基本立体的投影 ······ 86
6.1.2 平面基本立体表面取点、取线 ······ 87
6.2 曲面基本立体的投影及其表面上取点、取线 ······ 89
6.2.1 曲面基本立体的投影 ······ 89
6.2.2 曲面基本立体表面取点、取线 ······ 93
6.3 复合柱体和复合回转体的投影 ······ 97
第 7 章 切割体和相贯体的投影 ······ 100
7.1 切割体的投影 ······ 100
7.1.1 平面截切平面立体 ······ 101
7.1.2 平面截切曲面立体 ······ 104
7.1.3 平面截切复合回转体 ······ 112

7.2 相贯体的投影 …… 113
7.2.1 平面立体与曲面立体相交 …… 114
7.2.2 曲面立体与曲面立体相交 …… 116

第 8 章 立体视图画法 …… 127
8.1 立体的三面投影与三视图 …… 127
8.2 形体分析法绘图 …… 129
8.3 线面分析法绘图 …… 133

第 9 章 轴测图 …… 136
9.1 轴测图的基本知识 …… 136
9.2 正等轴测图 …… 138
9.2.1 正等轴测图轴间角和轴向伸缩系数 …… 138
9.2.2 正等轴测图的画法 …… 138
9.3 斜二等轴测图 …… 146
9.4 徒手绘制轴测图 …… 149
9.5 轴测剖视图 …… 150
9.6 轴测图上的尺寸注法 …… 151

第 10 章 读立体视图与构型分析 …… 153
10.1 读立体视图的要点 …… 153
10.2 形体分析法读图 …… 156
10.3 线面分析法读图 …… 158
10.4 阅读视图及构型分析 …… 160

第 11 章 立体上的尺寸分析及标注 …… 167
11.1 立体上的尺寸分类 …… 167
11.2 立体上的尺寸标注 …… 170

第 12 章 机件的表达方法 …… 176
12.1 视图 …… 176
12.2 剖视图 …… 179
12.2.1 剖视图的基本概念 …… 180
12.2.2 剖视图的画法及标注 …… 181
12.2.3 剖视图的分类 …… 183
12.2.4 剖切面的分类 …… 186
12.3 断面图 …… 190
12.3.1 断面图的基本概念 …… 190
12.3.2 断面图的分类 …… 190
12.4 局部放大图和简化画法 …… 193
12.5 综合举例 …… 198
12.6 第三角画法简介 …… 199

第 13 章 标准件和常用件……202
13.1 螺纹及螺纹连接……202
13.1.1 螺纹……202
13.1.2 螺纹紧固件连接……208
13.2 键、销及滚动轴承……213
13.2.1 键与花键连接……213
13.2.2 销连接……216
13.2.3 滚动轴承……217
13.3 齿轮……221
13.3.1 圆柱齿轮……221
13.3.2 直齿锥齿轮……228
13.3.3 蜗杆与蜗轮……230
13.4 弹簧……235
第 14 章 零件图……239
14.1 零件的概述……239
14.2 零件图的内容……240
14.3 零件的构型……241
14.3.1 零件的功能结构……241
14.3.2 零件的工艺结构……242
14.4 零件的表达方案……245
14.4.1 主视图中零件的位置……245
14.4.2 其他视图的选择……246
14.4.3 零件的构型及表达分析……247
14.5 零件图中的尺寸标注……254
14.5.1 尺寸基准……254
14.5.2 尺寸标注形式……255
14.5.3 合理标注尺寸时应注意的事项……256
14.5.4 零件尺寸标注举例……261
14.6 零件图中的技术要求……263
14.6.1 表面粗糙度……264
14.6.2 极限与配合的概念及标注……269
14.6.3 几何公差……276
14.7 零件测绘……284
14.8 读零件图……288
14.9 零件图的作用……290
第 15 章 装配图……294
15.1 装配图的作用和内容……294
15.2 机器或部件的表达方法……296
15.3 装配图中的尺寸标注和技术要求……299

15.4 装配图中的零部件序号及明细栏……299
15.5 装配工艺结构的合理性……301
15.6 部件测绘和装配图的画法……304
15.7 读装配图和由装配图拆画零件图……307

第 16 章 表面展开图和焊接图……318
16.1 平面立体表面的展开……318
16.2 可展曲面的展开……319
16.3 不可展曲面的展开……321
16.4 应用举例……323
16.5 焊接件……325

第 17 章 曲线和曲面……332
17.1 曲线概述……332
17.2 平面曲线……333
17.3 空间曲线……335
17.4 曲面概述……336
17.5 常见曲面……337
17.6 常见平面曲线绘制……341

参考文献……345

附录……346

绪　论

0.1　本课程的研究对象、性质与任务

在现代工业生产中，设计和制造机器以及所有工程建设都离不开工程图样。在使用机器、设备时，也要通过阅读图样了解机器的结构和性能。因此，工程图样是工业生产中一种重要的技术文件，是进行技术交流不可缺少的工具，是工程界共同的技术语言。每位工程技术人员和工程管理人员都必须掌握这种语言，否则就无法从事技术工作。

工程图学是研究绘制和阅读工程图样的一门学科，它既有系统的理论，又有较强的实践性和技术性。

0.2　本课程的主要任务

(1) 学习正投影法的基本理论及其应用。

(2) 学习空间三维立体的成形方法及立体的类型。

(3) 培养空间想象和思维能力以及几何构型设计的基本能力。

(4) 培养零、部件的表达能力。

(5) 培养徒手绘图、尺规绘图及计算机绘图的综合能力。

(6) 学习贯彻机械制图国家标准，培养查阅有关设计资料和标准的能力。

(7) 培养学生认真负责的工作态度和严谨的工作作风，培养学生的动手能力、工程意识、创新能力、设计概念等综合能力。

0.3　本课程的学习方法

(1) 要学好本课程的主要内容，必须认真学好投影理论，运用计算机三维构型的原理和方法结合形体分析、线面分析和结构分析等方法，由浅入深地进行绘图和读图实践，多画、多读、多想、反复地由物画图，由图想物，逐步提高空间想象能力和空间分析能力，这是学好本课程的关键。

(2) 在学习本课程时，必须按规定完成一系列制图作业，并按正确的方法和步骤进行，准确使用工程制图中的有关资料，提高独立工作能力和自学能力。

(3)注意将计算机绘图、徒手绘图和尺规绘图等各种绘图技能与投影理论密切结合，能准确、快速地绘制和阅读工程图样。

由于工程图样在生产建设中起着重要的作用，绘图和读图的差错都会带来经济损失，甚至负有法律责任，所以在完成习题和其他作业的过程中，应该养成认真负责的工作态度和严谨细致的工作作风。学好本课程可为后续课程及生产实习、课程设计和毕业设计打下良好的基础，同时也可以在以上各个环节中使自己的绘图和读图能力得到进一步的巩固和提高。

第 1 章 制图的基本知识和技能

主要内容

中华人民共和国国家标准《技术制图》和《机械制图》中的有关规定；几何作图方法及平面图形的尺寸分析和绘图步骤等。

学习要点

了解图纸幅面及格式、比例的概念；熟悉常用线型的名称及用途；掌握尺寸标注的规则及注法；了解常用绘图工具的用途；掌握圆弧连接的作图方法；能按尺寸准确绘制平面图形。

1.1 国家标准《技术制图》和《机械制图》的一般规定

图样是工程设计和制造过程中的重要技术文件，是表达设计思想，进行技术交流和指导生产的工程语言。因此，必须对制图的各个方面作出统一的规定。我国在 1959 年首次颁布了国家标准《机械制图》，对图样作了统一的技术规定。为适应科学技术的发展和国际经济贸易往来以及技术交流的需要，我国的国家标准经过了多次修改和补充，并且又颁布了国家标准《技术制图》，这些标准与相应国际标准一致性程度越来越高。

国家标准简称“国标”，代号为“GB”。例如 GB/T 14689—2008，其中“T”为推荐性标准，“14689”是标准顺序号，“2008”是标准批准的年代号。本节仅介绍其中的部分标准，其余的将在后续章节中分别介绍。

1.1.1 图纸幅面和格式(GB/T 14689—2008)

1. 图纸幅面

绘制图样时应优先采用表 1-1 中规定的基本幅面。幅面共有五种，其代号为 A0、A1、A2、A3、A4。必要时，可按规定加长幅面，如图 1-1 所示。

表 1-1 图纸基本幅面及图框尺寸

<table>
<tr><td>幅面代号</td><td>A0</td><td>A1</td><td>A2</td><td>A3</td><td>A4</td></tr>
<tr><td>B×L</td><td>841×1189</td><td>594×841</td><td>420×594</td><td>297×420</td><td>210×297</td></tr>
<tr><td>e</td><td colspan="2">20</td><td colspan="3">10</td></tr>
<tr><td>c</td><td colspan="3">10</td><td colspan="2">5</td></tr>
<tr><td>a</td><td colspan="5">25</td></tr>
</table>

2. 图框格式

图样无论是否装订，都必须用粗实线画出图框，其格式分为不留装订边和留有装订边两种，如图 1-2、图 1-3 所示。每种图框的周边尺寸按表 1-1 选取。但应注意，同一产品的图样只能采用一种格式。

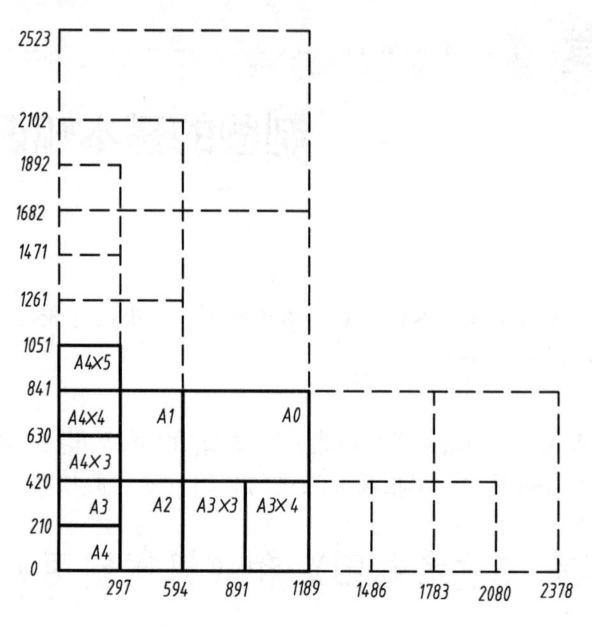

图 1-1　图纸幅面及加长边

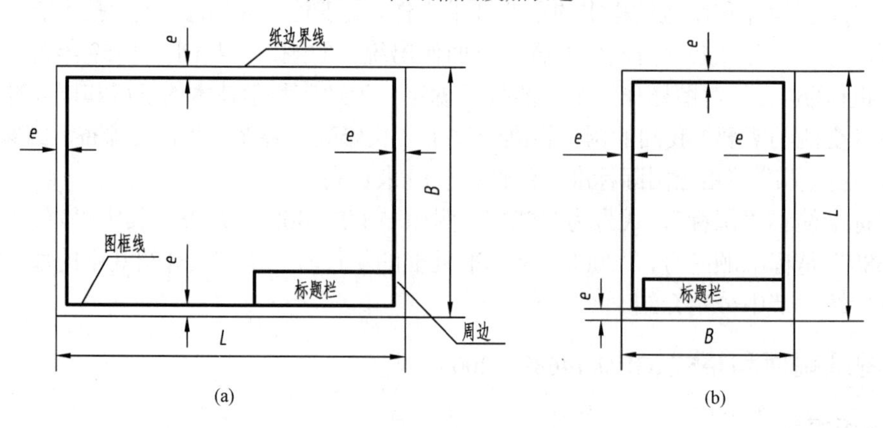

图 1-2　不留装订边的图框格式

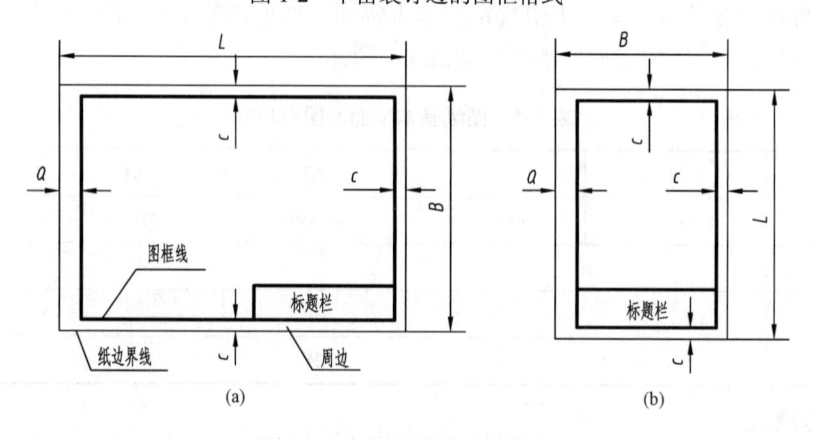

图 1-3　留装订边的图框格式

3．标题栏

每张技术图样中均应有标题栏，用来填写图样上的综合信息，它是图样中的重要组成部分。国家标准 GB/T 10609.1—2008 规定了标题栏格式、内容及尺寸，其格式一般由更改区、签字区、其他区和名称及代号区组成，详见图 1-4。在学生的草图作业中也可以采用图 1-5 中的简单格式。

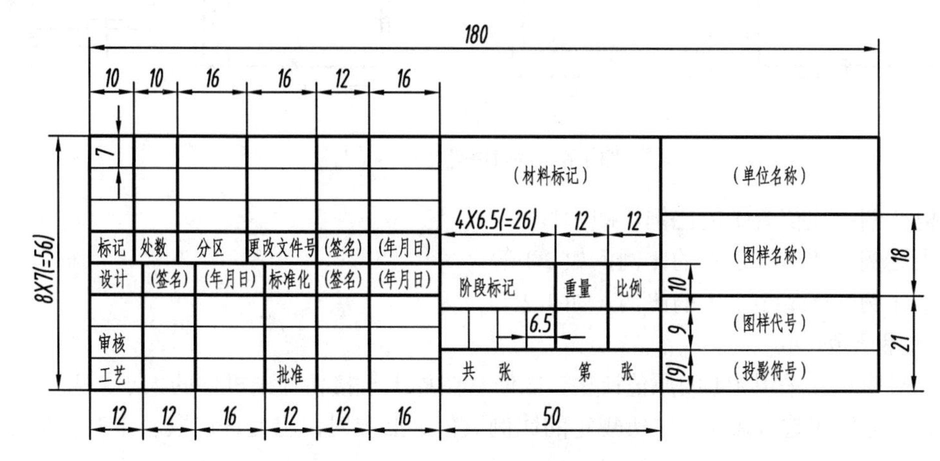

图 1-4　国家标准规定的标题栏格式

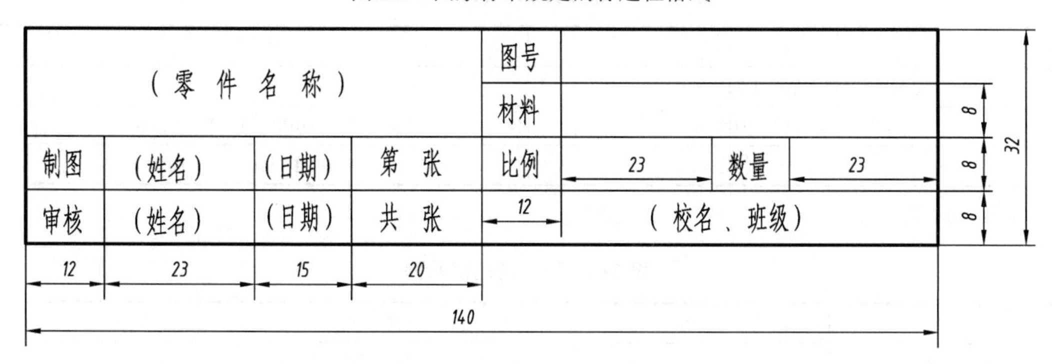

图 1-5　学生草图作业中采用的标题栏格式

GB/T 14689—2008 规定标题栏的位置应在图纸的右下角，标题栏的长边置于水平方向，其右边和底边均与图框线重合，此时，看图的方向应与标题栏的方向一致，如图 1-2、图 1-3 所示。为利用预先印制的图纸，标准也允许将标题栏的短边置于水平位置，此时，标题栏必须位于图纸的右上角，图中必须标注方向符号，看图方向应以方向符号为准，而标题栏中的内容及书写方向不变。

为使图样复制和缩微摄影时定位方便，应在图纸各边长的中点处分别画出对中符号。对中符号用粗实线绘制，线宽不小于 0.5mm，长度从图纸边界开始至图框内约 5mm，当对中符号处在标题栏范围内时，伸入标题栏部分省略不画。方向符号是在图纸下边的对中符号处加画的一个用细实线绘制的等边三角形，其大小及所处位置如图 1-6 所示。

1.1.2　比例(GB/T 14690—1993)

1．术语

比例：图中图形与其实物相应要素的线性尺寸之比。

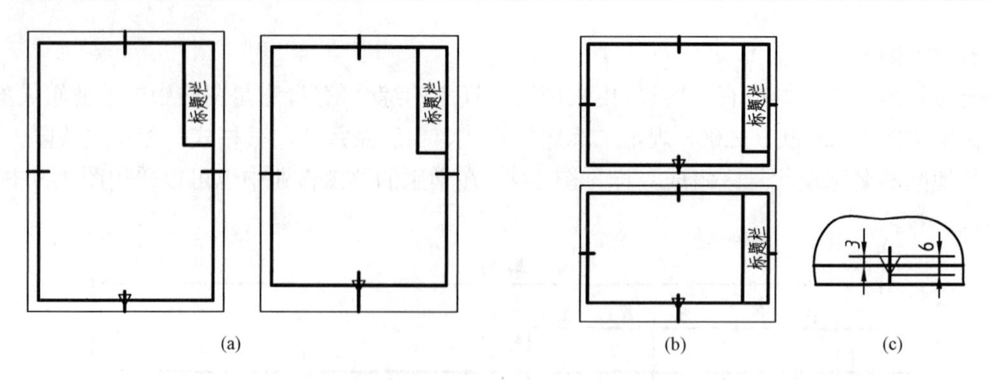

(a) (b) (c)

图 1-6 方向符号及对中符号

原值比例：比值为 1 的比例，即 1:1。

放大比例：比值大于 1 的比例，如 2:1 等。

缩小比例：比值小于 1 的比例，如 1:2 等。

2. 比例系列

绘图时应尽量采用 1:1 的原值比例，以便从图样上直接估计出机件的大小。需要按比例绘制图样时，应优先选取表 1-2 中所规定的比例数值。必要时，也允许选取表 1-3 中的比例。

表 1-2 规定的比例系列(优先选取)

种类	比例
原值比例(比值为 1 的比例)	1:1
放大比例(比值>1 的比例)	5:1　2:1　5×10^n:1　2×10^n:1　1×10^n:1
缩小比例(比值<1 的比例)	1:2　1:5　1:10　1:2×10^n　1:5×10^n　1:1×10^n

注：n 为正整数。

表 1-3 规定的比例系列

种类	比例
放大比例	4:1　2.5:1　4×10^n:1　2.5×10^n:1
缩小比例	1:1.5　1:2.5　1:3　1:4　1:6　1:1.5×10^n　1:2.5×10^n　1:3×10^n　1:4×10^n　1:6×10^n

注：n 为正整数。

图样无论放大或缩小，在标注尺寸时，都应按机件的实际尺寸标注，如图 1-7 所示。同一张图样上的各视图应采用相同的比例，并标注在标题栏中的“比例”栏内。当某视图需要采用不同的比例时，可在名称下方或右侧标注比例，如 $\dfrac{I}{2:1}$、$\dfrac{A}{1:100}$、$\dfrac{B-B}{2.5:1}$、平面图 1:100。

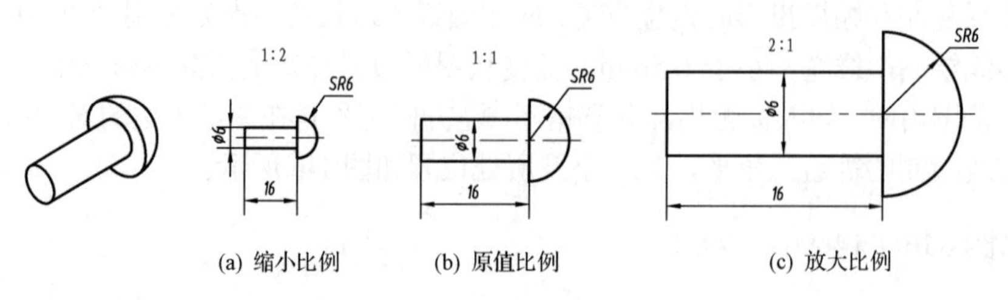

(a) 缩小比例　(b) 原值比例　(c) 放大比例

图 1-7 图形比例

1.1.3　字体(GB/T 14691—1993)

标准规定在图样中字体书写必须做到：字体工整、笔画清楚、间隔均匀、排列整齐。字体高度(用 h 表示)的公称尺寸系列为 1.8mm，2.5mm，3.5mm，5mm，7mm，10mm，14mm，20mm。若需要书写更大的字，字体高度应按 $\sqrt{2}$ 的比率递增。字体的高度代表字体的号数。

1．汉字

图样上的汉字应写成长仿宋字，并应采用国家正式颁布推行的《汉字简化方案》中规定的简化字。汉字的高度 h 不应小于 3.5mm，字宽一般为 $h/\sqrt{2}$ 。汉字不分直体或斜体。

长仿宋字的特点是：字体细长，起笔和落笔处均有笔锋，显得棱角分明，字形挺拔，与数字和字母书写在一起时，也显得协调。要写好长仿宋体，应在基本笔画和结构布局两方面下功夫。基本笔画是：横、竖、撇、捺、点、挑、钩、折等。每一笔画要一笔写成，不宜勾描。在学习基本笔画的同时，还应注意字体的写法，其要领是：横平竖直、注意起落、结构均匀、填满方格。长仿宋字的运笔方法及示例如图 1-8 所示。

10 号字

字体工整 笔画清楚 间隔均匀 排列整齐

7 号字

横平竖直　注意起落　结构均匀　填满方格

5 号字

技术制图机械电子汽车航空船舶土木建筑未注铸造圆角其余技术要求两端材料
零件装配图基本线型尺寸数量比例图名间隔前后左右国家标准各项规定称备注
国家标准公差与配合标注形状和位置公差值表面粗糙度代号轮廓算术平均偏差

3.5 号字

技术制图机械电子汽车航空船舶土木建筑未注铸造圆角其余技术要求两端材料
零件装配图基本线型尺寸数量比例图名间隔前后左右国家标准各项规定称备注
国家标准公差与配合标注形状和位置公差值表面粗糙度代号轮廓算术平均偏差

图 1-8　长仿宋体汉字示例

2．字母和数字

字母和数字分 A 型和 B 型。A 型字体的笔画宽度(d)为字高(h)的 1/14，B 型字体笔画宽度为字高的 1/10。在同一张图上，只允许选用同一种形式的字体。

字母和数字可写成斜体和直体。斜体字的字头向右倾斜，与水平基准线成 75°(图 1-9)。

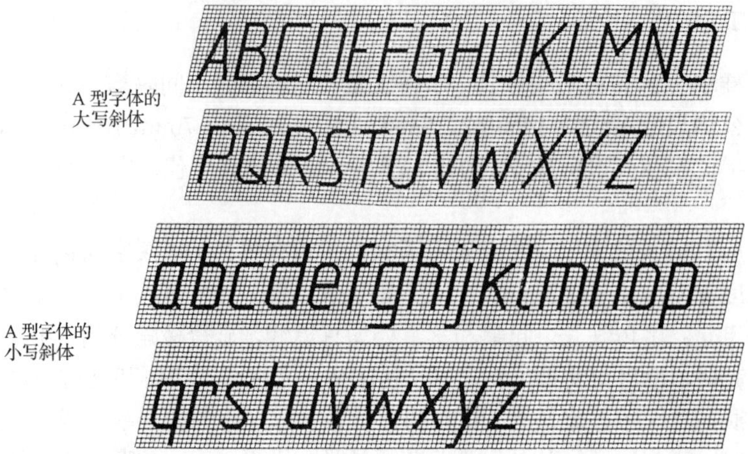

A 型字体的大写斜体

ABCDEFGHIJKLMNO

PQRSTUVWXYZ

A 型字体的小写斜体

abcdefghijklmnop

qrstuvwxyz

(a) 拉丁字母示例

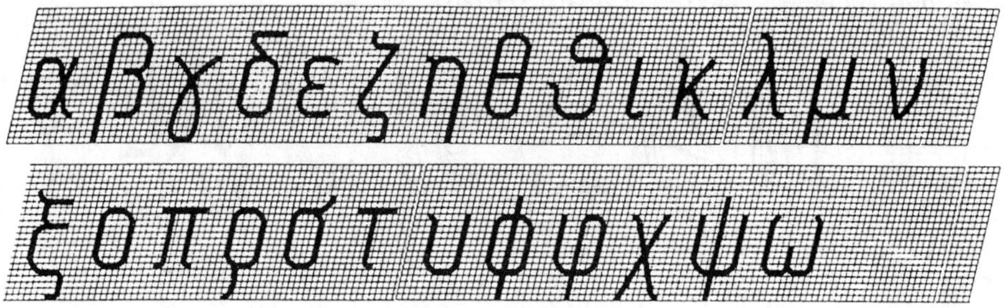

α β γ δ ε ζ η θ ϑ ι κ λ μ ν

ξ ο π ρ σ τ υ φ ψ χ ψ ω

(b) 希腊字母示例（A型字体小写斜体）

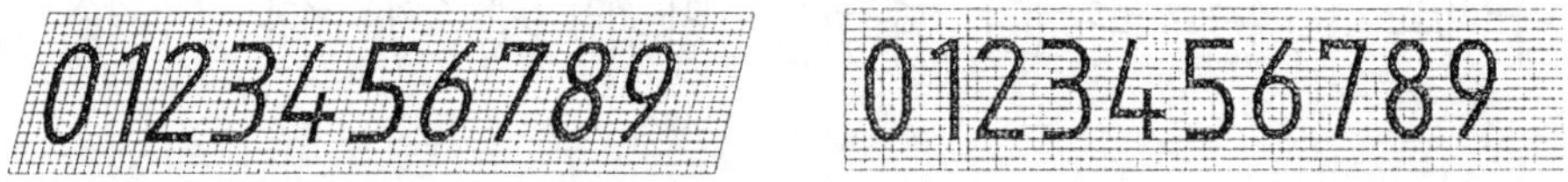

0123456789　　0123456789

(c) 阿拉伯数字示例

I II III IV V VI VII VIII IX X

(d) 罗马数字示例

图 1-9　字母和数字示例

3．综合示例

在图样中，用作指数、分数、极限偏差、注脚等数字及字母，一般应采用小一号字体。标注示例如图 1-10 所示。

$$10^{3}\quad S^{-1}\quad D_{1}\quad T_{d}\quad \varnothing 20^{+0.010}_{-0.023}\quad 7^{\circ}{}^{+1^{\circ}}_{-2^{\circ}}\quad \frac{3}{5}$$

$$10JS5(\pm 0.003)\quad M24-6h$$

$$\varnothing 25\frac{H6}{m5}\quad \frac{II}{2:1}\quad \sqrt{Ra\ 6.3}\quad R8\quad 5\%$$

图 1-10　字体综合示例

1.1.4　图线（《技术制图》GB/T 17450—1998、《机械制图》GB/T 4457.4—2002）

1. 图线的形式及应用

图线是指在起点和终点间，以任意方式连接的一种几何图形。图线的起点和终点可以重合，如一条图线形成圆的情况。当图线长度小于或等于图线宽度的一半时，称为点。

技术制图标准规定了 15 种基本线型，如实线、虚线、点画线等（详见 GB/T 17450）。所有线型的图线宽度（d）应按图样的类型和尺寸大小在下列数系中选择，该数系的公比为 $1:\sqrt{2}$（≈1:1.4）。

0.13mm，0.18mm，0.25mm，0.35mm，0.5mm，0.7mm，1mm，1.4mm，2mm

粗线、中粗线和细线的宽度比率为 4:2:1，在同一图样中，同类图线的宽度应一致。在机械工程图样中采用两种线型宽度，即 2:1，粗线宽度一般取 0.5～2。手工绘图粗实线一般选 0.7mm，计算机绘图粗实线一般选 0.5mm。

表 1-4 所示为机械工程图样中常用的 9 种图线的名称、形式及主要用途。图 1-11 所示为图线的应用举例。

表 1-4　图线及应用举例

图线名称	图线形式	图线主要应用举例（图 1-11）
粗实线		(1) 可见轮廓线 (2) 视图上的铸件分型线 (3) 相贯线
细实线		(1) 尺寸线和尺寸界线 (2) 剖面线 (3) 重合断面的轮廓线 (4) 投射线
细点画线	15~20　2~3	(1) 中心线 (2) 对称中心线 (3) 剖切线
细虚线	3~6　1	不可见轮廓线
细波浪线		(1) 断裂处的边界线 (2) 视图与剖视的分界线
细双点画线		(1) 相邻零件的轮廓线 (2) 移动件的限位线 (3) 先期成形的初始轮廓线 (4) 剖切面之前的零件结构状况 (5) 轨迹线
细双折线		断裂处的边界线
粗点画线		限定范围的表示，例如热处理
粗虚线		允许表面处理的表示线，例如表面镀铬

注：表中列举的是一些常用图线及其应用范围。

2. 图线画法

(1) 同一图样中，同类型的图线宽度应一致。虚线、点画线及双点画线各自的画长和间隔应尽量一致。

(2) 点画线、双点画线的首尾应为长画，不应画成点，且应超出轮廓线 3～5mm。

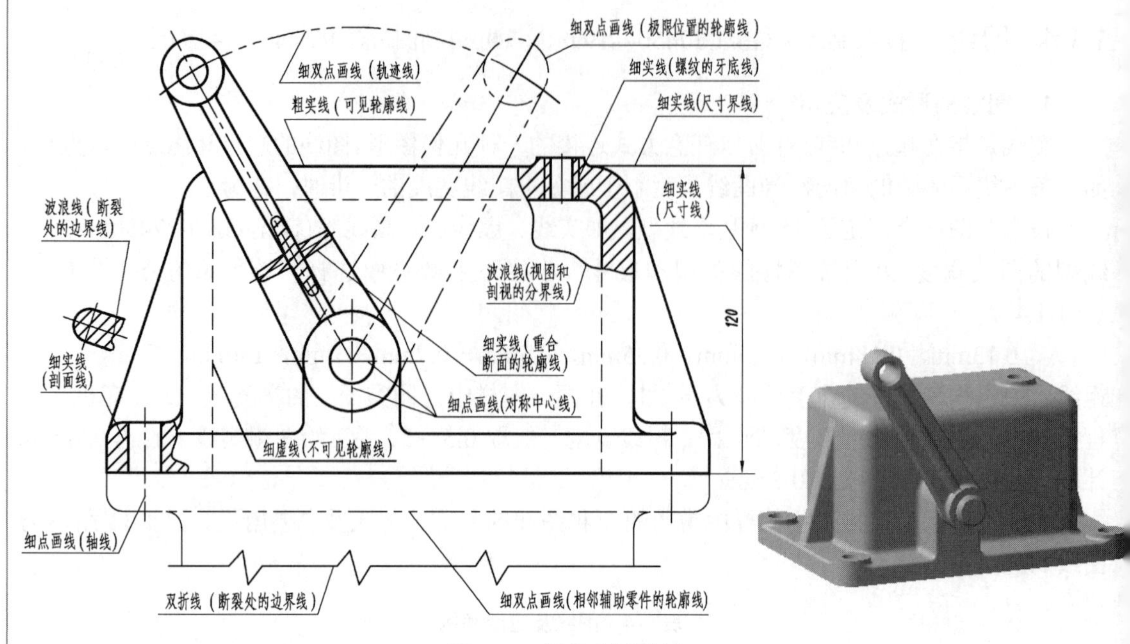

图 1-11 图线应用举例

(3) 点画线、双点画线中的点是很短的一横，不能画成圆点，且应点、线一起绘制。

(4) 在较小的图形上绘制点画线或双点画线有困难时，可用细实线代替。

(5) 虚线、点画线、双点画线相交时，应是线段相交。

(6) 当各种线型重合时，应按粗实线、虚线、点画线的优先顺序画出(图 1-12)。

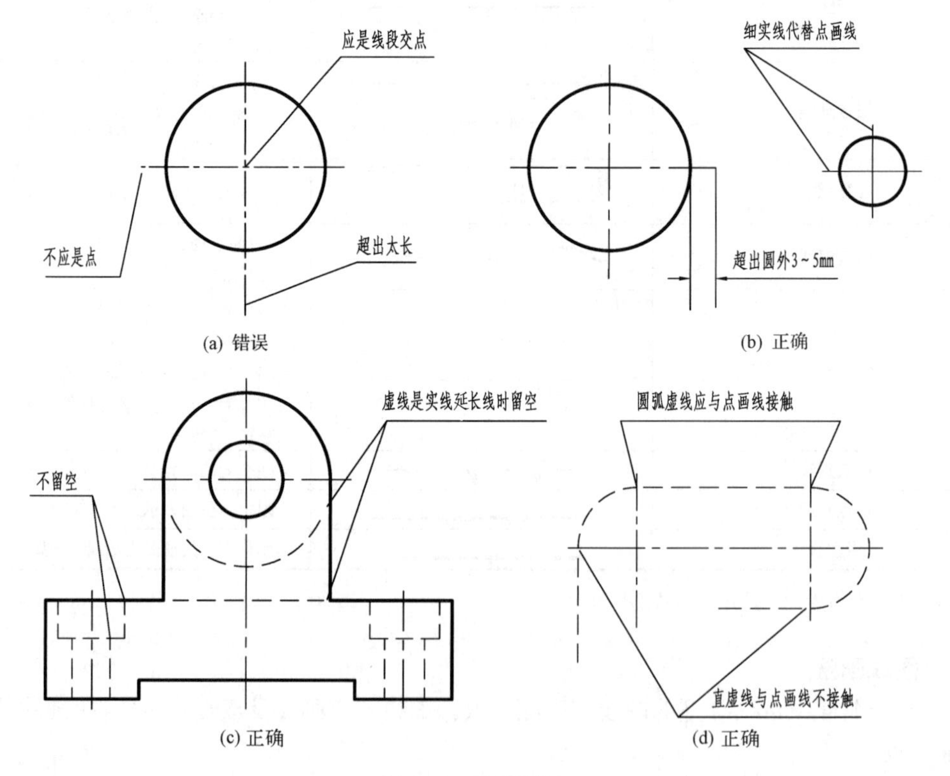

图 1-12 图线画法

1.1.5　尺寸注法（GB/T 4458.4—2003、GB/T 16675.2—2012）

1. 基本规则

(1) 机件的真实大小应以图样上所注的尺寸数值为依据，与图形的大小及绘图的准确程度无关。

(2) 图样中的尺寸以毫米为单位时，不需要标注计量单位的代号“mm”或名称“毫米”；如采用其他单位，则必须注明相应的计量单位的代号或名称，如 45°(度)、m(米)等。

(3) 图样中所标注的尺寸，为该图样所示机件的最后完工尺寸，否则应另加说明。

(4) 机件的每一个尺寸，一般只注一次，并应注在反映该结构最清晰的视图上，如图 1-13 所示。

2. 尺寸要素

一个完整的尺寸主要包括尺寸界线、尺寸线和尺寸数字三个基本要素，如图 1-14 所示。

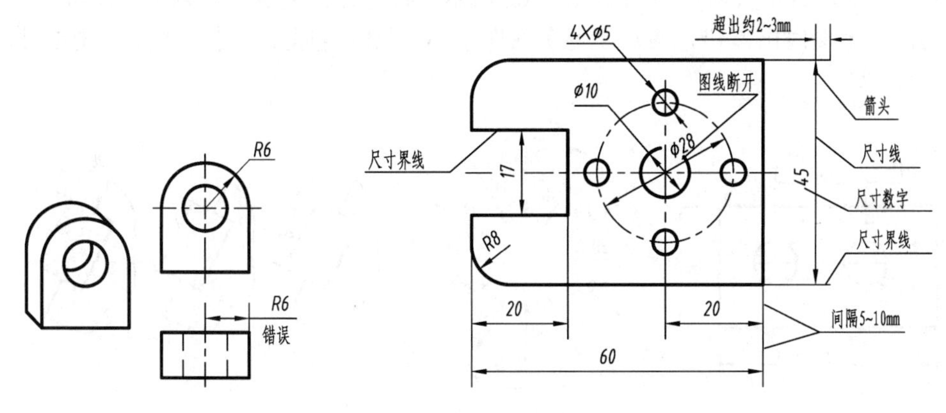

图 1-13　尺寸注在清晰的视图上　　图 1-14　尺寸要素

(1) 尺寸界线表明所注尺寸的范围，用细实线绘制，并应由图形的轮廓线、轴线或对称中心线引出，也可以直接利用这些线作尺寸界线，如图 1-14 所示。尺寸界线一般应与尺寸线垂直，必要时才允许倾斜，如图 1-15 所示。

(2) 尺寸线表明尺寸度量的方向，必须用细实线单独绘制，不能用其他图线代替，也不得与其他图线重合或画在其他图线的延长线上。

尺寸线终端有两种形式：箭头或斜线，如图 1-16 所示。同一图样上只用一种终端形式。机械工程图样上的尺寸终端一般为箭头，同一张图上的箭头大小要一致。

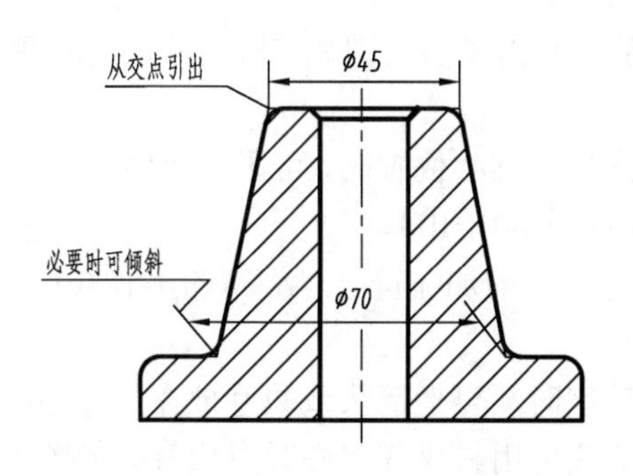

图 1-15　尺寸界线与尺寸线倾斜

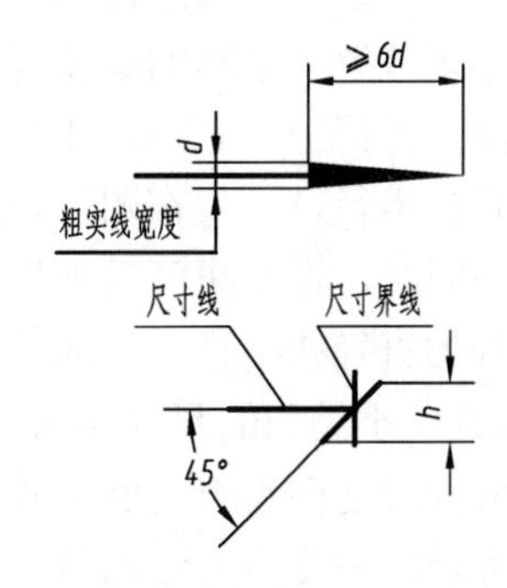

图 1-16　尺寸线终端

(3)尺寸数字是表示尺寸的数值，应按 GB/T 14691—1993《技术制图》字体中对数字的规定形式书写，且不允许被任何图线所穿过，否则必须将图线断开，如图 1-14 中的尺寸 17、ϕ28。图样上的尺寸数字一般用 3.5 号字，对 A0、A1 幅面的图纸可用 5 号字，在同一图样中字高应一致。

3．基本注法

图样上所标注的尺寸可分为线性尺寸与角度尺寸两种。线性尺寸是指物体某两点之间的距离，如物体的长、宽、高、直径、半径、中心距等。角度尺寸是指两相交直线(平面)所形成的夹角的大小。

1)线性尺寸

(1)直线尺寸的注法。

水平方向直线尺寸的数字一般应写在尺寸线的上方，字头向上，垂直方向直线尺寸的数字写在尺寸线左侧，且字头向左，如图 1-17(a)所示。各种位置直线尺寸数字字头如图 1-17(b)所示。为防止看图时出差错，应尽量避免在图示 30°范围内标注尺寸，当无法避免时，可按图 1-17(c)注写。

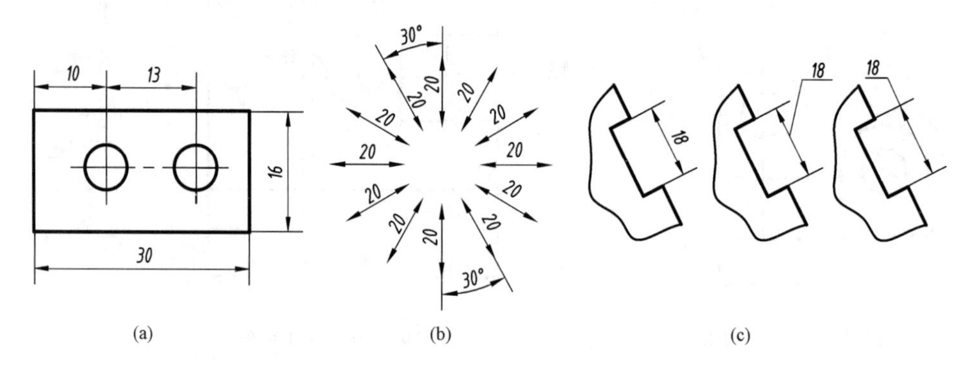

图 1-17　直线尺寸注法

直线尺寸的尺寸线必须与所标注的线段平行。当在光滑过渡处标注尺寸时，必须用细实线将轮廓线延长，从它们的交点处引出尺寸界线，如图 1-15 所示。

(2)直径与半径尺寸注法。

标注整圆或大于半圆的圆弧时，尺寸线应通过圆心且为非水平方向或垂直方向，以圆周为尺寸界线，且在尺寸数字前加注直径符号“ϕ”(图 1-18(a))。回转体的非圆视图上也可以注直径尺寸，且在数字前加注符号“ϕ”(图 1-18(b))。

标注小于或等于半圆的圆弧时，尺寸线应从圆心出发引向圆弧，只画圆弧端的箭头，尺寸数值前加注半径符号“*R*”(图 1-18(c))。

当圆弧的半径过大或在图纸范围内无法标注出其圆心位置时，可采用折线形式。若圆心位置不需要注明时，尺寸线可只画靠近箭头的一段(图 1-18(d))。

标注球的直径或半径时，应在符号“ϕ”或“*R*”前加注符号“*S*”(图 1-18(e))。

(3)图样中小结构的尺寸注法。

当尺寸界线之间没有足够位置画箭头及写数字时，可把箭头或数字放在尺寸界线的外侧，几个小尺寸连续标注而无法画箭头时，中间的箭头可用斜线或实心圆点代替，如图 1-19(a)所示。小圆或小圆弧的尺寸标注如图 1-19(b)所示。

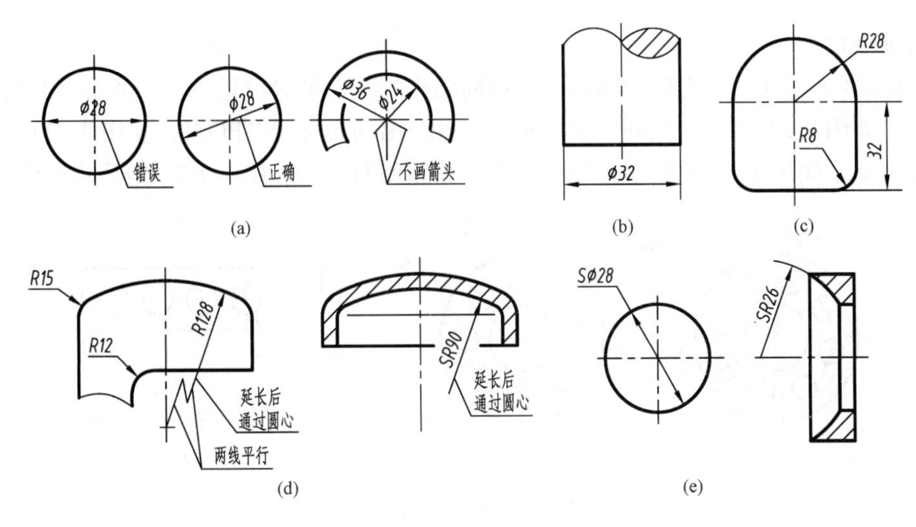

图 1-18　直径与半径的尺寸注法

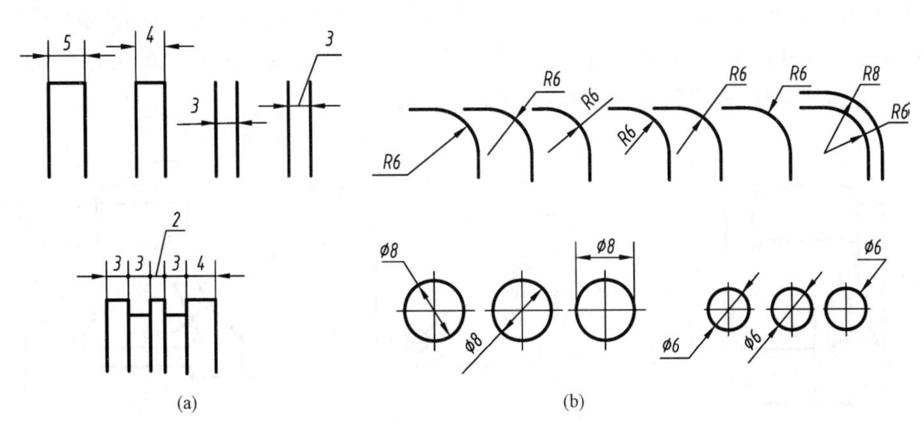

图 1-19　小尺寸注法

2) 角度、弦长、弧长的注法

标注角度的尺寸界线应径向引出，尺寸线是以该角顶点为圆心任一半径的圆弧，角度数字一律水平书写，一般应注写在尺寸线的中断处，必要时可写在尺寸线的上方或外边，也可引出标注，如图 1-20(a)所示。

标注弦长或弧长的尺寸界线应平行于该弦的垂直平分线，如图 1-20(b)所示。当弧度较大时，可沿径向引出，如图 1-20(c)所示。

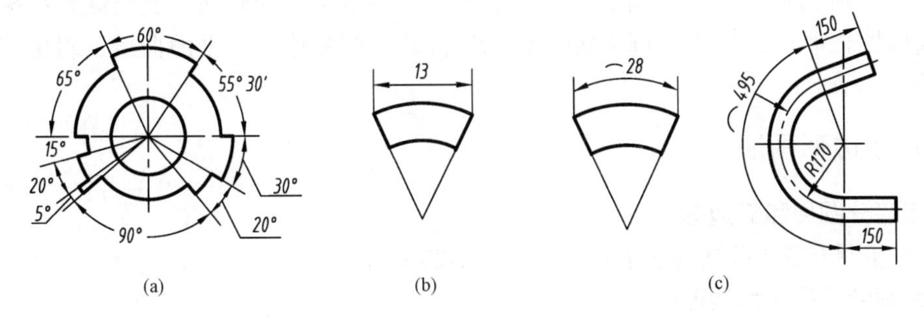

图 1-20　角度、弦长、弧长的尺寸注法

3) 其他注法

(1) 相同要素的注法。在同一图形中，相同结构的孔、槽等可只注出一个结构的尺寸，并标出数量，如图 1-21 所示。相同要素均布时，可注出均布符号“EQS”，如图 1-21(a)所示。明显时可省略，如图 1-21(b)所示。当圆心的距离相同时，可采用图 1-21(c)所示的注法。

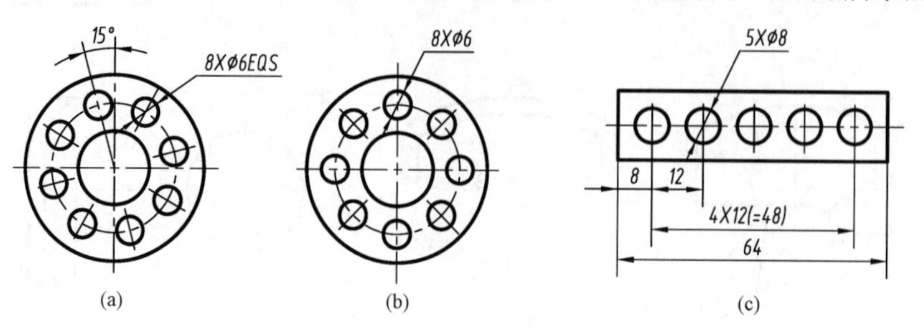

图 1-21 相同要素注法

(2) 对称机件的图形只画一半或略大于一半时，尺寸线应略超过对称中心线或断裂处的边界线，此时仅在尺寸线的一端画出箭头，如图 1-22(a)、(b)所示。对于分布在对称线两侧的相同结构，可仅标注其中一侧的结构尺寸，如图 1-22(c)所示。

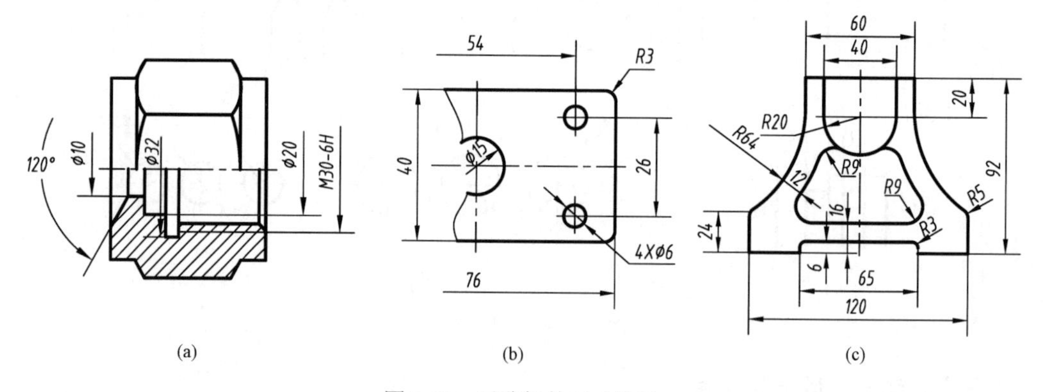

图 1-22 对称机件尺寸注法

1.2 常见几何图形画法及徒手绘图

机件的形状虽然多种多样，但都是由各种几何形体组合而成，它们的投影轮廓也是由一些基本的几何图形组成的。因此，熟练掌握这些基本图形的画法，是绘制好机械图的基础。几何作图内容一般包括：圆周等分(正多边形)、圆弧连接、平面曲线、斜度和锥度等作图方法。

1.2.1 正多边形画法

1. 五等分圆周和五边形

已知外接圆直径，作内接正五边形，如图 1-23 所示。

2. 六等分圆周和六边形

方法 1：已知外接圆直径，用圆规直接等分，如图 1-24(a)所示。

方法 2：已知外接圆直径，用三角板等分，如图 1-24(b)所示。

方法 3：已知内切圆直径，用三角板作外切正六边形，如图 1-24(c)所示。

任意等分圆周和正 n 边形(以七边形为例)，如图 1-25 所示。

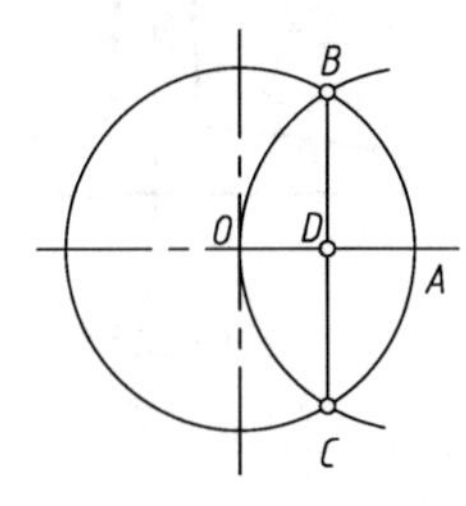

(a) 以A为圆心、OA为半径，画弧交圆周于B、C，连接BC得OA中点D

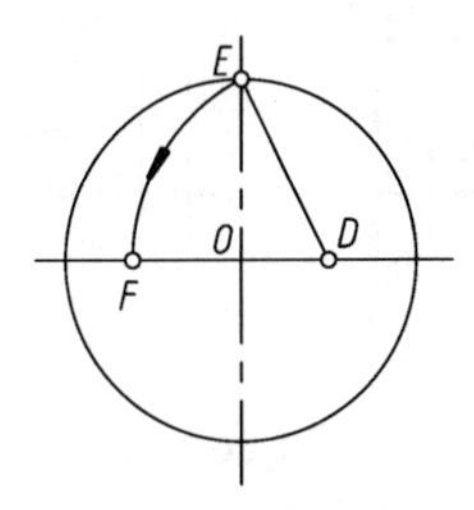

(b) 以D为圆心、DE为半径画弧，得交点F，EF线段长为五边形边长

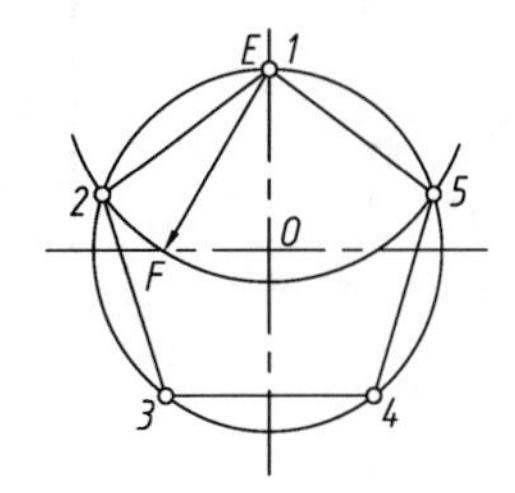

(c) 自E点起，用EF长截取圆周，得点2、3、4、5，依次连接，即得正五边形

图 1-23　正五边形画法

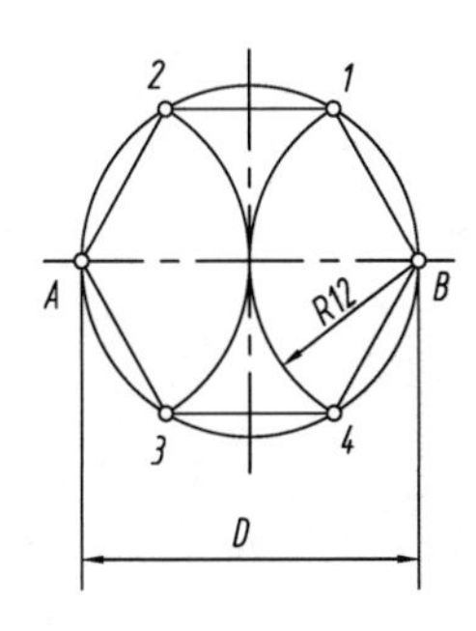

(a) 用外接圆半径六等分圆周，以两点A、B为圆心，以圆半径为半径，画弧交于点1、2、3、4，即得圆周六等分，连接各点为六边形

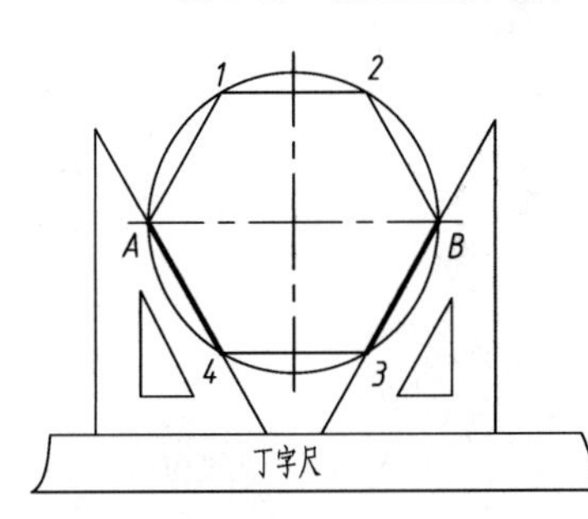

(b) 过两点A、B用60°三角板直接画出六边形的四条边，再用丁字尺连接点1、2和点3、4，即得正六边形

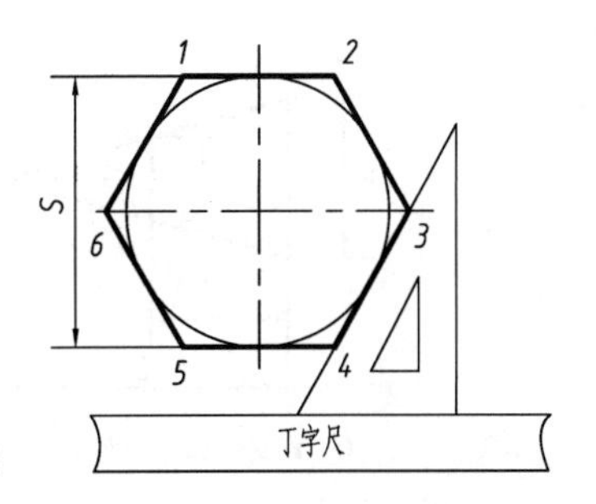

(c) 当给出六边形内切圆直径时，可用60°三角板直接作出该圆的外切正六边形

图 1-24　正六边形的画法

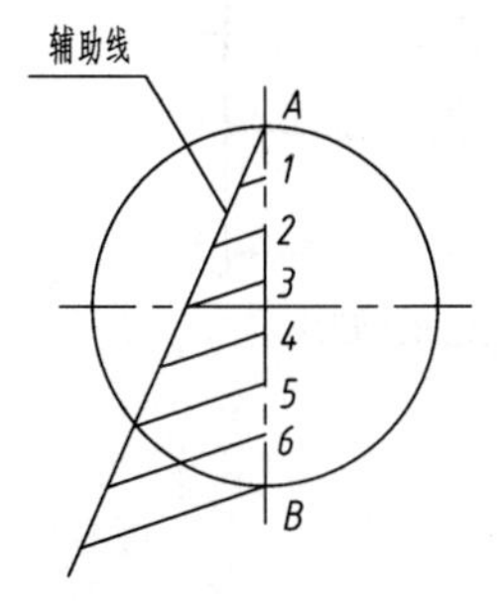

(a) 将直径AB分为七等分(若作n边形，可分为n等分)

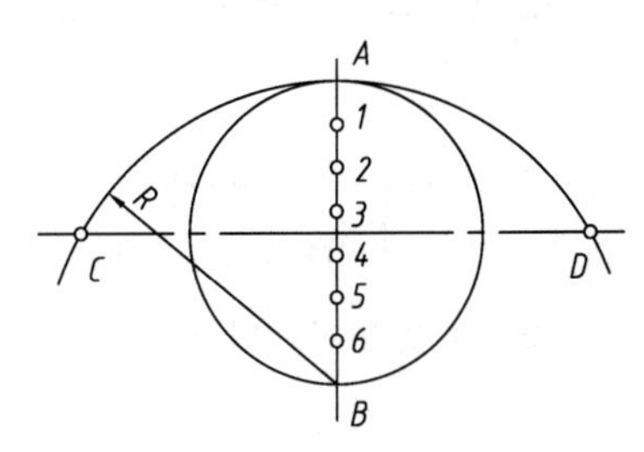

(b) 以B为圆心、AB为半径，画弧交与AB相垂直直径于两点C、D

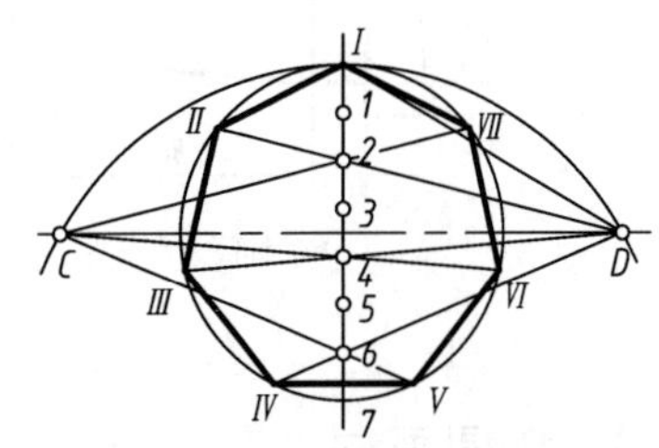

(c) 自点C、D与点A、B上奇数点(或偶数点)连线，延长至圆周，即得各等分点

图 1-25　正 n 边形的画法

1.2.2　斜度和锥度

1．斜度

斜度是指直线(平面)对另一直线(平面)倾斜的程度，其大小由这两直线(平面)间夹角的正切表示，在图样中常以 1:n 的形式与斜度符号一起标注。关于斜度符号、斜度画法及标注如图 1-26 所示。

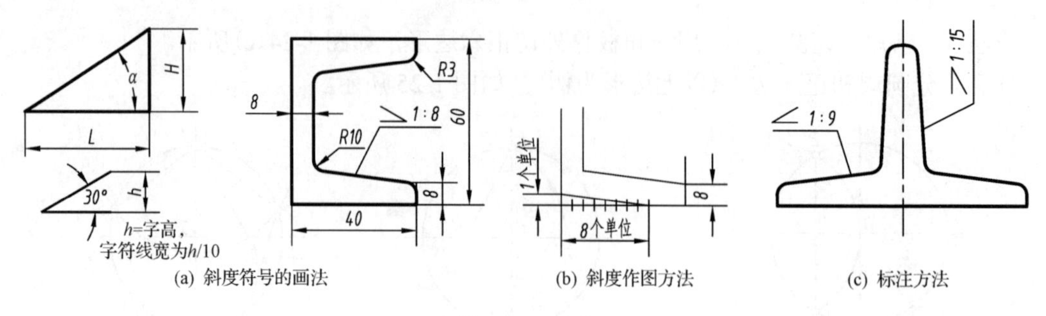

(a) 斜度符号的画法　(b) 斜度作图方法　(c) 标注方法

图 1-26　斜度

2. 锥度

锥度是两个垂直于圆锥轴线的圆截面的直径差与该两截面间的轴向距离之比，其数值应写成 1∶*n* 的形式，与锥度符号一起注在图中。锥度符号尖端应与圆锥的锥顶方向一致，如图 1-27、图 1-28 所示。

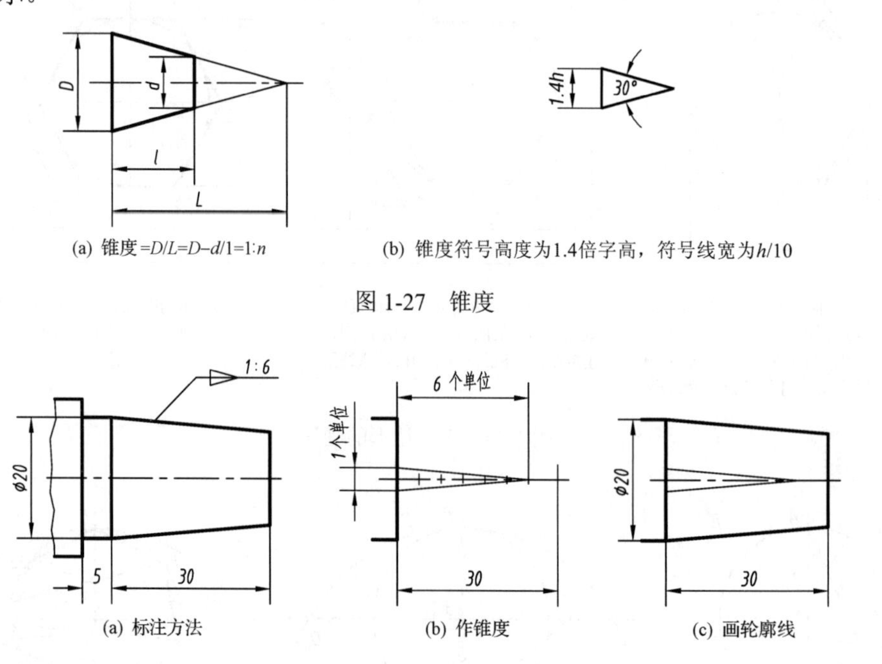

(a) 锥度 $=D/L=(D-d)/l=1:n$　(b) 锥度符号高度为1.4倍字高，符号线宽为$h/10$

图 1-27　锥度

(a) 标注方法　(b) 作锥度　(c) 画轮廓线

图 1-28　锥度的画法和标注

1.2.3　椭圆画法

椭圆是工程上最常用的平面曲线。下面仅介绍四心近似椭圆的画法和同心圆法，其中四心椭圆法多用于制图中，图 1-29 为作图过程。

1.2.4　徒手绘图

采用徒手绘图方法绘制的图样称为草图。在机器测绘、讨论设计方案、技术交流、现场参观时，受现场条件和时间的限制，经常需要绘制草图，再根据草图利用仪器或绘图软件绘制正式图样。

1. 画草图要求

目测准确、比例匀称、画线清晰、尺寸无误、字体工整。此外，还要有一定的绘图速度。

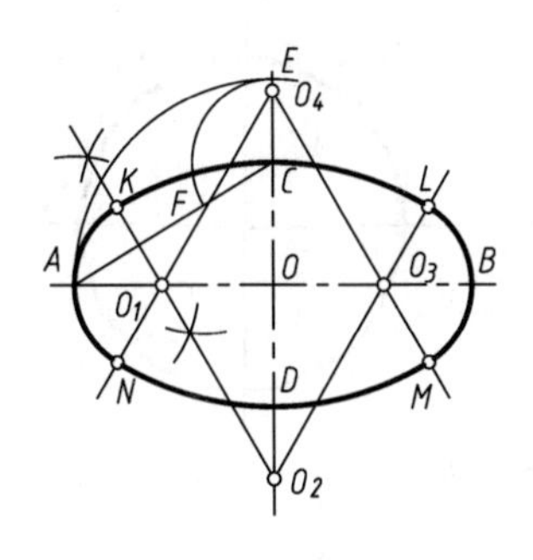

(a) 四心椭圆画法

已知长轴 AB 和短轴 CD。①以 O 为圆心、OA 为半径画弧，交短轴于 E；②以 C 为圆心、CE 为半径画弧交 AC 于 F；③作线段 AF 的中垂线，交长轴于 O_1，交短轴于 O_2，并找出对称点 O_3、O_4；④连接 O_1O_2、O_1O_4、O_2O_3、O_3O_4，分别以点 O_1、O_2、O_3、O_4 为圆心，以 O_1A 和 O_2C 之长为半径画弧至连心线，即得椭圆

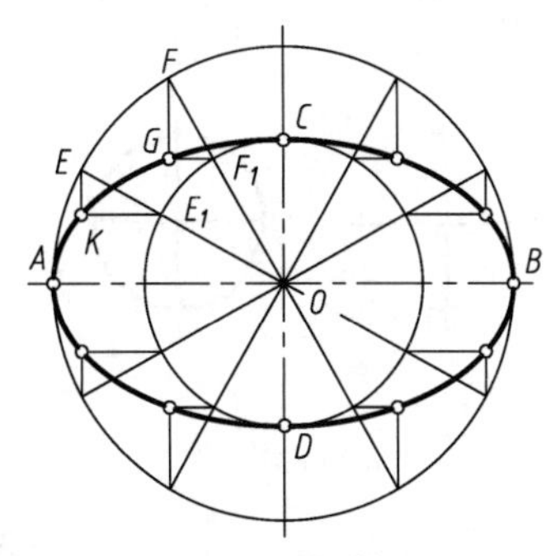

(b) 用同心圆画椭圆

已知椭圆的长轴 AB、短轴 CD。①分别以 AB 和 CD 为直径画同心圆；②过圆心 O 作一系列直径与两同心圆相交；③自大圆交点作垂线，自小圆交点作水平线，它们的交点即为椭圆上的点；④用曲线板光滑地连接各点，即得椭圆

图 1-29　椭圆画法

画草图时所用的铅笔的铅芯要稍软些，并削成圆锥状。手握笔的位置要比画仪器图时稍高些，以利于运笔和观察画线方向。笔杆与纸面应倾斜。

画草图时一般使用带方格的图纸，亦称坐标纸，以保证作图质量。

2．图线画法

1）直线的画法

画线时，目视线段终点，小手指微触纸面，笔向终点方向运动。画垂直线时，从上而下画线；画水平线时，从左向右运笔；画倾斜线时可将图纸转动到某一合适位置后画线，如图 1-30 所示。

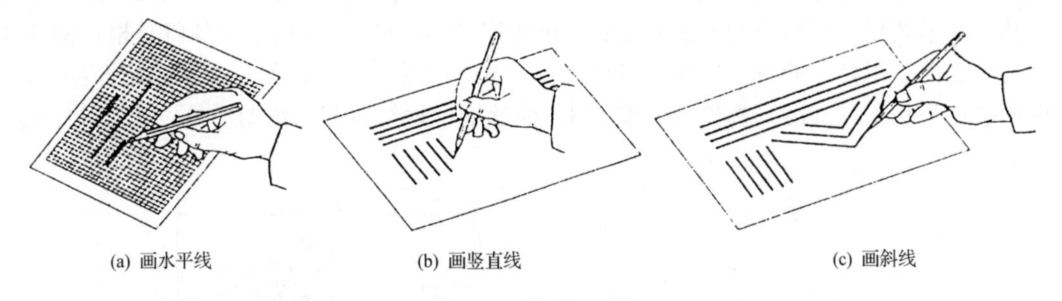

(a) 画水平线　(b) 画竖直线　(c) 画斜线

图 1-30　徒手画直线

2）圆、圆角和椭圆的画法

徒手画小圆时，应先定圆心，画出中心线，再根据半径大小，在中心线上定出四点，然后过四点画圆，如图 1-31(a)所示。当圆的直径较大时，可通过圆心增画两条 45°方向的斜线，并在四条线上截取正反两个方向的八个点，然后过八点画圆，如图 1-31(b)所示。

画圆角时，先用目测在角分线上选取圆心位置，过圆心向两边引垂线定出圆弧与两边的切点，然后画弧，如图 1-32(a)所示。画椭圆时，可利用外接的菱形画四段圆弧构成椭圆。也可根据椭圆的长短轴，目测定出端点位置，然后过四点画一矩形，再画与矩形相切的椭圆，如图 1-32(b)所示。

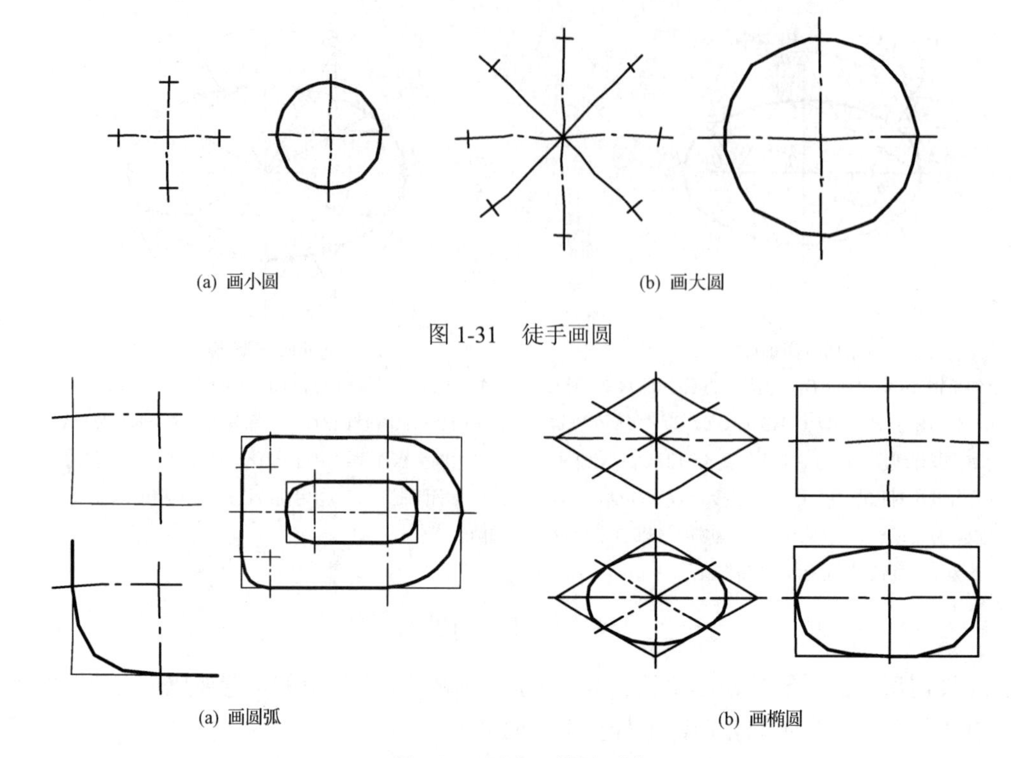

(a) 画小圆　　(b) 画大圆

图 1-31　徒手画圆

(a) 画圆弧　　(b) 画椭圆

图 1-32　圆角、椭圆画法

1.3　平面图形的画法及尺寸标注

在工程实践中，人们用正投影原理在二维平面上绘制机件的投影图，用以表达其空间形状，图 1-33 的手柄支架从前面看的投影轮廓如图 1-34 所示。利用现代三维 CAD 技术，人们可以基于二维图形，用相应的方法构建其三维数字模型。图 1-36 所示立体就是根据图 1-35 所示的平面图形用拉伸的方法生成的三维立体。由此可看出，无论是用二维视图表达物体的空间形状还是基于二维图形构建其三维立体，快速准确地绘制其二维图形是设计工作中的重要环节。

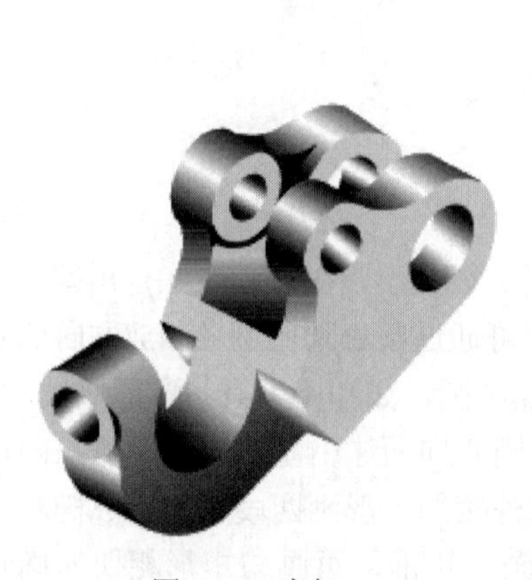

图 1-33　支架

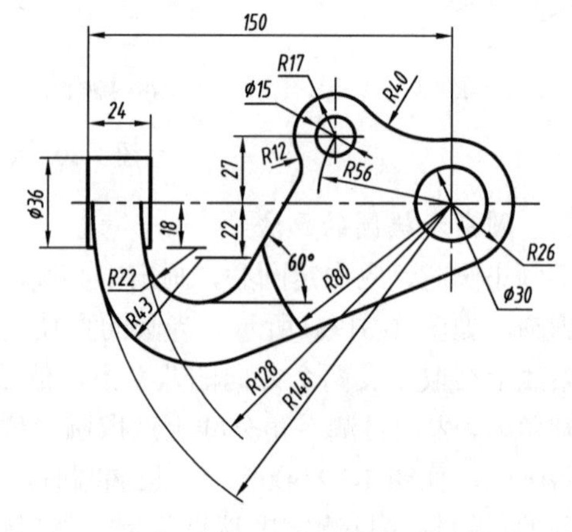

图 1-34　支架的主视图

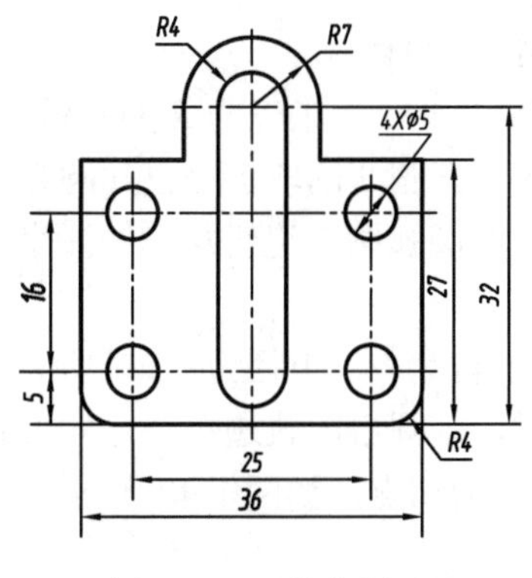

图 1-35　二维草图

图 1-36　立体

1.3.1　平面图形的画法

图 1-37 中所示平面图形都是由若干段图形元素(平面图形中的直线段、平面曲线等统称为图形元素)构成的。绘制平面图形时，常遇到有圆弧与圆弧相切、圆弧与直线相切的作图情况，这种相切关系称作圆弧连接。常见圆弧连接有：一圆弧将两圆弧连接(图 1-37(a))、一圆弧将两条直线连接(图 1-37(b))、一条直线将两圆弧连接(1-37(c))的情况。

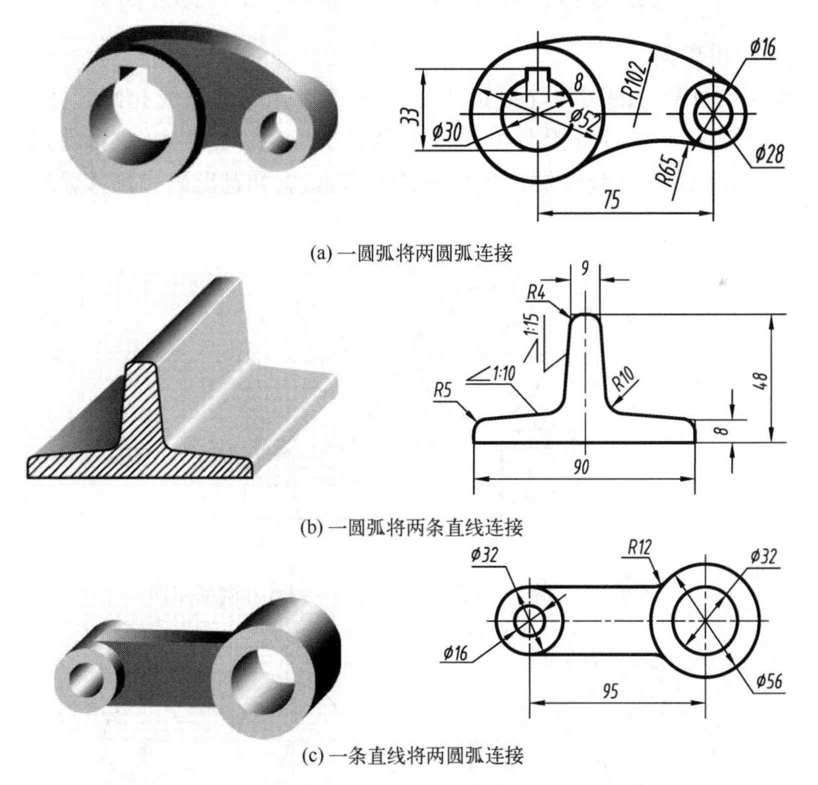

(a) 一圆弧将两圆弧连接

(b) 一圆弧将两条直线连接

(c) 一条直线将两圆弧连接

图 1-37　圆弧连接示例

1. 圆弧连接

1) 圆弧与直线连接(相切)

一半径为 R 的圆弧与一已知直线相切时，圆弧的圆心轨迹是与已知直线平行且相距为 R 的直线。自连接弧的圆心向已知直线作垂线，其垂足就是连接点(切点)，如图 1-38 所示。

图 1-38

图 1-38　圆弧与直线相切

2) 圆弧与圆弧连接(相切)

(1) 圆弧与已知弧外切。一半径为 R 的圆弧与已知弧(圆心 O_1，半径 R_1)外切时，其圆心的轨迹是已知圆弧的同心圆。该圆半径 $R_0 = R_1 + R$，两圆弧圆心连线与已知弧交点即为切点如图 1-39 所示。

(2) 圆弧与已知弧内切。一半径为 R 的圆弧与已知弧(圆心 O_1，半径 R_1)内切时，其圆心的轨迹仍是已知圆弧的同心圆。该圆半径 $R_0=R_1-R$，两圆弧圆心连线与已知弧交点即为切点，如图 1-40 所示。

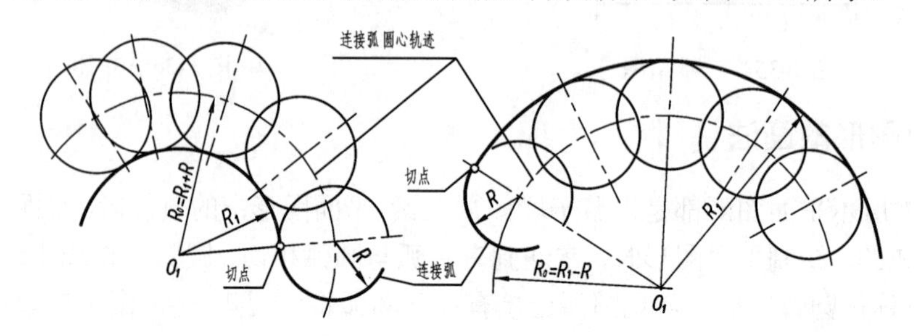

图 1-39　圆弧与已知弧外切　　　　图 1-40　圆弧与已知弧内切

3) 圆弧连接作图实例

图 1-41 所示平面图形的圆弧连接形式有：$R8$ 连接弧与竖直线和圆连接，$R10$ 连接弧与 60°直线和水平线连接，$R5$ 连接弧与水平线和竖直线连接。图 1-42 中可看出 $R40$ 连接弧与两圆内切，$R20$ 连接弧与两圆外切。由两图中的细实线可看出确定连接弧圆心和切点的作图过程。

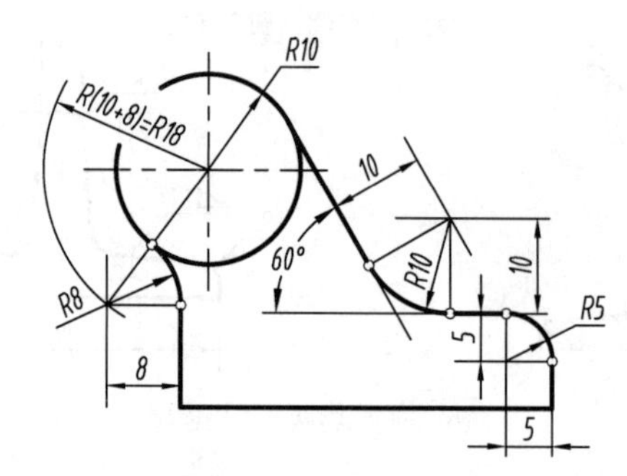

图 1-41　圆弧与两直线及圆弧与一直线和圆弧相切

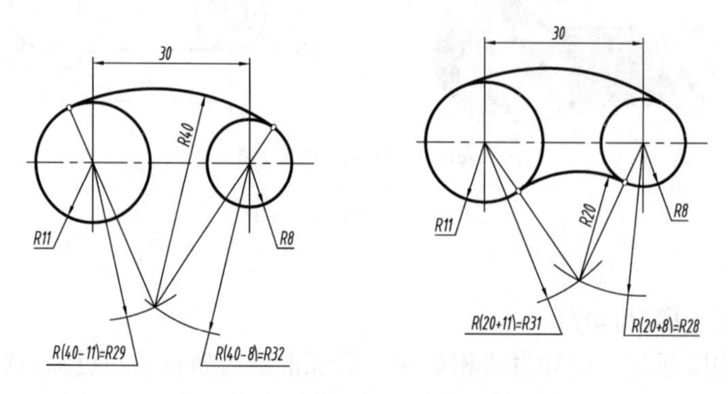

图 1-42　圆弧与圆弧内切、圆弧与圆弧外切

2. 平面图形中的尺寸与线段分析及画图步骤

1) 平面图形中的尺寸分析

平面图形中的尺寸有尺寸基准、定位尺寸和定形尺寸。

(1) 尺寸基准。

确定定位尺寸位置的点或线称为尺寸基准。平面图形中有水平和垂直两个方向的尺寸基准（也可采用极坐标来定位）。通常将对称图形的对称线、较大圆的中心线、重要的轮廓线等作为标注尺寸的基准。如图 1-43 中 ϕ14 圆的两条中心线分别为水平和垂直方向的尺寸基准。图 1-44 中选用直线和对称线（中心线）作为水平和垂直方向的尺寸基准。

(2) 定位尺寸。

用以确定平面图形中线段或线框间相对位置的尺寸称为定位尺寸，如图 1-43 中的 20、32、20、9、4 均为定位尺寸。

(3) 定形尺寸。

用以确定平面图形上各线段（线框）形状及其大小的尺寸称为定形尺寸，如直线的长度、圆及圆弧的直径或半径、角度等，图 1-43 中的 ϕ14、ϕ8、ϕ5、*R*11、*R*7、*R*6、*R*14、*R*27、*R*47、*R*9 等均为定形尺寸。

说明：有时某些尺寸既是定形尺寸又是定位尺寸，如图 1-44 中图形左侧矩形的尺寸 20，既确定了水平方向线段的长度，同时又确定了垂直方向线段 15 的位置。尺寸基准只有在研究线段间相对位置时才有意义。

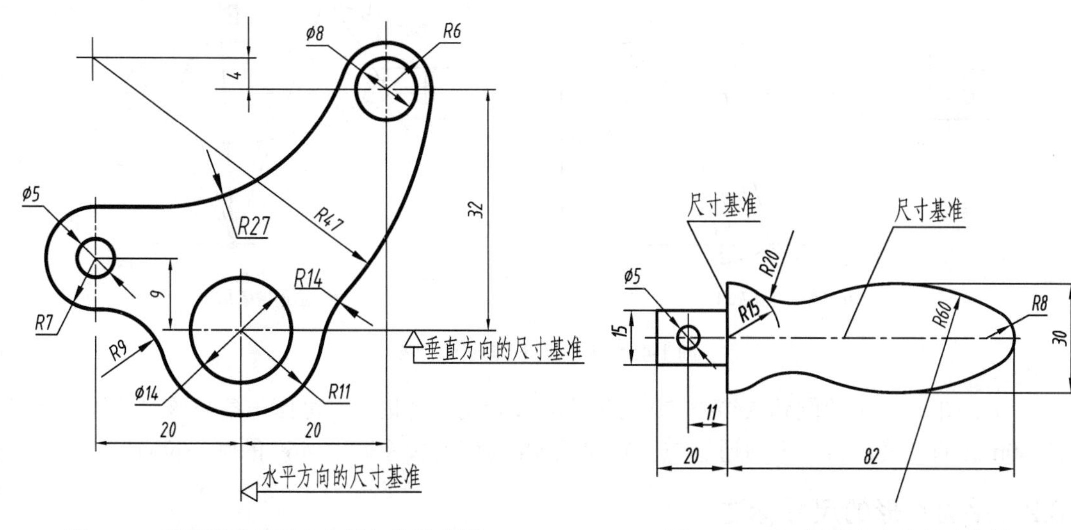

图 1-43　平面图形的尺寸分析与线段分析　　　　图 1-44　平面图形中定位尺寸分析

2) 平面图形中的线段分析

平面图形中的线段分为三种：已知线段、中间线段和连接线段。由于平面图形中大多数的直线段和圆都是已知线段，下面只讨论图形中三种圆弧的情况。

已知圆弧、中间圆弧、连接圆弧在图中都需要给出确定圆弧大小的半径尺寸，然后根据给出圆弧圆心的定位尺寸的数量来区分是何种圆弧。

(1) 已知圆弧：给出圆弧圆心两个方向的定位尺寸和圆弧半径。例如图 1-43 中 *R*6、*R*7 和 *R*11 三个圆弧。这种圆弧可根据圆心的两个定位尺寸和圆弧半径尺寸在图中直接画出。

(2) 中间圆弧：给出圆弧圆心一个方向的定位尺寸和圆弧半径。这种圆弧作图时需要根据圆弧圆心一个定位尺寸和与已知圆弧的相切关系，作图确定其圆心位置后才能画出的圆弧。例如图 1-43 中 *R*47 圆弧的圆心只给出垂直方向的定位尺寸 4。作图时须利用 *R*47 圆弧与已知圆弧 *R*6 的内切关系确定圆心位置后画出。

(3)连接圆弧：只给出圆弧的半径尺寸，没有给出该圆弧圆心的定位尺寸。作图时该圆弧圆心需要根据与已画出的两个圆弧的相切关系才能确定。如图 1-43 中的圆弧 *R*27、*R*9 和 *R*14。

在平面图形中，已知圆弧(线段)、中间圆弧(线段)和连接圆弧(线段)之间的关系是：两已知圆弧(线段)之间，可以有若干段中间圆弧(线段)，但只能有一段连接圆弧(线段)。如图 1-43 中 *R*6 和 *R*11 两已知弧之间只能有一段连接弧 *R*14。

3)平面图形的画图步骤

①分析平面图形中各线段的类型和图形特点；②画出平面图形的基准线；③画出已知圆弧或线段；④画中间圆弧或线段；⑤画连接圆弧或线段；⑥擦掉作图线，检查描深图形。

图 1-45 演示了绘制图 1-44 所示平面图形的作图步骤。

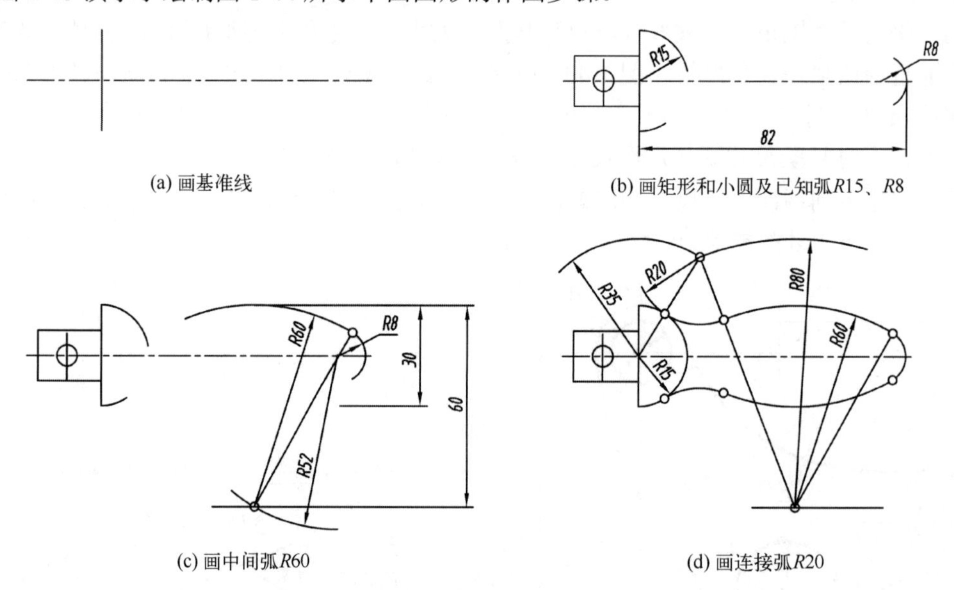

(a) 画基准线　(b) 画矩形和小圆及已知弧*R*15、*R*8

(c) 画中间弧*R*60　(d) 画连接弧*R*20

图 1-45　平面图形的画图步骤

提示：图 1-44 中的圆弧 *R*60 与 30 的尺寸界线相切，由此关系可作一条与该尺寸线平行且相距 60mm 的直线，另一方向通过与已知圆弧 *R*8 内切的关系确定 *R*60 的圆心位置。

1.3.2　平面图形的尺寸标注

平面图形画完后，应按正确(符合国家标准)、完整(尺寸数量不多不少)、清晰(便于阅读尺寸)的要求标注尺寸。标注尺寸的步骤如下：

(1)分析平面图形的结构特点，确定尺寸基准。基准应选择平面图形的对称线、圆的中心线、水平或竖直方向的主要直线段等。

(2)标注定位尺寸。从选定的基准出发标注各图形元素的定位尺寸。

(3)标注定形尺寸。标注所有圆及圆弧的直径或半径尺寸。

(4)检查、调整。检查所标注的尺寸是否符合国标规定；有无遗漏或重复标注现象；尽量避免尺寸线及尺寸界线相互交叉，使所注尺寸清晰有序。

例 1-1　标注图 1-46 所示平面图形的尺寸。

(1)确定的基准和标注的定位尺寸如图 1-46(a)所示；

(2)标注的定形尺寸如图 1-46(b)所示。

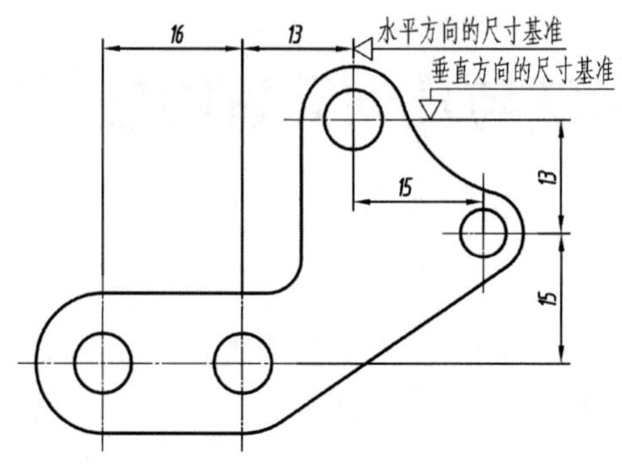

(a) 确定两个方向的尺寸基准标注定位尺寸

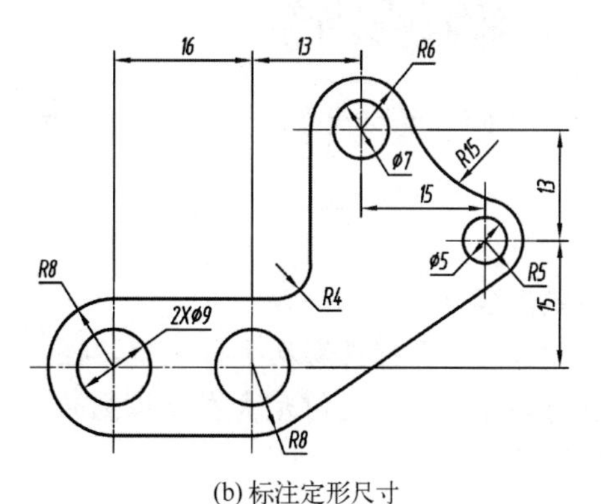

(b) 标注定形尺寸

图 1-46　平面图形尺寸标注示例 1

需要指出的是，标注圆弧尺寸时应进行以下分析：如果是已知弧，只须标注出圆弧的半径尺寸，如图 1-46(b)中的 *R*6、*R*5 和 *R*8；如果是与两已知弧相切的连接弧，也只标注该圆弧的半径尺寸，如图 1-46(b)中的 *R*4 和 *R*15 两圆弧。如果是中间弧则需要给出该圆弧圆心的一个定位尺寸，具体分析见图 1-47(b)。

例 1-2　标注图 1-47 所示平面图形的尺寸。

(1)分析图形，确定的主要尺寸基准和标注的部分定位尺寸和定形尺寸如图 1-47(a)所示。

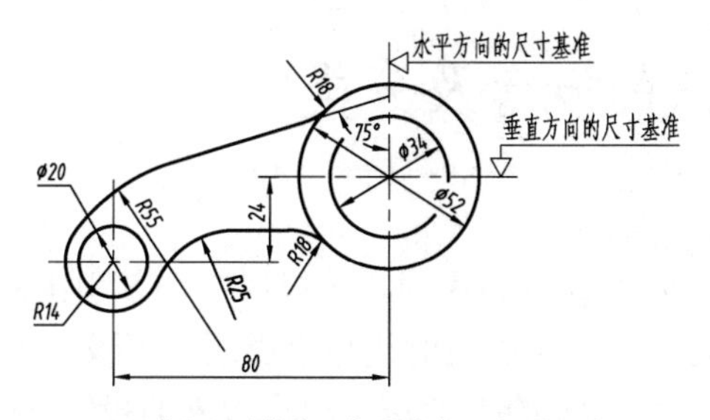

(a) 确定尺寸基准，标注定位、定形尺寸

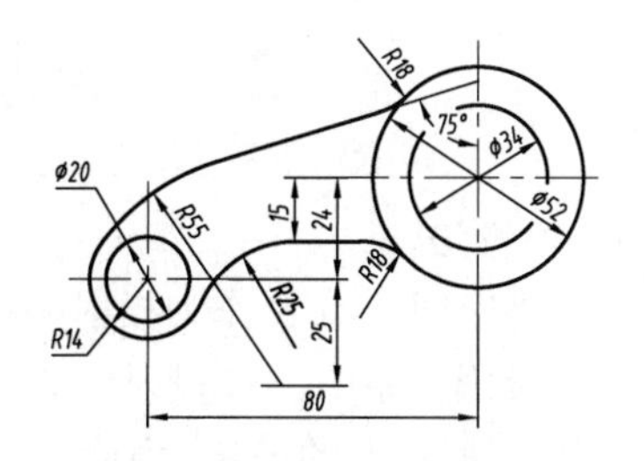

(b) 分析线段之间关系，注全尺寸

图 1-47

图 1-47　平面图形尺寸标注示例 2

(2)分析图中的线段之间的连接关系，标注出全部尺寸。在图 1-47(a)中可看出，在两已知弧 *R*14 和ϕ52 之间的上方，有 *R*55、斜线段和 *R*18 将两者连接起来。根据两已知弧(线段)之间可以有若干段中间弧(线段)但只能有一段连接弧(线段)的规则，应加注定位尺寸将三段线中的两段变为中间线段。其中 *R*55 与 *R*14 连接，加注其圆心的一个定位尺寸 25，将其变为中间弧。与 *R*55 相切的斜线段加注尺寸 75°后也变为中间线段。剩余的 *R*18 圆弧为连接弧，不必注出其圆心的定位尺寸。

在已知弧 *R*14 和ϕ52 之间的下方，有 *R*25、水平线段和 *R*18 将两者连接，在水平线段上标注定位尺寸 15，则此线段变为已知线段，该线段两端的 *R*25 和 *R*18 则变为连接弧，注全的尺寸如图 1-47(b)所示。

第2章 投影法与几何元素的投影

主要内容

中心投影、平行投影及平行投影特性；透视图、轴测图、标高投影图、多面正投影图的概念及应用场合；空间几何元素在三投影面上的投影。

学习要点

熟悉投影法的概念及分类，掌握平行投影法的特性；掌握在正投影条件下点的投影规律以及各种位置直线和平面的投影特性；熟练掌握直角三角形法求倾斜线的实长和与投影面的倾角。

在阳光的照射下，物体都会在地面上落下影子。人们根据这种简单的自然现象，进行抽象研究，形成了一套将三维空间形体在二维平面上进行表达的投影理论和投影法。画家利用投影法在二维画布上描绘三维空间的自然景物，设计师利用投影法在二维图纸上设计绘制机器的图样，工艺师根据图样编制工艺流程，机械工人按照图样加工制造零件和装配机器。

2.1 投影法的概念及分类

1. 中心投影法

如图 2-1 将空间一点 S 作为投射中心，平面 H 为投影面，由投射中心 S 引出的线称为投射线。在这个投影体系中，过投射中心 S 向空间点 A 引投射线与投影面 H 相交，其交点 a 就是空间点在投影面 H 上的投影。由此可得到直线 AB 的投影 ab、平面 DEF 的投影 def，如图 2-2 所示。中心投影的特点是：所有投射线交汇于投射中心 S。

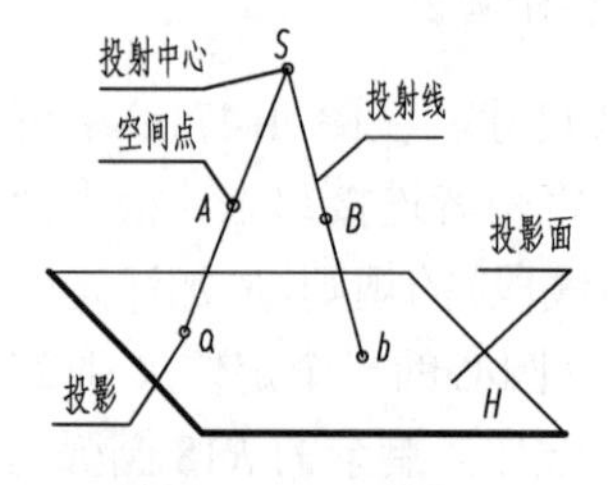

图 2-1 投影概念

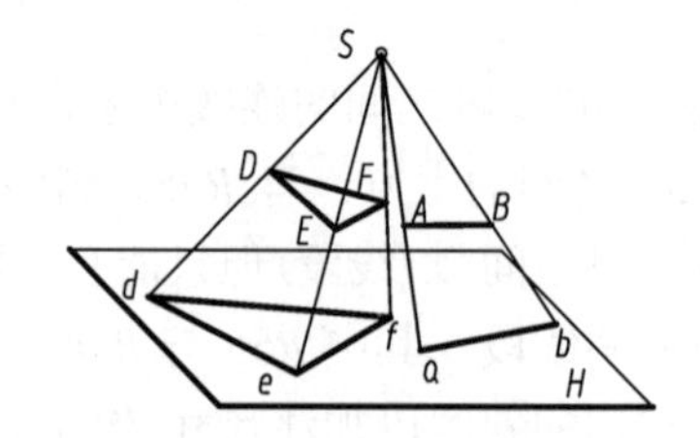

图 2-2 中心投影法

2. 平行投影法

将投射中心 S 移至距投影面无穷远处，则全部投射线都互相平行，这种投射线互相平行的投影法称作平行投影法。

在平行投影法中，根据投射线与投影面是否垂直又分为正投影法和斜投影法两种：

正投影——投射线与投影面垂直，如图 2-3(a)所示；
斜投影——投射线与投影面不垂直，如图 2-3(b)所示。

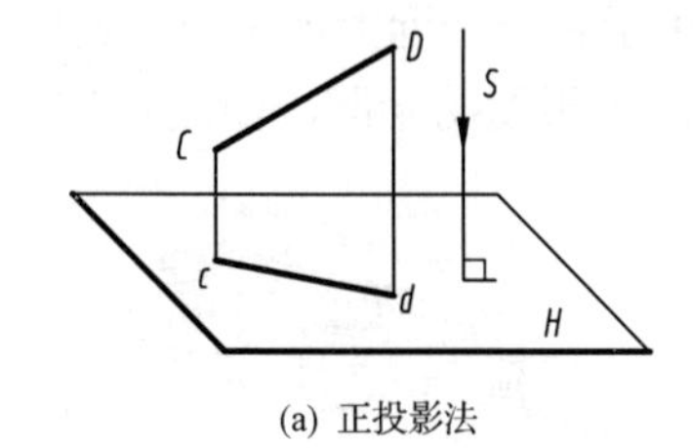

(a) 正投影法

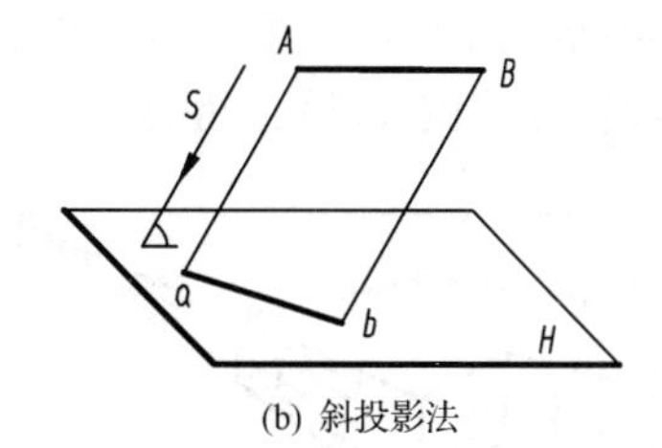

(b) 斜投影法

图 2-3　平行投影法

3．平行投影法的投影特性

(1)同素性：一般情况下，点的投影仍为点，直线的投影仍为直线，空间几何元素与其投影之间，都有这种一一对应关系，如图 2-4(a)所示。

(2)从属性：点属于直线则点的投影一定属于该直线的投影，如图 2-4(b)所示。

(3)平行性：空间两条平行直线其投影仍然互相平行，如图 2-4(c)所示。

(4)类似性：一般情况下，平面图形的投影其边数和顶点数不变，角度变化，这种性质称作类似性，如图 2-4(d)所示。

(5)积聚性：当直线或平面相对投影面垂直时，直线的投影积聚成点，平面的投影积聚成直线，如图 2-4(e)所示。

(6)实形性：当直线或平面相对投影面平行时，直线的投影反映实长；平面的投影反映实形，即 $mn=MN$，$\triangle ABC \cong \triangle abc$，如图 2-4(f)所示。

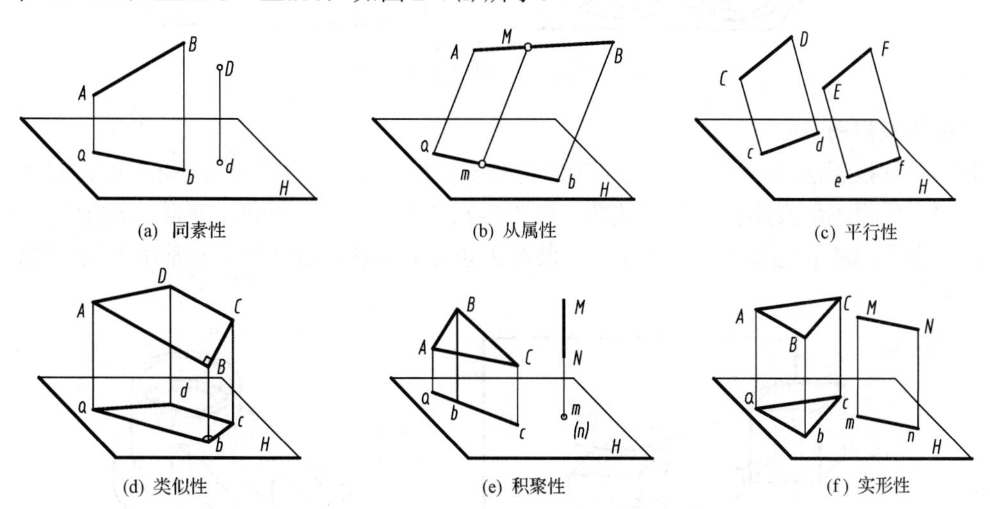

图 2-4　平行投影法的特性

2.2　单面投影图与多面正投影图

单面投影图是指将空间形体向单一投影面投射得到的投影图，多面正投影图是指将空间形体向两个或两个以上互相垂直的投影面投射得到的投影图。

1. 单面投影图

1) 透视投影图

透视投影图是利用中心投影法绘制的投影图，由于它符合近大远小的视觉规律，因此形象逼真、立体感强，常用于建筑、桥梁及各种土木工程效果图的绘制，如图 2-5 所示。

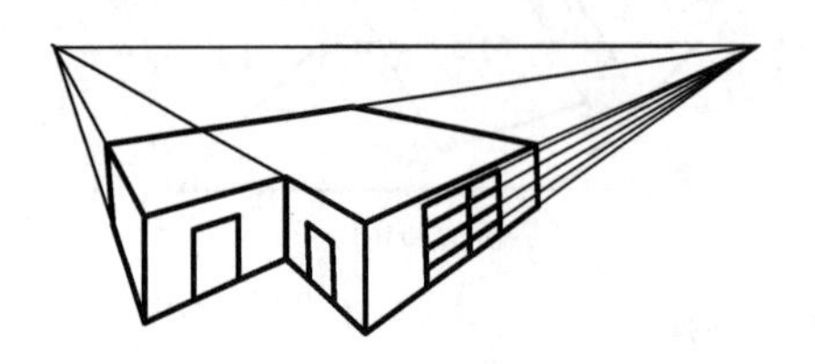

图 2-5　透视投影图

2) 标高投影图

标高投影图是利用正投影法绘制的投影图，它将不同高度的点或平面曲线向一个水平面投射，然后在投影图上标出点或曲线的高度坐标，如图 2-6 所示。投影图上标有高程数字的曲线称为等高线。这种图主要用于土建、水利及地形测绘。机器中的不规则曲面，如汽车车身、船体、飞行器外壳等也可应用这一原理进行绘制。

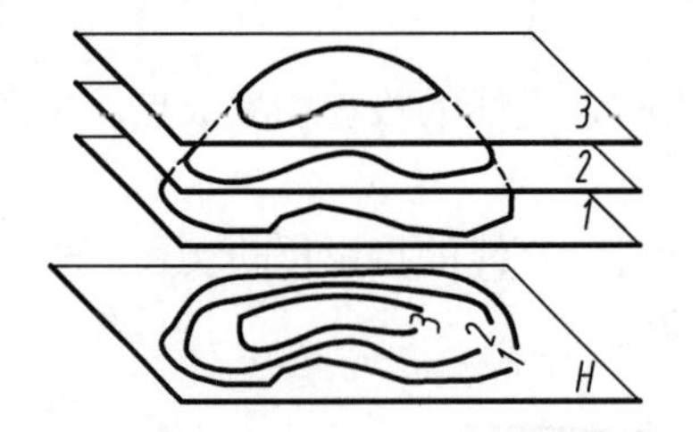

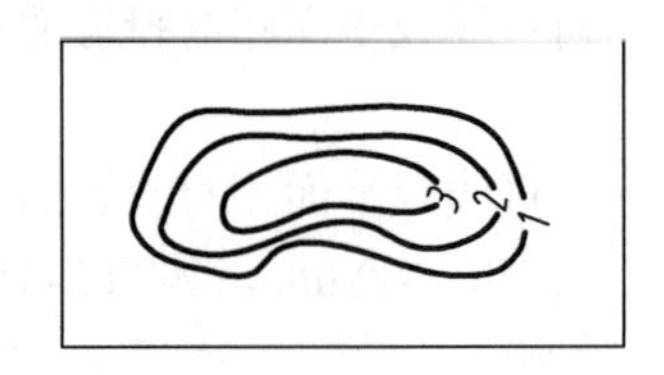

图 2-6　标高投影图

3) 轴测投影图

利用平行投影法，将空间物体及所在的直角坐标系沿不平行于任一坐标面的方向投射到单一投影面上所得到的投影图称为轴测图。如图 2-7(a)所示。轴测图立体感强，常被用作在图纸上进行空间构思和表达零部件结构形状、装配关系的效果图，是机械工业常用的辅助图样，如图 2-7(b)所示。

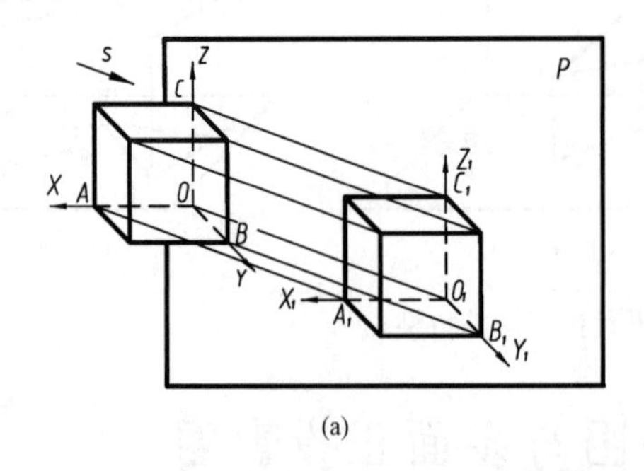

(a)

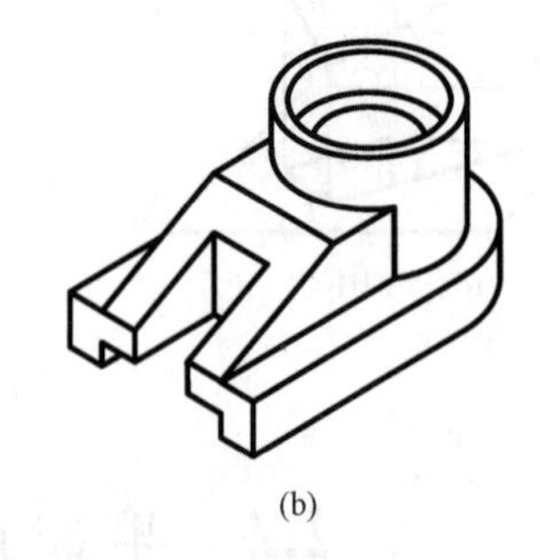

(b)

图 2-7　轴测投影图

2. 多面正投影图

物体的一个投影不能确定其空间形状，如图 2-8(a)所示。利用正投影法，将空间物体向两个或两个以上互相垂直的投影面分别作正投射，如图 2-8(b)所示；然后将物体的投影与投影面按一定规则展开，摊平在一个平面上，便得到物体的正投影图，如图 2-8(c)所示。这种图虽然立体感差，但度量性好、作图简便，在工程上广泛应用，也是本课程学习的重点。

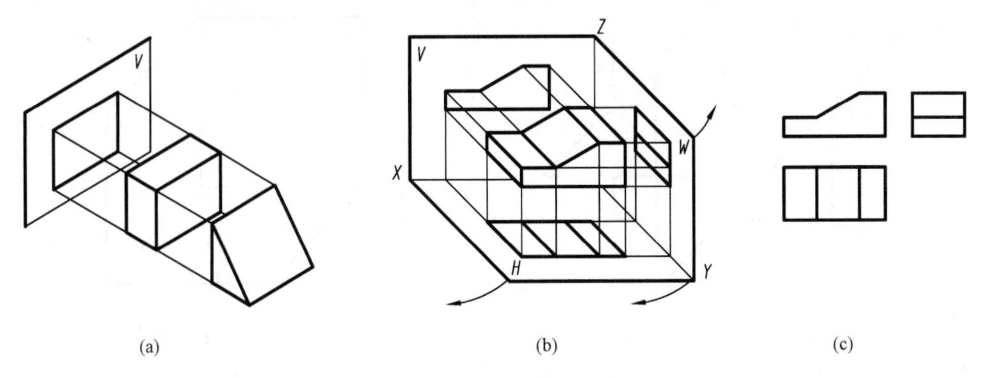

图 2-8　多面正投影图概念

2.3　三投影面体系及几何元素的投影

图 2-8(a)中两个不同物体在同一投影面上的正投影完全相同，这说明空间物体的一个投影不能准确唯一地表达其空间形状，因此工程图样中采用多面正投影来表达三维空间物体的形状。

2.3.1　三投影面体系的建立

空间互相垂直的三个直角坐标面(*XOZ*、*XOY*、*YOZ*)将空间分成八个分角，如图 2-9 所示。我国采用第一分角画法，有些国家采用第三分角画法。

第一分角中 *XOZ* 坐标面叫作正立投影面，用字母 *V* 表示，简称 *V* 面；*XOY* 坐标面叫作水平投影面，用字母 *H* 表示，简称 *H* 面；*YOZ* 坐标面叫作侧立投影面，用字母 *W* 表示，简称 *W* 面。三根坐标轴 *OX*、*OY*、*OZ* 称为投影轴，简称 *X* 轴、*Y* 轴、*Z* 轴，如图 2-10 所示。

三根投影轴的指向为：*X* 轴方向为左右方向，可以沿 *X* 轴方向度量物体的长度尺寸；*Y* 轴方向为前后方向，可以沿 *Y* 轴方向度量物体的宽度尺寸；*Z* 轴方向为上下方向，可以沿 *Z* 轴方向度量物体的高度尺寸。

2.3.2　几何元素的投影

自然界中，有形物体的表面，用几何学的观点分析都可看作是由点、线(直线或曲线)、面(平面或曲面)等几何元素构成。为了快捷准确地绘制和阅读工程图样，应熟练掌握点、线、面等几何元素的投影特性。

1. 点的投影

1)点的直角坐标与点的三面投影

空间任意一点只要给出一组坐标值(*X*、*Y*、*Z*)即可确定该点的空间位置，如图 2-11 所示中的空间点 *A* 由一组坐标值(18, 15, 20)即确定了该点相对三个投影面的位置。

将空间点 *A* 分别向三个投影面作正投射，即过点 *A* 向三个投影面作垂线，其三个垂足即为空间点 *A* 的水平投影 *a*、正面投影 *a'*和侧面投影 *a''*(任意一点的三个投影都用相应的小写字母表示，其中正面投影加一撇，侧面投影加两撇，以示区别)，如图 2-12 所示。

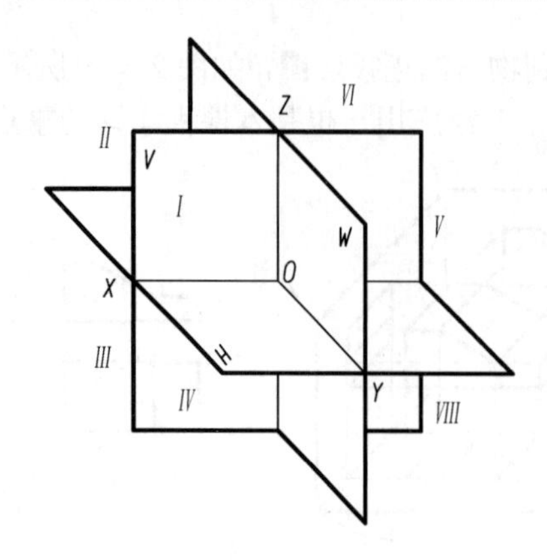

图 2-9 空间八个分角

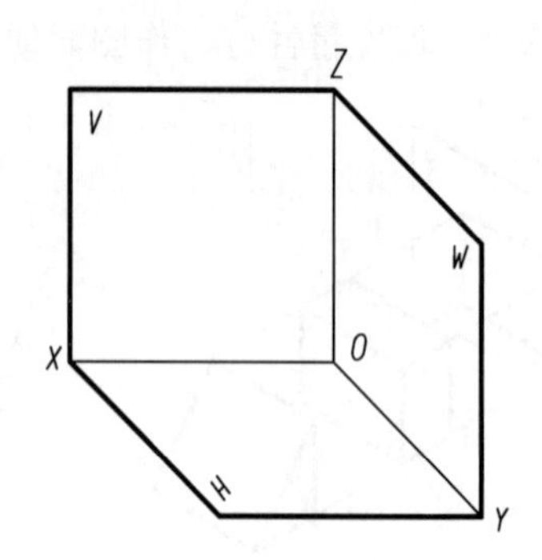

图 2-10 三投影面体系

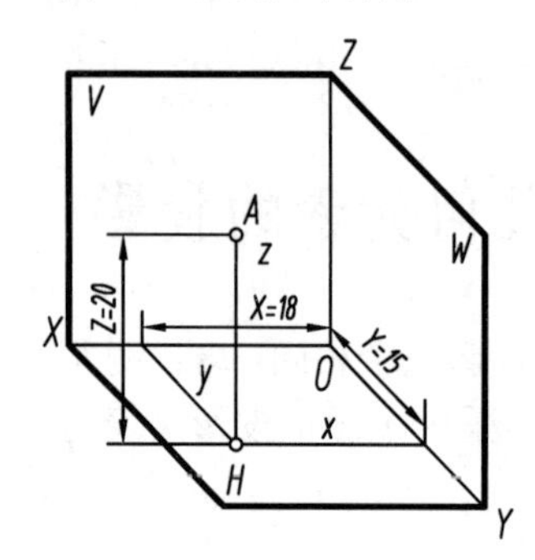

图 2-11 点的坐标

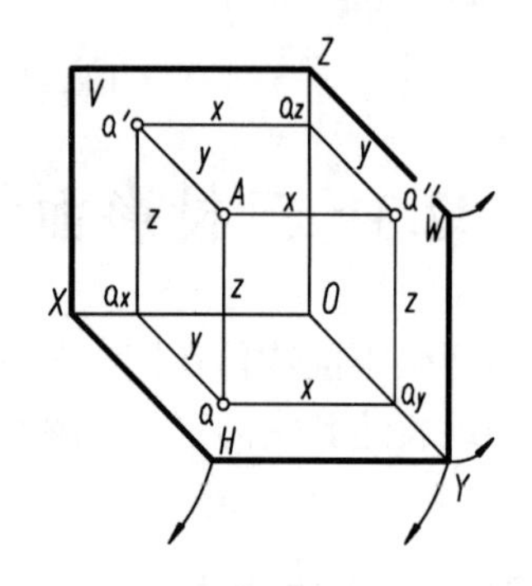

图 2-12 点的投影

从图 2-12 中可以看出：

点 *A* 的水平投影 *a* 由 *X*、*Y* 两个坐标值确定；正面投影 *a*′由 *X*、*Z* 两个坐标值确定；侧面投影 *a*″ 由 *Y*、*Z* 两个坐标值确定。

由此分析可得出：仅有点 *A* 的一个投影不能确定其空间位置；而任意两个投影即可确定该点的空间位置。

2）投影面的展开及点的投影规律

(1)投影面的展开。

空间三个互相垂直的投影面展平成一个平面的规则是：正立投影面(*V*)不动，水平投影面(*H*)绕 *OX* 轴向下旋转 90°；侧立投影面(*W*)绕 *OZ* 轴向右旋转 90°，展开后的三个投影面如图 2-13 所示。由于投影面的大小对点的投影无影响，因此点的三面投影不需要画出投影面的边界，如图 2-14 所示。

(2)点的投影规律。

从图 2-13 可看出：

点 *A* 正面投影 *a*′ 和水平投影 *a* 的 *X* 坐标值相等，因此 *a* 和 *a*′ 的连线垂直于 *OX* 轴；

点 *A* 正面投影 *a*′ 和侧面投影 *a*″ 的 *Z* 坐标值相等，因此 *a*′ 和 *a*″ 的连线垂直于 *OZ* 轴；

点 *A* 水平投影 *a* 和侧面投影 *a*″ 的 *Y* 坐标值相等，由于 *Y* 轴一分为二，因此 $aa_x=a''a_z$。

作图时可利用 45°线保证水平投影和侧面投影的 *Y* 坐标相等，如图 2-14 所示。

(3)点到投影面的距离。

点到投影面的距离可分别沿着 *OX* 轴、*OY* 轴、*OZ* 轴的方向度量其坐标值。从图 2-15 中可看出：

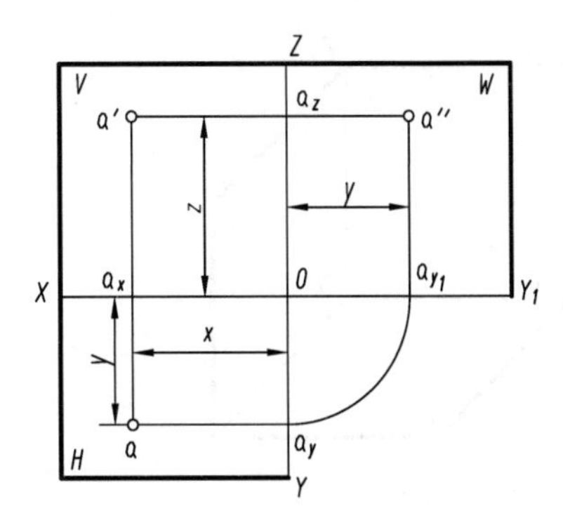

图 2-13　投影面展开

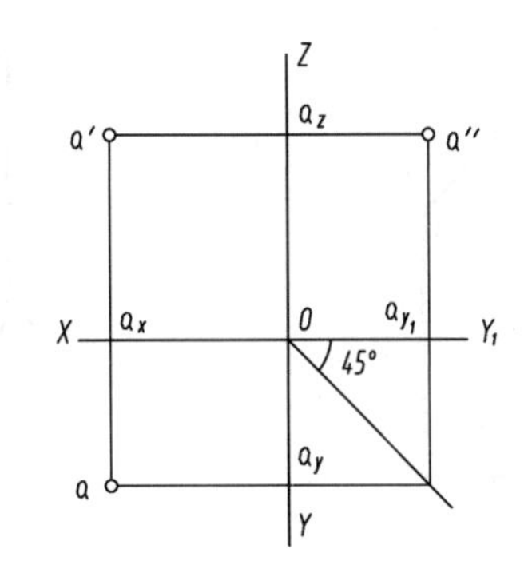

图 2-14　点的三面投影图

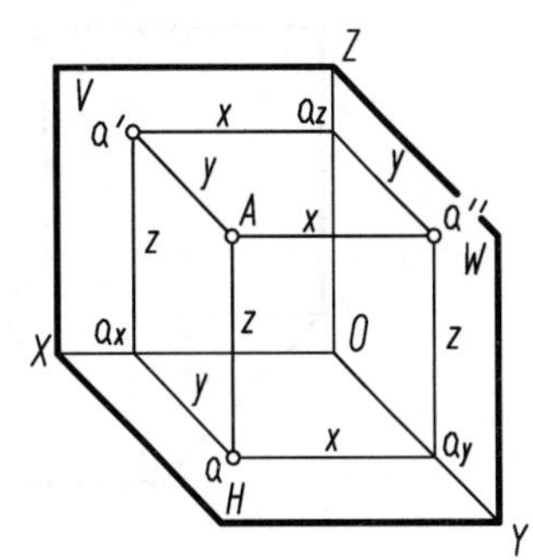

图 2-15　点到投影面的距离

图 2-14

点到水平投影面的距离等于该点的 Z 坐标值，可在正立投影面和侧立投影面中沿着 OZ 轴的方向度量其 Z 坐标值，即 $Aa=a'a_x=a''a_y=Z$ 坐标；

点到正立投影面的距离等于该点的 Y 坐标值，可在水平投影面和侧立投影面中沿着 OY 轴的方向度量其 Y 坐标值，即 $Aa'=aa_x=a''a_z=Y$ 坐标；

点到侧立投影面的距离等于该点的 X 坐标值，可在水平投影面和正立投影面中沿着 OX 轴的方向度量其 X 坐标值，即 $Aa''=aa_y=a'a_z=X$ 坐标。

(4) 点的投影图画法。

例 2-1　已知点 A 的坐标为(15, 12, 17)，画其三面投影图。具体画法如图 2-16 所示。

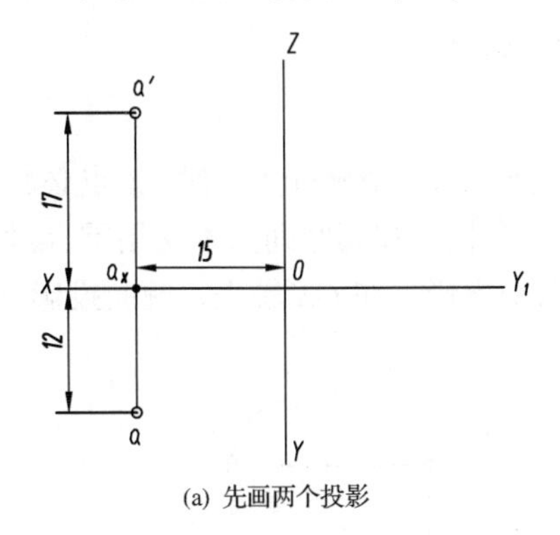

(a) 先画两个投影

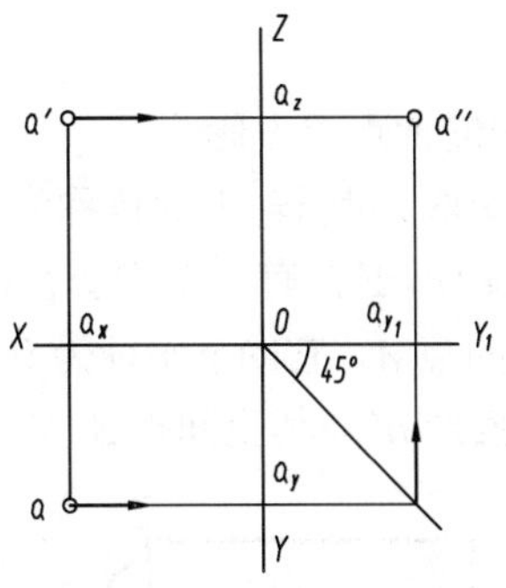

(b) 根据两个投影画第三个投影

图 2-16　点的三面投影图的画法

在 OX 轴上截取 15 得 a_x，过 a_x 画线垂直于 OX 轴，过 a_x 沿着垂线向下截取 12 得点 A 的水平投影 a；向上截取 17 得点 A 的正面投影 a'，如图 2-16(a)所示；再根据点的投影规律(正面投影 a' 和侧面投影 a'' 的连线垂直于 OZ 轴)，过正面投影 a' 画线垂直于 OZ 轴；过水平投影 a 画线垂直于 OY 交于 45°线后向上画线与 OY_1 垂直，并延长与过正面投影 a' 画的线相交，其交点即为点 A 的侧面投影 a''，如图 2-16(b)所示。

从以上作图可看出，已知点的任意两个投影即可求出其第三投影。

例 2-2　根据图 2-16(b)所示点 A 的三面投影图，画其轴测图。具体画法如下：

画投影面，先画一矩形为 V 面，H、W 面画成顶角为 45°的平行四边形，如图 2-17(a)。

在正投影图中，按 1:1 的比例将沿各轴量取的 a_x、a_y、a_z 截取到轴测轴上，如图 2-17(b)；过 a_x、a_y、a_z 分别引各轴的平行线，得点 A 的三个投影 a、a'、a''，如图 2-17(c)；过 a 作 $aA//OZ$，过 a' 作 $a'A//OY$，过 a'' 作 $a''A//OX$，所作三直线的交点即为空间点 A，如图 2-17(d)。

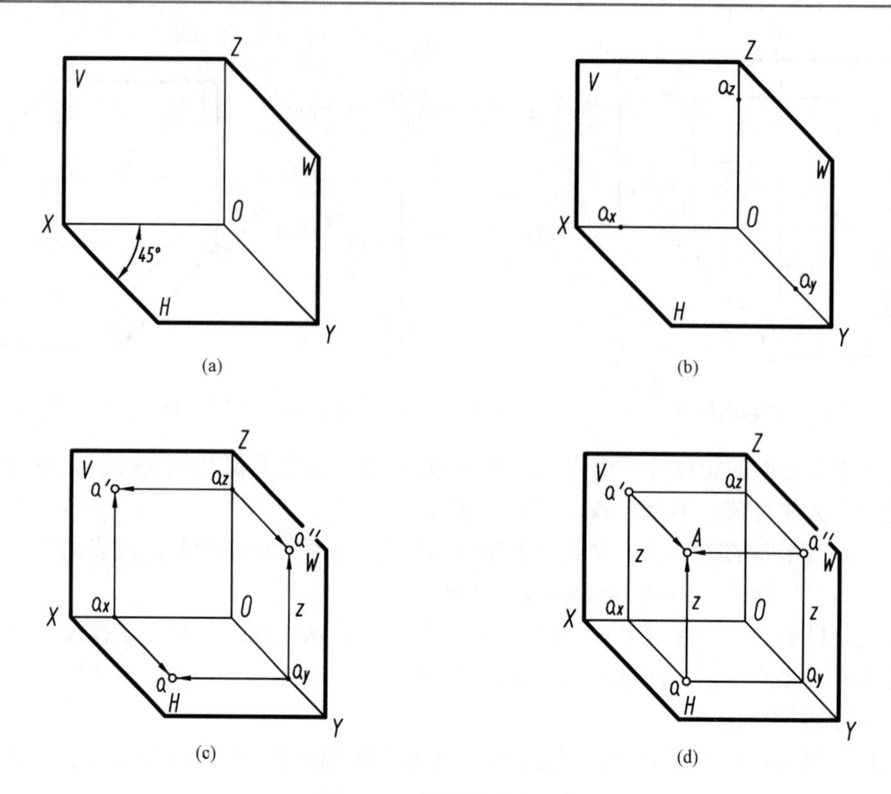

图 2-17 点的轴测图画法

(5)特殊位置点的投影。

属于投影面、投影轴上的点称为特殊位置点。当点的一个坐标为 0 时，该点必属于投影面，它的三个投影中，必定有两个投影在投影轴上，另一个投影和其空间点本身相重合。如图 2-18(a)中属于 V 面的点 A，它的 y 坐标为 0，所以它的水平投影 a 在 OX 轴上，侧面投影 a'' 在 OZ 轴上，而正面投影 a' 与其空间点 A 重合为一点。

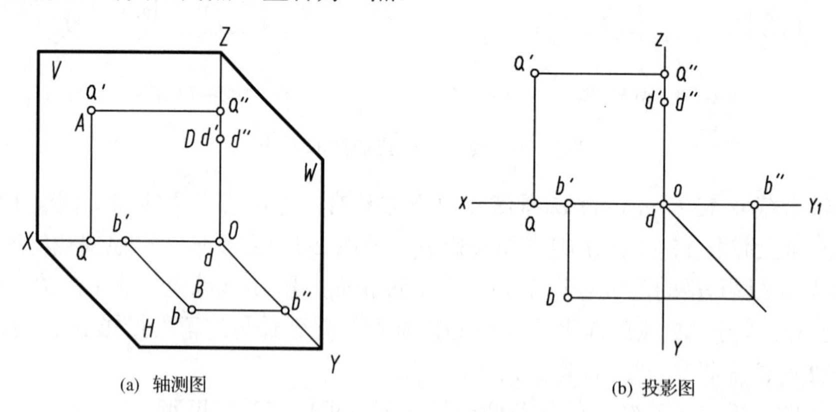

(a) 轴测图 (b) 投影图

图 2-18 特殊位置点的投影

当点的两个坐标为 0 时，该点属于投影轴，它的三个投影中，必定有两个投影在投影轴上并和其空间点本身相重合，另一个投影在原点上。如图 2-18(a)中的点 D 属于 Z 轴。它们的投影图如图 2-18(b)所示。

3) 两点的相对位置

空间两点之间有上下、左右、前后的位置关系。在投影图上分析两点之间的坐标关系，即可判断两点之间在空间的相互位置关系。

根据 *X* 坐标值的大小，可以判断两点之间左右位置关系；

根据 *Y* 坐标值的大小，可以判断两点之间前后位置关系；

根据 *Z* 坐标值的大小，可以判断两点之间上下位置关系。

例如图 2-19(a) 中 *A*、*B* 两点的 *X*、*Y*、*Z* 坐标差分别为ΔX=9mm，ΔY=5mm，ΔZ=8mm，则两点在空间的位置关系为：点 *B* 在点 *A* 右方 9mm、后方 5mm、上方 8mm，如图 2-19(b)。

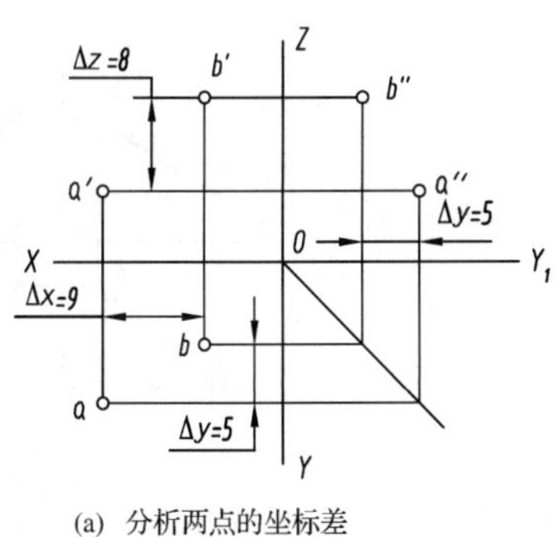

(a) 分析两点的坐标差

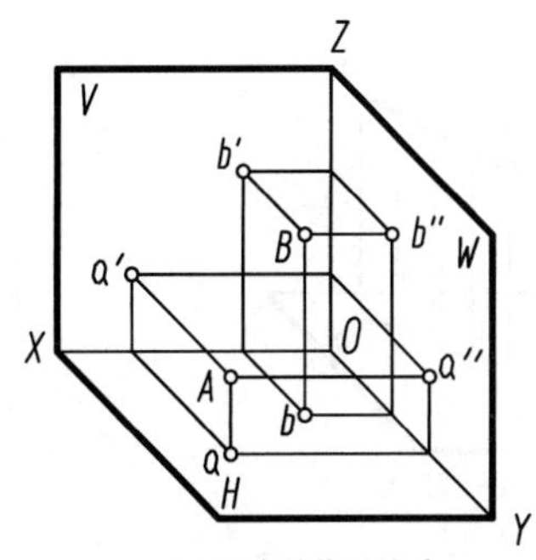

(b) 两点的位置关系

图 2-19　两点的相对位置

同一投影体系中的两个点，如果它们任意两个坐标值相等，就会在相应投影面上的投影产生重影。如图 2-20(a) 中 *AE* 两点正面投影产生重影，*AB* 两点水平投影产生重影，*AD* 两点侧面投影产生重影。

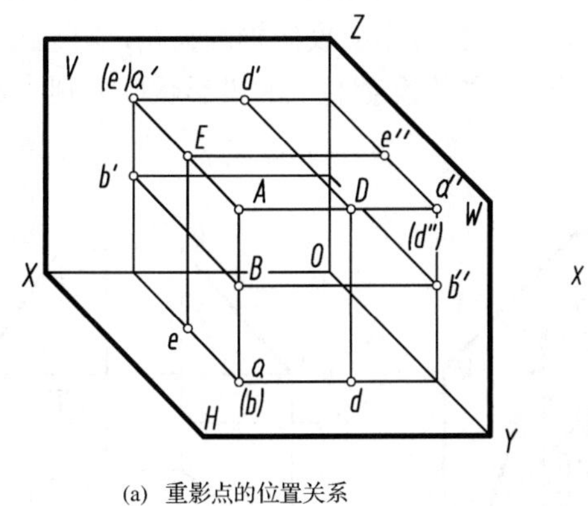

(a) 重影点的位置关系

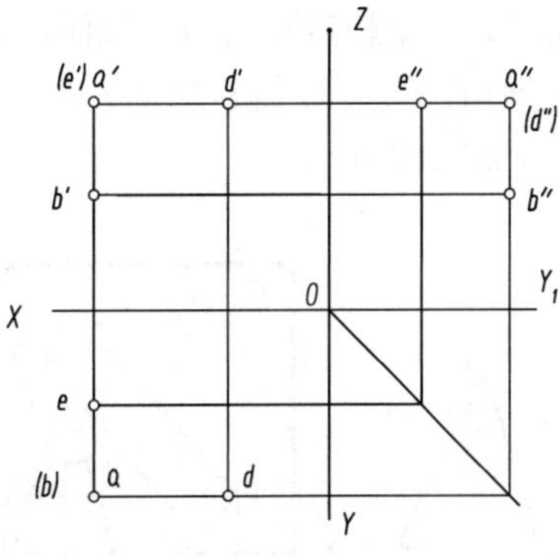

(b) 重影点的可见性

图 2-20　重影点

出现重影时，需要判断两点的可见性。可见性的判断规则是：两点的正面投影前遮后，水平投影上遮下，侧面投影左遮右。在产生重影的投影图上将被遮住的点加括号，以示该点在这个投影面上的投影不可见，如图 2-20(b) 所示。

上述各点产生重影时的位置关系可描述为：点 *B* 在点 *A* 的正下方，点 *E* 在点 *A* 的正后方，点 *D* 在点 *A* 的正右方。

2. 直线的投影

1) 直线的确定与投影图画法

空间一点沿定方向运动，其轨迹就是一条直线，因而直线可由一点和一方向确定，或由直线上任意两个点确定。一般情况下，直线的投影仍是直线，如图 2-21(a) 中的直线 *AB*。在特殊情况下，直线的投影可变为一点，如图 2-21(a) 中的直线 *CD*，因垂直于投影面，所以它在该投影面上的投影积聚成点。

画直线的投影图时，可先画直线上两个端点的三面投影，然后将同一投影面上的投影(简称同面投影)用直线相连，即完成直线的三面投影图。如图 2-21(b) 中直线 *AB* 的三面投影。

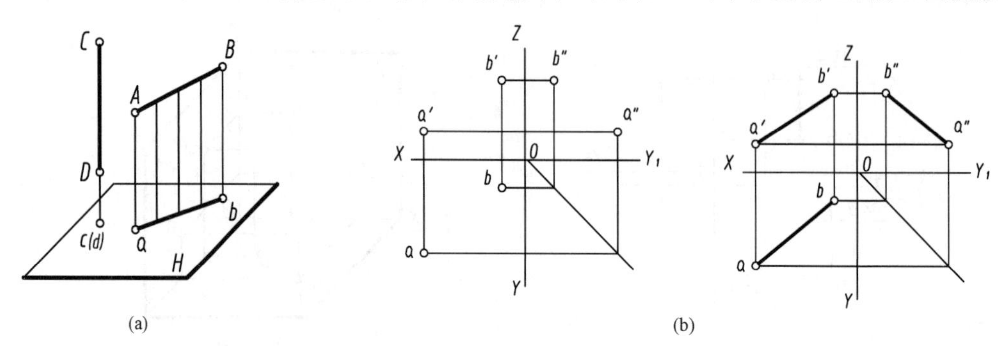

图 2-21　直线投影与画法

2) 各种位置直线及其投影特性

直线相对投影面的位置，可分为倾斜线、平行线和垂直线三种。

(1) 投影面倾斜线。

相对三个投影面都倾斜的直线称为倾斜线，因此倾斜线的投影特性为：直线的三个投影均小于该直线实长，三个投影均与投影轴倾斜。各投影与相应投影轴的夹角，均不反映该直线与投影面的真实倾角 α、β、γ，如图 2-22 所示。直线 *AB* 在各投影面上的投影长度分别为 $ab=AB\cos\alpha$，$a'b'=AB\cos\beta$，$a''b''=AB\cos\gamma$。

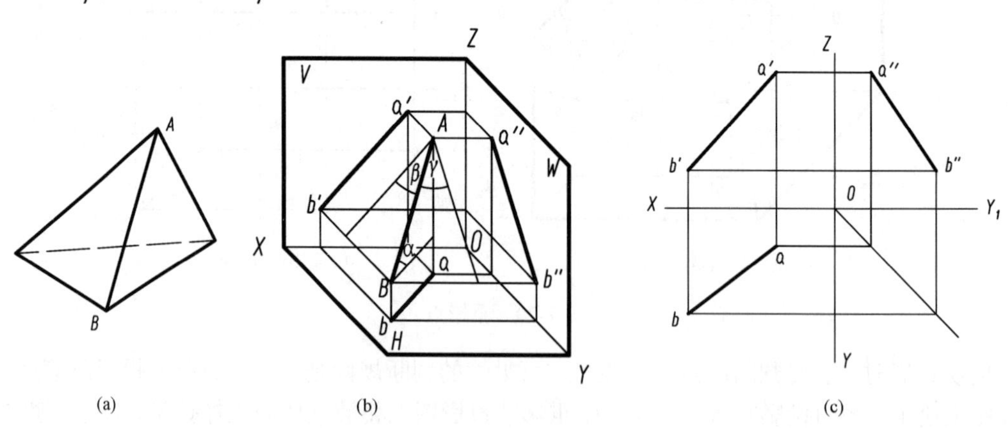

图 2-22　倾斜直线的投影

(2) 投影面平行线。

平行于一个投影面相对另外两个投影面倾斜的直线，称为投影面平行线。根据直线平行于不同的投影面有：

水平线——平行于 H 面；正平线——平行于 V 面；侧平线——平行于 W 面

下面以水平线为例介绍其投影特性(表 2-1)。水平线 AB 平行于 H 面，所以直线 AB 上各点到 H 面的距离相等，即 Z 坐标相等，这就决定了它的投影有如下特性：

① 水平线的水平投影反映实长，即 $ab=AB$。

② 水平线正面投影平行于 OX 轴，侧面投影平行于 OY_1 轴。

③ 水平投影 ab 与 OX 轴的夹角反映该直线对 V 面的倾角 β；水平投影 ab 与 OY 轴的夹角反映了该直线对 W 面的倾角 γ。

正平线和侧平线也有类似的投影特性见表 2-1。

表 2-1　投影面平行线的投影特性

	水平线(//H，∠V、W)	正平线(//V，∠H、W)	侧平线(//W，∠H、V)
实例	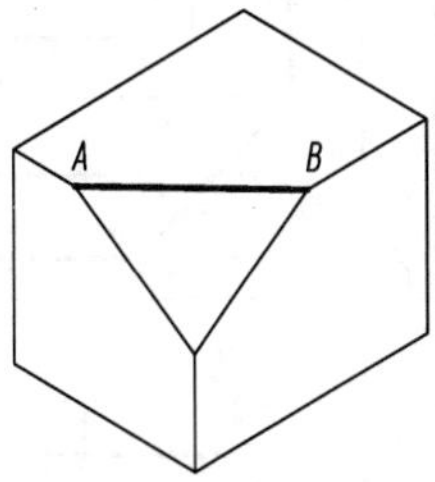	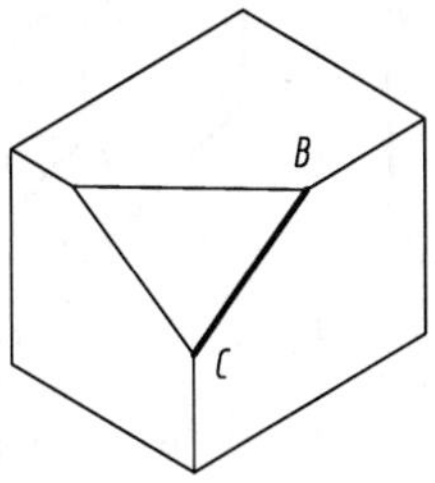	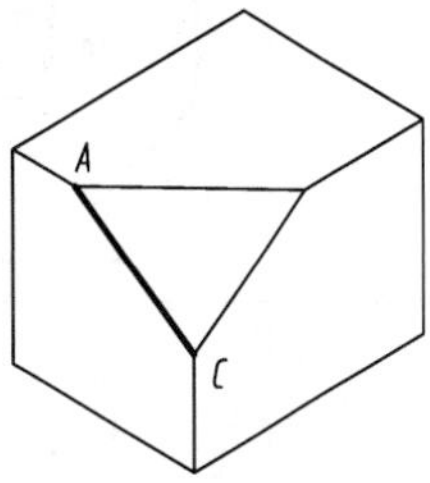
立体图	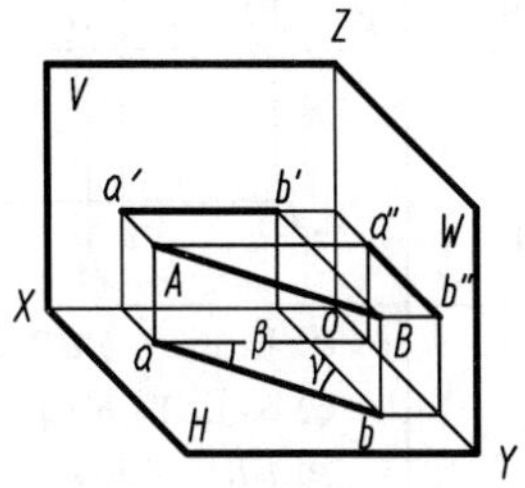	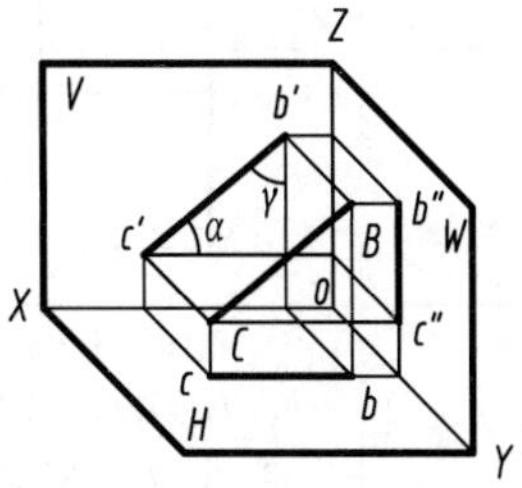	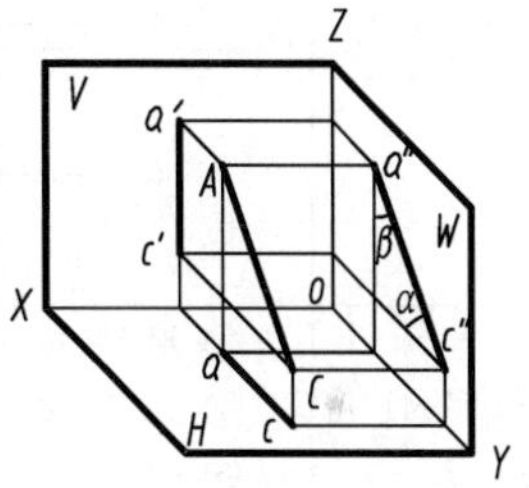
投影图	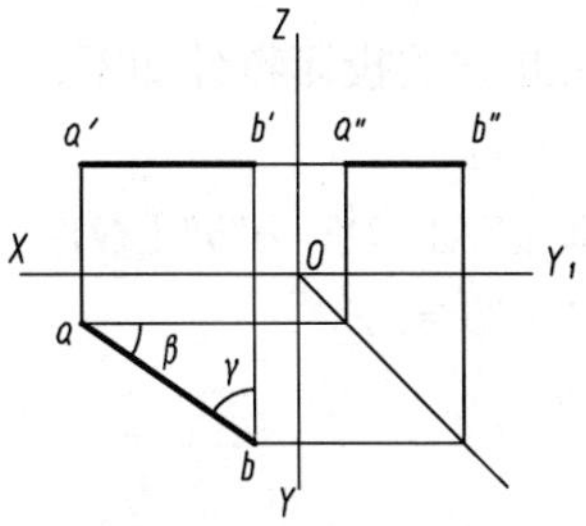	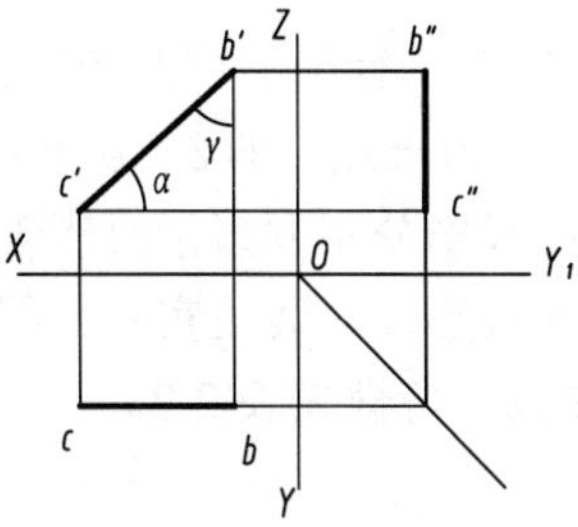	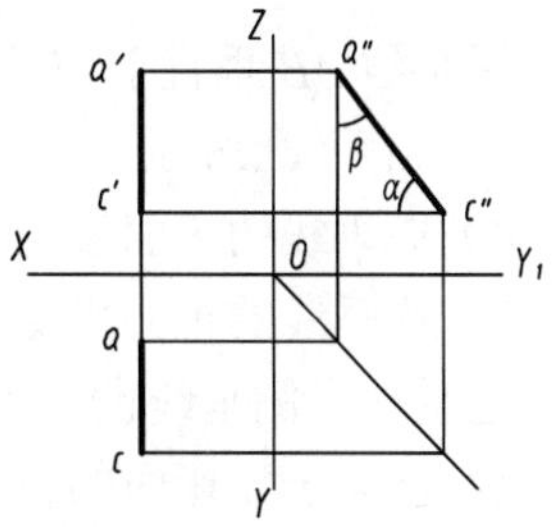
投影特性	① ab 反映实长； ② $a'b'//OX$，$a''b''//OY_1$； ③ ab 与 OX 的夹角反映 β，ab 与 OY 的夹角反映 γ	① $b'c'$反映实长； ② $bc//OX$、$b''c''//OZ$； ③ $b'c'$与 OX 的夹角反映 α，$b'c'$与 OZ 的夹角反映 γ	① $a''c''$反映实长； ② $a'c'//OZ$，$ac//OY$； ③ $a''c''$与 OY_1 的夹角反映 α，$a''c''$与 OZ 的夹角反映 β

(3)投影面垂直线。

垂直于一个投影面(必同时平行于另外两个投影面)的直线称为投影面垂直线。根据直线垂直于不同的投影面有：

铅垂线——垂直于 H 面；正垂线——垂直于 V 面；侧垂线——垂直于 W 面

现以铅垂线为例说明其投影特性(表 2-2)。

表 2-2　投影面垂直线的投影特性

	铅垂线($\perp H$, $//V$、W)	正垂线($\perp V$, $//H$、W)	侧垂线($\perp W$, $//H$、V)
实例	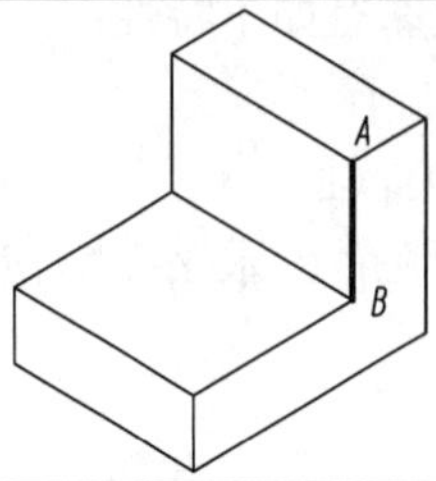	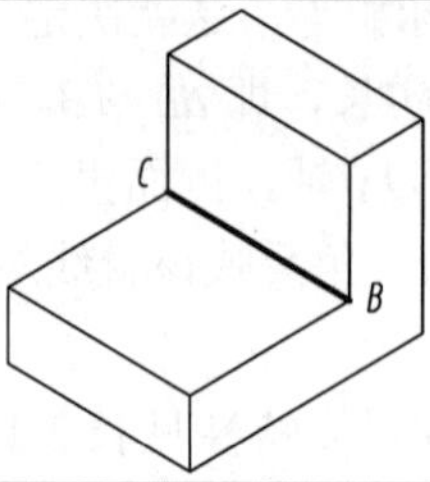	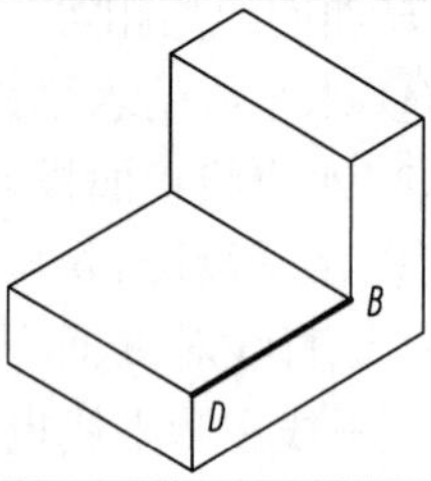
立体图	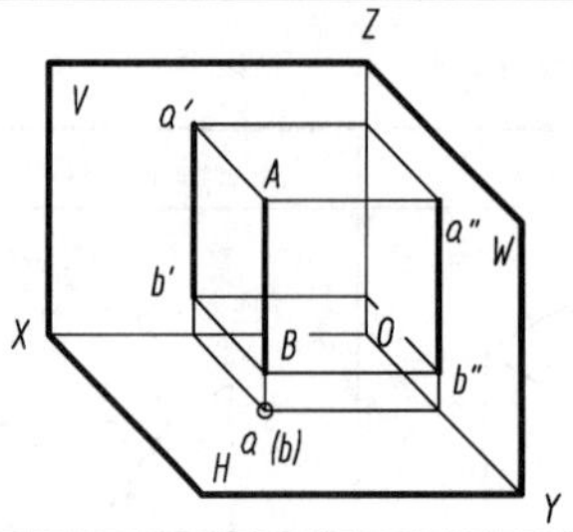	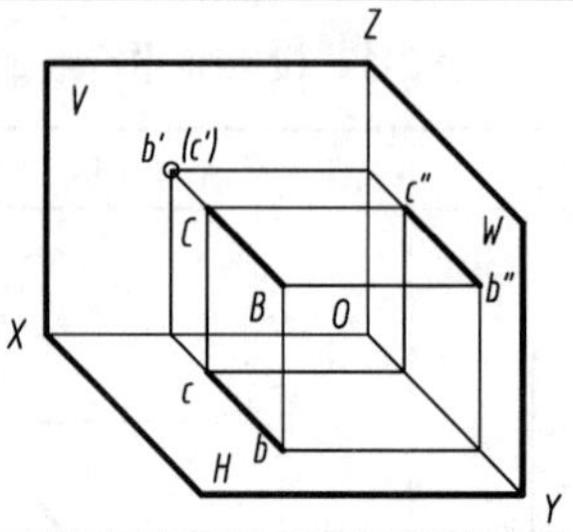	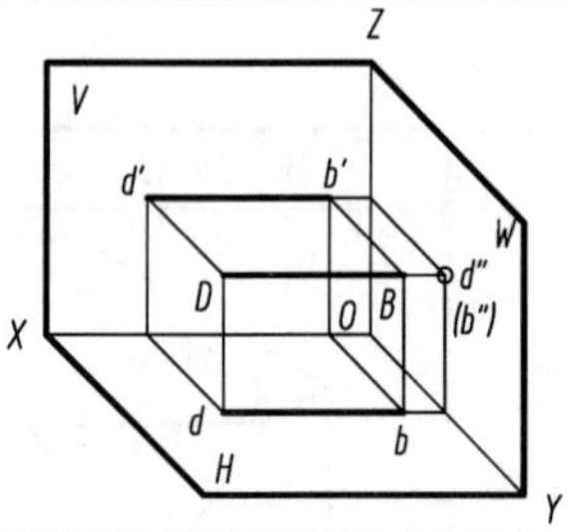
投影图	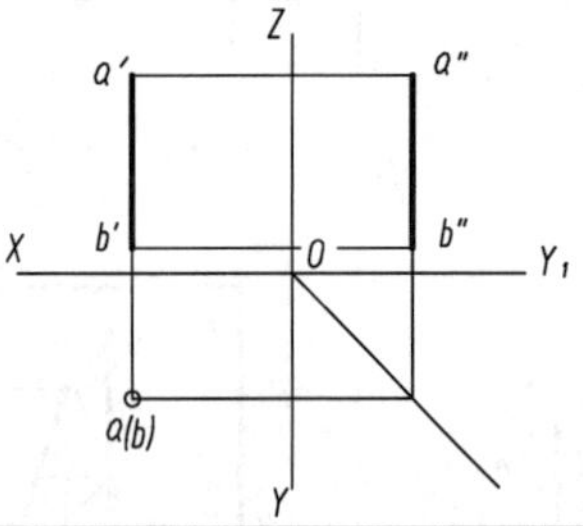	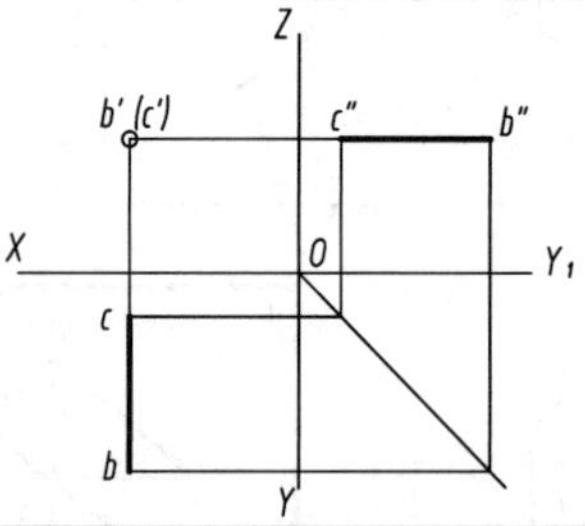	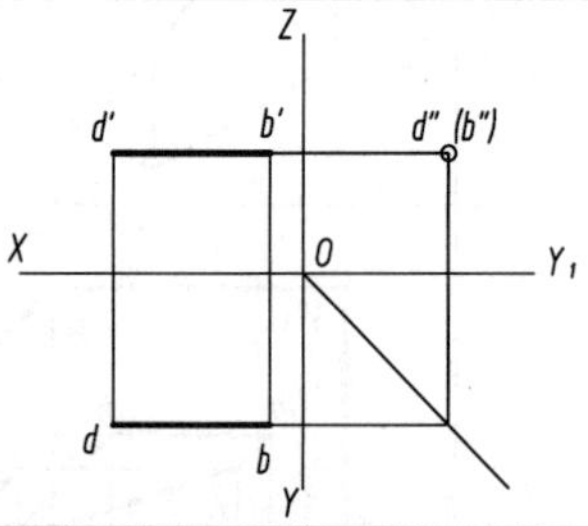
投影特性	① 水平投影 ab 积聚为一点； ② $a'b' \perp OX$，$a''b'' \perp OY_1$； ③ $a'b'$、$a''b''$反映实长	① 正面投影 $b'c'$积聚为一点； ② $bc \perp OX$，$b''c'' \perp OZ$； ③ bc、$b''c''$反映实长	① 侧面投影 $b''d''$积聚为一点； ② $bd \perp OY$，$b'd' \perp OZ$； ③ bd、$b'd'$ 反映实长

铅垂线 AB 垂直于 H 面，必同时平行于 V 面和 W 面，因此它的投影特性如下：

① 铅垂线 AB 的水平投影积聚为一点，即 a、b 重合为一点；

② 铅垂线的正面投影和侧面投影分别垂直于投影轴，即 $a'b' \perp OX$，$a''b'' \perp OY_1$；

③ 铅垂线的正面投影和侧面投影反映线段实长，即 $a'b'=a''b''=AB$。

正垂线和侧垂线也有类似的投影特性见表 2-2。

(4) 从属于投影面的直线。

从属于投影面的直线，实际上就是投影面平行线或投影面垂直线的特殊情况。图 2-23(a) 中直线 AB 和图 2-23(b) 中直线 CD，均为属于 H 面的直线，其 z 坐标为零。也就是说，AB 为水平线的特例，CD 为正垂线的特例。其投影特性是：必有一个投影重合于直线本身，另两个投影在投影轴上。根据点的投影规律，$a''b''$ 和 $c''d''$ 只能属于 OY_1，而不能属于 OY。图 2-23(c) 中的直线 EF 是从属于投影轴 OX 的侧垂线，其正面投影 $e'f'$ 和水平投影 ef 均重合于 OX 轴，并与其本身重合，侧面投影积聚于原点 O 处。从属于 OY 轴和从属于 OZ 轴的直线的投影特性，请读者自行分析。

3) 求倾斜线的实长及其对投影面的倾角

倾斜线的各投影均不反映线段的真实长度，其与投影轴的夹角也不反映线段与投影面的真实倾角。但是，如果有了线段的两个投影，这个线段的长度及空间位置就完全确定了，

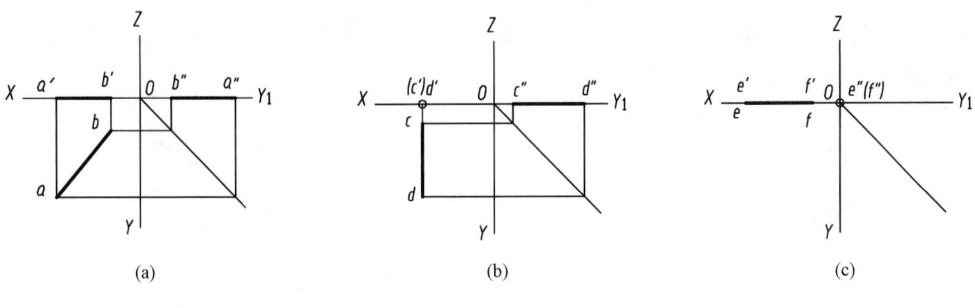

(a)　(b)　(c)

图 2-23　从属于投影面的直线

因此就可以根据这两个投影，通过图解法(直角三角形法)，求出线段实长及其对投影面的夹角。

图 2-24(a)为倾斜线段 AB 的立体图。在垂直于 H 面的 $ABba$ 平面内，过点 A 作 $AB_0//ab$，则$\triangle ABB_0$为直角三角形。在此三角形中，直角边 $AB_0=ab$，即等于线段 AB 的水平投影；而另一直角边 $BB_0=z_B-z_A$，即等于线段 AB 两端点的 z 坐标差；斜边 AB 则为线段 AB 的实长，$\angle BAB_0=\alpha$，即等于该线段对 H 面的倾角。

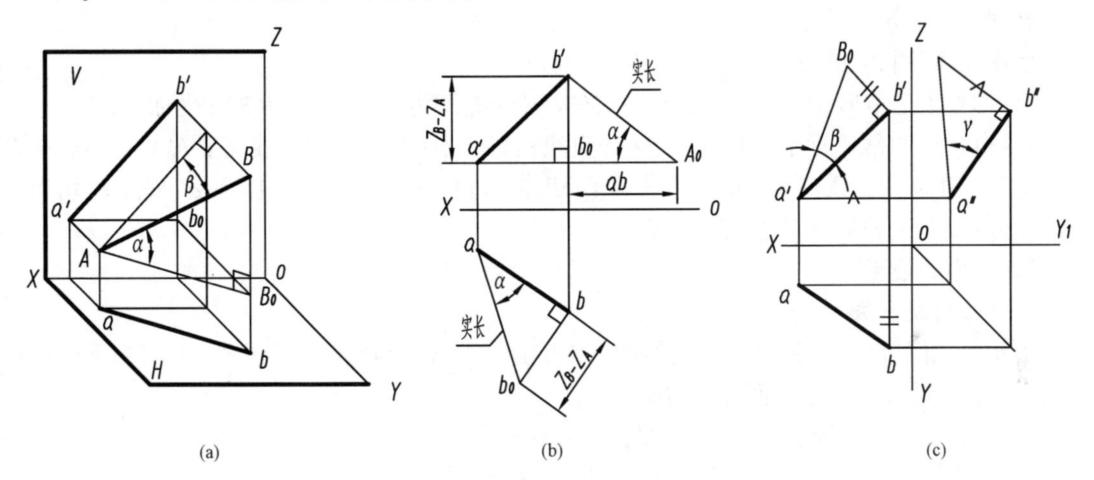

(a)　(b)　(c)

图 2-24　求倾斜线的实长及其对投影面的倾角

如能作出直角$\triangle ABB_0$，就能求出 AB 实长及 α 角。从线段 AB 的投影图(图 2-24(b))中可见，直角三角形的两个直角边为已知，则该直角三角形的实形即可作出。

具体作图方式有两种，如图 2-24(b)。

(1)在水平投影上作图，过 a 或 b 作 ab 的垂线 bb_0，使 $bb_0=z_B-z_A$，连接 ab_0，即为直线 AB 的实长，$\angle b_0ab$ 即为 α 角。

(2)在正面投影上作图，过 a' 作 X 轴的平行线与 bb' 交于 b_0($b'b_0=z_B-z_A$)，量取 $b_0A_0=ab$，连接 $b'A_0$，即为直线 AB 的实长，$\angle b_0A_0b'$ 即为 α 角。

按上述类似的分析方法，可利用线段的正面投影 $a'b'$ 及 A、B 两点的 y 坐标差作出直角三角形 $a'b'B_0$，则斜边 $a'B_0$ 就是 AB 的实长，$\angle B_0a'b'$ 就是对 V 面的倾角 β，如图 2-24(c)所示。

利用侧面投影 $a''b''$ 及 A、B 两点的 x 坐标差作出直角三角形，可求出对 W 面的倾角 γ 及 AB 的实长，如图 2-24(c)所示。

例 2-3 已知线段 AB 的水平投影 ab，及端点 A 的正面投影 a'，并知其与 H 面的倾角 α 为 30°，试求线段 AB 的正面投影(图 2-25(a))。

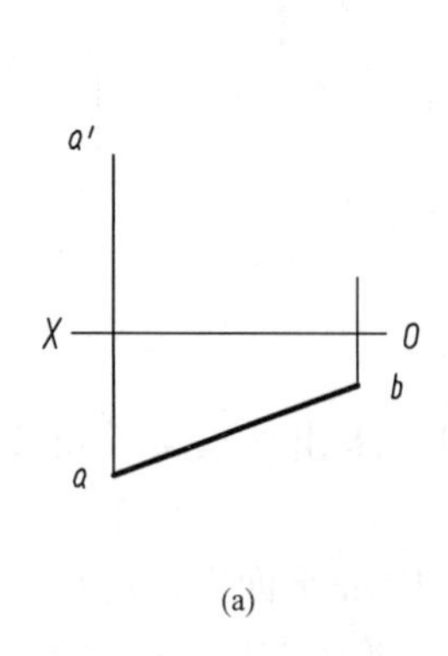

(a)

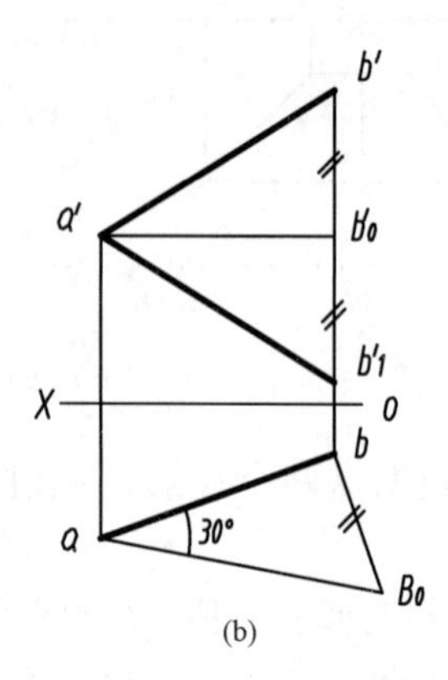

(b)

图 2-25 求线段正面投影

解 分析：根据线段 AB 的水平投影 ab 和 α 角，可求出两点 A、B 的 z 坐标差，并依照点的投影规律求出 b'，即可得到线段 AB 的正面投影 $a'b'$。

作图步骤(图 2-25(b))：

(1)作直角三角形 abB_0，并使$\angle baB_0=30°$，则 bB_0 即为两端点 A、B 的 z 坐标差。

(2)自 a' 作直线平行于 OX 轴，自 b 作直线垂直于 OX 轴，这两直线交于 b_0' 点，然后在直线 $b'b_0'$ 上，由 b_0' 向上或向下量取一线段等于 bB_0 的长度，得到点 b' 或 b_1'，则 $a'b'$或 $a'b_1'$ 均为所求线段 AB 的正面投影，即本题有两解。

3. 平面的投影

1)平面的表示法

由初等几何可知，不属于同一直线的三点确定一平面。因此，在投影图上，可由下列任意一组几何元素的投影表示平面(图 2-26)。

(1)不属于同一直线的三个点，如图 2-26(a)所示。

(2)一直线和不属于该直线的一点，如图 2-26(b)所示。

(3)相交两直线，如图 2-26(c)所示。

(4)平行两直线，如图 2-26(d)所示。

(5)任意平面图形(如三角形、圆等，如图 2-26(e)所示。

图 2-26 所示各组几何元素之间是有密切联系的，并可互相转换。

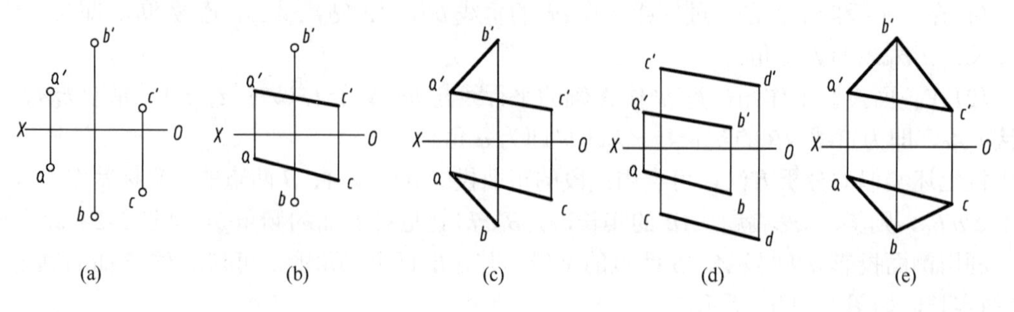

图 2-26 平面表示法

2) 平面相对投影面的位置及其投影特性

平面相对投影面的位置可分为三种：投影面倾斜面、投影面垂直面、投影面平行面，后两类统称为特殊位置平面。

(1) 投影面倾斜面。

由于投影面倾斜面与三个投影面都倾斜，所以它在三个投影面上的投影均为缩小了的空间实形的类似形。图 2-27 中的△*ABS* 的三个投影仍是边数相同的三角形。

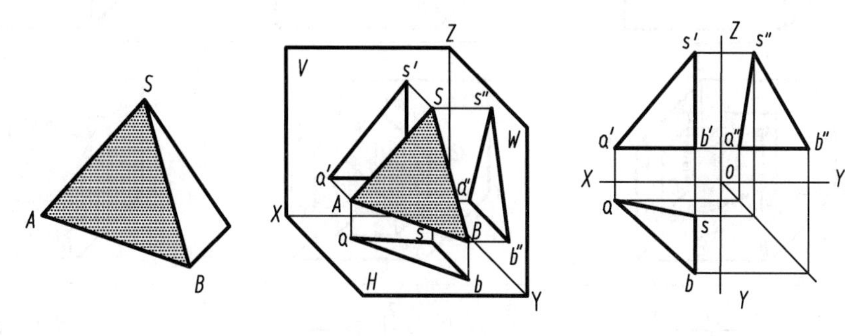

图 2-27　投影面倾斜面

(2) 投影面垂直面。

投影面垂直面是垂直于一个投影面倾斜于另两个投影面的平面。其中垂直于 *H* 面的平面称为铅垂面，垂直于 *V* 面的平面称为正垂面，垂直于 *W* 面的平面称为侧垂面。

现以由矩形 *ABCD* 给定的铅垂面为例，讨论其投影特性，见表 2-3。

① 平面 *ABCD* 垂直于 *H* 面，该平面的水平投影积聚为一直线。即属于该平面的一切点、线的水平投影均与该平面的水平投影重合，正面、侧面投影为实际形状的类似形。

② 铅垂面的水平投影与 *OX* 轴的夹角反映该平面对 *V* 面的夹角 β，该平面的水平投影与 *OY* 轴的夹角反映该平面与 *W* 面的夹角 γ。

正垂面和侧垂面也具有类似的投影特性，详见表 2-3。

(3) 投影面平行面。

平行于一个投影面(必同时垂直于另两个投影面)的平面称为投影面平行面。其中，平行于 *H* 面的平面称为水平面，平行于 *V* 面的平面称为正平面，平行于 *W* 面的平面称为侧平面。现以表 2-4 中水平面为例，讨论其投影特性。

① 水平面的水平投影反映实形。

② 水平面的正面投影和侧面投影有积聚性，且分别平行于 *OX* 轴和 OY_1 轴。

正平面与侧平面也具有类似的投影特性，见表 2-4。

3) 平面迹线的投影

平面与投影面的交线称为平面的迹线。如图 2-28(a)所示，平面 *P* 与三个投影面均相交，平面 *P* 与 *H* 面的交线称为水平迹线，用 P_H 标记；与 *V* 面的交线称为正面迹线，用 P_V 标记；与 *W* 面的交线称为侧面迹线，用 P_W 标记。平面 *P* 与三个投影轴的交点称为集合点，分别以 P_X、P_Y、P_Z 标记。集合点是两条迹线与某一投影轴的共有点，也是两个投影面与空间平面的共有点(三面共点)。

由于迹线是属于投影面的直线，因此迹线在该投影面上的投影与迹线本身重合，另两个投影与相应的投影轴重合。在图 2-28(a)中可看出：水平迹线 P_H 的水平投影与水平迹线重合，水平迹线 P_H 的正面投影与 *OX* 轴重合，水平迹线 P_H 的侧面投影与 *OY* 轴重合。

表 2-3 投影面垂直面的投影特性

	铅垂面	正垂面	侧垂面
实例	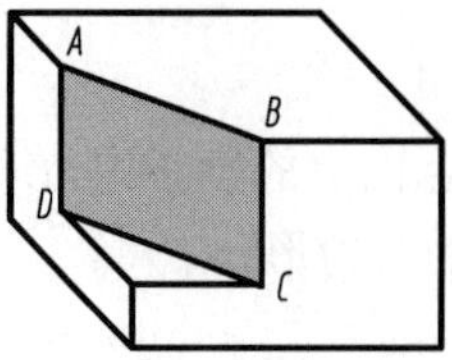	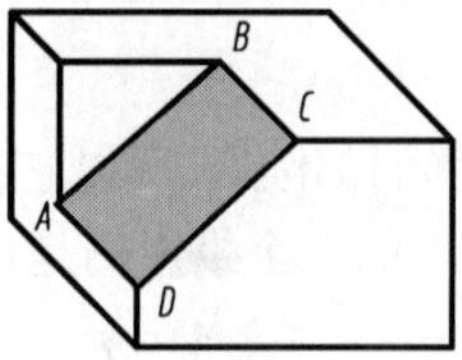	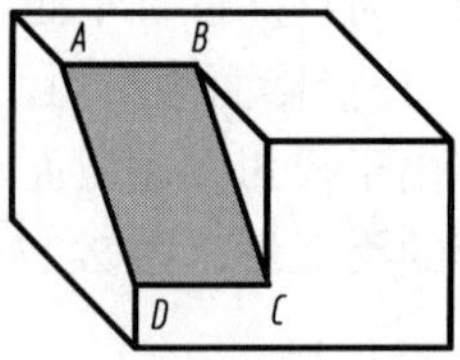
立体图	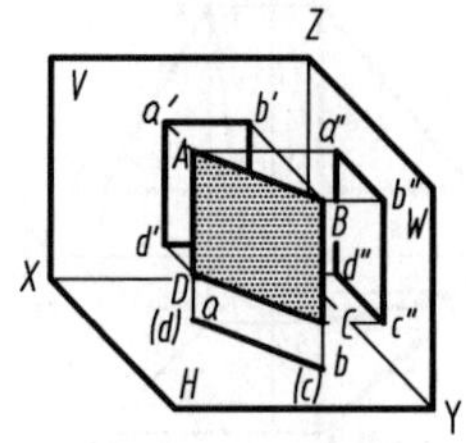	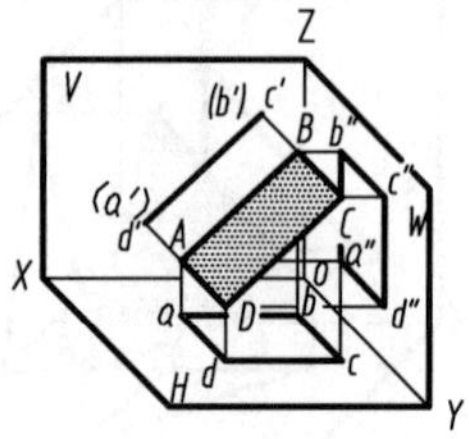	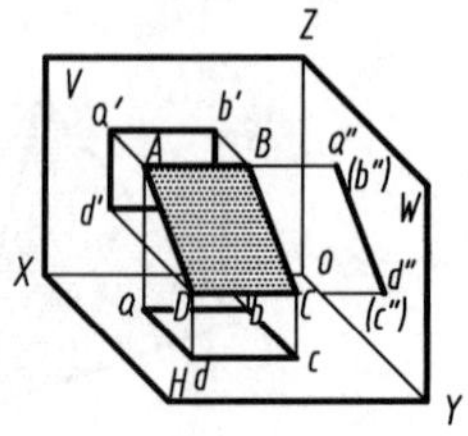
投影图	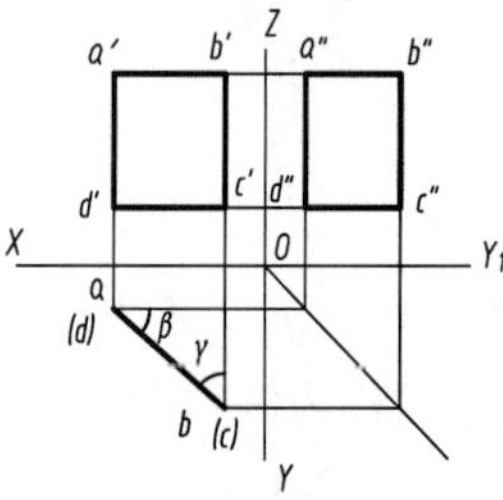	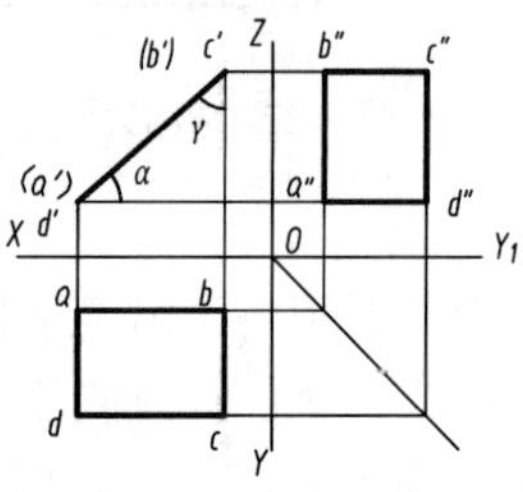	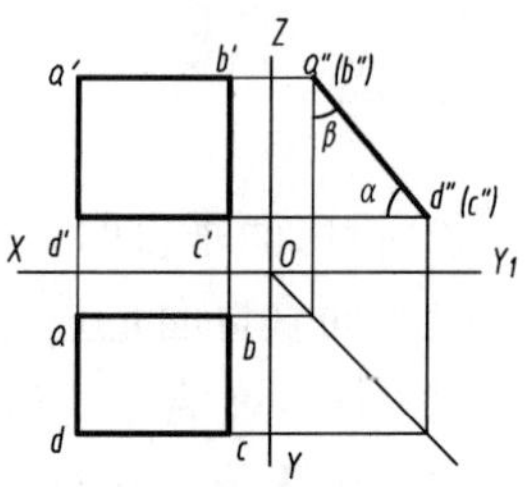
投影特性	① 水平投影有积聚性； ② 正面投影和侧面投影具有类似性； ③ 水平投影与 OX 轴的夹角反映 β 角，与 OY 轴的夹角反映 γ 角	① 正面投影有积聚性； ② 水平投影和侧面投影具有类似性； ③ 正面投影与 OX 轴的夹角反映 α 角，与 OZ 轴的夹角反映 γ 角	① 侧面投影有积聚性； ② 正面投影和水平投影具有类似性； ③ 侧面投影与 OY_1 轴的夹角反映 α 角，与 OZ 轴的夹角反映 β 角

在投影图中，当用迹线表示平面时，为了清晰简便，迹线在投影面上的投影与投影轴重合时其投影不必画出。例如，在图 2-28(b) 中只画水平迹线的水平投影 P_H，水平迹线的正面投影和侧面投影均没画出。

表 2-4 投影面平行面的投影特性

	水平面	正平面	侧平面
实例	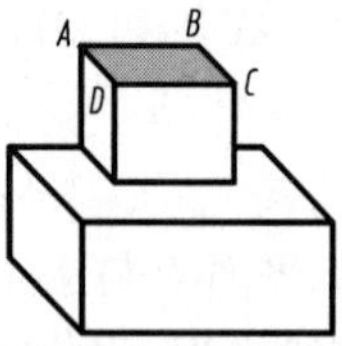	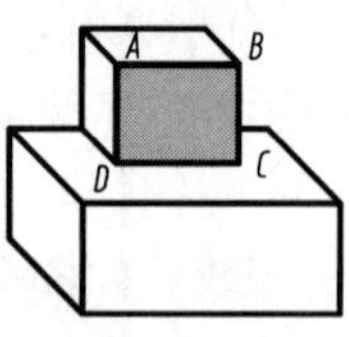	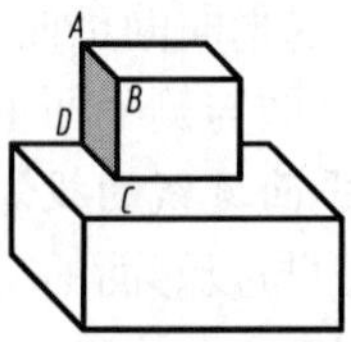
立体图	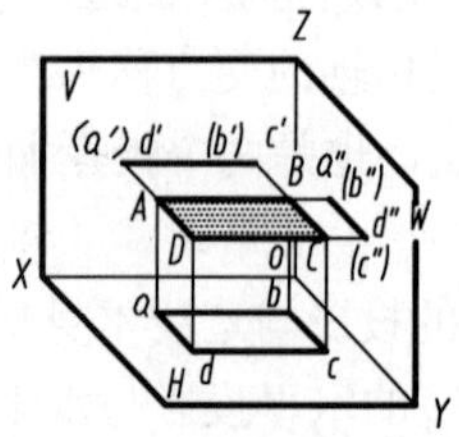	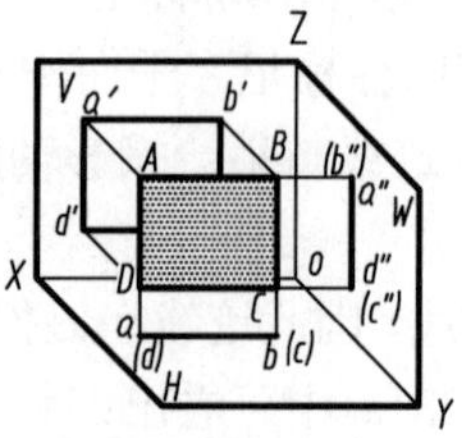	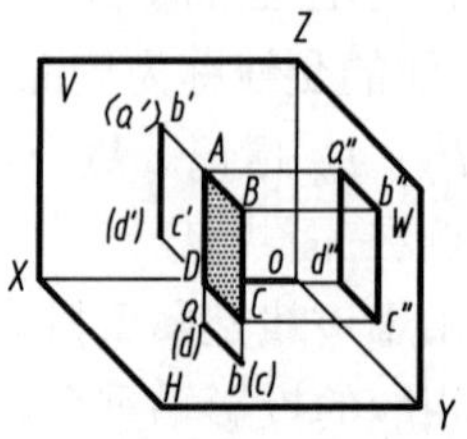

续表

	水平面	正平面	侧平面
投影图			
投影特性	① 水平投影反映实形； ② 正面投影有积聚性，且平行于 *OX* 轴； ③ 侧面投影有积聚性，且平行于 OY_1 轴	① 正面投影反映实形； ② 水平投影有积聚性，且平行于 *OX* 轴； ③ 侧面投影有积聚性，且平行于 *OZ* 轴	① 侧面投影反映实形； ② 水平投影有积聚性，且平行于 *OY* 轴； ③ 正面投影有积聚性，且平行于 *OZ* 轴

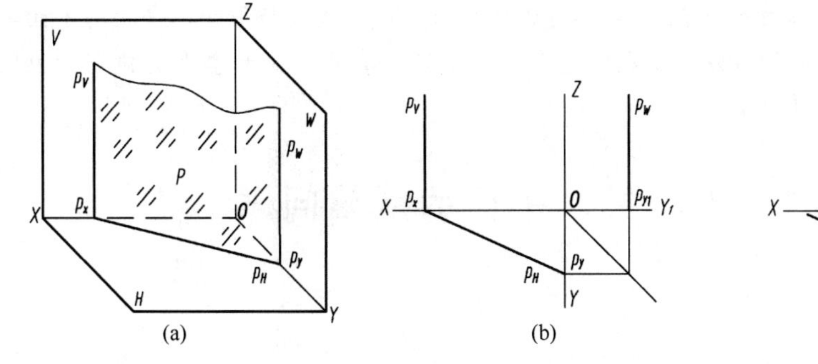

(a)　(b)　(c)

图 2-28　平面的迹线

对于投影面的垂直面或平行面，为突出有积聚性平面的迹线，本书中只画有积聚性平面的迹线。该迹线两端用长约 5mm 的粗实线，中间用细实线相连，以表示其平面相对投影面的位置，并在粗实线附近注写 P_H、Q_V、R_W 等。*P*、*Q*、*R* 表示平面的名称，角标 *H*、*V*、*W* 分别表示属于水平投影面、正立投影面和侧立投影面的迹线。图 2-28(c) 即为用迹线表示的铅垂面。

用迹线表示的投影面垂直面和平行面如图 2-29 所示。

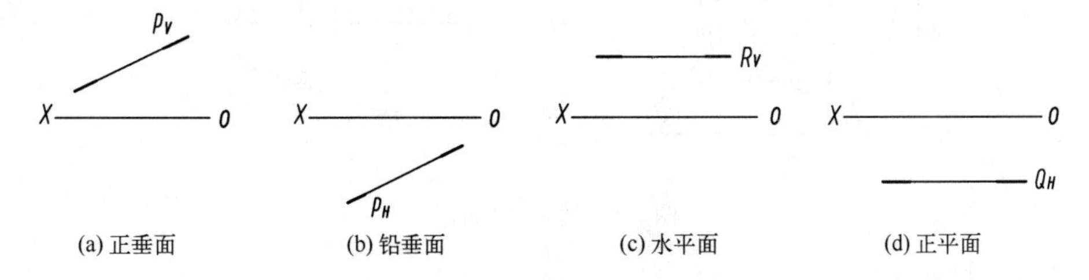

(a) 正垂面　(b) 铅垂面　(c) 水平面　(d) 正平面

图 2-29　投影面垂直面和平行面的迹线表示法

第3章　几何元素间的相对位置

主要内容

点、直线、平面的从属问题；两直线间的相对位置；直线与平面、平面与平面平行；直线与平面、平面与平面相交等空间几何元素间的相对位置。

学习要点

掌握在平面内取点、取线的方法；准确判断直线与直线、直线与平面、平面与平面之间的位置关系；掌握求交点交线的方法；能利用直角投影定理和直线与平面垂直的投影特性图解直线与直线、直线与平面垂直等问题。

3.1　点、线、平面的从属问题

3.1.1　属于直线的点

1．属于直线的点的投影

属于直线的点，其各投影必属于该直线的各同面投影。反之，如果点的各投影均属于直线的各同面投影，则点必属于该直线；否则，点不属于该直线。

如图 3-1 所示，点 *C* 必属于直线 *AB*，点 *D* 则不属于直线 *AB*。

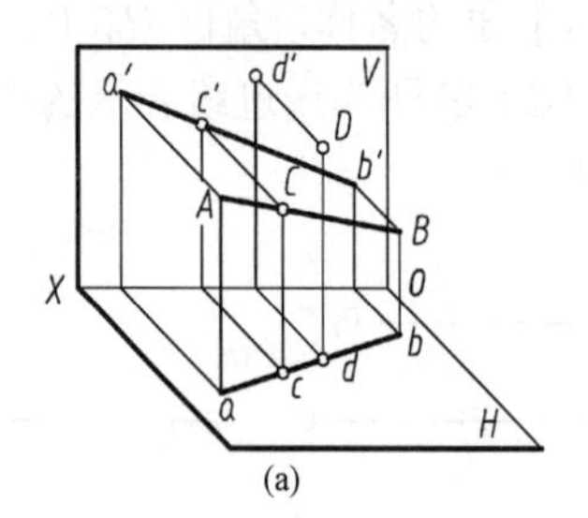

(a)

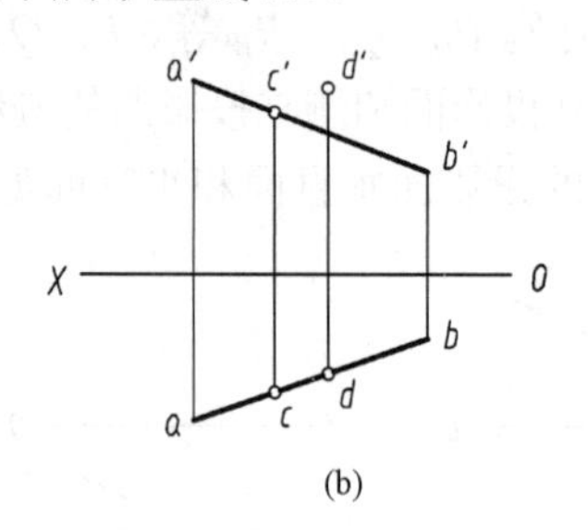

(b)

图 3-1　属于直线的点

2．点分线段成定比

属于线段的点，分线段之比投影后保持不变。

如图 3-1 所示，点 *C* 属于线段 *AB*，则 $AC:CB=ac:cb=a'c':c'b'=a''c'':c''b''$(图中未画出侧面投影)。

例 3-1　试判断点 *C*、点 *D* 是否属于直线 *AB*(图 3-2(a))。

解　分析：当直线为倾斜线时，根据两面投影即可判断点是否属于直线，如图 3-1 所示。但当直线为投影面平行线，已知的两个投影为该直线所不平行的投影面的投影时(如图 3-2(a)所示的侧平线)，则不能直接得出结论，此种情况可按以下方法判断。

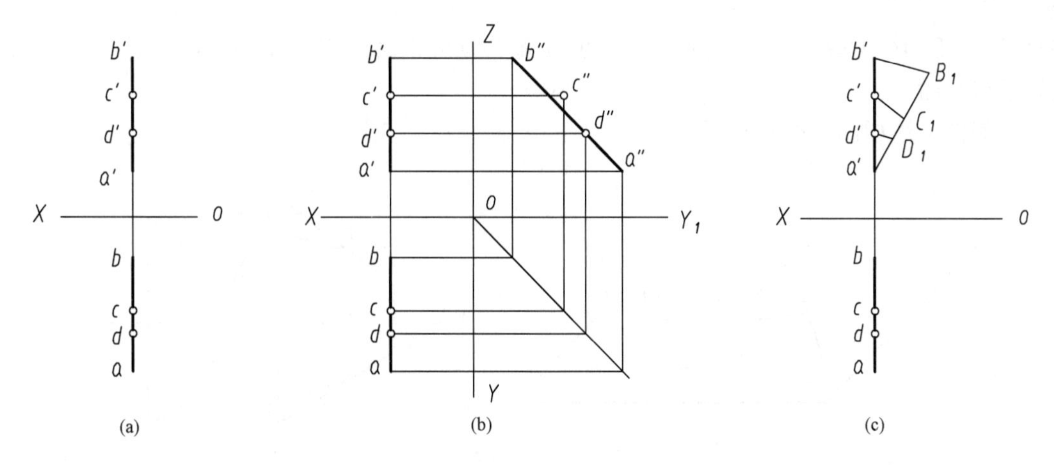

(a)　(b)　(c)

图 3-2　判断点是否属于直线

方法 1：作出侧面投影，则清楚地看出 c'' 不属于 $a''b''$，则点 C 不属于直线 AB；d'' 属于 $a''b''$，则点 D 属于直线 AB(图 3-2(b))。

方法 2：用点分线段成定比的方法来判断。如图 3-2(c)所示，自 a' 引任意方向线段 $a'B_1=ab$，连接 $b'B_1$。在 $a'B_1$ 上量取 $a'C_1=ac$，$a'D_1=ad$，连接 $c'C_1$ 和 $d'D_1$。由于 $c'C_1$ 不平行 $b'B_1$，则点 C 不属于直线 AB；$d'D_1//b'B_1$，则点 D 属于直线 AB。

例 3-2　已知线段 AB 的两投影，试取属于该线段的一点 M，使 AM 等于定长 L(图 3-3(a))。

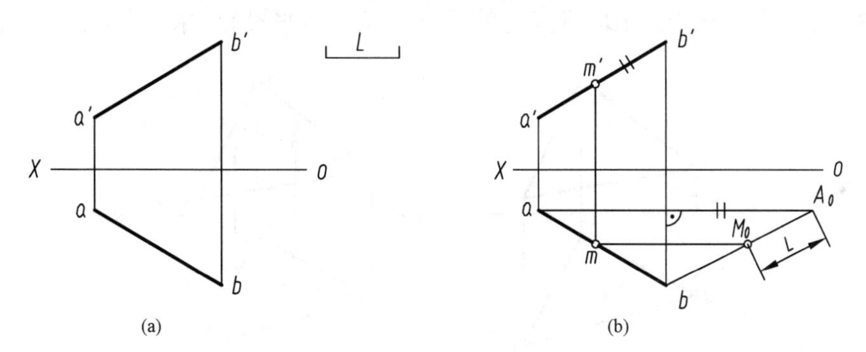

(a)　(b)

图 3-3　在已知线段中截取定长

解　分析：由于点 M 属于线段 AB，则 $AM:MB=am:mb=a'm':m'b'$，为此先求出 AB 的实长后截取 $AM=L$，找到点 M 后再返回求 m、m'。

作图步骤(图 3-3(b))：

(1)用直角三角形法求出线段 AB 的实长 A_0b。

(2)在 A_0b 中截取 $A_0M_0=L$。

(3)自 M_0 引 OX 轴平行线，交 ab 于点 m。

(4)自 m 点引 OX 轴垂线，交 $a'b'$ 于 m'，则 m、m' 即为所求点 M 的两投影。

3.1.2　属于平面的点和直线

1. 属于平面的点

属于平面的点，必属于平面内的已知直线。

如图 3-4(a)所示，相交二直线 AB 与 AC 确定一平面 P，若任取属于平面内的点，可直接

在直线 AB 和 AC 上取点 M 和点 N，由于点 M 和点 N 分别属于直线 AB 和 AC，则点 M 和点 N 必属于该平面。

投影图画法如图 3-4(b)所示。

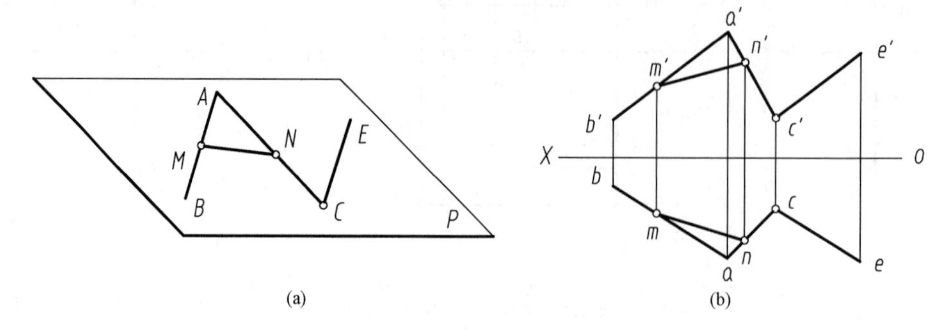

(a) (b)

图 3-4 平面内取点、线

2．属于平面的直线

属于平面内的直线，必有属于平面内的两点，或过属于平面内一点且平行于平面内一已知直线。

如图 3-4 所示，由于点 M 和点 N 属于平面 P，两点可确定一直线，则直线 MN 必属于该平面。又由于点 C 属于平面 P，直线 CE 平行直线 AB，则直线 CE 也必属于该平面。

例 3-3 已知点 K 属于△ABC 所确定的平面，k 为其水平投影，求正面投影 k'(图 3-5(a))。

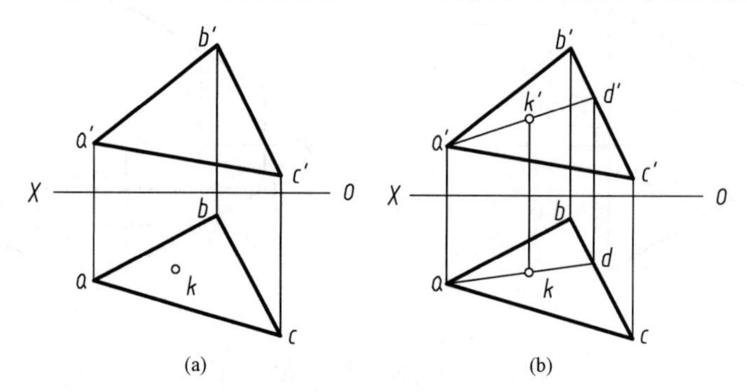

(a) (b)

图 3-5 取属于平面的点

解 分析：已知点 K 属于△ABC 平面，则必属于平面内已知直线，为此先过点 K 的水平投影 k 作平面内辅助线 ad，再求出其正面投影 $a'd'$，最后利用点线的从属关系，由 k 求出 k'。

作图步骤(图 3-5(b))：

(1)连接 ak 并延长交 bc 于 d。

(2)求出直线 AD 的正面投影 $a'd'$。

(3)由 k 引直线垂直 OX 轴交 $a'd'$ 于 k'，则 k' 即为属于平面的点 K 的正面投影。

例 3-4 试判断直线 MN 是否属于平面△ABC(图 3-6(a))。

解 分析：直线 MN 若属于平面，则直线上所有点均应属于平面。

方法 1：由于两点可确定一直线，因此可判断直线上任意两点(如点 M、点 N)是否属于平面，据此可判断直线是否属于平面。

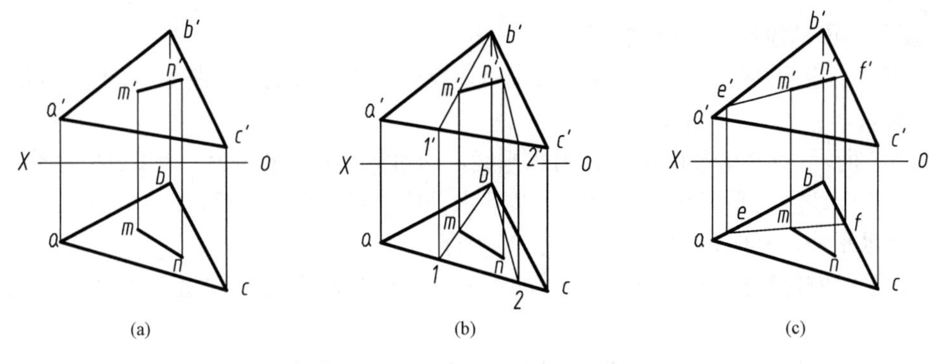

(a)　(b)　(c)

图 3-6　判断直线是否属于平面

作图后由于点 *M* 属于平面，点 *N* 不属于平面，则直线 *MN* 不属于平面，如图 3-6(b) 所示。具体步骤略。

方法2：延长直线 *MN* 的正面投影 *m′n′* 交平面内已知直线 *AB* 和 *BC* 的正面投影 *a′b′* 和 *b′c′* 于两点 *e′*、*f′*，求出直线 *EF* 的水平投影 *ef*，则直线 *EF* 属于平面。直线 *MN* 的水平投影 *mn* 不属于 *ef*，则直线 *MN* 不属于平面，如图 3-6(c) 所示。

3．过点、直线作平面

1) 过点作平面

过一点可作各种位置的平面——投影面垂直面、投影面平行面和投影面倾斜面，如图 3-7 所示。

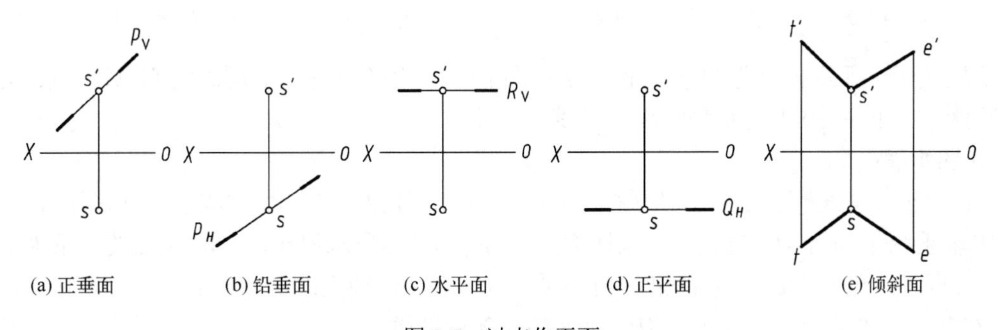

(a) 正垂面　(b) 铅垂面　(c) 水平面　(d) 正平面　(e) 倾斜面

图 3-7　过点作平面

2) 过直线作平面

过投影面倾斜线作平面。过投影面倾斜线可作投影面垂直面和投影面倾斜面，如图 3-8 所示。

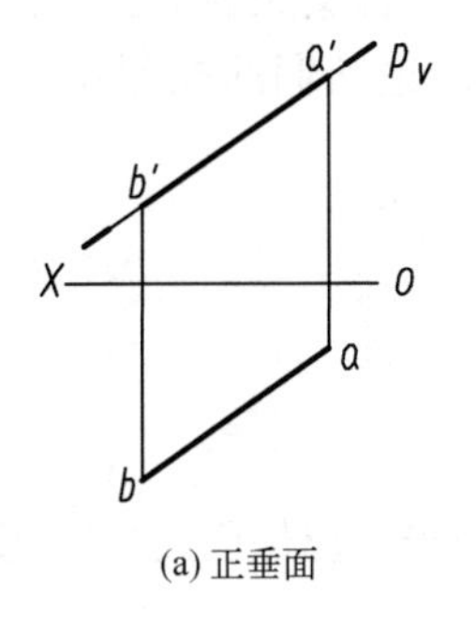

(a) 正垂面

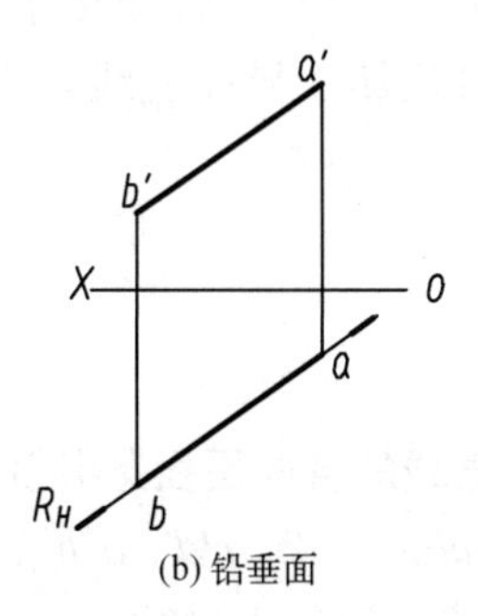

(b) 铅垂面

(c) 倾斜面

图 3-8　过投影面倾斜线作平面

4．属于平面的投影面平行线

属于平面的投影面平行线具有第2章中所述投影面平行线的投影特性，同时又与所属平面保持从属关系。

如图3-9所示，$AB//H$面，即AB为水平线，同时AB属于平面P，所以AB为属于平面P的水平线。需要注意的是，平面P内有无数条水平线，它们彼此平行，P_H为平面P与H面的交线，也是水平线，平面内的水平线均与P_H平行。

同理，平面内也存在无数条彼此平行的正平线，如CD等，它们也都平行该平面的正面迹线P_V。

例3-5 作属于△ABC所确定平面的水平线与正平线(图3-10)。

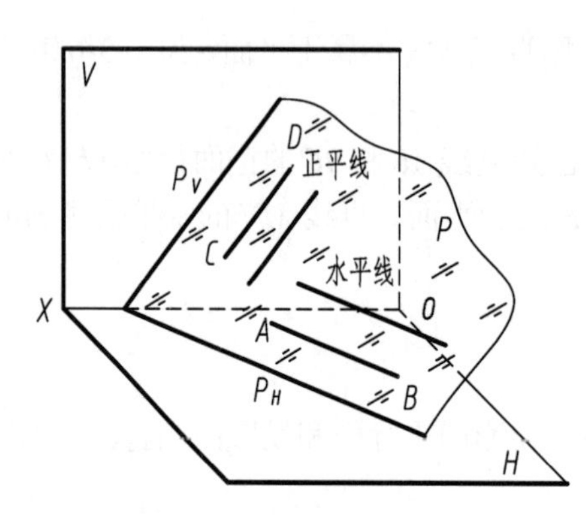

图3-9 属于平面的水平线与正平线

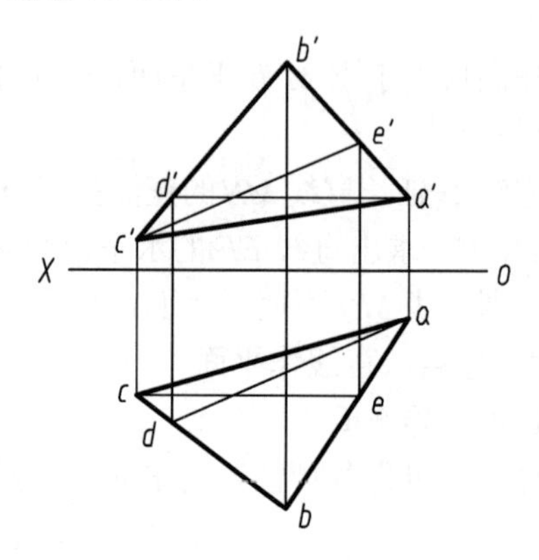

图3-10 作属于平面的水平线与正平线

解 分析：平面内有无数条水平线与正平线，且分别互相平行，同时它们也符合投影面平行线的特性，图3-10中的水平线和正平线。

作图步骤：

(1)由于水平线的正面投影必平行OX轴，因此，先过a'作$a'd'//OX$轴交$b'c'$于d'，由d'作OX轴垂线交bc于d，连接ad，则直线$AD(ad, a'd')$为所求属于△ABC平面的一条水平线。

(2)同理，过c作$ce//OX$轴交ab于e点，由e作OX轴垂线交$a'b'$于e'点，连接$c'e'$，则直线$CE(ce, c'e')$即为所求属于△ABC平面的一条正平线。

3.2 两直线相对位置

两直线相对位置分三种情况：平行、相交(含相交垂直)、交叉(含交叉垂直)。平行和相交两直线属于共面直线，交叉两直线属于异面直线。下面分别讨论它们的投影特性及作图方法。

3.2.1 两直线平行

从平行投影特性可知：

1．空间两直线互相平行，则两直线的各同面投影必互相平行

如图3-11所示，若$AB//CD$，则$ab//cd$，$a'b'//c'd'$，$a''b''//c''d''$(图中未画出侧面投影)。反之，若直线中各同面投影互相平行，则两直线空间也平行。

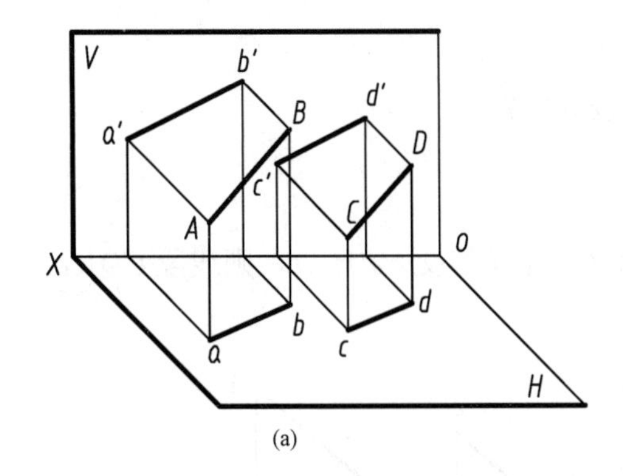

(a)

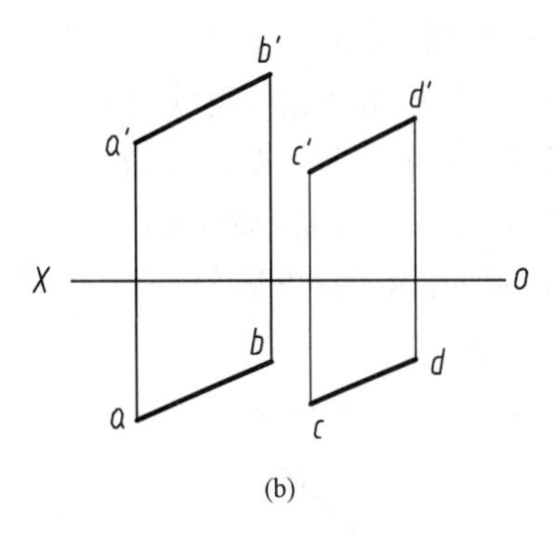

(b)

图 3-11　两直线平行

2．空间两线段平行，其长度之比等于同面投影长度之比

如图 3-11 所示，若 $AB//CD$，则 $AB:CD=ab:cd=a'b':c'd'=a''b'':c''d''$。

例 3-6　试判断直线 AB 与 CD 是否平行(图 3-12(a))。

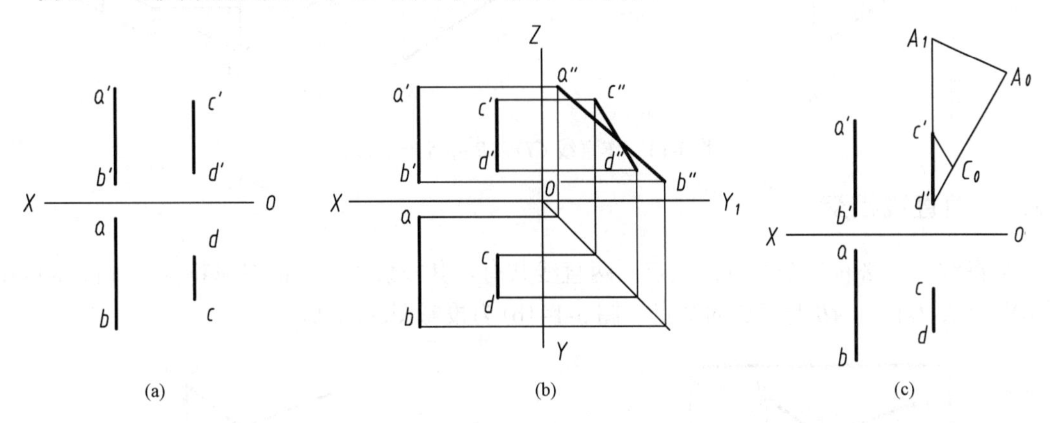

(a)　(b)　(c)

图 3-12　判断两直线是否平行

解　分析：一般情况下，根据两个投影即可判断两直线是否平行。但当两直线平行某一投影面，又未画出该投影面上的投影(图 3-12(a))时，可用如下方法判断。

首先观察两直线端点的投影顺序，如图 3-12(a)中正面投影顺序是 $a'b'$、$c'd'$，而水平投影顺序是 ab、dc，投影顺序不同，即表示两直线的空间方位不同，则直接判断出两直线在空间不平行。

如果两直线端点的投影顺序相同如图 3-12(b)、(c)，两直线是否平行的判断方法有以下两种。

方法 1：作出侧面投影。由于 $a''b''$ 不平行 $c''d''$，则两直线空间不平行，如图 3-12(b)所示。

方法 2：用比例法判断(图 3-12(c))。自 d' 引任意方向直线，截取 $d'C_0=dc$，$C_0A_0=ab$，在 $d'c'$ 延长线上截取 $c'A_1=a'b'$，连接 A_1A_0、$c'C_0$，从图中可见 $c'C_0$ 不平行 A_1A_0，则表示 $c'd':a'b'\neq cd:ab$，故两直线在空间不平行。

例 3-7　已知直线 AB 及线外一点 C，过点 C 作直线 $CD//AB$，并使 CD 等于定长 L(图 3-13(a))。

解　分析：由于 $CD//AB$，则 $cd//ab$，$c'd'//a'b'$。若使 $CD=L$，则可过点 C 作任意长度线段平行直线 AB，求出其实长，再截取所需长度，最后再确定 CD 的各投影。

作图步骤(图 3-13(b))：

(1)过点 C 引任意长度线段 $CE//AB$($ce//ab, c'e'//a'b'$)。

(2)用直角三角形法求出 CE 的实长 eC_0。

(3)在 eC_0 上截取 $D_0C_0=L$。

(4)自 D_0 引 $D_0d//OX$ 轴交 ce 于 d，自 d 作 OX 轴垂线交 $c'e'$ 于 d'，则线段 CD(cd, $c'd'$)即为所求。

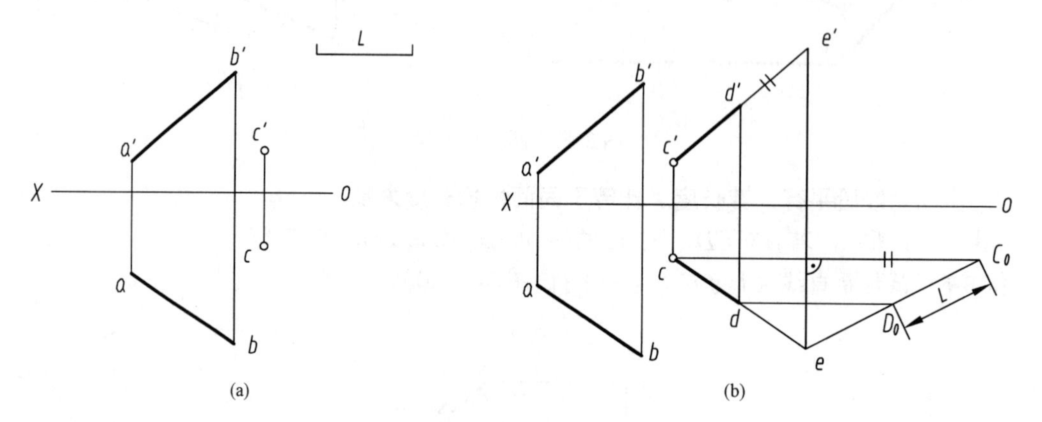

图 3-13 作直线 $CD//AB$ 并等于定长 L

3.2.2 两直线相交

两直线相交必有一个交点，此点属两直线共有，其投影符合点的投影特性，如图 3-14(a)所示中点 K 为直线 AB 与 CD 的交点，图 3-14(b)为投影图的画法。

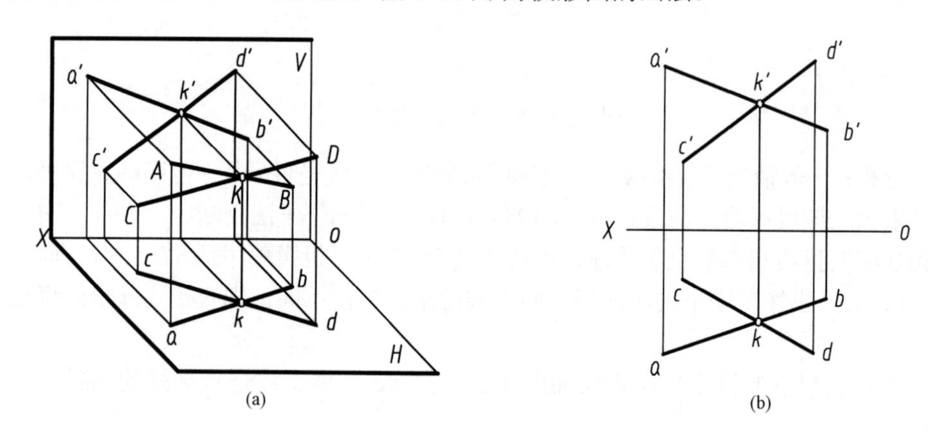

图 3-14 两直线相交

例 3-8 试判断直线 AB 与 CD 是否相交(图 3-15(a))。

解 分析：当两直线都是投影面倾斜线时，根据两个投影即可判断两直线空间是否相交，如图 3-14(b)所示。但当其中一直线平行某投影面，又未画出该投影面的投影时(图 3-15(a))，则可用如下方法判断。

方法 1：作出侧面投影。如图 3-15(b)所示，虽然侧面投影两直线相交，但交点不符合点的投影规律，故直线 AB 与 CD 空间不相交。

方法 2：用点分线段成定比的方法来判断。如图 3-15(c)所示，假若 AB 与 CD 相交，交点

K 既属于直线 AB，也属于直线 CD。自 a' 引任意方向直线，截取 $a'B_0=ab$，$a'K_0=ak$，连接 B_0b'、K_0k'，由于 B_0b' 不平行 K_0k'，即 $ak:kb\neq a'k':k'b'$，点 K 不属于直线 AB，故直线 AB 与 CD 空间不相交(本题也可以从图中直接看出 $ak:kb\neq a'k':k'b'$，故两直线不相交)。

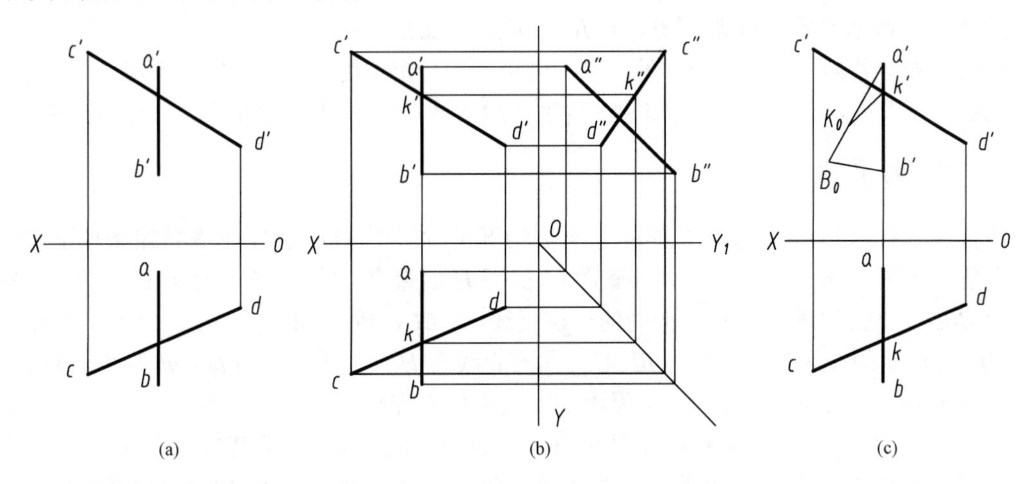

图 3-15　判断两直线是否相交

3.2.3　两直线交叉

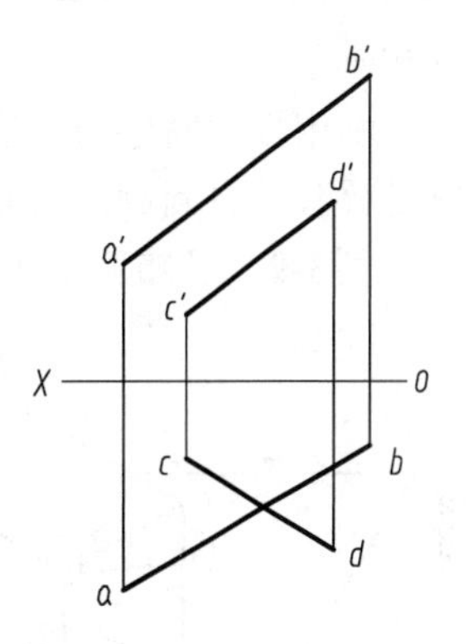

图 3-16　两直线交叉

空间两直线既不平行又不相交称为两直线交叉。如图 3-15、图 3-16，均为交叉两直线。

交叉两直线不存在共有点，在投影图中虽然有时同面投影相交，但交点不符合点的投影规律，相交处是两直线上不同的两点(即重影点)的投影。判别重影点的可见性方法如下。

1．判别正面投影重影点可见性

如图 3-17 所示，直线 AB 与 CD 正面投影的交点为空间一对重影点 Ⅰ、Ⅱ的投影，点 Ⅰ属于直线 CD，点 Ⅱ属于直线 AB，正面投影重合，由水平投影可看出：$Y_{Ⅰ}>Y_{Ⅱ}$则点 Ⅰ在前方，点 Ⅱ在后方，故正面投影中点 Ⅰ可见，点 Ⅱ不可见(2′加括号)。

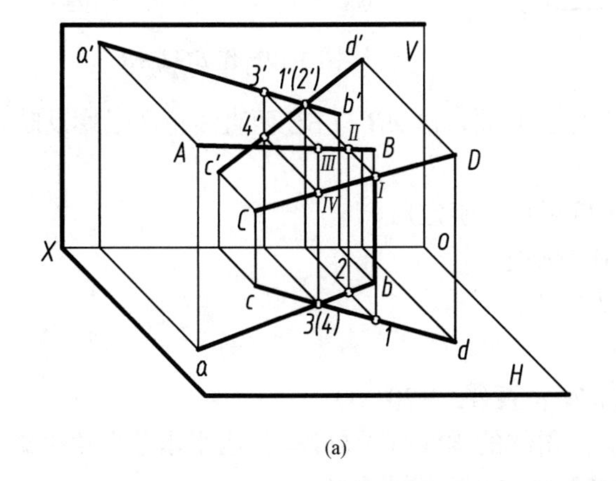

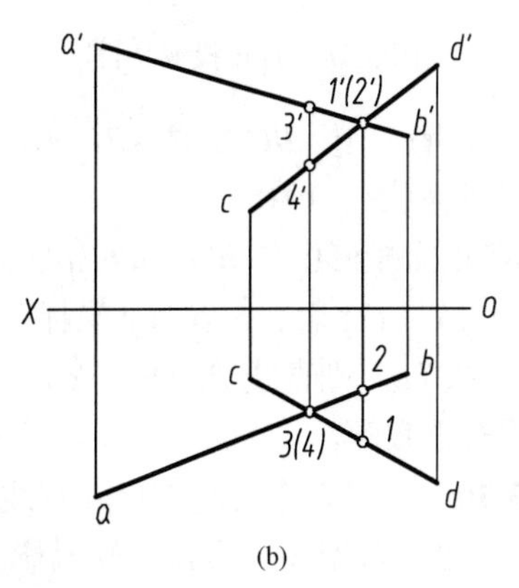

图 3-17　交叉两直线的重影点

2. 判别水平投影重影点可见性

如图 3-17 所示，直线 *AB* 与 *CD* 水平投影的交点为空间一对重影点Ⅲ、Ⅳ的投影，点Ⅲ属于直线 *AB*，点Ⅳ属于直线 *CD*，水平投影重合，由正面投影可看出：$Z_{Ⅲ}>Z_{Ⅳ}$，则点Ⅲ在上方，点Ⅳ在下方，故水平投影点Ⅲ可见，点Ⅳ不可见(4 加括号)。

由此可知：若判别某一投影中重影点的可见性，一定要用另一个投影来判别。

在后面章节中，要利用重影点来判别直线与平面相交、两平面相交后的可见性问题。

3.2.4 两直线垂直

两直线垂直(相交垂直或交叉垂直)，一般情况下投影不反映直角，但在特定条件下，投影反映直角，如图 3-18 所示。长方体其底面 *abcd* 与 *H* 面重合，棱线 *AB* 平行 *H* 面，由于 *AB* 垂直平面 *BbcC*，则 *AB* 垂直于该平面内的一切直线(如 *BC*，BC_1，B_1C_2，…)，由图中可看出，棱线 *AB* 在 *H* 面的投影为 *ab*，平面 *BbcC* 内所有直线在 *H* 面的投影均为 *bc*，*ab* 与 *bc* 为长方体底面的两个邻边，必为直角，因此可得出如下直角投影特性：

两直线互相垂直(相交垂直或交叉垂直)，其中一条直线平行于某投影面时，则两条直线在该投影面中的投影仍互相垂直，即反映直角；反之，若两直线(相交或交叉)在同一投影面中的投影互相垂直(即反映直角)，且其中一条直线平行于该投影面，则两直线空间必互相垂直。

利用以上特性可绘制某些空间互相垂直的两直线的投影图或判断两直线在空间是否垂直，它是解决垂直问题的基础。

例 3-9 已知直线 *AB* 为正平线，且直线 *BC* 垂直 *AB*，试作出直线 *BC* 的两投影(图 3-19(a))。

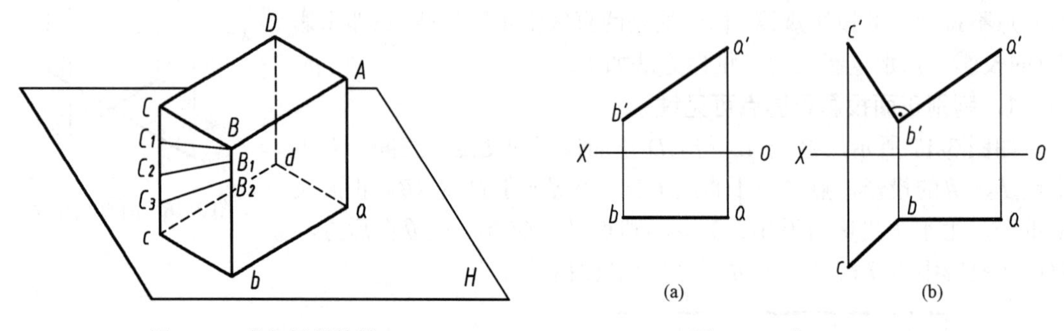

图 3-18 直角投影特性

图 3-19 作 $BC\perp AB$

解 分析：由于 *BC* 垂直 *AB*，*AB* 平行于 *V* 面，故 *AB* 与 *BC* 两直线正面投影反映直角。

作图步骤(图 3-19(b))：

(1)在正面投影中作 $b'c'\perp a'b'$($b'c'$ 长度可任意确定)。

(2)作 $c'c\perp OX$ 轴，*c* 点的 *y* 坐标可任意确定。

(3)连接 *bc*，则直线 *BC*(*bc*, *b'c'*)即为所求。

本题有无数解。

例 3-10 过点 *S* 作直线与已知直线 *MN* 垂直(图 3-20(a))。

解 分析：过空间一点作已知投影面倾斜线的垂线有无数条，但应用本节直角投影特性只能作与已知直线在投影图中反映直角的水平线与正平线两个解。

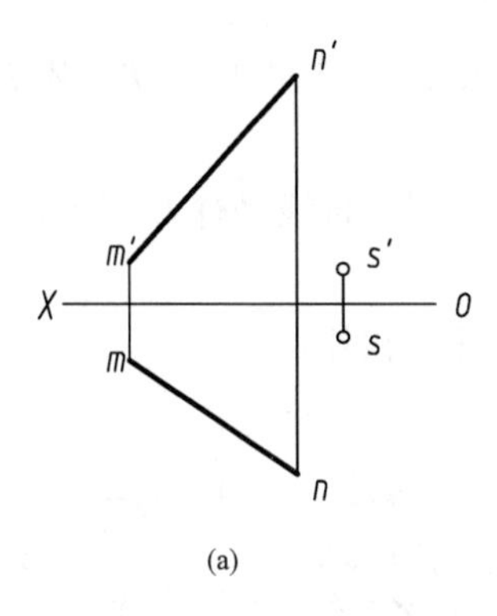

(a)

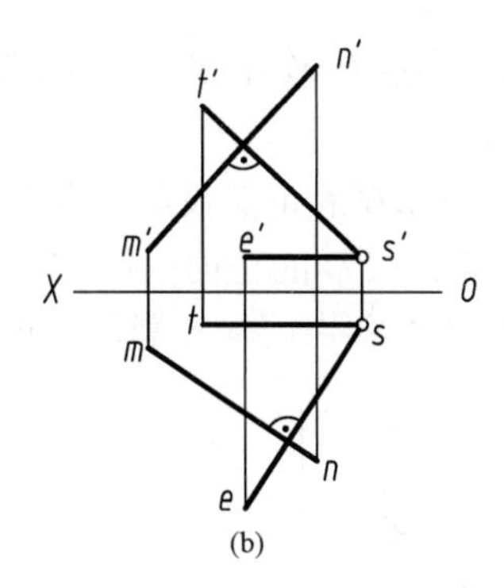

(b)

图 3-20　过点 S 作 MN 的垂线

作图步骤(图 3-20(b))：

(1) 过 s' 作 $s't' \perp m'n'$，过 s 作 $st /\!/ OX$ 轴，则直线 $ST(st, s't')$ 为所求一解。

(2) 同理，过 s 作 $se \perp mn$，过 s' 作 $s'e' /\!/ OX$ 轴，则直线 $SE(se, s'e')$ 为所求另一解。

注意：直线 ST 与 SE 一般与直线 MN 为交叉垂直位置，若想作直线与 MN 正交(垂直相交)，则需要用下节内容来完成。

例 3-11　求点 A 到直线 BC 的距离(图 3-21(a))。

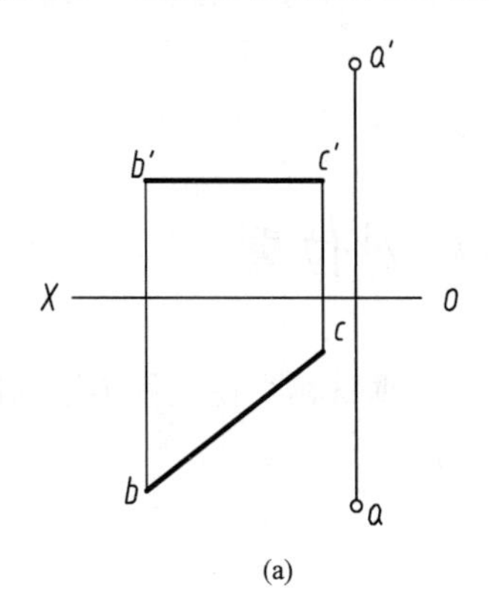

(a)

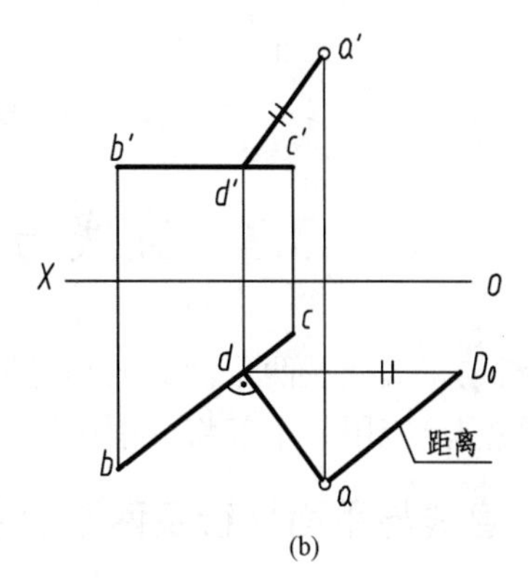

(b)

图 3-21　求点 A 到 BC 的距离

解　分析：因为直线 BC 为水平线，由点 A 引 BC 的垂线，其水平投影反映直角，求出垂线的投影后再用直角三角形法求出实长即为距离。

作图步骤(图 3-21(b))：

(1) 由 a 作直线 $ad \perp bc$ 交 bc 于点 d。

(2) 由 d 作直线垂直 OX 轴交 $b'c'$ 于点 d'，连接 $a'd'$，则 ad、$a'd'$ 为垂线 AD 的两投影。

(3) 用直角三角形法求出 AD 的实长 aD_0 即为所求距离。

例 3-12　已知 AC 为正方形 $ABCD$ 的一条对角线，另一条对角线为侧平线，求正方形的三面投影(图 3-22(a))。

解　分析：由于正方形的两对角线相等且互相垂直平分，对角线 BD 为侧平线，则其侧面投影 $b''d''$ 垂直 $a''c''$ 并等于 AC。

作图步骤(图 3-22(b))：

(1) 用直角三角形法求出对角线 AC 的实长 aC_0。

(2) 求出对角线 AC 的侧面投影 $a''c''$。

(3) 过 $a''c''$ 中点 k'' 作垂线，截取 $b''k''=k''d''=(1/2)AC$，得点 b'' 和点 d''，则 $b''d''$ 为对角线 BD 的侧面投影。

(4) 求对角线 BD 的正面投影及水平投影，由 k'、k 分别作直线平行 OZ 轴及 OY 轴，由 b''、d'' 分别求出点 B、点 D 的正面投影 b'、d' 及水平投影 b、d。

(5) 按顺序连接各点同面投影，得正方形 $ABCD$ 的三面投影。

图 3-22

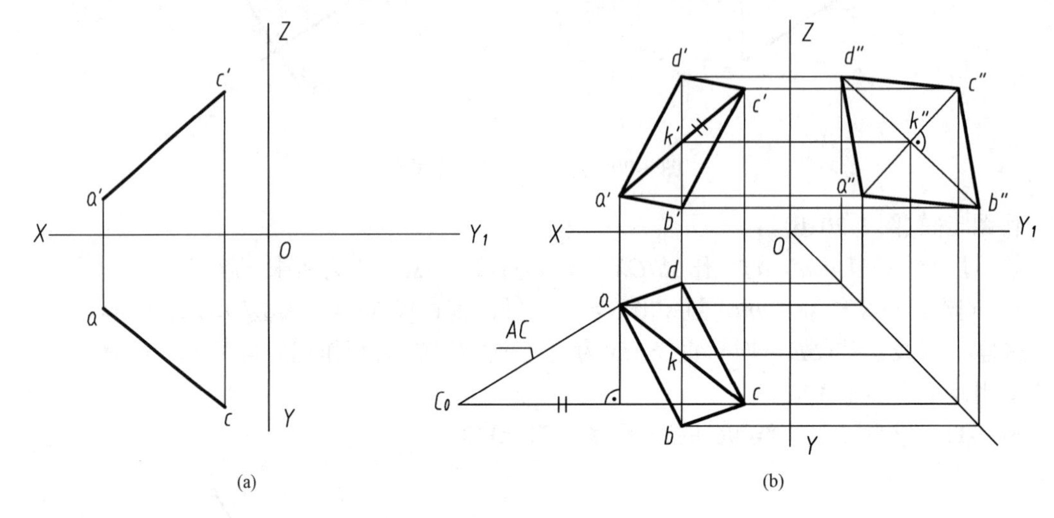

图 3-22 求正方形 *ABCD* 的投影

3.3 直线与平面及两平面相对位置

直线与平面间及两平面间的相对位置有平行和相交。其中，垂直相交在工程中运用图解法解题时被广泛应用。本节将分别讨论它们的投影特性及作图方法。

3.3.1 直线与平面平行及两平面平行

1. 直线与平面平行

从初等几何定理可知以下内容。

1) 若一直线平行于属于平面的一条直线，则直线与该平面平行

如图 3-23(a) 所示，直线 $AB//CD$，CD 是属于平面 P 的一条直线，则直线 AB 平行平面 P。

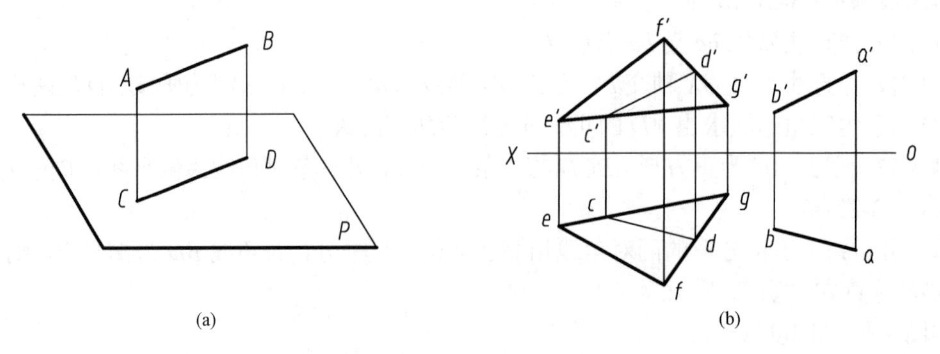

图 3-23 直线与平面平行

图 3-23(b)是直线平行平面的投影图。平面 *P* 由△*EFG* 表示，*CD* 属于△*EFG*，由于 *ab*//*cd*，*a'b'*//*c'd'*，则 *AB*//*CD*，那么直线 *AB* 平行△*EFG*。

2)若直线平行于一平面，则通过属于该平面的任一点必能在该平面内作一直线与已知直线平行

如图 3-24 所示，因为直线 *MN* 平行于平面 *Q*，那么过平面 *Q* 内任一点 *E* 或 *K* 都能作属于平面 *Q* 的直线 EF 或 *KL* 平行于直线 *MN*。

运用以上定理，可以解决下列问题。

(1)判断直线与平面是否平行；

(2)过定点作直线平行已知平面；

(3)过定点作平面平行已知直线。

例 3-13　判断已知直线 MN 是否平行△ABC 所确定的平面(图 3-25)。

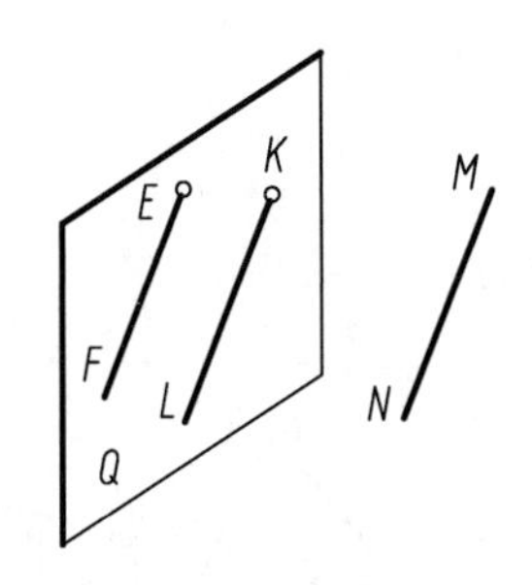

图 3-24　在平面内作直线平行已知直线

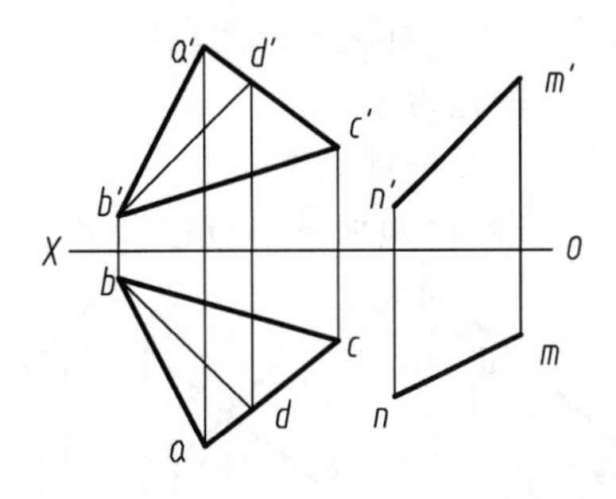

图 3-25　判断直线是否平行已知平面

解　分析：若直线 *MN* 平行△*ABC*，则必能作出一条属于△*ABC* 平面且平行于 *MN* 的直线。因此，在△*ABC* 内任作一直线 *BD*，使 *b'd'*//*m'n'*，然后求出 *BD* 的水平投影 *bd*，由于 *bd* 不平行 *mn*，则直线 *BD* 不平行直线 *MN*，所以直线 *MN* 不平行△*ABC* 平面。

例 3-14　过已知点 *K* 作一正平线平行已知平面△*ABC*(图 3-26)。

解　分析：过点 K 可作无数条直线平行已知平面，但其中只有一条正平线，它必然平行于属于平面内的正平线。

作图步骤：

(1)在△*ABC* 内先任作一条正平线如 *CD*(*cd*, *c'd'*)。

(2)过点 *K* 作直线 *EF*//*CD*(*ef*//*cd*, *e'f'*//*c'd'*)，则直线 *EF* 为所求。

例 3-15　过定点 *A* 作平面平行已知直线 *EF*(图 3-27)。

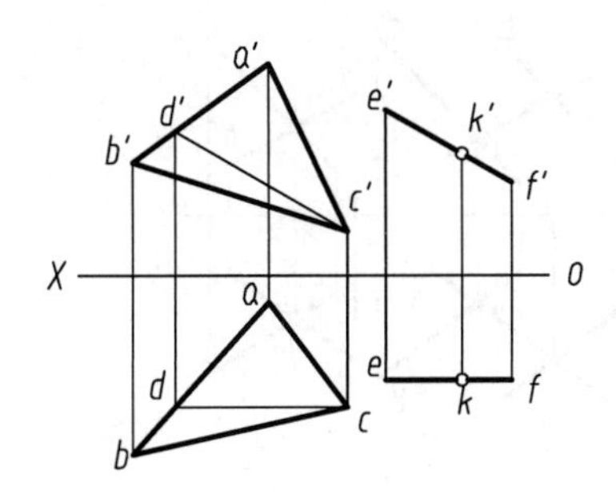

图 3-26　作直线平行已知平面

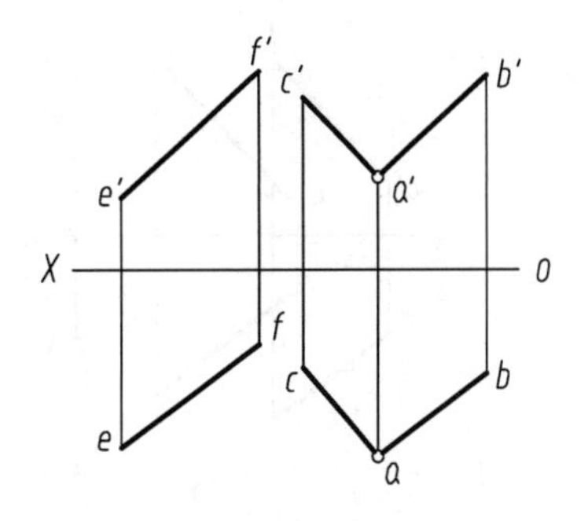

图 3-27　过定点作平面平行已知直线

解 分析：过点 *A* 可作一条直线平行已知直线 *EF*，则包含该直线的任一平面均平行已知直线，本题有无穷多解。

作图步骤：

(1)过点 *A* 作直线 *AB*//*EF*(*ab*//*ef*, *a'b'*//*e'f'*)。

(2)再任作一直线 *AC*(*ac*, *a'c'*)，则由相交两直线 *AB* 和 *AC* 所确定的平面必平行直线 *EF*。

2．两平面平行

从初等几何可知：若属于一平面的相交两直线对应平行于属于另一平面的相交两直线，则此两平面互相平行。

如图 3-28(a)所示，属于平面 *P* 的相交两直线 *AB* 和 *EF* 对应平行于属于平面 *Q* 的相交两直线 *CD* 和 *GH*，则平面 *P* 平行于平面 *Q*。

图 3-28(b)为平面 *P* 平行平面 *Q* 的投影图。

运用此定理，可以解决下列问题。

(1)判断两平面是否平行；

(2)过定点作平面平行已知平面。

例 3-16 试判断已知平面△*ABC* 和平面△*DEF* 是否平行(图 3-29)。

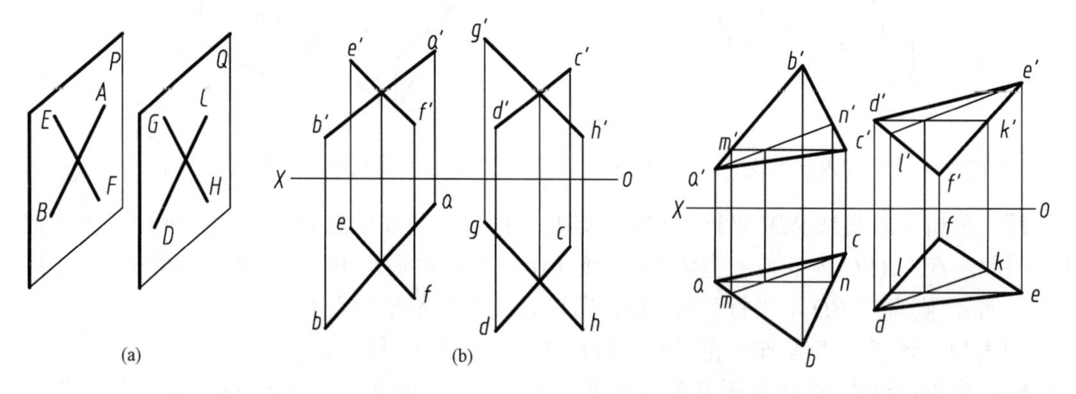

图 3-28 两平面平行　　图 3-29 判断两平面是否平行

解 分析：先作属于△*ABC* 的一对相交直线，再看在△*DEF* 内能否作出一对相交直线与它们对应平行。为作图简便，在△*ABC* 内作水平线 *CM* 和正平线 *AN*，在△*DEF* 内作水平线 *DK* 和正平线 *EL*。由于 *CM*//*DK*(*cm*//*dk*, *c'm'*//*d'k'*)，*AN*//*EL*(*an*//*el*, *a'n'*//*e'l'*)，所以两平面平行。

例 3-17 过点 *K* 作一平面平行于由平行两直线 *AB* 和 *CD* 确定的平面(图 3-30(a))。

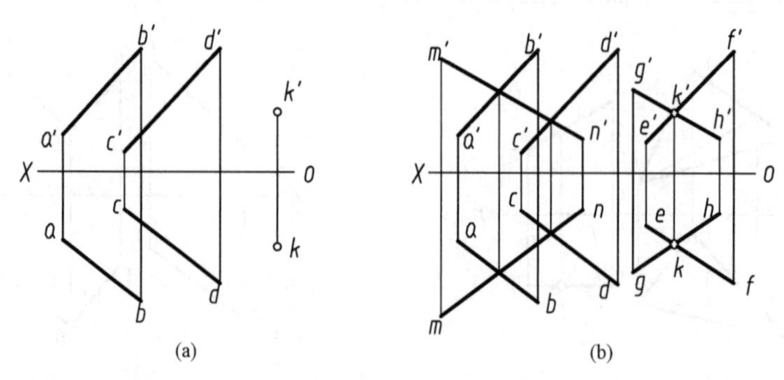

图 3-30 作平面平行已知平面

解　分析：过点 *K* 作一对相交直线对应平行于已知平面内一对相交直线即可。由于已知平面由平行两直线确定，因此，先作一直线 *MN* 与 *AB*、*CD* 相交，然后过点 *K* 作直线 *EF* 和 *GH*，使 *EF*//*AB*(*ef*//*ab*, $e'f'$//$a'b'$)，*GH*//*MN*(*gh*//*mn*，$g'h'$//$m'n'$)，则由两相交直线 *EF* 与 *GH* 确定的平面即为所求(图 3-30(b))。

3.3.2　直线与平面相交及两平面相交

直线与平面及两平面如果不平行，则一定相交。

直线与平面相交，交点只有一个，它既属于直线，也属于平面，因此交点是直线与平面的共有点。如图 3-31(a)中点 *K* 为直线 *MN* 与平面 *P* 的共有点。

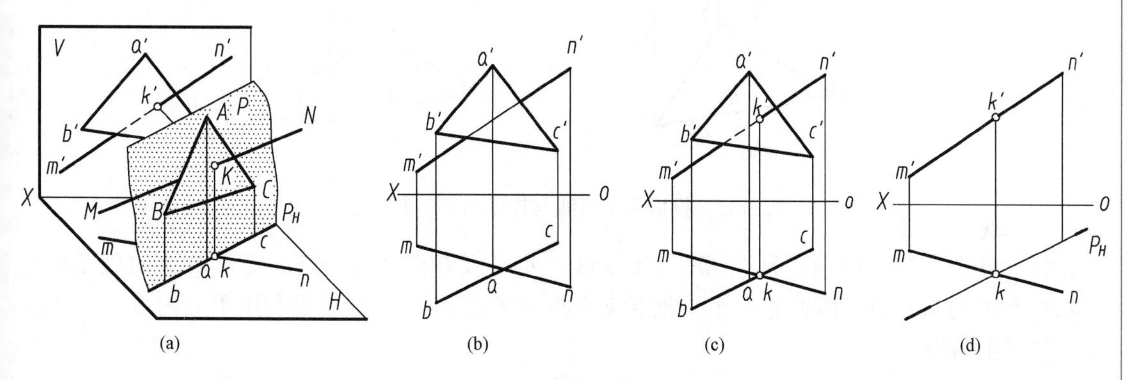

图 3-31　投影面倾斜线与垂直面相交

求交点、交线的方法归纳起来有两种：①利用投影的积聚性求交点或交线；②利用辅助平面法求交点或交线。

1．利用投影的积聚性求交点或交线

当直线或平面与投影面垂直时，它们在该投影面的投影具有积聚性。当直线与平面相交或两平面相交时，如果其中之一与投影面垂直时，则可利用积聚性在所垂直的投影中直接求出交点或交线的一个投影，然后再利用直线上取点或平面内取点、线的作图方法求出其他投影。

1)投影面倾斜线与投影面垂直面相交

例 3-18　求直线 *MN* 与△*ABC* 平面的交点(图 3-31(b))。

解　分析：如图 3-31(a)所示，由于△*ABC* 平面为铅垂面，其水平投影积聚为一直线，因此，水平投影中 *abc* 与 *mn* 的交点 *k* 必为直线与平面的交点 *K* 的水平投影，然后再利用直线上取点的方法求出正面投影。

作图步骤(图 3-31(c))：

(1)求出交点 *K* 的水平投影 *k*(即 *abc* 与 *mn* 的交点)。

(2)由 *k* 作直线垂直 *OX* 轴与 $m'n'$ 交于 k'，则点 $K(k, k')$ 即为所求直线 *MN* 与△*ABC* 平面的交点。

(3)利用积聚性判别可见性。

交点是直线可见与不可见的分界点，利用有积聚性的投影可判断无积聚性投影图上的可见性。如图 3-31(c)中，从有积聚性的水平投影中可看出 *KN* 在△*ABC* 平面的前面，故 *KN* 的正面投影 $k'n'$ 可见，将可见部分画成实线，不可见部分画成虚线。

水平投影由于平面积聚为一直线，与直线 mn 不重叠，故直线两部分均可见，不须判别。图 3-31(d) 中当铅垂面用迹线 P_H 表示时，求直线 MN 与其交点的作图过程。

2) 投影面垂直线与投影面倾斜面相交

例 3-19 求直线 EF 与△ABC 平面的交点(图 3-32(a))。

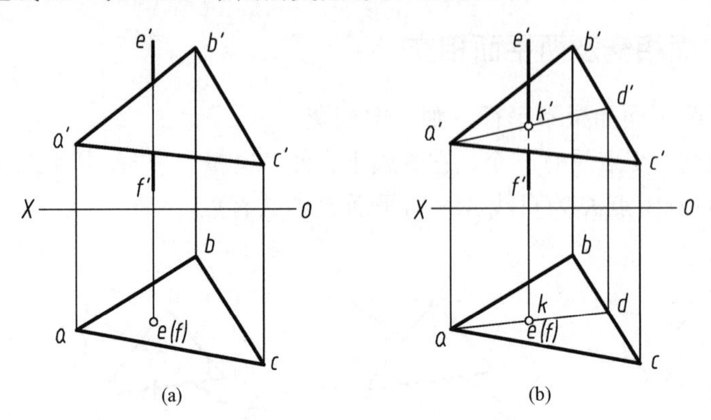

图 3-32 投影面垂直线与投影面倾斜面相交

解 分析：如图所示，直线 EF 为铅垂线，水平投影积聚为一点，交点 K 为直线 EF 与△ABC 平面的共有点，因此它的水平投影 k 必重合于点 $e(f)$，然后再利用平面内取点、线的方法求出正面投影。

作图步骤(图 3-32(b))：

(1) 由于交点 K 的水平投影为已知，故过水平投影 k 作平面内的辅助线 AD 的水平投影 ad。

(2) 求出直线 AD 的正面投影 $a'd'$，$a'd'$ 与 $e'f'$ 的交点为 k'，即为交点的正面投影。

(3) 判别可见性，从有积聚性的水平投影可知，AC 在前，EF 在后，故 $k'f'$ 被遮住一段，结果如图 3-32(b) 所示。

3) 投影面倾斜面与投影面垂直面相交

例 3-20 求△ABC 平面与△DEF 平面的交线(图 3-33(a))。

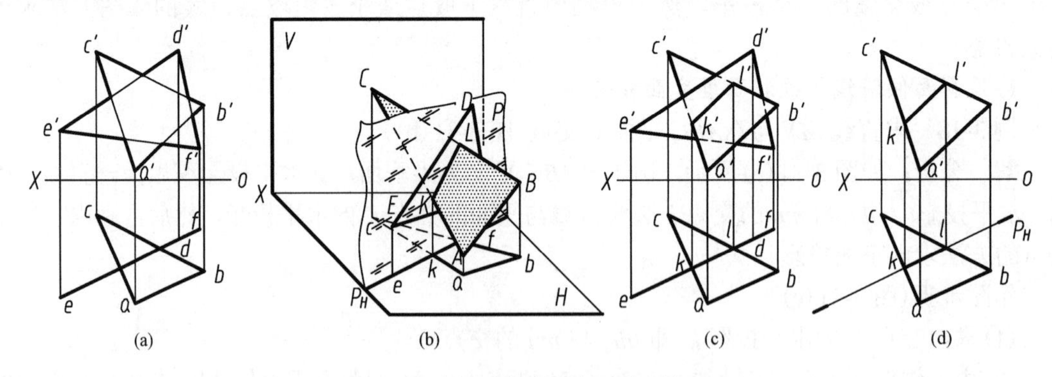

图 3-33 投影面倾斜面与垂直面相交

解 分析：从图 3-33(b) 中看出，△ABC 为投影面倾斜面，△DEF 为铅垂面，水平投影积聚为一条直线，交线为两平面共有线，则交线的水平投影即为 kl，点 K 与点 L 分别为△ABC 中 AC 边与 BC 边和△DEF 的交点，利用平面内取点、线的方法求得点 K 与点 L 的正面投影，则交线 KL 即可求得。

作图步骤(图 3-33(c))：

(1)由 k 作 $kk'\perp OX$ 轴交 $a'c'$ 于点 k'。

(2)由 l 作 $ll'\perp OX$ 轴交 $b'c'$ 于点 l'。

(3)连接 $k'l'$，则直线 $KL(kl, k'l')$ 即为所求交线。

(4)利用积聚性判别可见性。

交线为两平面可见与不可见的分界线,此题仍可利用有积聚性的投影来判断无积聚性的投影图上的可见性问题。由图 3-33(c)中的水平投影可看出△ABC 的 $KLBA$ 部分在△DEF 的前面，故 $KLBA$ 的正面投影可见。根据两平面相互遮挡的关系将可见部分画成实线，不可见部分画成虚线。

图 3-33(d)为铅垂面用迹线 P_H 表示时，求两平面交线的作图过程。

2．利用辅助平面法求交点或交线

当直线与平面均与投影面倾斜时，投影无积聚性，因此，不能在图中直接找出交点，故需要用辅助平面法来求。通常选择包含已知直线或已知平面的一边作投影面的垂直面为辅助平面，这样就把投影无积聚性的问题转化为投影有积聚性的方法求解。

1)投影面倾斜线与投影面倾斜面相交

例 3-21 求直线 AB 与△CDE 平面的交点(图 3-34(a))。

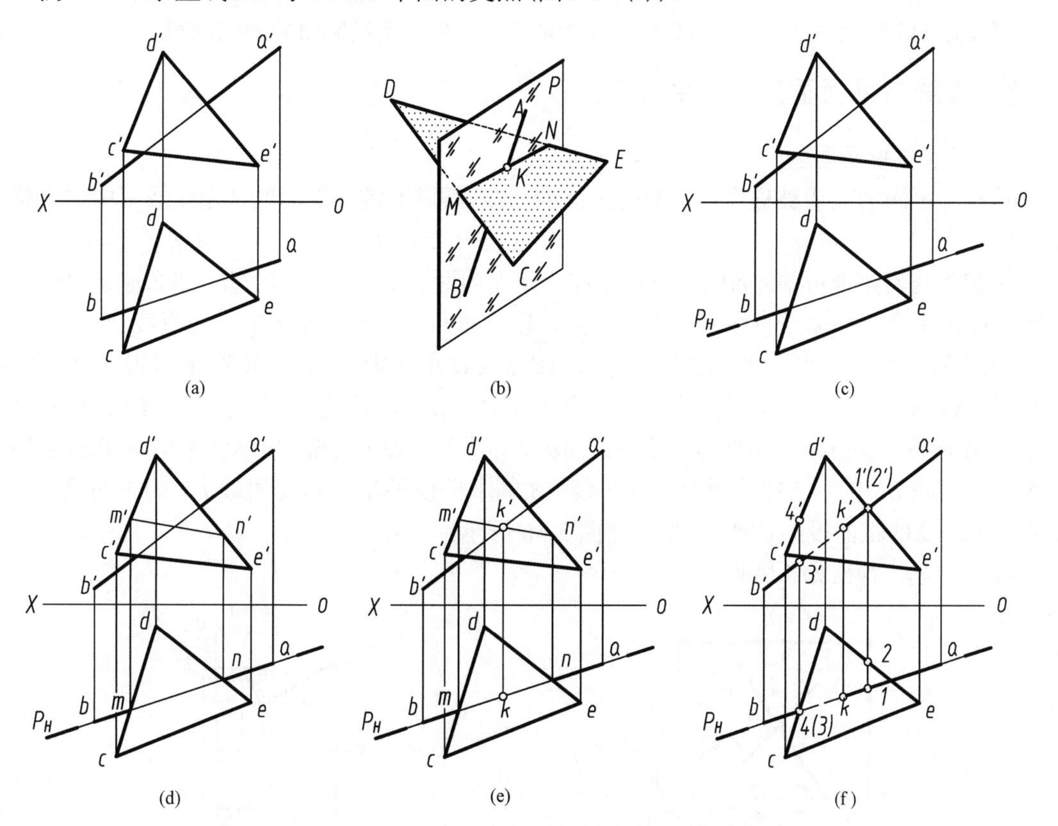

图 3-34 投影面倾斜线与投影面倾斜面相交

解 分析：直线 AB 为投影面倾斜线，△CDE 为投影面倾斜面，投影均无积聚性，须用辅助平面法求交点。包含直线 AB 作一铅垂面为辅助平面 P(图 3-34(b))，利用积聚性很容易求得平面 P 与△CDE 的交线 MN，因直线 AB 与 MN 均属于平面 P，其交点 K 即为所求的线面交点。

作图步骤：

(1)包含直线 AB 作辅助平面 P，图 3-34(c)中辅助平面为铅垂面，用 P_H 表示。

(2)求辅助平面 P 与△CDE 平面的交线 $MN(mn, m'n')$，如图 3-34(d)。

(3)交线 MN 与直线 AB 的交点 $K(k, k')$ 即为直线 AB 与△CDE 平面的交点(图 3-34(e))。

(4)利用重影点判别可见性。

由于直线和平面的两投影均无积聚性，故两投影须分别判别可见性。

正面投影中取属于直线 AB 的点 Ⅰ(1, 1′)和属于△CDE 平面 DE 边的点 Ⅱ(2, 2′)；水平投影中取属于直线 AB 的点 Ⅲ(3, 3′)和属于△CDE 平面 DC 边的点 Ⅳ(4, 4′)这两对重影点来分别判别可见性。判别方法见 3.2 节中两交叉直线重影点可见性判别，然后根据交点是可见与不可见分界点的性质将可见部分画成实线，不可见部分画成虚线，如图 3-34(f)所示。

注意：由于两个投影的可见性分别反映两个方向上的重影关系，是相互独立的，所以必须分别判断。

2)两投影面倾斜面相交

两投影面倾斜面相交，由于其两平面的投影均无积聚性，因此交线不能直接求出。若求其交线可利用倾斜线和倾斜面相交求交点的方法，只不过须作两次辅助平面求两个交点确定其交线，具体求法此处从略。

两投影面倾斜面相交，其交线可利用第 4 章例 4-9 变换投影面的方法求得。

3.3.3 直线与平面垂直及两平面垂直

1. 直线与平面垂直

垂直于平面的直线被称为该平面的垂线或法线，解题时的关键问题是在投影图中如何定出法线的方向。

从初等几何定理可知：如果一条直线和一平面内两条相交直线都垂直，那么这条直线垂直于该平面。反之，如果一直线垂直于一平面，则必垂直于属于该平面的一切直线。

如图 3-35 所示，平面 P 由相交两直线 AB 和 CD 所确定，AB 为水平线，CD 为正平线，若直线 $LK \perp AB$，$LK \perp CD$，则直线 LK 垂直平面 P。反之，若直线 LK 垂直平面 P，则必垂直属于平面 P 的一切直线，当然包括水平线 AB 和正平线 CD。根据直角投影特性，在投影图中必表现为直线 LK 的水平投影垂直于水平线 AB 的水平投影($lk \perp ab$)，直线 LK 的正面投影垂直于正平线 CD 的正面投影($l'k' \perp c'd'$)，如图 3-36 所示。

综上所述，得出如下特性：

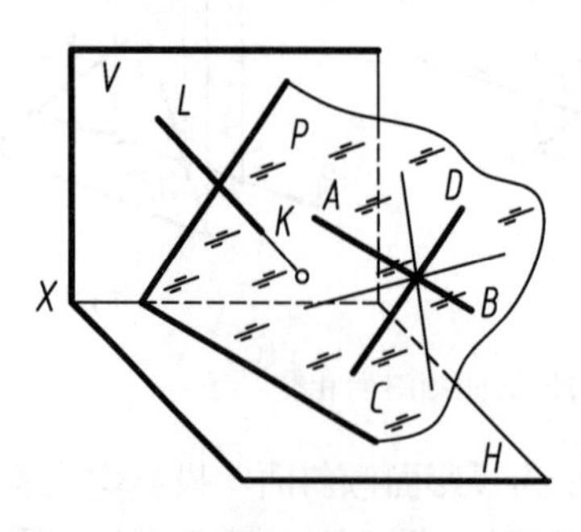

图 3-35 直线与平面垂直立体图

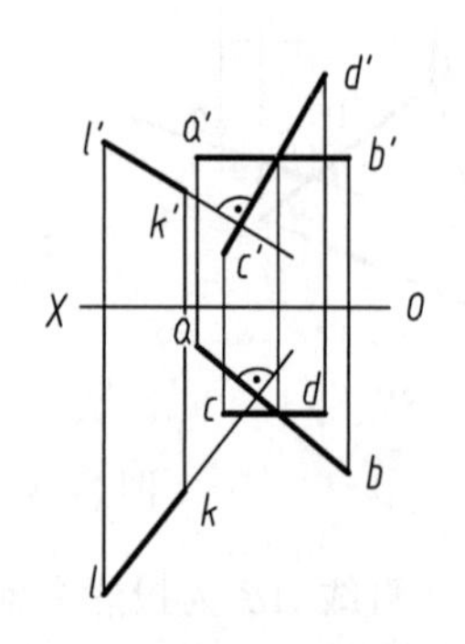

图 3-36 直线与平面垂直投影图

若一直线垂直于一平面，则直线的水平投影必垂直于属于该平面的水平线的水平投影；直线的正面投影必垂直于属于该平面的正平线的正面投影。反之，若一直线的水平投影垂直于属于一平面的水平线的水平投影，直线的正面投影垂直于属于该平面的正平线的正面投影，则直线必垂直于该平面。

由此可知，若要在投影图上确定平面法线的方向，必须先确定属于该平面的投影面的平行线的方向。

例 3-22　已知平面由两相交直线 *AB* 和 *CD* 确定，试过点 *S* 作该平面的垂线(图 3-37(a))。

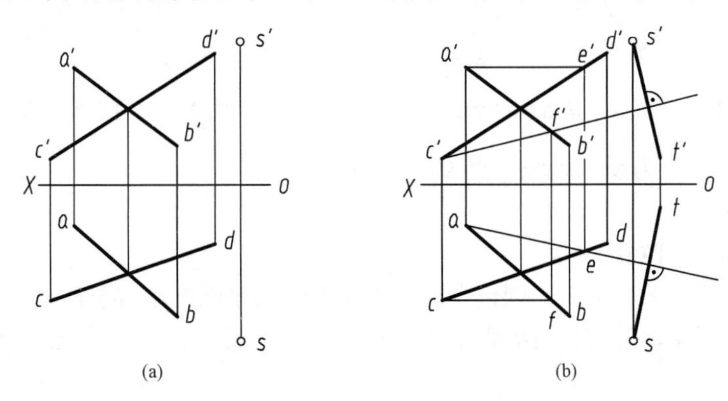

图 3-37　过点作直线垂直平面

解　分析：要作平面的垂线，首先要确定属于平面的投影面平行线的方向，然后按上述特性作图。

作图步骤(图 3-37(b))：

(1) 作平面内任一水平线 *AE*(*ae*, *a'e'*)，过 *s* 作 $st \perp ae$。

(2) 作平面内任一正平线 *CF*(*cf*, *c'f'*)，过 *s'*作 $s't' \perp c'f'$。

(3) 则直线 *ST*(*st*, *s't'*) 为所求垂线。

注意：垂线与平面内选取的正平线和水平线并不一定相交，投影图中仅利用其平行线的方向。因此，若求垂线与平面的交点(垂足)，还须利用上节介绍的求直线与平面交点的方法来求得。

例 3-23　试判断直线 *DE* 是否与平面△*ABC* 垂直(图 3-38)。

解　分析：在平面内任取一条水平线和正平线，然后利用上述特性判断直线是否与它们垂直即可判断出直线是否与平面垂直。

作图步骤：

(1) 由图中可知 *AC* 为正平线，由于 $d'e' \perp a'c'$，则直线 $DE \perp AC$。

(2) 再任作一条水平线 *AF*(*af*, *a'f'*)，由于 *de* 不垂直 *af*，故直线 *DE* 不垂直 *AF*。结论：直线 *DE* 不与平面△*ABC* 垂直。

例 3-24　过点 *A* 作平面△*DEF* 的垂线，并求出垂足 *K* 的投影(图 3-39)。

解　分析：由于平面△*DEF* 为铅垂面，过点 *A* 所作的平面的垂线必为水平线，水平投影必垂直△*DEF* 积聚的 *def* 线，交点 *k* 为垂足的水平投影。

作图步骤：

(1) 过 *a* 作直线 $ak \perp def$ 交 *def* 于点 *k*。

(2) 过 *a'* 作 *a'k'*//*OX* 轴，$kk' \perp OX$ 轴交于点 *k'*。

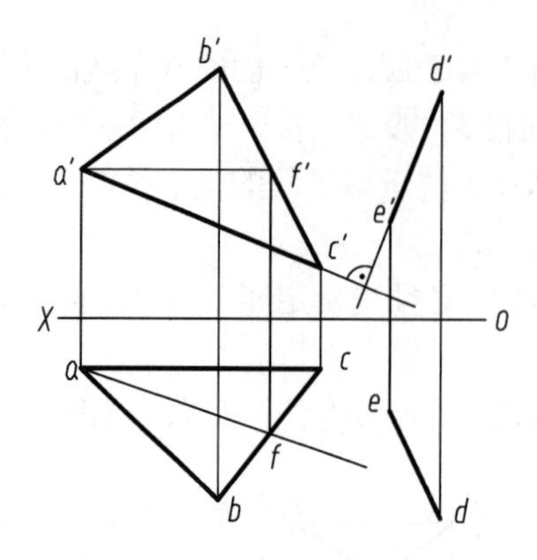

图 3-38 判断直线是否垂直平面

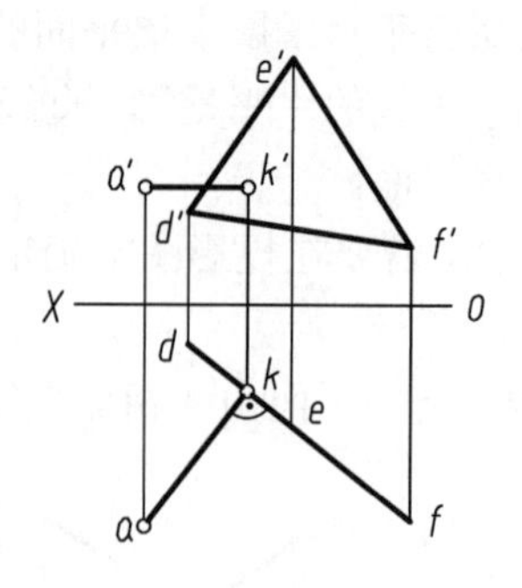

图 3-39 过点作平面的垂线

(3) 则 $AK(ak, a'k')$ 为所求垂线，点 $K(k, k')$ 为垂足。

2. 两平面垂直

从初等几何定理可知：

(1) 若一直线垂直于一平面，则包含这条直线的一切平面都垂直于该平面。

如图 3-40(a) 所示，若直线 AB 垂直平面 P，则包含直线 AB 的平面 Q 和平面 R 均垂直平面 P。

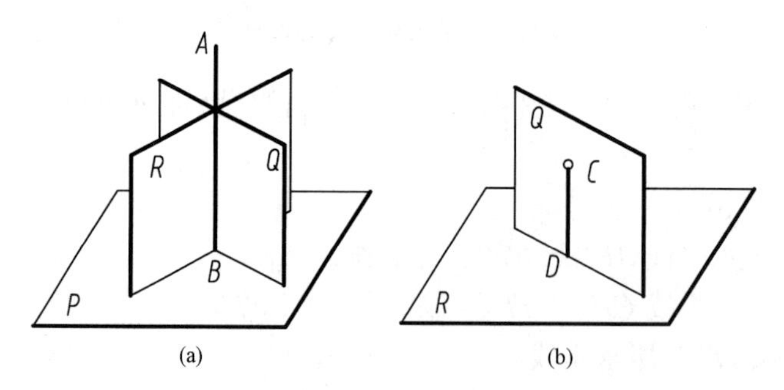

(a) (b)

图 3-40 两平面垂直

(2) 如两平面互相垂直，那么过属于第一个平面的任意一点向第二个平面所作的垂线一定属于第一个平面。

如图 3-40(b) 所示，平面 Q 垂直平面 R，点 C 属于平面 Q，过点 C 作 CD 垂直平面 R，则 CD 必属于平面 Q。

运用以上定理可以解决有关两平面相互垂直的投影作图问题。

例 3-25 过点 S 作平面，垂直于由△ABC 所确定的平面（图 3-41）。

解 分析：过点作平面的垂线，则包含垂线的一切平面均垂直已知平面。

本题有无穷多解。

作图步骤：

(1) 在平面△ABC 内任取一条水平线（如 CE）及正平线（如 AF）。

(2) 过点 s 作 $st \perp ce$，过点 s' 作 $s't' \perp a'f'$，则直线 $ST(st, s't')$ 为平面△ABC 的垂线。

(3) 过点 S 任作一直线 $SM(sm, s'm')$，则由相交两直线 ST 与 SM 组成的平面则为题解之一。

例 3-26 试判断由相交的水平线与正平线确定的平面与平面△ABC 是否垂直（图 3-42）。

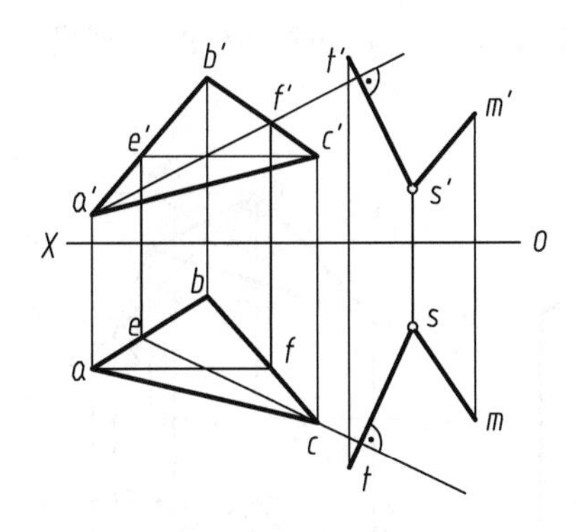

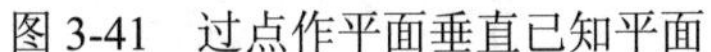
图 3-41　过点作平面垂直已知平面

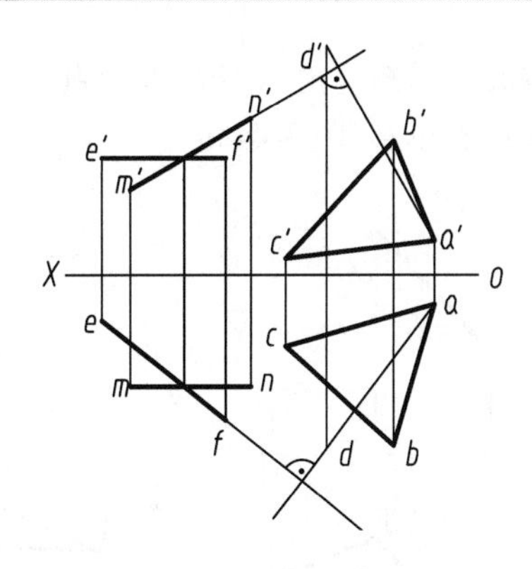

图 3-42　过点作平面垂直已知平面

解　分析：只要能在一平面内作出一条直线垂直于另一平面，则两平面垂直。由于直线 *EF* 与直线 *MN* 分别为水平线和正平线，因此判断能否在平面△*ABC* 内作出一直线垂直于由 *EF* 与 *MN* 组成的平面即可。

作图：过点 *A* 作由相交两直线 *EF* 与 *MN* 组成平面的垂线 *AD*（*ad*⊥*ef*, *a′d′*⊥*m′n′*），由图 3-42 中直接可以看出，垂线 *AD* 不属于平面△*ABC*，那么两平面也不垂直。

例 3-27　过点 A 作直线与已知直线 *EF* 正交（图 3-43（a））。

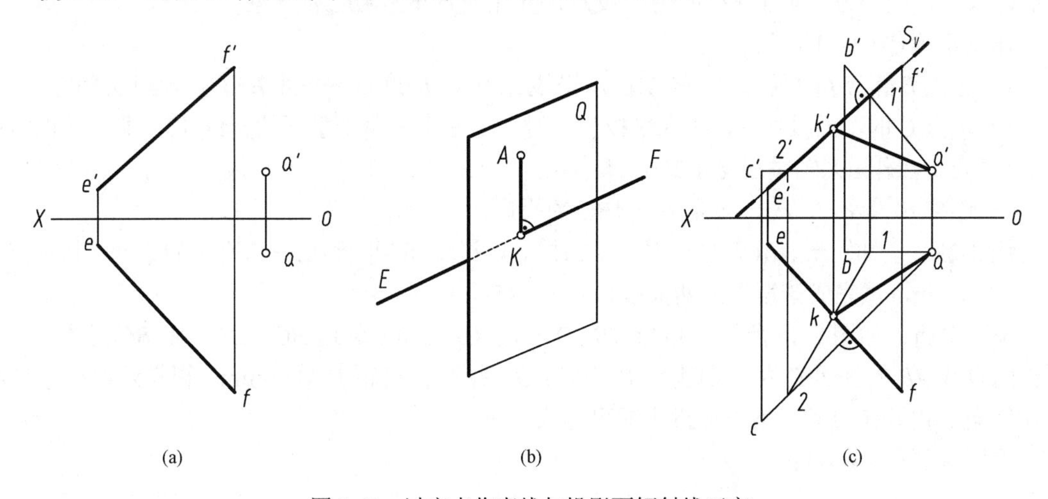

图 3-43　过定点作直线与投影面倾斜线正交

解　分析：如图 3-43（b）所示，与已知直线 *EF* 相垂直的直线必定在它的垂面内。因此，过点 *A* 作平面 *Q* 与直线 *EF* 垂直，然后求出直线 *EF* 与垂面 *Q* 的交点 *K*，连接 *AK* 即为所求。

作图步骤：

（1）包含点 *A* 作辅助平面 *Q* 垂直于直线 *EF*，该平面由水平线 *AC*（*ac*, *a′c′*）和正平线 *AB*（*ab*, *a′b′*）确定，*ac*⊥*ef*，*a′b′*⊥*e′f′*，如图 3-43（c）所示。

（2）求辅助垂面 *Q* 与直线 *EF* 的交点 *K*，图 3-43（c）中包含 *EF* 作辅助正垂面 *S*（图中用迹线 S_V 表示）求出交点 *K*（*k*, *k′*）。

（3）连接 *AK*（*ak*, *a′k′*），则 *AK*⊥*EF*，*AK* 为所求直线。

利用以上过定点作直线与投影面倾斜线正交的基本作图，可进一步完成具有两直线垂直相交的几何图形（例如直角三角形、矩形、等腰三角形、菱形）的作图问题。

例 3-28 已知直角△*ABC* 中一直角边 *AB* 的两投影及另一直角边 *BC* 的水平投影，试完成直角△*ABC* 的投影(图 3-44(a))。

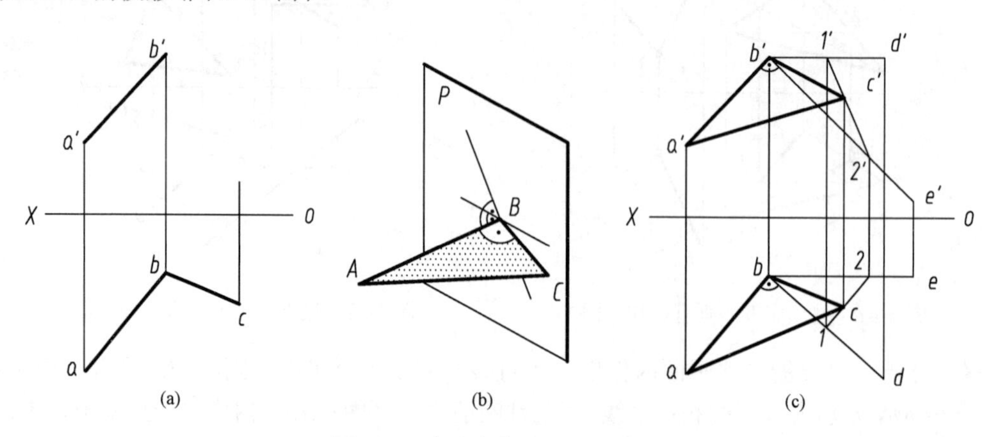

图 3-44 完成直角△*ABC* 的投影

解 分析：如图 3-44(b)中所示，在直角△*ABC* 中，由于 *AB* 垂直 *BC* 且交于点 *B*，因此 *BC* 必在过点 *B* 所作的垂直于直线 *AB* 的平面 *P* 内，为此先过点 *B* 作 *AB* 的垂面 *P*，然后利用平面内取点、线的方法求出 *BC* 的另一投影，并完成直角△*ABC* 的投影。

作图步骤(图 3-44(c))：

(1)过点 *B* 作 *AB* 的垂面 *P*，图中由水平线 *BD*(*bd*, *b′d′*)和正平线 *BE*(*be*, *b′e′*)所确定。

(2)求点 *C* 的正面投影 *c′*，在水平投影中过点 *c* 任作一属于垂面的直线 12，求出其正面投影 1′2′，由 *c* 点作 *OX* 轴垂线交 1′2′ 于 *c′*。

(3)连接 *b′c′*、*a′c′*、*ac*，即完成△*ABC* 的投影。

例 3-29 已知矩形 *ABCD* 的一边 *AB* 的投影，邻边 *BC* 平行△*EFG* 所示的平面，且顶点 *C* 距 *V* 面 10mm，试完成该矩形的两面投影(图 3-45)。

解 分析：如图 3-46 所示，矩形 *ABCD* 一边 *AB* 已知，邻边 *BC*⊥*AB*，则 *BC* 必在过点 *B* 所作的直线 *AB* 的垂面 *P* 内。又因为 *BC*//△*EFG*，并且点 *C* 距 *V* 面 10mm，根据这两个条件即可在平面 *P* 内确定点 *C*，则矩形投影即可完成。

作图步骤(图 3-47)：

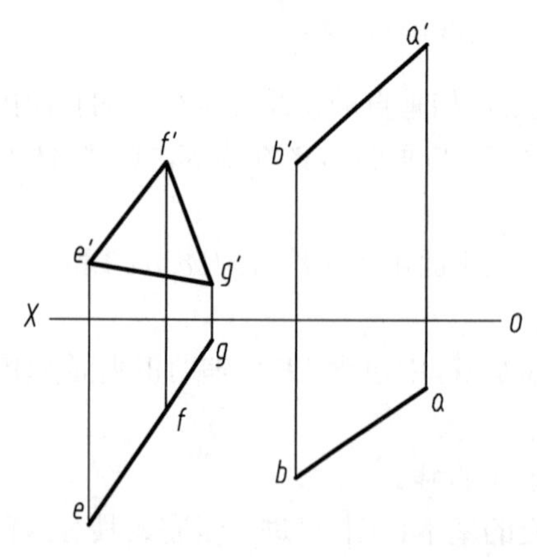

图 3-45 完成矩形 *ABCD* 的两投影

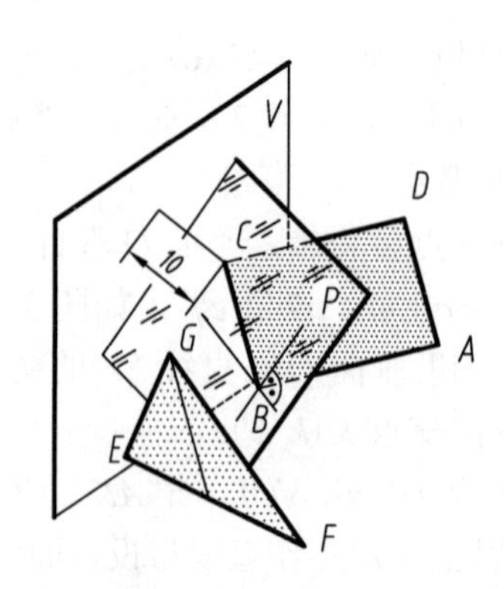

图 3-46 空间分析

(1) 过点 B 作直线 AB 的垂面 P，图 3-47 中用水平线 $BM(bm,\ b'm')$ 和正平线 $BN(bn,\ b'n')$ 来确定，$AB\perp BM$，$AB\perp BN$。

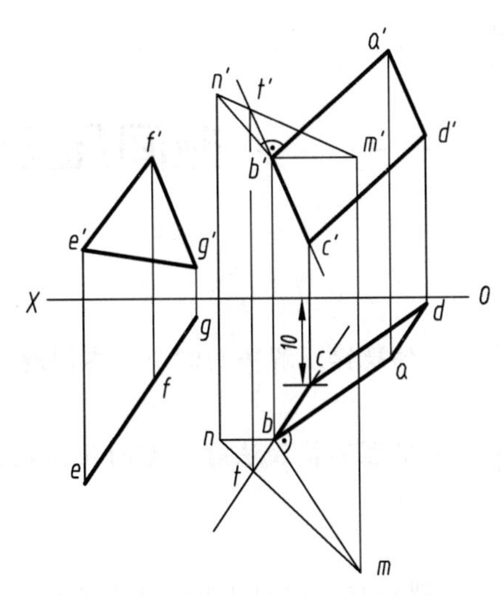

图 3-47　完成矩形 $ABCD$ 的两投影

(2) 在平面 P 内取直线 $BT//\triangle EFG$。因为 $\triangle EFG$ 为铅垂面，作直线 $bt//efg$，利用平面内取点、线的方法在平面 P 内求出正面投影 $b't'$。

(3) 根据点 C 距 V 面 10mm，在直线 BT 的水平投影上确定 c 点，找出对应的正面投影 c'。

(4) 作 $AD//BC(ad//bc, a'd'//b'c')$，$DC//AB(dc//ab,\ d'c'//a'b')$，求得矩形 $ABCD$ 的两面投影。

第4章 空间几何元素的度量

主要内容

换面法的基本概念；投影变换的规律；解决的四个基本问题。

学习要点

利用直角三角形法、直角投影定理和换面法解决空间几何元素之间的距离和角度等度量问题。

在解决工程中实际问题时，常遇到有关空间几何元素及它们之间相对位置的定位和度量问题，如求直线段的实长、求平面图形的实形、求距离(直线段的实长)、求夹角的大小，以及求直线与平面的交点、求平面与平面的交线等问题。前几章讨论了解决以上问题的基本原理和作图方法，在作图过程中发现当空间的几何元素相对投影面处于倾斜位置时，其投影既无积聚性又不反映实形，因此图解过程相对复杂。相反，当它们相对投影面处于平行或垂直等特殊位置时，其投影与空间位置直接对应，问题就容易得以解决，如图 4-1 所示。

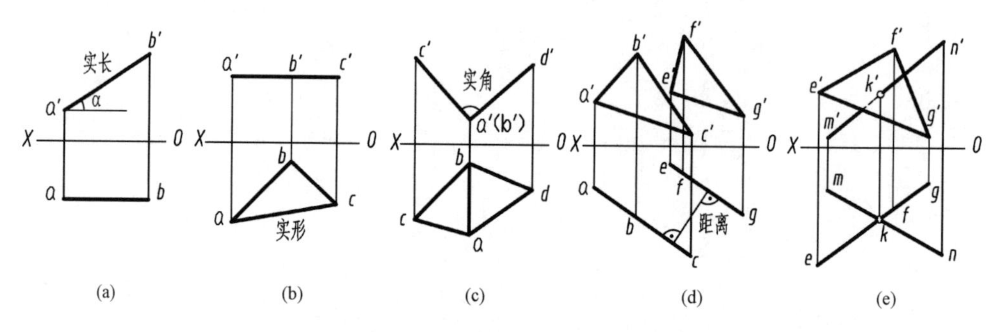

图 4-1 特殊位置时几何元素的实形和度量

由此想到，若能将相对投影面处于倾斜位置的几何元素改变为特殊位置，那么解题就方便得多。变换投影面的方法就是研究如何改变空间几何元素相对投影面的位置，以达到方便解决空间几何元素的定形、定位和度量等问题。

4.1 换面法的概念及变换规律

4.1.1 换面法的基本概念

换面法即空间几何元素在原投影体系中的位置不动，用新的投影面代替旧的投影面，使空间几何元素对新的投影面的相对位置变成有利于解题的位置，然后作出几何元素在新投影面的投影，以达到解题的目的。

图 4-2 为一长方体被铅垂面截切后的投影图和立体图。图中矩形 $ABCD$ 为一铅垂面，水平投影积聚为一线段 $abcd$，正面投影和侧面投影分别为一矩形，但均不反映实形。为求出平面的实形，取一平行于平面 $ABCD$ 并且垂直于 H 面的平面 V_1 作为新的投影面来代替 V 面，则 V_1 面和原来的 H 面构成一个新的两面投影体系 V_1H，用它来代替原来的 VH 体系。平面 $ABCD$ 在 V_1 面上的投影 $a_1'b_1'c_1'd_1'$ 反映实形，如图 4-3 所示。然后以 V_1 面与 H 面的交线 X_1 为轴，使 V_1 面旋转 90°和 H 面重合，就得出在 V_1H 体系的投影图。

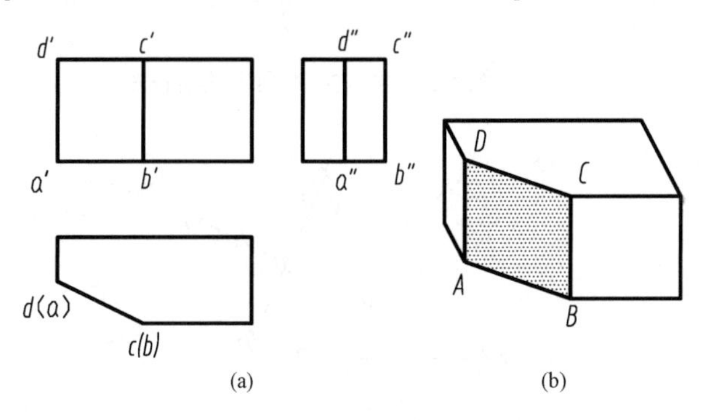

图 4-2　长方体被截切

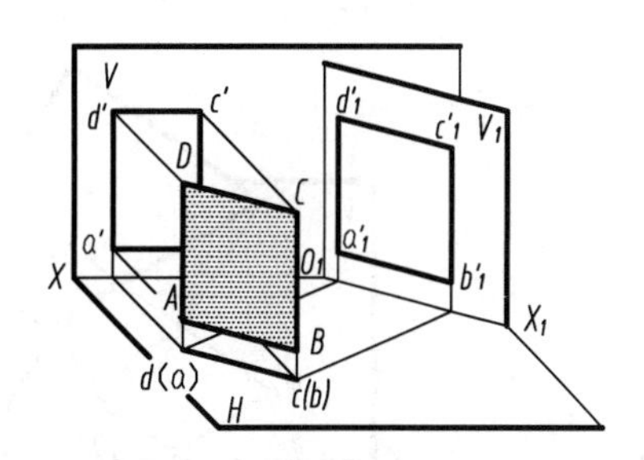

图 4-3　求矩形 $ABCD$ 的实形

很明显，新投影面 V_1 面是不能任意选择的，首先要使空间几何元素在新投影面上的投影能符合解题的要求，而且新投影面必须与原投影体系中不变的 H 面垂直，构成直角两面投影体系，才能运用正投影原理作出新的投影图。因此采用换面法解题，新投影面的选择必须符合两个条件：

(1) 新投影面必须垂直于一个不变的投影面；

(2) 新投影面必须和空间几何元素处于最有利于解题的位置。

4.1.2　点的投影变换规律

点是一切几何形体的基本元素，因此采用换面法解题作图，首先要了解点的变换规律。

1．点的一次变换

变换 V 面时点的投影规律：

如图 4-4 所示，点在 VH 体系中的投影分别为 a、a'。令 H 面不变，取一平面 V_1 ($V_1 \perp H$) 来代替 V 面，构成新投影体系 V_1H。由于空间点 A 位置不动，按正投影法的原理，自点 A 向 V_1 面作投射线得到点 A 在 V_1 面上的新投影 a_1'，则在新旧两面体系中点 A 的投影 $A(a, a_1')$ 和 $A(a, a')$ 均已作出，它们之间的关系从图中可以看出：

(1) 点 A 到 H 面的距离（即 z 坐标），在新旧两体系中都相同，即 $a'a_X=Aa=a_1'a_{X1}$；

(2) 当 V_1 面绕 X_1 轴旋转 90°与 H 面重合时，根据点的投影规律可知 aa_1' 必垂直 X_1 轴。

根据以上关系，点 A 由 VH 体系中的投影 (a, a') 求出 V_1H 体系中投影的作图步骤为：

(1) 按解题要求画出新投影轴 X_1，确定投影面 V_1 在投影图中的位置。

(2) 由 a 作 X_1 的垂线，截取 $a_1'a_{x1}=a'a_x$，则点 a_1' 即为所求的新投影，如图 4-5 所示。

由此得出点的投影变换规律：点的新投影和不变投影的连线必垂直于新投影轴；点的新投影到新投影轴的距离，等于被代替的旧投影到旧投影轴的距离。图 4-6 为变换 H 面后点 A 在 VH_1 体系中的投影及作图过程。

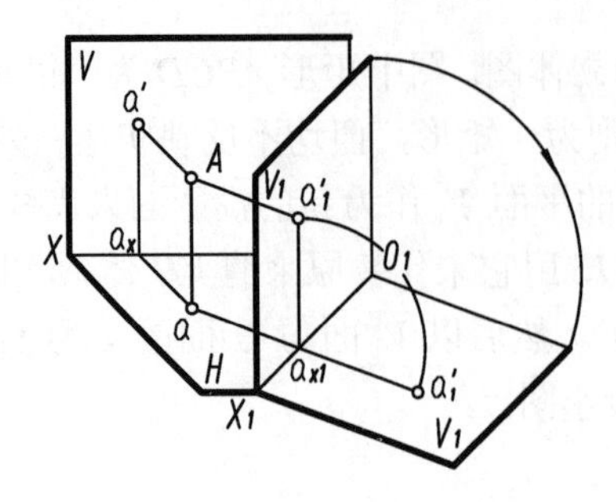

图 4-4　点在 V_1H 体系中的投影

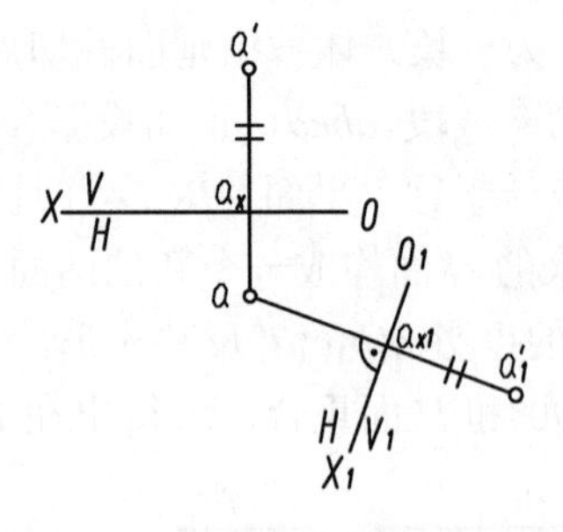

图 4-5　求点在 V_1 面上的新投影

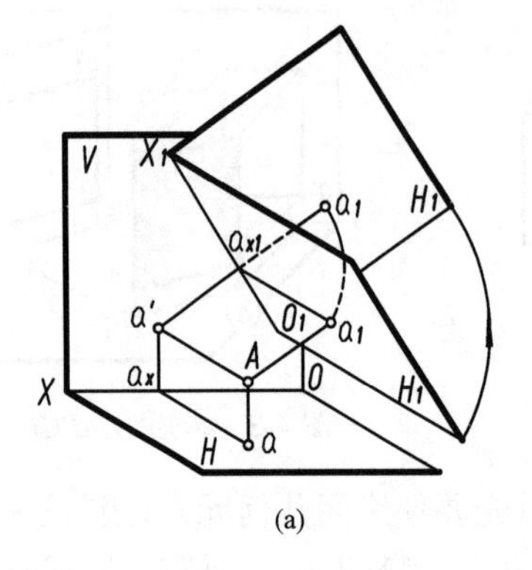

(a)

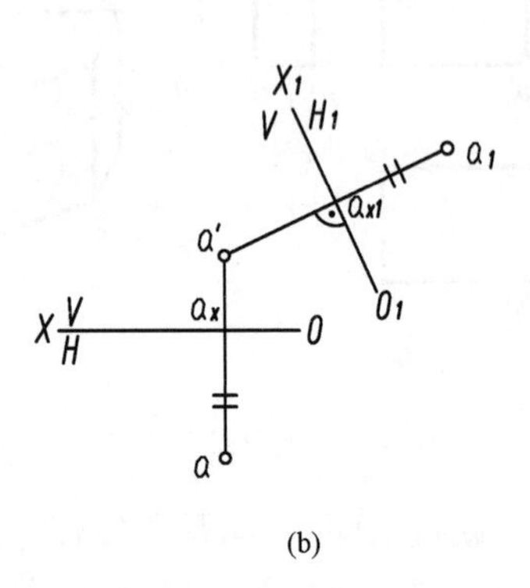

(b)

图 4-6　点 A 变换 H 面后的投影

2. 点的二次变换

工程中有些实际问题，变换一次投影面还不能解决问题，要变换两次或多次才行。图 4-7 表示点在变换两次投影面中的情况。求点的新投影的方法、作图原理和变换一次投影面相同。

图 4-7

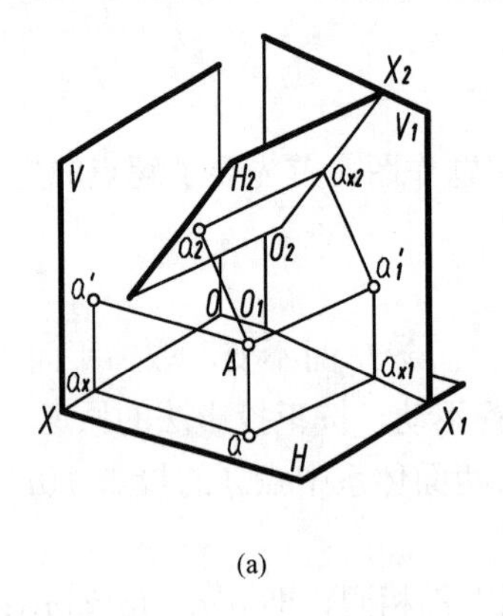

(a)

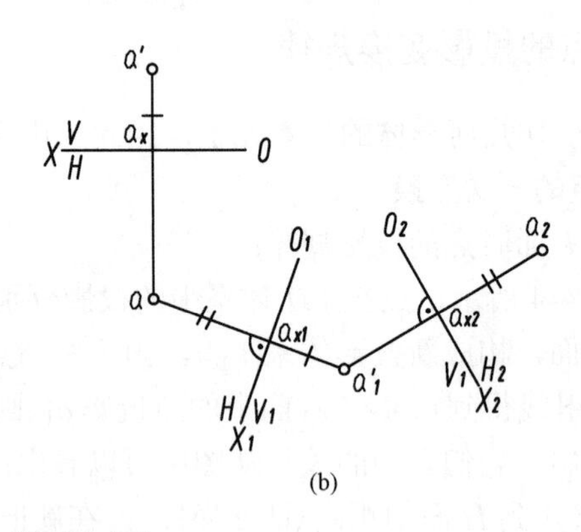

(b)

图 4-7　点的两次变换

值得注意的是，更换投影面时，每次新投影面的选择都必须符合本节开头所述新投影面选择的两个条件，而且不能同时变换两个投影面，只能交替进行，每次变换时新、旧投影面的概念也随之改变。例如图 4-7 中先变换一个投影面 V 面，用 V_1 面代替 V 面，构成新投影体系 V_1H，X_1 为新轴，a' 为旧投影，a 为不变投影，a_1' 为新投影。再变换一次投影面时须变换 H 面，用 H_2 面代替 H 面，又构成新投影体系 V_1H_2，这时 X_2 为新轴，a 为旧投影，a_1' 为不变投影，a_2 为新投影。以此类推可根据解题需要变换多次。

4.1.3　四个基本问题

以上讨论了换面法的基本原理和点的投影变换规律。在解决实际问题时会遇到各种情况，从作图过程可以归纳为四个基本问题。

1．把投影面倾斜线变换为投影面平行线

图 4-8 中线段 AB 为投影面倾斜线，在 H 面和 V 面中的投影 ab 和 $a'b'$ 均不反映实长。为此可设一个新投影面 V_1，使 V_1 与线段 AB 平行且垂直于 H 面，AB 在新体系 V_1H 中变为 V_1 面的平行线，它在 V_1 面上的投影 $a_1'b_1'$ 反映实长，同时在投影图中还可以反映出线段 AB 与水平面的倾角 α，如图 4-8(a)所示。

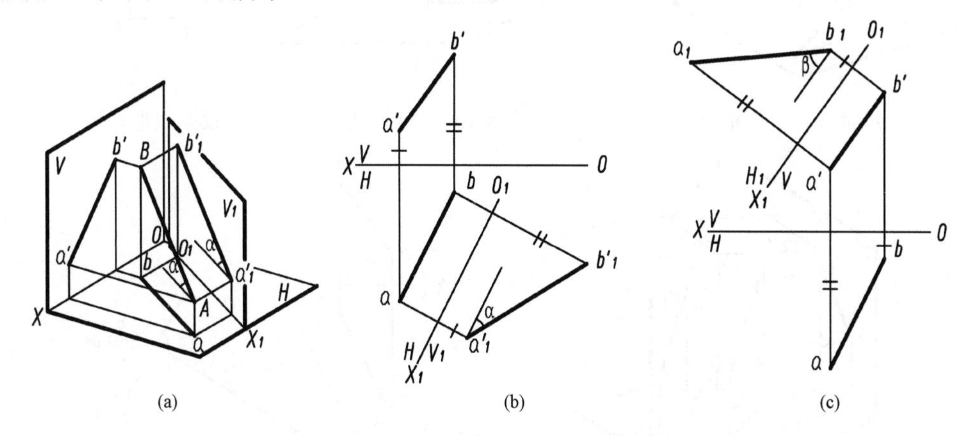

图 4-8　投影面倾斜线变换为投影面平行线

图 4-8(b)表示线段 AB 变换为正平线的投影图作法。首先画出新投影轴 X_1，X_1 必须平行 ab 但与 ab 间距离可任取。然后按照点的投影变换规律作出线段 AB 两端点 A 和 B 的新投影 a_1' 和 b_1'，连接 $a_1'b_1'$ 即为线段 AB 的新投影，同时反映线段 AB 与水平面的倾角 α。如果仅为求线段的实长，当给出水平投影和正面投影时变换 H 面或 V 面均可。

图 4-8(c)为变换 H 面后求实长的投影图作法，图中同时反映出线段 AB 与正面的倾角 β。

2．把投影面倾斜线变换为投影面垂直线

投影面倾斜线变换为投影面垂直线，变换一次投影面显然是行不通的。如图 4-9 所示，若选择的投影面 P 垂直投影面倾斜线 AB，则平面 P 为投影面倾斜面，它与原投影体系中任何一个投影面均不垂直，故不能构成新的直角投影体系。而如使投影面平行线变为投影面垂直线，则变换一次投影面即可。如图 4-10 所示，由于 CD 为正平线，因此选择新投影面 H_1 垂直于直线 CD，则 H_1 必垂直于 V 面，构成了新的 VH_1 投影体系。CD 在新体系中成为投影面垂直线，按照投影面垂直线的投影性质，新轴 X_1 必垂直 $c'd'$，然后求出在 H_1 面的新投影 c_1d_1，则 CD 在新投影面上的新投影必积聚成点。

可见，若将投影面倾斜线变换为投影面垂直线，必须连续变换两次投影面。如图 4-11 所示，先将投影面倾斜线变换为投影面平行线，再将投影面平行线变换为投影面垂直线。图 4-11(b)表示将投影面倾斜线 AB 变换为投影面垂直线的作图过程。

3．把投影面倾斜面变换为投影面垂直面

图 4-12 表示将投影面倾斜面△ABC 变换为投影面垂直面的情况，要使△ABC 变换为投影面垂直面，只要把属于该平面的任意一条直线变换为投影面垂直线即可。前面讨论过只有投影面平行线才能经过变换一次投影面成为投影面垂直线，而投影面倾斜线则须变换两次投影面。

因此在平面中任取一条投影面平行线为辅助线，取与它垂直的平面为新投影面，则$\triangle ABC$就与新投影面垂直。

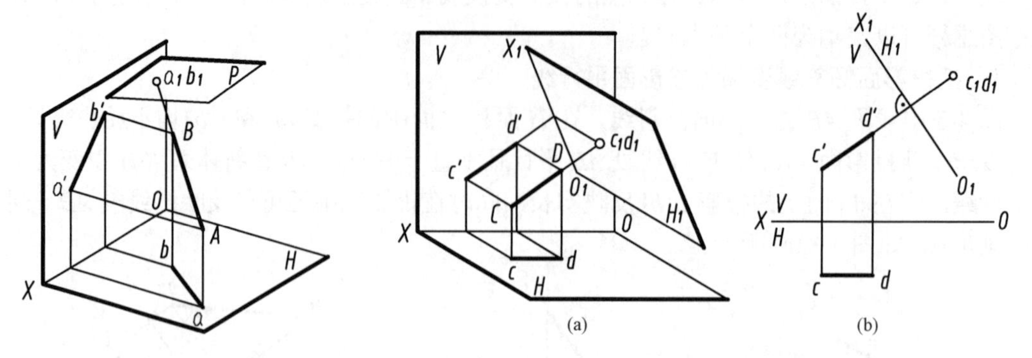

图 4-9 P面与V面不垂直　　　　图 4-10 投影面平行线变换为投影面垂直线

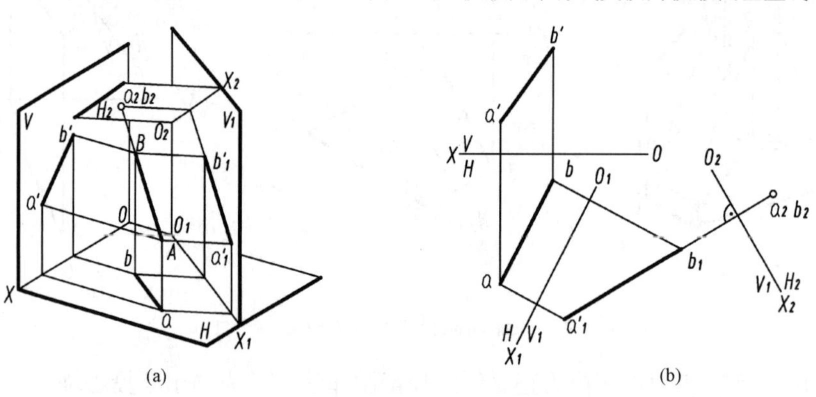

图 4-11 投影面倾斜线变换为投影面垂直线

图 4-12(b)表示$\triangle ABC$变换成投影面垂直面的作图过程。在$\triangle ABC$中取一条正平线AD(ad, $a'd'$)为辅助线，用新投影面H_1面代替H面，使新轴$X_1 \perp a'd'$，则$\triangle ABC$在VH_1新投影体系中就成为投影面垂直面。按点的投影变换规律，求出$\triangle ABC$三顶点A、B、C的新投影a_1、b_1、c_1，此三点必在同一直线上，同时直线$a_1b_1c_1$与X_1轴的夹角即为$\triangle ABC$平面与V面的夹角β。

同样，也可取水平线为辅助线，用新投影面V_1代替V面，使$\triangle ABC$变为新投影面垂直面，如图 4-13 所示。直线$c_1'a_1'b_1'$与X_1轴夹角反映$\triangle ABC$与H面的夹角α。

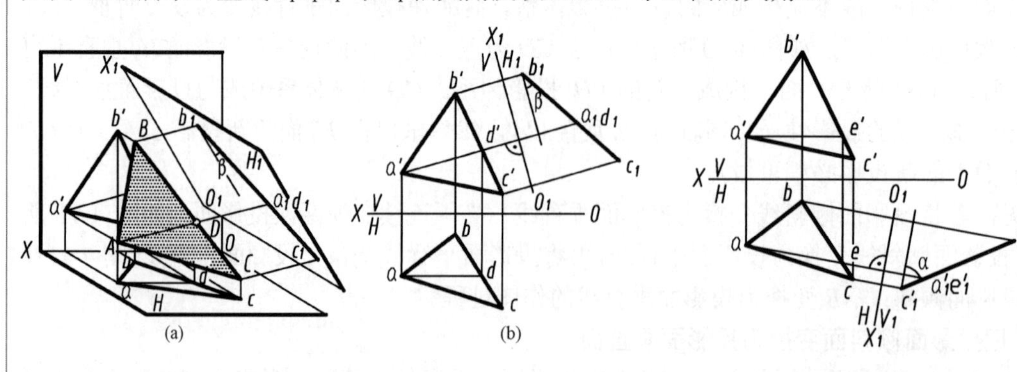

图 4-12 倾斜面变换为垂直面，并求β　　　　图 4-13 倾斜面变换为垂直面，并求α

4．把投影面倾斜面变换为投影面平行面

投影面倾斜面变换为投影面平行面，只变换一次投影面显然也是不行的。因为新投影面若平行于投影面倾斜面，则它也为投影面倾斜面，与原投影体系中任何一个投影面都不垂直，不能构成直角两面体系。而投影面垂直面则通过变换一次投影面即可变为投影面平行面。因为选择的新投影面平行于投影面垂直面，它也为原体系中投影面垂直面，就能构成新的直角两面体系。如本节开头图 4-3 中就是将铅垂面变为投影面平行面来求出实形的例子。

可见，要想将投影面倾斜面变为投影面平行面，必须变换两次投影面才行。先把投影面倾斜面变换为投影面垂直面，再把投影面垂直面变换为投影面平行面。

图 4-14 表示将投影面倾斜面△*ABC* 变换为投影面平行面的作图过程。第一次变换 *H* 面，取正平线 *AD*(*ad*, *a'd'*) 为辅助线，把△*ABC* 变换为投影面垂直面，作法同图 4-12(b)；第二次变换 *V* 面，取新轴 $X_2//b_1a_1c_1$，求出 V_2 面上△*ABC* 三顶点 *A*、*B*、*C* 的新投影 a_2'、b_2'、c_2'，则△$a_2'b_2'c_2'$ 反映△*ABC* 的实形。

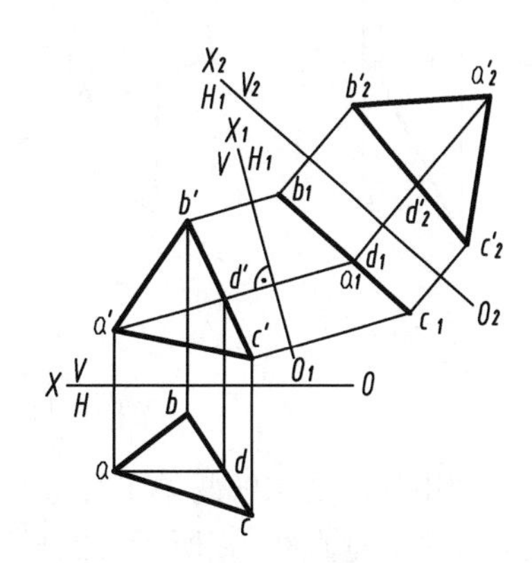

图 4-14　投影面倾斜面变换为投影面平行面

以上四个问题是利用变换投影面的方法解决空间几何问题的最基本的作图方法，必须熟练掌握。

4.2　图解几何元素之间的距离和夹角

4.2.1　图解几何元素之间的距离

几何元素之间的距离可分为：①点到直线间的距离；②两平行直线间的距离；③两交叉直线间的距离；④点到平面间的距离；⑤两平行平面间的距离。

以上距离问题的图解方法可归纳为两种：

一种是综合利用线、线垂直的直角投影定理，线、面垂直的投影特性，过点作直线的垂面或过点作平面的垂线，然后求出直线与垂面的交点，再用直角三角形法求出垂线段的实长即为所求距离。上述方法可称为综合法。

另一种是根据几何元素的投影特性，用换面法图解几何元素之间的距离。

1．点到直线间的距离

例 4-1　利用综合法和换面法求点 *E* 到直线 *MN* 的距离(图 4-15(a))。

解 1　用综合法求解点到直线的距离其空间分析如图 4-15(b) 所示。过点 *E* 作平面 *P*(平面 *P* 由相交直线 *EB*、*EC* 确定) 垂直于直线 *MN*，求出直线 *MN* 与平面 *P* 的交点 *F*，连接 *EF* 并用直角三角形法求出 *EF* 实长，即为点到直线间的距离。具体步骤见图 4-15(c)。

解 2　利用换面法求解时，应将直线 *MN* 变换为新投影面的垂直线，在新投影面上即可求出点到直线间的距离。直线 *MN* 为投影面倾斜线须两次换面将其变换为垂直线，具体图解过程见图 4-15(d)。

2．两平行直线间的距离

综合法求解求两条平行直线间的距离的空间分析如图 4-16 所示。在直线 *AB* 上任取一点 *E*，

过点 E 作直线 AB 的垂直面 P，求垂直面 P 与直线 CD 的交点 F，求线段 EF 的实长，即两平行线之间的距离。

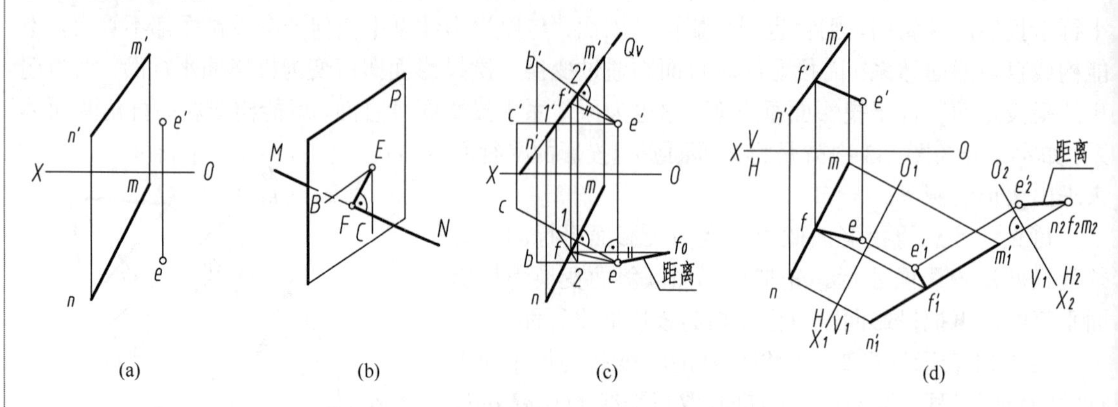

图 4-15 综合法与换面法图解点到直线的距离

利用换面法求解两条平行直线间的距离时，可将两条平行直线变换为投影面垂直线，在所垂直的投影面上两直线积聚成两点间的距离即两平行直线间的距离。两平行直线间的距离的图解过程与点到直线间的距离的图解过程基本相同，故不再赘述。

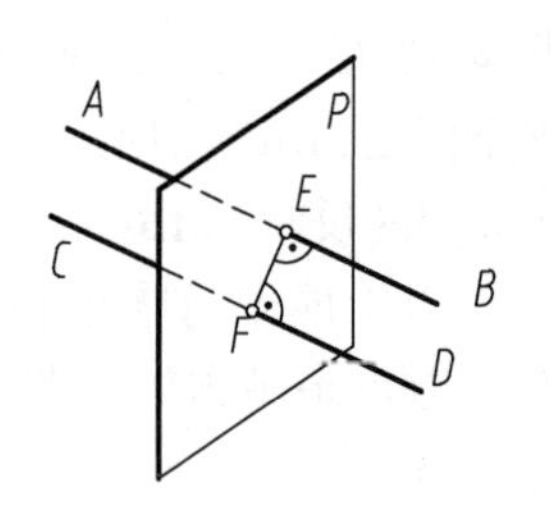

图 4-16 两平行直线间的距离

3. 两交叉直线间的距离

例 4-2 利用综合法和换面法求 AB 与 CD 两交叉直线间的距离及公垂线的投影(图 4-17(a))。

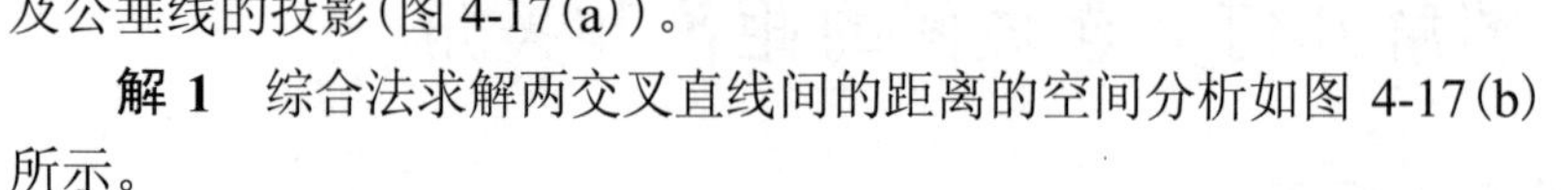

解 1 综合法求解两交叉直线间的距离的空间分析如图 4-17(b)所示。

过直线 CD 端点 D 作直线 DF 平行直线 AB，CD 与 DF 两相交直线确定的平面 P 平行直线 AB，过直线 AB 端点 B 作平面 P 的垂线，求出垂线与平面 P 的交点 K，利用直角三角形法求出垂线 BK 的实长即交叉两直线间的距离。

若求公垂线的两面投影，须过交点 K 作直线 AB 的平行线，过该平行线与直线 CD 的交点 N 作 BK 的平行线交直线 AB 得 M 点，连接 MN 即为交叉两直线的公垂线。

具体作图步骤如图 4-17(c)所示。

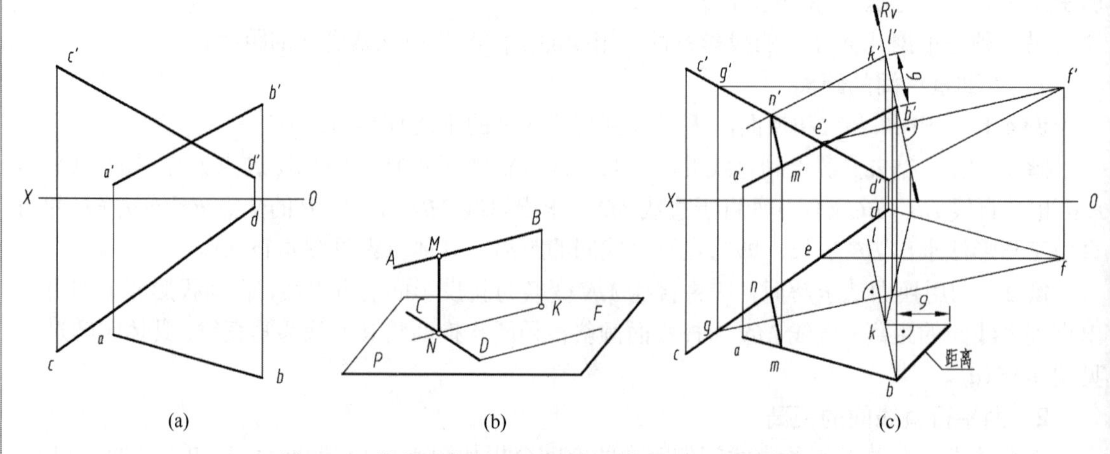

图 4-17 综合法求交叉两直线间的距离及公垂线的投影

(1) 过直线 CD 的端点 D 作直线 AB 的平行线 $DF(df, d'f')$，在相交二直线 (CD, DF) 确定的平面内任取一条水平线 $FG(f'g', fg)$ 和一条正平 $FE(fe, f'e')$，过点 B 作平面 (CD, DF) 的垂线 $BL(bl \perp fg, b'l' \perp f'e')$。

(2) 包含垂线 BL 作辅助正垂面 R（图中用迹线 R_V 表示），求出垂足 $K(k, k')$。

(3) 用直角三角形法求出 BK 的实长即为交叉两直线间的距离。

(4) 求公垂线 MN 的两投影。过点 K 的正面投影 k' 作 $a'b'$ 的平行线交 $c'd'$ 得 n'，过 n' 作 $k'b'$ 的平行线交 $a'b'$ 得 m'，连接 $m'n'$，按投影关系求出 mn，即求出公垂线 MN 的正面投影和水平投影。

解 2　用换面法求两交叉直线间的距离及公垂线的投影。

空间分析：由图 4-18(a) 可知，若将交叉两直线之一（如直线 AB）变换为投影面垂直线时，直线 AB 与 CD 的公垂线 GK 必为该投影面的平行线。根据直角投影定理，此公垂线 GK 与倾斜线 CD 在直线 AB 所垂直的投影面上的投影反映直角，且反映两交叉直线间的真实距离。若将投影面倾斜线变换为投影面垂直线须变换两次投影面。

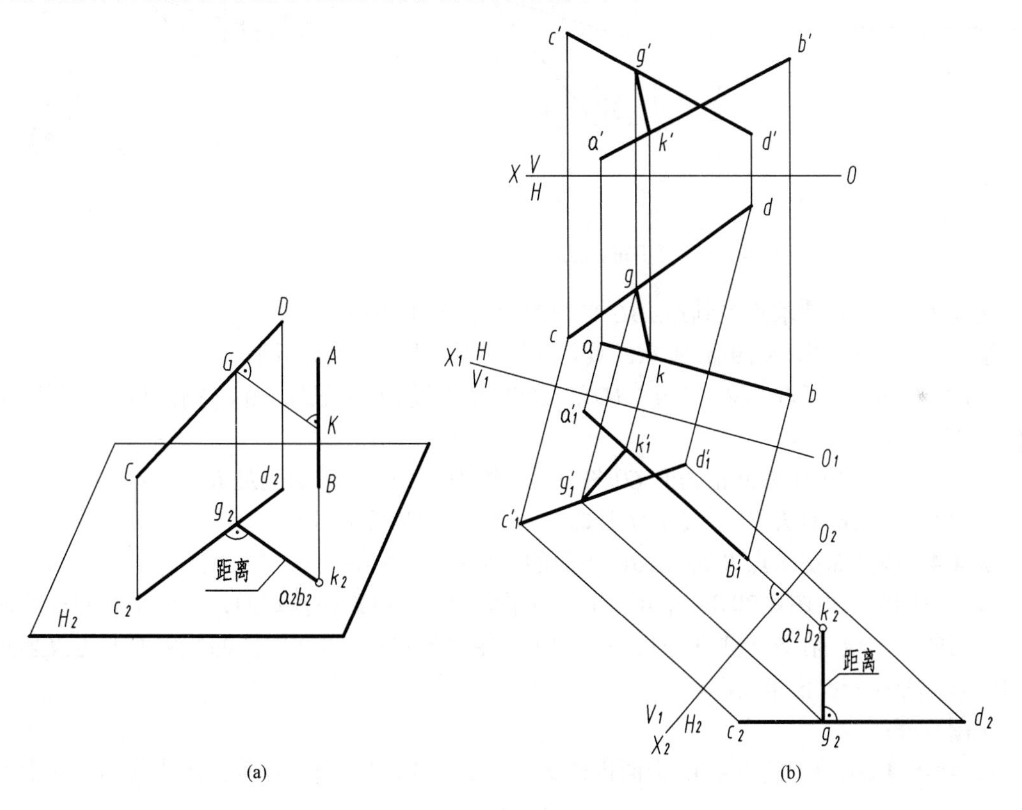

图 4-18　用换面法求两交叉直线间的距离及公垂线的投影

作图步骤：

(1) 将直线 AB 通过变换两次投影面成为投影面垂直线。如图 4-18(b) 所示，先变换 V 面再变换 H 面，在 V_1H_2 投影体系中 AB 投影积聚为一点 a_2b_2，公垂线 KG 与 AB 的交点 K 在 H_2 面上的投影 k_2 也在 a_2b_2 点处。直线 CD 一同变换，在 H_2 面上的投影为 c_2d_2。

(2) 过 $k_2(a_2b_2)$ 向 c_2d_2 作垂线与 c_2d_2 交于 g_2，k_2g_2 即为所求距离实长。

(3) 由 g_2 返回求出 VH 体系中的 g、g'。

(4) 由于公垂线 KG 在 V_1H_2 体系中为投影面的平行线，因此在 V_1 面上的投影则平行 X_2 轴，过 g_1' 作 $g_1'k_1'//X_2$ 轴交 $a_1'b_1'$ 于点 k_1'。由 k_1' 返回求出 VH 体系中的投影 k、k'。连接 kg、$k'g'$ 即为所求公垂线 KG 两面投影。

对比两种方法的图解过程，可看出换面法较之综合法解题步骤简捷，图示清晰明了。

4．点到平面间的距离

综合法求解点到平面距离的空间分析如图 4-19 (a) 所示。由点 S 作平面 P 的垂线，求出垂足 K 后，再求出线段 SK 的实长即为点 S 到平面 P 的距离。

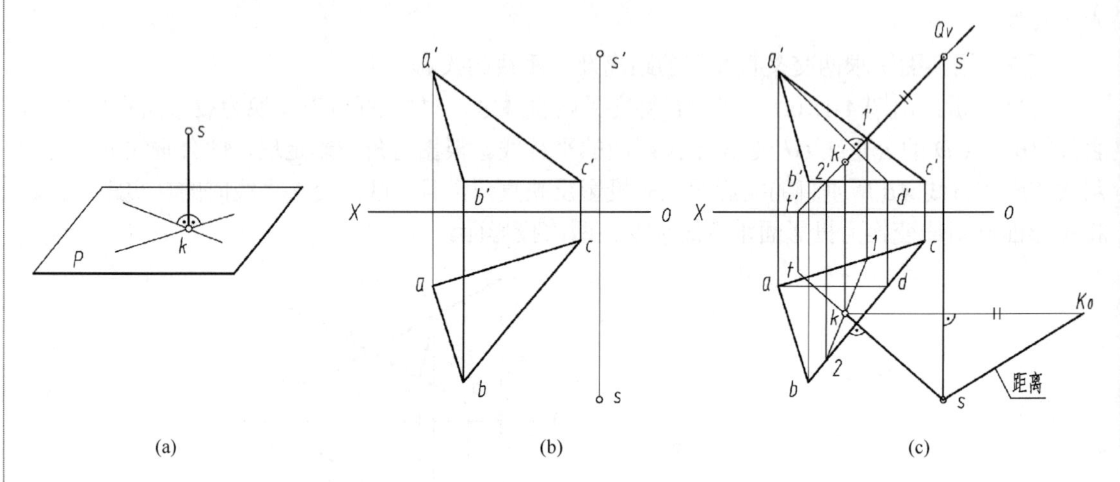

图 4-19 点到平面间距离的空间分析与综合法图解过程

例 4-3 用综合法求点 S 到△ABC 平面的距离 (图 4-19 (b))。

解 空间分析如图 4-19 (a) 所示。具体作图步骤如图 4-19 (c) 所示。

(1) 在△ABC 内任取一条正平线 AD ($ada'd'$)，水平线 BC 为已知，由点 S 作平面的垂线 ST ($st \perp bc$, $s't' \perp a'd'$)。

(2) 包含垂线 ST 作辅助正垂面 Q (图中用迹线 Q_V 表示)，求出垂足 K (k, k')。

(3) 用直角三角形法求出 SK 的实长即为点 S 到△ABC 的距离。

例 4-4 用换面法求点 S 到△ABC 平面的距离 (图 4-20 (a))。

解 空间分析如图 4-20 (b) 所示，如果将平面变换为投影面垂直面，点到平面的垂线则为该投影面的平行线，在该投影面中反映点到平面距离的实长。若将投影面倾斜面变为投影面垂直面时只须变换一次投影面即可。

作图步骤：

(1) 在图 4-20 (c) 中的△ABC 平面内的 BC 为水平线，使新轴 X_1 垂直水平线 BC 的水平投影 bc。

(2) 求出△ABC 平面及点 S 在新投影面 V_1 上的投影。此时△ABC 平面在 V_1 上的投影积聚为直线。

(3) 在 V_1 面上过 s_1' 作△ABC 平面积聚成直线 $a_1'b_1'c_1'$ 的垂直线，其交点 k_1' 即为垂足，SK 为新投影面 V_1 的平行线，故 $s_1'k_1'$ 线段即为点 S 到△ABC 平面的距离。

(4) 按变换规律将距离的投影返回到原投影体系中，其结果如图 4-20 (c) 所示。

5．两平行平面间的距离

综合法求解两平行平面间的距离，其空间分析如图 4-21 所示。在平面 Q 内任取一点 M，

作平面 P 的垂线，求出垂足 N，线段 MN 的长度即为两平行平面间的距离。两平行平面之间距离的求法与求点到平面的距离相同，故不再赘述。

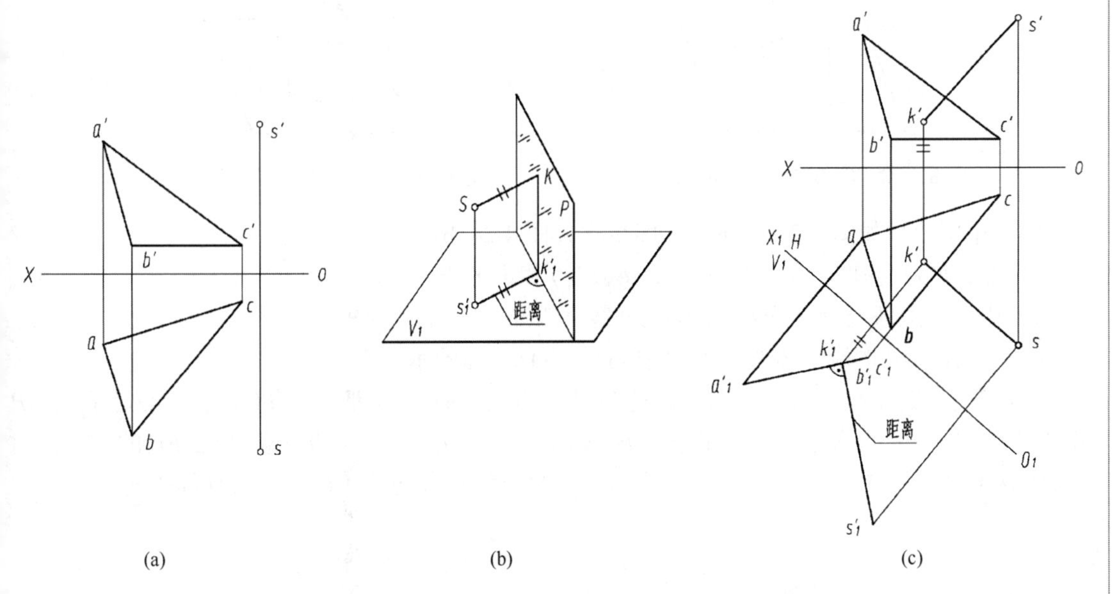

(a)　(b)　(c)

图 4-20　点到平面间距离的空间分析与综合法图解过程

换面法求解两平行平面间的距离时，可将两平面变换为投影面垂直面，在所垂直的投影面上两平行平面积聚成两条平行直线，两平行直线之间的距离即为两平行平面间的距离。具体作图步骤可参考图 4-12，将投影面倾斜面一次变换为投影面垂直面。

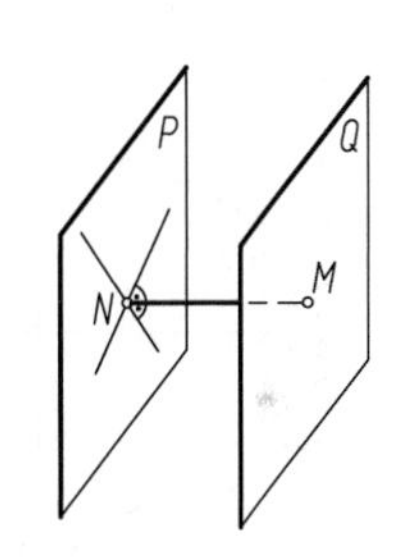

图 4-21　两平行平面间的距离

4.2.2　图解几何元素之间的夹角

常见几何要素之间的夹角有：①两相交直线间的夹角；②直线与平面间的夹角；③两平面间的夹角。

1. 两相交直线间的夹角

用综合法求解相交两直线间的夹角的空间分析如图 4-22 所示。图中相交两直线 AB 与 AC 可确定一平面 P，若求相交两直线夹角 α，可在 P 平面内任作一直线 EF 与两直线相交于点 E、F，此时相交两直线转化成△AEF，用直角三角形法分别求出△AEF 三个边的实长后，即可确定该三角形实形，∠EAF 即为两相交直线 AB 与 AC 间夹角 α。具体作图步骤可参考直角三角形法求倾斜线实长。

用换面法求出相交二直线确定的平面实形，即可求出两相交直线 AB 与 AC 间夹角 α。具体作图步骤从略。

2. 直线与平面间的夹角

如图 4-23 所示，由初等几何定义可知，直线 AB 与它在平面 P 上的投影 BC 间的夹角即为直线 AB 与平面 P 的夹角 α。据此由直线上任一点 A 向平面 P 作垂线 AC，则直线 AB 与所作垂线 AC 之间的夹角 β 的余角即为所求夹角 α。由以上分析可利用求两相交直线间夹角的方法求出角 β 后，它的余角即为所求直线与平面的夹角 α。

例 4-5　用综合法求直线 AB 与△FGM 之间的夹角 α(图 4-24(a))。

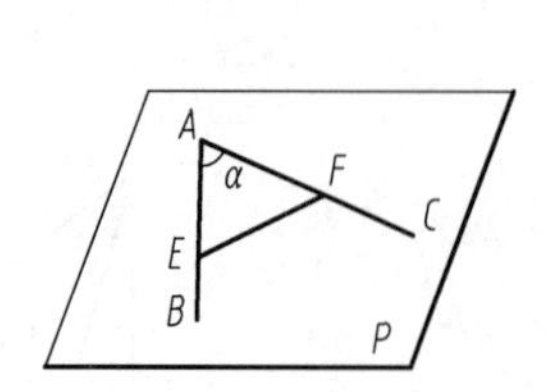

图 4-22 两相交直线间的夹角

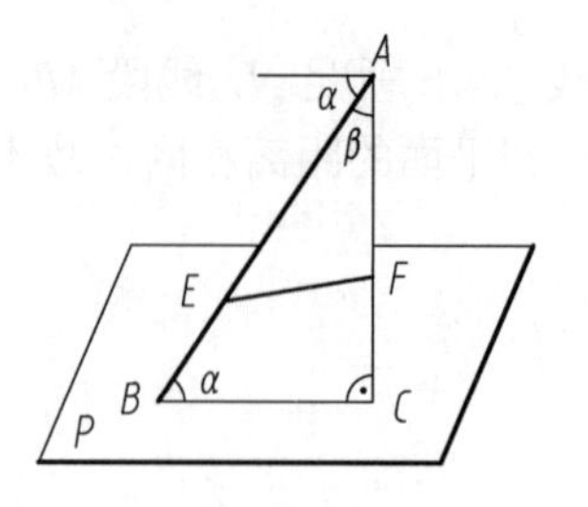

图 4-23 直线与平面间的夹角

解 空间分析如图 4-23 所述。作图步骤如图 4-24(b)。

(1)在△FGM 内取一条水平线 $DG(dg, d'g')$ 和正平线 $FG(fg, f'g')$。

(2)由直线上任一点 A 作△FGM 的垂线 $AC(ac\perp dg, a'c'\perp f'g')$。

(3)过直线 AB 的端点 B 作一水平线与△FGM 平面的垂线交于点 E。

(4)求由直线 AB、垂线 AE 及水平线 BE 构成的△ABE 的实形，用直角三角形法求直线 AB 和 AE 的实长，BE 为水平线，水平投影 be 反映实长。由三边实长即可求出△ABE 的实形，则 $\angle EAB$ 为直线 AB 与垂线 AE 之间的夹角 β，它的余角即为直线 AB 与△FGM 间夹角 α。

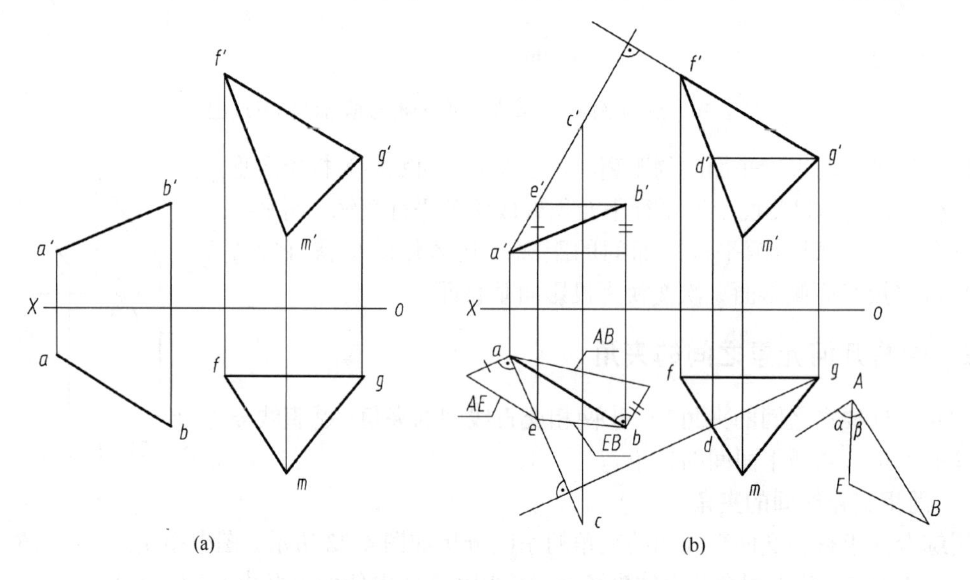

图 4-24 综合法求解直线与平面间的夹角

若用换面法求解图 4-24(a)所示直线与平面的夹角 α，须将平面变换为投影面垂直面，同时将直线变换为同一投影面的平行线，此时在该投影面上可求出直线与平面的夹角 α，空间分析如图 4-25 所示。具体图解步骤从略。

3. 两平面间的夹角

1)综合法求解两平面之间的夹角

若求如图 4-26 所示 P、Q 两平面的夹角，可由两平面 P、Q 外任取一点 A，分别作平面 P 和平面 Q 的垂线 AB 和 AC，则两相交直线组成一平面，该平面与两平面的交线分别为 OB 和 OC。由初等几何可知，$\angle BOC$ 即为两平面 P、Q 间的夹角ϕ。据此，求出平面 $ABOC$ 的实形后即可求出两平面间夹角。但从图 4-26 可以看出，角ϕ与角 θ 互为补角，若求出 AB 与 AC 两相交直线间的夹角 θ，即可得到 P、Q 两平面之间的夹角ϕ。

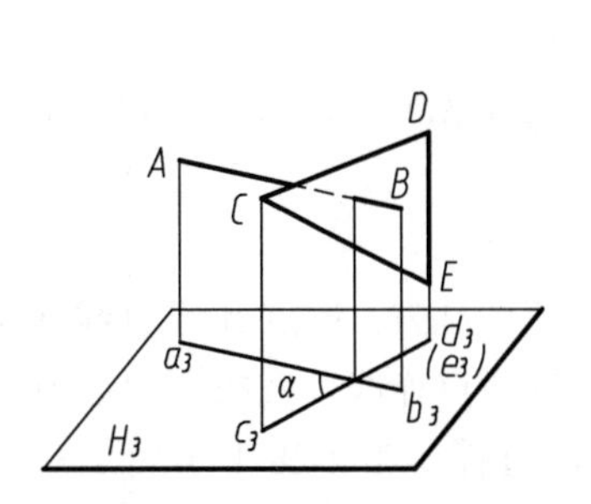

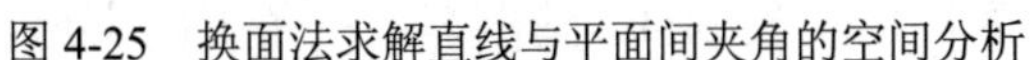
图 4-25　换面法求解直线与平面间夹角的空间分析

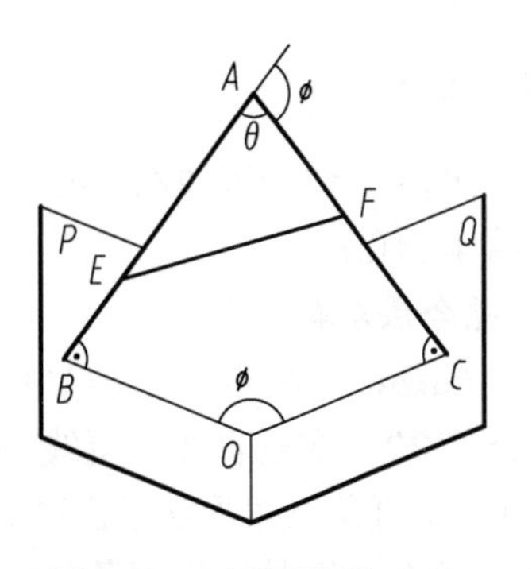

图 4-26　两平面间的夹角

由以上分析可知，利用综合法图解线与面夹角、面与面夹角时，都可利用线面垂直的投影特性，即过点作平面的垂直线或过点作直线的垂直面后，转换成求线与线之间的夹角。

综合法求解两平面之间夹角的具体步骤从略。

2)换面法求解两平面之间的夹角

例 4-6　求平面 ABC 与平面 ABD 之间的夹角ϕ(图 4-27)。

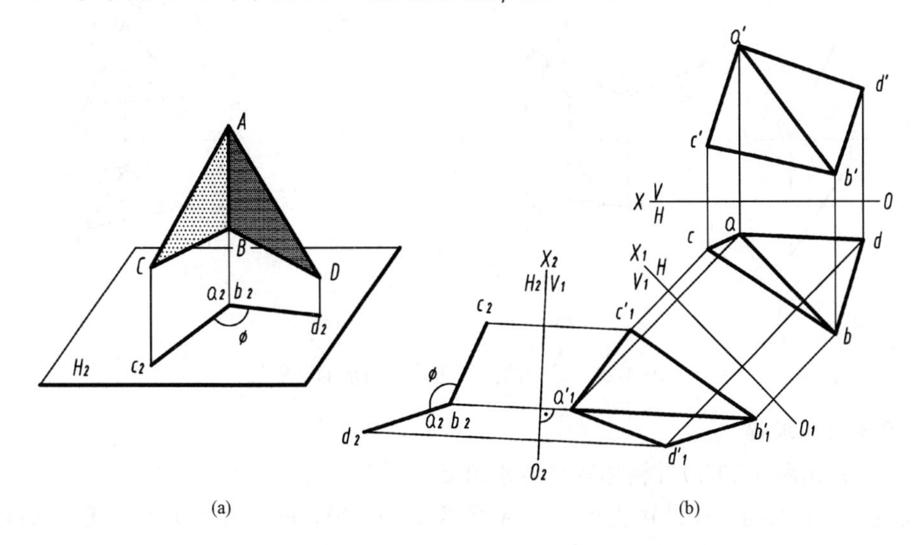

图 4-27　求平面 ABC 与平面 ABD 之间夹角ϕ

解　空间分析：如图 4-27(a)所示，若将两相交平面均变为投影面垂直面时，则在该投影面中积聚的直线间的夹角即为两平面之间的夹角ϕ。而要把两平面同时变为新投影面垂直面，只要将两平面的交线 AB 变为新投影面垂直线即可。由于图 4-27(b)中两平面的交线 AB 为投影面倾斜线，故须变换两次投影面。

作图步骤：

(1)将两平面交线 AB 变换为投影面垂直线。图 4-27(b)中先作 $X_1//ab$，使交线 AB 变为 V_1 投影面平行线，再作 $X_2\perp a_1'b_1'$，使交线 AB 变为 H_2 投影面垂直线，在 H_2 面的投影积聚为一点 a_2b_2。

(2)将两点 C、D 一同变换，在 H_2 面得到新投影 c_2 和 d_2。平面 ABC 和平面 ABD 分别积聚为直线 $a_2b_2c_2$ 和 $a_2b_2d_2$。

(3)直线 $a_2b_2c_2$ 和直线 $a_2b_2d_2$ 之间的夹角即为所求平面 ABC 和平面 ABD 之间的夹角ϕ。

4.2.3 综合应用

例 4-7 过点 A 作一等边△ABC，其中一边 BC 在直线 MN 上，求此三角形的正面投影和水平投影(图 4-28(a))。

1) 利用综合法求解

(1)等边△ABC 的高与底边 BC 垂直，即高垂直于直线 MN。过点 A 作直线 MN 的垂直面 A Ⅰ Ⅱ($a12, a'1'2'$)，求垂直面与直线 MN 的交点 D，AD 两点连线，完成等边△ABC 高的投影 AD($a'd', ad$)，用直角三角形法求出高 AD 的实长。图解过程如图 4-28(b)所示。

(2)利用等边三角形的几何条件和所求出的高的实长 AD，画出等边三角形的实形，如图 4-28(c)所示。

(3)利用直角三角形法求出线段 DN 的实长后，在图 4-28(c)中截取 DC 到图 4-28(d)中的 DN 边上，利用点分线段之比投影后不变，过点 C 作 Dd 的平行线交 mn 于 c，利用 $dc=db$ 确定 b，利用投影关系求出 BC 的正面投影 $b'c'$，完成的等边△ABC 的两面投影如图 4-28(d)所示。

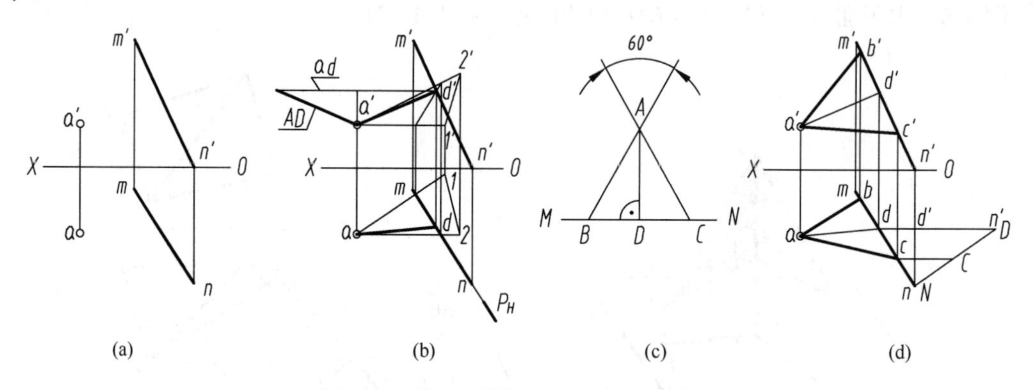

图 4-28 综合法图解等边三角形的过程

2) 利用换面法求解

解 分析：由图 4-29(a)并根据题目要求可知，所求等边△ABC 与给出的直线 MN 和线外一点 A 确定的平面共面。由此可先求出点 A 和直线 MN 确定的平面的实形，在反映该平面实形的投影中求出等边△ABC，再根据变换规律返回原投影体系中。

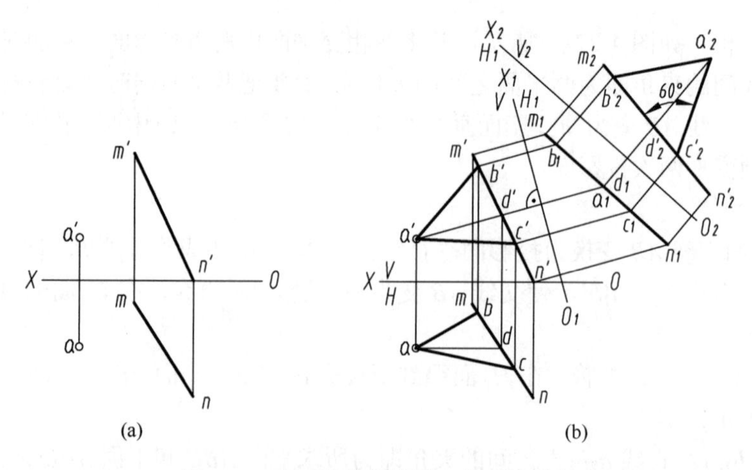

图 4-29 换面法求解等边三角形的过程

具体图解过程如图 4-29(b)所示。

例 4-8　求所示立体上 Q 平面的实形(图 4-30)。

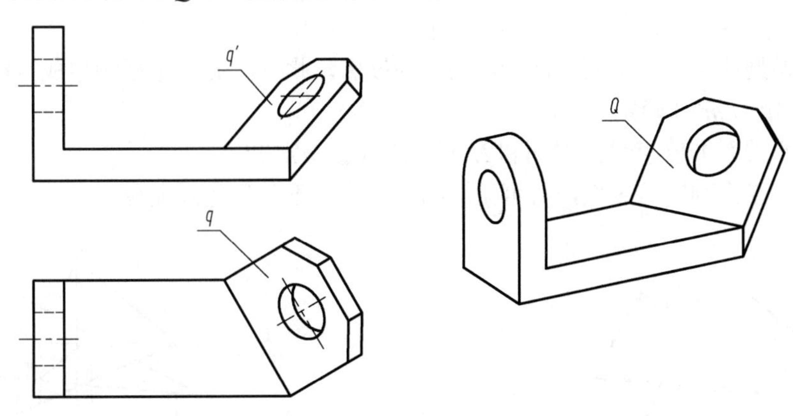

图 4-30　立体的投影图和轴测图

解　分析：立体上的 Q 平面为倾斜面，其正面投影和水平投影均不反应实形，欲求其实形需要进行两次换面。

将立体上的 Q 平面单独抽象出来如图 4-31 所示。由于 Q 平面上的 AB 边是水平线，将新轴 X_1 垂直于 AB 边的水平投影 ab，将其一次变为投影面垂直面，再变换一次即可求出其实形。具体变换过程如图 4-31 所示。

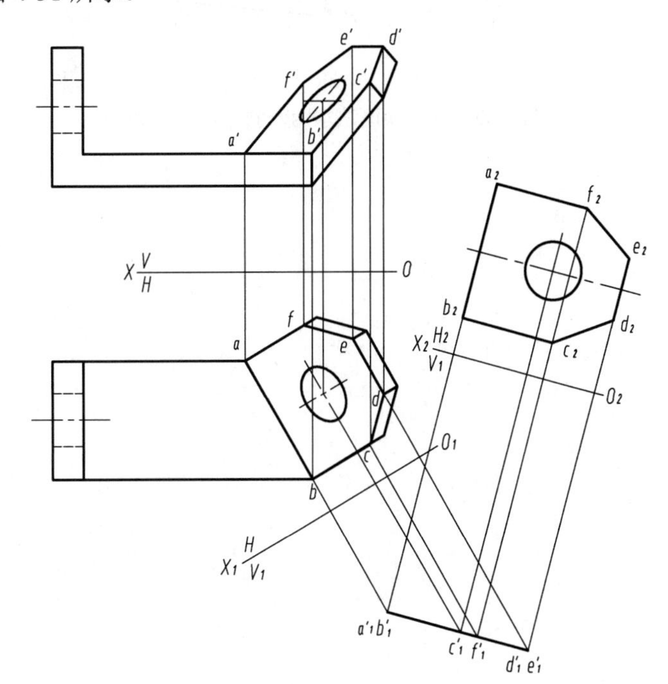

图 4-31　求立体上 Q 平面的实形

例 4-9　求△ABC 平面与△DEF 平面的交线(图 4-32(a))。

解　分析：由于给定的两个平面均为投影面倾斜面其投影都无积聚性，可利用换面法将其中一个三角形平面变为投影面垂直面，利用积聚性即可求出交线的投影。

作图步骤(图 4-32(b)):

(1)过△*ABC* 平面上的点 *A* 作该平面内的水平线 *a'g'*。

(2)新轴 X_1 垂直于水平线的水平投影 *ag*。

(3)按变换规律求出两平面在新投影面上的投影，此时△*ABC* 平面积聚成直线，交线在该投影面上的投影为 $m_1'n_1'$ 确定的线段。

(4)按投影关系求出交线在 *V* 面和 *H* 面上的投影 *m'n'* 和 *mn*。

(5)利用重影点判别可见性，将可见边画粗实线，不可见边画虚线。

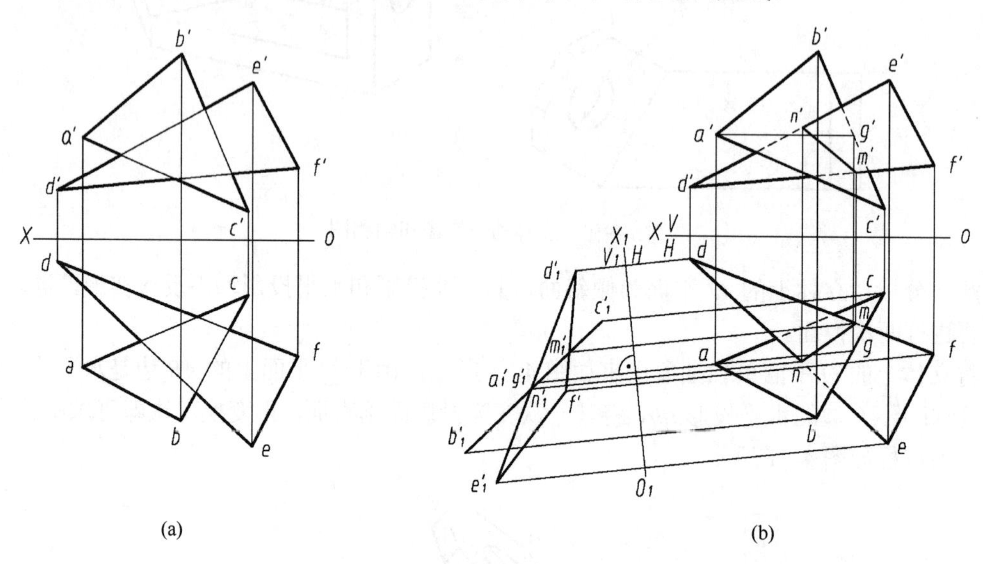

(a) (b)

图 4-32 利用换面法求两倾斜平面的交线

第5章 三维立体的构型与分类

主要内容

二维草图及三维构型设计的概念、立体的分类：基本立体、复合立体、切割体、相贯体、组合体。

学习要点

了解基于草图的三维CAD构型设计的流程；掌握拉伸、旋转、放样、扫掠四种造型方法的概念和特点；能根据立体的几何特性对立体进行分类。

机器零件的结构和形状是根据其功能设计的，但不论零件的形状多么复杂，从几何学的角度讲，它们都可以看作由若干部分立体按一定方式组合而成。如图5-1所示的蜗轮减速器箱体就可以看作是由四个主要部分组合而成。掌握三维形体的分类、形成和组合形式有助于对复杂零件进行结构分析和构型设计。

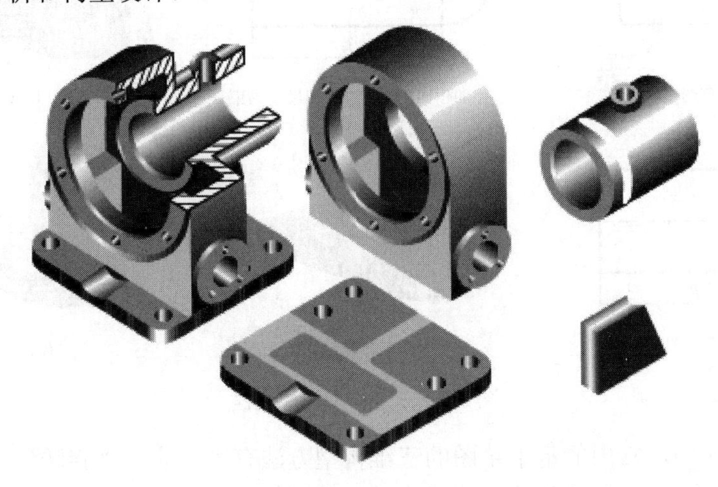

图5-1　蜗轮减速器箱体的构成

5.1　二维草图与三维立体的构型设计

在三维CAD(Computer Aided Design)设计环境中，是利用二维草图作为特征轮廓进行机件的三维构型设计。例如图5-2所示零件的三维设计流程为：

(1)在某一坐标面上设计绘制草图，如图5-3(a)所示。

(2)对草图进行编辑修改，添加平行、相切等几何约束和尺寸约束，如图5-3(b)所示。

(3)利用“拉伸”命令，对草图轮廓进行拉伸，增加指定厚度，如图5-3(c)所示。

(4) 利用拉伸后的顶面作为草绘平面，绘制圆形草图并添加同心约束和尺寸约束，如图 5-3(d) 所示。

(5) 再利用“拉伸”命令对圆形草图进行拉伸，增加指定厚度，如图 5-3(e) 所示。

(6) 利用修饰功能对圆柱顶面切出倒角，构建的实体模型如图 5-3(f) 所示。

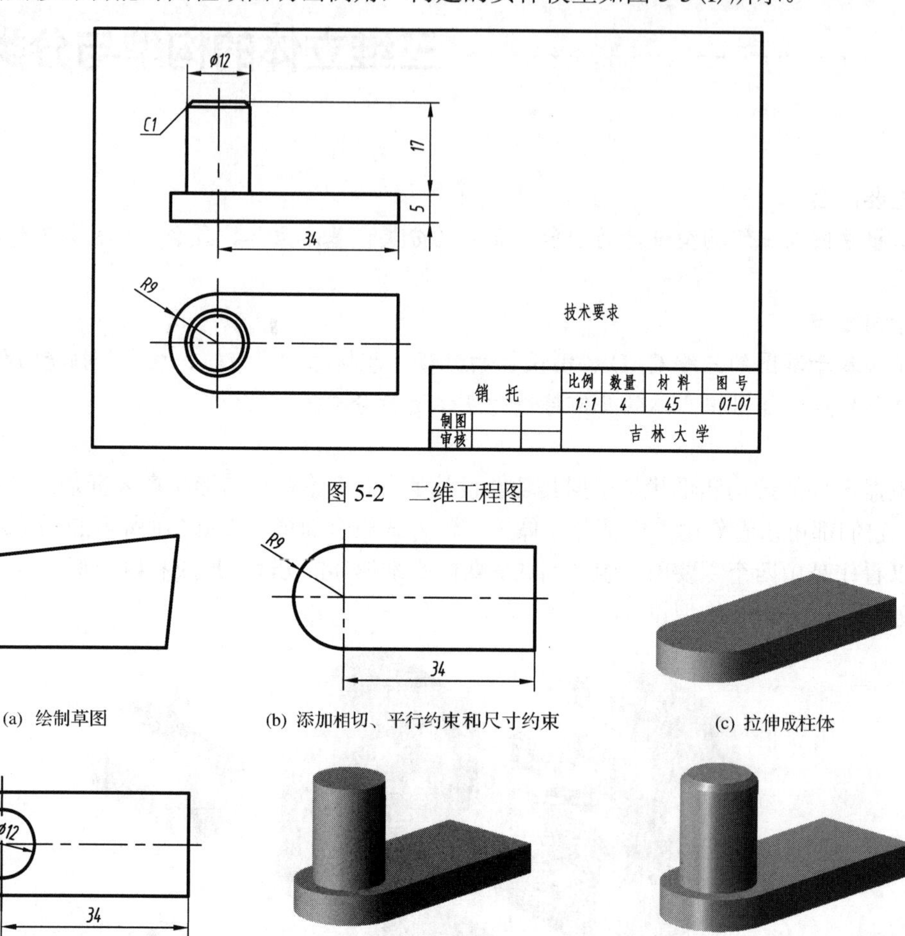

图 5-2 二维工程图

(a) 绘制草图 (b) 添加相切、平行约束和尺寸约束 (c) 拉伸成柱体

(d) 绘制草图 (e) 拉伸圆柱 (f) 端部倒角

图 5-3 三维构型设计流程

在三维 CAD 中，常用的基于草图的三维构型方法有“拉伸”、“旋转”、“放样”和“扫掠”四种方法。不论用何种方法生成三维立体，草图轮廓必须是一个封闭轮廓，不能是断开或者是图形自相交，如图 5-4(a) 所示。草图轮廓可以是单一轮廓也可以是复合轮廓，如图 5-4(b) 所示。

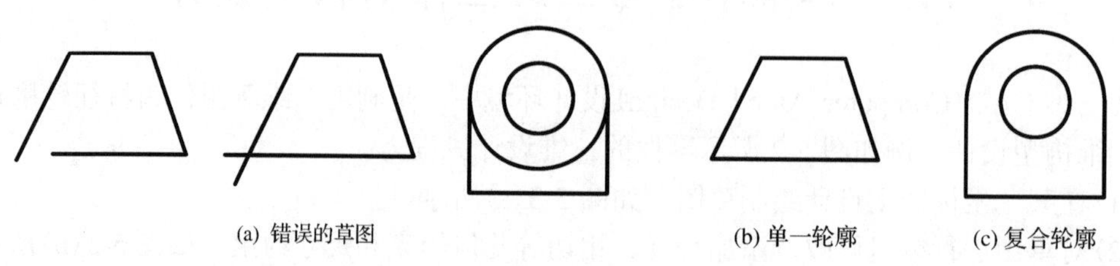

(a) 错误的草图 (b) 单一轮廓 (c) 复合轮廓

图 5-4 二维草图

1．拉伸构型

将二维草图轮廓沿着与草图平面垂直的方向拉伸即可生成三维实体。由直线围成的单一草图轮廓经拉伸生成的立体称为单一柱体，如图 5-5(a)所示。直线和曲线共同围成的草图轮廓经拉伸生成的立体称为复合柱体，如图 5-5(b)所示。

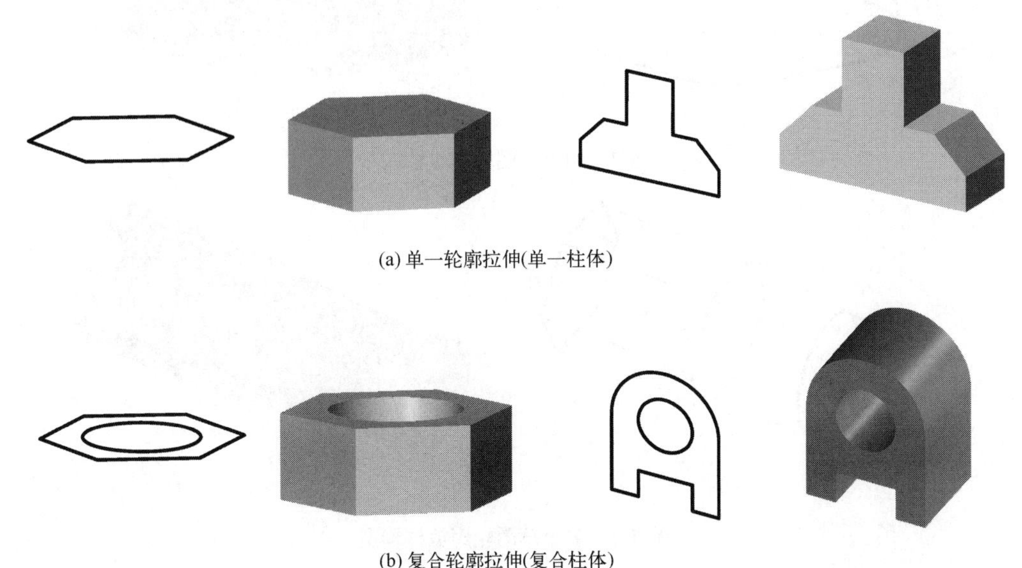

(a) 单一轮廓拉伸(单一柱体)

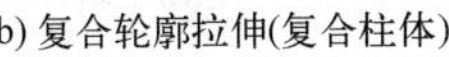

(b) 复合轮廓拉伸(复合柱体)

图 5-5　拉伸构型

图 5-5(a)

2．旋转构型

将二维草图轮廓绕着一条指定的轴线旋转可生成三维实体。旋转时可绕草图轮廓的自身边旋转，如图 5-6(a)所示。也可绕草图轮廓外的非自身边作为轴线旋转成形，如图 5-6(b)所示。

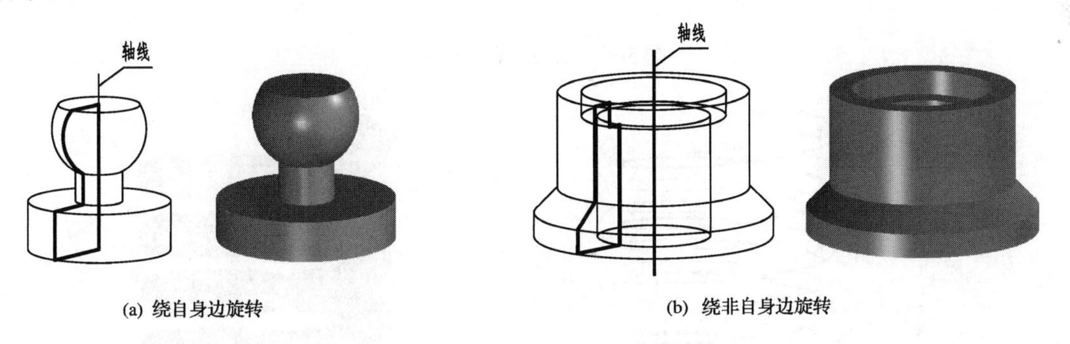

(a) 绕自身边旋转　　(b) 绕非自身边旋转

图 5-6　旋转构型

图 5-6(b)

3．放样构型

不在同一平面上的两个或多个草图轮廓之间进行连接过渡，产生表面光滑、形状复杂的三维实体。图 5-7 是两个草图生成的放样体，图 5-8 是多个草图生成的放样体。

4．扫掠构型

将二维草图轮廓沿着一条路径移动，其草图轮廓移动的轨迹构成三维实体。扫掠有二维路径(平面曲线)扫掠，如图 5-9 所示；三维路径(空间曲线)扫掠，如图 5-10 所示的圆形草图沿着螺旋线扫掠形成的螺旋体。

图 5-7

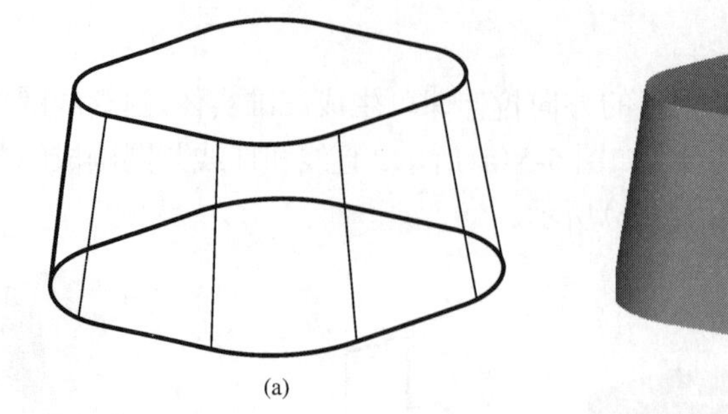

(a) (b)

图 5-7 两个草图轮廓放样构型

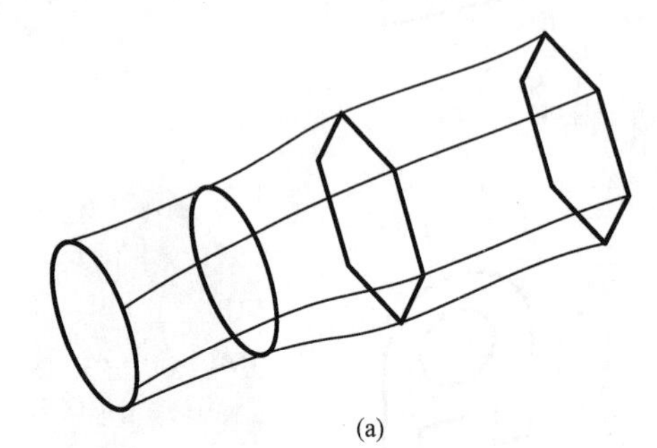

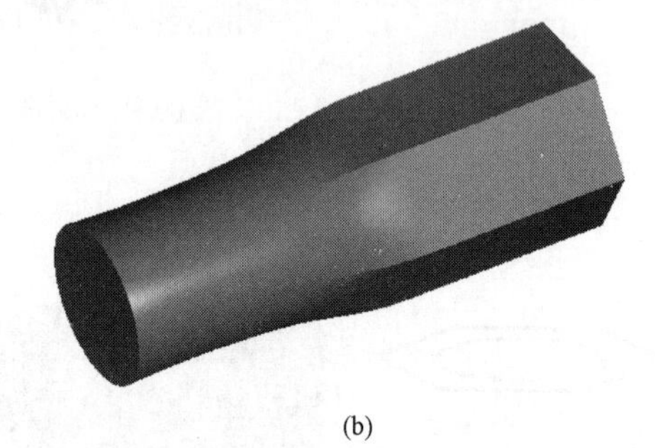

图 5-8

(a) (b)

图 5-8 多个草图轮廓放样构型

图 5-9

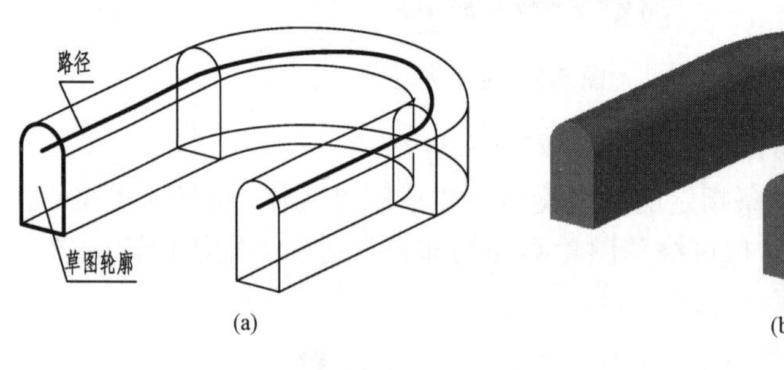

(a) (b)

图 5-9 二维路径扫掠构型

图 5-10

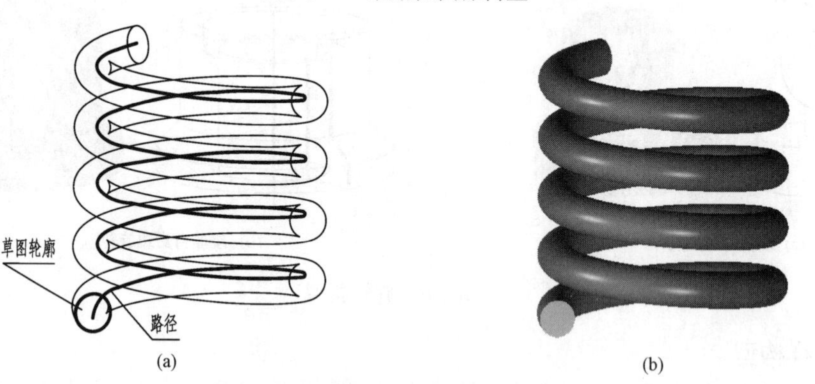

(a) (b)

图 5-10 三维路径扫掠构型

三维 CAD 构型设计软件功能强大，除以上四种生成实体的构型方法外，在此基础上还衍生出利用草图进行拉伸切割、旋转切割、扫掠切割、放样切割等切割构型。

5.2　三维立体的分类

空间立体可以分为两大类：平面立体(立体表面均由平面围成)和曲面立体(立体表面由曲面围成或由曲面和平面共同围成)。按立体表面的几何特征和成形过程，还可分为基本立体、复合立体、切割式立体、相贯式立体和组合式立体。

5.2.1　基本立体

1．平面基本立体

平面基本立体按其几何特征可分为棱柱体和棱锥体。

1)棱柱体的形成及特点

棱柱体可看作由三角形、矩形及正多边形等二维平面图形作为草图轮廓，沿着垂直于草图轮廓的方向拉伸形成正棱柱体。正棱柱体的特点是：草图轮廓经拉伸后形成的棱面均为矩形，棱线互相平行且垂直于底面。用平行于底面的平面截切棱柱，其截面形状与草图轮廓形状全等，如图 5-11 所示。

(a) 三棱柱

(b) 四棱柱

(c) 六棱柱

图 5-11　棱柱体

2)棱锥体的形成及特点

棱锥体是由底面和锥顶点构成，将底面各顶点与锥顶点连线即形成棱锥体，棱锥体、棱台可利用放样等方法生成。棱锥体的特点是：所有棱线交于一点(锥顶)，棱面均为三角形，用平行于底面的平面截切棱锥所得截面形状与底面形状相似，如图 5-12 所示。

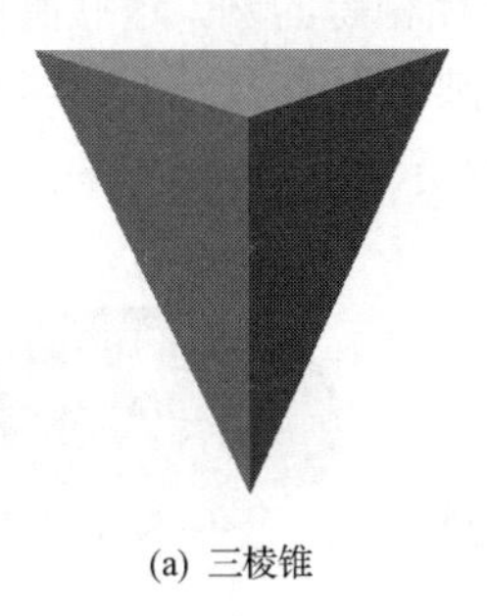

(a) 三棱锥

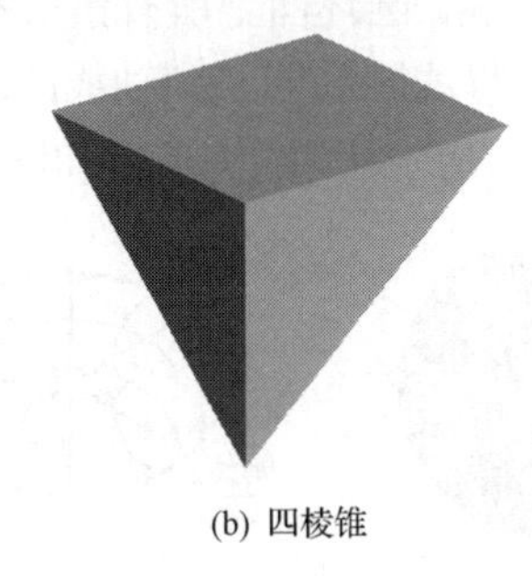

(b) 四棱锥

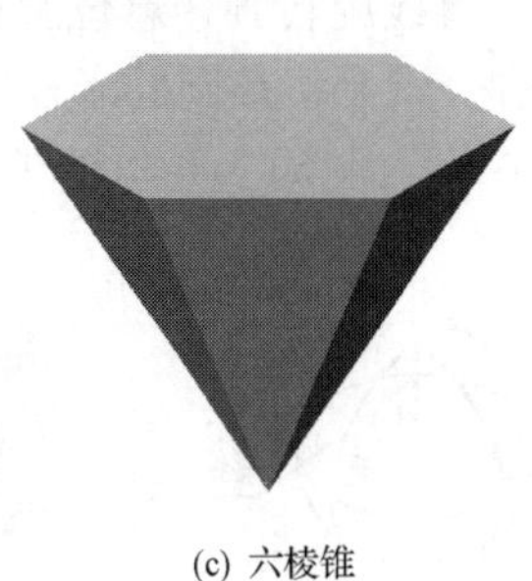

(c) 六棱锥

图 5-12　棱锥体

2．曲面基本立体

常见的曲面基本立体均为回转体，回转体的形成过程是：一个封闭的二维图形绕其自身的一条边旋转而成，或绕与其共面但不相交的直线旋转而成。

所有回转体的共同特点是：其表面上任意一点绕轴线旋转一周的轨迹是一个圆，这个圆称作纬线圆。我们将单一线素(一条直线、一个半圆弧、一个圆)绕轴线旋转而成的圆柱、圆锥、圆球、圆环称作曲面基本立体。

1)圆柱体的形成及特点

圆柱体可看作矩形平面以一条边为轴线旋转而成(圆柱体也可看作以一个圆形平面为草图轮廓沿着轴线方向拉伸而成)。与轴线平行的边称作母线，母线旋转到任意位置称作素线，圆柱面上所有素线互相平行。另两个边在旋转过程中形成两个圆形平面，因此圆柱体表面是由柱面和圆形平面围成的，如图 5-13 所示。

2)圆锥体的形成及特点

圆锥体可看作直角三角形平面以一条直角边为轴线旋转而成。斜边为母线，母线旋转到任意位置称作素线，圆锥面上所有素线交于一点，该点称作锥顶。另一个直角边在旋转过程中形成了圆锥底面圆，该直角边长度为底面圆半径。另一直角边的长度为圆锥的高度，因此圆锥体表面是由锥面和圆形平面围成的，如图 5-14 所示。

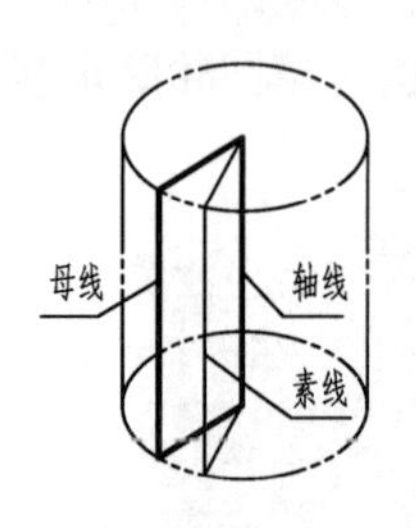

图 5-13 圆柱体的形成

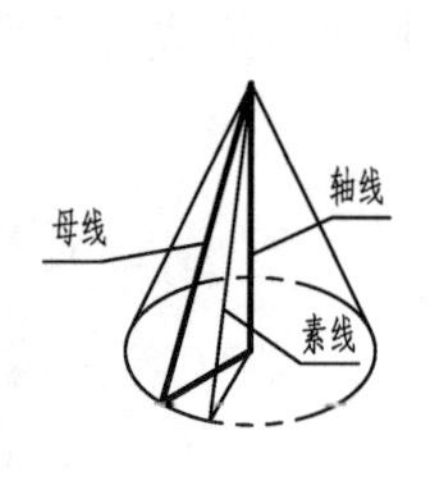

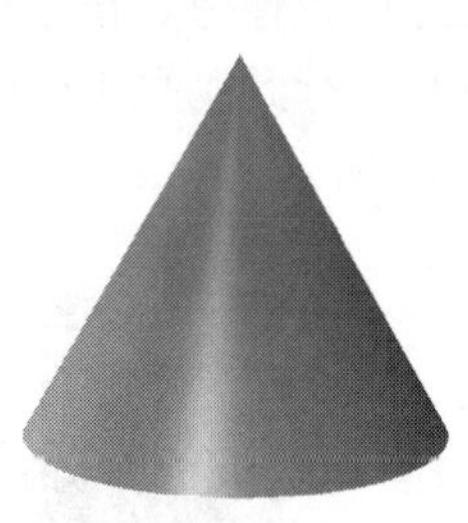

图 5-14 圆锥体的形成

3)圆球体的形成及特点

圆球体可看作一半圆形平面图形以半圆弧为母线、以直线为轴线旋转一周而成。母线旋转到任意位置称作素线，圆球面上所有素线都是半径相等的圆弧，所有素线圆的圆心即为球心，因此圆球体表面是由无数条半径相同且同一圆心的半圆素线围成的，如图 5-15 所示。

4)圆环体的形成及特点

圆环体可看作一圆形平面作为母线，绕与该圆形平面共面但不相交的直线为轴线旋转一周而形成。母线旋转到任意位置称作素线，圆环面上所有素线都是直径相等的圆，这些圆的圆心轨迹仍是一个圆，该圆的半径取决于母线圆的圆心到轴线的距离。圆环面是由无数条半径相同且圆心在同一圆周上并与轴线共面运动的圆素线围成，如图 5-16 所示。

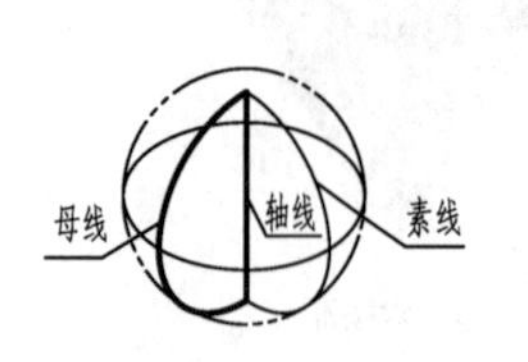

图 5-15 圆球体的形成

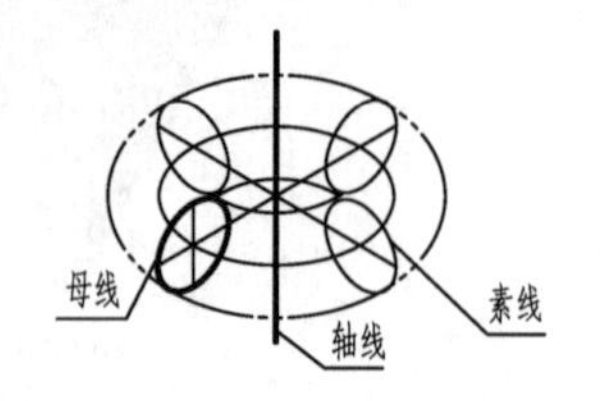

图 5-16 圆环体的形成

5.2.2 复合立体

1. 复合柱体

由不同图形元素(如直线和圆弧)构成的二维草图，如图 5-17(a)、(b)、(c)，或几个封闭图形，如图 5-17(d)、(e)、(f)构成的二维草图，沿着垂直于草图的方向经拉伸而形成的立体都可称为复合柱体，因为它们在三维 CAD 中经过一次拉伸即可成形，如图 5-17 所示。

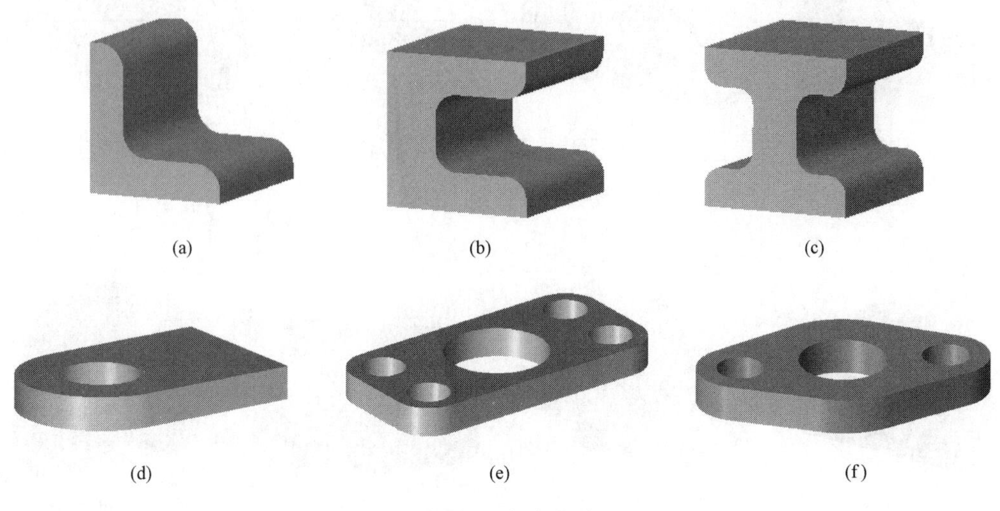

图 5-17　复合柱体

2. 复合回转体

复合回转体是由两条或两条以上连续线段(或连续圆弧)构成的二维草图绕指定轴线旋转而成，所以复合回转体上具有多个回转面，如图 5-18 所示。

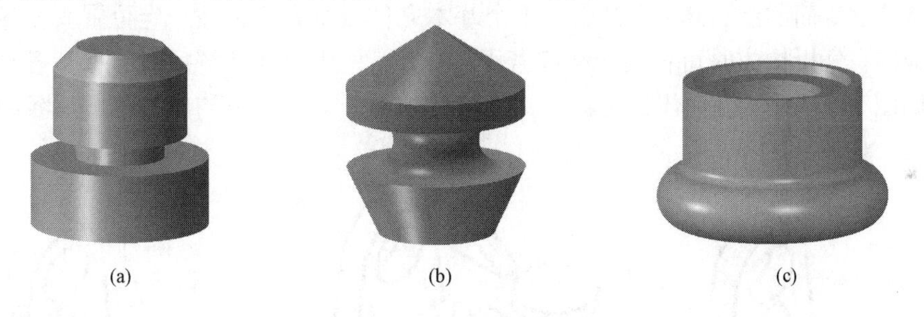

图 5-18　复合回转体

5.2.3　切割式立体

切割式立体，简称切割体。它是以基本立体或复合立体为原始形状，利用平面进行切割后形成的立体。平面截切立体时，在立体表面形成的交线叫作截交线。对于切割式立体的认识，应先想出切割前的原始形状，再分析截切面切割的过程，如图 5-19(a)中的切割体，看作以前表面作为草图，经拉伸后被截掉两部分而形成的立体。截切后原来立体表面的形状发生了变化。图 5-19 为不同立体被平面截切后形成的切割体。

5.2.4　相贯式立体

相贯式立体，简称相贯体。主要是指平面立体与曲面立体或曲面立体与曲面立体相交而形成的立体。相交后的各个基本立体各自的形状都不具有完整性。这种立体不但要分析各基本立体的形状和相互位置关系，还要分析相交后在立体表面上形成的相贯线，相贯线是基本立体之间的分界线，如图 5-20 所示。

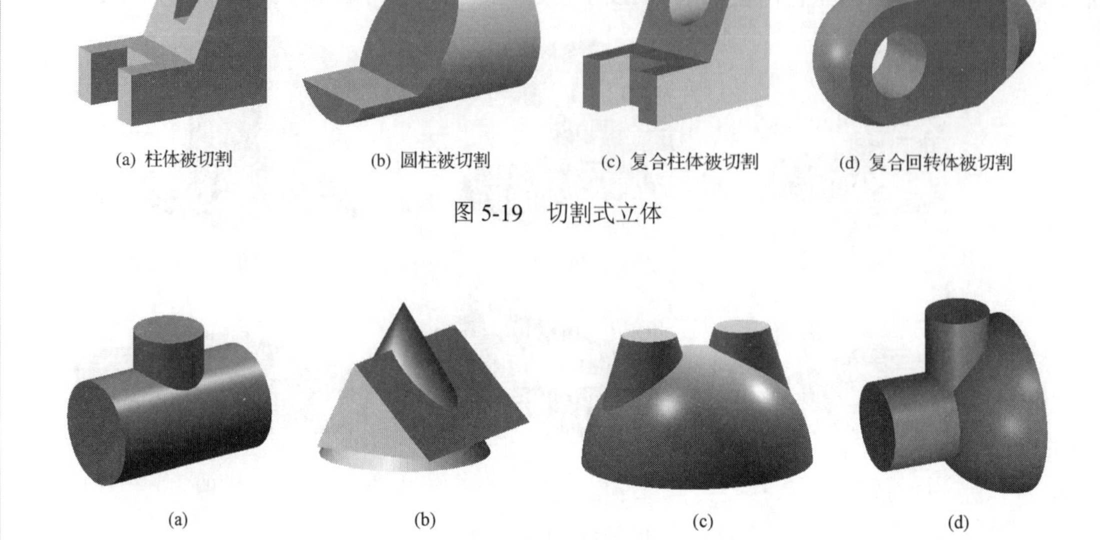

(a) 柱体被切割　(b) 圆柱被切割　(c) 复合柱体被切割　(d) 复合回转体被切割

图 5-19　切割式立体

(a)　(b)　(c)　(d)

图 5-20　相贯式立体

5.2.5　组合式立体

组合式立体，简称组合体。它是由若干个基本立体或复合立体按一定位置关系像搭积木一样叠加形成的。分析构成时可将其分解成若干部分，有些组合体分解后能够保持各部分形体的完整性，如图 5-21 所示组合体是由圆柱、三棱柱和两个复合柱体构成，分解后各组成部分各自独立完整，如图 5-21(b)所示。

(a) 原形　(b) 构型分析　(c) 分析草图轮廓及其位置

图 5-21　组合式立体 1

图 5-22 所示组合体四部分叠加后，立体上具有切割、相贯等特征，分解后有些形体不再具有完整性，如图 5-22(b)中被柱面切割的三棱柱和拱形柱体。

组合体一般比较复杂，分析其构型过程时，往往利用形体分析的方法，将其分解成若干部分。例如图 5-22 所示组合体可以分解为由四部分叠加后，再挖切掉两个同心圆柱而构成，如图 5-22(b)所示。在分析构成的基础上，利用三维 CAD 软件，在适当位置绘制草图，再利用相应的构型方法即可生成三维立体。图 5-21(a)和图 5-22(a)所示组合体各部分的草图轮廓(图中粗实线)及其绘制位置如图 5-21(c)和图 5-22(c)所示。

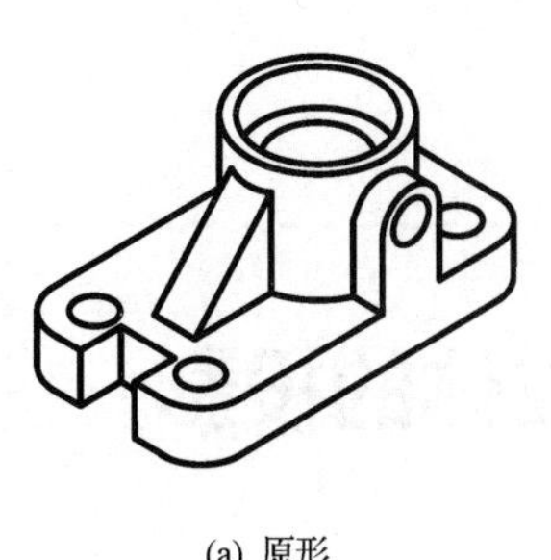

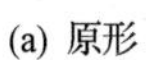

(a) 原形

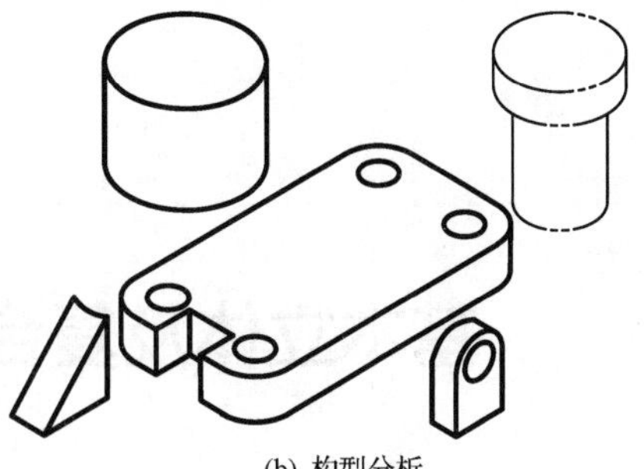

(b) 构型分析

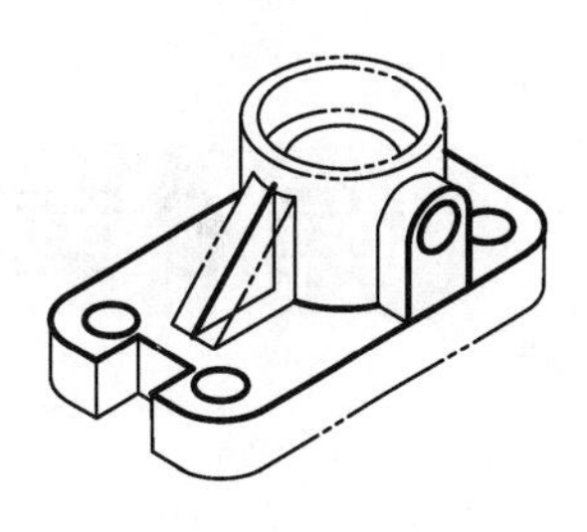

(c) 分析草图轮廓及其位置

图 5-22　组合式立体 2

第6章 基本立体及复合立体的投影

主要内容

基本立体、复合立体的投影图画法及基本立体表面上取点、取线的方法。

学习要点

能熟练绘制两类立体的投影图；掌握在立体表面上取点、取线的原理和方法。

根据第五章中的立体分类，空间立体可分为基本立体、复合立体、切割式立体、相贯式立体和组合式立体。其中，基本立体包括棱柱体、棱锥体、圆柱体、圆锥体、圆球体和圆环体。本章主要研究基本立体和复合柱体的投影及基本立体表面上取点、取线的问题。

6.1 平面基本立体的投影及其表面上取点、取线

正棱柱体、棱锥体属于平面基本立体，其表面由平面围成，因此绘制平面基本立体的投影可归结为绘制立体各表面的投影。又因平面图形由直线段围成，而每条线段皆可由其两端点确定，因此，平面立体的投影又可归结为绘制其各表面的交线及各顶点的投影。

平面基本立体各表面的交线称为棱线，作图时都应画出并判别其可见性，可见棱线画粗实线，不可见的棱线画虚线。绘制立体的投影图时，不必画出投影轴。

6.1.1 平面基本立体的投影

1. 棱柱体的投影

正棱柱体的棱面与顶面和底面垂直，所有棱柱体的棱面均为矩形。图 6-1(a)所示的三棱柱体由顶面、底面及三个棱面构成。按其相对三投影面的位置可知，它的顶面及底面皆为水平面，其水平投影$\triangle abc$及$\triangle a_1b_1c_1$重合为一个三角形，且反映实形；正面投影积聚为平行于OX轴的两直线$b'a'c'$和$b_1'a_1'c_1'$；侧面投影积聚为平行于OY轴两直线$b''c''a''$和$b_1''c_1''a_1''$。BB_1C_1C棱面为正平面，正面投影反映实形，水平投影和侧面投影积聚成直线。AA_1B_1B及AA_1C_1C两个棱面为铅垂面，水平投影积聚成左右两条直线，正面投影为左右相邻两矩形线框，侧面投影重合在一个矩形线框中，且均不反映实形。三条棱线均为铅垂线，它们的水平投影积聚为点$a(a_1)$、$b(b_1)$、$c(c_1)$；正面投影为线段$a'a_1'$、$b'b_1'$、$c'c_1'$；侧面投影为线段$b''b_1''$、$c''c_1''$、$a''a_1''$，它们均平行于OZ轴并反映棱柱的高。

画棱柱体投影图时，先画出顶面及底面反映实形的水平投影；再根据棱柱的高，画出顶面及底面有积聚性的正面投影和侧面投影，注意水平投影与侧面投影应沿着Y轴方向量取相同的距离，如图 6-1(b)所示；最后再画出棱线的正面投影和侧面投影，即得到棱柱体的三面投影图，如图 6-1(c)所示。

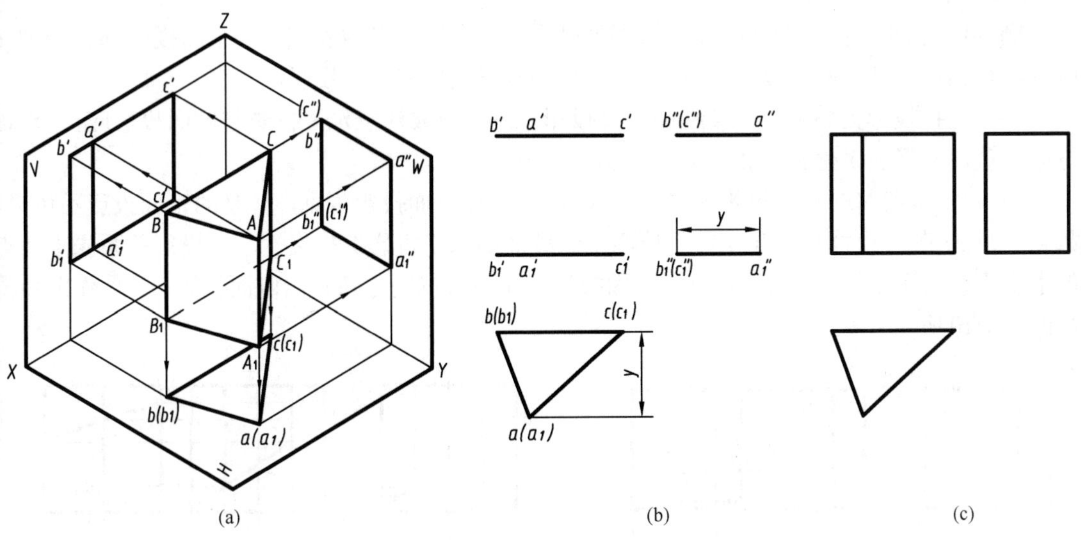

图 6-1　三棱柱的投影

图 6-1

2．棱锥体的投影

所有棱锥体的棱面均为三角形。如图 6-2(a)所示的三棱锥体由底面和三个三角形棱面构成。按其相对三投影面的位置可知，底面△*ABC* 为水平面，其水平投影△*abc* 反映实形，另外两个投影积聚成直线。棱面△*SAC* 为侧垂面，侧面投影积聚为一直线，正面投影和水平投影均为三角形。棱面△*SAB*、△*SBC* 为倾斜面，它们的三个投影均为三角形。棱线 *SA*、*SC* 为投影面倾斜线，各投影均不反映实长。棱线 *SB* 为侧平线，侧面投影反映实长。

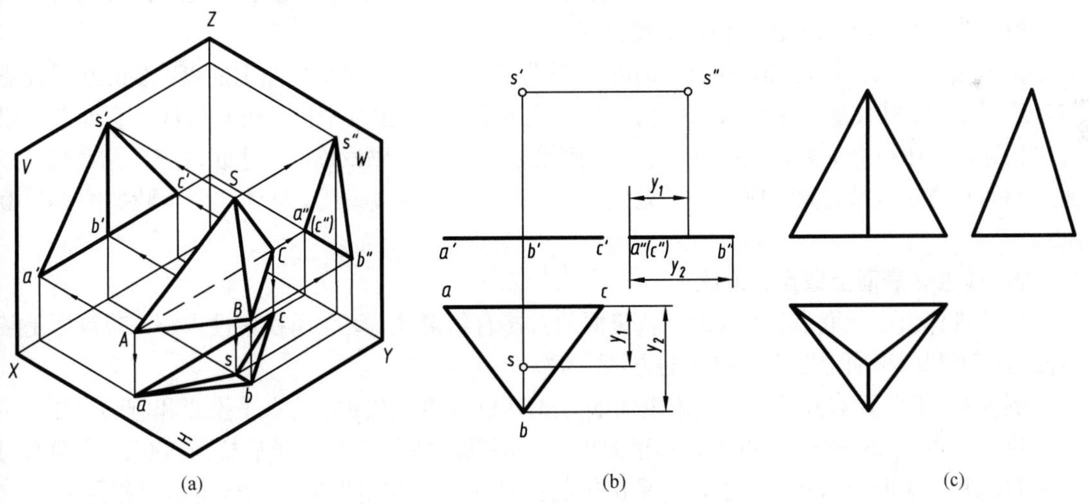

图 6-2　三棱锥的投影

图 6-2

画棱锥体投影图时，先画出底面△*ABC* 及锥顶 *S* 的各个投影，如图 6-2(b)所示，然后将点 *S* 与△*ABC* 各顶点的同面投影相连，即得到三棱锥的三面投影图，如图 6-2(c)所示。

6.1.2　平面基本立体表面取点、取线

1．棱柱体表面上取点、取线

在棱柱体表面上取点、取线时，可利用棱面投影的积聚性求解。

例6-1 已知三棱柱的正面投影和水平投影及其表面上点M和点N的正面投影，如图6-3(a)所示，补画三棱柱的侧面投影及点M和点N的水平投影和侧面投影。

解 先按投影关系画出三棱柱的侧面投影。画图时要注意水平投影与侧面投影应按Y轴方向度量，并保证Y坐标差相等。

由点M和点N的正面投影m'和(n')可知，点M正面投影可见，点N的正面投影不可见，故判定点M在右棱面上，点N在后棱面上。棱面的水平投影有积聚性，按投影关系先求两点的水平投影m和n，再利用已知点的两面投影求第三投影的方法求出侧面投影。具体作图步骤如图6-3(b)所示。

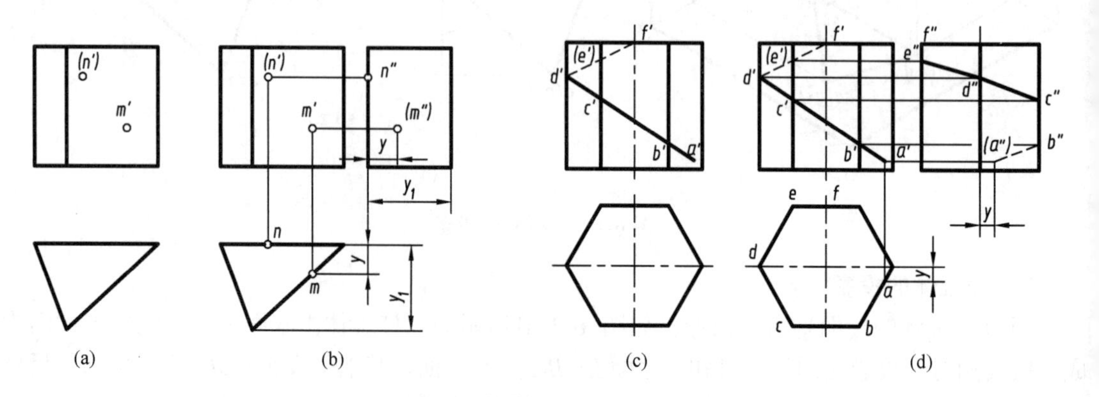

图6-3 棱柱体表面取点、取线

例6-2 已知六棱柱的正面投影和水平投影及其表面上由A、B、C、D、E、F六点连成的折线的正面投影，如图6-3(c)所示，补画六棱柱的侧面投影及各段折线的水平投影和侧面投影。

解 先按投影关系画出六棱柱的侧面投影。

由六棱柱的投影图可知，六个棱面的水平投影有积聚性，属于棱面上的点、线的水平投影与六边形重合。按投影关系先求出折线上各点的水平投影，由水平投影可知折线共有5条线段首尾相连，再按投影关系求出折线上各点的侧面投影，然后顺次连线。连线时应注意：同一棱面上的两点方可连线，同时应判断可见性，不可见线段应画成虚线。具体作图步骤如图6-3(d)所示。

2. 棱锥体表面上取点、取线

在棱锥体表面上取点、取线时，若棱面的投影有积聚性，可利用积聚性求解。若棱面是倾斜面时，可利用平面上取点、取线的方法求解。

例6-3 求图6-4(a)所示三棱锥表面的点M、点N及线段PK的水平投影和侧面投影。

解 由点N正面投影(n')可知其正面投影不可见，判定点N属于后棱面SAC，该棱面为侧垂面，利用侧面投影有积聚性，先求出侧面投影n''，再利用坐标差y_1确定水平投影n。

由点M正面投影m'可知其正面投影可见，判定点M属于右棱面SBC，该棱面为倾斜面，利用平面上取点方法求解：将点s'与点m'连线交$b'c'$于点$1'$，过点$1'$向下画投影连线交bc于1，将点s、1连线，过m'向下画投影连线交$s1$得点M水平投影m，再利用坐标差y_2确定侧面投影(m'')，由于SBC棱面的侧面投影不可见，故点M的侧面投影应加括号以示其也不可见。

线段PK的正面投影为粗实线，可判定该线段正面投影可见，故线段PK属于左棱面SAB，其中端点P属于棱线SA，按点与线的从属关系直接求出端点P的水平投影p和侧面投影p''。

求另一端点 K 时，可过 k' 画线与 $a'b'$ 平行并与 $s'a'$ 交于点 2′，过点 2′ 向下画投影连线交 s、a 于 2，过 2 画与 ab 平行线段，过 k' 向下画投影连线交平行线段得端点 K 水平投影 k，利用坐标差 y_3 确定侧面投影 k''，连接 pk、$p''k''$ 即完成线段 PK 的水平投影和侧面投影。以上作图过程如图 6-4(b)所示。

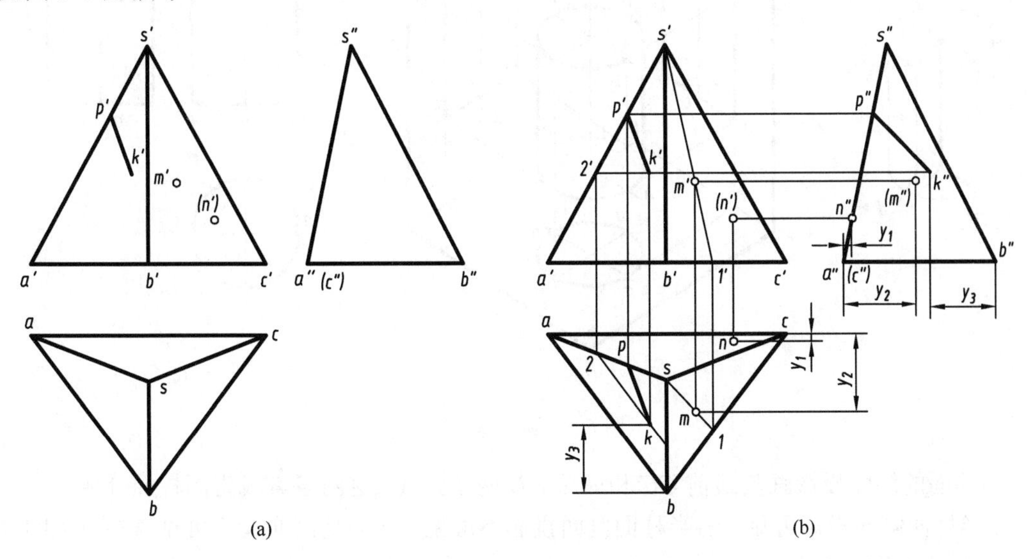

图 6-4　棱锥体表面取点、取线

6.2　曲面基本立体的投影及其表面上取点、取线

常见的曲面基本立体有圆柱体、圆锥体、圆球体和圆环体，它们都是回转体。画回转体投影图时，应将其轴线垂直于某一投影面。轴线应用细点画线画出，圆的中心线用相互垂直的细点画线画出，其交点为圆心。细点画线应超出轮廓线 3～5mm。

6.2.1　曲面基本立体的投影

1. 圆柱体的投影

1) 圆柱体表面分析

由第五章第二节可知，圆柱体是由一个矩形平面以一直角边作为母线绕与其平行的另一边为轴线旋转一周形成的。由线动成面可知，与轴线平行的边旋转运动时形成圆柱面，与轴线垂直的两边旋转运动时形成上下两圆形平面，如图 6-5(a)所示。

2) 圆柱体的投影分析

将圆柱体的轴线垂直于水平投影面放置时，如图 6-5(b)所示，圆柱体的上、下两面为水平面，水平投影反映实形，正面投影和侧面投影积聚为水平方向的直线，其长度等于圆柱直径。

圆柱面的正面投影画其最左 AA 和最右 BB 两条素线，这两条素线将圆柱面分成前后两部分，前半柱面正面投影可见，后半柱面正面投影不可见，它们是正面投影可见与不可见的分界线，因此叫正视转向线。

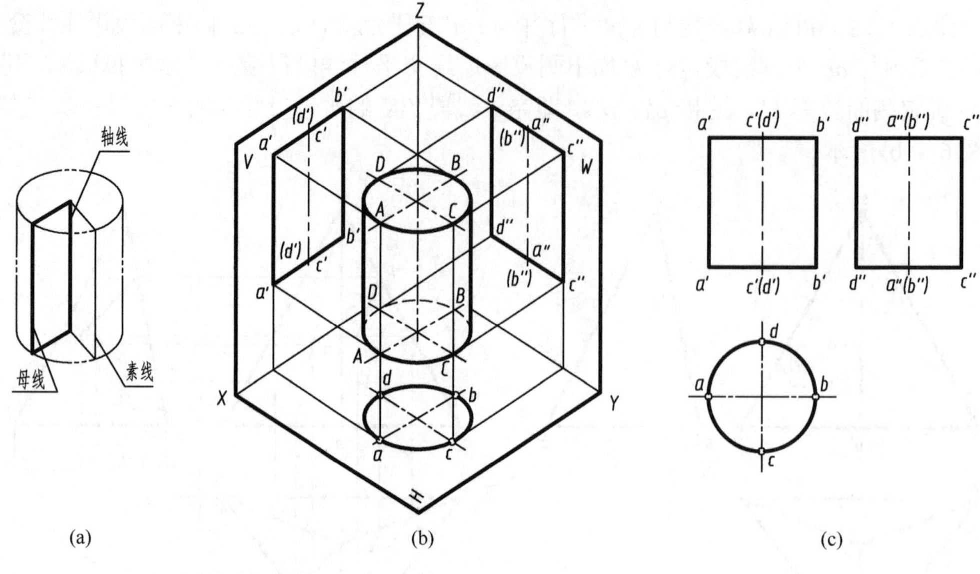

图 6-5 圆柱体的投影

圆柱面的侧面投影画其最前 *CC* 和最后 *DD* 两条素线，这两条素线将圆柱面分成左右两部分，左半柱面侧面投影可见，右半柱面侧面投影不可见，它们是侧面投影可见与不可见的分界线，因此叫侧视转向线。

柱面的水平投影积聚在圆周上，即柱面的水平投影有积聚性。

画圆柱投影图时，先用点画线画出轴线的各投影，再画反映圆的投影，最后画出主、左方向的轮廓线，如图 6-5(c)所示。

圆柱体在三个投影面上的投影如图 6-5(c)所示。

2．圆锥体的投影

1) 圆锥体表面分析

圆锥体是由一直角三角形上以斜角边为母线、以一直角边为轴线旋转一周形成，其中斜边旋转一周形成圆锥面，圆锥面上过锥顶的直线均为素线；直角边旋转一周形成圆锥底面，如图 6-6(a)所示。

2) 圆锥体的投影分析

将圆锥体的轴线垂直于水平投影面放置时，如图 6-6(b)所示，圆锥体的底面为水平面，水平投影反映实形，正面投影和侧面投影积聚为水平方向的直线，其长度等于底面直径。

圆锥体锥面的三个投影均无积聚性，其水平投影与底面的水平投影重合。圆锥面的正面投影画其最左 *SA* 和最右 *SB* 两条正视转向线，它们将圆锥面分成前、后两部分，前半锥面正面投影可见，后半锥面正面投影不可见。

圆锥面的侧面投影画最前 *SC* 和最后 *SD* 两条侧视转向线，它们将圆锥面分成左、右两部分，左半锥面侧面投影可见，右半锥面侧面投影不可见。

画圆锥投影图时，可先画出底圆和锥顶的各投影，再画出主、左方向的转向轮廓线，如图 6-6(c)所示。

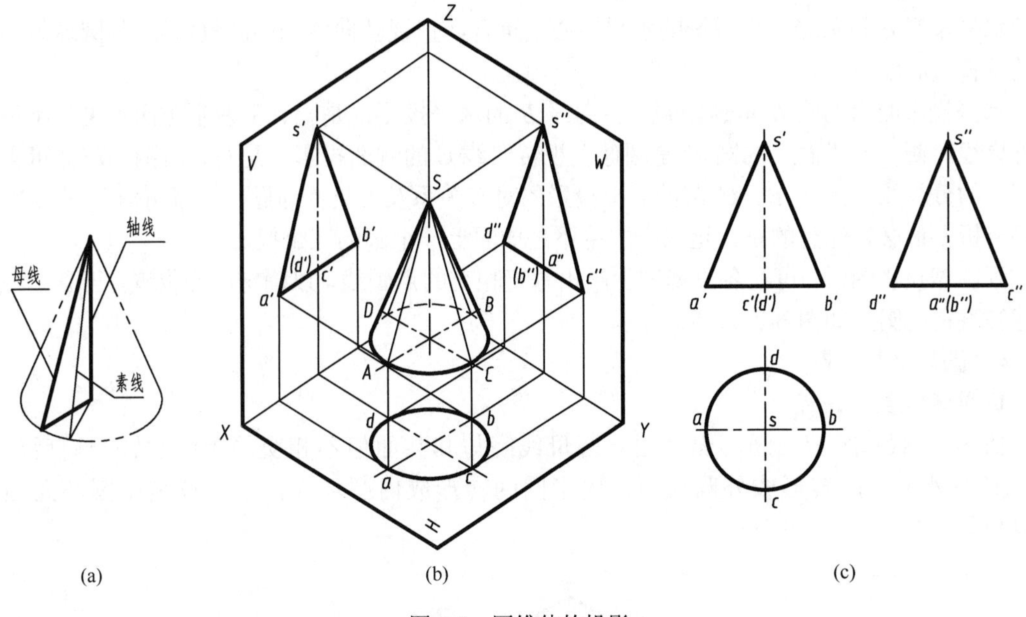

(a)　(b)　(c)

图 6-6　圆锥体的投影

3. 圆球体的投影

1) 圆球体表面分析

如图 6-7(a)所示，圆球体是以一个半圆弧为母线，绕其直径旋转一周形成圆球体。圆球体表面由球面围成。

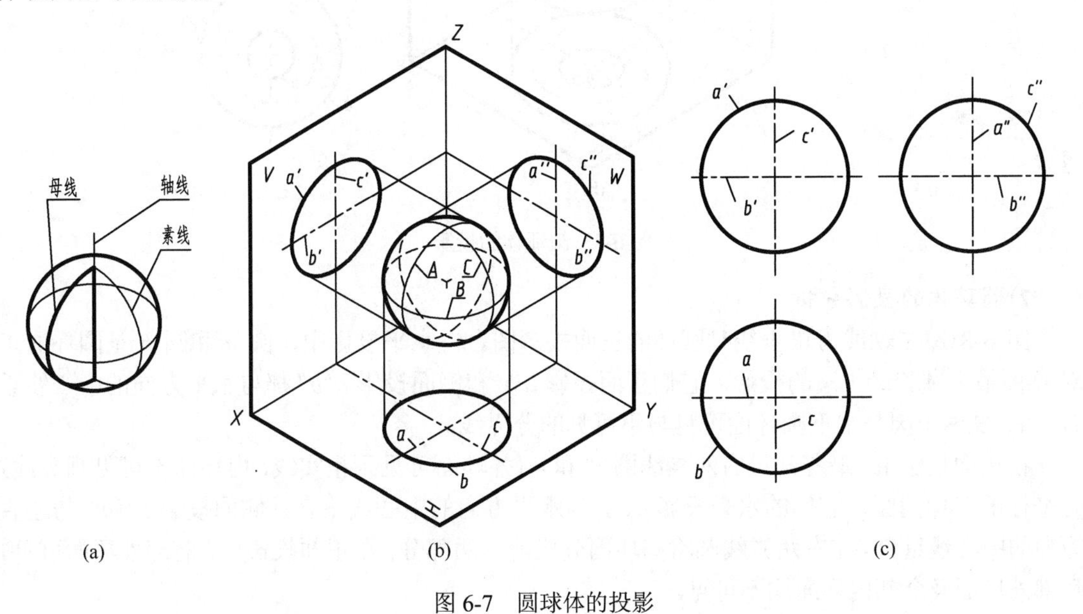

(a)　(b)　(c)

图 6-7　圆球体的投影

2) 圆球体的投影分析

圆球体在三个投影面上的投影是等直径的圆，三个圆分别是球表面上平行于 *V* 面、*H* 面和 *W* 面的最大圆，如图 6-7(b)所示。

正立投影面上的圆 *a′* 是圆球正视转向线 *A* 的正面投影，是前、后两半球面可见与不可见的分界线。即以此线分界，前半球面的正面投影可见，后半球面的正面投影不可见。正视转向

线的水平投影 a 与圆球水平投影的水平中心线重合，正视转向线的侧面投影 a'' 与圆球侧面投影的垂直中心线重合。

水平投影面上的圆 b 是圆球俯视转向线 B 的水平投影，是上、下两半球面可见与不可见的分界线。侧立投影面上的圆 c'' 是圆球左视转向线 C 的侧面投影，是左、右两半球面可见与不可见的分界线。关于 B、C 圆的三个投影的对应关系及可见性问题，读者可对照图 6-7(b)自行分析。但必须注意的是，这三个圆绝不是球面上一个圆的三个投影。

画圆球投影图时，可在各投影图上画出垂直相交的点画线，以确定圆心位置，再画出三个与球等直径的圆，如图 6-7(c)所示。

4．圆环体的投影

1)圆环体表面分析

如图 6-8(a)所示，圆环面是由一圆母线绕与其共面但不相交的轴线回转一周后形成的。其中外半圆回转形成外圆环面，内半圆回转形成内圆环面，圆环体是由圆环面围成的立体。

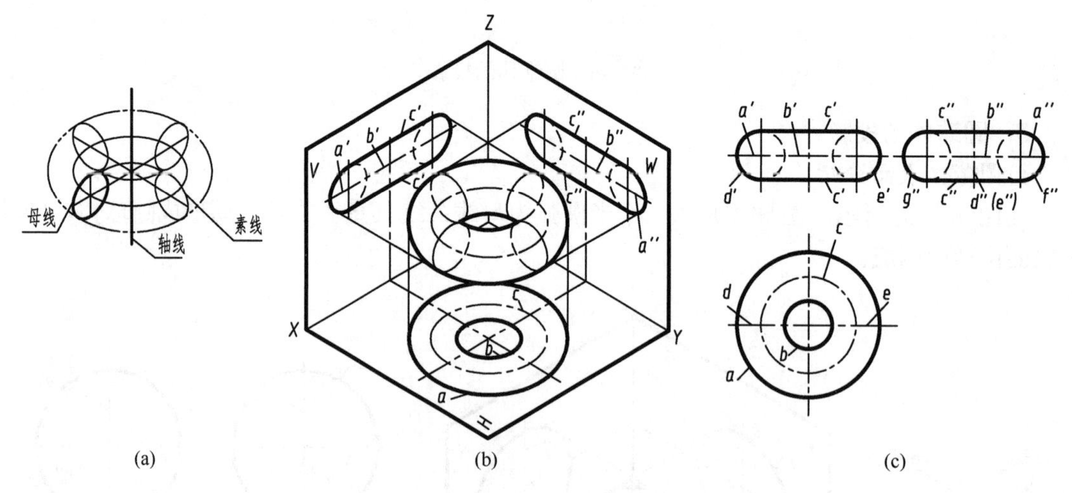

图 6-8　圆环体的投影

2)圆环体的投影分析

图 6-8(b)是轴线为铅垂线时圆环的三面投影图。在水平投影中，圆 a 和圆 b 是圆环面上对 H 面最大圆和最小圆的投影，它们正面投影 $a'b'$ 和侧面投影 $a''b''$ 都与水平方向的中心线重合。A、B 两个圆是上下圆环面可见与不可见的分界线。

在正面投影中，最左和最右两素线圆 d' 和 e'(外环面可见画粗实线，内环面不可见画虚线)是平行于 V 面的圆，它们的水平投影 d、e 与水平方向的中心线重合，侧面投影 $d''(e'')$ 与垂直方向的中心线重合。左右两素线圆将圆环面分成前后两部分，在正面投影中，前部外环面可见，后部外环面及全部内环面均不可见。

在正面投影中，与左右两素线圆 d'、e' 相切的上下两条线 $c'c'$，是圆环面最上和最下两纬线圆的正面投影，它们的水平投影与点画线圆重合。CC 两圆也是内、外环面的分界线。

侧面投影中圆环面上最前和最后两素线圆 g''、f'' 的投影对应关系及其投影中的可见性，请读者自行分析。

6.2.2　曲面基本立体表面取点、取线

1. 圆柱体表面上取点、取线

当圆柱体的轴线垂直于某一投影面时，圆柱面在该投影面上的投影具有积聚性，可利用这一投影性质在圆柱面上取点、取线。

例 6-4　已知圆柱体的两面投影及属于圆柱面上的点 A 和点 B 的正面投影 (a')、b' 如图 6-9(a) 所示，求圆柱的侧面投影及点 A、点 B 的水平投影和侧面投影。

解　按投影关系先画出圆柱体的侧面投影。由已知投影 (a') 和 b'，可判定点 A 的正面投影不可见，点 B 的正面投影可见，故点 A 在圆柱面的后半部，点 B 在圆柱面的前半部；而圆柱面的水平投影积聚在圆周上，故点 A 的水平投影 a 落在后半圆周上，点 B 的水平投影 b 落在前半圆周上。过 (a') 和 b' 向下作投影线与后半圆的交点即为 a，与前半圆的交点即为 b。过 (a') 和 b' 画水平方向投影连线，利用点 A、点 B 与圆柱轴线的 Y 坐标差，即可求得其侧面投影。由于点 A 在圆柱面左半部，故侧面投影可见，记作 a''，点 B 在圆柱面右半部，故侧面投影不可见，记作 (b'')，作图过程如图 6-9(b) 所示。

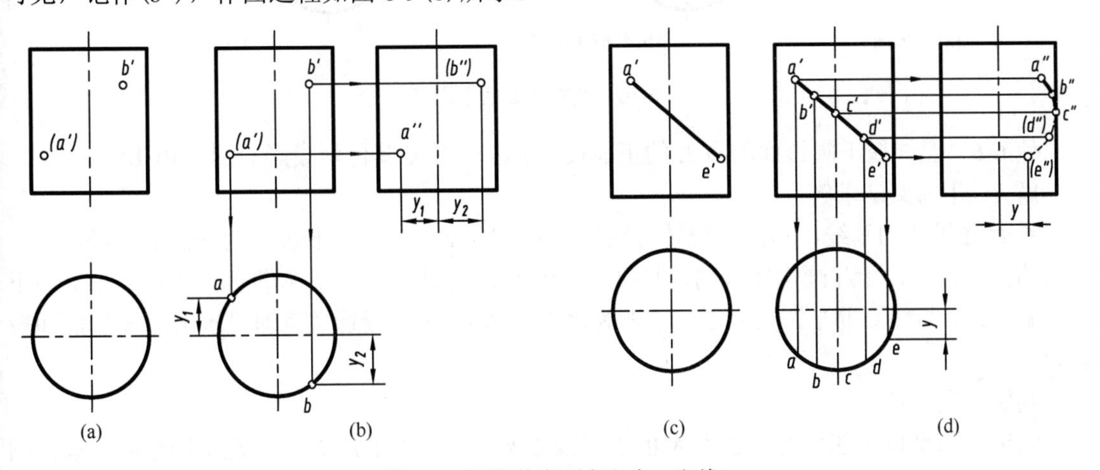

图 6-9　圆柱体表面上取点、取线

例 6-5　已知圆柱体的两面投影及属于圆柱面上的曲线 AE 的正面投影 $a'e'$，如图 6-9(c) 所示，求圆柱的侧面投影及曲线的水平投影和侧面投影。

解　求作曲线的投影时，可先在曲线已知的投影上选取特殊点(转向线上的点、曲线端点等)，为使曲线连接的光滑准确，再适当选取几个一般点，然后先求有积聚性的投影，再根据投影关系求第三投影并判断可见性，最后顺次光滑连接所求各点的同面投影，可见部分用粗实线连接，不可见部分用虚线连接，作图步骤如图 6-9(d) 所示。

(1) 按投影关系画出圆柱体的侧面投影。在 $a'e'$ 上首先选取侧视转向线上的点 c'，在 $a'c'$ 之间和 $c'e'$ 之间选取两个一般点 b'、d'。

(2) 利用积聚性先求各点的水平投影 a、b、c、d、e，再根据投影关系求出侧面投影 a''、b''、c''、d''、e''。

(3) 判断可见性并连线，点 C 为侧视转向线上的点，它的侧面投影 c'' 为曲线侧面投影可见与不可见部分的分界点，曲线 ABC 在圆柱面的左半部，其侧面投影 $a''b''c''$ 可见，用粗实线连接；曲线 CDE 在圆柱的右半部，其侧面投影 $c''d''e''$ 不可见，用虚线连接。曲线 AE 的水平投影与圆周重合。

2．圆锥体表面上取点、取线

圆锥面的投影没有积聚性，因此不能利用积聚性求锥面上的点和线。可根据圆锥面的形成特性，利用锥面上的纬圆和素线求圆锥面上的点和线。纬圆法与素线法的作图原理如图 6-10(a)所示。纬圆法取点适用于所有回转面，素线法仅适用于素线是直线的回转体。

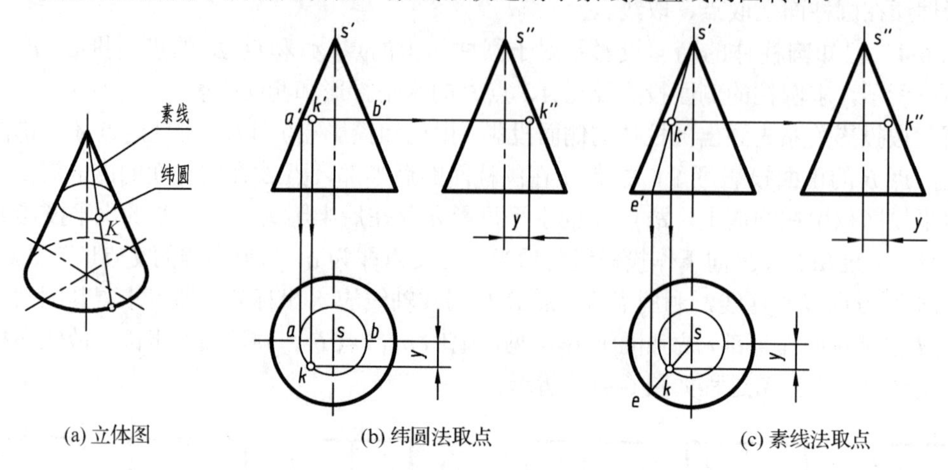

(a) 立体图　(b) 纬圆法取点　(c) 素线法取点

图 6-10　圆锥体表面上取点

例 6-6　已知属于圆锥面的点 *K* 的正面投影 *k'*，求点 *K* 其他两投影，图 6-10(b)。

解 1　用纬圆法求解。

过 *k'* 作轴线的垂线，与两正视转向线相交于 *a'b'*，*a'b'* 之间的长度即为纬圆的直径，也是纬圆的正面投影，由此画出纬圆的水平投影。由于 *k'* 可见，点 *K* 在圆锥面前半部，由 *k'*向下作投影连线，与纬圆前半圆周交于一点即为水平投影 *k*。根据投影关系即可求出点 *K* 的侧面投影 *k"*。

判别可见性：

圆锥面水平投影都可见，故点 *K* 的水平投影 *k* 可见。由于点 *K* 位于左半圆锥面，故其侧面投影 *k"* 也可见。

解 2　用素线法求解。

过锥顶的正面投影 *s'* 与 *k'* 连线并延长交于底圆 *e'*，按投影关系求出点 *E* 的水平投影 *e*，将点 *s*、*e* 连线后即可求出点 *K* 的水平投影 *k*。以轴线为基准，在水平投影截取的 *y* 坐标差量取到侧面投影，即可求出点 *K* 的侧面投影 *k"*。具体作图过程如图 6-10(c)所示。

例 6-7　已知属于圆锥面的曲线 *AF* 的正面投影 *a'f'* 见图 6-11(a)，求其他两投影。

解　为了使曲线连接光滑，在 *a'f'* 上选取一系列点，利用锥面上取点的方法，求出它们的另外两投影，判断可见性，顺次光滑连接各点即可求出曲线的投影。作图步骤如下。

(1)在曲线的正面投影中选取特殊点 *c'*(左视转向线上的点)及一般点 *b'*、*d'*、*e'*。

(2)根据点与线的从属关系，先求出转向线上的点 *A*、*C*、*F* 水平投影和侧面投影，再利用纬圆法，求出一般点的水平投影 *b*、*d*、*e*。

(3)利用点的投影规律，根据各点的正面投影和水平投影 *Y* 坐标差相等，求出一般点的侧面投影 *b"*、*d"*、*e"*。

(4)判断可见性并顺次光滑连线，因为圆锥面朝上，所以 *AF* 曲线的水平投影都可见，曲线 *AF* 上的点 *C* 属于圆锥面的侧视转向线，点 *C* 把曲线分为两部分，其中 *ABC* 段在圆锥面的左半部分，其侧面投影 $a''b''c''$ 为可见，画成粗实线，$CDEF$ 段在圆锥面的右半部分，其侧面投影 $c''d''e''f''$ 为不可见，画成虚线，如图 6-11(b)所示。

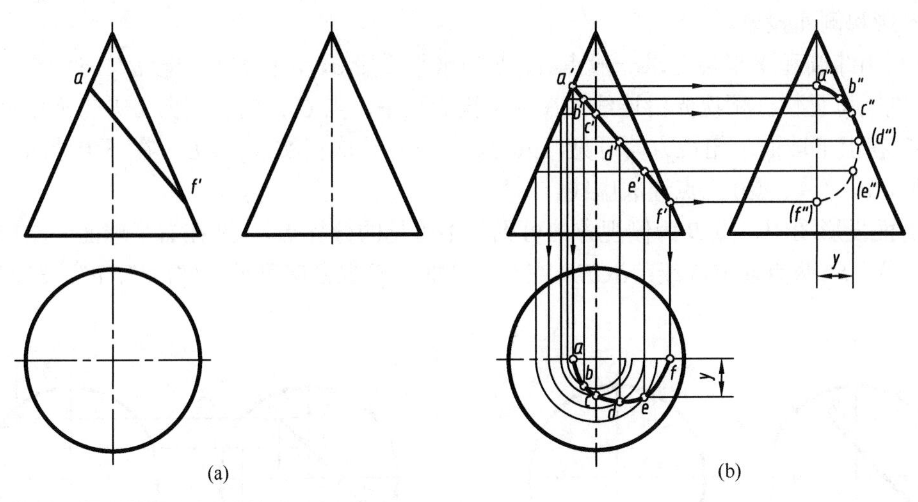

图 6-11　圆锥面上取线

3．圆球体表面上取点、取线

利用纬圆法可在球面上取点、取线。

图 6-12(a)演示了已知属于圆球面上的点 K 的正面投影 k'，用水平纬圆求点 K 水平投影和侧面投影的过程（过 k' 画水平方向线与正视转向线相交于 a'，沿此线从轴线量取到转向线上的 a'，即为纬圆半径，在水平投影面画圆，由于 k' 可见则其水平投影 k 在前半圆弧上。由 kk' 即可求出 k''。由于点 K 在左半球其侧面投影可见。）。

用正平纬圆求点 K 水平投影和侧面投影的过程见图 6-12(b)，同样还可利用侧平纬圆求点的投影。

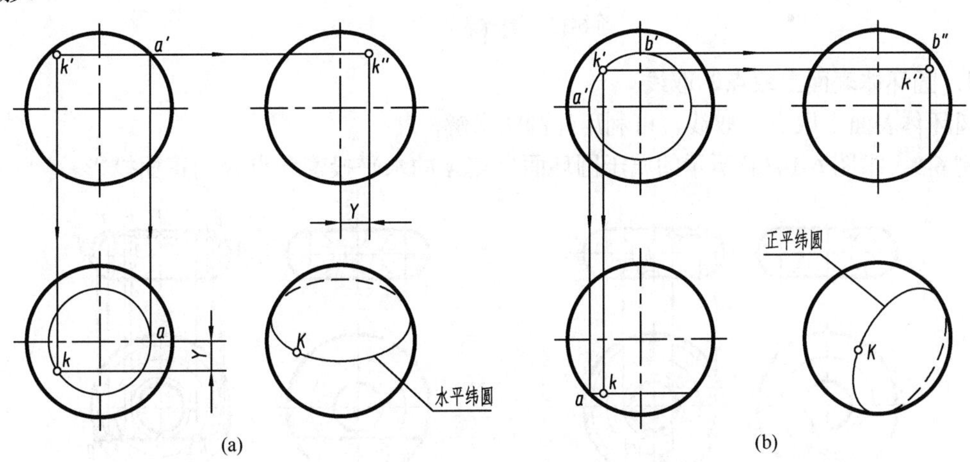

图 6-12　圆球表面上取点

例 6-8　已知属于圆球面的曲线 AD 的正面投影 $a'd'$，求 AD 的侧面投影和水平投影，见图 6-13(a)。

解题步骤如图 6-13(b)所示。

(1)在 $a'd'$ 上先选转向线上的点 b'、c'。其中，点 B 为侧视转向线上的点，点 C 为俯视转向线上的点，端点 D 是正视转向线上的点。按点与线的从属关系和点的投影规律求出这些点的水平投影和侧面投影。

(2)利用纬圆和 Y 坐标差求一般点 A、E 的水平投影 a、e 和侧面投影 a''、e''。

(3)判断可见性，顺次光滑连线：在水平投影图中，点 C 为俯视方向可见与不可见的分界点，ABC 在上半球面，俯视方向可见，a、b、c 三点连成粗实线；CED 在下半球面，俯视方向不可见，c、(e)、(d) 三点连成虚线。

在侧面投影图中，点 B 为侧视方向可见与不可见的分界点，AB 在右半球面，左视方向不可见，(a'')、b'' 两点连成虚线；$BCED$ 在左半球面，左视方向可见，b''、c''、e''、d'' 四点连成粗实线。

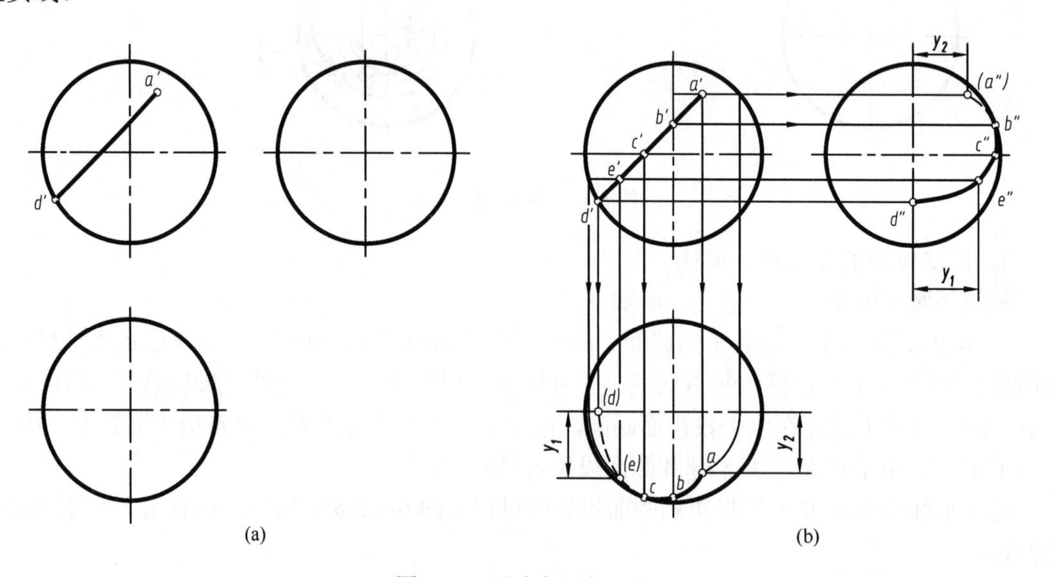

图 6-13 圆球表面上取线

4. 圆环体表面上取点、取线

圆环体表面上取点、取线，可利用纬圆法求解。

例 6-9 求图 6-14(a)所示的属于圆环面上点 A 的水平投影和点 B 的正面投影。

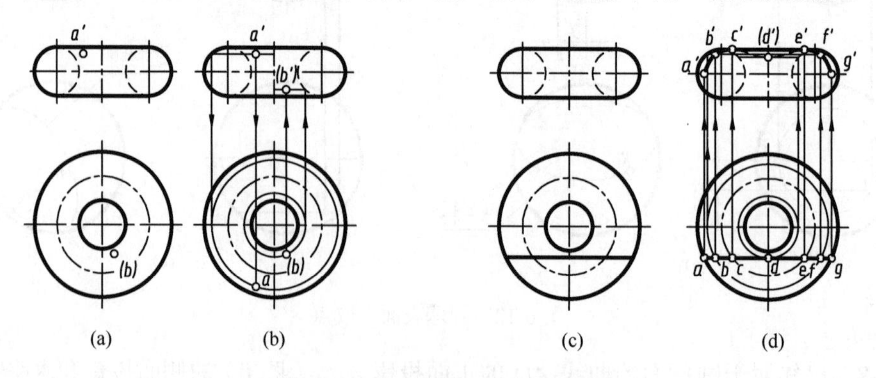

图 6-14 圆环表面上取点、取线

分析：由点 A 正面投影 a' 可知，点 A 正面投影可见并根据其位置，判定点 A 在外环面上半部的前面，求出的水平投影应在前半外环面并可见；由点 B 水平投影 (b) 可知，点 B 水平投影不可见并根据其位置，判定点 B 在内环面下半部的前面，求出的正面投影应在下半内环面并不可见。

作图：过 a' 画水平方向线，以轴线到轮廓线的距离为半径，在水平投影面上画纬圆，过 a' 画投影连线交纬圆前部即得水平投影 a；求点 B 正面投影，可在水平投影面上过 (b) 画纬圆，按投影关系求出纬圆的正面投影，即可求出 (b')，具体步骤见图 6-14(b)。

例 6-10　已知上半圆环面上曲线的水平投影，求曲线的正面投影，如图 6-14(c) 所示。

分析：为使曲线连接准确光滑，在曲线的水平投影选取特殊点和一般点，见图 6-15(d) 水平投影，其中 a、g 为俯视转向线上的点，c、e 为内外环面的分界点，b、d、f 为一般点。

作图：特殊点 a、g 和 c、e 按点线从属关系向上画投影连线，可直接确定正面投影 a'、g'、c'、e'，过 b、d 作纬圆可求出其正面投影 b'、d'、f'。

连接所求各点，a'、b'、c' 和 e'、f'、g' 在外环面前部，正面投影可见，连成粗实线；c'、(d')、e' 在内环面，正面投影不可见，连成虚线，具体步骤见图 6-14(d)。

6.3　复合柱体和复合回转体的投影

1．复合柱体

1) 复合柱体的构成特点

由不同图形元素(如直线和圆弧)构成的复合二维草图作为特征轮廓，沿着垂直于草图的方向经拉伸而形成的立体称为复合柱体。例如图 6-15(a)、(c) 所示复合柱体是由平行于 XZ 坐标面的二维草图沿着 Y 轴方向拉伸而成。

由图 6-15(a) 可看出：当二维草图上的直线与坐标轴平行时，拉伸后形成的平面为投影面平行面；当二维草图上直线与坐标轴倾斜时，拉伸后形成的面为投影面垂直面；当二维草图上的轮廓线是圆弧时，拉伸后形成的面为圆柱面。

2) 复合柱体投影图的画法

(1) 当拉伸后的复合柱体具有对称面时，应在投影图中用点画线将其对称位置表示出来，如图 6-15(b)、(d) 中的复合柱体正面投影和水平投影中的点画线。

(2) 画复合柱体时，应将其放正并使草图轮廓平行于一个投影面绘制三面投影图，如图 6-15(b)、(d) 所示的复合柱体的特征轮廓平行于正立投影面。

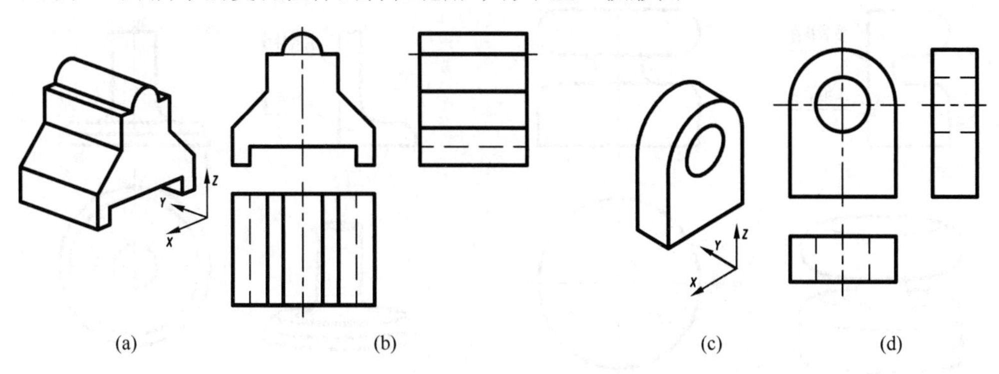

图 6-15　复合柱体的构成与投影

(3) 当二维草图上的圆弧与圆弧相切时，拉伸形成的柱面与柱面相切，按相切位置不同其投影也不同，图 6-16(a)所示的公切面为正垂面，其水平投影和侧面投影均无积聚性，切线的水平投影和侧面投影均不画。图 6-16(b)所示的公切面为侧平面，其水平投影有积聚性，切线的水平投影应画粗实线，侧面投影不画线。

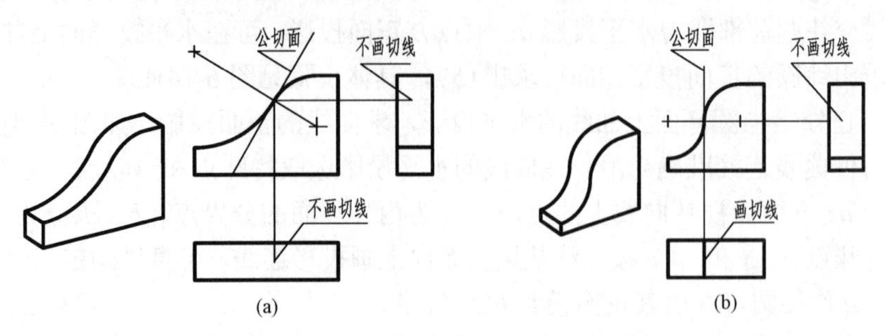

图 6-16　复合柱体面与面相切时的画法

(4)复合柱体的三个投影图中，作为草图轮廓的投影图反映柱体形状特征，另外两个投影图可同时反映拉伸的厚度。因此复合柱体通常只画两个投影图来表达它的空间形状，如图 6-17(a)、(b)、(c)、(d)所示。

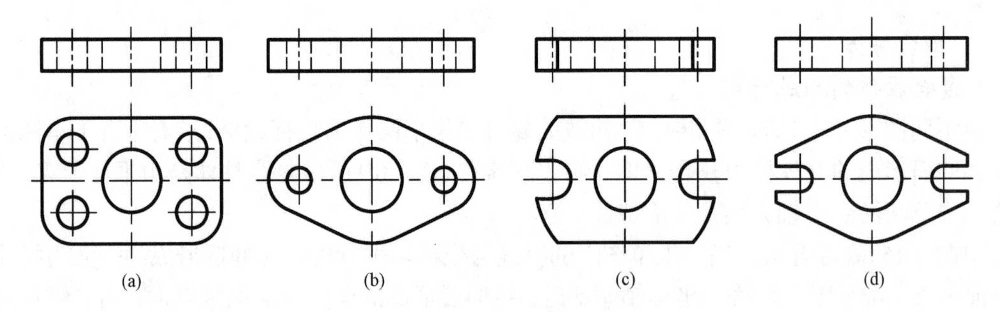

图 6-17　复合柱体的投影

2. 复合回转体

1)复合回转体的构成特点

二维草图的多段线绕指定轴线旋转形成复合回转体，复合回转体是由两个或两个以上回转面构成，如图 6-18(a)、(c)所示。

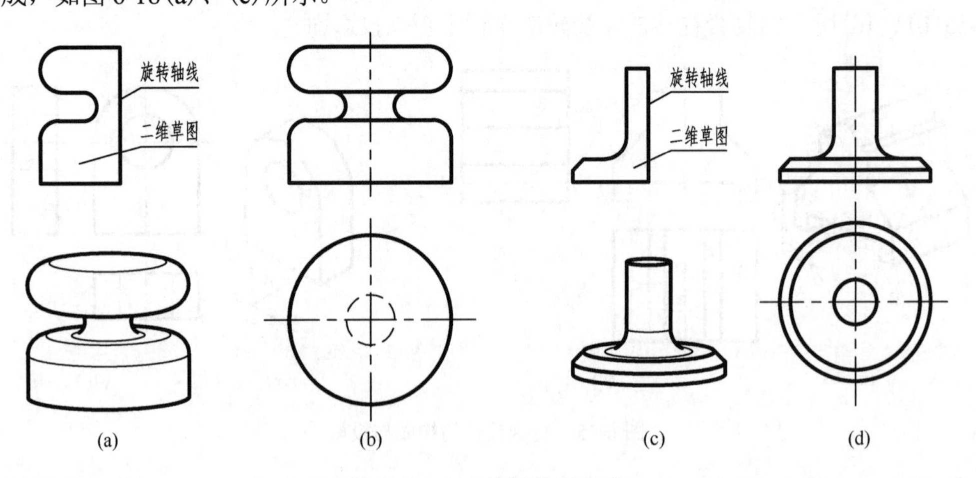

图 6-18　复合回转体的构成

2)复合回转体的投影图画法

(1)绘制所有复合回转体时，应将其轴线垂直于一个投影面放置，使其在平行回转轴线的投影面上的投影反映回转草图的形状特征，见图 6-18(b)、(d)的正面投影；复合回转体在轴线垂直的投影面上的投影为若干同心圆，见图 6-18(b)、(d)的水平投影。

(2)当二维草图上的圆弧与圆弧相切时，旋转后形成的两个回转面必然相切，当公切面为圆柱面时，应画出公切圆的投影，如图 6-19(a)所示。当公切面为圆锥面时，则不画出公切圆的投影，如图 6-19(b)所示。

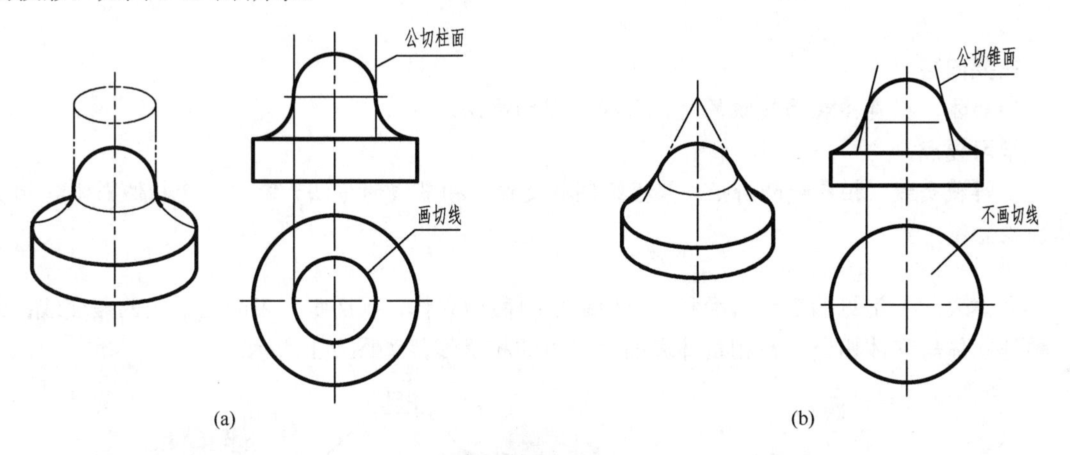

图 6-19 复合回转体面与面相切时的画法

(3)复合回转体的一个投影为若干同心圆，另外两个投影完全相同，如图 6-20 所示。因此复合回转体一般都是用两个投影图来表达它的空间形状。

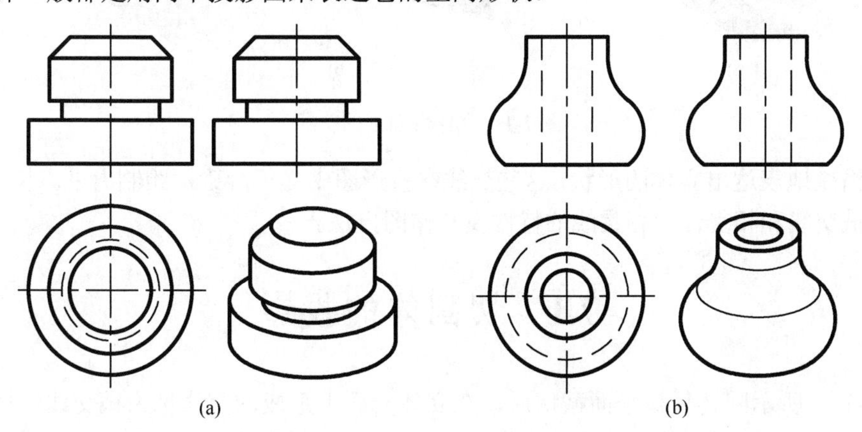

图 6-20 复合回转体的三个投影图

第7章 切割体和相贯体的投影

主要内容

切割体、相贯体表面交线的特性及投影图的画法。

学习要点

了解截交线、相贯线的特性；掌握绘制截交线、相贯线的方法；能准确绘制切割体和相贯体的投影图。

立体表面上常见的交线有两种：一种是平面截切立体，在切割体表面上形成的截交线；另一种是立体与立体相交，在相贯体表面上产生的相贯线，如图 7-1 所示。

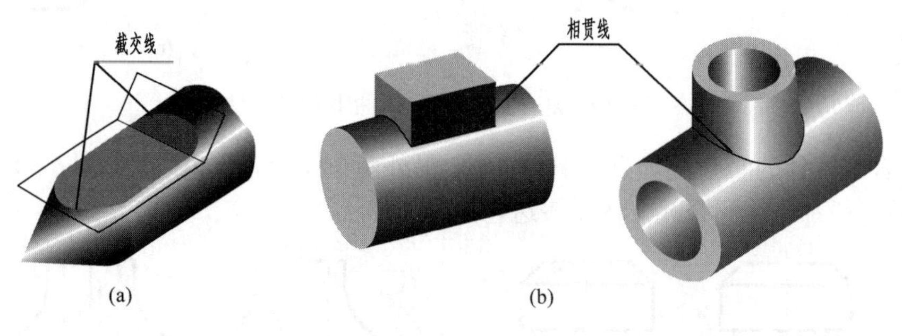

图 7-1 立体表面上的交线

为了清楚地表达出立体的形状，这些交线在投影图中必须准确地绘制出来。本章主要介绍切割体上截交线和相贯体上相贯线的特性及其作图方法。

7.1 切割体的投影

图 7-1(a)所示回转体被平面截切后，在立体表面上形成的交线称为截交线，切割立体的平面称为截平面，被平面截切后的立体称为切割体。本节主要介绍切割体上截交线的特性、作图方法及切割体的投影图画法。

研究平面与立体相交的目的，就是求出立体表面截交线的投影。截交线的形状与立体的形状及截平面与立体的相对位置有关。而立体有平面立体和曲面立体两类，并且截平面与立体可以有多种不同的相对位置，所以截交线的表现形式多种多样。尽管如此，截交线却都具有下列两个基本特性。

(1)封闭性。因为被截切的立体占有一定空间，所以截交线为封闭的平面图形。

(2)共有性。截交线是截平面与立体表面共有点的集合。截交线既在截平面上，又在立体表面上，所以截交线是由共有点围成的平面图形。

截平面相对于投影面的位置可以是倾斜位置，也可以是垂直或平行位置，在此只讨论截平面为投影面垂直面或平行面的情况。

当截平面为垂直面或平行面时，它在所垂直的投影面上的投影有积聚性，即截交线与截平面的投影重合。

7.1.1　平面截切平面立体

平面立体是由若干平面所围成的，如图 7-2 所示。所以截平面与平面立体相交而产生的截交线是由若干直线段围成的封闭平面图形。如图 7-3(a)所示，其各边是截平面与立体各相关棱面的交线，而多边形的顶点是截平面与各棱线的交点。因此，求平面立体的截交线实质上是求平面与平面的交线或直线与平面的交点问题。

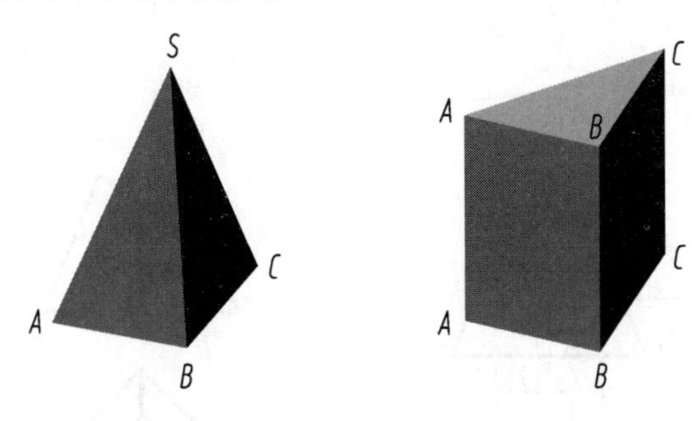

图 7-2　平面立体

由此归结出以下两种作图方法。

(1) 直接求出截平面与立体相关表面的交线。各交线首尾相接而成的封闭平面图形即为所求截交线。

(2) 求出相关棱线与截平面的交点，依次连接即为所求的截交线。

1. 平面截切棱锥体

例 7-1　完成正四棱锥被正垂面 *P* 截切后的投影，如图 7-3(a)、(b)所示。

空间分析：

图 7-3(a)、(b)中，截平面 *P* 与四棱锥的四个棱面都相交，分别得交线 *ⅠⅡ*、*ⅡⅢ*、*ⅢⅣ* 和 *ⅣⅠ*，其中顶点 *Ⅰ*、*Ⅱ*、*Ⅲ*、*Ⅳ*是棱锥各棱线与平面 *P* 的交点，截交线就是该四点连成的四边形。由于平面 *P* 是正垂面，其正面投影有积聚性，所以截交线的正面投影已知，故本题主要是求截交线的水平投影和侧面投影。

作图步骤：

(1) 先将完整四棱锥五个顶点在三面投影图中的投影位置依次标出(图 7-3(b))。

(2) 截交线的正面投影已知，在正面投影中标出 1′、2′、3′、(4′)、1′(图 7-3(c))。

(3) 点 *Ⅰ*、*Ⅲ*分别属于 *SA* 和 *SC*，根据点在线上，点的投影属于线的同面投影的投影规律，则可求出两点的水平投影和侧面投影 1、3 和 1″、3″。

(4) 由于棱线 *SB* 和 *SD* 为侧平线，所以先求出 *Ⅱ*、*Ⅳ* 两点的侧面投影 2″、4″，再根据点的投影规律求出其水平投影 2、4(图 7-3(c))。

(5) 依次连接四个顶点的同面投影，完成被截切后的四条棱线的投影，判别可见性，3″*c*″侧面投影不可见应画成虚线，与 1″*a*″ 重合部分不画，完成截头四棱锥的三面投影(图 7-3(d))。

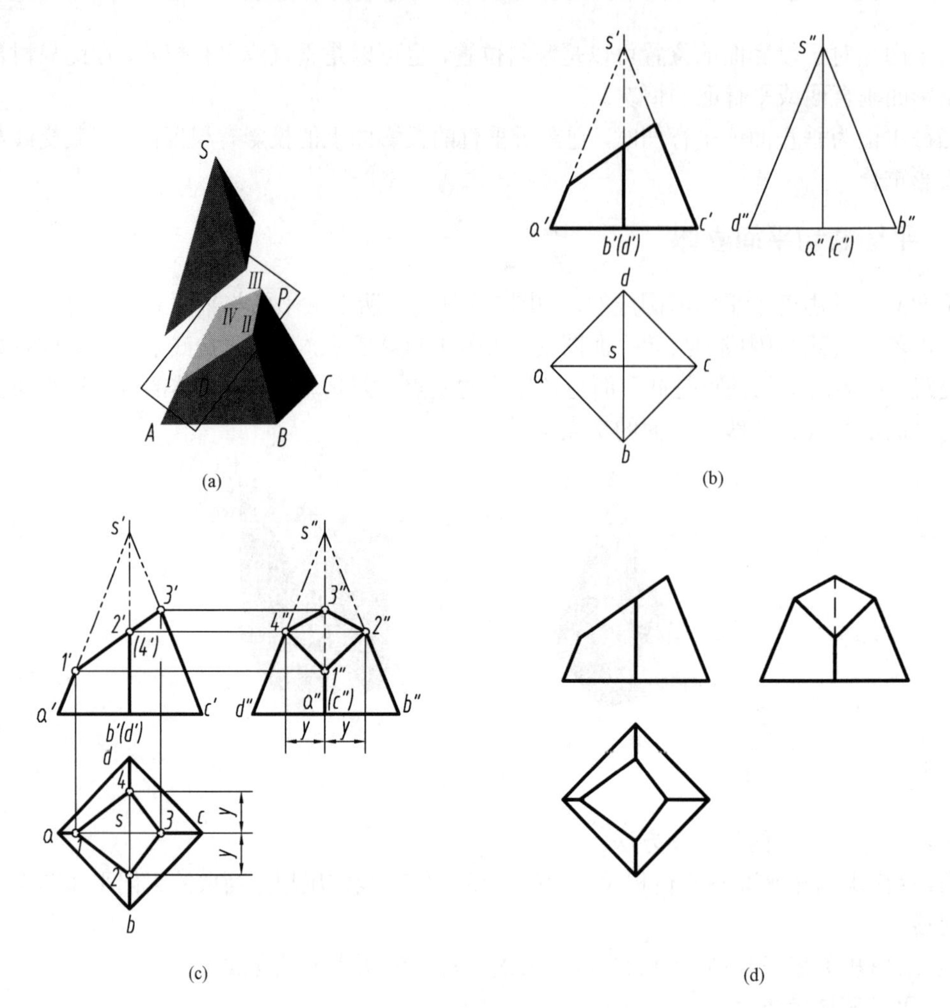

图 7-3

图 7-3 截头四棱锥的投影

2．平面截切棱柱体

例 7-2 完成六棱柱被正垂面截切后的投影，如图 7-4 所示。

空间分析：

截平面与六棱柱的六条棱线都相交，故截交线仍为六边形(图 7-4(a))。由于截平面是正垂面，故截交线的正面投影积聚成直线；且六棱柱六个棱面的水平投影有积聚性，故截交线的水平投影仍为正六边形。因此本题主要求解截交线的侧面投影。

作图步骤：

(1)确定截交线的正面投影 1′、2′、3′、4′、(5′)、(6′)(图 7-4(c))。

(2)利用点的投影规律，求出截交线六顶点侧面投影 1″、2″、3″、4″、5″、6″。依次连接六点即是截交线的侧面投影。截交线侧面投影均可见画成实线，*DD* 棱线侧面投影不可见画成虚线，与实线重合部分不画(图 7-4(d))。

(3)整理图面，完成截切后六棱柱的三面投影(图 7-4(d))。

例 7-3 完成正四棱锥被两平面截切后的三面投影(图 7-5)。

空间分析：

四棱锥被两平面切割，其中 *P* 平面为正垂面，*Q* 平面为水平面。两平面正面投影都有积聚性，即截交线正面投影已知。因为 Q 为水平面，与四棱锥的底面平行。所以，Q 平面和四棱锥的四个棱面的交线与底面四边形对应边互相平行，利用平行线的投影特性可求出交线的投影。由于立体被两平面 P 和 Q 所截切，平面 P 与 Q 相交，交线为正垂线，交线的两端点在四棱锥的棱面上(图 7-5(a)、(b))。

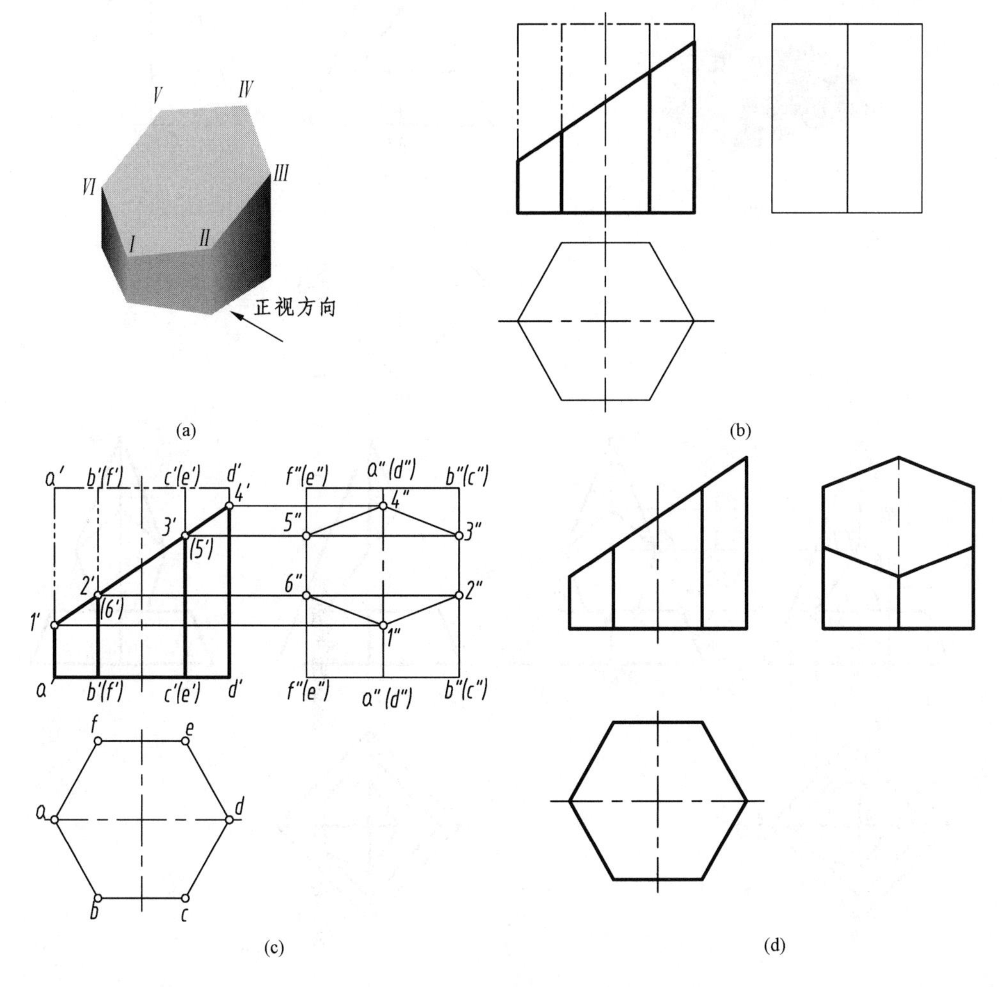

图 7-4　六棱柱被截切后的投影

图 7-4

作图步骤：

(1)画出完整正四棱锥的三面投影，标出截交线正面投影中各顶点，q' 是由 1′、2′、3′、(4′)、(5′)、1′ 围成的五边形，p' 是由 3′、(4′)、(8′)、7′、6′、3′ 围成的五边形，3′、(4′)为 P、Q 两平面交线端点的正面投影。

(2)先求平面 Q 截四棱锥后的截交线，利用点的投影规律由 1′ 在水平投影中求出 1，根据平行线投影特性，过 1 作相应底边水平投影的平行线得 2 和 5，过 2 和 5 作相应底边水平投影平行线得 3 和 4，然后求出这五点的侧面投影 1″、2″、3″、4″、5″。

(3)求平面 P 截四棱锥的截交线，利用点的投影规律求出 6″、7″、8″ 和 6、7、8。

(4)依次连接各顶点的同面投影，判别可见性，其中水平投影 3、4 连线为不可见，应画虚线，侧面投影 $s''c''$ 不可见应画虚线，与实线重合部分不画(图 7-5(c))。

(5) 整理图面、完成三面投影图(图 7-5(d))。

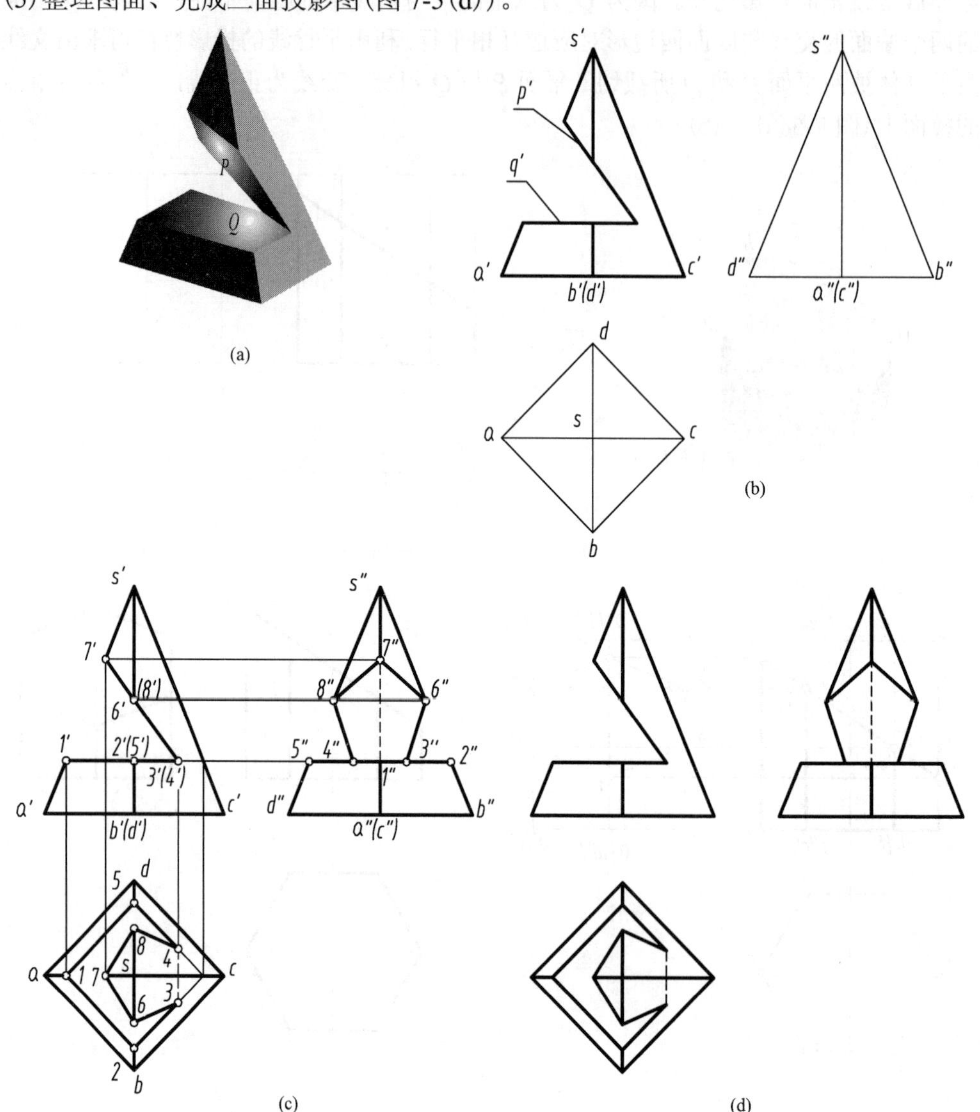

(a) (b) (c) (d)

图 7-5

图 7-5 带切口的四棱锥

7.1.2 平面截切曲面立体

在此主要介绍平面截切基本回转体时截交线的画法及特点。

截交线是截平面与回转体表面的共有线，截交线上的点是截平面与回转体表面的共有点。

为了准确地表示截交线，必须求出其上某些特殊点，如转向线上的点(简称转向点)、最高点及最低点等。在此主要介绍垂直面或平行面截切回转体的截交线。

1. 平面截切圆柱体

圆柱是由圆柱面、上下底面所围成的立体。截平面与圆柱轴线的相对位置不同，其截交线也不同(表 7-1)。

表 7-1 圆柱体的截交线

截平面位置	与圆柱轴线垂直	与圆柱轴线平行	与圆柱轴线倾斜
截交线形状	圆	矩形	椭圆
立体图			
投影图			

当截平面垂直圆柱轴线时，截交线为圆；当截平面平行于圆柱轴线时，截交线是矩形；当截平面倾斜于圆柱轴线时，截交线是椭圆或是椭圆弧与直线段围成的平面图形，椭圆的长、短轴随截平面对圆柱面轴线的倾斜角度变化而变化。

例 7-4 完成圆柱被正垂面截切后的三面投影(图 7-6)。

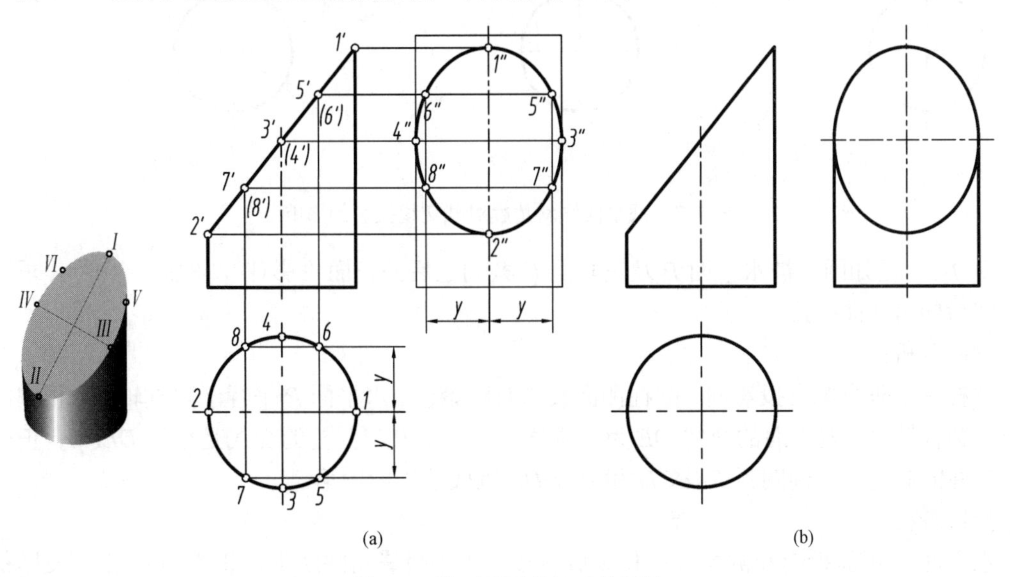

图 7-6 被正垂面截切后的圆柱

空间分析：

圆柱轴线为铅垂线，圆柱面水平投影积聚成圆；正垂面截切圆柱，截交线空间为椭圆，其正面投影积聚成直线，即截交线的正面投影和水平投影为已知，只需要求截交线的侧面投影。

作图步骤：

(1) 求特殊点。在正面投影图中的正视转向线上标出 1′、2′，按点属于圆柱面的性质，便可求得水平投影 1、2 及侧面投影 1″、2″；同理，在侧视转向线的正面投影上标出 3′、4′，可求出其水平投影 3、4 及侧面投影 3″、4″。点 *I*、*II* 为截交线上的最高点和最低点，也是最右点和最左点；点 *III*、*IV* 为截交线的最前点和最后点。这四点也是椭圆长轴与短轴的端点。

(2) 求一般点。可先标出 *V*、*VI* 两点的水平投影和正面投影，然后按点的投影规律求出侧面投影。依此可求出一系列的一般点。

(3) 连曲线。按水平投影点的顺序依次光滑连接各点的侧面投影。

(4) 整理轮廓线。圆柱的侧视转向线应分别画至 3″、4″ 处，如图 7-6(b) 所示。

讨论：当截平面倾斜于圆柱轴线相交角度发生变化时，如图 7-7 所示。图中 $c''d''$ 长度不变，等于圆柱直径，当 $\alpha<45°$ 时，$c''d''>a''b''$，侧面投影是以 $c''d''$ 为长轴、$a''b''$ 为短轴的椭圆(图 7-7(a))；当 $\alpha=45°$ 时，$a''b''=c''d''$，侧面投影为圆(图 7-7(b))；当 $\alpha>45°$ 时，$a''b''>c''d''$，侧面投影是以 $a''b''$ 为长轴、$c''d''$ 为短轴的椭圆(图 7-7(c))。

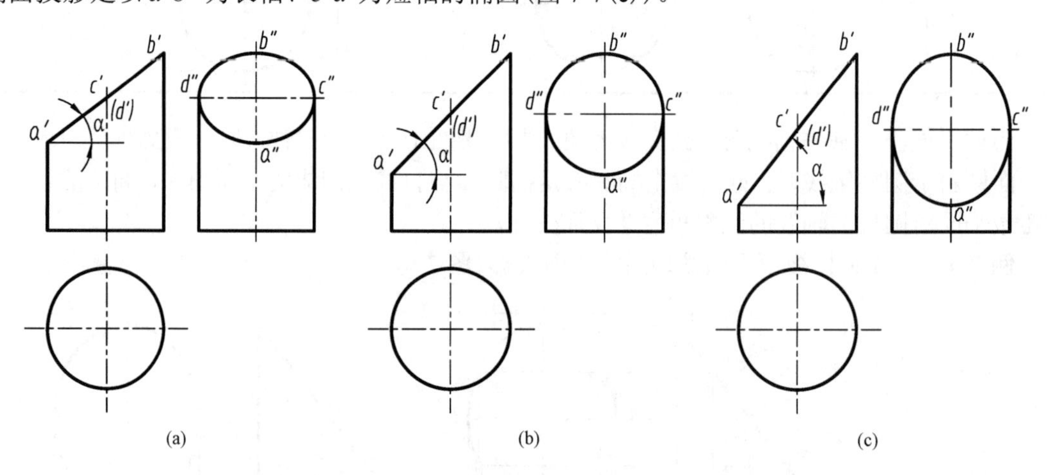

图 7-7 截平面倾斜角度对截交线投影的影响

例 7-5 已知圆柱被水平面 *P* 及正垂面 *Q* 截切之后的正面投影(图 7-8(a)、(b))，求圆柱被截切后的另两面投影。

空间分析：

圆柱轴线垂直侧立投影面，圆柱侧面投影有积聚性。水平面 *P* 平行于圆柱轴线，正垂面 *Q* 倾斜于圆柱轴线，两平面的交线 *DE* 为正垂线。水平面 *P* 与圆柱的交线是矩形 *DEFG*；正垂面 *Q* 与圆柱的截交线是椭圆弧 *EABCD* 和交线 *DE* 围成的平面图形。

投影分析：

水平面 *P* 正面投影和侧面投影积聚成直线，水平投影反映实形；正垂面 *Q* 正面投影积聚成直线，侧面投影为圆弧和直线围成的线框，水平投影为椭圆弧和直线围成的线框。通过分析本题主要求圆柱被截切后的水平投影。

作图步骤：

(1) 求出平面 *P* 与圆柱的截交线。平面 *P* 与圆柱的交线为矩形，其 *DE*、*GF* 为正垂线，*EF*、*DG* 为侧垂线，根据已知的正面投影和侧面投影即可求出其水平投影 *defg*。

(2) 求出平面 *Q* 与圆柱的截交线。平面 *Q* 与圆柱面的截交线为椭圆弧 *EABCD*，其正面投影积聚在直线上，侧面投影积聚在圆弧上。根据正面和侧面投影即可求水平投影。注意应先求特殊点 *A*、*B*、*C*(转向轮廓线上的点)，再求一般点 *I*、*II*，然后光滑连接各点，如图 7-8(c)所示。

(3) 整理轮廓线。画出 *a*、*c* 两点右侧的圆柱俯视转向线，完成三面投影(图 7-8(d))。

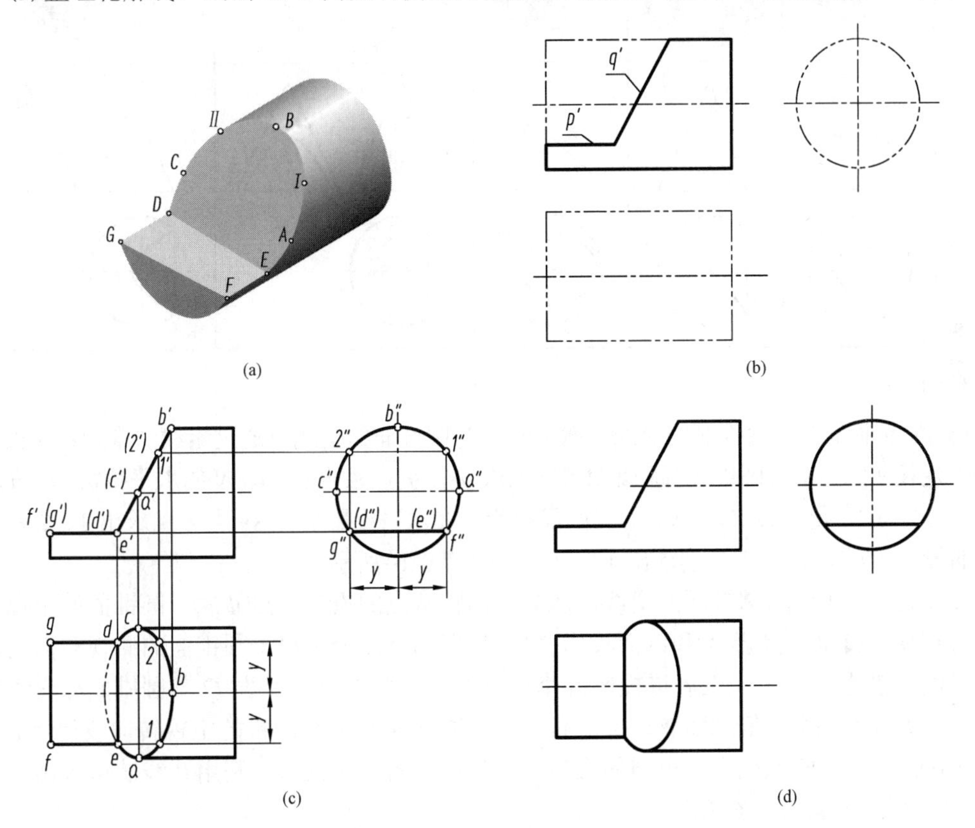

图 7-8　完成圆柱被截切后的投影

2. 平面截切圆锥体

当平面截切圆锥体时，截平面与圆锥轴线或素线的相对位置不同，其截交线的性质和形状也不同。表 7-2 所示为圆锥体被平面截切的五种形式。

由于圆锥面的各投影均无积聚性，若求解圆锥表面截交线的投影，需要利用图 6-10 所述的纬线法或素线法求解其截交线的投影图。

例 7-6　已知圆锥被正垂面 *P*、*Q* 截切之后的正面投影，求圆锥被截切后的另两投影(图 7-9)。

空间分析：

正垂面 *P* 过锥顶，截锥面得两相交直线；正垂面 *Q* 截圆锥面，其交线为椭圆弧。因平面 *P*、*Q* 均为正垂面，所以截交线的正面投影积聚为两条直线，且 *P* 与 *Q* 的交线为正垂线 *I II*，因此，本题主要求截交线的水平投影和侧面投影。

表 7-2　圆锥体的截交线

截平面位置	垂直于轴线	过锥顶	倾斜于轴线 $\theta<\alpha$	平行于轴线 $\theta=90°$或 $\theta>\alpha$	平行于一条素线 $\theta=\alpha$
截交线形状	圆	等腰三角形	椭圆	双曲线和直线段	抛物线和直线段
立体图		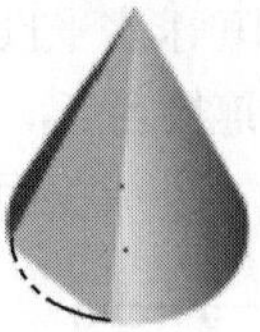	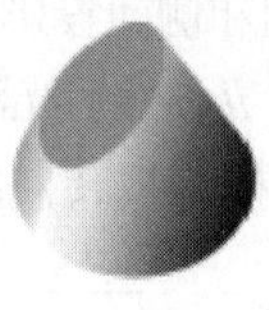	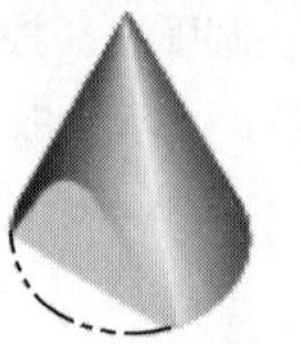	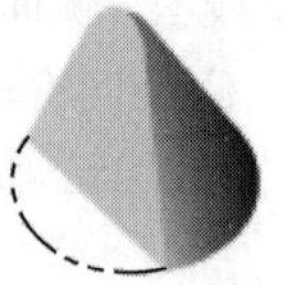
投影图	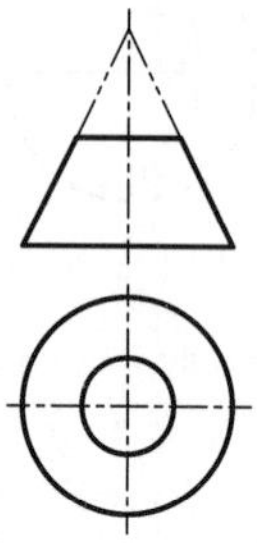	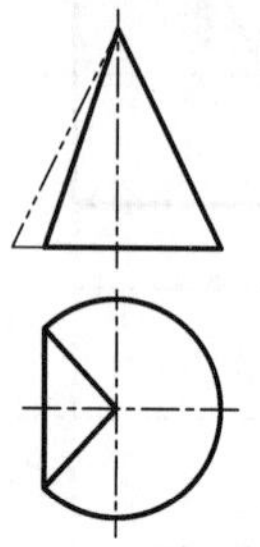	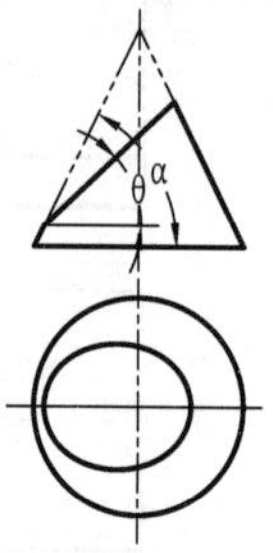	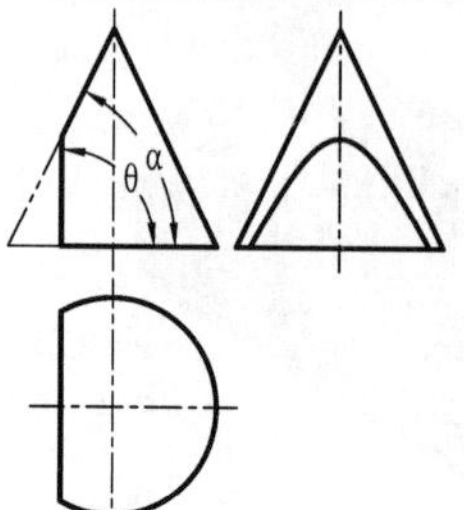	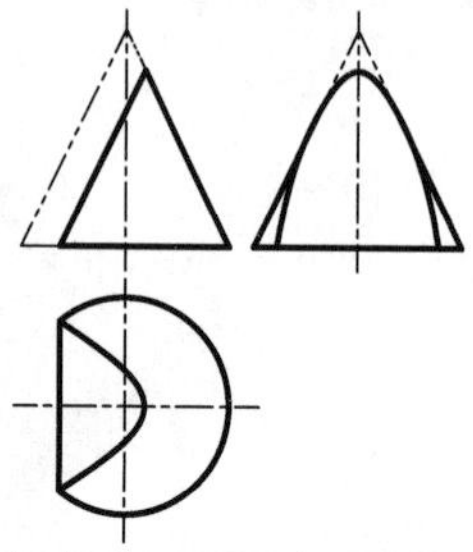

作图步骤：

(1) 求出平面 P 与圆锥面的交线。截平面 P 与圆锥面的交线可通过素线法求得：在正面投影图中延长 $s'1'$、$s'2'$与圆锥底圆积聚线交于 m'、n'，据此求出点 M、N 的水平投影 m、n 和侧面投影 m''、n''，得素线 SM、SN 的另两面投影。在水平投影 sm、sn 上分别求出 1、2 两点，在侧面投影 $s''m''$、$s''n''$ 上分别求出 $1''$、$2''$，如图 7-9(b) 所示。

(2) 求出平面 Q 与圆锥面的交线。应先求出特殊点的投影，点Ⅲ属于圆锥面的正视转向线，可直接求得水平投影 3 和侧面投影 $3''$；点Ⅳ和点Ⅴ分别属于圆锥面的侧视转向线，必先求得侧面投影 $4''$、$5''$，然后按投影规律求得水平投影 4、5。平面 Q 与圆锥面截交线的最前点、最后点为截交线椭圆短轴端点，其求法可通过延长 q' 交圆锥的主视转向线得点 a'，取 $3'a'$ 的中点 $6'$、$7'$ 即为截交线椭圆的最前点、最后点的正面投影。利用纬线法可求出水平投影 6、7，再求侧面投影 $6''$和 $7''$。

(3) 求一般点。为准确求得截交线，可在点Ⅲ、Ⅵ之间和点Ⅲ、Ⅶ之间分别取Ⅷ、Ⅸ两点。Ⅷ、Ⅸ两点可利用纬线法先求其水平投影再确定侧面投影，如图 7-9(c)。

(4) 整理轮廓线。画出 P、Q 两面的交线(正垂线) ⅠⅡ。其水平投影为不可见，画成虚线，侧面投影可见，画成实线。由正面投影可看出，点Ⅳ、Ⅴ以上部分的侧视转向线被切掉，所以 $4''$、$5''$ 以上没有侧视转向线的投影，如图 7-9(d) 所示。

3. 平面截切圆球体

平面与圆球相交，不论截平面与圆球的相对位置如何，其截交线在空间均为圆。当截平面与圆球相交，且截平面为投影面的平行面时，截交线在截平面所平行的投影面上的投影反映实形，另两投影积聚成直线；当截平面是投影面的垂直面时，截交线在截平面所垂直的投影面上的投影积聚成直线，另两投影为椭圆。

如图 7-10 是球面被水平面 Q 和侧平面 P 所截切，其截交线投影的基本作图方法。

例 7-7　完成被正垂面 P 所截切后圆球的投影(图 7-11)。

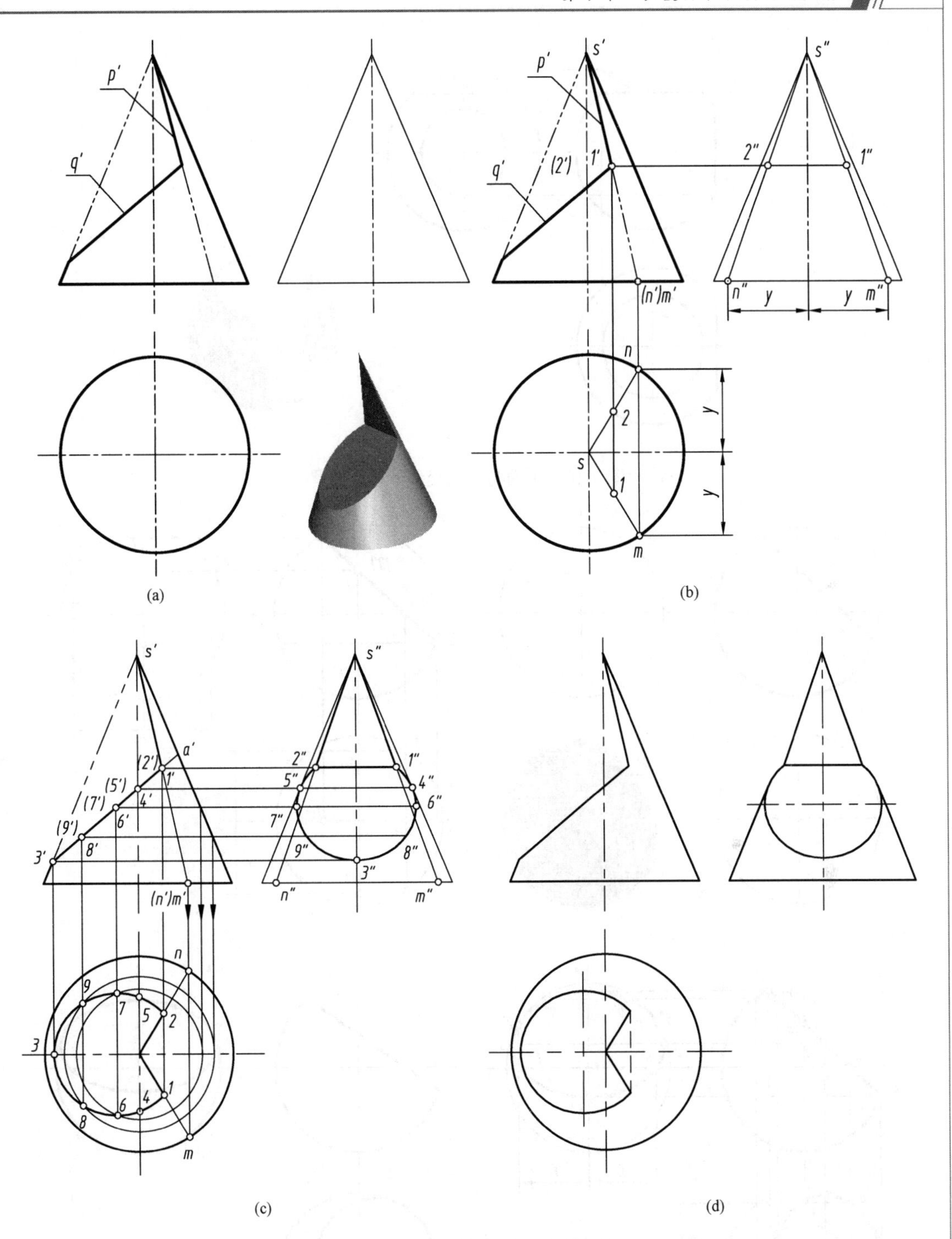

图 7-9　完成圆锥被截切后的投影

空间分析：

圆球被正垂面 P 截切，截交线空间为圆，其正面投影积聚成直线段，长度为截交线空间圆的直径。截交线的侧面投影及水平投影均为椭圆，椭圆长轴为截交线空间圆的直径实长。

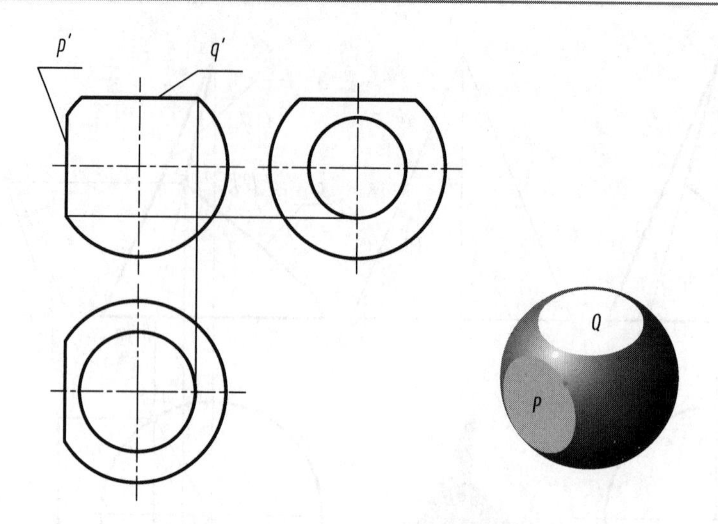

图 7-10　平面与球面交线的基本作图

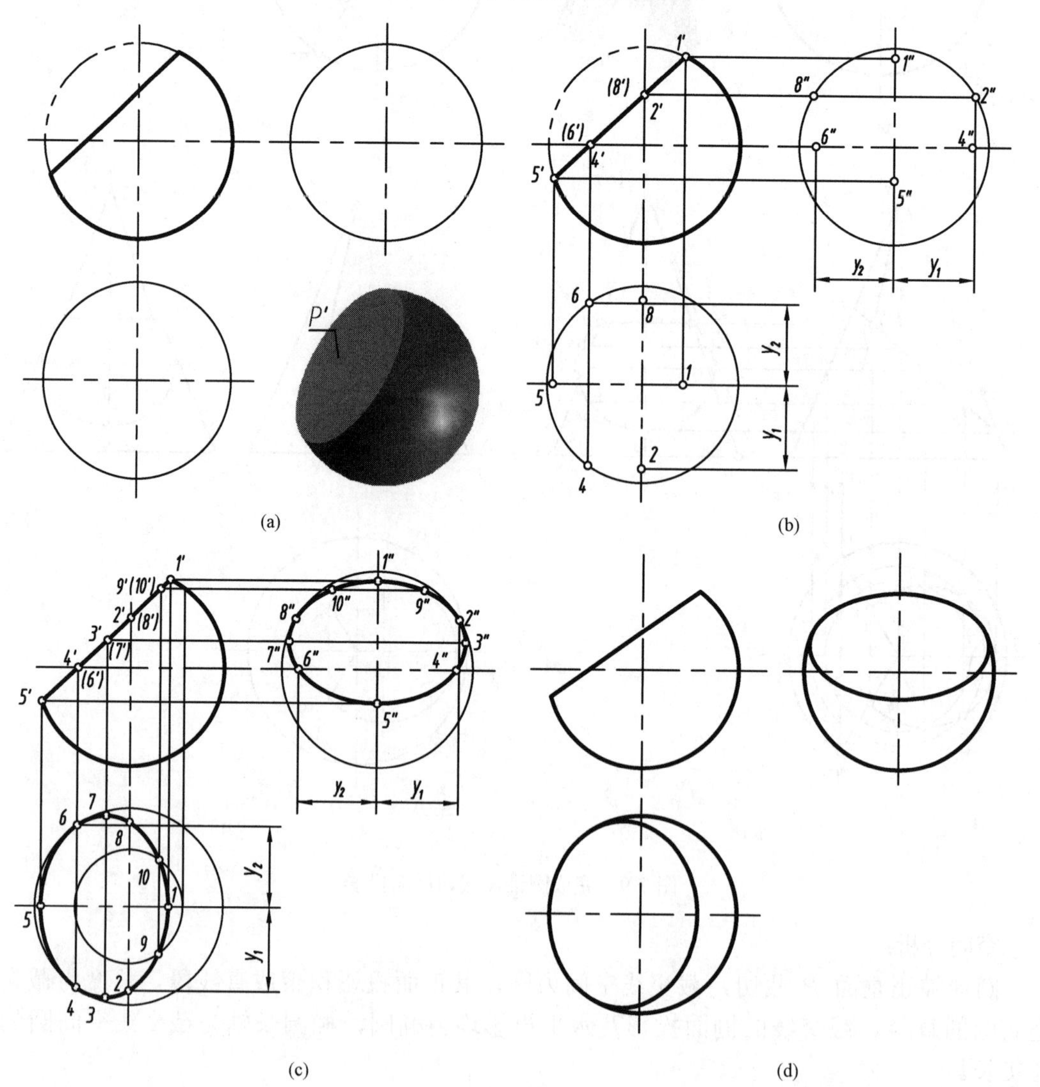

图 7-11　球被正垂面截切

作图步骤：

(1)求特殊点。先求转向线上的点，如图 7-11(b)所示 1′和 5′，2′和(8′)，4′和(6′)分别是截交线上的正视转向线、侧视转向线和俯视转向线上的点的正面投影，它们的侧面投影和水平投影可按点属于线的投影规律直接求出。其中 *Ⅰ*、*Ⅴ*是截交线的最高点和最低点，又是最右点和最左点。

求椭圆的长短轴。在空间截交线圆的直径中，*Ⅰ Ⅴ*是正平线，其正面投影 1′5′的长度等于截交线圆的直径，它的侧面投影 1″5″和水平投影 15 分别为两个椭圆的短轴；空间与直径 *Ⅰ Ⅴ* 垂直的另一条直径 *Ⅲ Ⅶ* 是正垂线，其正面投影 3′(7′)积聚为一点并在 1′5′的中点，水平投影 37 和侧面投影 3″7″反映实长，它们分别是截交线水平投影和侧面投影椭圆的长轴，见图 7-11(c)。其投影可利用纬圆法求得，也可根据直径实长直接求得，即 37=3″7″=1′5′。*Ⅲ*、*Ⅶ*两点分别是截交线的最前点和最后点。

(2)求一般点。可利用球面取点即纬圆法求出 *Ⅸ*、*Ⅹ* 两点的水平投影 9、10 及侧面投影 9″、10″。

(3)连曲线。按点的排列顺序，将水平投影及侧面投影连成光滑曲线，并注意曲线的对称性。

(4)判别可见性。平面 *P* 的左上部分球体被切掉，所以截交线的水平投影和侧面投影均可见。

(5)整理轮廓线。水平投影中，球的俯视转向线的投影只保留 4、6 间的右半部分；侧面投影中，球的侧视转向线的投影只保留 2″、8″间的下半部分(图 7-11(d))。

此题用投影变换的方法亦可求解，请读者自行分析。

例 7-8　完成半球被截切后的水平投影和侧面投影(图 7-12(a)、(b))。

空间分析：

由图 7-12(a)中的正面投影可知，半球被一个水平面 *P* 和左右对称的两个侧平面 *Q* 截切，其中 *P* 平面的水平投影反映圆弧的实形，侧面投影积聚成直线。左右对称的两个侧平面 *Q* 的水平投影积聚成左右对称的两条直线，侧面投影反映圆弧的实形。由于左右对称，两圆弧的侧面投影重叠在一起。

作图步骤：

(1)求水平面 *P* 的水平投影和侧面投影。延长 p' 至圆球正视转向线得 1′，以 $o_1'1'$ 为半径，在水平投影画圆弧，*P* 平面侧面投影为直线，长度为圆弧直径(图 7-12(c))。

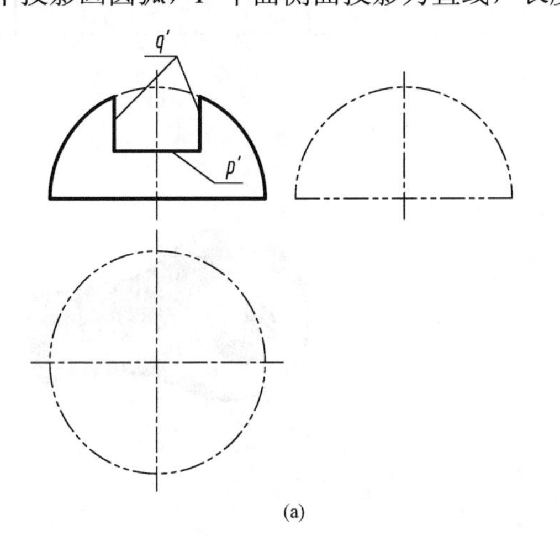

(a)

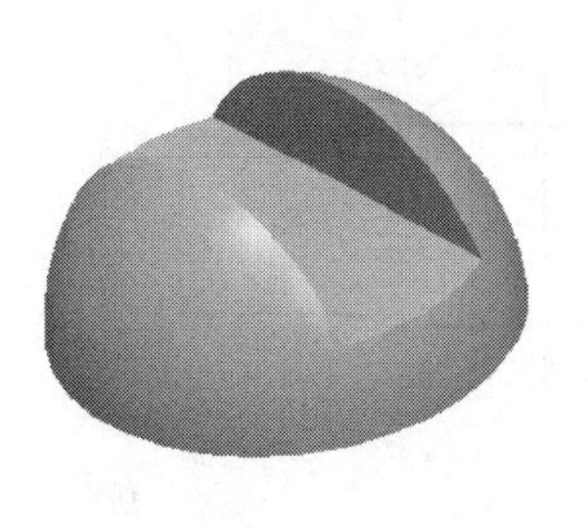

(b)

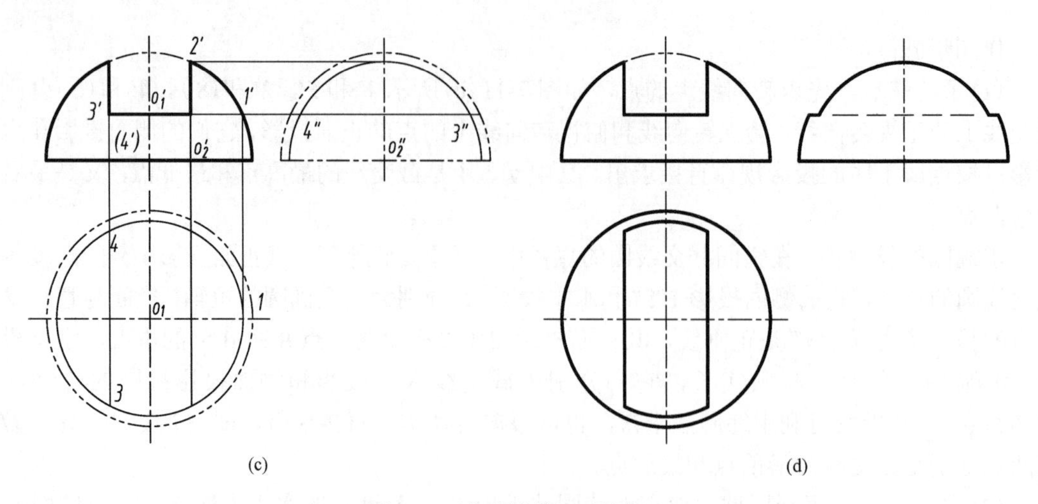

图 7-12　半球被截切后的投影

(2) 求侧平面 Q 的水平投影和侧面投影。Q 平面的水平投影积聚成两条直线，按投影关系向下画线即可确定 Q 平面积聚成直线的位置，其长度等于 34 两点间长度。侧面投影为圆弧其半径在正面投影沿着 q' 量取 $o_2'2'$(图 7-12(c))。

(3) 确定各圆弧的范围及积聚线的长度，判别可见性。切口向上所以水平投影均可见，切口在中间对称位置，侧面投影中两平面的交线不可见，画成虚线。

(4) 整理轮廓线。水平投影外轮廓线是完整的圆，画成实线圆侧面投影中侧视转向线只保留截平面 P 以下的部分(图 7-12(d))。

7.1.3　平面截切复合回转体

例 7-9　完成图 7-13(a)所示复合回转体被截切后的正面投影。

空间分析：

该复合回转体由两段圆弧和两条直线段绕一轴线旋转而成，如图 7-13(b)所示。其回转面有球面、内环面和圆柱面(它们的分界线可用几何作图方法求出)。此复合回转体是被前后两对称的正平面截切，并挖一通孔而成的切割体，如图 7-13(c)所示。

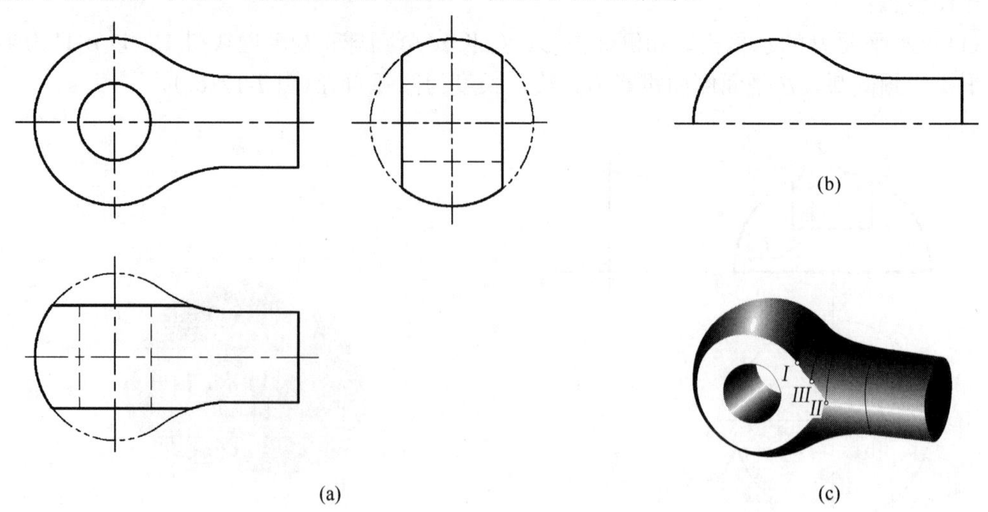

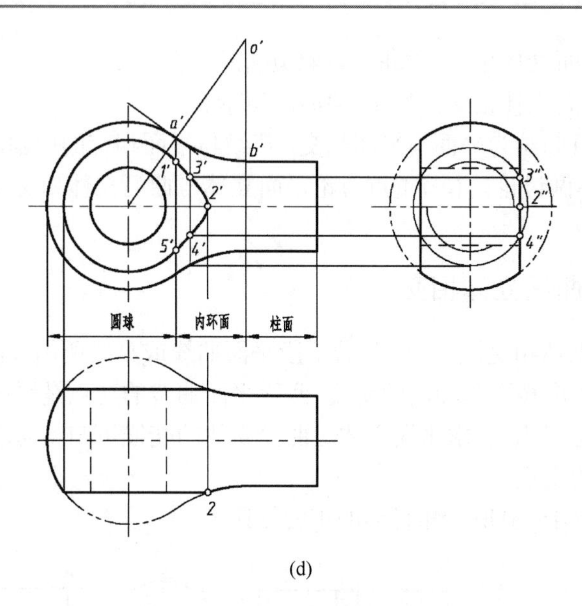

(d)

图 7-13　复合回转体的截交线

由截平面的位置可看出：内环面及圆球面与截平面相交(圆柱部分不产生截交线)，由于截平面为正平面，其水平投影和侧面投影有积聚性，正面投影反映实形。只须求解正面投影即可。

作图步骤：

(1) 求出圆球面和内环面的分界线(点 A 所在纬圆)，左侧为球面、右侧为内环面。

(2) 求截平面截切球得截交线圆弧的半径，在正面投影图上绘出圆的实形，与点 A 所在纬圆的正面投影积聚线产生交点 1′ 及 1′ 的对称点 5′，此两点为圆球与内环面截交线的分界点，同时也是内环面截交线的最左点。

(3) 截交线的最右点是 Ⅱ，根据水平投影 2 求出 Ⅱ 点的正面投影 2′，利用点在环面内必属于面内的一条已知纬线圆的投影方法求一系列点光滑连接。用纬圆法求出一般位置点的正面投影 4′ 及对称点 3′。

(4) 依次光滑连接右侧曲线，完成截交线的正面投影。

7.2　相贯体的投影

两个立体相交产生交线称为相贯线，根据立体的几何性质不同可分为：

(1) 平面立体与平面立体相交，如图 7-14(a) 所示；

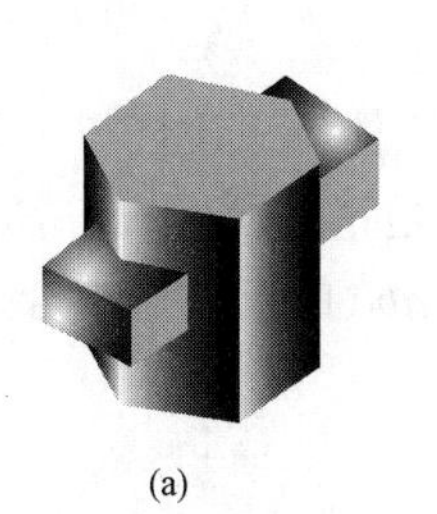

(a)

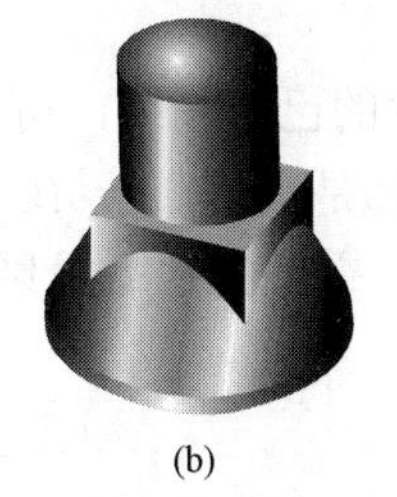

(b)

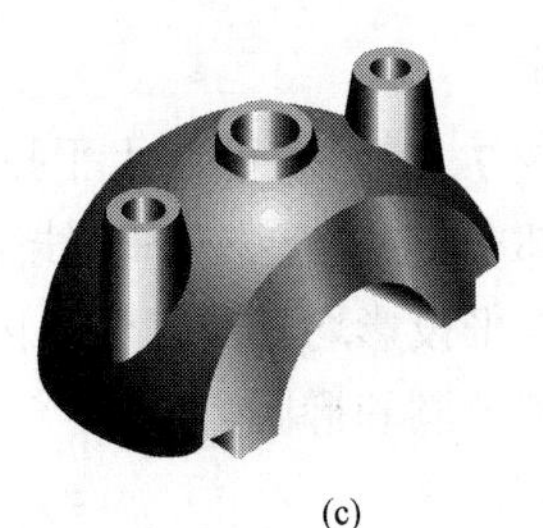

(c)

图 7-14　立体表面的交线

(2)平面立体与曲面立体相交，如图 7-14(b)所示；

(3)曲面立体与曲面立体相交，如图 7-14(c)所示。

两平面立体相交可归结为平面与平面相交，直线与平面相交的问题，对这些问题可用前一节的知识解决，在此不做讨论。本节重点讨论平面立体与曲面立体相交及曲面立体和曲面立体相交的问题。

7.2.1 平面立体与曲面立体相交

平面立体与曲面立体相交，其交线是若干段平面曲线或直线所围成的封闭线框。每一段平面曲线是平面立体上相应棱面与曲面的交线。两段平面曲线的交点是平面立体的棱线对曲面立体的交点，又称结合点。因此，求平面立体与曲面立体的交线可归结为求平面与曲面立体的交线和直线与曲面立体的交点。

例 7-10 完成图 7-15(a)所示相贯体的正面投影。

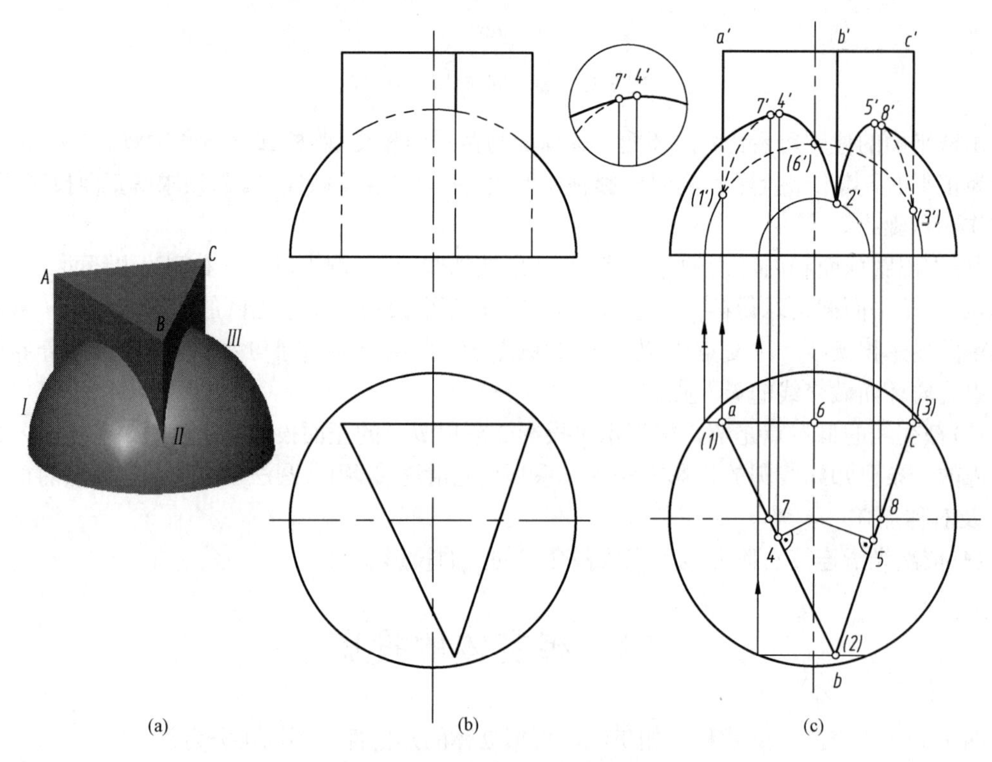

(a) (b) (c)

图 7-15 三棱柱与半球的交线

空间分析：

根据如图 7-15(b)正面和水平投影中的已知图线，可知该立体为三棱柱与半球相贯，三个棱面与球面都有交线。这三条交线空间都是圆。由于 AC 棱面是正平面，AB、BC 棱面是铅垂面，它们的水平投影均有积聚性。因此，交线的水平投影与$\triangle abc$ 的三条边重合，而交线的正面投影则是部分圆和椭圆。

作图步骤：

先求出特殊点，其中有结合点，各部分平面曲线的最高、最低点，以及可见与不可见分界点等，如图 7-15(c)。

(1) 结合点 Ⅰ(1, 1′)、Ⅱ(2, 2′)、Ⅲ(3, 3′)分别是棱线 A、B、C 与球的交点，可用纬线圆法求出。

(2) 求最低点、最高点。点 Ⅰ(1, 1′)、Ⅱ(2, 2′)、Ⅲ(3, 3′)是各棱面 AB、AC、BC 对球面各交线的最低点和端点。点Ⅳ(4, 4′)、Ⅴ(5, 5′)、Ⅵ(6, 6′)是各棱面与球的各段交线的最高点。在水平投影上通过圆心分别作三个棱面积聚线的垂线，其垂足即为各段交线的最高点的水平投影，利用纬线圆法便可求出其正面投影。图中Ⅳ(4, 4′)和Ⅴ(5, 5′)两点的正面投影 4′、5′可通过在水平投影中过 4、5 两点画水平方向线段与圆相交确定纬线圆半径后，在正面投影画圆求得(图中未画出)。

(3) 正面投影可见与不可见的分界点是Ⅶ(7, 7′)、Ⅷ(8, 8′)。它们位于球面的正视转向线上，可利用棱面水平投影的积聚性直接求得。

(4) 求出一般点，连曲线。(1′)(3′)段为圆弧，只须确定圆弧的半径，其正面投影反映实形，不必求一般点。棱面 AB、BC 与球的交线的一般点可利用纬线圆法求出，然后按点的水平投影的顺序依次连成光滑曲线。

(5) 判别可见性。同时位于两立体可见表面上的点才是可见的，图中点 2′、4′、7′与点 2′、5′、8′是可见的，其余为不可见。

(6) 整理轮廓线。球的正视转向线的投影应分别保留点 7′左侧部分和点 8′右侧部分两段圆弧。棱线 A 应画至点 1′处(不可见)、棱线 B 应画至点 2′处(可见)、棱线 C 画至点 3′处(不可见)(图 7-15(c))。

例 7-11　完成图 7-16(a)所示相贯体的水平投影。

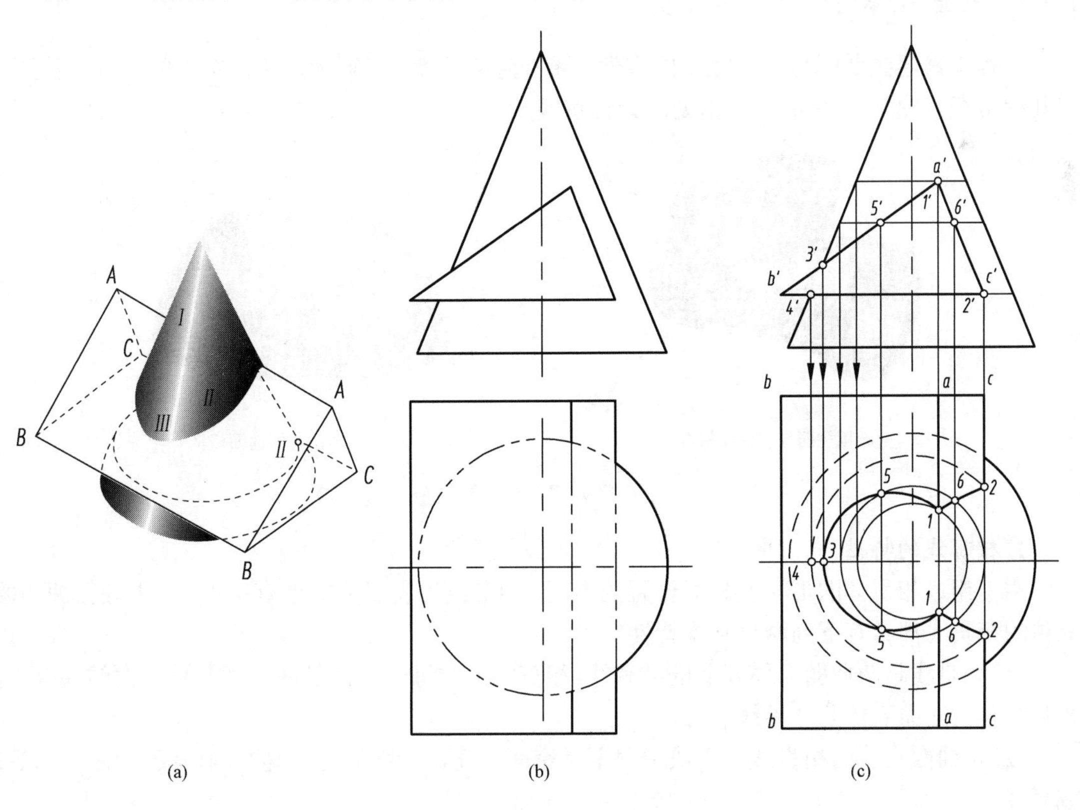

图 7-16　三棱柱与圆锥的交线

空间分析：

根据正面和水平投影图中的已知图线，可知该立体为三棱柱与圆锥相贯，三棱柱三个棱面的正面投影有积聚性，只需要求相贯线的水平投影。相贯线由三部分交线组成：棱面 *AB*、*AC* 及 *BC* 与圆锥表面的交线分别为部分椭圆、抛物线及圆。三棱柱中棱 *B* 没有与圆锥相交，而棱 *A* 和 *C* 则分别与圆锥相交于 *I*、*I* 和 *II*、*II*。*I*、*I* 是椭圆与抛物线的分界点，*II*、*II* 是抛物线与圆的分界点。

作图步骤：

(1)求出交线上的特殊点。

分界点：包含棱 *A* 上的点 *I* 的正面投影 1′ 画线垂直圆锥轴线，确定纬圆半径后，在水平投影面上画圆，得 I 点的水平投影 1、1。同理，按以上作图可求得分界总 *II*、*II*。

极限点及特征点：例如圆锥正视转向线与棱面 *AB* 及 *BC* 的交点 *III*、*IV* 可直接求得。点 *IV* 为最左点，点 *III* 是椭圆长轴左端点(图 7-16(c))。

(2)求交线上的一般点。在适当位置作纬线圆，即可求出一般点，例如点 *V*、*V* 及 *VI*、*VI*。据此，求出交线上足够数量的点(图 7-16(c))。

(3)依次光滑连接各点，并判别可见性。水平投影图中：棱面 *AB* 及 *AC* 可见，故椭圆及抛物线可见；棱面 *BC* 不可见，故圆不可见，画成虚线(图 7-16(c))。

(4)整理轮廓线，*A* 棱和 *C* 棱分别画至 1 点和 2 点，*A* 棱和 *C* 棱上的结合点 *I*—*I* 之间和 *II*—*II* 之间没有线，圆锥底圆部分可见画实线，另一部分被挡住为不可见画虚线(图 7-16(c))。

7.2.2 曲面立体与曲面立体相交

工程上常遇到曲面与曲面相交的零件。通常为了准确、清晰地表达出零件的形状，需要画出其相贯线。图 7-17 中箭头所指处即为相贯线。

(a) 圆柱面与圆柱面相贯

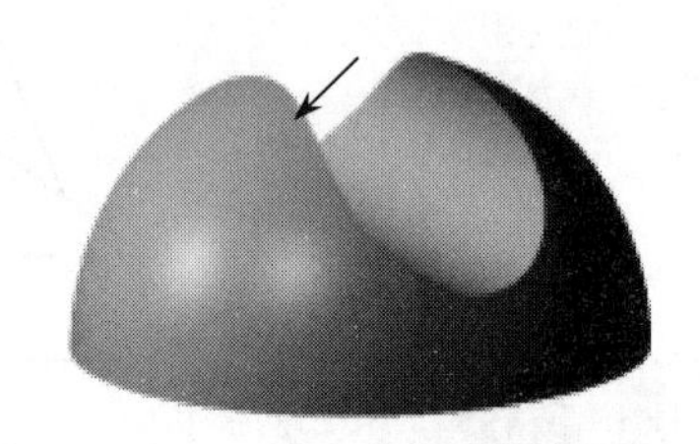

(b) 圆球面与圆柱面相贯

图 7-17 相贯线

1)相贯线的特性

由于组成相贯体的形状及相对位置的不同，相贯线的表现形式也有所不同。但任何两曲面立体的相贯线都具有下列两个基本特性。

(1)相贯线是两曲面立体表面的共有线，相贯线上的每一点都是两曲面立体表面的共有点，相贯线是两曲面立体的分界线。

(2)两曲面立体的相贯线，一般情况下是空间曲线，特殊情况下是平面曲线(椭圆、圆等)或直线。

2) 相贯线的作图

既然相贯线是两曲面立体表面的共有线，那么求相贯线的实质就是求两曲面立体表面的一系列共有点，然后顺次光滑连接。为了准确绘制相贯线，必须求出其上特殊点(转向点等)和若干一般点，然后按投影关系顺次连接所求各点，按投影关系整理轮廓线，即完成相贯线及所在立体的投影图。

求共有点的方法有：利用积聚性或面上取点法、辅助平面法、辅助球面法等。应根据具体情况选择不同的方法求相贯线。本书重点介绍利用积聚性或面上取点法及辅助平面法。

(1) 选择辅助平面的原则：截两曲面所得截交线的投影都应尽可能是简单易画的直线或圆。

(2) 判别可见性的原则：只有当相贯线同时属于两曲面立体可见部分时才可见。

(3) 连线原则：顺次连接所求各点，可见部分画粗实线，不可见部分画虚线。

1. 利用积聚性法求相贯线

此种方法局限于参与相贯的两个立体中至少有一个是圆柱体且圆柱的轴线垂直于某一投影面才能利用圆柱投影的积聚性求相贯线。下面利用图 7-18 所示相贯体说明利用积聚性法求相贯线的具体过程。

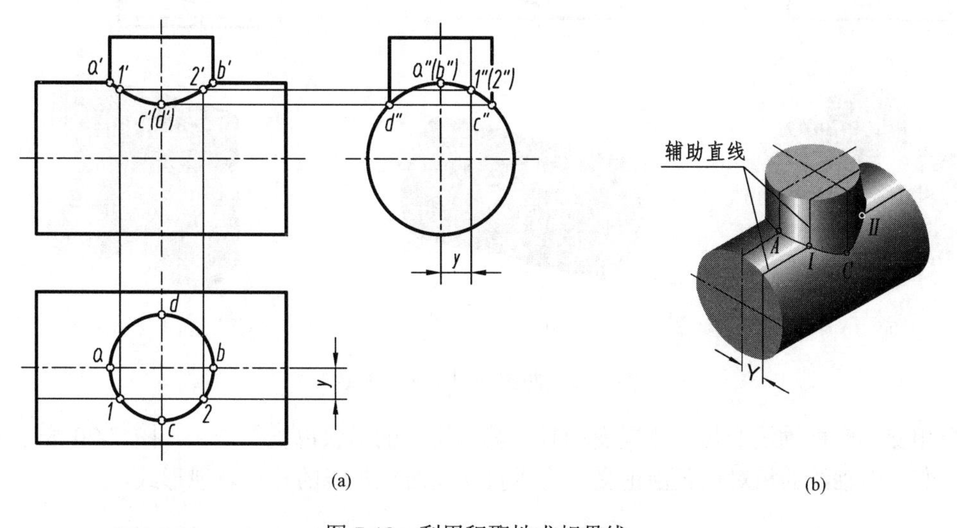

图 7-18　利用积聚性求相贯线

图 7-18

空间分析：

该相贯体为直径不等两圆柱相贯，其轴线垂直相交，轴线为铅垂线的圆柱水平投影有积聚性，轴线为侧垂线的圆柱侧面投影有积聚性，相贯线的水平投影和侧面投影分别落在这两个有积聚性的圆上，因此，根据两面投影即可求出相贯线的正面投影。因相贯线前后、左右对称，所以相贯线前后部分的正面投影重合。

作图步骤：

(1) 求特殊点。由于两圆柱轴线相交，且同时平行于 V 面，故两圆柱面的正视转向线位于同一正平面内。因此，它们的正面投影的交点 a'、b' 就是相贯线上的最高点(且点 A、B 分别是最左、最右点)的投影；相贯线上小圆柱侧视转向线上的点是最低点(也是最前、最后点)，它的正面投影 c'、(d') 可自侧面投影按投影关系得出。

(2) 求一般点。在相贯线的水平投影上任取一般点 1、2，求出相应的侧面投影 1″、(2″)后，据此可求出其正面投影 1′、2′。

(3) 连曲线并判别可见性。将求出各点按顺序光滑地连接起来，由于相贯线前后对称、正面投影可见与不可见部分重合，故只画出实线即可，完成的相贯线正面投影如图 7-18(a)所示。

讨论：两立体相交可能是它们的外表面，也可能是内表面，在两圆柱相交中，就会出现图 7-19 所示的两外表面相交、外表面与内表面相交、两内表面相交的三种形式。但其相贯线的形状和作图方法都是相同的。

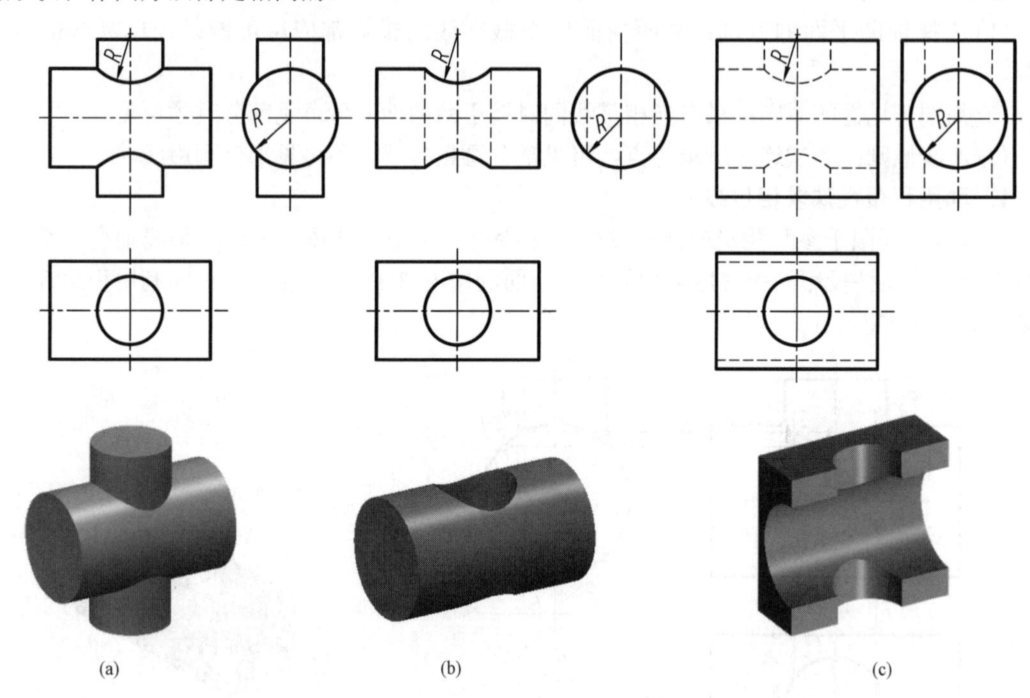

图 7-19 两圆柱相交的三种形式

当相交两圆柱轴线的相对位置变动时，其相贯线的形状也发生变化。图 7-20 表示两圆柱直径不变，而轴线的相对位置由正交变为垂直交叉时相贯线的几种表现形式。

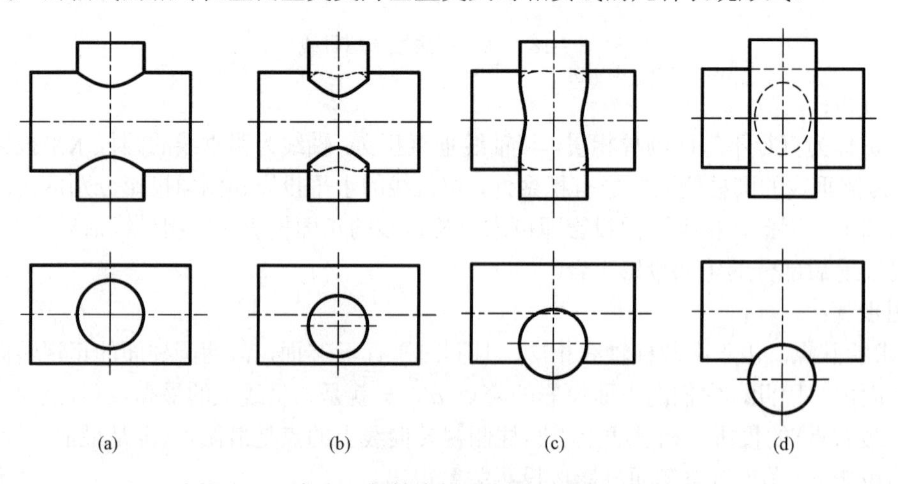

图 7-20 圆柱与圆柱轴线相对位置变动时的表现形式

例 7-12　完成如图 7-21(a)所示相贯体的投影。

空间分析：

根据投影图中已知的图线可知该相贯体为圆柱与圆锥相贯，相贯线为一封闭的空间曲线，前后具有对称性。由于圆柱面在侧面投影上有积聚性，所以相贯线的侧面投影与积聚的圆重合为已知，所需要求的是相贯线的正面投影和水平投影。

作图步骤：

(1)求特殊点。圆柱面上全部素线均与圆锥相交，其俯视转向线和正视转向线上各有两个点为相贯线上的特殊点，分别是Ⅲ、Ⅳ、Ⅰ、Ⅱ，在侧面投影图中是 3″、4″、1″、2″。因为相贯线上的点是两曲面共有点，所以点Ⅲ、Ⅳ、Ⅰ、Ⅱ也在圆锥面上。其中Ⅰ、Ⅱ两点在圆锥的正视转向线上，在正面投影图中求出 1′、2′，根据投影规律求得水平投影 1、2。而Ⅲ、Ⅳ两点在锥面中的同一个纬圆上，确定纬圆半径，先求出水平投影 3、4，再求得正面投影 3′、4′，如图 7-21(a)所示。

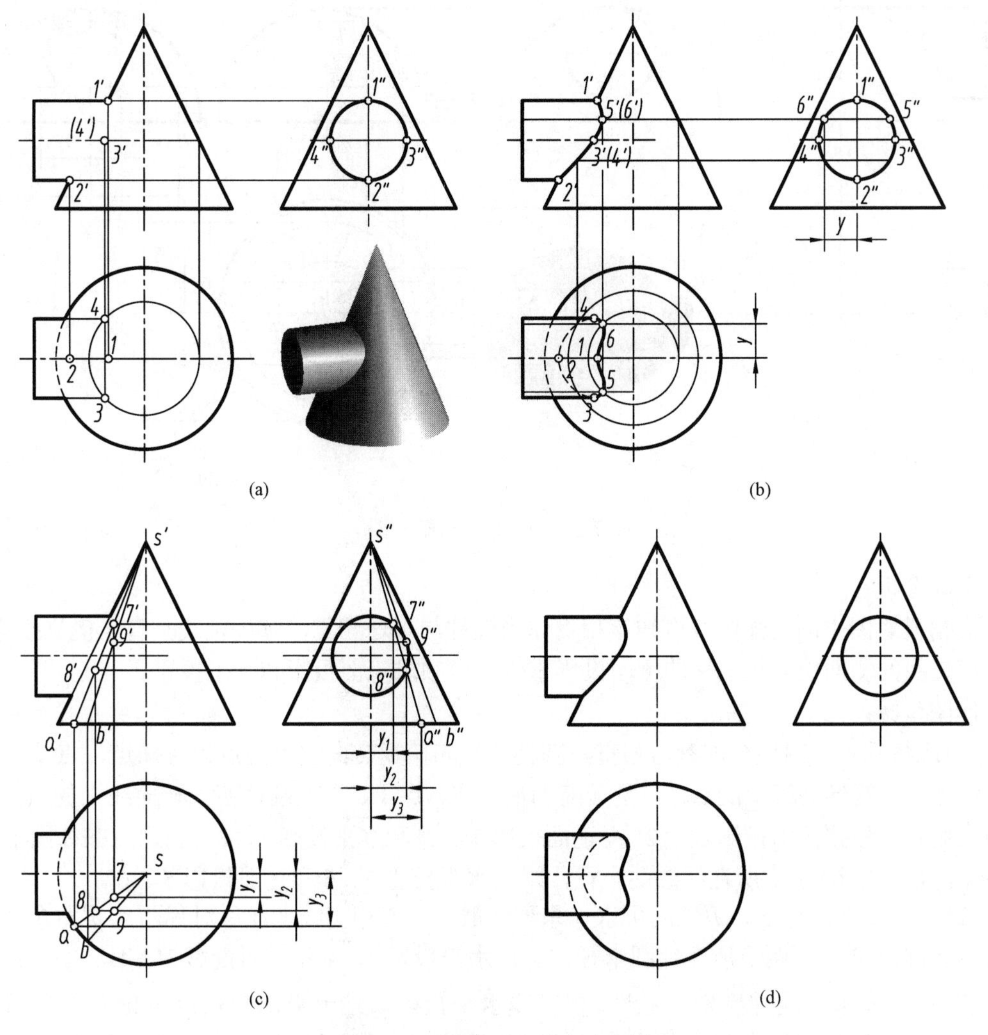

图 7-21　求圆柱和圆锥的相贯线

(2)求一般点。在Ⅰ、Ⅱ之间可求一系列一般点，在相贯线上取前后对称的一对点Ⅴ、Ⅵ，侧面投影为 5″、6″。两点在同一纬圆上，确定纬圆半径求出水平投影 5、6 及正面投影 5′、6′，如图 7-21(b)所示。

或用点在素线上的方法，取素线 *SA*，相贯线上的点Ⅶ、Ⅷ在 *SA* 上，利用点在线上，点的投影属于线的同面投影的性质，求得点 7、8 和点 7′、8′，如图 7-21(c)所示。利用素线法求最右边素线 *SB* 上的点Ⅸ的求解过程，如图 7-21(c)所示。

(3)依次光滑连线并判别可见性，相贯体前后对称、相贯线正面投影前后重合画成粗实线，水平投影中圆柱下半部分面上的点为不可见，3、4 为分界点，线 35164 可见画成粗实线；324 为不可见，画成虚线，如图 7-21(b)所示。

(4)整理轮廓线。相贯体为一整体，将各转向线的投影绘制到相应位置，如水平投影中圆柱的俯视转向线的投影应画到 3、4 两点，圆锥底圆被圆柱遮挡也应补画成虚线，正面投影中在圆柱正视转向线投影之间不画圆锥正视转向线的投影。完成三面投影，如图 7-21(d)所示。

例 7-13 完成如图 7-22(a)所示相贯体的投影。

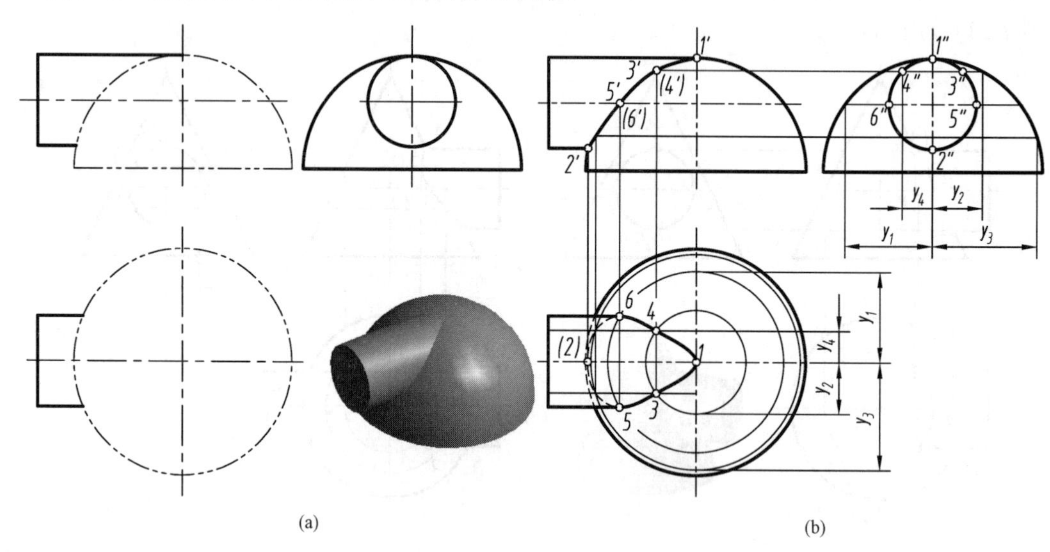

图 7-22 圆柱与半圆球相贯

空间分析：

根据投影图中的已知图线可知该相贯体为圆柱与半球相贯，圆柱轴线垂直于侧立投影面，因此相贯线的侧面投影与圆柱的侧面投影重合，只须求正面投影和水平投影。

作图步骤：

(1)求特殊点。圆柱全部参与相贯，圆柱正视和俯视转向线上的点为特殊点，点 *Ⅰ*、*Ⅱ*是圆柱和圆球正视转向线上的点，也是最高和最低点，点 *Ⅴ*、*Ⅵ*是圆柱俯视转向线上的点，为最前和最后点。根据侧面投影 1″、2″ 得正面投影 1′、2′ 和水平投影 1、2。利用点在纬圆上的投影规律，由 5″、6″ 确定所在纬圆的半径，求出水平投影 5、6 和正面投影 5′、6′。

(2)求一般点。在 *Ⅰ*、*Ⅱ*之间可求一系列一般点。取相贯线上前后对称两点*Ⅲ*和*Ⅳ*，根据侧面投影确定*Ⅲ*、*Ⅳ*两点所在纬圆半径，求出水平投影 3、4 和正面投影 3′、4′。

(3)依次光滑连线并判别可见性。相贯线水平投影圆柱上半部分的点可见而下半部分上的点不可见，以俯视转向线上的点 5、6 分界。线 53146 可见画粗实线，625 不可见画虚线。

(4)整理轮廓线。正面投影 1′2′ 之间不画球面正视转向线的投影，圆柱的俯视转向线的投影画到 5、6 点处。位于圆柱下面球的部分轮廓线不可见，画成虚线，如图 7-22(b)所示。

例 7-14　完成如图 7-23 所示相贯体的投影。

空间分析：

根据投影图中的已知图线可知，该相贯体是两圆柱相贯，两圆柱轴线斜交，大圆柱轴线为侧垂线，小圆柱轴线为正平线。大圆柱的侧面投影有积聚性，故相贯线的侧面投影为已知，不必另求，只需要用表面取点的方法求相贯线的正面投影和水平投影。

作图步骤：

(1)求特殊点。如图 7-23(b)所示，由于两圆柱的轴线相交，且位于同一正平面内，则两圆柱的正视转向线的交点 A 和 B 为相贯线的最高点也是最左、最右两点。由两点的侧面和正面投影得出水平投影 a、b。斜置圆柱的俯视转向线上的点 C、D 为最前、最后点，也是最低点，由侧面投影 c''、d'' 求得正面投影 c'、d' 后再求出水平投影 c、d。

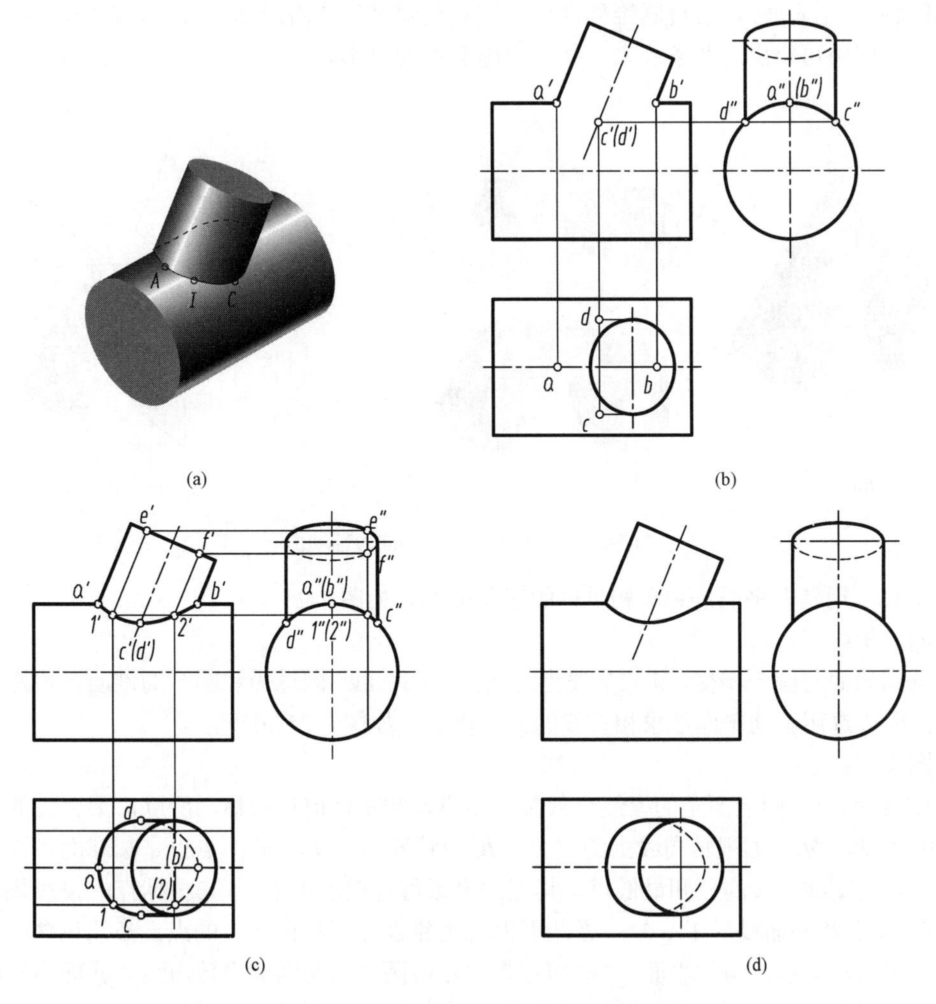

图 7-23　利用面上取点法求相贯线

(2)求一般点。在斜置的圆柱顶面的侧面投影上，过 $e''f''$ 画两条素线与大圆相交得相贯线上 Ⅰ、Ⅱ 两点的侧面投影 1″、2″。如图 7-23(c)所示。由 1″、2″ 求出正面投影 1′、2′ 和水平投影 1、2。

(3)依次光滑连接曲线并判别可见性。相贯线前后对称，正面投影可见与不可见部分重合画粗实线，水平投影是一封闭的曲线，以斜圆柱俯视转向线上的点 *c*、*d* 为分界点，右方部分不可见画虚线，左方部分可见画粗实线。

(4) 整理轮廓线：斜置圆柱的俯视转向线水平投影画至点 *c*、*d* 处，如图 7-23(d) 所示。

2．利用辅助平面法求相贯线

辅助平面可分为投影面的平行面、投影面的垂直面和倾斜面三种。只要满足辅助面选择的原则，它们都可以作为辅助平面。如图 7-24(a) 所示，圆柱与圆锥相贯，若求其相贯线，可选水平面 *P* 为辅助面(图 7-24(b))。水平面 *P* 与圆柱及圆锥的轴线都垂直，因此截圆柱面和圆锥面的截交线都是纬线(圆)，它们在水平投影面上的投影反映截交线的实形。两纬线(圆)的交点 *Ⅰ*、*Ⅱ*就是相贯线上的点，在水平投影上可直接求得。此外还可以看出，由于圆柱面和圆锥面都是直纹面，故可采用过锥顶的铅垂面 *Q* 为辅助面，如图 7-24(c) 所示。由于铅垂面 *Q* 平行于圆柱体的轴线(铅垂线)，且过圆锥体锥顶，因此截圆锥体得素线 *SL*，截圆柱体得素线 *MK*，在正面投影图中可定出这两条线来，从而求出交点的投影。

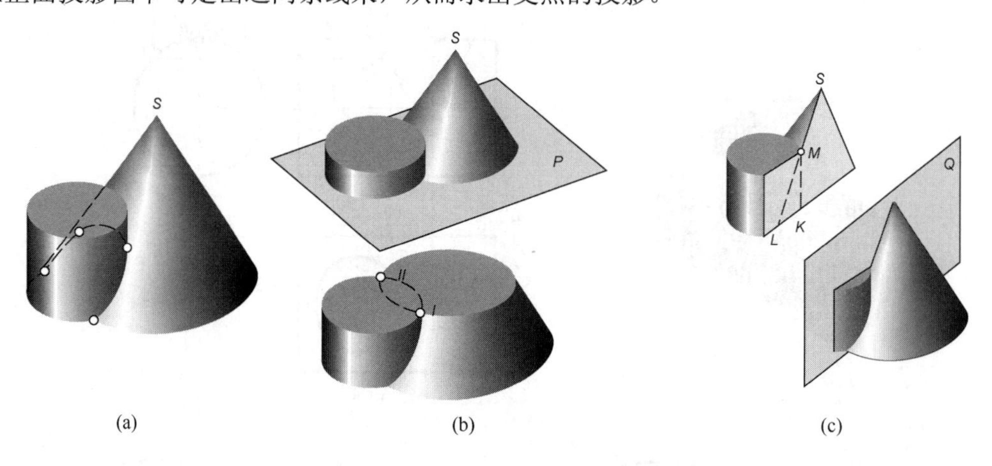

图 7-24　以水平面及铅垂面为辅助面

例 7-15　用辅助平面法完成相贯体的三面投影，如图 7-25 所示。

空间分析：

部分圆球面与圆台相交，其相贯线为封闭的空间曲线。因球面和圆台的锥面各投影都没有积聚性，所以选用辅助平面法求相贯线的三面投影，如图 7-25(a) 所示。

作图步骤：

(1) 求特殊点。圆台面上的素线全部参与相贯，相贯体前后对称，所以，圆台面的正视转向线上的点 *Ⅰ*、*Ⅲ* 和侧视转向线上的点 *Ⅱ*、*Ⅳ* 为特殊点。*Ⅰ*、*Ⅲ* 两点也是圆球面正视转向线上的点，是相贯线的最高点和最低点，其正面投影可直接求出 1′、3′，根据点的投影规律求得水平投影 1、3 和侧面投影 1″、3″。*Ⅱ*、*Ⅳ* 两点为锥面侧视转向线上的点，必须包含两条转向线作辅助平面，所以，用侧平面 *Q* 截切相贯体，截圆台面为两侧视转向线，截球为侧面投影反映实形的圆弧，在正面投影沿着 Q_V 量取圆弧半径，在侧面投影画圆弧与圆台前后两条素线相交得 2″、4″。然后再求出 2、4 和 2′、4′，如图 7-25(b) 所示。

(2) 求一般点。在 *Ⅰ*、*Ⅲ* 两点之间取一系列水平面作辅助平面，水平面截两相贯体得截交线为圆，正面和侧面投影是积聚的直线、水平投影反映圆，符合辅助平面选择原则。作辅助平面 *P*，确定截两相贯体所得圆的半径，在水平投影绘制两圆弧得相贯线上的点 *Ⅴ*、*Ⅵ*的水平投影 5、6，根据点的投影规律求出 5′、6′ 和 5″、6″，如图 7-25(c) 所示。

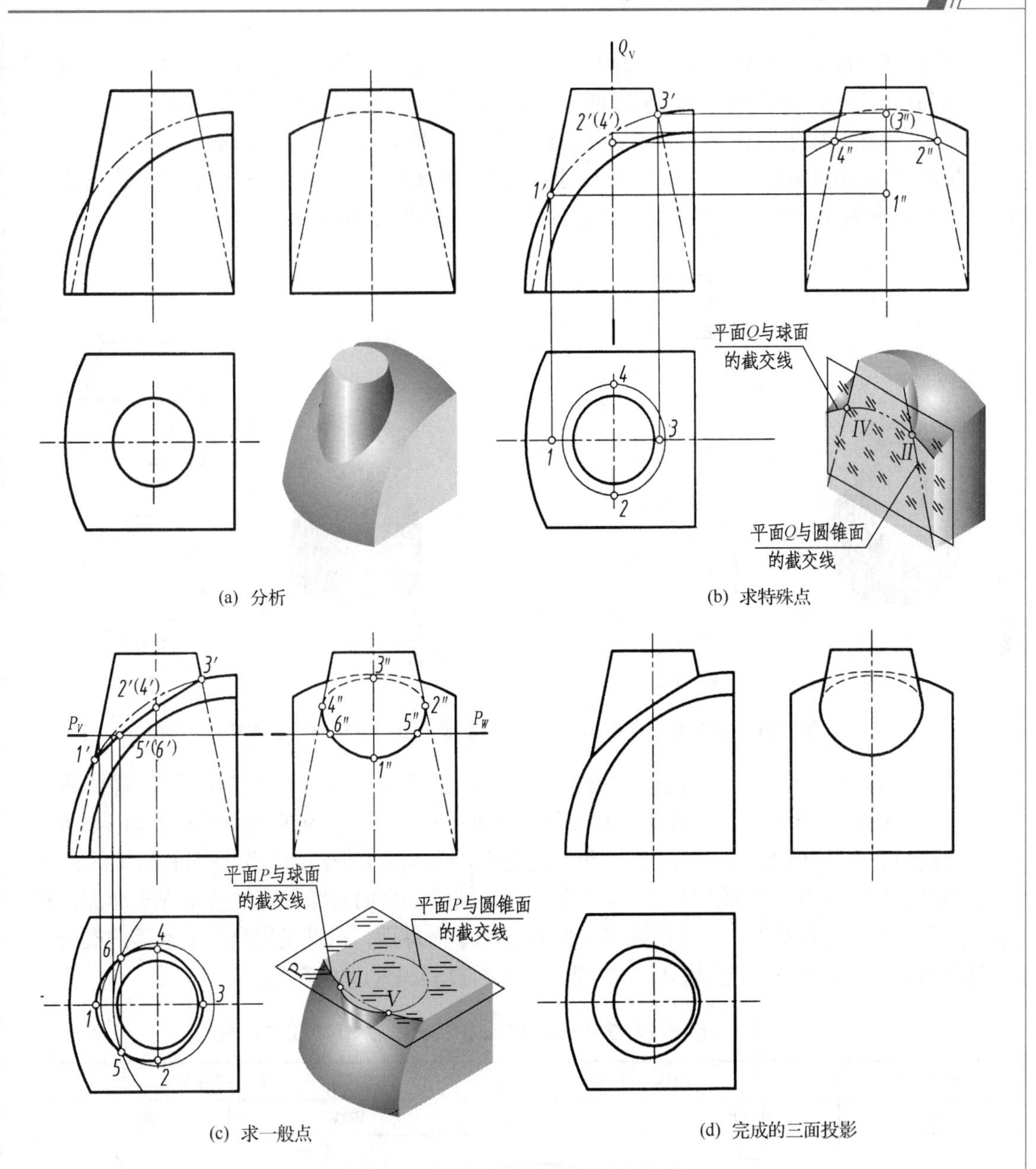

图 7-25　利用辅助平面法求作相贯线

(3) 依次光滑连接各同面投影并判别可见性。相贯线前后对称、正面投影可见与不可见部分重合画粗实线。水平投影相贯线上的点均可见也画粗实线。侧面投影以侧视转向线上的点为分界点，曲线 2″5″1″6″4″ 可见，画粗实线；曲线 2″3″4″ 为不可见，画虚线，如图 7-25(c) 所示。

(4) 整理轮廓线：圆台的侧视转向线可见应画粗实线至点 2″ 和 4″。圆球面侧面投影的圆弧被圆台遮住部分应画虚线。完成的三面投影如图 7-25(d) 所示。

圆柱、圆锥、圆球等回转体互为相贯时，在符合条件的情况下都可以采用辅助平面法求解相贯线。

3. 特殊情况下的相贯线

两回转体相交其相贯线一般为空间曲线，但在特殊情况下也可能是平面曲线或直线段。

(1) 当球心属于回转体轴线时，球与回转体的相贯线在空间为一垂直回转体轴线的圆，如图 7-26(a)(c)所示。球心属于圆柱的轴线上，其相贯线正面投影和水平投影如图 7-26(b)所示。图 7-26(d)为球心属于圆锥轴线上时其相贯线的正面投影和水平投影的画法。

从图 7-26(b)(d)可看出，球心属于回转体轴线且轴线平行于某一投影面时，相贯线在该投影面上的投影为一直线，在轴线所垂直的投影面上的投影为圆。

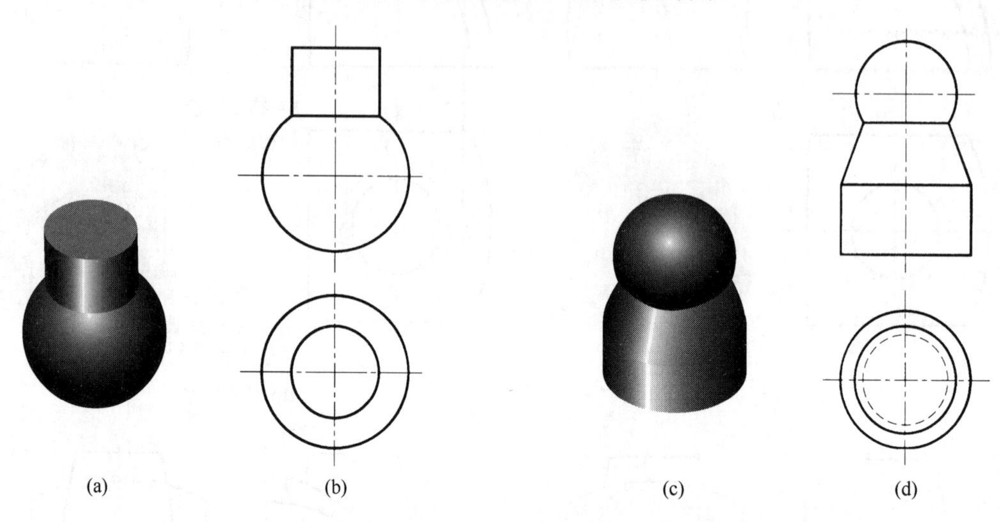

图 7-26　球心属于回转体轴线时的相贯线的空间分析与投影图画法

(2) 当相交两回转体同时切于一个球面时，其相贯线为椭圆。见表 7-3，两等直径圆柱正交，它们公切于一个球面，其相贯线为两个大小相等的椭圆；斜交的两个圆柱公切于一球面，其相贯线为大小不等的两个椭圆。以上两种情况中，椭圆的水平投影与圆柱面有积聚的投影——水平投影(圆)重合，正面投影积聚成两条直线。轴线正交的圆锥和圆柱公切于一球面，相贯线为两个大小相等的椭圆；斜交的圆锥与圆柱公切于一球面，相贯线为两大小不等的椭圆。以上两种情况中，椭圆的水平投影仍为椭圆，而正面投影积聚成两条直线。

表 7-3

表 7-3　公切于球时柱与柱和柱与锥的相贯线为一对相交的椭圆

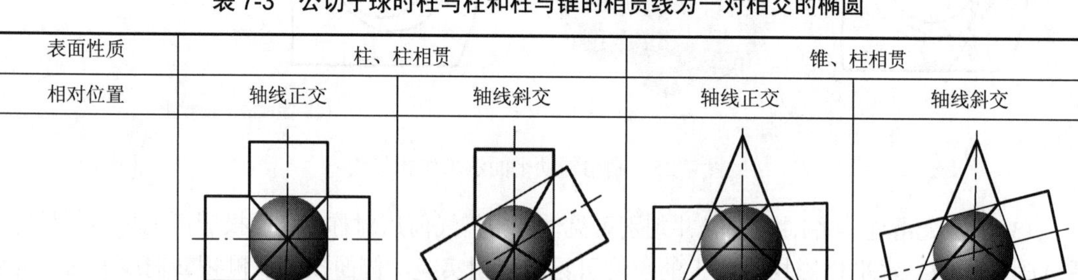

表面性质	柱、柱相贯		锥、柱相贯	
相对位置	轴线正交	轴线斜交	轴线正交	轴线斜交
公切于一圆球				

(3) 轴线相互平行的两圆柱相交，其相贯线是两条平行轴线的直线，如图 7-27。两共锥顶

圆锥体相交，其相贯线为相交两直线，如图 7-28 所示。

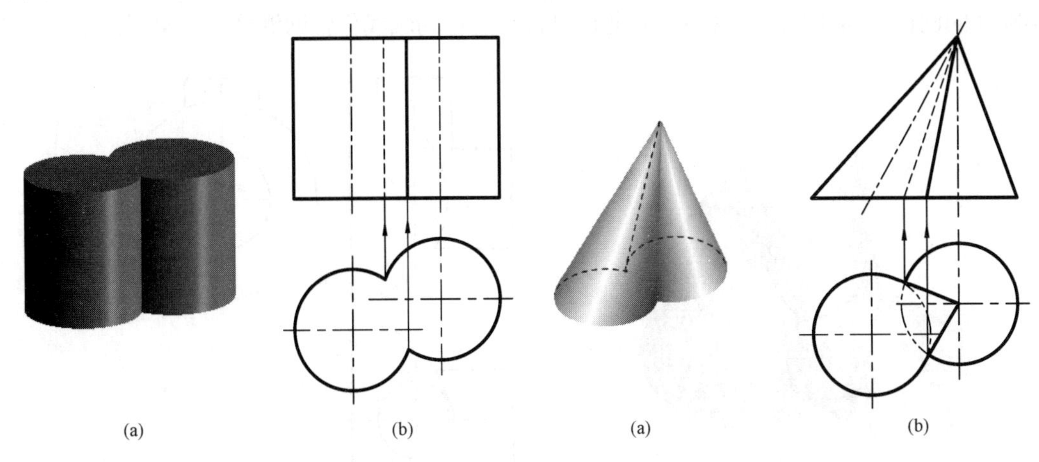

(a)　(b)

图 7-27　相贯线为平行二直线

(a)　(b)

图 7-28　相贯线为相交二直线

4．复合相贯线的求法

三个或三个以上曲面立体的表面交汇时，所形成的交线总和称为复合相贯线。复合相贯线为若干相贯线复合组成，各段相贯线间的交点称为结合点。结合点是三个曲面立体表面的共有点，也是各部分相贯线的分界点。求复合相贯线时，除注意求出各部分相贯线的特殊点及一般点外，还应注意求出结合点。

例 7-16　完成图 7-29 所示的相贯体的三面投影。

空间分析：

由图 7-29(a)可看出该相贯体是由半球体与直立小圆柱、水平大圆柱构成的复合相贯体，在立体表面上形成的三段相贯线称之为复合相贯线。它们之间的位置关系是：

大小圆柱轴线垂直相交，球心在大圆柱轴线上。为作图方便，将小圆柱轴线垂直水平投影面、大圆柱轴线垂直侧立投影面，画出的该相贯体在三个投影面上的主要轮廓，如图 7-29(b)所示。

相贯线的投影分析：

由于小圆柱的轴线是铅垂线，小圆柱面的水平投影有积聚性。因此，小圆柱与大圆柱的相贯线、小圆柱与球面的相贯线的水平投影重合在小圆柱面的水平投影——圆上；大圆柱的轴线是侧垂线，大圆柱面的侧面投影有积聚性；大圆柱面与小圆柱面的相贯线的侧面投影、大圆柱面与球面的相贯线的侧面投影与大圆柱面有积聚性的侧面投影——圆重合。需要画出的是复合相贯线的正面投影、大圆柱与球的相贯线的水平投影、小圆柱与球的相贯线的侧面投影。由于此复合相贯体前、后对称，因此只分析前半部分相贯线的投影，后半部分相贯线的投影可按对称图形画出，如图 7-29(c)中的水平投影 1、2、3、4 诸点确定的前半圆弧。

作图步骤：

(1)大圆柱与球的相贯线为特殊情况下的相贯线，即大圆柱的轴线通过球心，因此相贯线为(平面曲线)圆，其正面投影和水平投影均为积聚的直线。

(2)求出各部分相贯线的特殊点与结合点。由于大圆柱轴线通过球心并与小圆柱轴线相交，且两相交轴线所组成的平面平行于正面。所以，小圆柱与大圆柱的正视转向线的交点 1′及小圆柱与球的正视转向线的交点 4′可在正面投影直接标出。按投影规律可求出另两投影 1、4 及 1″、

4″。结合点Ⅱ，可通过水平投影点 2，按投影规律先求出侧面投影 2″再求出正面投影 2′。点Ⅲ是小圆柱的侧视转向线与球的交点，可通过包含小圆柱的轴线作辅助侧平面 P 求得。

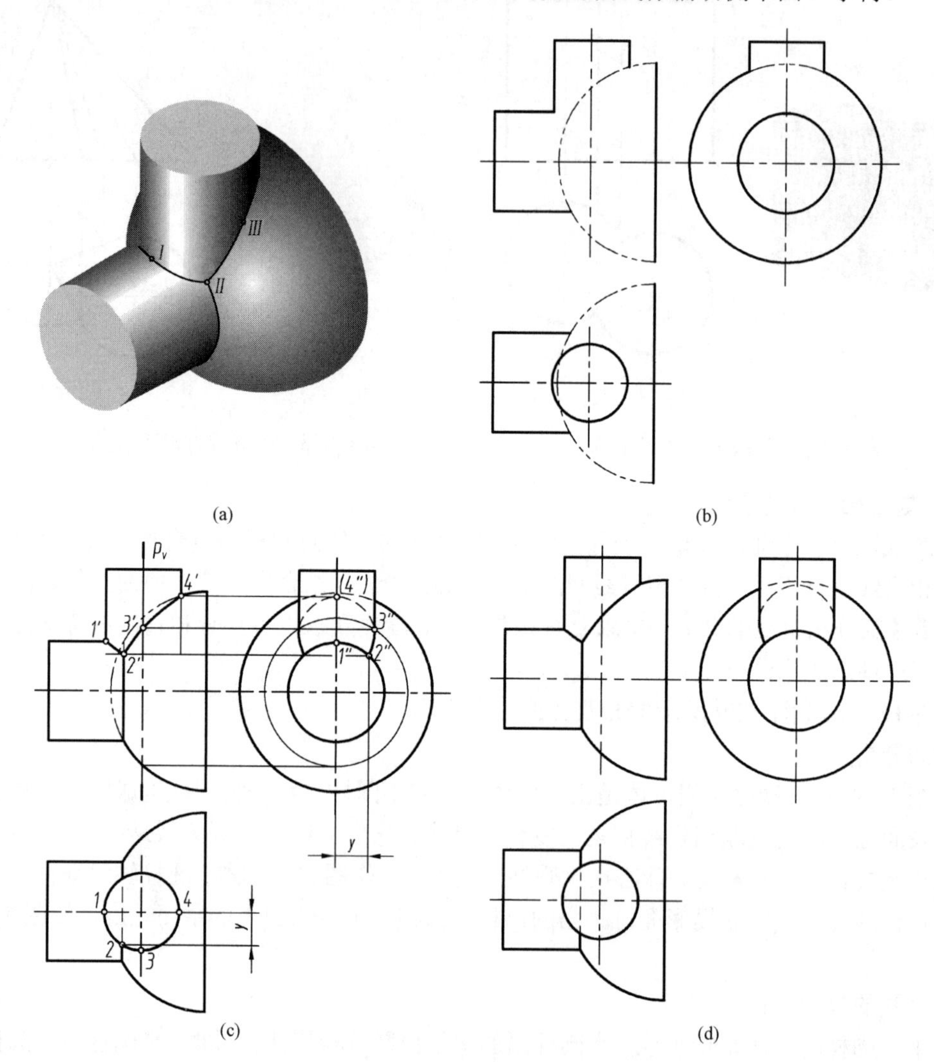

图 7-29 半球与两圆柱的复合相贯线

(3)求一般点(可在 3、4 两点之间作一侧平面为辅助平面求一般点。本题根据已求出的特殊点可将相贯线准确画出，故没有求一般点的投影)。

(4)判别可见性将各点顺次连线。复合相贯线的正面投影因前后重合只画粗实线。复合相贯线的水平投影中，大圆柱与球的相贯线的上半部分可见画成粗实线，下半部分投影不可见，应画成虚线。复合相贯线的侧面投影中小圆柱的右半部分与球的相贯线的侧面投影不可见，应画成虚线；左半部分与球的相贯线的侧面投影可见，应画成粗实线，即 2″3″段及对称段画成粗实线，如图 7-29(c)所示。

(5)整理轮廓线。小圆柱的侧视转向线的侧面投影应画至 3″及对称点为止。半球底圆的侧面投影被小圆柱遮住部分应画成虚线，如图 7-29(d)所示。

第 8 章

立体视图画法

主要内容

立体的三视图及之间的投影规律；利用形体分析法和线面分析法绘制立体的视图。

学习要点

了解组合体的构成；掌握各种邻接表面的画法；掌握形体分析法、线面分析法绘制立体视图的方法和步骤，做到视图间投影正确。

8.1　立体的三面投影与三视图

1．投影与视图

机械制图国家标准规定，立体向投影面投射所得到的图形称为视图。

我们将空间立体放正并摆放在三投影面体系中，然后利用正投影将该立体分别向三个投影面投射，即可得到该立体的正面投影、水平投影和侧面投影，三个投影分别称为：

主视图——向正立投影面（V 面）投射得到的视图；

俯视图——向水平投影面（H 面）投射得到的视图；

左视图——向侧立投影面（W 面）投射得到的视图，如图 8-1(a)所示。

为了将三个视图画在一张图纸上，即同一平面上，就必须把空间互相垂直的三个投影面展平成一个平面。展平的规则仍然是 V 面不动，H 面绕 X 轴向下旋转 90°，W 面绕 Z 轴向右旋转 90°，如图 8-1(b)所示。

在展平过程中，由于 H 面和 W 面分别向两个方向旋转，所以两个投影面的交线 Y 轴被一分为二，在 H 面上的记作 Y，在 W 面上的记作 Y_1。投影面展开后，俯视图随着 H 面转到主视图的正下方，左视图随着 W 面转到主视图的正右方，由此三个视图之间形成了特定的位置关系。理论上讲投影面是无边界的，因此在展开的视图上，不画投影面和投影轴，各视图的名称也不标注，如图 8-1(c)所示。

2．空间立体与三视图之间的对应关系

1)配置关系

由三投影面的展开规则，三视图之间的配置关系如下：

俯视图放在主视图的正下方，左视图放在主视图的正右方，如图 8-1(c)所示。

2)方位关系

空间立体有上下、左右、前后 6 个方向的位置关系，如图 8-1(d)所示。从图 8-1(e)可看出，每个视图只能反映空间立体的四个方位。在主视图和俯视图中可同时反映立体左右之间的位置关系，主视图和左视图可同时反映立体上下之间的位置关系，俯视图和左视图可同时反映立体前后之间的位置关系。

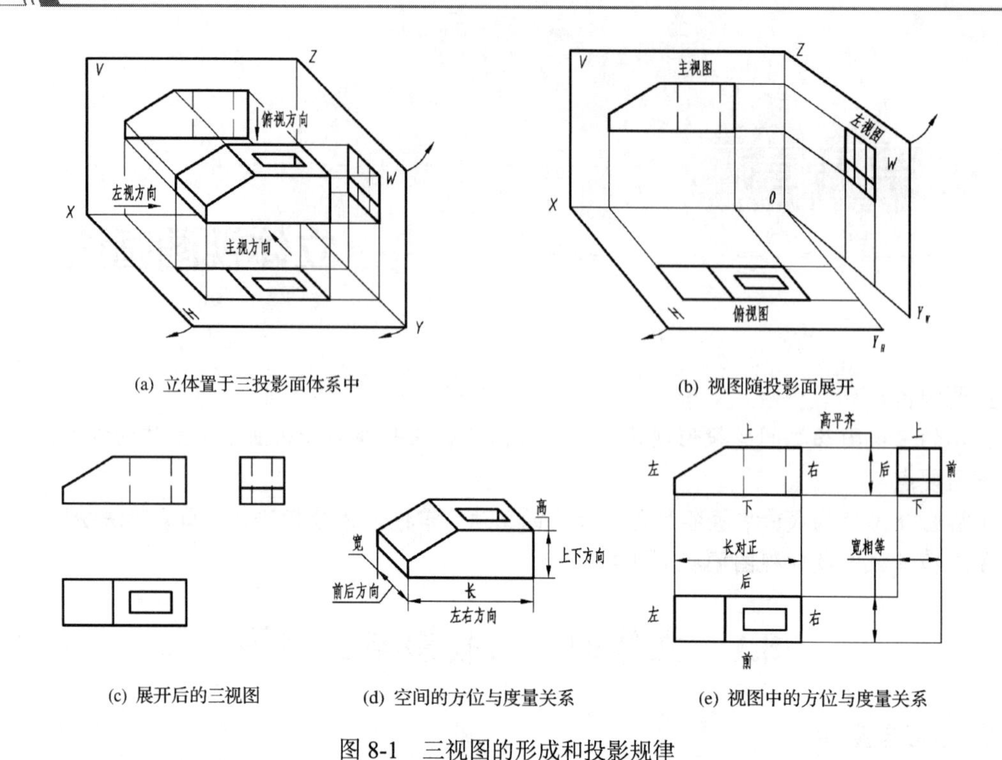

(a) 立体置于三投影面体系中　(b) 视图随投影面展开

(c) 展开后的三视图　(d) 空间的方位与度量关系　(e) 视图中的方位与度量关系

图 8-1　三视图的形成和投影规律

注意俯视图的前后和左视图的前后方向不同，是由于这两个视图所在的 H 面和 W 面是按不同方向旋转 90°的缘故。

3）度量关系

空间立体具有长、宽、高三个方向的大小尺寸。沿左右方向（X 轴）可测得立体的长度尺寸，沿前后方向（Y 轴）可测得立体的宽度尺寸，沿上下方向（Z 轴）可测得立体的高度尺寸。从图 8-1（e）可看出，每个视图只能反映空间立体两个方向的尺寸。在主视图和俯视图中同时反映立体的长度尺寸，主视图和左视图同时反映立体的高度尺寸，俯视图和左视图同时反映立体的宽度尺寸。

由三投影面的展开规则和对空间立体与三视图之间的方位关系、度量关系的分析，得出的三视图之间的投影规律如下：

俯视图放在主视图的正下方，长度应对正；

左视图放在主视图的正右方，高度应平齐；

俯视图和左视图前后对应，宽度应相等。

以上投影规律可概括为：主视图、俯视图长度对正；主视图、左视图高度平齐；俯视图和左视图宽度相等。也可简述为：长对正、高平齐、宽相等。运用此规律可准确快速地绘制立体的视图并进行读图和标注尺寸。

3．立体三视图的画法

画立体的三视图，实际上就是画围成立体各表面的投影，下面以图 8-2 为例说明绘制空间立体三视图的方法和步骤。

（1）立体构型分析。图 8-2（a）所示的立体可看作是由 A、B 两个柱体叠加组成。A 柱体是以上顶面作为草图轮廓拉伸 10mm 形成，B 柱体是以右端面作为草图轮廓拉伸 10mm 形成，如图 8-2（b）所示。

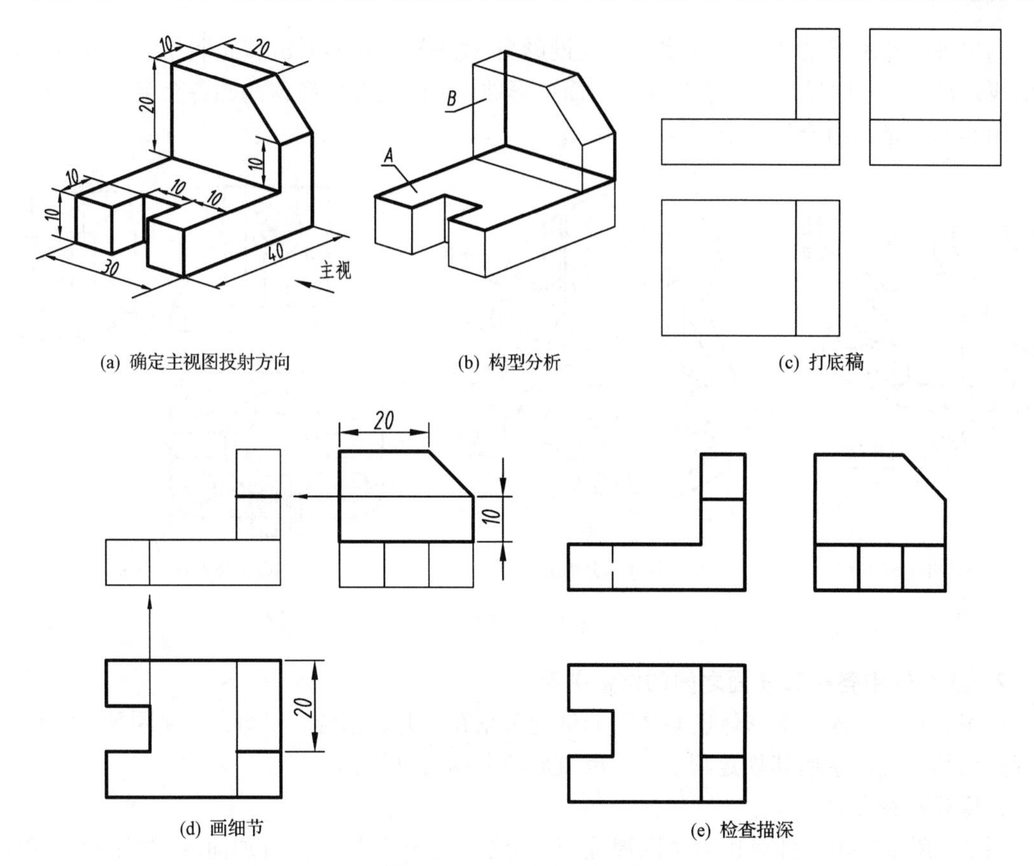

(a) 确定主视图投射方向　(b) 构型分析　(c) 打底稿

(d) 画细节　(e) 检查描深

图 8-2　立体三视图的画法

(2) 放正立体。放正立体就是将围成立体的各个表面尽可能多地与投影面平行。

(3) 确定主视图的投射方向，选择最能反映该立体结构特征的方向作为主视图的投射方向，如图 8-2(a) 中箭头所指的方向作为主视图的投射方向，该方向能看出 *A*、*B* 柱体的位置关系。

(4) 打底稿。先画立体的主视图，再按三视图投影规律画俯、左视图，如图 8-2(c) 所示；画图时应先画主要轮廓，后画细节。画细节时，应先画特征视图，如 *A* 柱体的切口应先画俯视图；*B* 柱体的缺角应先画左视图，如图 8-2(d) 所示。

(5) 检查描深图线。底稿打完后将多余图线擦掉，漏画的图线补全，如图 8-2(e) 所示。

描深图线时，应按机械制图国家标准规定的线型描深图线。若粗实线与虚线重合应描粗实线；若虚线与点画线重合应描虚线；若点画线与细实线重合应描点画线。

8.2　形体分析法绘图

1．组合体的构成及形体分析法

将前面介绍过的几种立体按一定的形式叠加起来所构成的物体叫作组合体。组合体相对比较复杂，一个组合体上面可能同时具有相交、相贯、切割等特征，如图 8-3(a) 所示。

所谓形体分析法就是用于对组合体的构成进行分析的一种方法。其过程是假想把组合体分解为若干部分，然后分析各部分的形状、确定各部分的位置关系和相邻表面间的关系。根据构成特点找出组合体三个方向的画图基准，并确定组合体主视图的位置和投射方向，最后按长对正、高平齐、宽相等的“三等规律”画其投影图(视图)。图 8-3(b)就是利用形体分析法将其分解成六部分。分解后，每一部分都成为简单形体，画图时即可顺次画出各个简单形体的三视图。图 8-3(c)是该组合体的三视图。

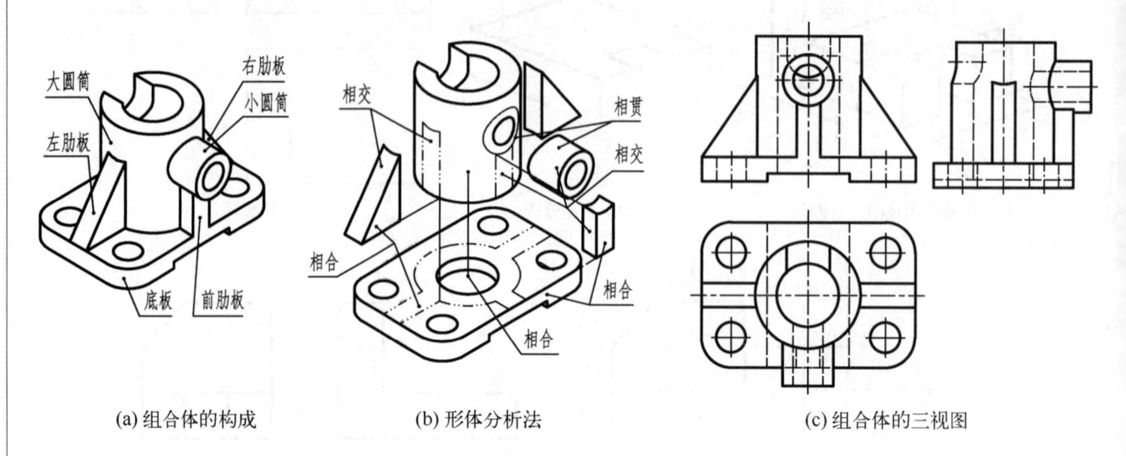

(a) 组合体的构成　(b) 形体分析法　(c) 组合体的三视图

图 8-3　组合体

2. 组合体中各相邻表面之间的位置关系

在组合体中，各基本形体表面之间的位置关系有错开、相合、相切和相交四种。理解四种位置关系的含义，掌握其规定画法，才能准确绘制组合体视图。

1)错开和相合

图 8-4 所示的组合体是由一个四棱柱和一个复合柱体(拱形体)叠加而成。如果两个形体的前表面错开，后表面相合或两个形体的前、后表面均错开，其主视图中两形体间应画粗实

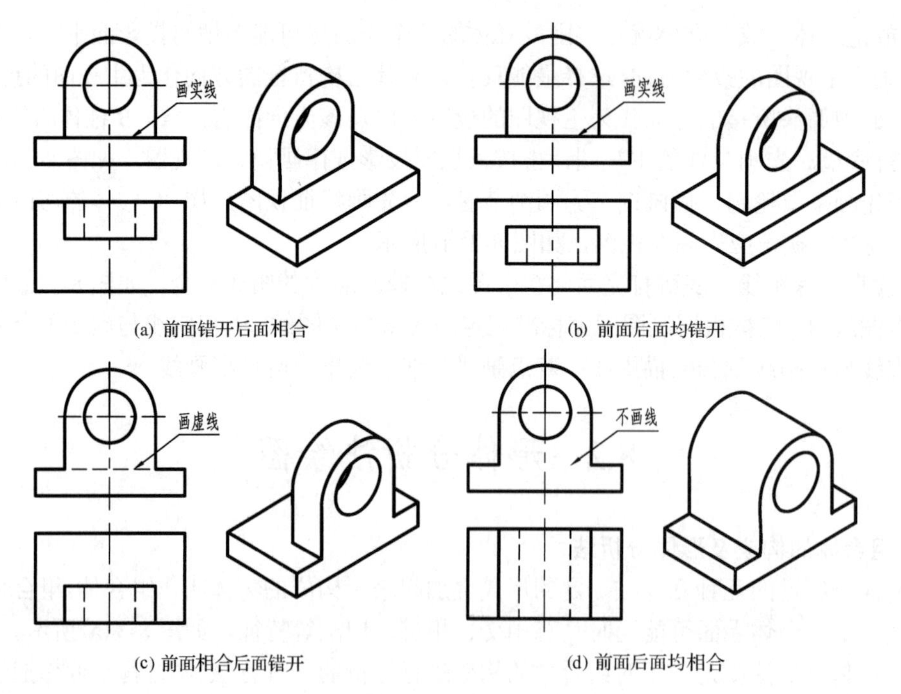

(a) 前面错开后面相合　(b) 前面后面均错开

(c) 前面相合后面错开　(d) 前面后面均相合

图 8-4　错开和相合

线，如图 8-4(a)、(b)所示；如果两个形体的前表面相合，后表面错开，主视图中两形体间应画虚线，如图 8-4(c)所示；如果两个形体的前后表面均相合(前后共面)，两个形体合成一个复合柱体，则其主视图中不能画线，如图 8-4(d)所示。

2)相切和相交

这里主要讨论平面和圆柱面相切和相交时的画法。

组合体中的平面与圆柱面相切时，由于相切的关系使平面和柱面光滑过渡，因此在光滑过渡处不画切线，但应在视图中找到切线的位置(如图 8-5(a)中，在俯视图中，过圆心作与圆相切直线的垂线)，以保证有关结构投影的正确。

组合体中的平面与圆柱面相交，其交线应按投影关系准确画出，如图 8-5(b)所示。

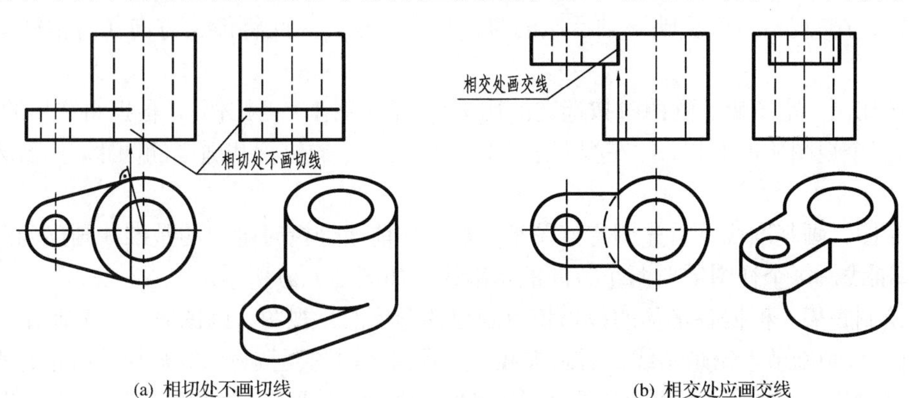

(a) 相切处不画切线　　(b) 相交处应画交线

图 8-5　相切和相交

3. 形体分析法画三视图的步骤

下面以图 8-6(a)所示轴承座为例，说明用形体分析法绘制组合体三视图的方法和步骤。

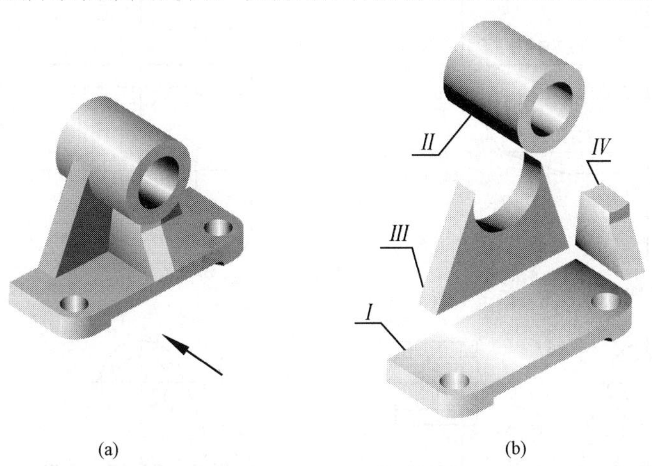

(a)　　(b)

图 8-6　轴承座的形体分析

(1)分析形体，找出基准、确定主视图。不论何种物体，分析其结构时，一定要根据其结构特点先确定长宽高三个方向的画图基准。基准既是布图的基准，通常也是画完图后，标注尺寸的基准(一般常用对称面、面与面相合时形成的较大平面以及回转体的轴线作为基准)。

图 8-6(a)所示的轴承座，按形体分析法可将其分解成 *I*(底板)、*II*(圆筒)、*III*(支撑板)、*IV*(肋板)四个部分，如图 8-6(b)所示。

它们在左右(长度)方向上的位置关系是：四部分对称放置，对称面可作为长度方向的基准。支撑板左右两侧面与圆筒相切，肋板与圆筒相交，底板上左右对称钻有两个圆柱孔，底板下面切有左右对称的通槽，前边切成两个圆角。

它们在前后(宽度)方向上的位置关系是：底板与支撑板的后表面相合，形成一个较大的平面，该相合面可作为宽度方向的基准。支撑板前表面与肋板后表面相合，圆筒后端面与支撑板后端面错开。

它们在上下(高度)方向上的位置关系是：支撑板、肋板及圆筒均叠加于底板之上，可选底板底面作为高度方向的基准。支撑板和肋板的下表面均相合于底板的上表面，圆筒由支撑板和肋板支撑。通过以上分析，轴承座的构成特点是：放正后，在左右(长度)方向具有对称面，沿箭头方向观察，可反映该轴承座的整体形状特征，因此将箭头方向作为主视图的投射方向。

(2)选比例、定图幅。画图时按选定的比例(尽量选用 1:1 的比例)，根据组合体的长、宽、高计算出三个视图所占面积，并在视图之间留有标注尺寸的位置和适当的间距，然后选择标准图幅。

(3)布图、画基准线。首先固定好图纸，然后按前面分析时确定的基准，画出确定各视图位置的基准线，每个视图需要两个方向的基准线，如图 8-7(a)所示。

(4)绘制底稿。根据各形体的投影特点画出各形体的三视图。画图时，应先画出各形体的主要轮廓，再画细节，先画实线，后画虚线，并且三个视图要按“三等规律”联系起来画。如画圆筒三视图时，先画反映圆的主视图，再按“长对正、高平齐、宽相等”画俯视图和左视图。尽量减少测量次数以保证作图的准确性。

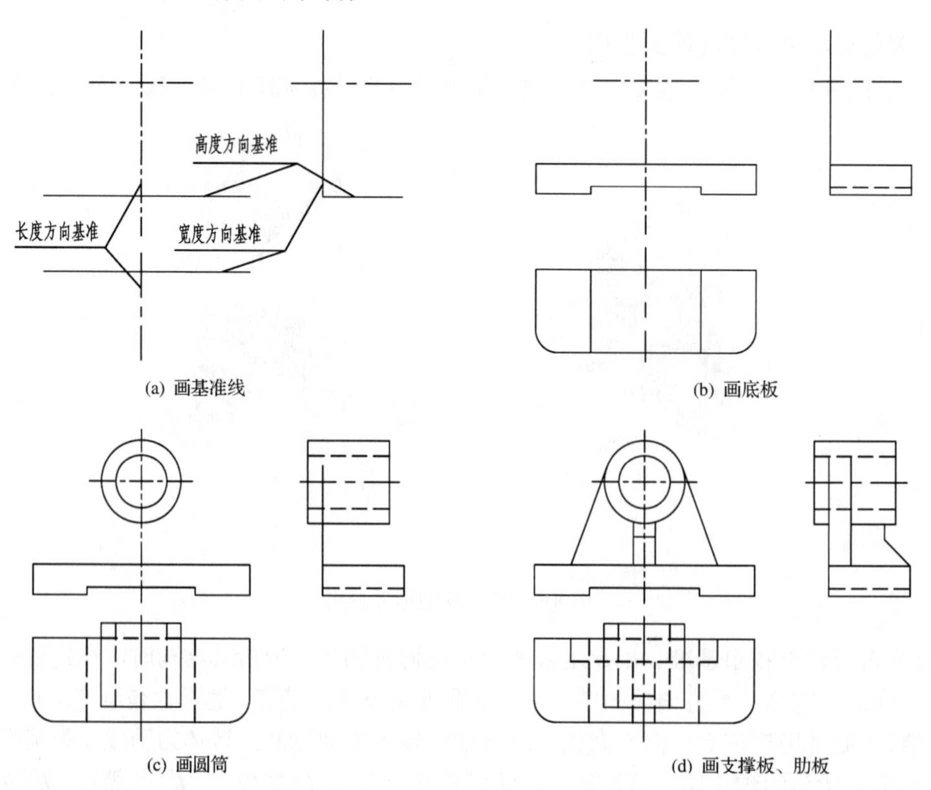

(a) 画基准线　(b) 画底板

(c) 画圆筒　(d) 画支撑板、肋板

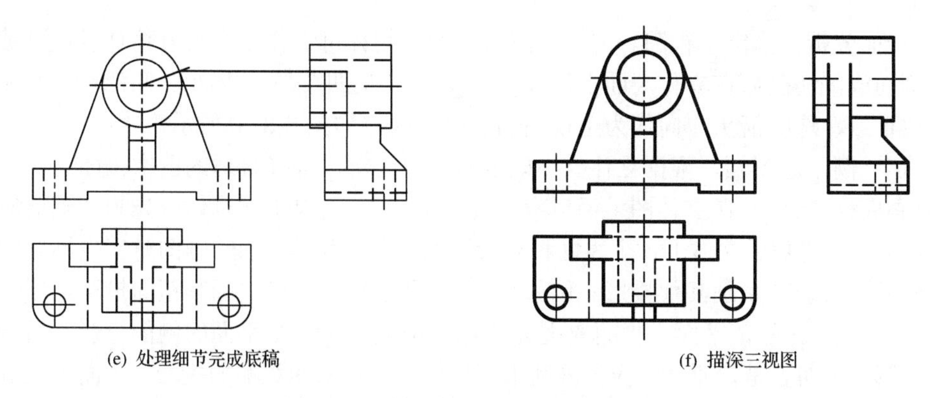

(e) 处理细节完成底稿　　(f) 描深三视图

图 8-7　形体分析法画三视图的步骤

图 8-7

(5)检查、描深图线。完成底稿后，经仔细检查，擦掉作图线，描深全图。一般先描深圆、圆弧，再描深直线。对于圆和半圆弧的圆心、回转体的轴线、对称图形的中心线等要用点画线将其位置表示出来。当几种图线重合时，应按粗实线、虚线、细点画线和细实线的顺序画出。

图 8-7 给出了画轴承座三视图的详细步骤。

8.3　线面分析法绘图

1．线面分析法的概念

线面分析法主要用于对切割式立体的成形过程进行分析。其步骤是，首先想出切割前的原始形状，然后分析切割后在立体上形成的各个新平面的形状及相对投影面的位置，进而按照直线、平面的投影特性绘制切割体或由切割体与其他立体组合而成的组合体的视图。

2．线面分析法画三视图的步骤

下面以图 8-8(a)所示的切割体为例，说明用线面分析法绘制其三视图的方法和步骤。

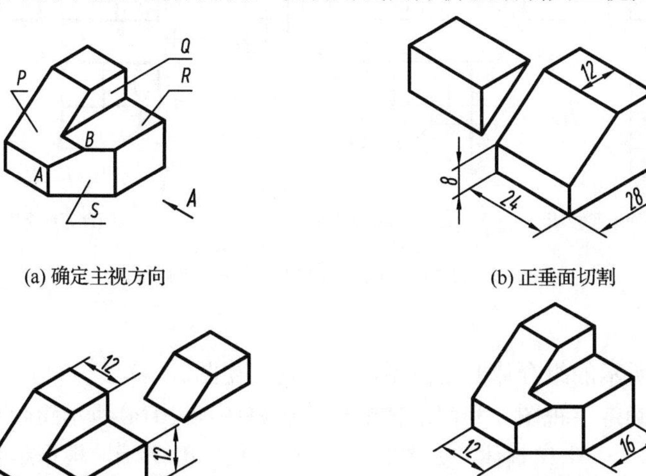

(a) 确定主视方向　　(b) 正垂面切割

(c) 正平面和水平面切割　　(d) 铅垂面切割

图 8-8　切割体的线面分析

图 8-8

(1)线面分析，确定主视图。图 8-8(a)所示的切割体可看作一个长方体(四棱柱)被四个截平面切割而成，切割后在立体表面上形成 *P*、*Q*、*R*、*S* 四个新的平面。切割过程如图 8-8(b)所示。放正后，选择箭头方向作为主视图的投射方向，如图 8-8(a)所示。

(2)定比例，选图幅。根据立体大小确定适当的比例，选择合适的图纸幅面。

(3)画底稿(按 1:1 在立体图上沿对应方向截取尺寸)。对于切割体应先画切割前原始形状的视图，再分析切割后立体上各个表面相对投影面是何种位置平面，画图时应先画有积聚性的投影，然后按投影关系画其他投影。例如平面 *P* 是正垂面，应先画其正面投影，后画水平和侧面投影；平面 *Q* 是正平面，平面 *R* 是水平面，应先画 *Q*、*R* 平面的侧面投影，后画其正面和水平投影；平面 *S* 是铅垂面，应先画其水平投影，后画正面和侧面投影。平面 *S* 是五条线围成的线框，其中有两条水平线、两条铅垂线。另一条直线 *AB* 是正垂面 *P* 与铅垂面 *S* 的交线，是倾斜线，属于 *P*、*S* 两平面共有。画此线时，可先确定其正面投影 *a'b'*，再找到水平投影 *ab*，然后按投影关系画出侧面投影 *a"b"*。此线画完后则 *P* 与 *S* 两面的侧面投影随之完成。具体画图步骤如图 8-9 所示。

(4)检查，描深图线。描深图线的步骤与形体分析法描深图线的步骤相同。

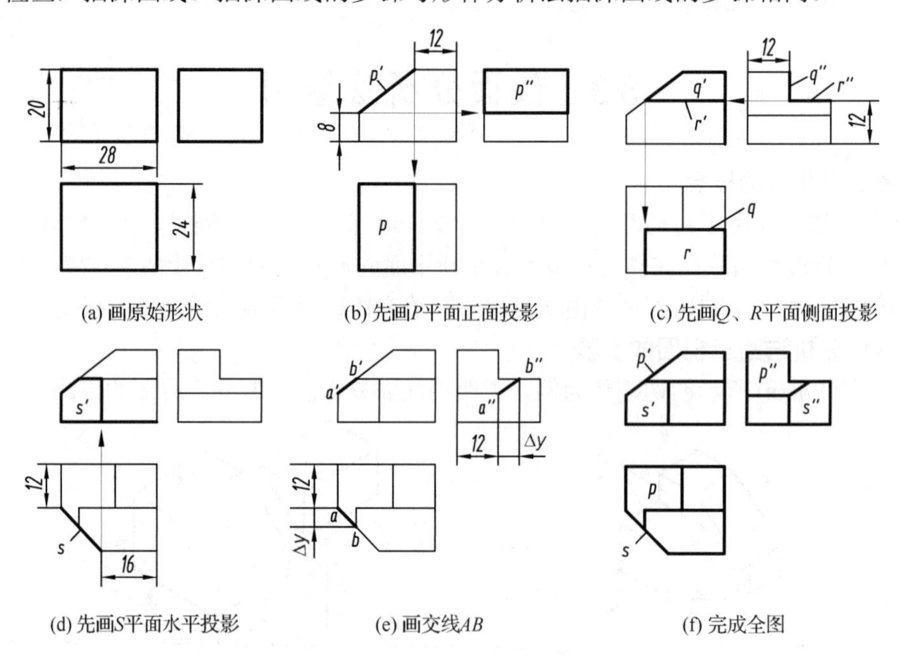

图 8-9 线面分析法画切割体三视图的步骤

3. 综合举例

根据图 8-10(a)所示的组合体的立体图，绘制其三视图。

(1)综合分析，确定主视图。利用形体分析法可将图 8-10(a)所示组合体分解成三部分：两个拉伸成形的柱体，一个切割体，如图 8-10(b)、(c)、(d)所示。根据组合特点，选择 *A* 方向作为主视图的投射方向。

(2)定比例，选图幅。根据立体大小确定适当的比例，选择合适的图纸幅面，画出三个视图的基准线。

(3)画底稿(按 1:1 在立体图上沿对应方向截取尺寸)。根据以上分析，逐一画出各个部分的三视图。

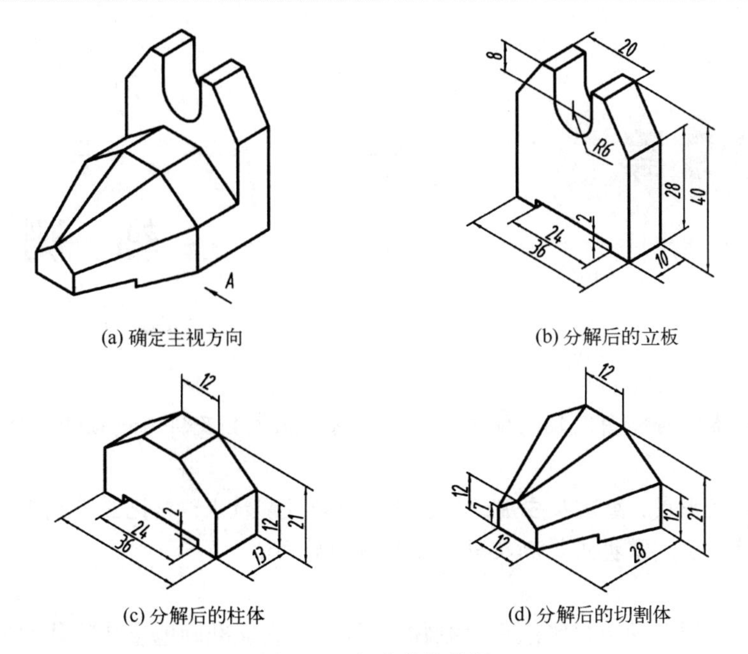

(a) 确定主视方向　(b) 分解后的立板

(c) 分解后的柱体　(d) 分解后的切割体

图 8-10　组合体的分析

① 画右侧立板和中间柱体的三视图时，应先画出反映形状特征的左视图，再根据“三等”关系，画出另外两个视图，如图 8-11(a)、(b)所示。

② 画左侧切割体的三视图时，应先画出侧平面(五边形)和正垂面(三角形)的左视图，再根据“三等”关系，画出另外两个视图，如图 8-11(c)所示。

③ 再在左视图上补全铅垂面与倾斜面的交线，完成的三视图如图 8-11(d)所示。

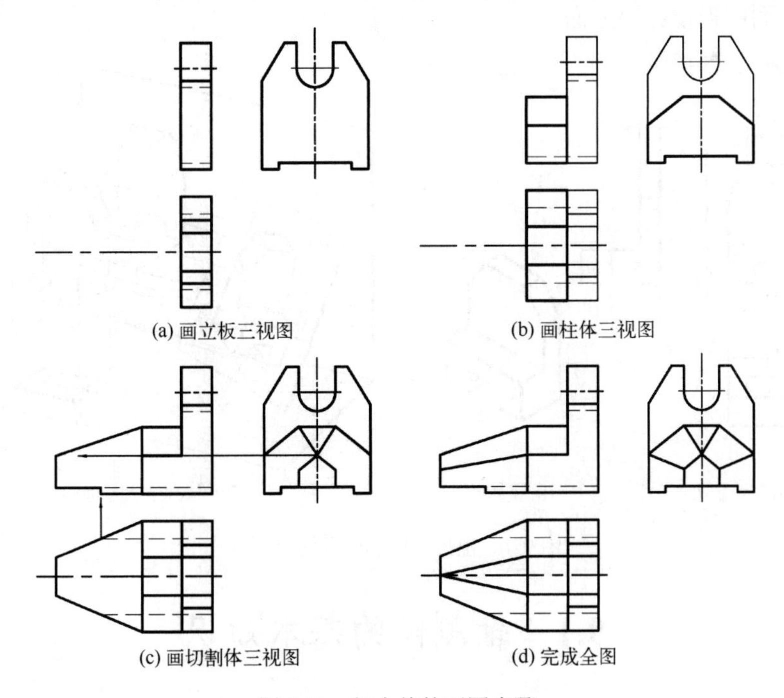

(a) 画立板三视图　(b) 画柱体三视图

(c) 画切割体三视图　(d) 完成全图

图 8-11　组合体的画图步骤

第9章 轴测图

主要内容

轴测图的形成；轴间角及轴向伸缩系数的概念；正等测及斜二测轴测图的画法。

学习要点

了解轴测图的形成、画法及应用；熟悉轴测图的投影特点；熟记正等测中轴测椭圆长短轴的方向及椭圆的画法；掌握正等测及斜二测轴测图的画法。

工程上广泛使用多面正投影法来绘制物体的图样，它能准确地反映物体的形状并可方便地在图样上标注尺寸等信息以确定其大小及制造要求，如图9-1(a)。但正投影图缺少立体感，需要掌握正投影规律才能读懂图样。轴测图是一种直观性较强的立体图，它可同时反映物体长、宽、高三个方向的形状，易于看懂，如图 9-1(b)。轴测图是利用平行投影法向单一投影面投射得到的图形，如图9-1(c)所示。轴测图立体感虽强，但作图较正投影复杂且不能完全反映物体的真实形状，例如物体上的直角边投影后会发生变化，因此在工程上一般作为辅助图样。轴测图多用于化工管路的空间布置图，也用于产品开发时的构思设计，科技书刊插图、产品说明书、产品的平面广告设计等方面。

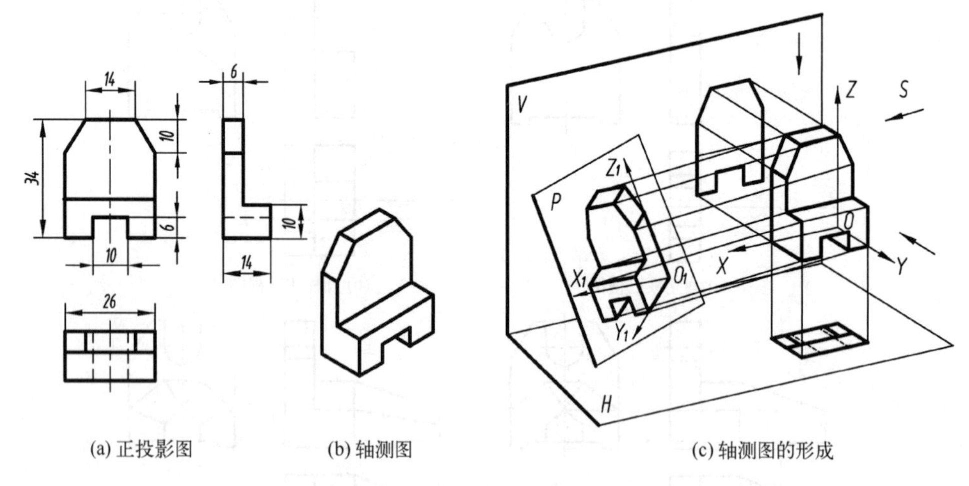

(a) 正投影图　(b) 轴测图　(c) 轴测图的形成

图 9-1　正投影图和轴测图及形成

9.1　轴测图的基本知识

1．轴测投影的基本概念

将物体连同其直角坐标系，沿不平行于任一坐标平面的方向，用平行投影法将其投射在单一投影面上所得到的具有立体感的图形称为轴测投影图，简称轴测图。图 9-1(c)中，平面 P 称为轴测投影面；坐标轴 OX、OY 和 OZ 在 P 平面上的投影 O_1X_1、O_1Y_1、O_1Z_1 称为轴测投影轴，简称轴测轴。

2. 轴间角和轴向伸缩系数

在轴测投影中，轴测轴之间的夹角($\angle X_1O_1Y_1$、$\angle X_1O_1Z_1$、$\angle Y_1O_1Z_1$)称为轴间角。空间坐标轴 OX、OY、OZ 上的单位长度 u 投影到轴测投影面 P 上，在轴测轴 O_1X_1、O_1Y_1、O_1Z_1 上得到投影长度分别为 i、j、k，如图 9-2 所示。它们与空间坐标轴上的单位长度 u 的比值称为轴向伸缩系数。设 p_1、q_1、r_1 分别为 O_1X_1、O_1Y_1、O_1Z_1 轴的轴向伸缩系数，则 $p_1=i/u$、$q_1=j/u$、$r_1=k/u$。

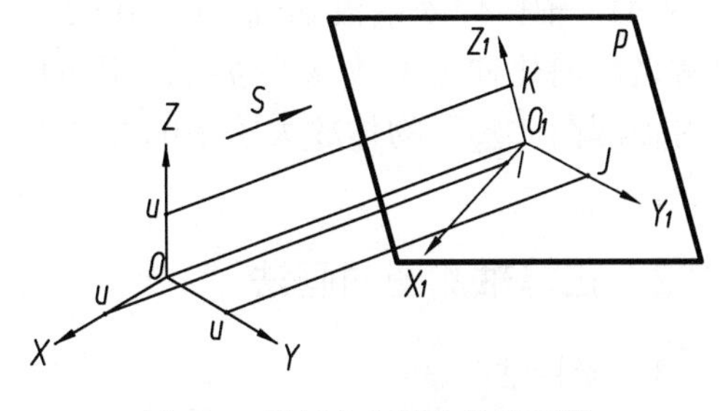

图 9-2 轴间角和轴向伸缩系数

3. 轴测投影的基本性质

轴测投影属于平行投影，因此它具有平行投影的基本性质：

(1) 物体上凡与空间坐标轴平行的线段，在轴测图中也应平行于对应的轴测轴，且具有和相应轴测轴相同的轴向伸缩系数。

(2) 物体上互相平行的线段，在轴测图中也应互相平行。

4. 轴测投影的分类

根据投射方向相对轴测投影面的位置不同，轴测投影可分为两类：投射方向垂直于轴测投影面称为正轴测投影，见图 9-3(a)；投射方向倾斜于轴测投影面称为斜轴测投影，见图 9-3(b)。

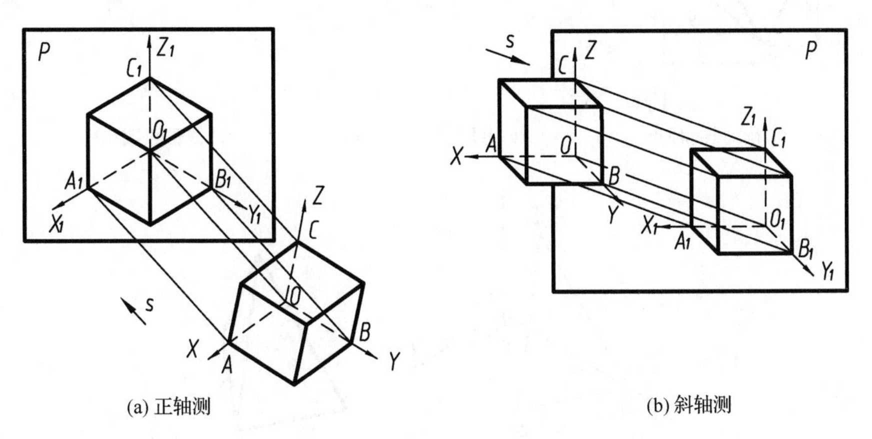

(a) 正轴测 (b) 斜轴测

图 9-3 轴测图的分类

这两类轴测投影又可根据各轴向伸缩系数的不同，分为三种：

(1) 当 $p_1=q_1=r_1$，称为正(或斜)等轴测投影；

(2) 当 $p_1=q_1\neq r_1$ 或 $p_1\neq q_1=r_1$ 或 $p_1=r_1\neq q_1$，称为正(或斜)二等轴测投影；

(3) 当 $p_1\neq q_1\neq r_1$，称为正(或斜)三轴测投影，简称正(或斜)三测。

由于正等测和斜二测作图相对简单且立体感强，被广泛使用。本章只介绍此两种轴测图的画法。

9.2 正等轴测图

9.2.1 正等轴测图轴间角和轴向伸缩系数

根据数学计算(从略)，正等测轴间角互为 120°(图 9-4)，轴向伸缩系数 $p_1=q_1=r_1\approx 0.82$，为作图方便，通常采用简化伸缩系数 $p=q=r=1$。用简化伸缩系数画出的轴测图比实际物体放大了 1/0.82=1.22 倍，但形状不变。

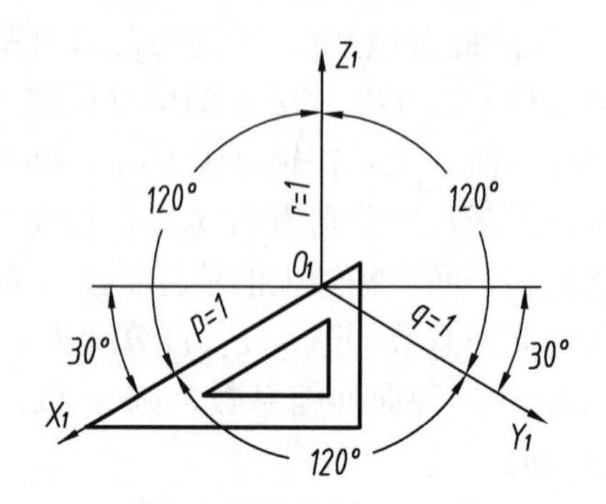

图 9-4 正等测轴间角

9.2.2 正等轴测图的画法

1. 坐标法

根据立体表面上各顶点的坐标，分别画出它们的轴测投影，然后依次连接立体表面的轮廓线。

例 9-1 根据图 9-5(a)所示三棱锥主、俯视图，用坐标法绘制其轴测图。

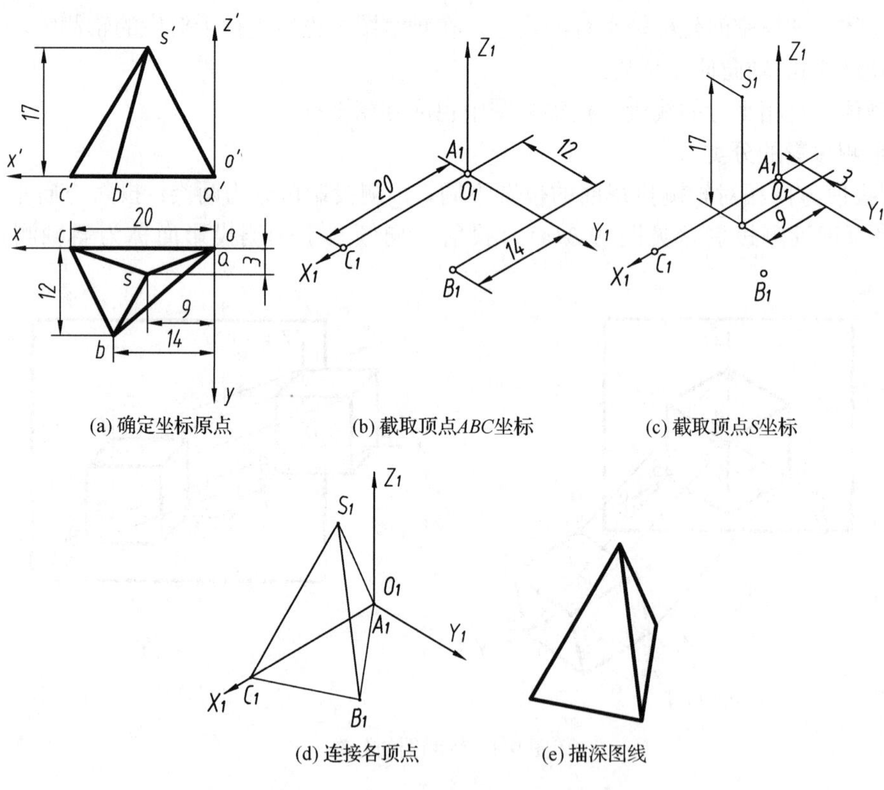

(a) 确定坐标原点 (b) 截取顶点ABC坐标 (c) 截取顶点S坐标

(d) 连接各顶点 (e) 描深图线

图 9-5 坐标法绘制三棱锥的轴测图

图 9-5

作图步骤：

(1)分析形体特点，在正投影图上确定坐标原点，将顶点 A 定为坐标原点，如图 9-5(a)所示。

(2)画轴测轴，将正投影图中所注尺寸沿轴方向截取到轴测图中，确定三棱锥底面 ABC 三个顶点和锥顶 S 的轴测投影，如图 9-5(b)、(c)所示。

(3) 连接各顶点，擦去作图线和不可见的线，描深图线，完成作图，如图 9-5(d)、(e)所示。

例 9-2 根据图 9-6(a)所示正六棱柱的主、俯视图，用坐标法绘制其正等轴测图。

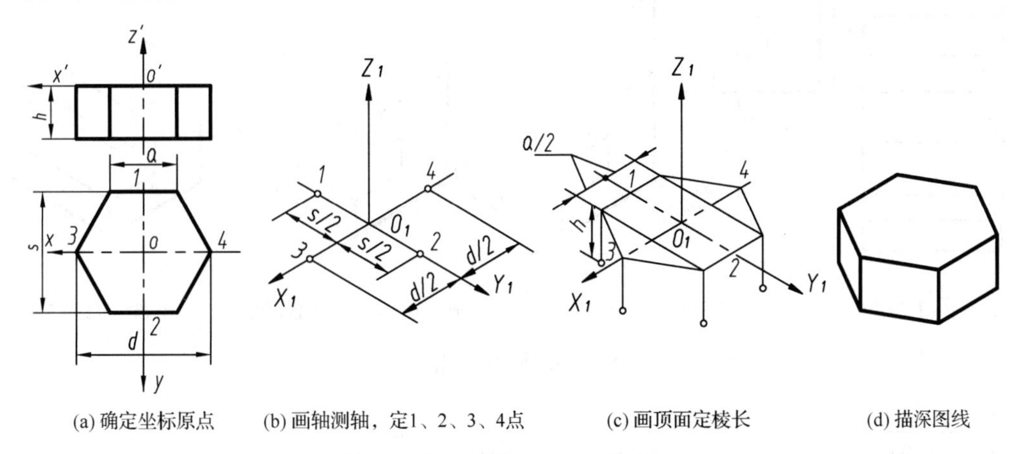

(a) 确定坐标原点　(b) 画轴测轴，定1、2、3、4点　(c) 画顶面定棱长　(d) 描深图线

图 9-6　坐标法绘制正六棱柱的轴测图

作图步骤：

(1) 分析形体特点。在正投影图上定出坐标轴和原点 O，取上顶面对称中心为原点 O，如图 9-6(a)所示。

(2) 画轴测轴，按尺寸 s、d 定出 1、2、3、4 各点，其中 3、4 为上顶面的两个顶点，如图 9-6(b)所示。

(3) 过 1、2 两点作直线平行 O_1X_1，分别以 1、2 两点为中点向两边截取 $a/2$ 得上顶面的另外四个顶点。连接各顶点，得顶面投影，过各顶点向下作 Z_1 轴平行线并截得棱线长度 h，得底面各顶点，如图 9-6(c)所示。

(4) 连接棱上各顶点完成底面(不可见线不画)，描粗图线，如图 9-6(d)所示。

2. 拉伸法

对于单一柱体和复合柱体，可看成由特征视图的外轮廓作为草图轮廓，沿着垂直于该投影面的方向拉伸而成的。因此，在画单一柱体和复合柱体轴测图时，可根据立体的三视图，分析出立体的特征视图，将该视图的外轮廓线作为草图轮廓，画出其轴测图，再将各棱线沿着平行相应轴测轴的方向画出，确定棱线长度后，顺次连接棱线端点，将不可见的轮廓线擦掉，描粗轮廓线即可获得柱体的轴测图。

例 9-3 根据图 9-7(a)所示柱体的三视图，用拉伸法绘制其轴测图。

作图步骤：

(1) 形体分析，在三视图上确定坐标原点。该柱体的左视图是特征视图，可看作以左视图的轮廓线为草图轮廓沿着长度方向(OX)拉伸形成。所选坐标原点在柱体的下、左、后方，如图 9-7(a)所示。

(2) 画轴测轴。沿着坐标轴 OY、OZ 轴方向截取线段长度画出草图轮廓的轴测图，如图 9-7(b)所示。

(3) 分别过草图轮廓的轴测图各顶点画棱线与 O_1X_1 轴平行，在主视图上沿着 OX 轴的方向量取棱线长度 20 将其截取到轴测图上，顺次连接各端点，画出右端面的轴测图，如图 9-7(c)所示。

(4)擦去作图线和不可见的线，描粗可见轮廓线，完成作图，如图 9-7(d)所示。

图 9-7

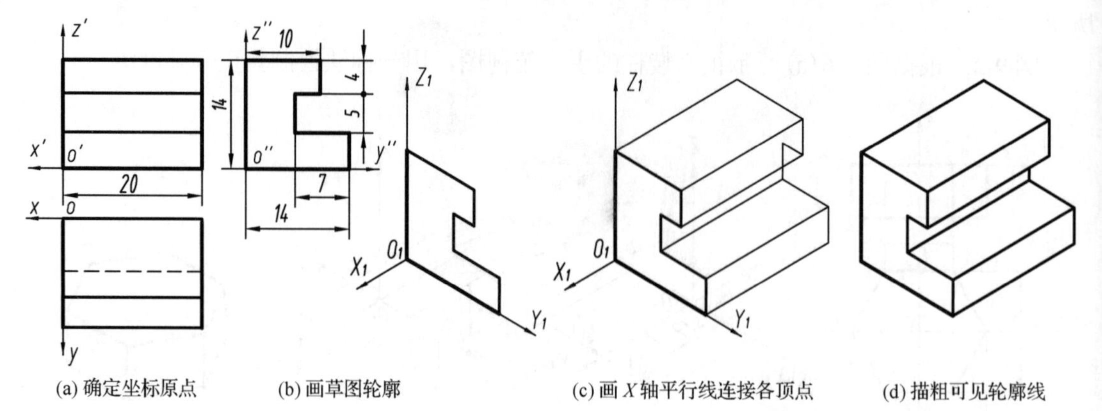

(a) 确定坐标原点　(b) 画草图轮廓　(c) 画 X 轴平行线连接各顶点　(d) 描粗可见轮廓线

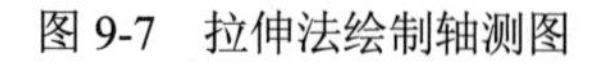

图 9-7　拉伸法绘制轴测图

3．切割法

此方法适用于切割式立体，可先用坐标法或拉伸法画出切割前立体的轴测图，然后用此方法逐个画出各个切口的轴测图。

例 9-4　根据图 9-8(a)所示切割体的三视图，用切割法绘制其轴测图。

图 9-8

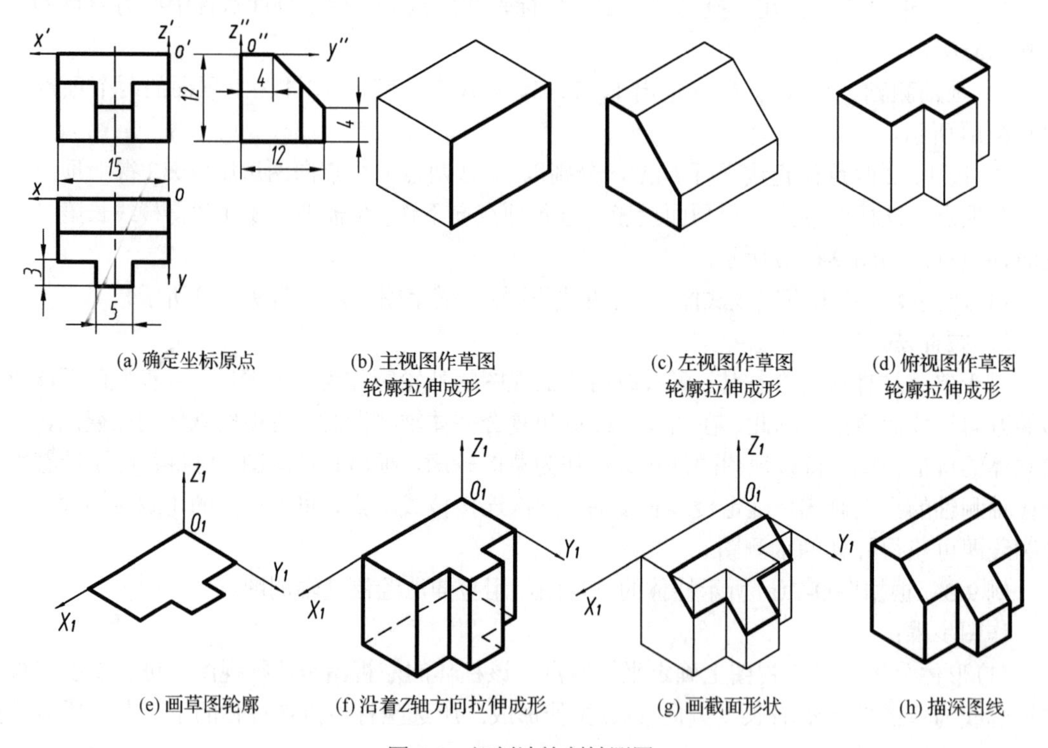

(a) 确定坐标原点　(b) 主视图作草图轮廓拉伸成形　(c) 左视图作草图轮廓拉伸成形　(d) 俯视图作草图轮廓拉伸成形

(e) 画草图轮廓　(f) 沿着Z轴方向拉伸成形　(g) 画截面形状　(h) 描深图线

图 9-8　切割法绘制轴测图

作图步骤：

(1)形体分析，根据三视图构建切割体的成形过程。该立体主视图的外轮廓线是矩形，若以矩形为草图轮廓沿着宽度方向拉伸后为四棱柱，如图 9-8(b)所示；若以左视图的外轮廓线(五边形)为草图轮廓沿着长度方向拉伸后是五棱柱，如图 9-8(c)所示；若以俯视图的外轮廓线(八边形）为草图轮廓沿着高度方向拉伸后是八棱柱，如图 9-8(d)所示。在图 9-8(d)所示八棱柱作为截切前的原始形状只需要切割一次即可成形，将八棱柱作为切割前形体可大大减少作图步骤。因此，将坐标原点定在切割体的上、右、后方，如图 9-8(a)所示。

(2) 画轴测轴。沿着 *OX*、*OY* 方向截取线段长度画出草图轮廓（俯视图外轮廓）的轴测图，如图 9-8(e)所示。

(3) 分别过轴测草图轮廓的各顶点画线与 *OZ* 轴平行，在主视图上沿着 *OZ* 轴的方向截取线段长度后，画出底面形状，如图 9-8(f)所示。

(4) 将左视图中的斜线沿着 *OY*、*OZ* 方向截取到轴测图上，利用平行的原理画出截面的形状，如图 9-8(g)所示。

(5) 擦去作图线和不可见的线，描粗可见图线，完成作图，如图 9-8(h)所示。

4．回转体正等轴测图的画法

1) 圆的正等轴测投影（椭圆）的画法

下面利用例 9-5 说明利用菱形法绘制椭圆的方法和步骤。

例 9-5 根据图 9-9(a)所示圆柱的主、俯视图，绘制其轴测图。

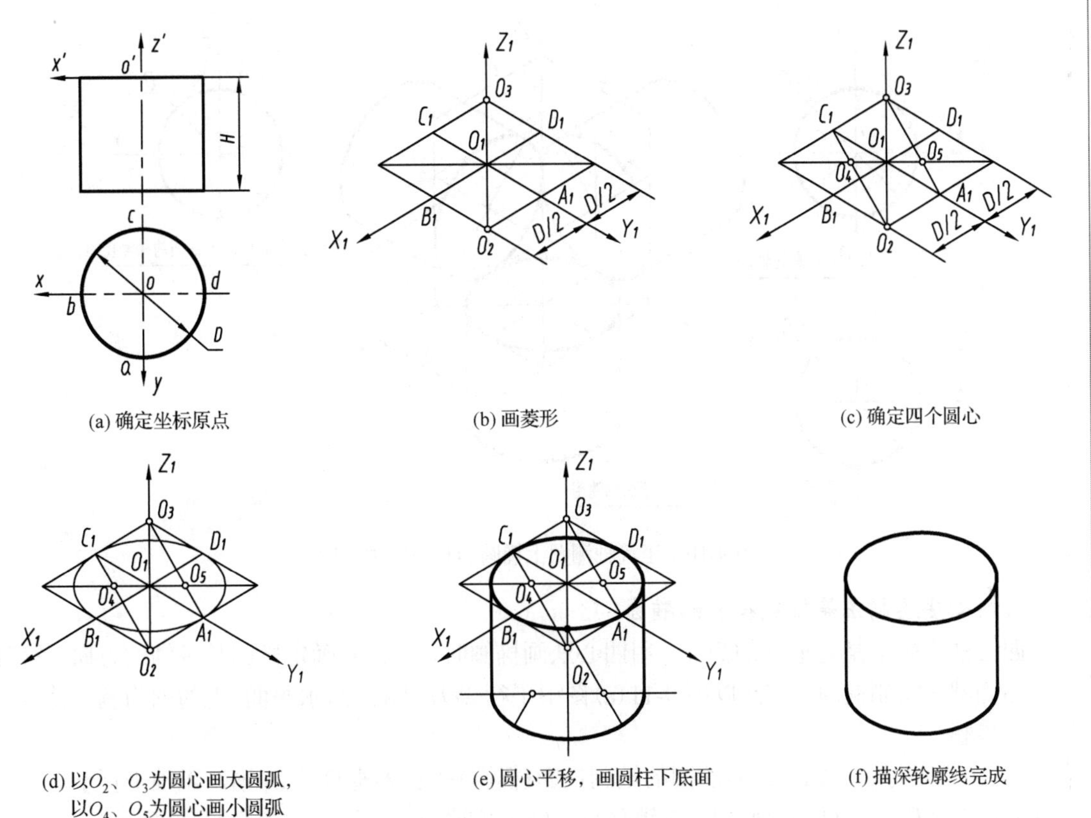

图 9-9 菱形法画椭圆及圆柱体

图 9-9

作图步骤：

(1) 分析位置，确定坐标原点。从图 9-9(a)可看出圆柱的上下端面平行于 *XOY* 坐标面（水平面），将坐标原点 *O* 置于上端面圆心处，如图 9-9(a)所示。

(2) 将圆柱半径 *D*/2 截取到 X_1Y_1 轴上，得 A_1、B_1、C_1、D_1 四点，过 A_1、C_1 点作 X_1 轴的平

行线，过 B_1、D_1 作 Y_1 轴的平行线，得到如图 9-9(b)所示的菱形。其中长对角线为椭圆的长轴方向，短对角线为椭圆的短轴方向。

(3)将 O_2 与 C_1，O_3 与 A_1 连接，交长轴得 O_4、O_5 两点，此两点为椭圆小圆弧的两个圆心，短对角线上的两点 O_2、O_3 为大圆弧的两个圆心，如图 9-9(c)所示。

(4)以 $O_2C_1=O_3A_1$ 为半径，以 O_2、O_3 两点为圆心，画上下两段大圆弧；以 $O_4C_1=O_5A_1$ 为半径，以 O_4、O_5 两点为圆心，画左右两个小圆弧，如图 9-9(d)所示。

(5)将圆心平移距离 H，画圆柱底面的椭圆和上下椭圆的公切线，如图 9-9(e)所示。

(6)擦去作图线，描粗轮廓线，完成的圆柱轴测图如图 9-9(f)所示。

2)圆的正等轴测投影椭圆的长、短轴方向及大小

画回转体正等轴测图的关键是掌握回转体上与坐标面平行圆的轴测投影——椭圆的画法。当圆平行于不同坐标面时，其轴测投影椭圆的长短轴的方向也不同。平行于 $XOY(H)$ 面的圆的轴测投影(椭圆)的长轴垂直于 Z_1 轴，短轴平行于 Z_1 轴；平行于 $XOZ(V)$ 面的圆的轴测投影(椭圆)的长轴垂直于 Y_1 轴，短轴平行于 Y_1 轴；平行于 $YOZ(W)$ 面的圆的轴测投影(椭圆)的长轴垂直于 X_1 轴，短轴平行于 X_1 轴，如图 9-10 所示。

图 9-10

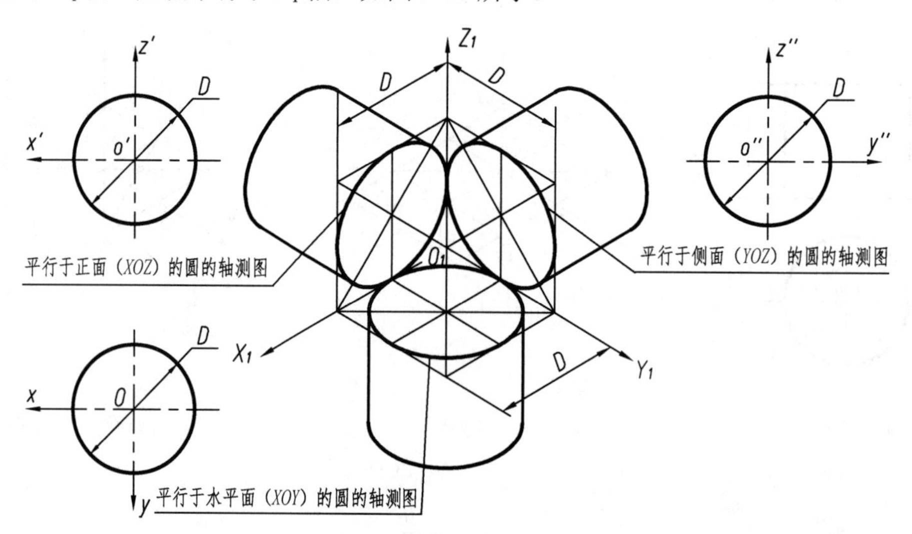

图 9-10　正等轴测图上椭圆的长、短轴方向

3)四心法绘制正等轴测投影的椭圆

四心法实际上是菱形法的简化。用四心法画椭圆时，应首先确定椭圆长短轴的方向，然后用四心椭圆法绘制椭圆。下面以图 9-11(a)图中平行 XOY 坐标面(水平面)上的圆为例，说明具体作图步骤：

(1)由于平行于 $XOY(H)$ 面的圆的轴测投影(椭圆)的长轴垂直于 Z_1 轴，短轴平行于 Z_1 轴。在轴测轴的基础上，过 O_1 画线与 Z_1 轴垂直，确定长轴的方向线，如图 9-11(b)所示。

(2)以轴测轴原点 O_1 为圆心、以 R 为半径画圆，与轴测轴相交得 A_1、B_1、C_1、D_1、O_2、O_3 六个点，其中 O_2、O_3 为两个大圆弧的圆心，如图 9-11(b)所示。

(3)将 O_2 与 C_1，O_3 与 A_1 连接，交长轴得 O_4、O_5 两点，O_4、O_5 为小圆弧的两个圆心，如图 9-11(c)所示。

(4)以 O_2、O_3 为圆心，$O_2C_1=O_3A_1$ 为半径，画两段大圆弧；以 O_4、O_5 为圆心，$O_4C_1=O_5A_1$ 为半径画两段小圆弧，完成四心椭圆。如图 9-11(d)所示。

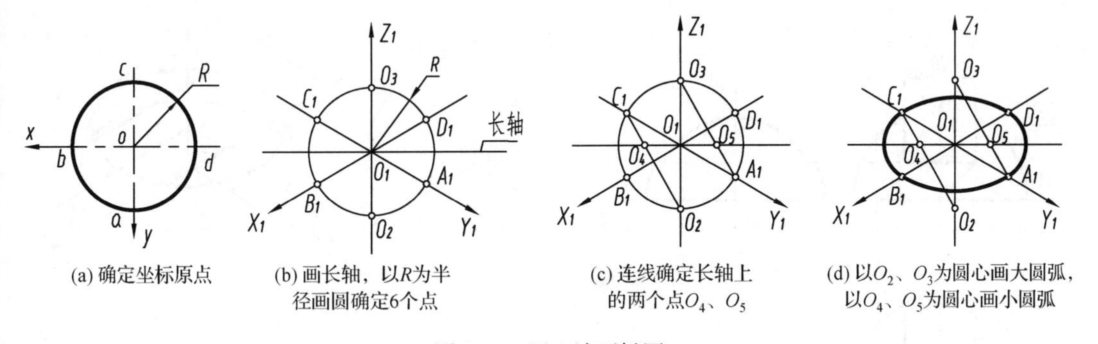

(a) 确定坐标原点　(b) 画长轴，以R为半径画圆确定6个点　(c) 连线确定长轴上的两个点O_4、O_5　(d) 以O_2、O_3为圆心画大圆弧，以O_4、O_5为圆心画小圆弧

图 9-11　四心法画椭圆

例 9-6　根据图 9-12(a)所示立体的主、俯视图，画出其正等轴测图。

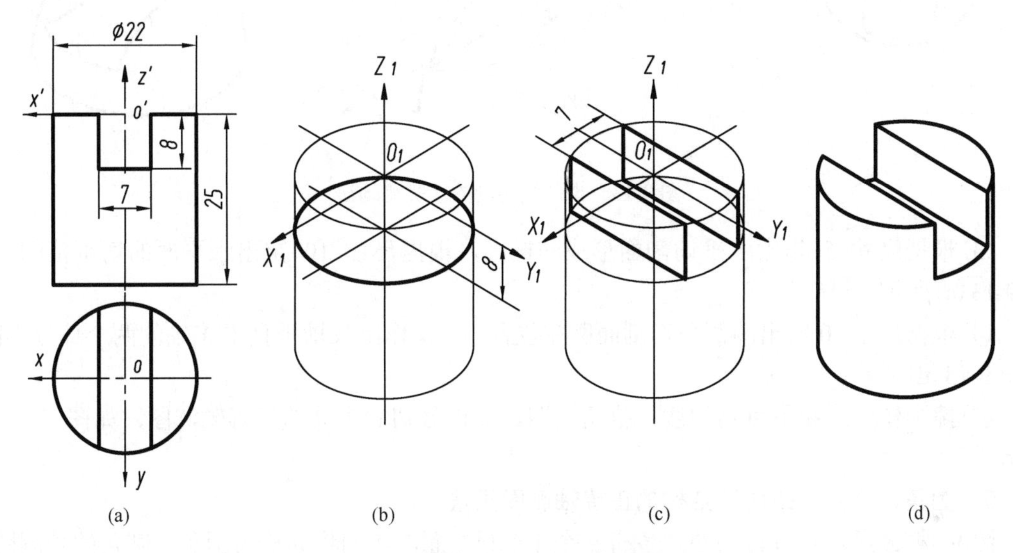

(a)　(b)　(c)　(d)

图 9-12　圆柱切割体的正等轴测图画法

由主、俯视图可知，该立体是圆柱被一水平面和两个侧平面切割后形成的，因此可用切割法画该立体的正等轴测图。

作图步骤：

(1)在主俯视图上确定坐标原点、坐标轴，如图 9-12(a)所示。

(2)画轴测轴，作出完整圆柱的轴测图，根据尺寸 8 作出水平切割面所在的椭圆，如图 9-12(b)所示。

(3)根据尺寸 7 作出两侧平切割面，如图 9-12(c)所示。

(4)擦去多余线和不可见线，描粗全图，即得圆柱切割体的正等测图，如图 9-12(d)所示。

例 9-7　根据半球被截切后的三视图，如图 9-13(a)所示，画出其正等轴测图。

由三视图可知，该立体是由一水平面和两个侧平面切割半球而成的，左右对称的两侧平面和水平面与球体的交线都是圆弧，侧平面与水平面的交线为正垂线。画轴测图时，选好坐标系，确定各椭圆的长轴方向及交线的位置即可作出该立体的正等轴测图。作图步骤如下。

(1)在三视图上确定坐标轴与坐标原点，如图 9-13(a)所示。

(2)画轴测轴，半球底面画成椭圆，然后以椭圆中心为圆心、长半轴为半径，画一与椭圆相切的半圆，作出半球的正等轴测图，如图 9-13(b)所示。

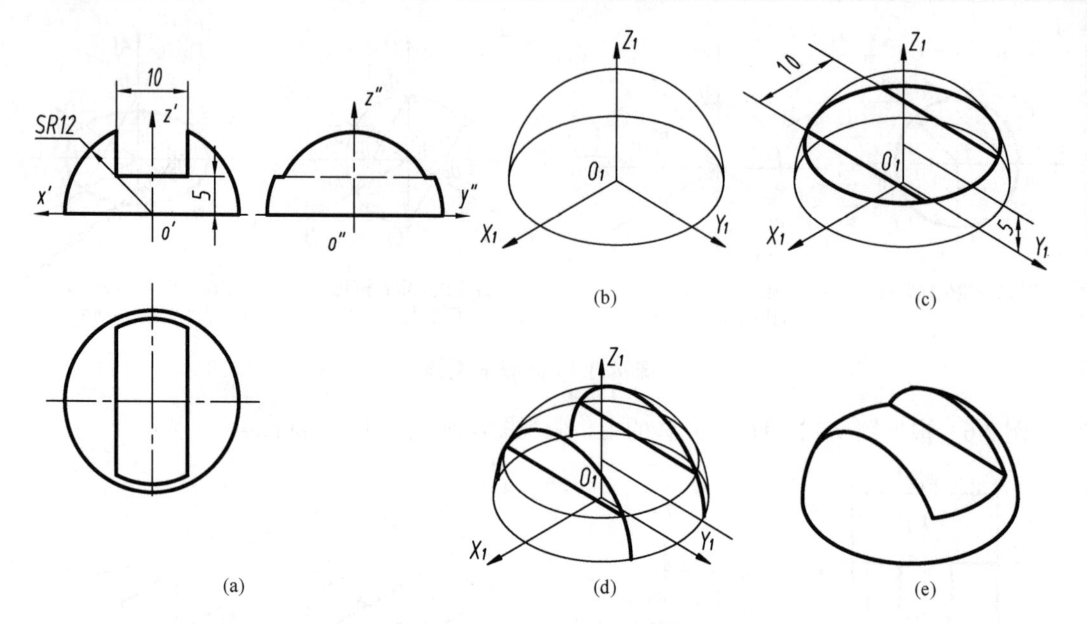

(a) (b) (c) (d) (e)

图 9-13　半球被切割的正等测画法

(3) 根据尺寸 5 作出水平切割面形成的椭圆，根据尺寸 10 定出水平面的切割范围，如图 9-13(c) 所示。

(4) 根据尺寸 10 定出两侧平切割面所在位置，分别作出长轴垂直于 *X* 轴的两个部分椭圆，如图 9-13(d) 所示。

(5) 擦去作图线和不可见的线，描粗全图，即得截切后半球的正等轴测图，如图 9-13(e) 所示。

5．圆角、凸台、凹坑等结构的正等轴测图画法

图 9-14(a) 所示长方体的四角各有一个 1/4 圆柱面，我们将其称为圆角。圆角的轴测图画法如下。

(1) 在正投影图上确定圆角的半径 *R*。

(2) 按长、宽、高画出长方体，将半径 *R* 量到对应的边上，得 *A*、*B*、*C*、*D* 四点，过 *A*、*B*、*C*、*D* 四点作所在边线的垂线，交出两个圆心 O_1、O_2。

(3) 以 O_1 为圆心、O_1A 为半径画大圆弧至点 *B*，以 O_2 为圆心、O_2C 为半径画小圆弧至点 *D*，完成圆角的轴测图，如图 9-14(b) 所示。

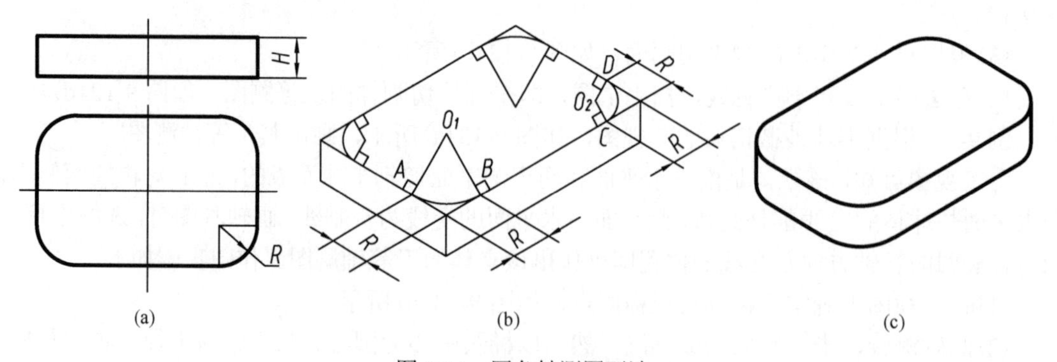

(a) (b) (c)

图 9-14　圆角轴测图画法

(4)将圆心向下平移 H，画出底面圆角后，作两小圆角的公切线，擦去作图线完成圆角的轴测图，如图 9-14(c)所示。

凸台、凹坑、长圆孔以及小圆角与过渡线的轴测图画法如图 9-15 所示。

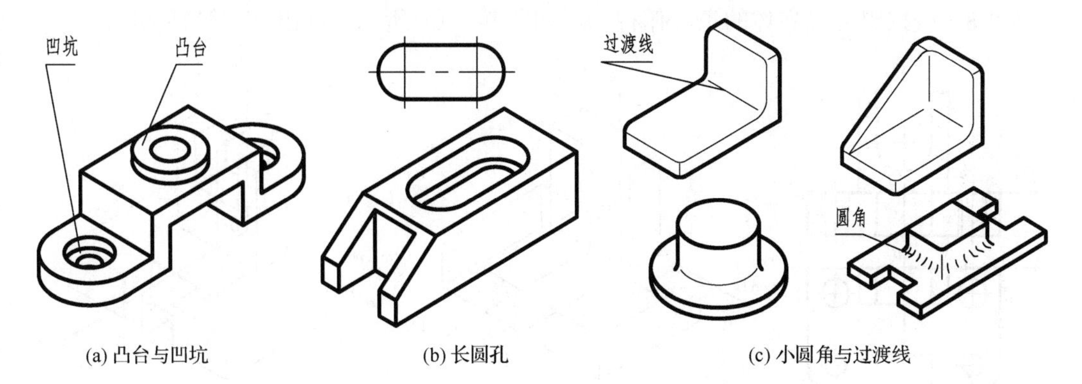

(a) 凸台与凹坑　　(b) 长圆孔　　(c) 小圆角与过渡线

图 9-15　凸台、凹坑、长圆孔以及小圆角与过渡线的轴测图画法

凸台和凹坑都有两个平行而且大小相等的椭圆，两椭圆中心距离即为凸台的高度或凹坑的深度，如图 9-15(a)所示。

长圆孔两端是两个半圆，故其轴测图两端各为半个椭圆，如图 9-15(b)所示。

轴测图中的小圆角可徒手画出，但要注意趋势。平面之间、回转面之间和平面与回转面之间的过渡小圆角，用不到头的过渡线表示，也可画一系列弧线和细实线，如图 9-15(c)所示。

6. 相贯式立体的正等轴测图画法

相贯式立体是由平面立体与曲面立体或曲面立体与曲面立体相交而形成的立体。相交后的各个基本形体各自的形状都不具有完整性，相贯线是各基本形体之间的分界线。在画轴测图时，没有相交部分，根据立体相对位置，按单个立体的画法画出，相交处可利用坐标法或辅助平面法作出立体表面相贯线。相贯式立体的三视图如图 9-16(a)所示，图 9-16(b)和图 9-16(c)分别示出了用坐标法和辅助平面法求相贯线的过程。利用辅助平面法可在轴测图中直接选取辅助平面，而无须与正投影图对应。为作图方便，辅助平面应平行于两圆柱轴线确定的平面。

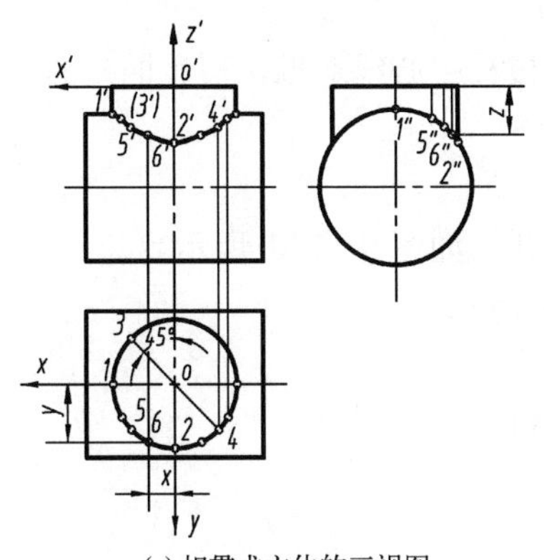

(a) 相贯式立体的三视图

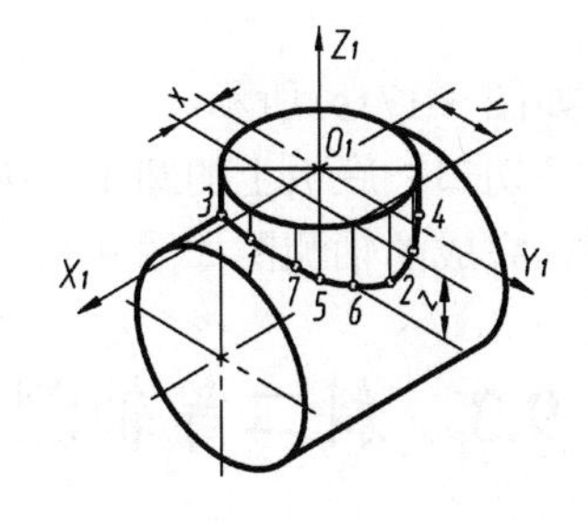

(b) 坐标法——投影图上点 1～5 对应轴测图上 XY 轴向直径的端点的和长短轴端点，所以只需量取相应的 Z 坐标即得 1～5 各点，再量取相应的 x、y、z，得点 6 和点 7。顺次光滑连接这些点，即得相贯式立体的正等轴测图

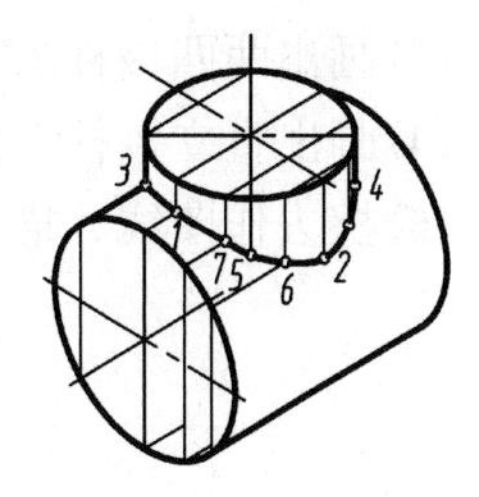

(c) 辅助面法——选取一系列辅助面截两圆柱，截交线交点 1～7 即为相贯线上的点，顺次光滑连接这些点即得相贯式立体的正等轴测图

图 9-16　相贯式立体的相贯线正等轴测图画法

7．组合式立体正等轴测图的画法

画组合式立体轴测图时，应先用形体分析法分解组合式立体，确定坐标原点，然后依次画出分解后各形体的轴测图，作图时应注意各形体间的相对位置。

例 9-8 根据组合式立体的主、俯视图，如图 9-17(a)所示，画出其正等轴测图。

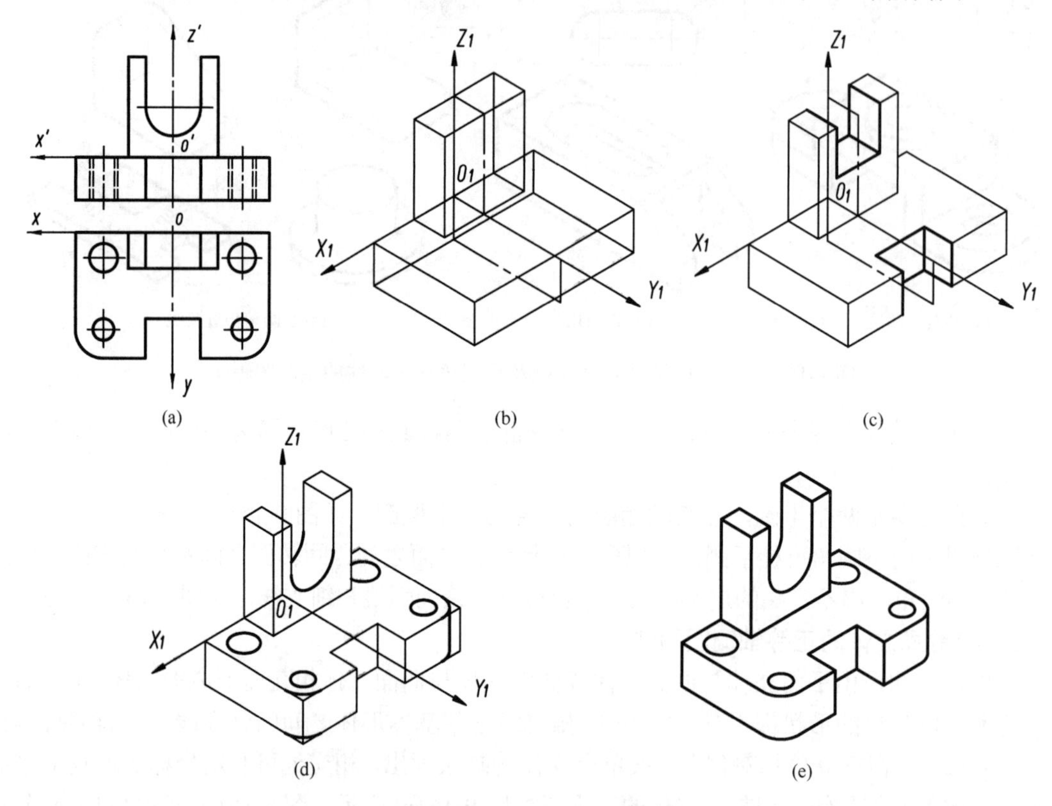

图 9-17 组合式立体正等测图的画法

作图步骤：

(1)在视图上确定坐标轴和坐标原点，如图 9-17(a)所示。

(2)画轴测轴，画出底板四棱柱和直立四棱柱，使两四棱柱中心线对准，后平面共面，如图 9-17(b)所示。

(3)画出两四棱柱的切口，如图 9-17(c)所示。

(4)画出直立棱柱上的半圆柱切口，底板上的圆角及圆孔，如图 9-17(d)所示。

(5)擦去作图线、描粗图线、完成的轴测图如图 9-17(e)所示。

9.3 斜二等轴测图

1．斜二等轴测图的轴间角和轴向伸缩系数

1)轴间角

斜二等轴测图的轴测投影面平行于一个坐标面，因此平行坐标面的两个轴测轴的轴间角为 90°，第三根轴与前两根轴之间的角度为 135°，即 $\angle X_1O_1Z_1=90°$、$\angle X_1O_1Y_1=\angle Y_1O_1Z_1=135°$，如图 9-18(a)、(b)所示。

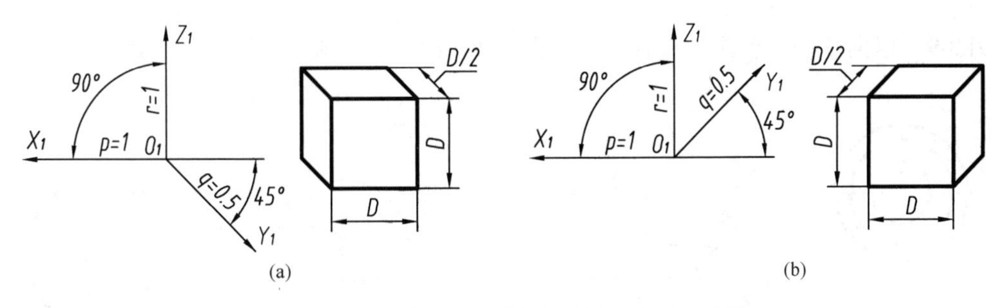

图 9-18　斜二等轴测图的轴间角和轴向伸缩系数

2）轴向伸缩系数

斜二等轴测图的轴向伸缩系数为 $p=r=1$，$q=0.5$。例如绘制图 9-18(a)、(b) 中的正立方体斜二等轴测图时，沿着长、高方向 1:1 度量，沿着宽度方向缩短 0.5 倍度量。

2．斜二等轴测图的画法

1）平行坐标面的圆的画法

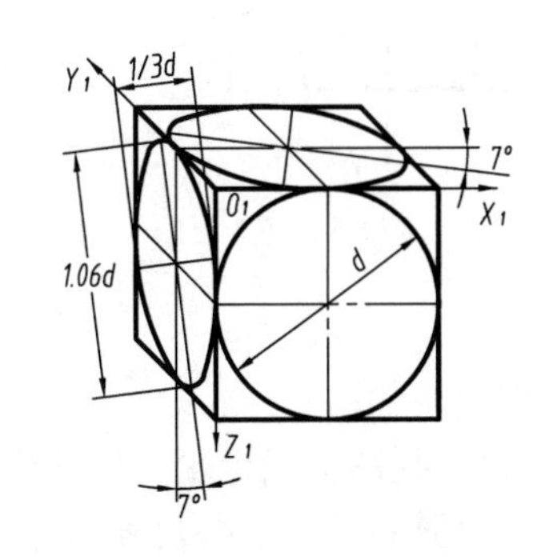

图 9-19　三坐标面上圆的斜二轴测图

图 9-19 为平行于坐标面的圆的斜二等轴测图。平行于 *XOY* 和 *YOZ* 坐标面的圆，其斜二等轴测投影都是椭圆，且形状相同。它们的长轴与圆所在坐标面上的一根轴测轴成 7°10′(可近似为 7°) 的夹角。平行于 *XOZ* 坐标面上的圆，其斜二等轴测投影还是圆。表 9-1 列出了平行于 *XOY* 面上圆的斜二等轴测图的近似画法。平行于 *ZOY* 面上圆的斜二轴测图的画法与表 9-1 所述方法类似。

表 9-1　平行于 *XOY* 面圆的斜二等轴测图的近似画法

步骤	(1) 定长短轴方向和椭圆上四个点	(2) 定四段圆弧的圆心	(3) 画长短圆弧
作图	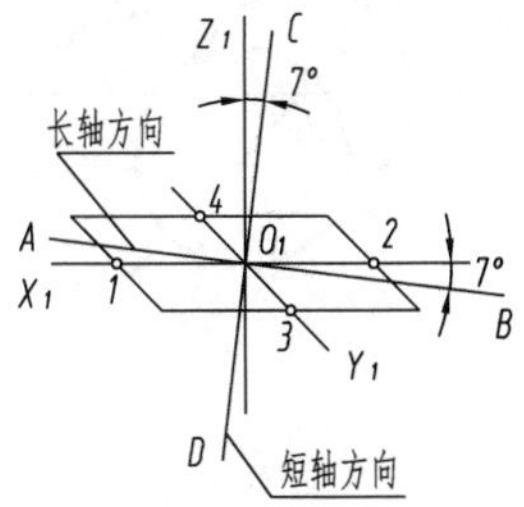	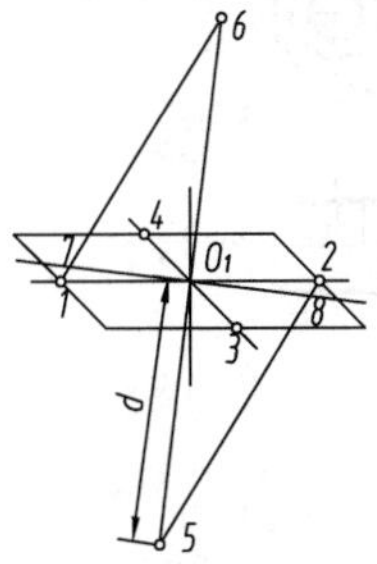	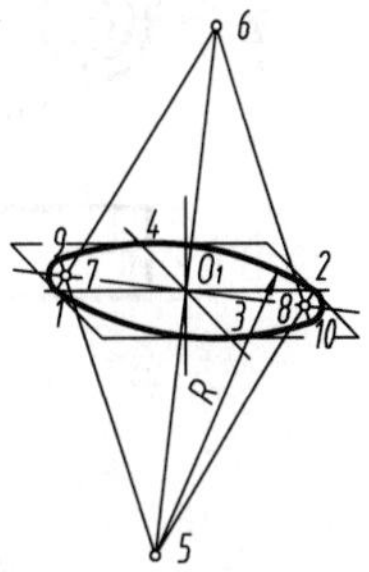
说明	① 画圆的外切正方形的斜二轴测图，与 *OX*、*OY* 相交，得中点 1、2、3、4； ② 作 *AB* 与 *OX* 轴成 7°，*AB* 即长轴方向； ③ 作 *CD*⊥*AB*，*CD* 即短轴方向	①短轴 *CD* 的延长线上取 $O_5=O_6=d$(圆的直径)，点 5、6 即长圆弧的中心； ② 连点 5、2，点 6、1，与长轴交于点 7、8，此即短圆弧中心	① 以点 5、6 为圆心，52 为半径画长圆弧； ② 以点 7、8 为圆心，71 为半径画短圆弧； ③ 长、短圆弧于点 1、9、2、10 连接

2）立体的斜二等轴测图画法

斜二轴测图的画法与正等轴测图的画法基本相同，也可采用坐标法和切割法等方法作图。由于斜二轴测图 *Y* 轴的轴向伸缩系数为 0.5，因此在画图时，在 *Y* 轴上或平行于 *Y* 轴的线段，在轴测图上要减半量取；在 *X* 轴、*Z* 轴上或平行这两个轴的线段，其轴测投影按实长量取。在确定坐标轴和原点时，应把形状复杂的平面或圆等放在与 *XOZ* 面平行的位置上。同时，为减少不必要的作图线，应从前向后依次画出各部分结构，一些被挡住的线可省去不画。

例 9-9 根据空心圆台主、俯视图，如图 9-20(a)所示，画出其斜二等轴测图。

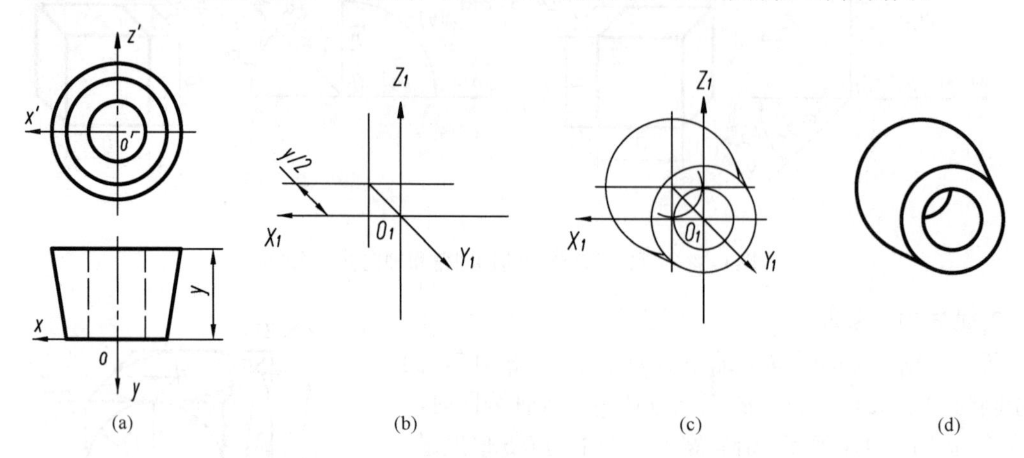

图 9-20 空心圆台斜二等轴测图的画法

作图步骤：

(1)在视图上确定坐标轴和坐标原点，如图 9-20(a)所示。

(2)画轴测轴，根据尺寸 y，在 Y 轴上截取 $y/2$ 长度，确定圆台后端面的圆心位置，如图 9-20(b)所示。

(3)画圆台前后端面的圆，并画出两圆的公切线，然后画出内孔，如图 9-20(c)所示。

(4)擦去多余线，描粗可见轮廓，即得空心圆台的斜二等轴测图，如图 9-20(d)所示。

例 9-10 根据组合式立体的主、俯视图，如图 9-21(a)所示，画出其斜二等轴测图。

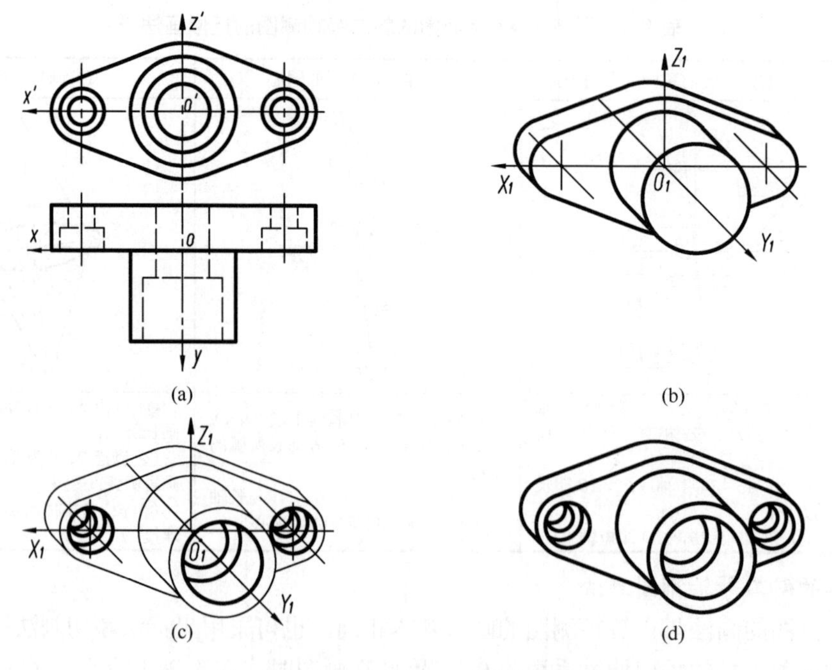

图 9-21 组合式立体斜二等轴测图画法

作图步骤：

(1)在视图上确定坐标轴和坐标原点，如图 9-21(a)所示。

(2) 画轴测轴，画出前部分圆柱和后部分复合柱体，如图 9-21 (b) 所示。
(3) 画出三个阶梯孔，如图 9-21 (c) 所示。
(4) 擦去多余线，描粗可见轮廓，即得该组合体的斜二等轴测图，如图 9-21 (d) 所示。

9.4　徒手绘制轴测图

徒手绘制轴测图其作图原理和过程与用绘图工具绘制轴测图基本相同。掌握徒手绘制轴测图的技能可形象、快速地表达设计思想，便于技术交流。作为初学者，为了使徒手绘制的轴测图比例协调、图形正确，可将立体的三视图绘在有方格的纸上，然后在画有轴测轴方位的网格纸上徒手绘制，经过相应练习，掌握一定技巧后，便可在白图纸上随心所欲徒手绘制轴测图。

例 9-11　在网格纸上徒手绘制图 9-22 (a) 所示立体的斜二等轴测图。

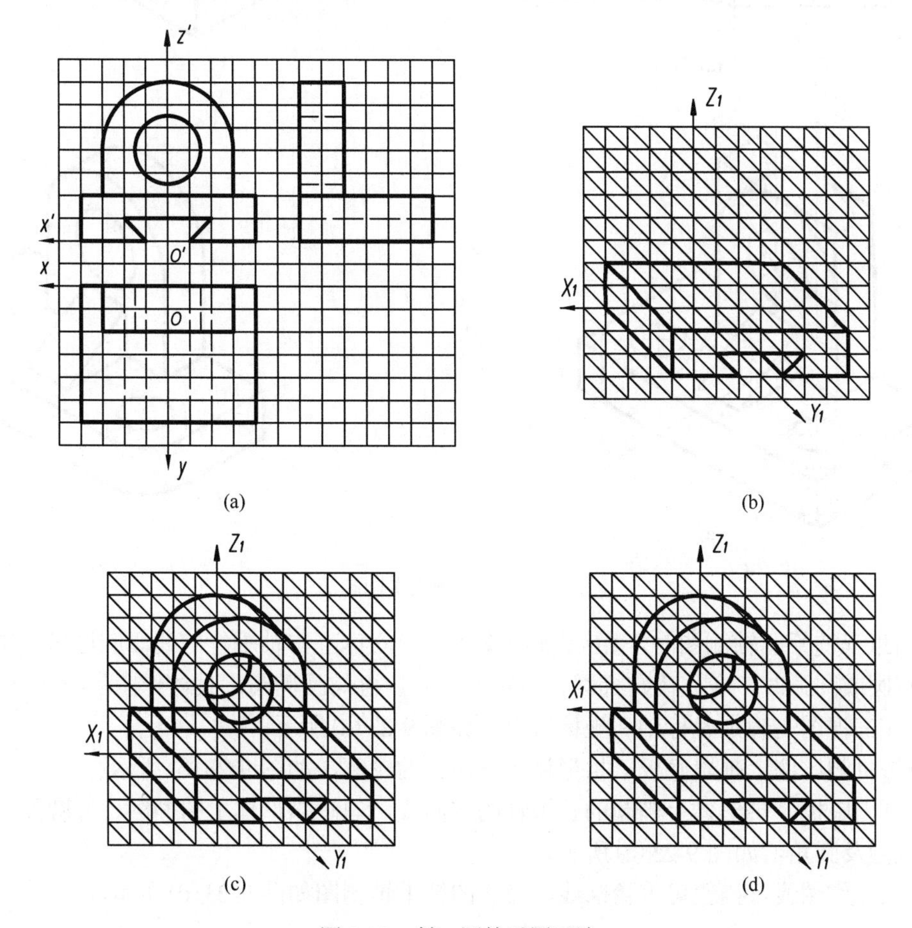

图 9-22　斜二测徒手图画法

作图步骤：
(1) 在三视图上确定坐标轴和坐标原点，如图 9-22 (a) 所示。
(2) 在网格纸上画出轴测轴，并画出开槽四棱柱，如图 9-22 (b) 所示。
(3) 画出拱形体及通孔，如图 9-22 (c) 所示。
(4) 擦去作图线，描深可见轮廓，即得该立体的斜二测徒手图，如图 9-22 (d) 所示。

例 9-12 在白纸上徒手画出图 9-23(a)所示立体的正等轴测图。

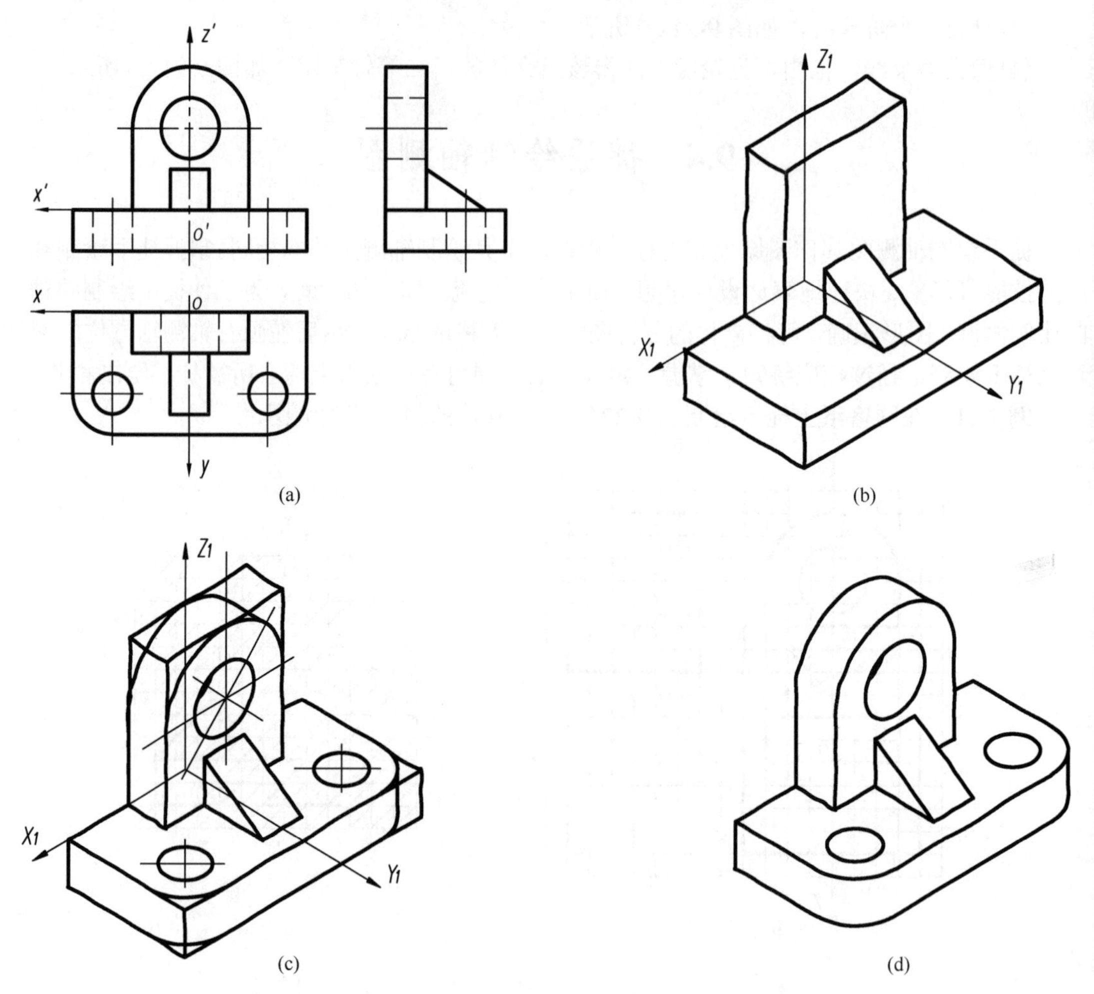

图 9-23 正等测徒手图画法

在白纸上徒手画轴测图时，也应先画出轴测轴，立体上与轴平行的线段应尽量与轴测轴平行，遇有圆或圆弧时，应先确定椭圆长短轴的方向，再勾画椭圆，具体作图步骤如下。

(1)在三视图上确定坐标轴和坐标原点，如图 9-23(a)所示。

(2)按目测比例，画出底板、拱形体、三棱柱的轮廓，如图 9-23(b)所示。

(3)画出底板、拱形体上椭圆的长短轴的方向线，勾画拱形体上的椭圆、椭圆弧及底板上的两个椭圆及圆角，如图 9-23(c)所示。

(4)擦去作图线，描粗可见轮廓线，完成的徒手轴测图如图 9-23(d)所示。

9.5 轴测剖视图

为了在轴测图上能同时表达立体的内外形状，可假想用剖切平面将立体的一部分切去，以表达立体的内部形状，这种剖切后的轴测图称为轴测剖视图。

1. 轴测剖视图的断面表示法

剖切面与立体的接触部分称为截断面，简称断面。为了表达断面形状，应在其上画出断面符号即剖面线，剖面线应画成等距、平行的细实线，正等测轴测图中的剖面线应沿着在三个轴的方向截取相同的距离绘制，如图 9-24(a)；斜二等轴测图中的剖面线应沿着 *OX*、*OZ* 轴方向截取相同的距离，沿着 *OY* 轴方向截取 1/2 距离绘制，如图 9-24(b)所示。

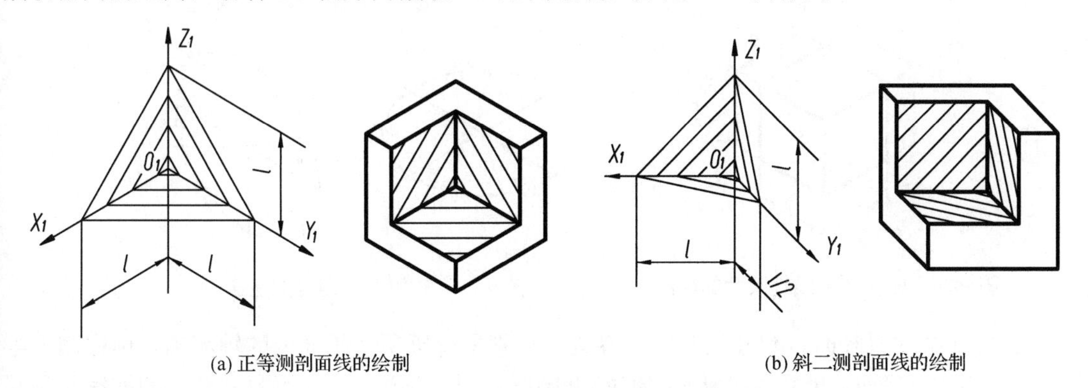

(a) 正等测剖面线的绘制　　(b) 斜二测剖面线的绘制

图 9-24　轴测剖视图的剖面线绘制

2. 轴测剖视图的画法

(1)确定剖切面和剖切位置。画轴测剖视图时，通常先画出立体的整体形状，再用平行于坐标面的两个互相垂直的平面，通过立体的对称平面剖切掉立体的 1/4，如图 9-25(a)所示。然后按规定在断面上画上剖面线，即可完成内外形兼顾的轴测剖视图，如图 9-25(b)所示。当表达回转体上局部结构时，应通过回转体的轴线剖掉适当部分以保证立体的整体不被破坏，如图 9-25(c)所示。

(2)当剖切平面纵向通过立体上肋板的对称平面时，这些结构都不画剖面线，而用粗实线将它与邻接部分分开。为了表达肋板的纵向断面，可在肋板轮廓内随意点画若干小黑点表示断面，如图 9-25(b)所示。

(3)表示立体中间折断或局部断裂时，断裂处的边界线应画波浪线，与坐标面平行的断面上画剖面线，在不规则的断裂区域内点画若干小黑点，如图 9-25(c)所示。

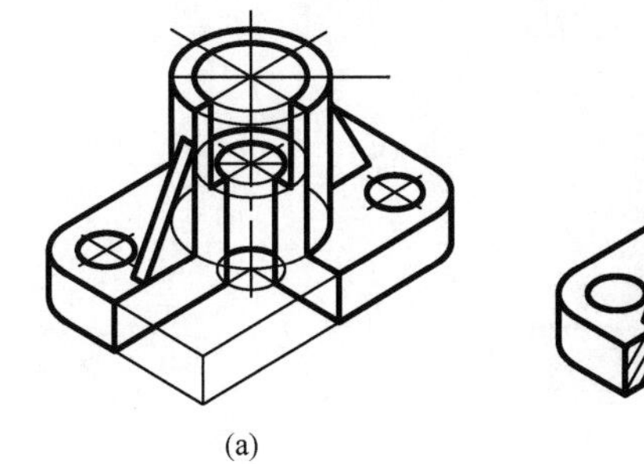

(a)

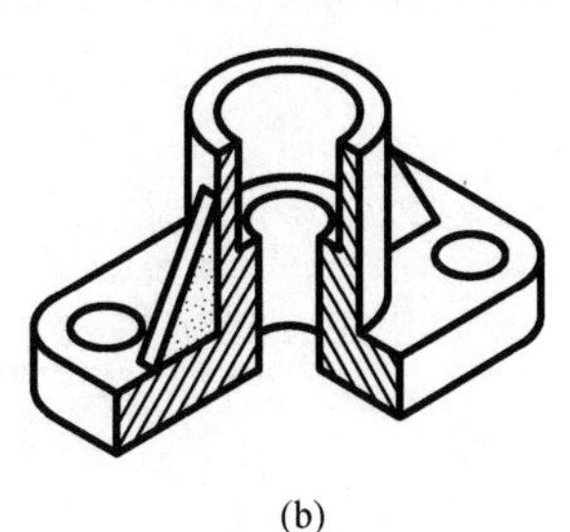

(b)

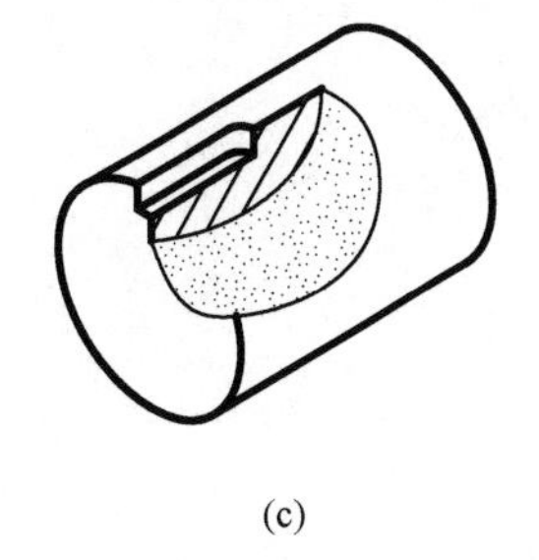

(c)

图 9-25　轴测剖视图画法

9.6　轴测图上的尺寸注法

轴测图上的尺寸应按 GB/T 4458.3 的规定进行标注。

(1)轴测图的线性尺寸，一般应沿轴测轴方向标注。尺寸数字应按相应的轴测图形标注在尺寸线的上方。尺寸线必须和所标注的线段平行，尺寸界线一般应平行于某一轴测轴。当在图形中出现字头向下时应引出标注，将数字按水平位置注写，如图 9-26 所示。

(2)标注角度的尺寸时，尺寸线应画成与该坐标平面相应的椭圆弧，角度数字一般注写在尺寸线的中断处，字头向上，如图 9-27 所示。

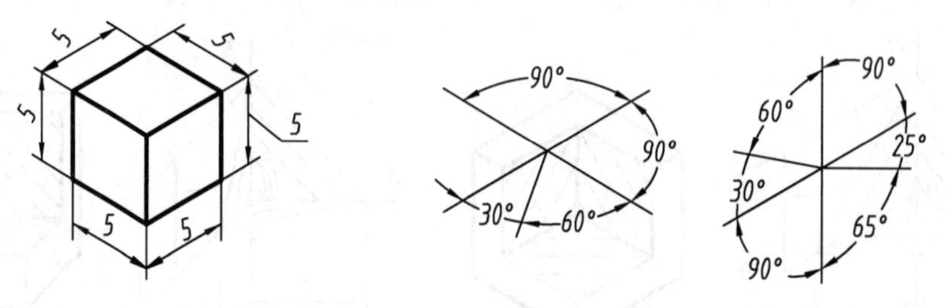

图 9-26 轴测图上线性尺寸的注法　　图 9-27 轴测图上角度的注法

(3)标注圆的直径时，尺寸线和尺寸界线应分别平行圆所在平面内的轴测轴。标注圆弧半径或较小圆的直径时，尺寸线可从(或通过)椭圆圆心引出标注，但注写尺寸数字的横线必须平行于轴测轴。图 9-28 给出了在轴测图中标注尺寸的示例。

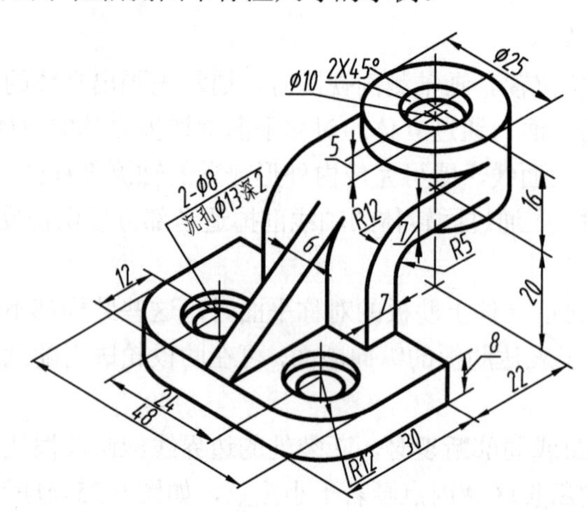

图 9-28 轴测图上的尺寸注法

第10章 读立体视图与构型分析

主要内容

读立体视图的要点；形体分析法、线面分析法读立体视图；立体构型分析。

学习要点

熟练掌握读立体视图的要点；能根据立体的结构特点选择不同的读图方法；能将特征视图和草图联系起来确定立体的形状以及立体的最佳成形过程。

画图是将空间三维立体用正投影法按一定规律绘制在二维图纸上。读图是通过对二维图纸上的视图进行阅读分析后，在大脑中想象复原三维立体，如有必要可用轴测图的方式或用三维设计软件将大脑中所想象的三维立体表达出来。因此画图和读图是“三维到二维，二维回三维”的两个互逆过程，二者联系紧密，相辅相成。

读立体视图的基本方法是形体分析法。对于切割体还要利用线面分析法分析立体上某些表面的形状和位置。

10.1 读立体视图的要点

读图时应掌握视图中的图线和线框的空间含义以及几个视图应联系起来看等要点。

1. 掌握视图中图线的空间含义

(1) 视图中的粗实线(虚线)表示有积聚性的平面或柱面、回转体转向线、立体表面交线等的投影。如果投影可见，用粗实线表示；投影不可见用虚线表示，如图10-1所示。

(2) 视图中的细点画线表示回转体的轴线、圆的中心线、对称立体的对称平面等，如图10-1、图10-2所示。

2. 掌握视图中线框的空间含义

视图上的每一个封闭线框，所表示的空间含义有：立体上的一个面(平面或曲面)的投影、一个通孔的投影、平面与曲面或两曲面相切的投影。如图10-1、图10-2所示。

视图中线框与线框的位置关系有相邻线框和线框套线框两种。

1) 相邻线框

视图上任何相邻的两个封闭线框，必然表示立体上的两个面，这两个面在空间可能错开或相交。因此，看图时要认真分析每一个线框，找出它们所对应的投影，以确定相邻两个面之间上下、左右、前后的相对位置，如图10-3所示。

2) 线框内套线框及重合线框

视图中大线框内套小线框或者大、小线框之间有部分图线重合，则表示小线框是在大线框所表示的面的基础上或者凸起或者凹下(叠加或挖切)，如图10-4、图10-5所示。

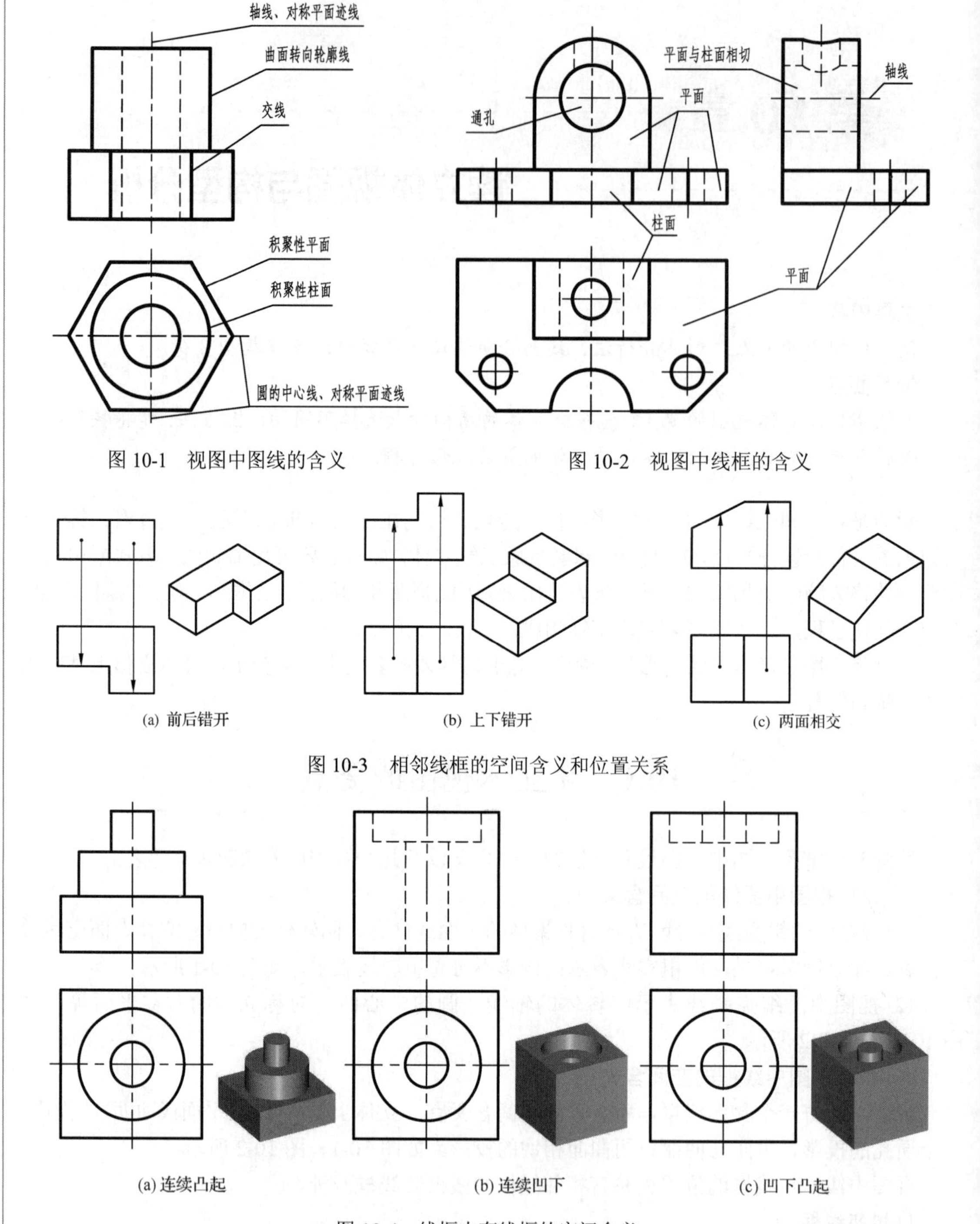

图 10-1　视图中图线的含义　　　图 10-2　视图中线框的含义

(a) 前后错开　(b) 上下错开　(c) 两面相交

图 10-3　相邻线框的空间含义和位置关系

(a) 连续凸起　(b) 连续凹下　(c) 凹下凸起

图 10-4　线框内套线框的空间含义

3. 几个视图联系起来看，找出特征视图

立体一般都需要两个或两个以上的视图才能表达清楚，因此看图时应将几个视图联系起来看，找出特征视图，才能准确识别立体或立体上各个部分的几何形状和成形过程。在图 10-6(a)、(b)、(c)所示立体的视图中，俯视图均为相同的两个同心圆，不反映形状特征。而它们的主视图形状各异，将主、俯视图联系起来看，它们所表达的是三个不同的回转体。

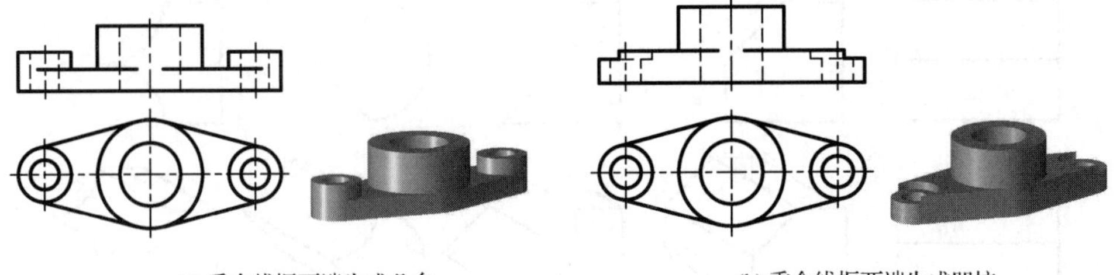

(a) 重合线框两端生成凸台　　(b) 重合线框两端生成凹坑

图 10-5　重合线框空间含义

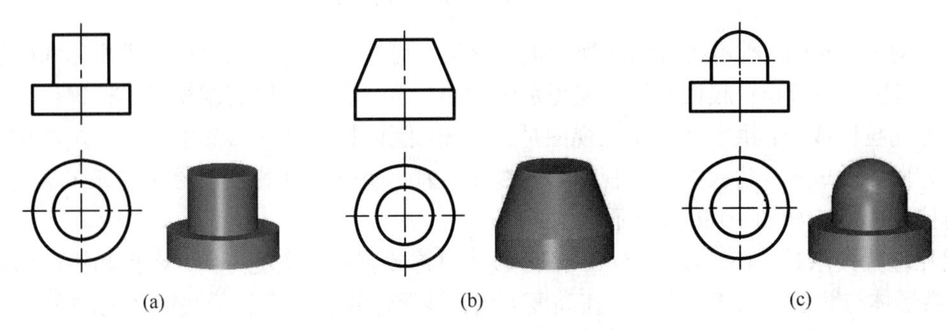

(a)　(b)　(c)

图 10-6　主视图是特征视图

对于所有回转体，当轴线垂直于投影面投射时，其非圆视图是特征视图。特征视图的作用是：它的外轮廓可作为立体形成的草图轮廓。例如图 10-6(a)、(b)、(c)所示立体的主视图是特征视图，三个回转体都是以主视图的二分之一外轮廓作为草图轮廓绕对称中心线(轴线)旋转而成。

在图 10-7(a)、(b)、(c)中，三个立体的主视图均相同，俯视图形状各异，两个视图联系起来可知俯视图是特征视图。因此图 10-7(a)、(b)、(c)所示立体的成形过程是以俯视图的外轮廓作为草图轮廓沿着高度方向拉伸形成柱体。

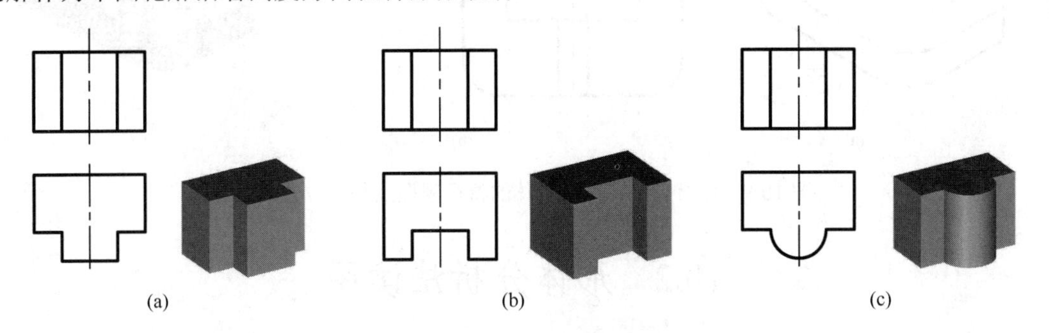

(a)　(b)　(c)

图 10-7　俯视图是特征视图

如果给出立体的两个视图中有一个是特征视图，则根据两个视图即可确定立体的空间形状，此时可不画第三视图。如果给出的视图都不是特征视图，则不能确定立体的空间形状。如图 10-8 中只看主、俯视图不能确定其空间形状，通过观察与其对应的四个左视图，可知所表达的是四个不同形状的立体，它们均以特征视图即左视图作为草图轮廓，沿着长度方向拉伸成柱体。

对于组合体，看图时应按投影关系找出各个组成部分的特征视图和成形方法以及相互之间的位置关系。

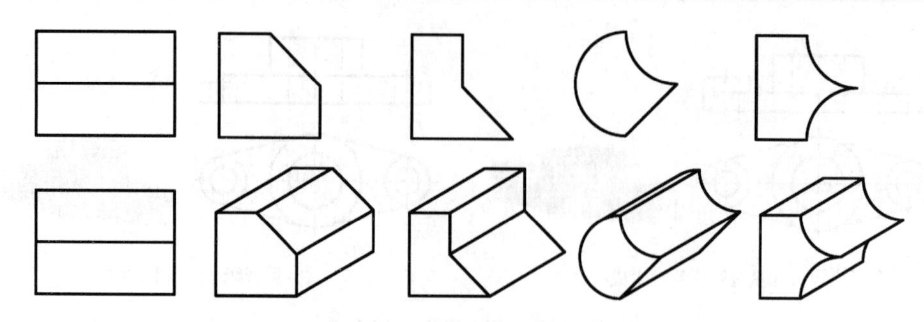

图 10-8 左视图是特征视图

例如对图 10-9(b)所示组合体的视图进行分析，可知该组合体由底板、拱形体和肋板叠加而成。按投影关系分析：底板的特征视图是俯视图，因此底板是以其俯视图的轮廓作为草图沿着高度方向拉伸成形；拱形体的特征视图是主视图，因此拱形体是以其主视图的轮廓作草图沿着宽度方向拉伸成形；肋板的特征视图是左视图，因此肋板是以其左视图的轮廓作草图沿着长度方向拉伸成形，如图 10-9(a)所示。

相互位置关系是：在长度方向，三部分形体对称放置；在宽度方向，底板和拱形体后表面相合，拱形体与肋板前后表面相合；在高度方向，拱形体和肋板叠加于底板之上，即它们的上、下表面相合，如图 10-9(c)所示。

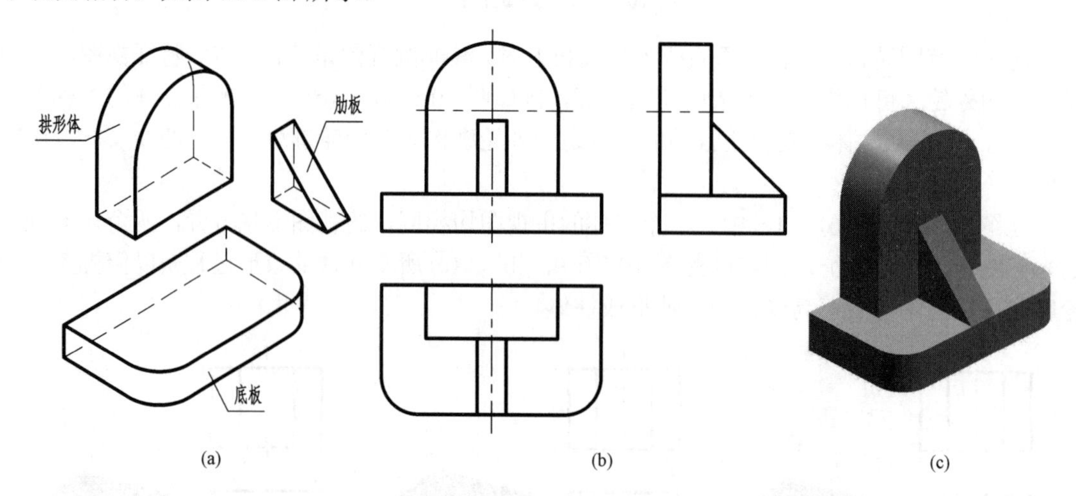

图 10-9 组合体中各部分形体的特征视图及相互位置关系

10.2 形体分析法读图

形体分析法是读图的基本方法，它主要用于分析组合式立体。这种读图方法的思路和步骤是：先将视图分为若干线框(也就是将组合体分成若干个部分)，再运用投影规律想象出各个线框所表示的立体形状及位置，最后综合起来想象出组合体的整体形状。该过程可概括为：看视图、分线框；对投影、识形体；定位置、想整体。

下面以图 10-10(a)所示组合体三视图为例，说明用形体分析法读图的具体方法和步骤。

1. 看视图、分线框

分线框时以粗实线围成的线框为主，例如在主视图中分出 *I*、*II*、*III*、*IV*、*V* 五个线框，如图 10-10(a)所示(根据需要也可在其他视图中分线框)。

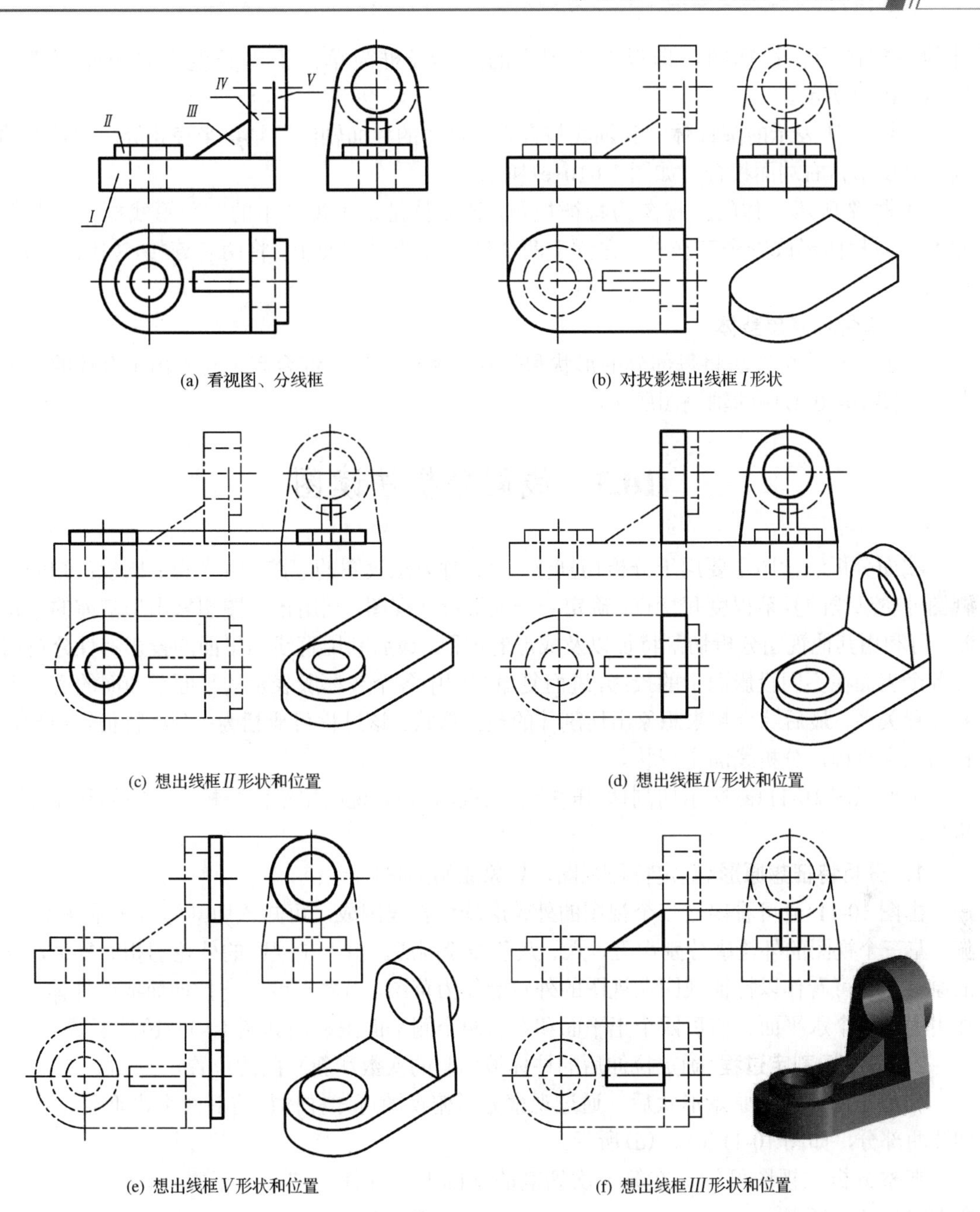

(a) 看视图、分线框　(b) 对投影想出线框Ⅰ形状

(c) 想出线框Ⅱ形状和位置　(d) 想出线框Ⅳ形状和位置

(e) 想出线框Ⅴ形状和位置　(f) 想出线框Ⅲ形状和位置

图 10-10　形体分析法读图的步骤

2．对投影、识形体

按照三视图的投影规律，将主视图中所分的线框，依次对应到俯、左视图上，即可想出各个线框所表示的立体形状。例如将图 10-10(b)主视图中的矩形线框Ⅰ对到俯视图是拱形线框，对到左视图是矩形线框，三个视图联系起来可知俯视图是特征视图，即线框Ⅰ是以俯视图中的拱形线框为草图沿着高度方向拉伸而成的拱形体，如图 10-10(b)所示。

线框Ⅱ所表示的形体是叠加于拱形体之上的圆柱，圆柱与拱形体柱面同轴，俯视图中的小圆表示通孔，如图 10-10(c)所示。

线框Ⅳ所表示的立体是叠加于拱形体(Ⅰ)之上的直立拱形体，两者右端面相合。该拱形体的左视图为特征视图，即以左视图中的拱形线框为草图沿着长度方向拉伸而成，如图 10-10(d)所示。

线框 *V* 所表示的圆柱体，其轴线与直立拱形体的柱面轴线同轴、半径相等，圆柱左端面与直立拱形体右端面相合，如图 10-10(e)所示。

线框 *Ⅲ* 所示立体的主视图为特征视图，该立体是以主视图中的三角形线框为草图沿着宽度方向拉伸形成一个三棱柱。它置于两个拱形体的对称面上，将两者连接，如图 10-10(f)所示。

3．综合起来想整体

按照上述分析方法将每部分的形状和位置关系确定后，综合起来想象出组合体的整体形状，如图 10-10(f)中的轴测图所示。

10.3　线面分析法读图

线面分析法读图主要用于分析切割体。用这种方法读图的思路和步骤是：比较已知的几个视图外轮廓线的复杂程度和特点，确定一个成形特征视图，利用该视图想象出切割前的原始形状。再利用其他视图分析切割特征以及成形的过程。最后利用直线和平面的投影特性分析切割体各个表面在不同投影面上的投影，进而复原视图中各个线框所表示的平面或曲面的实际形状和位置关系，最后综合起来想象出切割体的整体形状。该过程可概括为：分析特征定原形，分析切割定过程，分析线面定形状。

下面以图 10-11(a)所示切割体(压块)的三视图为例，说明用线面分析法读图的具体方法和步骤。

1．分析特征想原形(确定特征视图，想象原始形状)

由图 10-11(a)可看出，三个视图的外轮廓均由直线围成，可知该切割体为平面立体。主、俯、左三个视图的外轮廓分别由五、六、八条线段围成。由于左视图的外轮廓相对复杂，压块的原始形状可看作以特征视图左视图的外轮廓作为草图，沿着长度方向拉伸而成的柱体。该柱体由上下四个水平面、前后四个正平面和左右两个侧平面围成，如图 10-11(b)所示。

2．分析切割定过程(确定拉伸后的柱体被切割的次数和新平面的位置)

利用左视图确定原始形状后，通过观察分析俯视图可知柱体被前后两个铅垂面(*P* 平面)切掉两部分，如图 10-11(c)、(d)所示。

观察分析主视图可知，在第一次切割的基础上，柱体又被一个正垂面切掉左上角，如图 10-11(e)、(f)所示。

3．分析线面定形状(分析截切后各表面形状)

(1)由以上对切割过程的分析，可知俯视图中的直线 p 为铅垂面，按投影关系对到主、左视图时可知前后两个平面是七边形，如图 10-11(a)所示。

(2)主视图中的直线 q' 为正垂面，按投影关系对到俯、左视图时，可知该正垂面是梯形平面，如图 10-11(a)所示。

(3)俯视图中的两个同心圆(线框套线框)，按投影关系对到主、左视图时，是相同的两个图形，如图 10-11(g)所示，由此可知是在压块上顶面挖去两个同轴圆柱而形成的阶梯孔。

将截切后形成的各个新表面的形状和位置确定后(1 个正垂面，2 个铅垂面)，再对被截

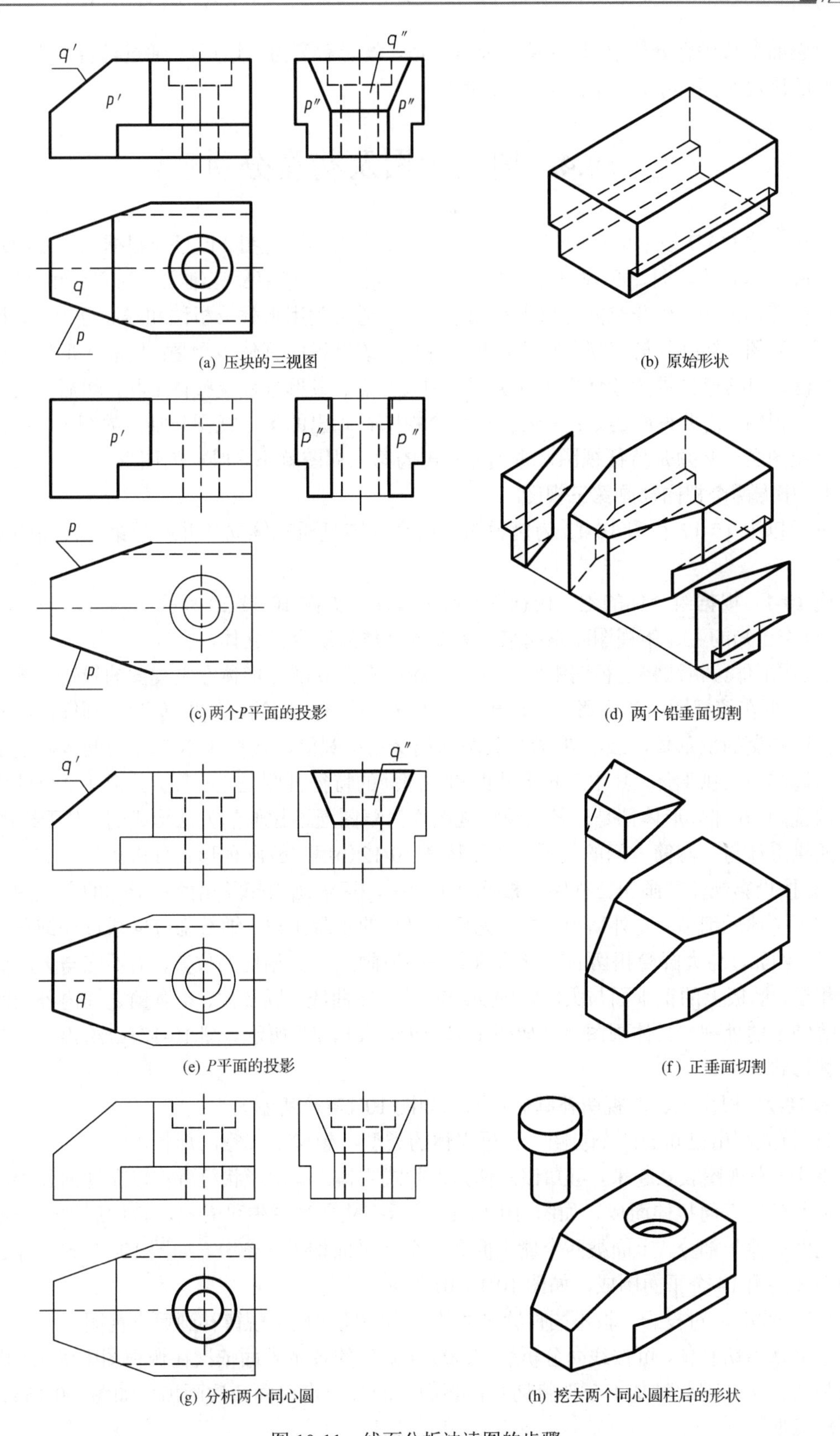

(a) 压块的三视图　(b) 原始形状

(c) 两个P平面的投影　(d) 两个铅垂面切割

(e) P平面的投影　(f) 正垂面切割

(g) 分析两个同心圆　(h) 挖去两个同心圆柱后的形状

图 10-11　线面分析法读图的步骤

切的原表面形状进行分析(如顶面截切前是矩形，截切后变为六边形)。通过综合分析，最后想象复原的压块空间形状，如图 10-11(h)所示。

10.4 阅读视图及构型分析

利用三维 CAD 技术可将构建的三维立体自动生成二维视图。但目前根据二维视图却无法自动生成三维立体，因此必须熟练掌握阅读二维视图、想象复原三维立体的方法和过程。

训练读图能力，培养空间想象力和图示能力，通常利用形体分析法和线面分析法，根据立体的两个视图，补画其第三视图这一过程来完成。该过程的具体步骤是：按前述形体分析或线面分析法，根据已知视图读懂立体的类型、构成特点、成形过程及整体形状，然后按投影关系补画第三视图。需要说明的是：若要根据两个视图补画出的第三视图是唯一的图形，那么给出的两个视图之一必须是特征视图，否则补画出的第三视图就不是唯一的图形。

1．根据两个视图补画第三视图

下面以图 10-12 和图 10-13 为例说明由两个视图复原三维立体并补画第三视图的方法和步骤。

例 10-1 根据组合体的主、俯视图补画左视图，如图 10-12(a)所示。

(1)将已知的主、俯视图联系起来，可知该立体为组合式立体。

(2)按形体分析法将主视图中所分的 6 个线框看作 6 部分形体在主视图的投影，再分别找出 6 个线框在俯视图中的投影。从而确定线框 *I* 为底部小圆筒，线框 *II* 为大圆筒，线框 *III* 为与大圆筒相交的拱形体，线框 *IV* 为与大圆筒相交的小圆筒，线框 *V* 为三角形肋板，线框 *VI* 为与大圆筒相切的拱形体。其中三角形肋板和小圆筒的特征视图是主视图，其余 4 部分的特征视图是俯视图，6 部分形体都是以各自特征视图作为草图通过拉伸的方法形成的。对于线框 *VI* 所表示的拱形体与大圆筒之间的关系，可以按图 10-12(b)和(c)两种形式分析。

(3)按投影规律补画第三视图。根据以上分析，逐一画出想象出的各形体的左视图。画图时可按先主体后细节、先外后内、先可见后不可见的步骤画出。细节部分应通过仔细分析后正确画出。例如，与大圆筒相切的拱形体的上表面应画到与其相切的位置，而不应与大圆筒的轮廓线相交，肋板上的正垂面与大圆筒的交线应为一段曲线，以及大、小圆筒之间内外表面的相贯线等细节的处理。具体画图步骤如图 10-12(d)、(e)、(f)所示。图 10-12(g)给出了该组合体的整体形状。

例 10-2 根据主、左视图补画俯视图，如图 10-13(a)所示。

(1)首先利用已知的两个视图，分析立体的类型，想象出其空间形状。

将主、左视图联系起来，可知该立体为切割式立体。原始形状可看作以左视图外轮廓作为草图沿着长度方向拉伸而成，如图 10-13(b)所示；从主视图中可看出，拉伸后被一个正垂面将其左面切掉一部分，上面被两个侧平面和一个水平面切掉一部分，如图 10-13(c)所示；复原的切割体共由 14 个平面围成，如图 10-13(d)所示。

(2)分线框，对投影，按不同位置平面的投影特性和投影规律补画第三视图。

该立体为切割体，可按线面分析法将围成切割体的各个表面依次在俯视图中画出。由于补画的是俯视图，因此可从上至下将切割体表面上的各个水平面依次画出，如图 10-13(e)中 6 个矩形线框。

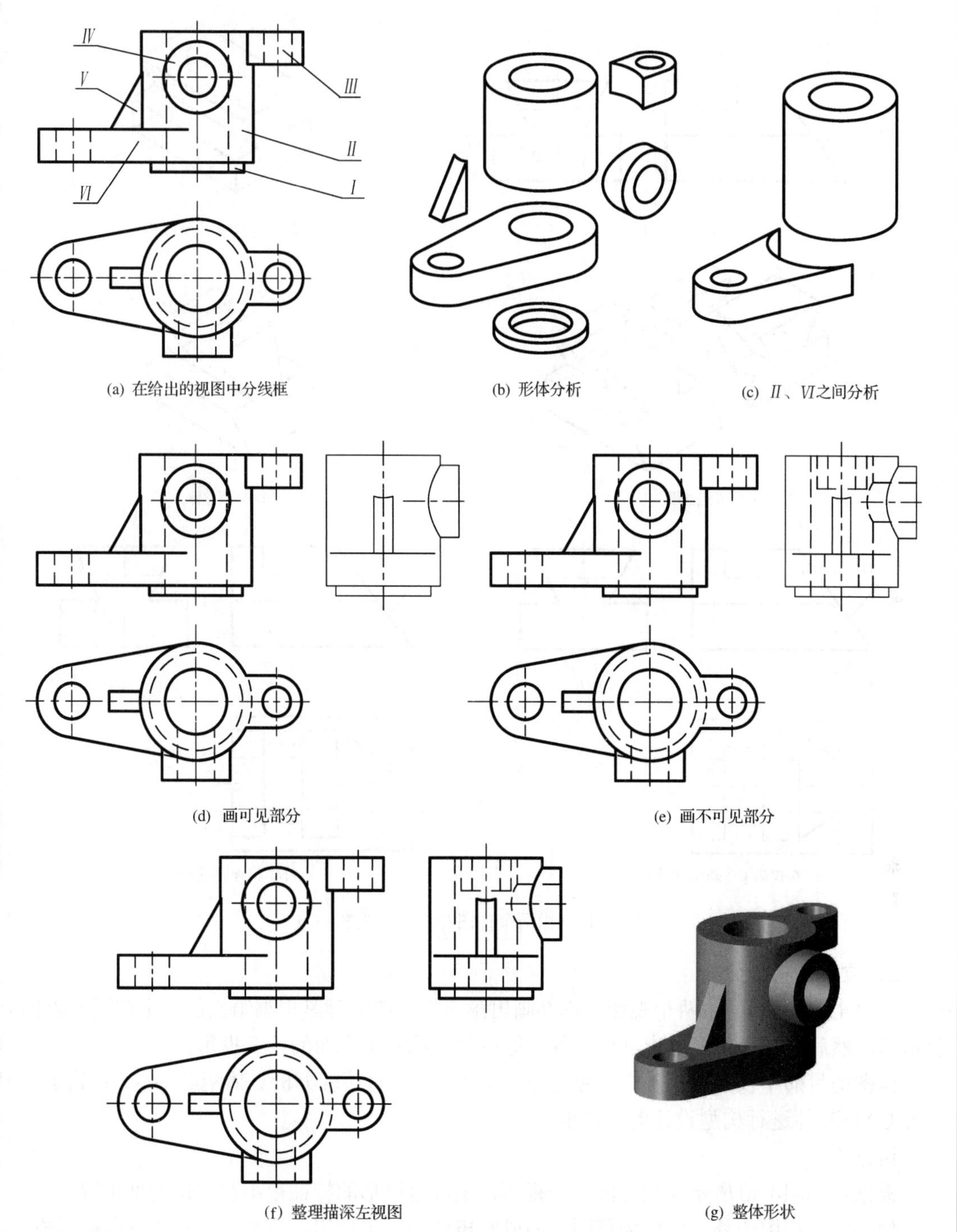

(a) 在给出的视图中分线框　(b) 形体分析　(c) Ⅱ、Ⅵ之间分析

(d) 画可见部分　(e) 画不可见部分

(f) 整理描深左视图　(g) 整体形状

图 10-12　由两个视图补画第三视图

图 10-12

正垂面 P 的形状由左视图可看出是八边形，根据垂直面的投影特性，可知其水平投影与侧面投影的形状类似，也应是八边形。通过分析，补出所缺图线如图 10-13(e)俯视图中的粗实线，即完成正垂面 P 的水平投影。最后检查描深图线，完成补画的视图如图 10-13(f)所示。

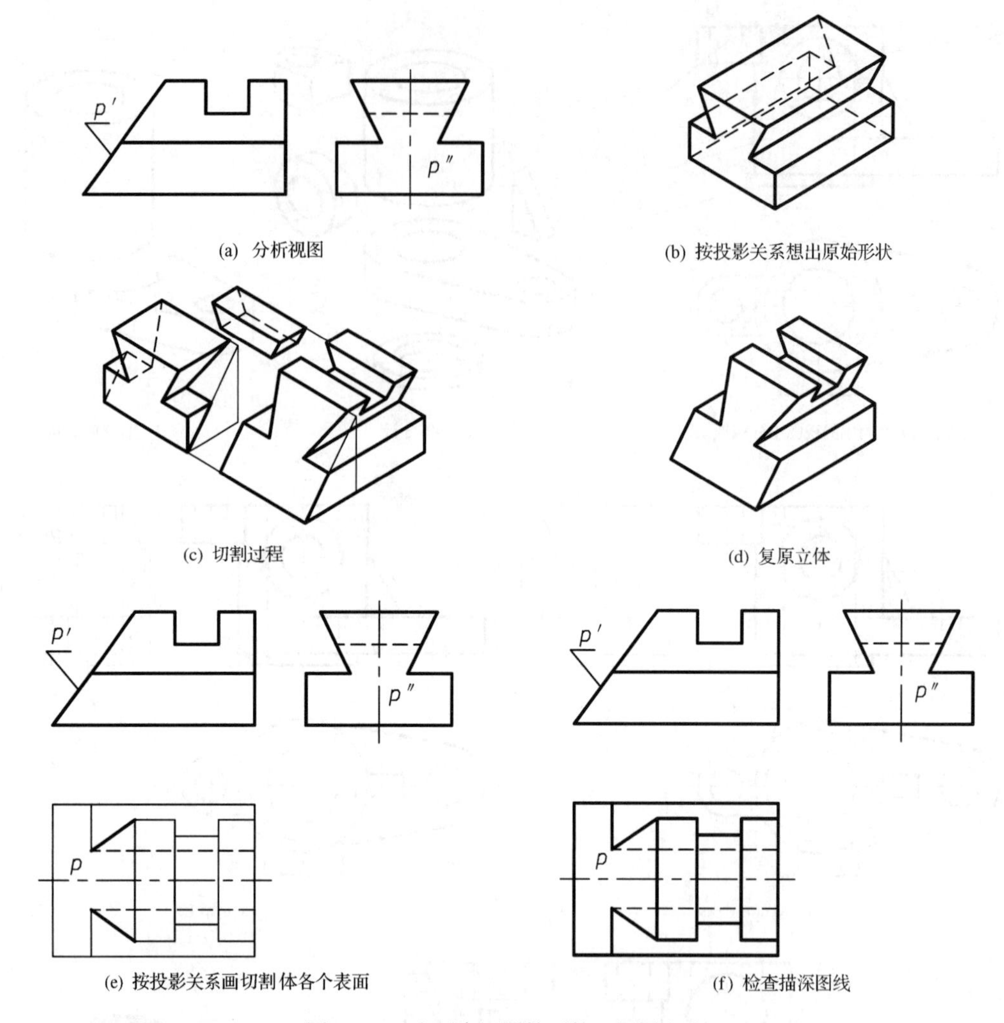

(a) 分析视图
(b) 按投影关系想出原始形状
(c) 切割过程
(d) 复原立体
(e) 按投影关系画切割体各个表面
(f) 检查描深图线

图 10-13 由两个视图补画第三视图(二)

2. 立体的构型分析

从以上作图可知，由两个视图正确补画出第三视图的关键是根据给出的两个视图想象出立体形状，然后按投影关系画出立体上各个组成部分或各个表面的第三投影。

读图的目的不仅是在大脑中想象复原立体形状，同时还应分析立体构成特点，并确定利用三维 CAD 软件进行构型设计的最佳步骤。

讨论 1

根据图 10-14(a)所示切割体的三个视图，试确定原形的特征视图和最佳构型步骤。

如果以俯视图的外轮廓作为草图拉伸成四棱柱后，需要用八个平面、两个方向截切成形，如图 10-14(b)所示；如果分别以主、左视图的外轮廓作为草图拉伸成柱体后，各需要用四个平面、一个方向截切成形。从以上分析可知，在读图过程中应以外轮廓线段较多的视图作为原形特征视图，然后在其他视图中分析切割特征。图 10-14(c)、(d)所示的成形过程要比图 10-14(b)所示的成形过程简捷。

讨论 2

分析图 10-15(a)所示立体的三个视图，其中俯视图是特征视图，用形体分析法结合线面分析法可理解为该立体的原始形状是一拱形柱体，经过 5 次切割形成切割式立体，如图 10-15(b)所示。

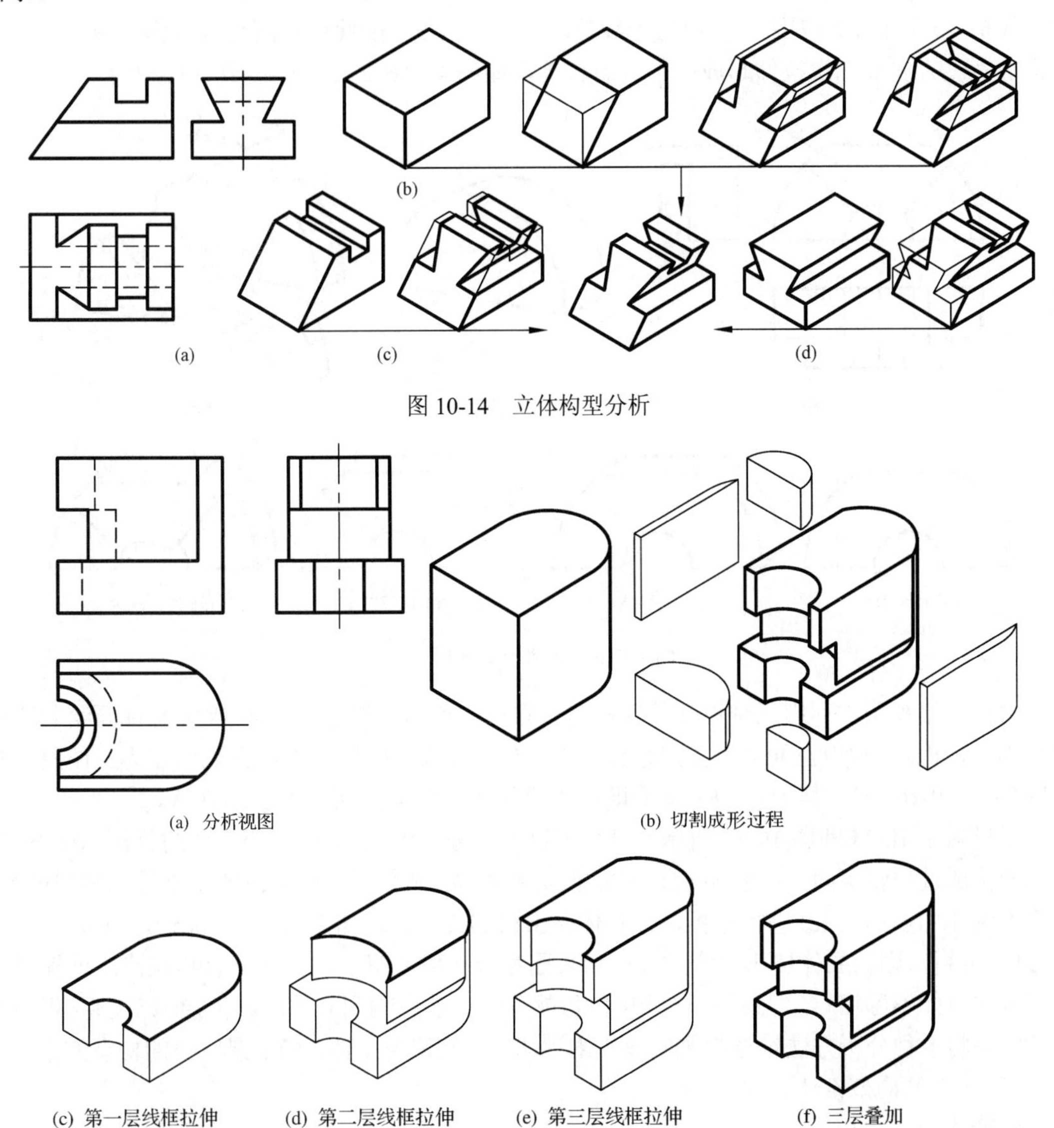

图 10-14　立体构型分析

图 10-15　立体构型分析

图 10-14

另一种分析方法是，俯视图中具有线框与线框重合的特点，按投影关系将俯视图分解为三个线框，通过主、左视图可看出每个线框所对应的高度，因此可将三个线框作为三个草图顺次沿着高度方向三次拉伸形成叠加的组合体，拉伸过程如图 10-15(c)、(d)、(e)、(f)所示。

从以上讨论可知，两种分析方法得到的结果相同，但构成过程完全不同，在三维 CAD 中后者的构型过程很容易实现，而前者就要复杂得多。

因此，根据二维视图利用三维 CAD 软件复原成三维立体，对立体构成过程的分析显得尤为重要。

讨论 3

分析图 10-16(a)所示立体的三个视图，其中主视图是特征视图，用以上分析法可知该立体的原始形状是半圆柱体，经过 4 次切割形成切割式立体，如图 10-16(b)、(c)所示。

另一种分析方法是，主视图中具有重合线框的特点，按投影关系将主视图分解为 1 和 2 两个线框，通过俯、左视图可看出每个线框所对应的宽度，因此可将两个线框作为两个草图顺次沿着宽度方向经 2 次拉伸形成叠加式组合体，如图 10-16(d)、(e)、(f)、(g)所示。

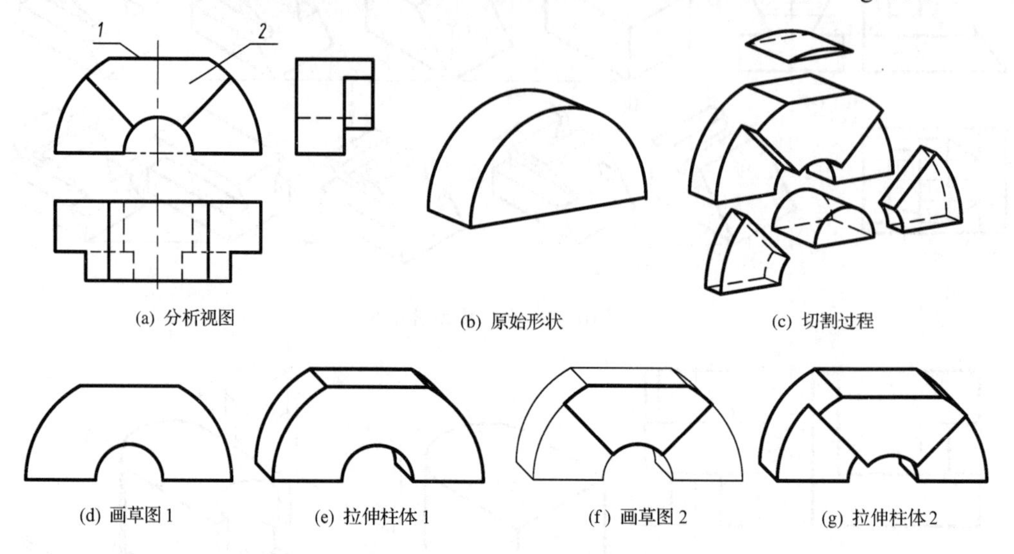

(a) 分析视图 (b) 原始形状 (c) 切割过程

(d) 画草图 1 (e) 拉伸柱体 1 (f) 画草图 2 (g) 拉伸柱体 2

图 10-16 立体构型分析(二)

根据二维视图，利用三维设计软件构建该立体的具体步骤是：先在 *XOZ* 坐标面绘制草图 1(图 10-16(d))，利用拉伸命令生成柱体 1(图 10-16(e))，以柱体 1 的前表面作为工作面绘制草图 2(图 10-16(f))，再利用拉伸命令即可生成如图 10-16(g)所示的三维立体。

通过对图 10-15 和图 10-16 所示立体构型过程的分析可知，对同一个立体的分析思路不同，立体的构成过程就不同。过程不同，立体的归类就不同。例如图 10-16(a)所示立体的构型过程，如果按图 10-16(b)、(c)进行分析，该立体属于切割式立体；如果按图 10-16(d)、(e)、(f)、(g)进行分析，则该立体属于两个柱体前后表面相合构成的组合式立体。显然在读图过程中，分析方法可能不尽相同，但最终结果相同。虽然分析方法影响到立体的归类，但归类并不重要，重要的是将各种分析方法结合起来阅读二维视图，快速识别立体，确定最简捷的构型方案，用于三维 CAD 的构型设计之中。

讨论 4

分析图 10-17(a)所示立体的两个视图，可知该立体的俯视图是成形特征视图，主视图是切割特征视图，两个方向的草图如图 10-17(b)所示。成形过程是以俯视图的圆作为草图沿着高度方向拉伸成圆柱，再以主视图的轮廓沿着前后方向进行切割，这个组合过程相当于两个方向拉伸成两个柱体的布尔交集，如图 10-17(c)所示。两个动作构成的立体如图 10-17(d)所示。

三维 CAD 中利用布尔交集的原理，可将二维视图中的两个方向的特征轮廓作为草图拉伸成两个柱体后，一次合成三维实体。例如根据图 10-17(a)所示的二维视图，生成其三维实体时，只须在 *XOY* 坐标面(*H* 面)画俯视图上的圆，在 *XOZ* 坐标面(*V*)上画主视图上的投影轮廓，如图 10-17(b)所示，然后执行“合成”命令，则一步生成如图 10-17(d)所示的三维实体。

利用三维 CAD 技术中的“合成”功能生成三维实体的条件是：所给出的两个视图，都具有相应方向拉伸成形的特征轮廓。例如图 10-18(a)所示的立体，也可以用“合成”功能一步生成三维实体(前面已经讨论了它的另外两种生成方法)，生成实体的草图如图 10-18(b)所示。两个方向的草图合成的三维实体如图 10-18(c)所示。

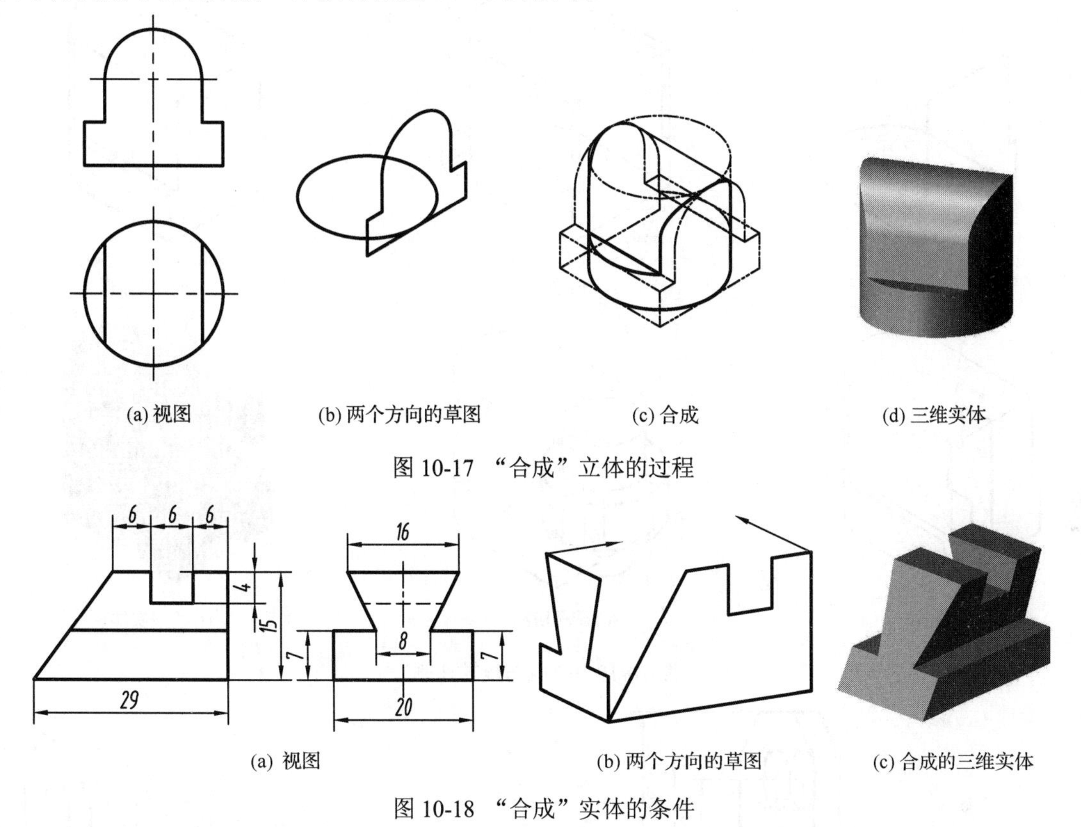

(a) 视图　(b) 两个方向的草图　(c) 合成　(d) 三维实体

图 10-17 “合成”立体的过程

(a) 视图　(b) 两个方向的草图　(c) 合成的三维实体

图 10-18 “合成”实体的条件

三维 CAD 技术为阅读立体的二维视图、想象并生成其三维立体提供了新的方法，新方法使读图变得简单，思维空间更加广阔，立体的构型过程得以简化。

讨论 5

例如前述图 10-15(a)所示的立体，传统的成形过程只能是在原始形状的基础上，经过 5 次切割成形，如图 10-15(b)。利用 CAD 技术可经 3 次拉伸成形，如图 10-15(c)、(d)、(e)所示。另外还可以先“合成”再切割，2 步成形：第一步，在两个坐标面(*H*、*W*)画俯、左视图的外轮廓，如图 10-19(a)所示，利用“合成”功能生成原形，如图 10-19(b)、(c)所示；第二步，由于立体上切去的三个圆柱面同轴，可将三个柱面在主视图的投影轮廓作为草图，如图 10-19(d)所示。再利用旋转切除的功能，可将三个柱面一次切成，成形过程如图 10-19(e)所示。图 10-19(f)是生成的三维实体。

讨论 6

在实际设计工作中，并不是所有立体都用主、俯、左三个视图来表达，有时立体上的某些结构的投影轮廓不反映实形，例如图 10-20 所示的右侧立板，如果根据主、俯视图补画左视图，其左视图仍不反映实际形状。因此可利用换面法的原理画出立板的 *A* 向斜视图，如图 10-20(b)所示，根据主、俯视图和 *A* 向斜视图就可以利用三维软件生成三维模型。

具体过程是：将拱形柱体俯视图的轮廓作为草图绘制在 *XOY* 坐标面上，进行拉伸生成拱形柱体(图 10-21(a))；选择拱形柱体的右侧面作为绘制草图的平面，将 *A* 向斜视图的轮廓绘制在该平面上(图 10-21(b));继续进行拉伸成形操作(图 10-21(c))。构成的立体如图 10-21(d)所示。

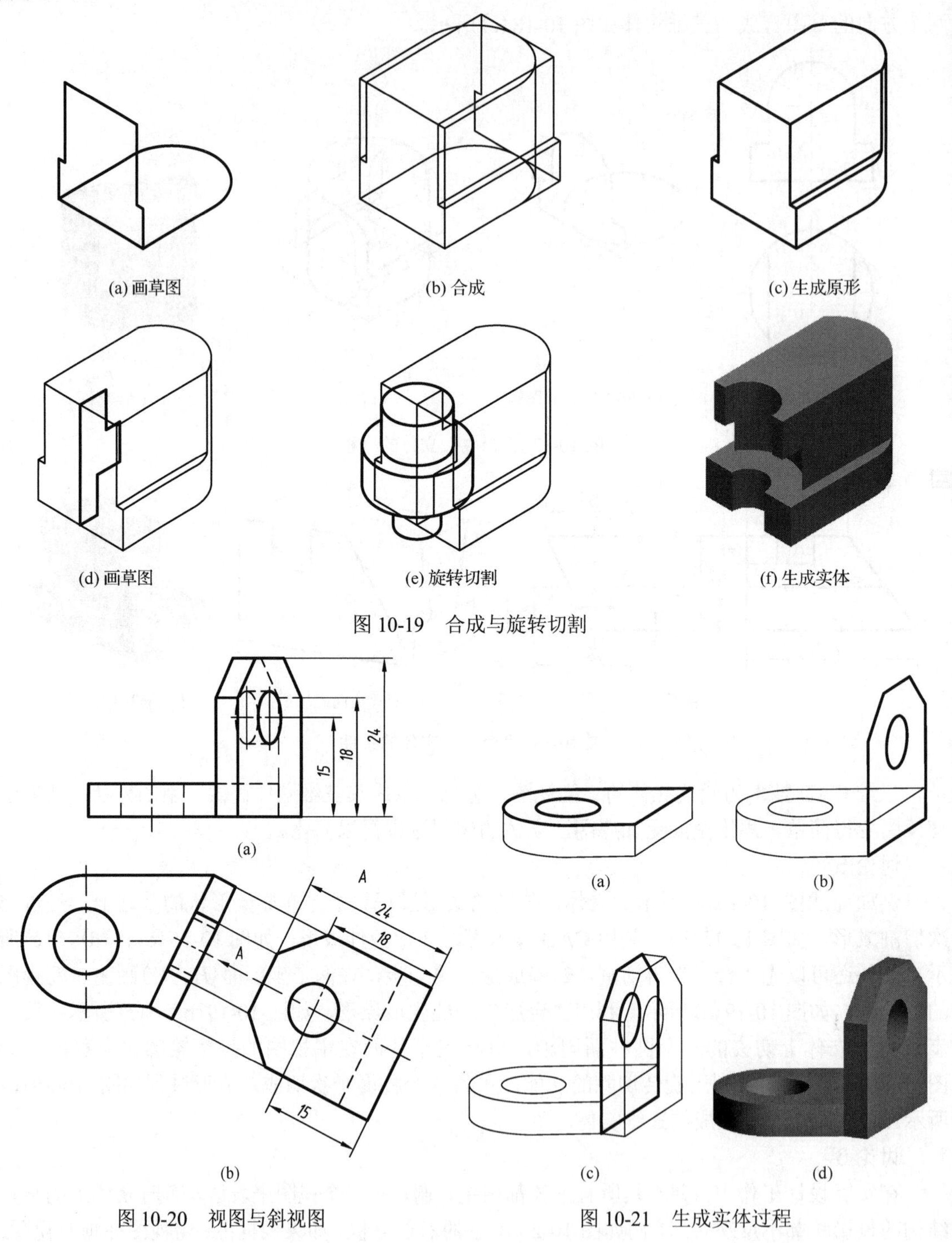

图 10-19 合成与旋转切割

图 10-20 视图与斜视图

图 10-21 生成实体过程

第 11 章 立体上的尺寸分析及标注

主要内容

利用形体分析法和线面分析法在立体的视图上标注尺寸。

学习要点

掌握定形尺寸、定位尺寸及尺寸基准的概念；能熟练地确定长、宽、高三个方向的主要尺寸基准；做到尺寸标注正确、完整、清晰。

视图只能表示立体的形状，立体的真实大小及立体上各个部分的相对位置则要靠尺寸来确定。标注立体的尺寸应满足以下三条要求：

(1) 尺寸标注要正确。即尺寸界线、尺寸线、尺寸数字的注写，应符合国家标准有关尺寸注法的规定。

(2) 尺寸标注要完整。即通过一组尺寸将立体上各结构的形状、大小和相对位置确定下来。该组尺寸不应有多余尺寸和少注尺寸的情况。

(3) 尺寸标注要清晰。即每个尺寸都应该注写在适当位置，以便于看图，不引起误解。

11.1 立体上的尺寸分类

立体的尺寸按其作用可分为定形尺寸、定位尺寸和总体尺寸三种。

下面以图 11-1、图 11-2 所示的组合体为例说明三种尺寸的概念和作用。

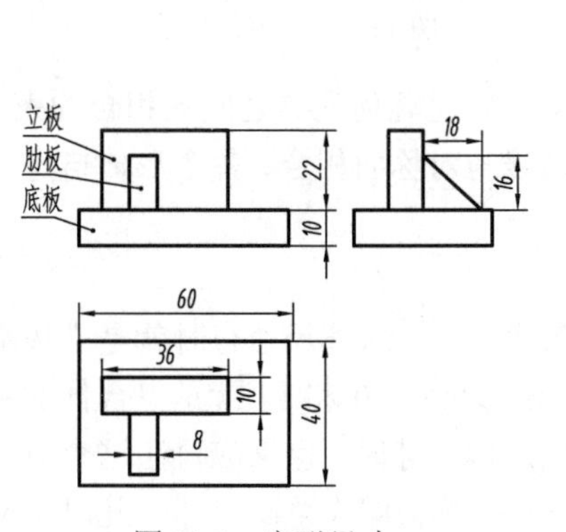

图 11-1　定形尺寸

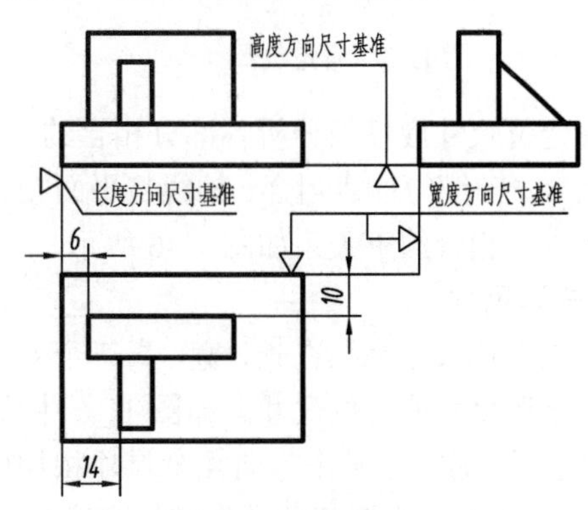

图 11-2　定位尺寸

1．定形尺寸

确定立体各组成部分大小的尺寸，称为定形尺寸。图 11-1 中所注的尺寸均为定形尺寸，这些尺寸确定了组合体中底板、立板和肋板的形状和大小。

2．定位尺寸

确定组合体各组成部分之间相对位置的尺寸，称为定位尺寸。标注定位尺寸时，首先应在长、宽、高三个方向各选一个尺寸基准，以便从基准出发标注定位尺寸。通常选择立体的对称面、各形体同方向相合时形成的较大平面，以及回转体的轴线等几何元素作为尺寸基准。

图 11-2 中长、宽、高三个方向的基准分别以底板的左、后、下面为基准。从基准出发注出的 6、14 和 10 三个尺寸均为定位尺寸。这些尺寸确定了组合体中三部分之间的相对位置。

组合体定位尺寸的数量与组合体的复杂程度及各形体间的相对位置有关系，当各形体间在某个方向上具有相合的情况时，即这个方向的相对位置为 0，则无须标注这个方向的定位尺寸。

例如，当图 11-3 中三块板的组合位置变成图 11-4 时，则长度方向基准应选对称面，宽度方向基准应选底板与立板相合的后表面，高度方向基准应选底板的下表面。三块板在长度方向上对称放置，宽度方向上立板前表面与肋板后表面相合。高度方向立板和肋板的下表面均相合于底板上表面，因此三个方向上无须标注定位尺寸。从图 11-3 和图 11-4 可看出，各部分形体大小不变、相互位置变化时，基准及尺寸数量也随之变化。立体上各个结构同一方向的定位尺寸不一定都出自一个基准，同一方向，可以有几个基准，但只能有一个主要基准，其他为辅助基准。主、辅基准之间应有尺寸联系，如图 11-5 所示。

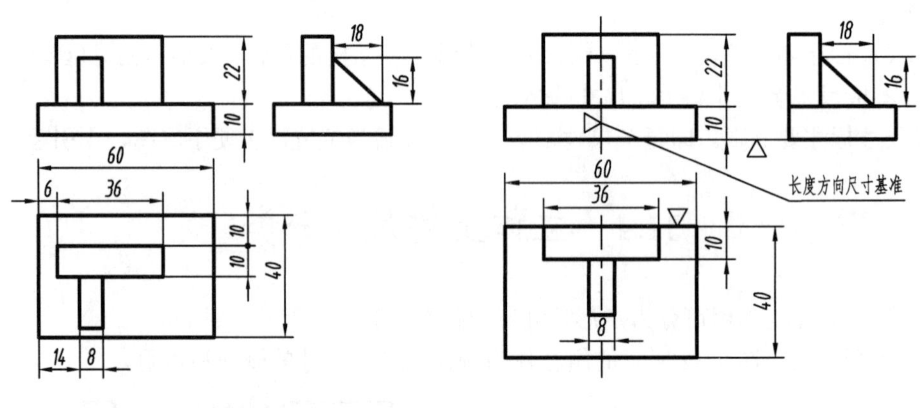

图 11-3 有定位尺寸　　图 11-4 无定位尺寸

标注定位尺寸应仔细分析各部分相合约束的情况。常见几何元素之间的相合约束有：平面与平面相合、轴线与轴线相合、轴线与平面相合或轴线与对称面相合、各个形体自身对称面与基准面相合。相合约束关系如图 11-6 所示。

3．总体尺寸

立体的总体尺寸是指在长、宽、高三个方向的最大尺寸。总体尺寸有时就是立体上某个基本形体的定形尺寸或定位尺寸。如图 11-6 中底板的定形尺寸 30 和 14 就是组合体的总长、总宽，无须重复标注。当某个方向几个尺寸相加可得到总体尺寸时，也不应再注这个方向的总体尺寸。如图 11-7(a)视图中两个形体的高度尺寸 10 和 22 相加即为总高尺寸，此时不应再注尺寸 32。如需要直接注出总体尺寸，则应对尺寸进行调整，减掉一个次要尺寸，如图 11-7(b)所示。当组合体某个方向的形体具有回转面时，不应注出总体尺寸(如图 11-7(c)所示)，而应注出轴线的定位尺寸和回转面的半径或直径尺寸(如图 11-7(d)所示)。

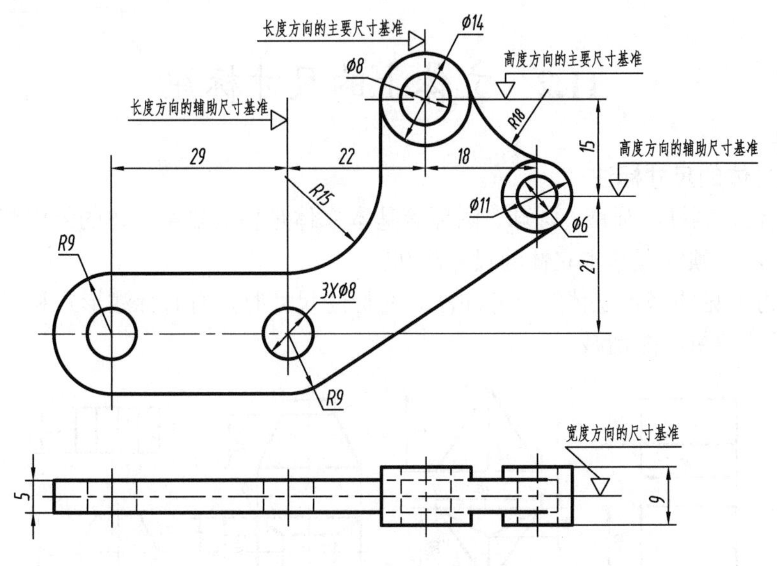

图 11-5　主要基准与辅助基准

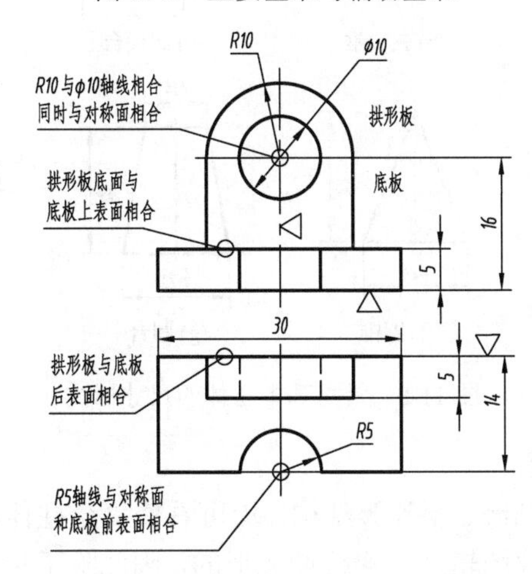

图 11-6　相合约束

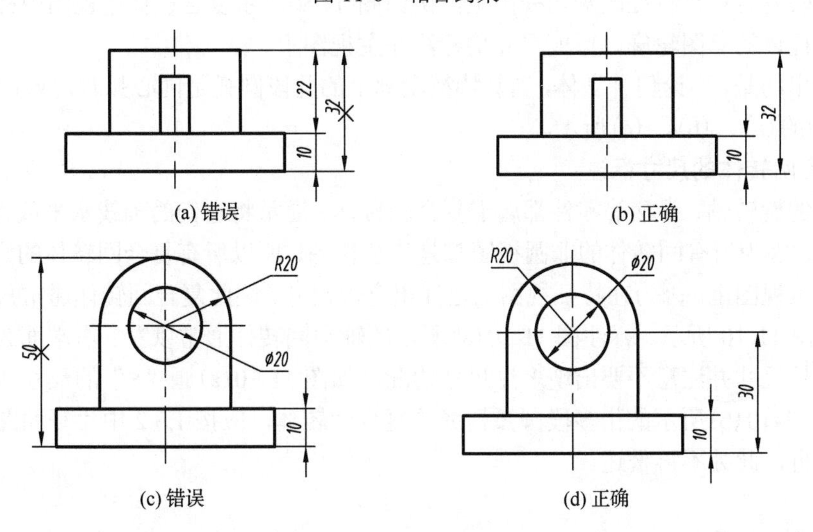

(a) 错误　(b) 正确

(c) 错误　(d) 正确

图 11-7　总体尺寸的标注

11.2 立体上的尺寸标注

1. 基本立体的尺寸标注

棱柱、棱台、圆柱、圆锥、圆球、圆环等基本立体是构成复杂立体的组成部分，要标注复杂立体的尺寸，必须掌握基本立体的尺寸注法。

图 11-8 为常见的基本立体的尺寸注法。在标注尺寸时，有时标注形式和尺寸位置可能有所改变，但尺寸数量不能增减。

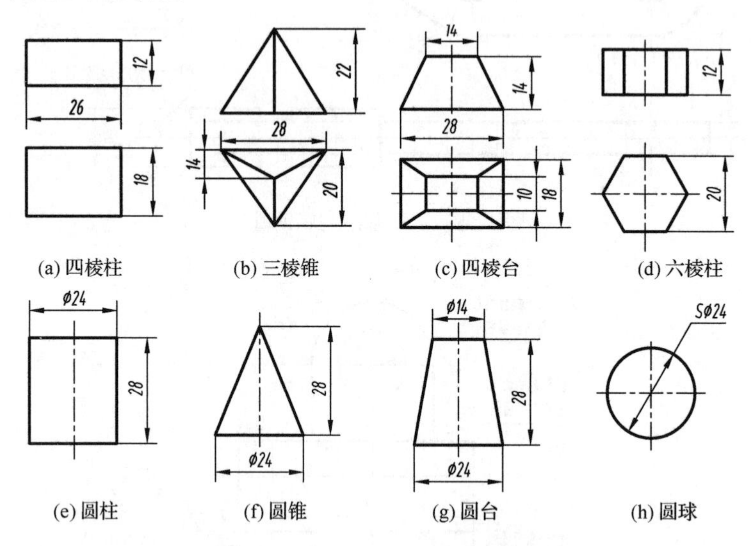

图 11-8 常见基本立体的尺寸标注

2. 复合柱体的尺寸标注

常见于机件上的底板、凸缘、垫片等结构，均可看作复合柱体，它们的尺寸注法如图 11-9 所示。由于复合柱体是基于草图轮廓一次拉伸成形的，因此除了拉伸的厚度尺寸外，其余尺寸均标注在反映复合柱体特征轮廓的视图上，例如图 11-9 所示复合柱体俯视图中标注的尺寸确定了该复合柱体的草图轮廓，厚度尺寸均标注在主视图上。

需要指出的是，不论何种立体，当其特征轮廓上的几段圆弧是同心弧时，应注其直径尺寸，如图 11-9 中的(a)、(b)、(c)所示。

3. 复合回转体的尺寸标注

机器中的旋转轴、手柄等零件都属于复合回转体。通常将它们的轴线水平放置，非圆视图作为主视图。因为所有回转体的非圆视图都是特征视图，所以所有复合回转体的定形、定位尺寸都标注在主视图上。因为在特征视图上已注出全部尺寸，因此复合回转体通常只画一个主视图即可，如图 11-10 所示。标注图 11-10(a)所示的轴类回转体通常以左、右端面为基准，而且必须注出总长尺寸并注意不要出现多注尺寸情况，如图 11-10(a)画“×”的尺寸即为多注的尺寸。对于图 11-10(b)所示的由多段圆弧构成的复合回转体，应按 1.3.2 中“平面图形的尺寸标注”进行分析，此处不再赘述。

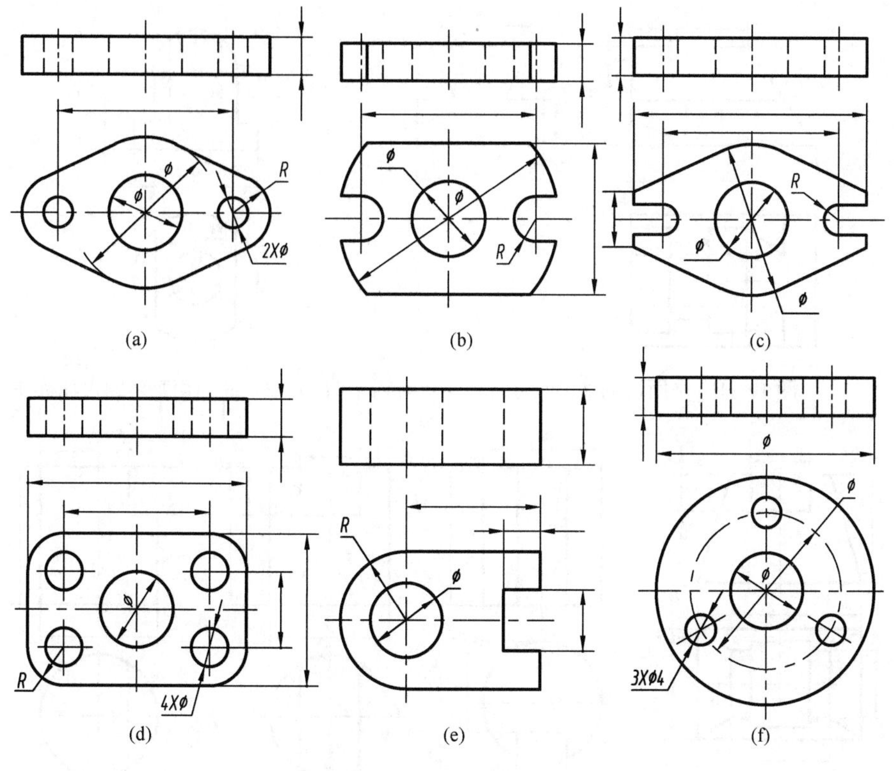

图 11-9　复合柱体的尺寸标注

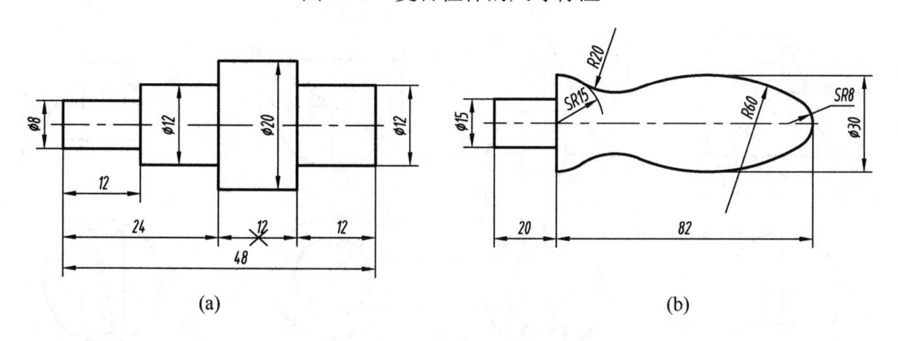

图 11-10　复合回转体的尺寸标注

4．切割体的尺寸标注

标注切割体尺寸时应先找到成形特征视图和切割特征视图，根据切割体的结构特点先确定尺寸基准，然后将其定形尺寸和确定切口位置的定位尺寸分别注在这两个视图上。

例如图 11-11 所示的切割体为平面切割体，长度基准选右端面，宽度基准选对称面，高度基准选底面。主视图可作为前后方向拉伸成形的特征视图，左视图作为切割特征视图。有关定形尺寸和定位尺寸均标注在这两个视图上。图 11-12 所示切割体为曲面切割体，原始形状是以俯视图的圆拉伸成圆柱，再以主视图作为切割特征视图，两个方向即可合成其切割后的空间形状。切割前圆柱的直径尺寸和切割后的有关尺寸都应注在主视图上。

图 11-13 给出了立体上常见切口的尺寸标注。标注切口尺寸时应注意截交线上不能标注尺寸，例如图 11-13(e)、(f)、(g)、(h)中画“×”的尺寸均为错误尺寸。

图 11-11

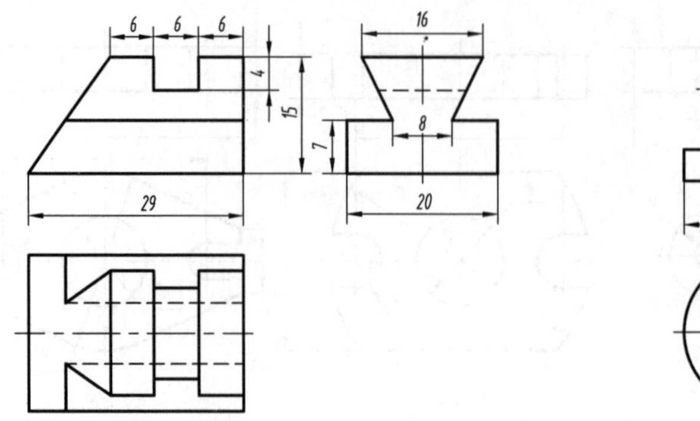

图 11-11 平面切割体的尺寸标注

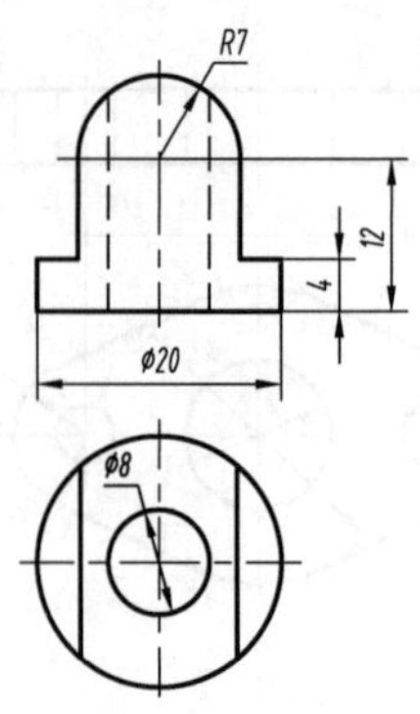

图 11-12 曲面切割体的尺寸标注

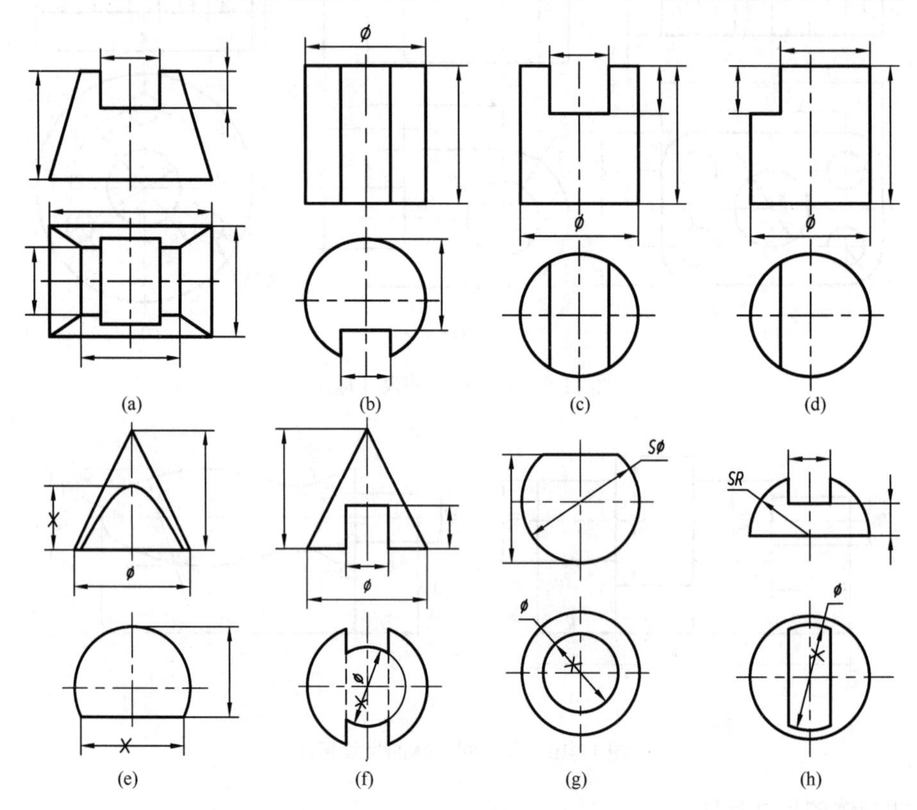

图 11-13 常见切口的尺寸标注

5．相贯体的尺寸标注

相贯体应标注组成部分的定形尺寸及定位尺寸，如图 11-14 所示。由于相贯线是自然形成的，因此相贯线上不能标注尺寸，如图 11-14 中画“×”的尺寸。

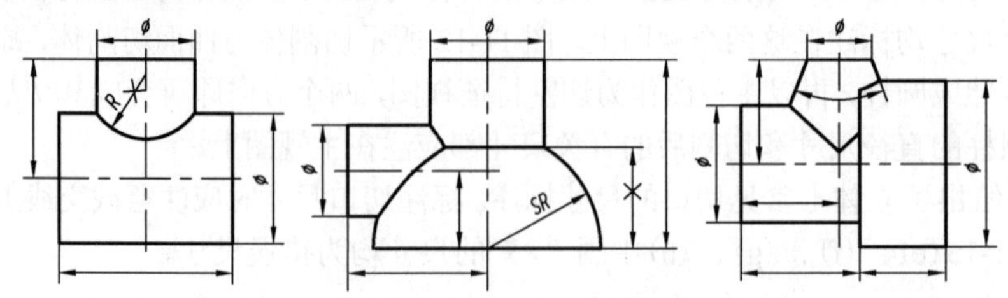

图 11-14 相贯体的尺寸标注

6．组合体的尺寸标注

前述各种立体中，组合体相对复杂，下面以图 11-15(a)所示组合体(轴承座)为例说明标注尺寸的方法和步骤。

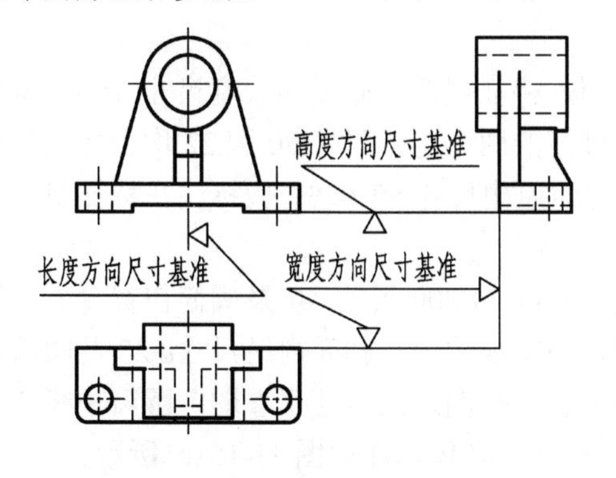

(a) 形体分析选基准

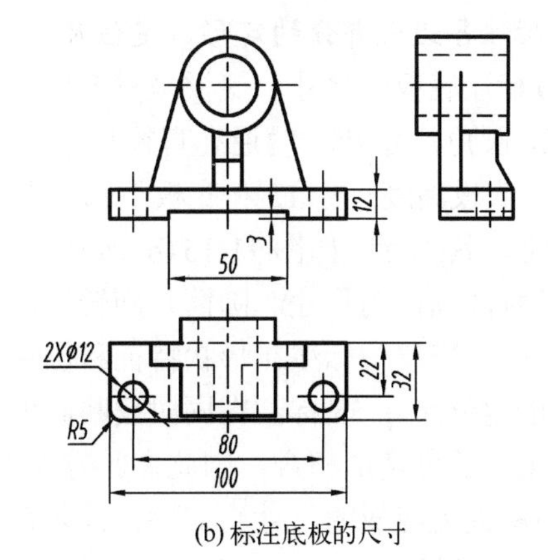

(b) 标注底板的尺寸

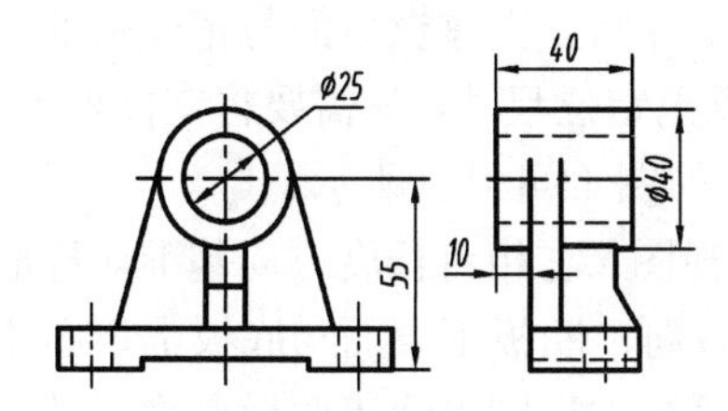

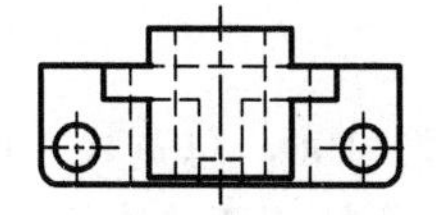

(c) 标注圆筒的尺寸

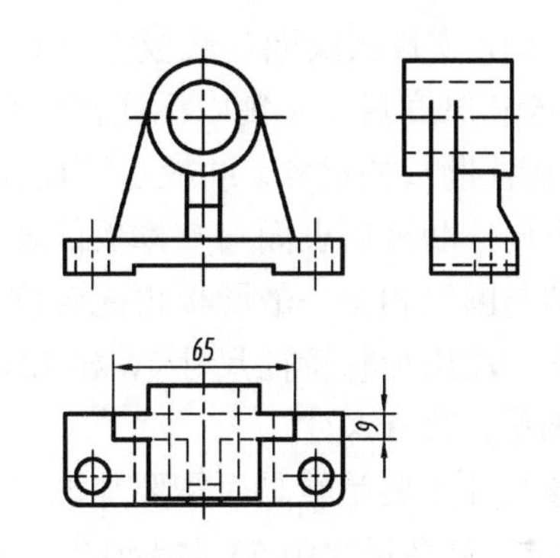

(d) 标注支撑板的尺寸

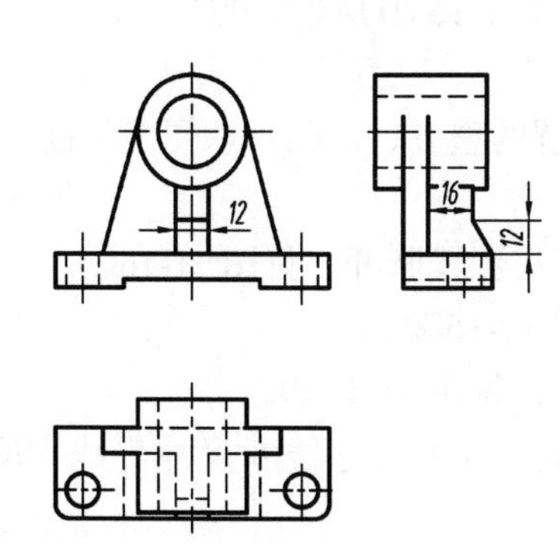

(e) 标注肋板的尺寸

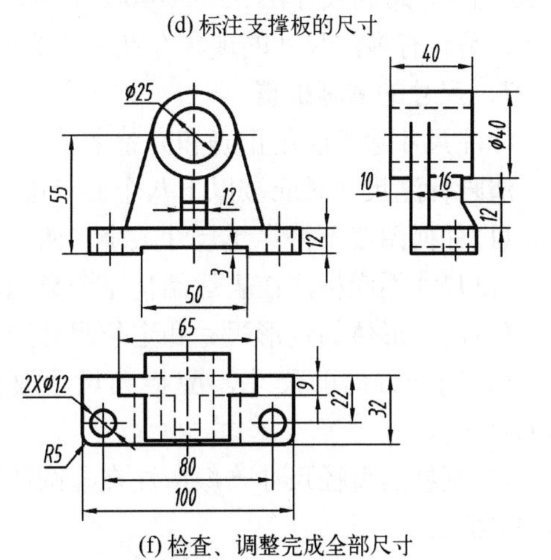

(f) 检查、调整完成全部尺寸

图 11-15　标注组合体尺寸的方法和步骤

图 11-15

标注尺寸时，首先对组合体进行构型分析，根据组合特点，选定长、宽、高三个方向的尺寸基准，基准确定后再逐一注出各组成部分的定形尺寸和定位尺寸，最后调整总体尺寸并检查所注尺寸有无遗漏或多注现象。具体标注步骤如下。

1）分析组合特点，确定尺寸基准

轴承座左右对称，以对称面作为长度方向尺寸基准；底板和支承板的后端面相合，作为宽度方向的尺寸基准；轴承座的下底面是安装面，作为高度方向的尺寸基准，如图 11-15(a)所示。

2）标注各组成部分的定形、定位尺寸

(1)标注底板的尺寸。底板是复合柱体，俯视图是特征视图。底板的长度尺寸 100、宽度尺寸 32、圆角尺寸 $R5$、两通孔直径尺寸 $2\times\phi12$ 及轴线的两个定位尺寸 80 和 22 均应标注在俯视图上。底板高度尺寸 12 和底板下部左右对称挖切的通槽尺寸 50 和 3，应标注在特征明显的主视图上，具体标注如图 11-15(b)所示。

(2)标注圆筒的尺寸。圆筒是回转体，径向尺寸 $\phi40$ 和轴向尺寸 40 及圆筒在宽度方向的定位尺寸 10 应集中标注在形状特征和位置特征明显的左视图上，圆筒内径尺寸 $\phi25$ 及圆筒高度方向的定位尺寸 55 标注在同时反映高度方向的主、左视图之间，便于看图，圆筒轴线在长度方向上与长度基准相合，因此在此方向上无定位尺寸，具体标注如图 11-15(c)所示。

(3)标注支撑板的尺寸。支撑板是复合柱体，主视图是特征视图。它在长度方向，相对长度基准对称放置，并且左右两正垂面与圆筒相切；在宽度方向，支撑板后面与宽度基准相合；在高度方向，支撑板底面与底板上表面相合，因此支撑板无定位尺寸，只需要将支撑板下部长度尺寸 65 和厚度尺寸 9 集中标注在俯视图上，具体标注如图 11-15(d)所示。

(4)标注肋板的尺寸。肋板是一柱体，左视图是特征视图。它相对长度方向基准对称放置；在宽度方向，肋板后表面与支撑板前表面相合；在高度方向，肋板下表面与底板上表面相合，肋板上部与圆筒相交，故肋板也无定位尺寸，因此只需要在主视图上注出肋板厚度尺寸 12，在左视图上注出形状特征尺寸 16 和 12，具体标注如图 11-15(e)所示。

3）调整、检查尺寸

调整尺寸主要是看是否需要加注总体尺寸，以上图例中总长尺寸为 100，总宽尺寸由 32 加 10 确定，总高尺寸由 55 加 $\phi40/2$ 确定，因此无须再加注总体尺寸。此外还要检查尺寸有无遗漏、是否有多注尺寸的现象存在。完成的尺寸标注如图 11-15(f)所示。

7. 尺寸的清晰配置

标注尺寸除了满足正确和完整之外，还要将尺寸布置的整齐、清晰，以便于阅读。

清晰标注尺寸时应按以下八个要点进行标注。

(1)任何图线不得穿越尺寸数字，两者如果相交，应将图线断开，见图 11-16①。

(2)尺寸不应标注在表达结构不明显的虚线上，见图 11-16②。

(3)同一形体的定形尺寸和定位尺寸应尽量集中标注，见图 11-16③。

(4)同一方向的尺寸，应将大尺寸放在小尺寸之外，避免尺寸线和尺寸界线相交，见图 11-16④。

(5)圆柱的直径尺寸一般应注在非圆的视图上，半径尺寸则应注在反映圆弧的视图上，见图 11-16⑤。

(6)尺寸应标注在反映形体特征明显的视图上，以便于读图和想象出立体的空间形状，见图 11-16⑥。

(7)不影响图形清晰的情况下，尺寸可标注在视图内，见图 11-16⑦。

(8)水平或竖直方向的连续尺寸应排列在一条线上，使其整齐划一。有关联的尺寸尽量标注在该形体的两视图之间，即长度尺寸标注在主、俯视图之间，宽度尺寸标注在俯、左视图之间，高度尺寸标注在主、左视图之间，见图 11-16⑧。

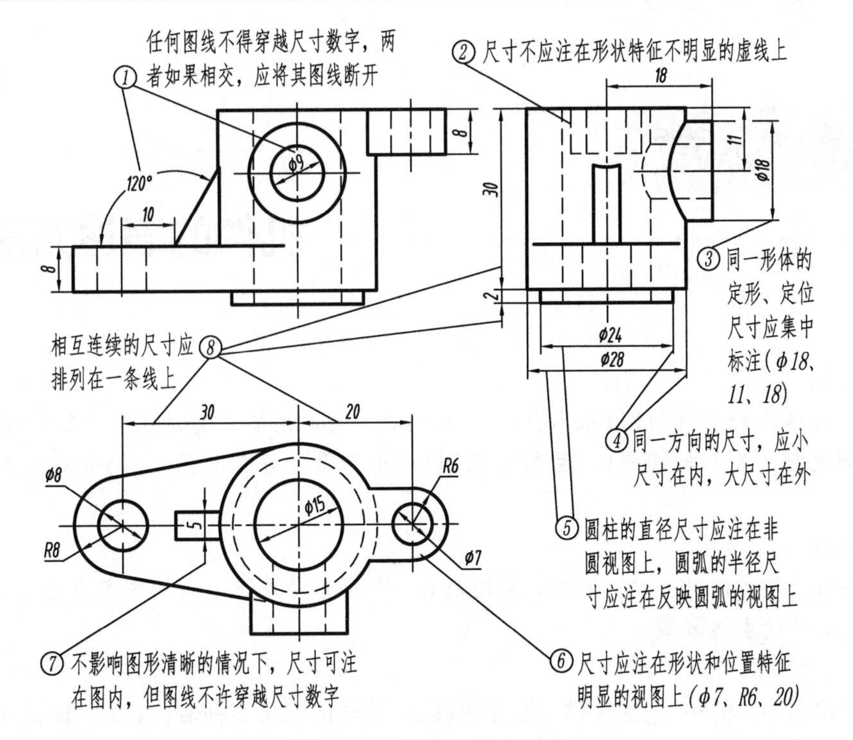

图 11-16　尺寸的清晰布置

图 11-16

图 11-17 中尺寸数量虽然不多不少，但阅读尺寸费时费力，尺寸间的关联性差，整体感欠缺，有时还会产生误解。因此标注尺寸除满足正确、完整外，还要尽力做到清晰。

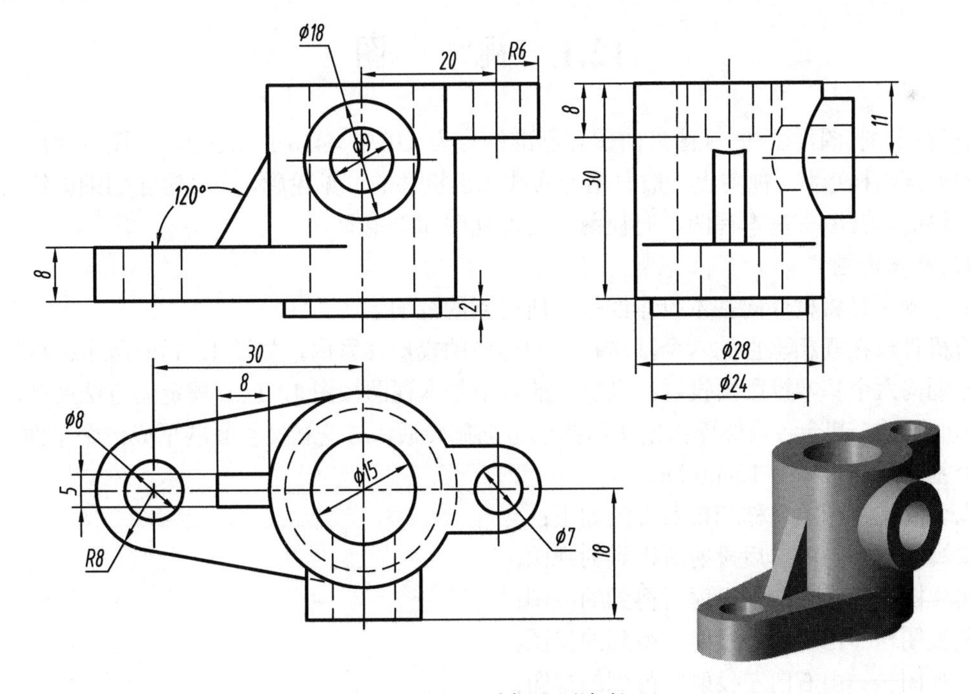

图 11-17　尺寸标注不清晰

第12章

机件的表达方法

主要内容

介绍表达机件的四种视图(基本视图、向视图、局部视图、斜视图)、三种剖视图(全剖视图、半剖视图、局部剖视图)、两种断面图(移出断面、重合断面)、局部放大图和一些简化画法。

学习要点

熟记各种表达方法的名称、概念、应用场合；掌握各种表达方法的规定画法；能根据机件的特点确定正确的表达方案。

在生产实际中，机件(包括零件、部件和机器)的结构形状多种多样。为了满足各种机件表达的需求，国家标准《技术制图》与《机械制图》规定了表达机件图样的各种方法，即视图、剖视图、断面图、简化画法等。在绘制技术图样时，应首先考虑看图方便，再根据机件的结构特点，选用适当的表达方法。在完整、清晰地表达机件形状的前提下，力求制图简便。

12.1 视　　图

《机械制图 图样画法 视图》的国家标准编号为 GB/T 4458.1—2002，视图主要用来表达机件的外部结构形状。视图上一般只用粗实线画出机件的可见轮廓，必要时才用细虚线画出其不可见轮廓。视图有基本视图、向视图、局部视图和斜视图。

1. 基本视图

基本视图是将机件向基本投影面投射所得到的视图。

将机件放在互相垂直的六个基本投影面构成的投影体系内，如图 12-1(a)所示；再按正投影法分别向六个基本投影面投射；投射后的六个基本视图按图 12-1(b)规定的方法展开，即正立投影面不动，其余各投影面按箭头所指的方向旋转后，与正立投影面展平成一个平面，即得到六个基本视图，如图 12-1(c)所示。

六个基本视图的名称和投射方向如下：

主视图——由前向后投射所得到的视图；

俯视图——由上向下投射所得到的视图；

左视图——由左向右投射所得到的视图；

右视图——由右向左投射所得到的视图；

仰视图——由下向上投射所得到的视图；

后视图——由后向前投射所得到的视图。

六个基本视图应按图 12-1(c)所示的位置关系配置。按规定位置配置的视图，一律不标注视图的名称。六个基本视图之间要保持“长对正、高平齐、宽相等”的“三等”投影关系，即：主、俯、仰、后视图，长对正；主、左、右、后视图，高平齐；俯、左、仰、右视图，宽相等。六个视图与空间方位及度量关系如图 12-1(d)所示。

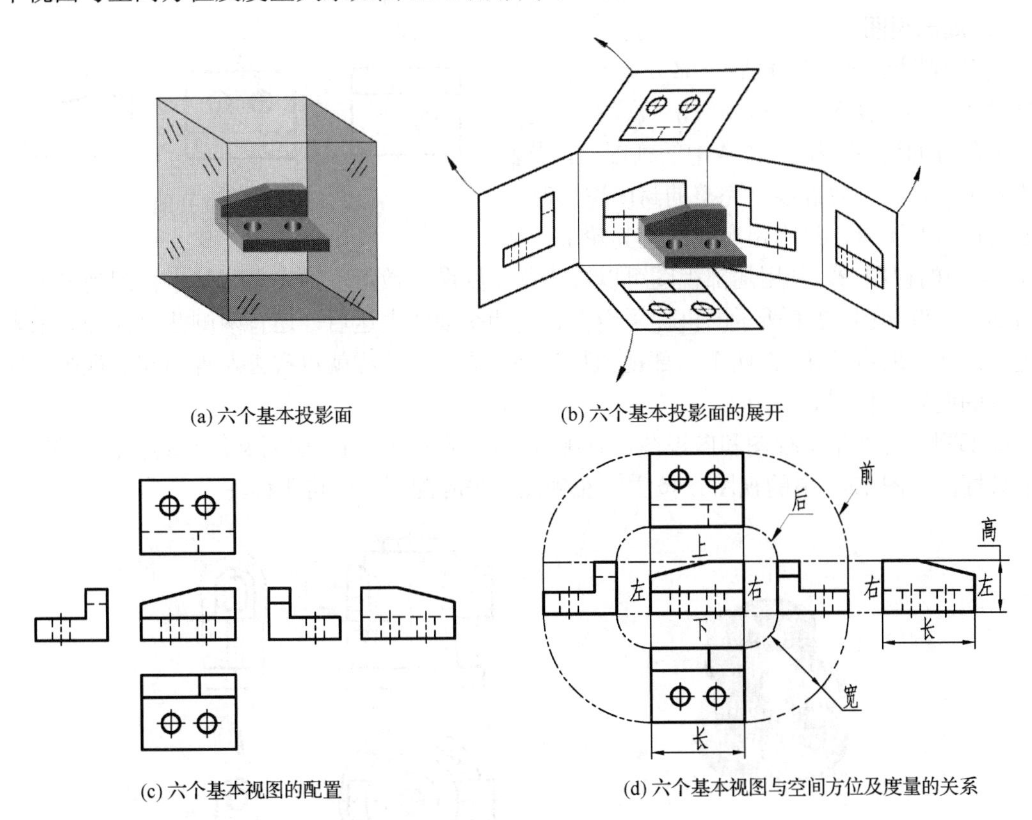

(a) 六个基本投影面　(b) 六个基本投影面的展开

(c) 六个基本视图的配置　(d) 六个基本视图与空间方位及度量的关系

图 12-1　六个基本视图的形成及配置

实际绘图时，应根据机件的结构特点和复杂程度，确定基本视图的数量。如图 12-2(a)所示的机件，就采用了主、左、右三个基本视图表示，如图 12-2(b)所示。

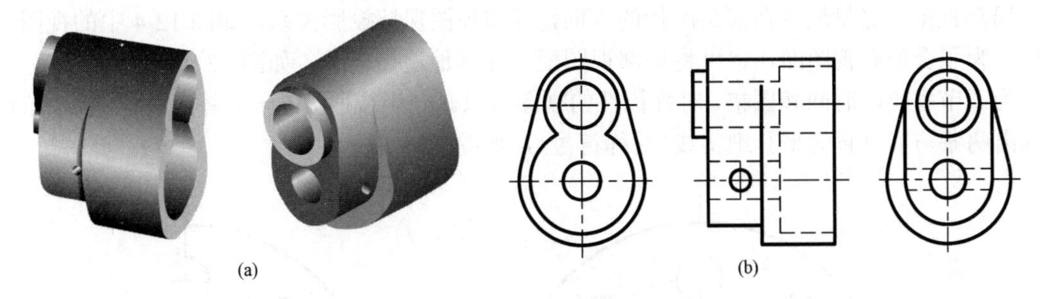

(a)　(b)

图 12-2　基本视图的选用

值得注意的是：六个基本视图中，一般优先选用主、俯、左三个视图。任何机件的表达都必须有主视图。

2．向视图

向视图是可自由配置的视图。

有时为了合理地利用图幅，各基本视图不能按规定的位置关系配置时可自由配置，但应在视图上方用大写字母(如 *A*, *B*, …, *F*)标注出该视图的名称“×”，并在相应视图附近用箭头指明投射方向，注上相同的字母，如图 12-3 所示。

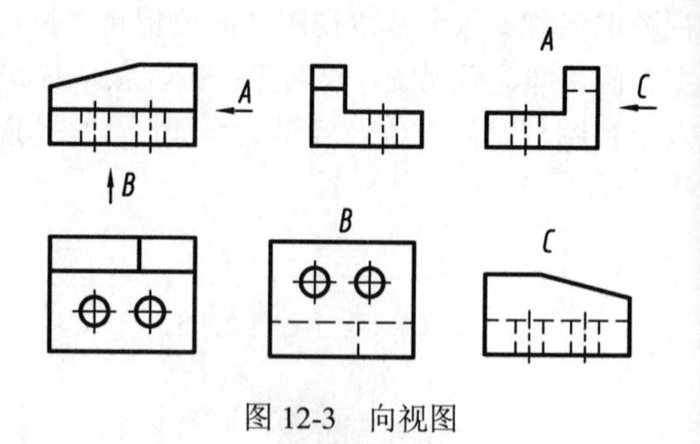

图 12-3 向视图

3. 局部视图

局部视图是将机件的某一部分向基本投影面投射所得到的视图。一般用波浪线或双折线表示断裂部分的边界，如图 12-4 中的视图 *A*。当表示的局部结构的外轮廓线呈完整的封闭图形时，波浪线可省略不画，只用粗实线绘制其轮廓，如图 12-4 中的视图 *B*。利用局部视图可以减少基本视图的数量，补充表达基本视图尚未表达清楚的部分。例如图 12-4 所示的机件采用主、俯两个视图表达后，还有两侧凸台部分尚未表达清楚。为此，采用了 *A*、*B* 两个局部视图加以补充表达。这样就可省去左视图和右视图，使其表达目的明确、作图简洁明了。

局部视图可按基本视图和向视图位置配置。按基本视图配置，中间又没有其他图形隔开时，可不必标注。图 12-4 中的视图 *A* 按主、左视图高平齐配置，即可不标注。

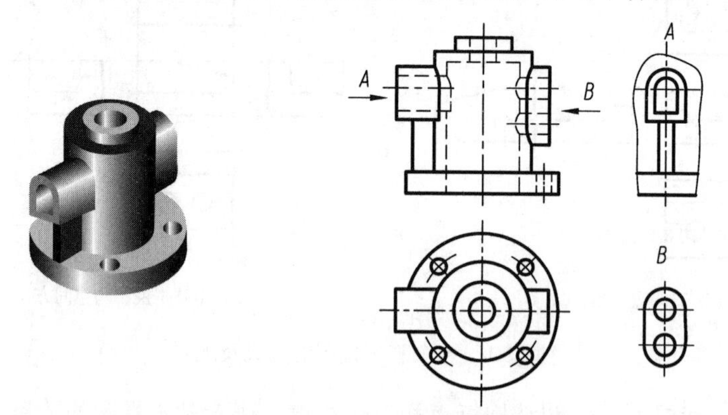

图 12-4 局部视图

局部视图应尽量配置在箭头所指的方向，并与视图保持投影关系，如图 12-4 中的视图 *A*。有时，为了合理布置图面，也可将局部视图配置在其他适当位置，如图 12-4 中的视图 *B*。

为了节省绘图时间和图幅，对称机件的视图可只画一半或四分之一，并在对称中心线的两端画出两条与其垂直的平行细实线(对称符号)，如图 12-5 所示。

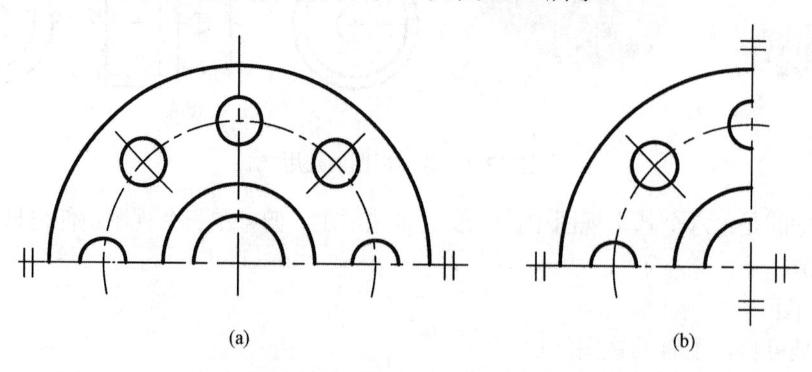

(a) (b)

图 12-5 对称机件的局部视图

4．斜视图

斜视图是将机件向不平行于基本投影面的平面投射所得到的视图，如图 12-6 所示。

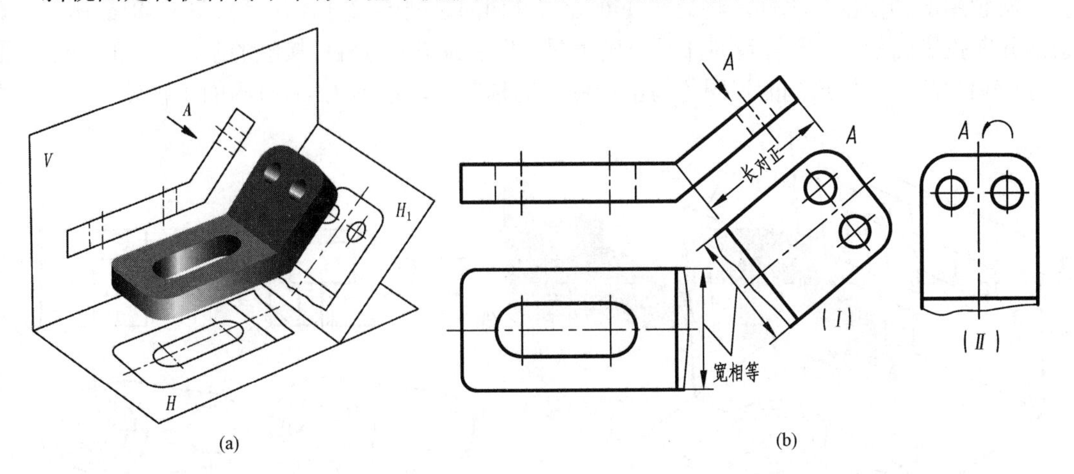

图 12-6

图 12-6　斜视图

斜视图通常只用于表达机件倾斜部分的实形和标注真实尺寸。因此，选择一个新的辅助投影面 H_1 与机件倾斜部分平行，投射方向垂直于倾斜部分，将该部分结构形状向辅助投影面投射，然后将此投影面旋转到与基本投影面重合位置，如图 12-6 所示。因斜视图只用于表达机件倾斜部分的实形，故其余部分不必画出，而用波浪线或双折线断开。画斜视图时，必须在视图上方用字母标出视图名称，且注意表达视图名称的字母要水平书写，在相应的视图附近用箭头指明投射方向，并注上同样字母，如图 12-6(b) 中的图(Ⅰ)。

必要时，允许将斜视图旋转配置，旋转的角度尽量是锐角，表示该图名称的字母应靠近旋转符号的箭头侧，如图 12-6(b) 中的图(Ⅱ)；也允许将旋转角度标注在字母之后(见图 12-7(a))，图 12-7(b) 为旋转符号的画法，其中“*h*”表示图样上的字高。

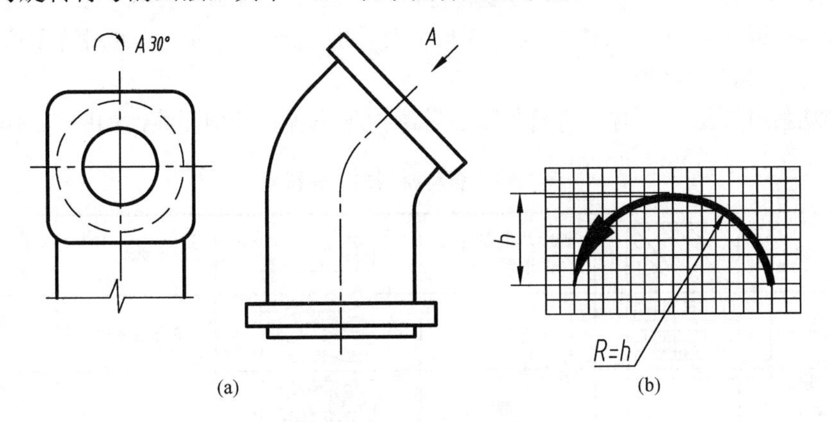

图 12-7　旋转符号及注写

12.2　剖　视　图

《机械制图　图样画法　剖视图和断面图》的国家标准编号为 GB/T 4458.6—2002，剖视图主要用来表达机件的内部结构形状。剖视图有全剖视图、半剖视图和局部剖视图。

12.2.1 剖视图的基本概念

假想用剖切面剖开机件，将处在观察者和剖切面之间的部分移开，如图 12-8(a)所示。剩余部分向投影面投射，便得到剖开后的投影图，并在剖切面与机件接触的断面区域内画上剖面符号(剖面线)，这样绘制的视图称为剖视图，简称剖视，如图 12-8(b)中的主视图。

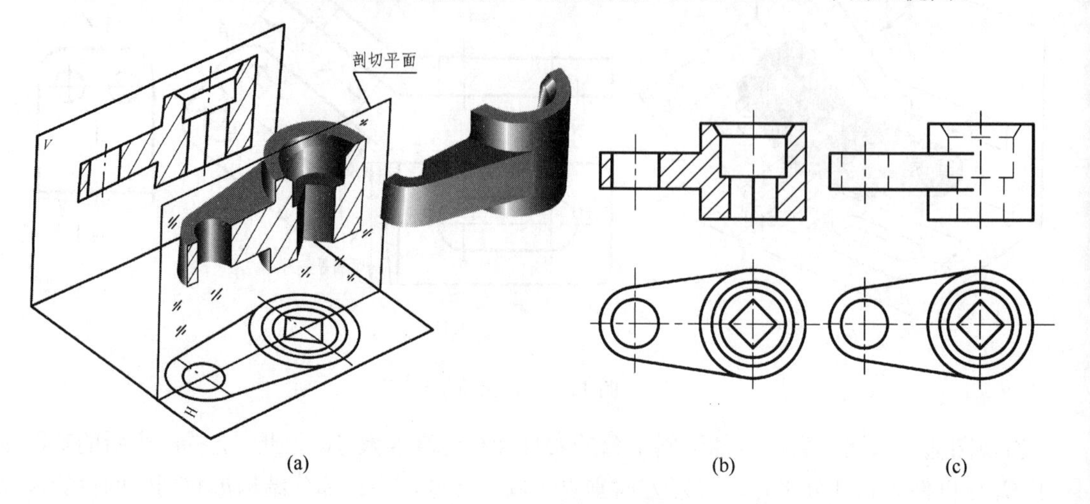

图 12-8 剖视图的基本概念

应用剖视图能把机件中用虚线表达的不可见的内部轮廓(如图 12-8(c)中主视图上的虚线)转化为用粗实线表达的可见轮廓(如图 12-8(b)中主视图)，可更明显地反映机件结构形状及实与空的关系，不但便于读图且便于标注尺寸。

剖切面与机件接触部分的截断面，应按 GB/T 17453—2005 规定的剖面区域表示法画出剖面符号。表 12-1 中规定了各种材料的剖面符号的画法。当不需要在剖面区域中表示材料的类别时，所有材料的剖面符号均可采用与金属材料相同的通用剖面线表示。通用剖面线应画成与水平方向成 45°或 135°的平行细实线，或与主要轮廓线或与剖面区域的对称中心线成 45°或 135°方向画出，如图 12-9 所示。

当被剖切机件断面较大时，可沿其断面轮廓内画出等长的剖面线，如图 12-10 所示。

表 12-1 各种材料的剖面符号

材料	剖面符号	材料		剖面符号	材料	剖面符号
金属材料(已有规定剖面符号者除外)通用剖面线		玻璃及供观察用的透明材料			混凝土	
线圈绕组元件		木材	纵剖面		钢筋混凝土	
转子、电枢、变压器和电抗器等叠钢片			横剖面		砖、固体材料	
非金属材料(已有规定剖面符号者除外)		木质胶合板(不分层次)			格网(筛网、过滤网等)	
型砂、填砂、粉末冶金、陶瓷刀片、砂轮、硬质合金等		基础周围的泥土			液体	

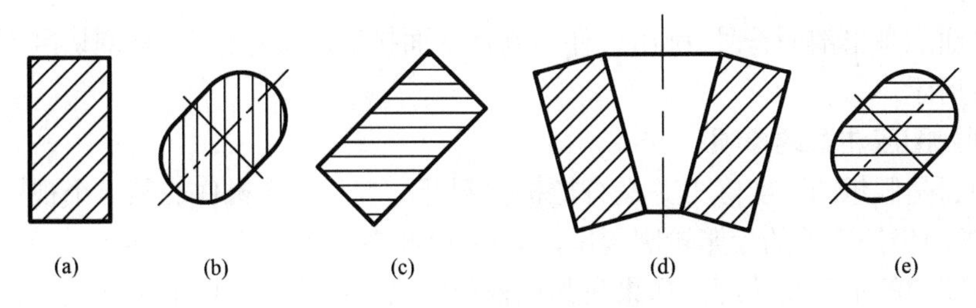

图 12-9　通用剖面线的画法

在剖面区域内标注尺寸数字、字母等内容时，剖面线应断开，不得与其相交，如图 12-11 所示。

当剖视图仅画成局部图形时，可不画出边界而是将剖面线画整齐，如图 12-12 所示。

当剖面区域窄小时，剖面线可涂黑表示，如图 12-12 装配图中的垫片。

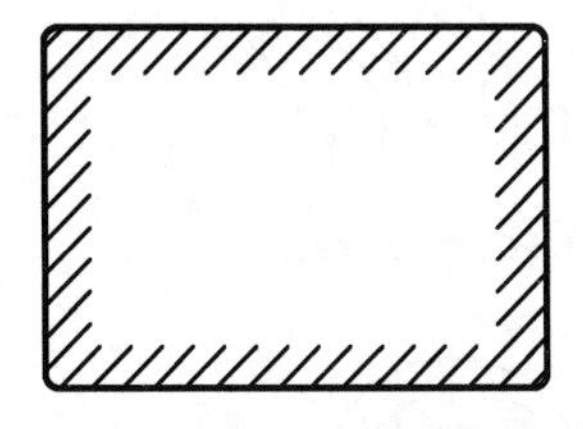

图 12-10　大断面剖面线的画法

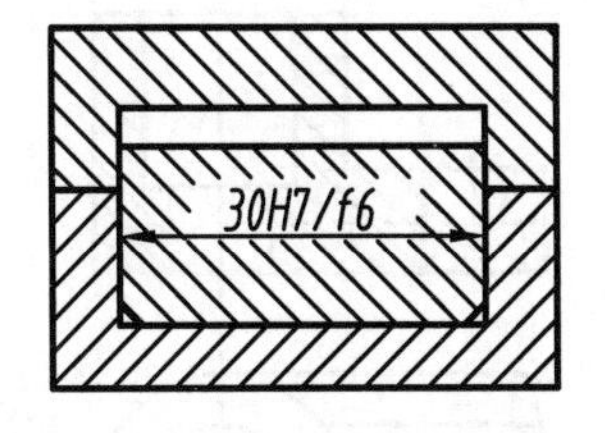

图 12-11　剖面线断开画法

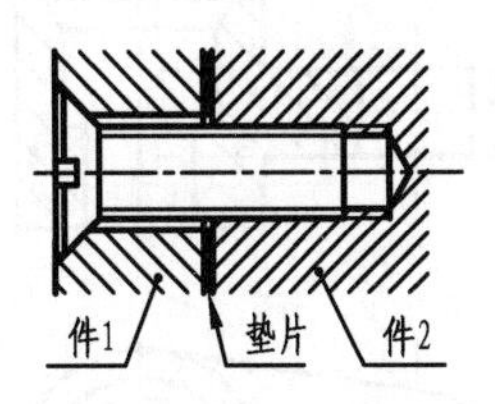

图 12-12　外轮廓及涂黑画法

12.2.2　剖视图的画法及标注

1．剖视图的画法

(1) 确定剖切平面位置。剖切平面一般与基本投影面平行，剖切位置应通过机件对称面或回转轴线，以便反映结构的实形。剖切时要避免出现不完整要素或不反映实形的截断面。图 12-8 (b) 的主视图就是通过图 12-8 (a) 所示的对称面进行剖切。

(2) 画出剖切后的断面及断面后面所有可见部分的投影，如图 12-8 (b) 中的主视图。不要出现图 12-13 中漏画图线的错误。

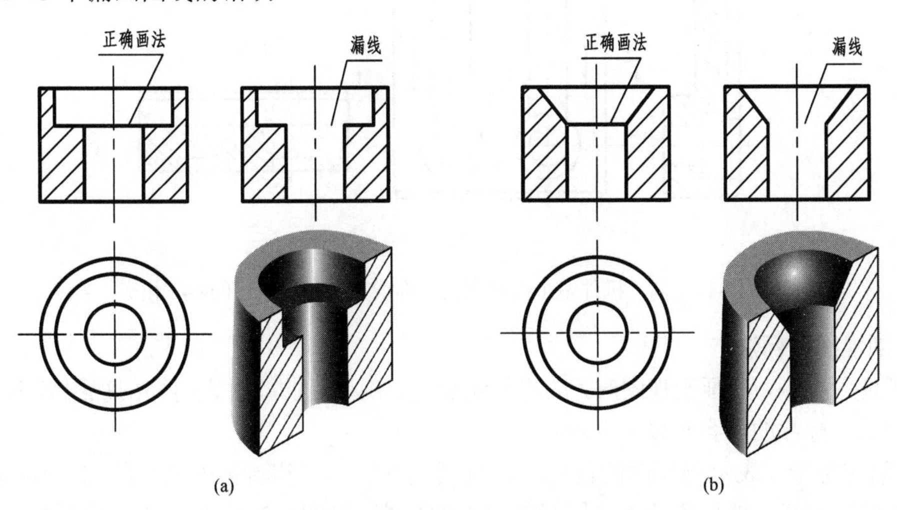

图 12-13　画剖视图时易漏画的图线

(3)在断面上画出剖面符号。画出机件与剖切平面接触的实体部分(称剖切区域)的剖面线，如图 12-8(b)所示。

2．画剖视图应注意的事项

(1)剖切面是假想的，实际上并没有把机件剖开。因此，当机件的某一个视图画成剖视图以后，其他视图仍按完整的投影轮廓画出，如图 12-8 中的俯视图。

(2)剖视图中的不可见轮廓，如果在其他视图中已表达清楚，可不画虚线，如图 12-14 中的虚线可不画；只有当不足以表达清楚机件的结构时，才画出必要的虚线，如图 12-15 所示。

(3)当图形的主要轮廓线与水平线成 45°或接近 45°时，则该图形的剖面线应画成与水平线成 30°或 60°的平行线，但倾斜方向和间距仍应与其他图形的剖面线一致，如图 12-16 所示。

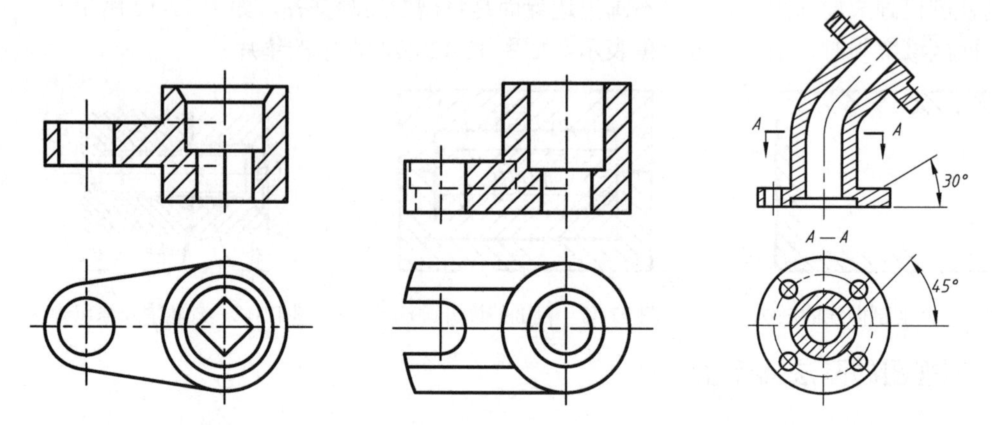

图 12-14　可不画虚线　　图 12-15　必须画虚线　　图 12-16　轮廓线倾斜时剖面线的画法

(4)根据需要可同时在几个视图中画剖视图，它们之间相互独立，互不影响。但要注意，同一机件的不同剖视图上，其剖面线的间隔应相等，倾斜方向应相同，如图 12-17 所示。

图 12-17

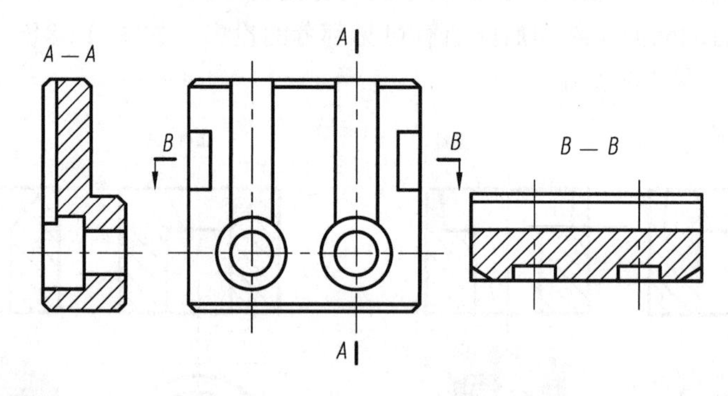

图 12-17　同一机件多个剖视图的剖面线方向应相同、间隔应相等

3．剖视图的标注

为了便于看图，在画剖视图时，应将剖切位置、剖切后的投射方向和剖视图名称标注在相应的视图上。标注的内容有以下三项。

(1)剖切符号。表示剖切面的位置。在剖切面的起、讫和转折处画长约 5～10mm、线宽 $1b$～$1.5b$ 的粗实线，要尽可能不与图形的轮廓线相交，如图 12-18 俯视图中的两段粗实线。

(2)投射方向。在剖切符号的两端外侧画出与剖切符号相垂直的箭头表示投射方向，见图 12-18 的俯视图。

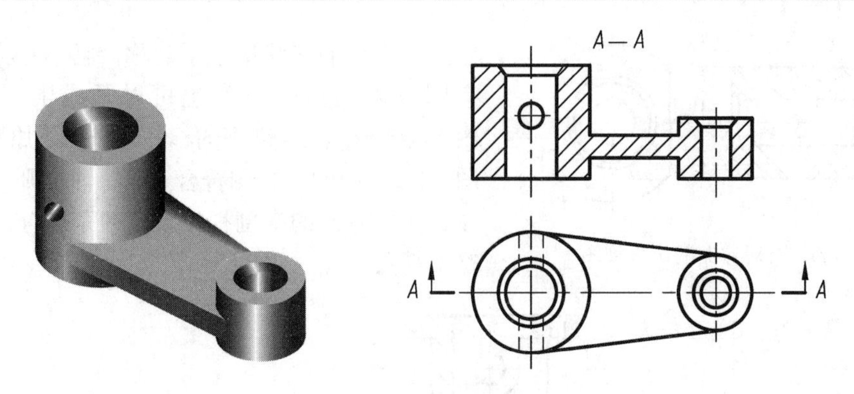

图 12-18　剖视图的标注

(3) 剖视图名称。在剖视图上方用大写字母标注剖视图的名称“×—×”，并在剖切符号的外侧注出同样的字母，字母一律水平书写，如图 12-18 所示。

国家标准规定：当剖视图按投影关系配置，且中间又没有其他图形隔开时，可以省略箭头，如图 12-17 中 *A*—*A* 剖视图；当单一剖切平面通过机件的对称平面或基本对称的平面，且按投影关系配置，而中间又没有其他图形隔开时，可省略标注，如图 12-14、图 12-15 所示。

12.2.3　剖视图的分类

剖视图根据剖切范围不同，分为全剖视图、半剖视图和局部剖视图三种。

1．全剖视图

用剖切面完全地剖开机件所得到的剖视图称为全剖视图。

全剖视图主要用于表达内部形状复杂又无对称平面的机件，如图 12-19 所示。对于外形简单且具有对称平面的机件，也常采用全剖视图，如图 12-20 所示。

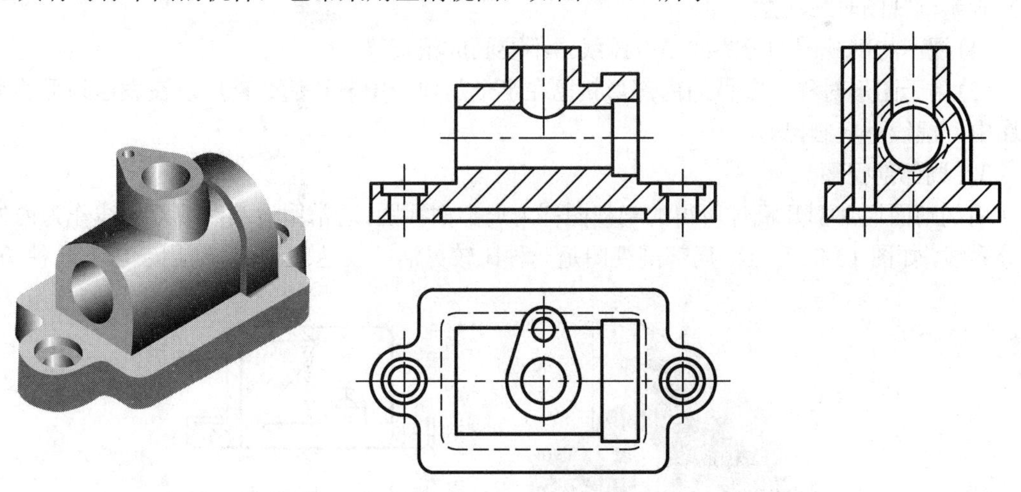

图 12-19　无对称面的全剖视图

以上两个剖视图的剖切位置明显且按投影关系配置，符合省略标注原则，故省略标注。

2．半剖视图

半剖视图主要用于具有对称平面、其内外结构均须表达的机件。用一个垂直于对称平面的剖切面进行剖切，以对称中心线分界，一半画成剖视图以表达内形，另一半画成视图以表达外形，这种组合的图形称为半剖视图，如图 12-21 所示。

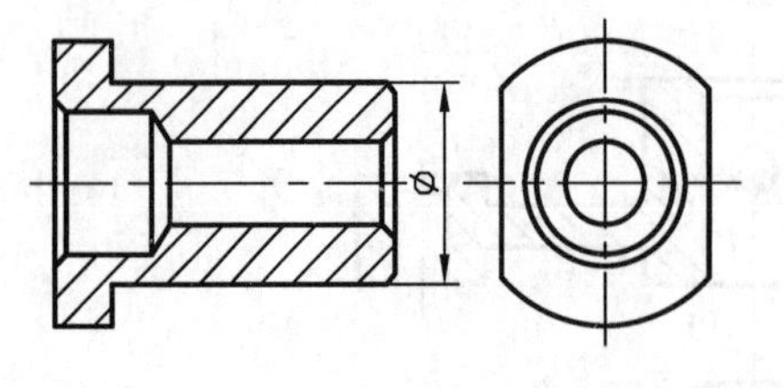

图 12-20 有对称面的全剖视图

当机件的形状接近于对称，且不对称部分已另有图形表达清楚时，也可以画成半剖视图，如图 12-22 所示。半剖视的标注也按前述原则处理，如图 12-21 中的主视图符合省略标注原则，故不加标注；俯视方向的半剖视按投影关系放置，标注中省略了箭头。

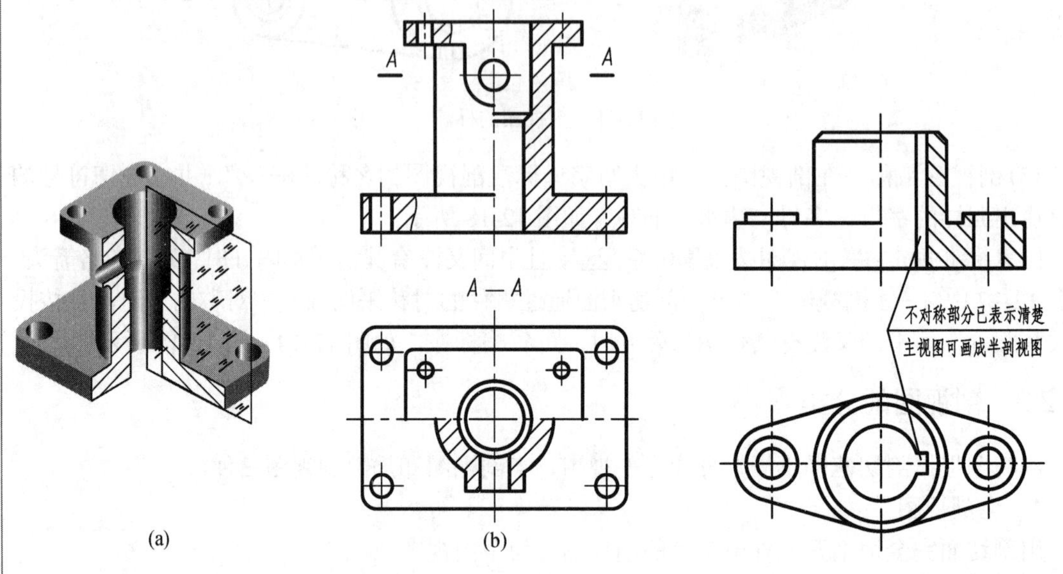

图 12-21 半剖视图

图 12-22 局部不对称的半剖视图

画半剖视图时应注意：

(1) 视图与剖视图的分界线是点画线，不要画成粗实线。

(2) 由于图形对称，零件的内部形状已在半个剖视图中表达清楚，所以在表达外形的半个视图中，虚线不应画出。

3. 局部剖视图

用剖切面局部剖开机件所得的剖视图称为局部剖视图，通常用波浪线或双折线作为内外形的分界线，如图 12-23 所示。局部剖视图是一种比较灵活的表达方法，主要用于以下几种场合。

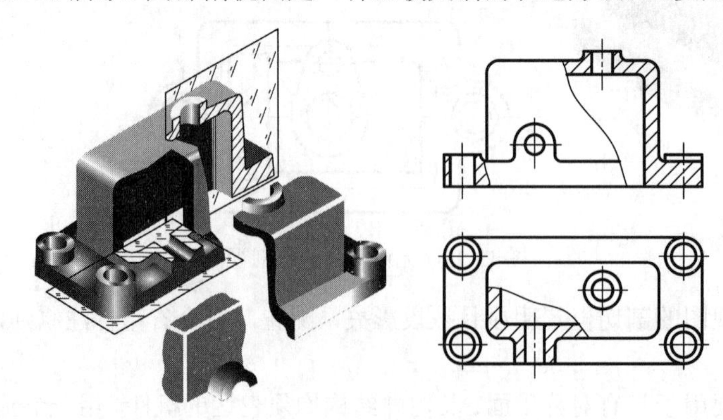

图 12-23 局部剖视图

(1) 机件上无对称面，不适合全剖且内外结构均需要表达，如图 12-23 所示。

(2) 机件上有对称面，但不适合用半剖视图表达内部形状时，可采用局部剖视图进行表达，如图 12-24 所示(从图中可看出对称线处有粗实线，所以不适合半剖)。

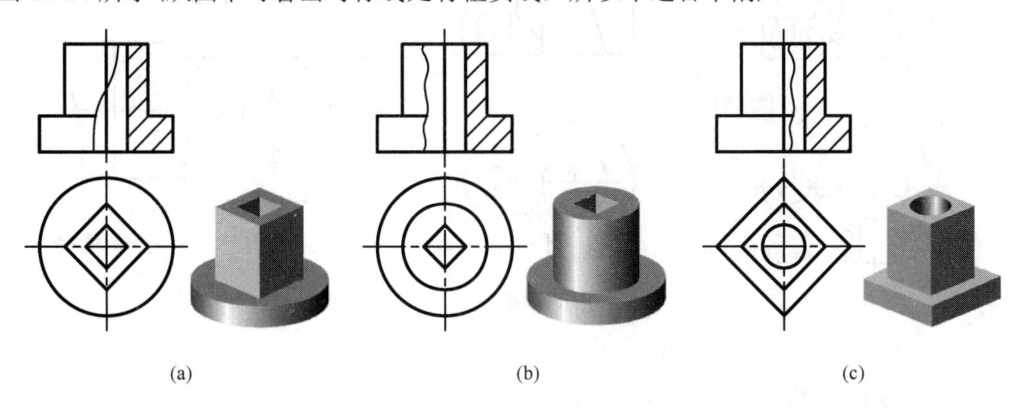

图 12-24　不适合半剖的局部剖视图

(3) 轴类等实心零件上的孔、槽及凹坑等需要表达时，可采用局部剖，如图 12-25 所示。

局部剖视图的标注：用单一剖切平面剖切，且剖切位置明显时，局部剖视的标注可省略，如图 12-23 中的三处局部剖均无标注。其剖切面均通过各局部结构的轴线，位置明显，符合省略标注原则，故不加标注。当剖切位置不明显或剖视图不在基本视图位置时，应标注剖切符号、投射方向箭头和剖视图的名称，如图 12-26 所示。

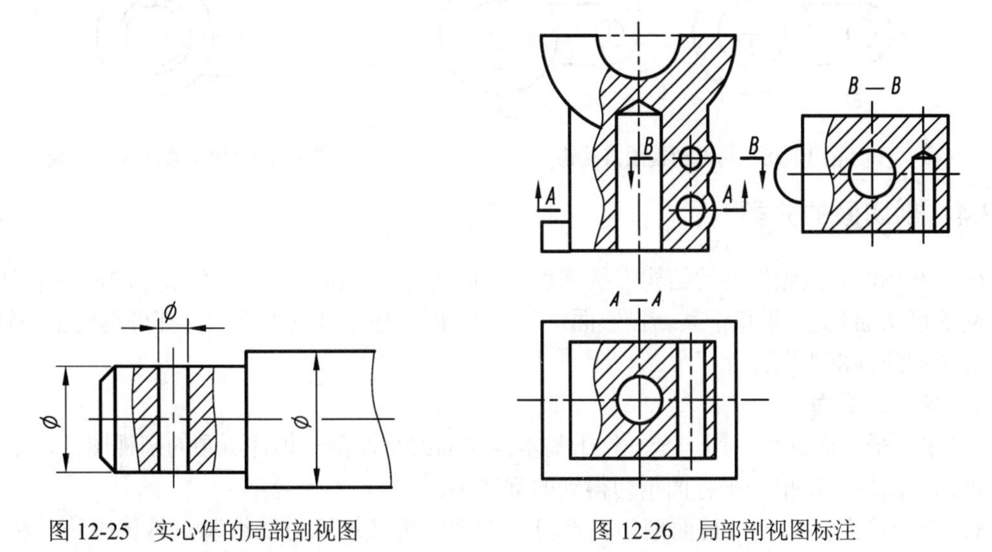

图 12-25　实心件的局部剖视图　　图 12-26　局部剖视图标注

画局部剖视图时应注意：

(1) 波浪线只能画在机件实体的表面上，波浪线遇到孔、槽等非实体处应断开，也不能画到图形外面，也不能超出局部剖切范围，如图 12-27(a)、(b) 所示。

(2) 波浪线不要与图形中其他图线重合，也不能用其他图线替代波浪线，图 12-27(c) 为错误画法，正确画法见图 12-25。

(3) 波浪线不要画在其他图线的延长线上，如图 12-28 所示。

(4) 当被剖结构为回转体时，允许将其中心线作为局部剖视图的分界线，如图 12-29 所示。

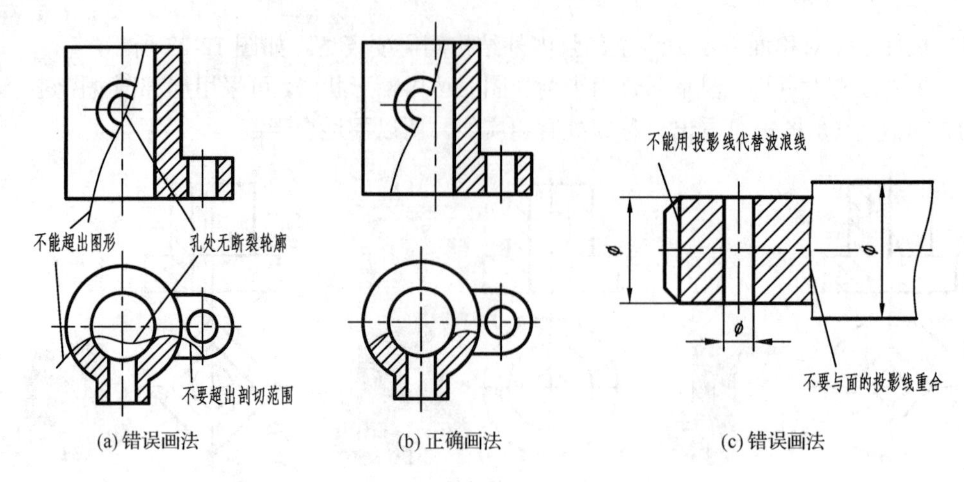

图 12-27 局部剖视图常见错误(1)

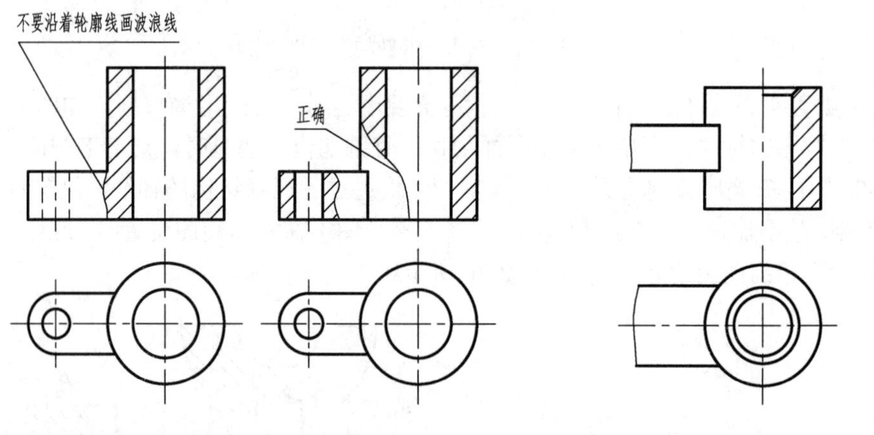

图 12-28 局部剖视图常见错误(2)

图 12-29 用中心线作分界线

12.2.4 剖切面的分类

画剖视图时，按照机件的结构形状特点，可以选择单一剖切面、几个平行的剖切平面、几个相交的剖切面(交线垂直于某一投影面)三种。采用上述三种剖切方法，都可得到全剖视图、半剖视图和局部剖视图。

1. 单一剖切面

(1) 单一平行面剖切。用一个平行于基本投影面的平面剖开机件所画的剖视图。以上介绍的三种剖视图均为用单一平行面剖切得到的剖视图。

(2) 单一柱面剖切。用柱面剖切机件时，剖视图可按展开方法绘制，具体画法及标注见图 12-30。

(3) 单一垂直面剖切。当机件上倾斜部分的内部结构形状需要表达时，与斜视图一样，可以先选择一个使倾斜部分内部结构反映实形的辅助投影面(不平行于任何基本投影面)，然后用一个平行于该投影面的平面剖切机件，这种方法习惯上称为斜剖，如图 12-31 所示。

斜剖视图必须标注，其标注形式有两种，一种是按投影关系配置，一种是旋转放正配置的标注。需要强调的是，字母一律水平书写，旋转放正配置的图形上方应书写字母和旋转符号，如“*B—B*↷”(字母必须写在箭头侧)，具体标注见图 12-31。

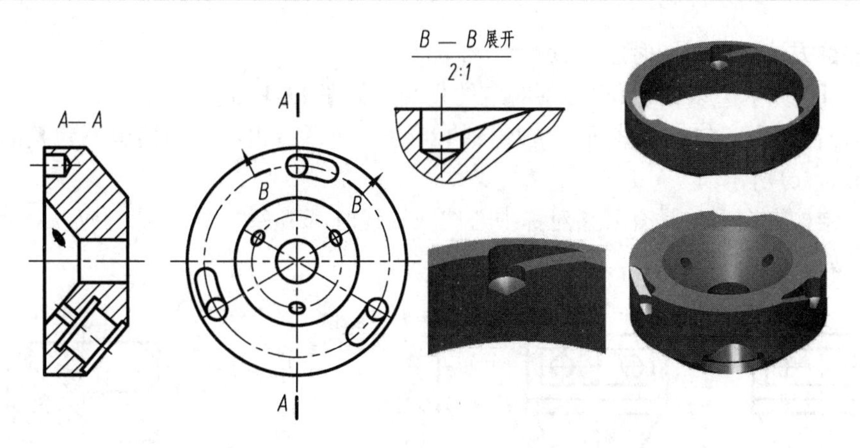

图 12-30　用单一柱面剖切获得的剖视图

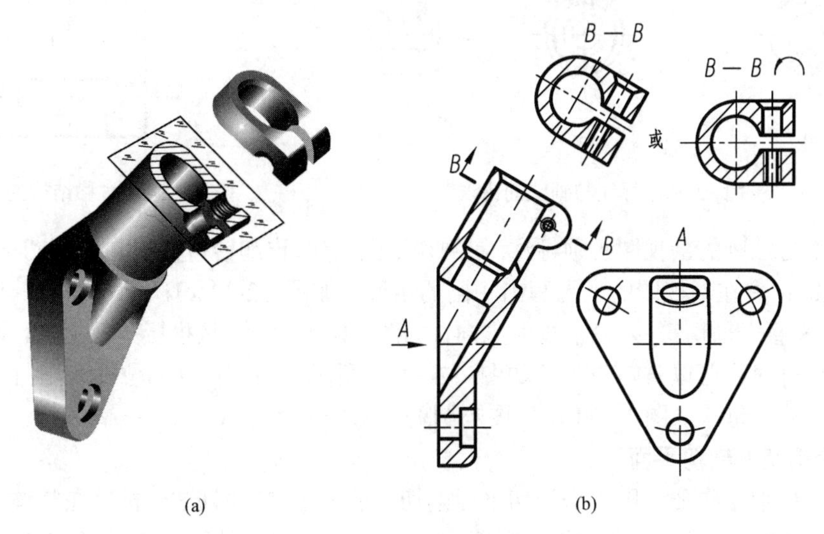

图 12-31　斜剖视图及标注

2. 几个平行的剖切平面

当机件上有较多的内部结构形状，而这些内部结构的层次又不在同一平面内，这时用几个平行于基本投影面的剖切平面剖开机件，这种剖切方法习惯上称为阶梯剖。如图 12-32(a)所示的机件，用了两个平行剖切平面剖切，得到图 12-32(c)所示的全剖视图。

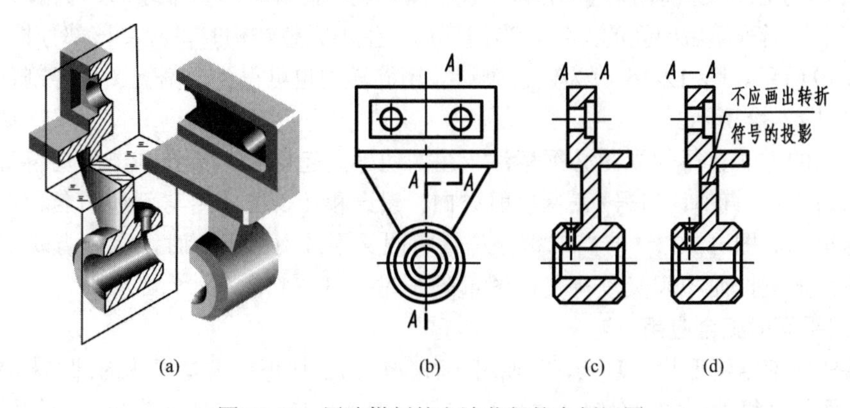

图 12-32　用阶梯剖的方法获得的全剖视图

用阶梯剖方法画剖视图时应注意：

(1)剖面区域内不应画转折符号所对应的直线，如图 12-32(d)所示。

(2)剖切符号不应与轮廓线重合，如图 12-33(a)所示；也不应剖切出不完整的结构，如图 12-33(b)、(c)所示。

当两个结构在图形上具有公共对称中心线或轴线时，可各画一半，此时应以对称中心线和轴线为界，如图 12-34 所示。

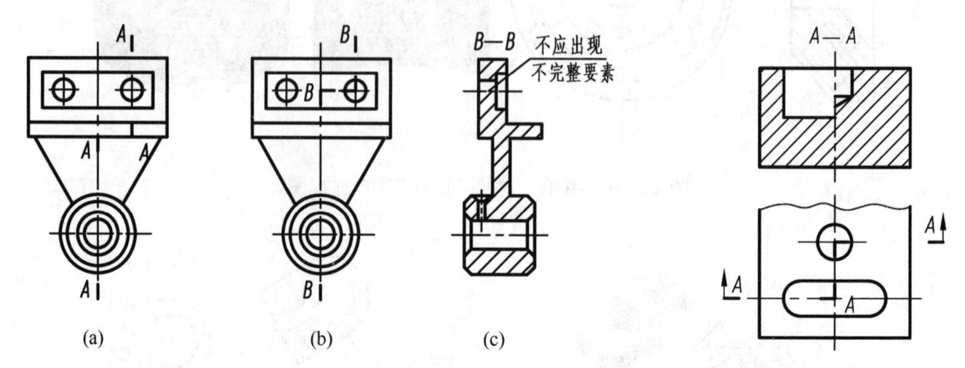

图 12-33　标注与画法的错误　　图 12-34　对称结构的阶梯剖

用阶梯剖方法画的剖视图必须标注。在剖切平面的起、讫和转折处应画出剖切符号和字母，如图 12-32(b)；并在剖视图的上方写出相同的字母，如图 12-32(c)所示；在起、讫剖切符号外端画箭头(垂直于剖切符号)表示投射方向，如图 12-34 所示。按投影关系配置，而中间又没有其他图形隔开时，可以省略箭头，如图 12-32(b)所示。当转折处的位置有限且不会引起误解时，允许省略字母，如图 12-34 俯视图小圆处省略一个字母 A。

3. 几个相交的剖切平面

当机件的内部结构形状用一个剖切平面剖切不能表达完全，且这个机件在整体上又有回转轴时，可用两个相交的剖切平面(交线垂直于某一基本投影面)剖开机件，这种剖切方法习惯上称为旋转剖。采用这种方法画剖视图时，先假想按剖切位置剖开机件，然后将被剖切平面剖开的结构及其有关部分旋转到与选定的投影面平行后再进行投射，使剖视图既反映实形又便于画图。图 12-35 所示机件就是用一铅垂面和一正平面剖切后，将剖切的结构绕两平面的交线(轴线)旋转到与正立投影面平行后画出的全剖视图。

用旋转剖方法画剖视图时，在剖切平面后的其他结构一般仍按原来位置投射，如图 12-35(b)中的铅垂面后面孔的画法。当剖切后产生不完整结构时，应将该部分按不剖画出，如图 12-36(b)所示。图 12-36(c)为错误画法。用旋转剖也可得到全剖视图、半剖视图和局部剖视图，如图 12-37 所示。

用旋转剖的方法获得剖视图必须标注。在剖切平面起讫和转折处画出剖切符号，并在起讫外端画出箭头(垂直剖切符号)表示投射方向，起讫和转折处应用与剖视图名称“×—×”同样的字母标出，如图 12-37。但当转折处位置有限又不致引起误解时，允许省略字母。剖视图按投影关系配置，而中间又没有其他图形隔开时，可省略箭头。

4. 剖切平面的组合应用

当机件的内部结构形状较复杂，单独用一种剖切面剖切不能清楚表达内部结构时，可以用组合的剖切面剖开机件，这种剖切方法可称为复合剖。图 12-38(a)所示为单一剖切面与相交剖

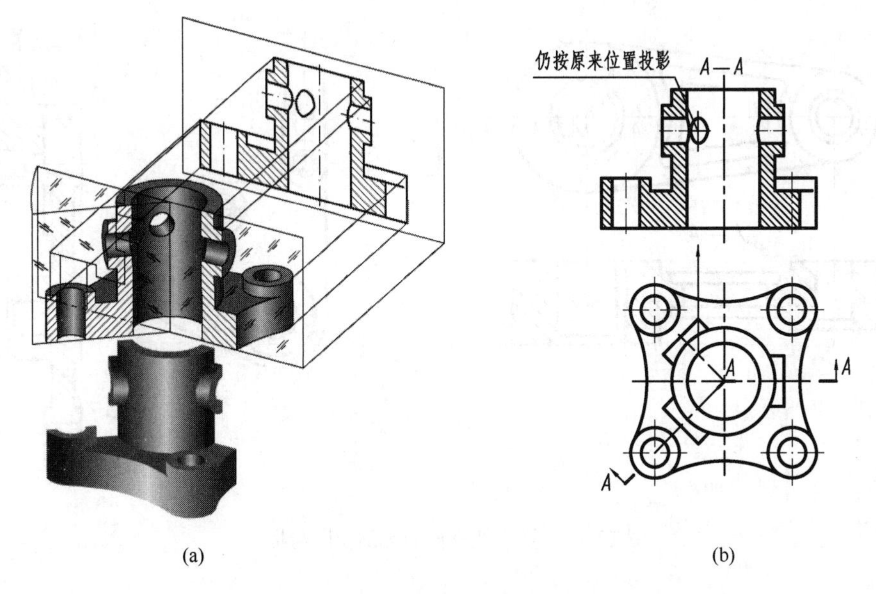

图 12-35　用旋转剖方法获得到的全剖视图

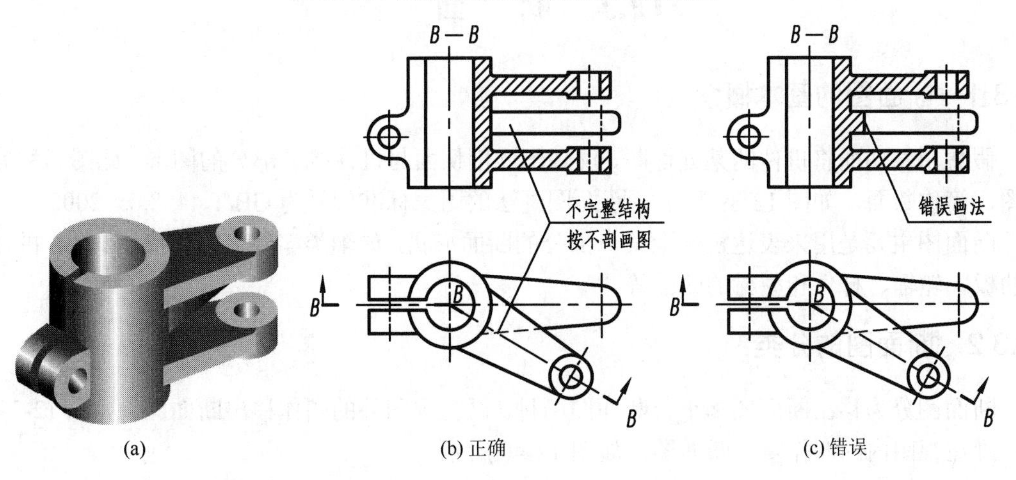

图 12-36　剖切不完整结构时的画法

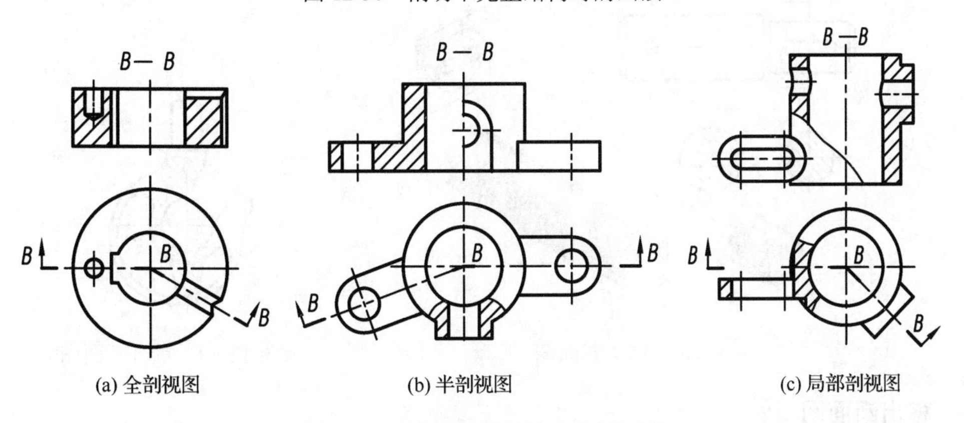

图 12-37　旋转剖所得的三种剖视图

切面组合剖切得到的全剖视图。图 12-38(b)为多次旋转剖切并采用展开画法得到的全剖视图。复合剖也必须进行标注，如图 12-38 所示。

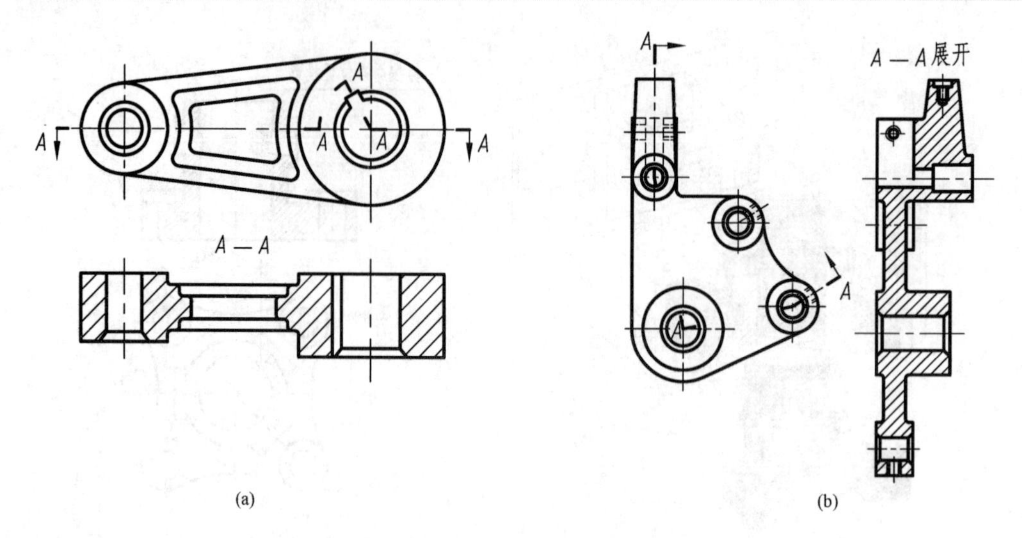

图 12-38　复合剖所得的全剖视图与标注

12.3　断　面　图

12.3.1　断面图的基本概念

假想用剖切面将机件的某处切断，仅画出该剖切面与机件接触部分的图形，此图形称为断面图，简称断面，如图 12-39 所示。断面图画法的国家标准代号为 GB/T 4458.6—2002。

断面图主要是用来表达机件上某一部分的断面形状，如轴类零件上的键槽、小孔，机件上的肋板、轮辐、杆件和型材的断面等。

12.3.2　断面图的分类

断面图分为移出断面图和重合断面图两种。画在视图外的叫作移出断面图，如图 12-39 所示；画在视图内的叫作重合断面图，如图 12-40 所示。

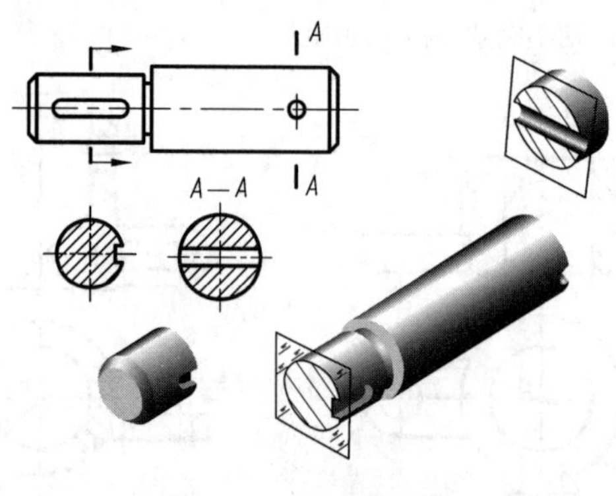

图 12-39　移出断面图

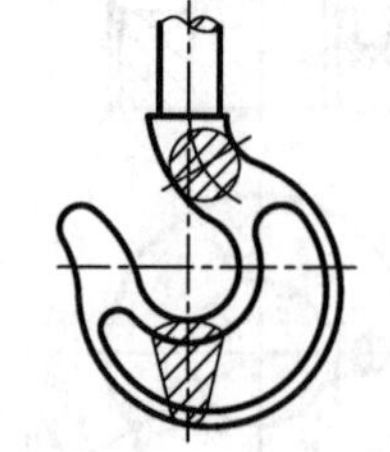

图 12-40　重合断面图

1. 移出断面图

1)移出断面图的画法与配置

(1)移出断面图的轮廓线用粗实线绘制，为了能够表示断面的真实形状，剖切平面一般应垂直机件的轮廓线(直线)或通过圆弧轮廓线的中心，如图 12-41(a)所示。

(2) 移出断面图应尽量配置在剖切平面迹线的延长线上，如图 12-41(a) 所示。对于斜剖得到的断面图，允许将图形旋转，如图 12-41(b) 所示。当断面图形对称时，也可画在视图的中断处，如图 12-41(c) 所示。

(3) 当一个剖切平面不能同时垂直于被剖切部位的全部轮廓线时，可用相交两个平面分别垂直于各自轮廓线剖切，这样画出的移出断面图，中间应断开，如图 12-41(d) 所示。

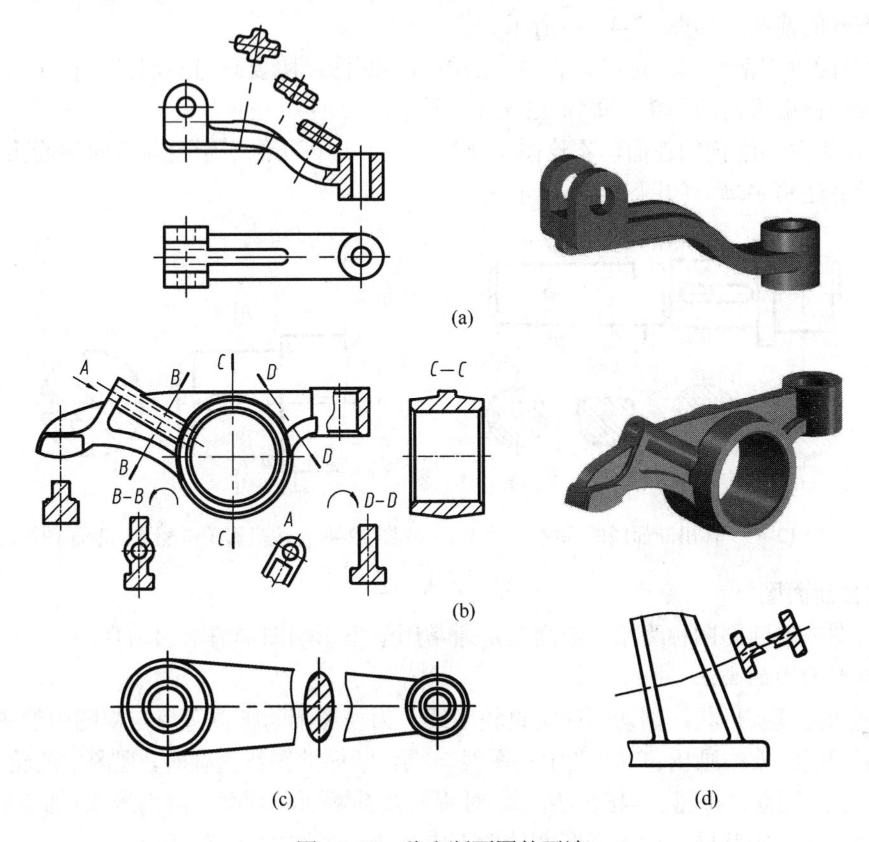

图 12-41　移出断面图的画法

(4) 当剖切平面通过回转面形成的孔、凹坑的轴线时，或当剖切平面通过非圆孔导致出现完全分离的两个断面时，则这些结构应按剖视画出。这里必须指出：“按剖视画出”是指画出与被剖切结构有关轮廓的投影，而无关轮廓的投影不应画出，如图 12-42 所示。

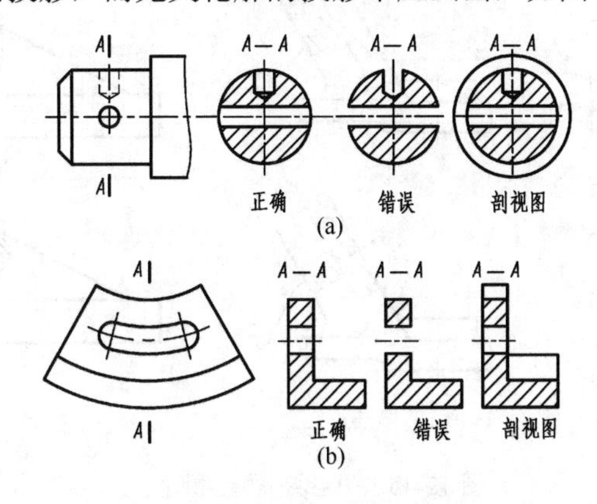

图 12-42　断面图的正误比较

2)移出断面图的标注

(1)配置在剖切平面迹线延长线上的对称断面，可不标注，如图 12-43(a)所示。

(2)配置在剖切平面迹线延长线上的不对称断面，要画剖切符号和表示投射方向的箭头，但不注写字母，如图 12-43(b)所示。

(3)没有配置在剖切平面迹线延长线上的对称断面，要画出剖切符号并注写字母，但不画表示投射方向的箭头，如图 12-43(c)所示。

(4)没有配置在剖切平面迹线延长线上的不对称断面，除要画出剖切符号和注写字母外，还要画出表示投射方向的箭头，如图 12-43(d)所示。

(5)按投影关系配置的断面，不论图形对称与否，均可不画表示投射方向的箭头，但要画出剖切符号并注写字母，如图 12-44 所示。

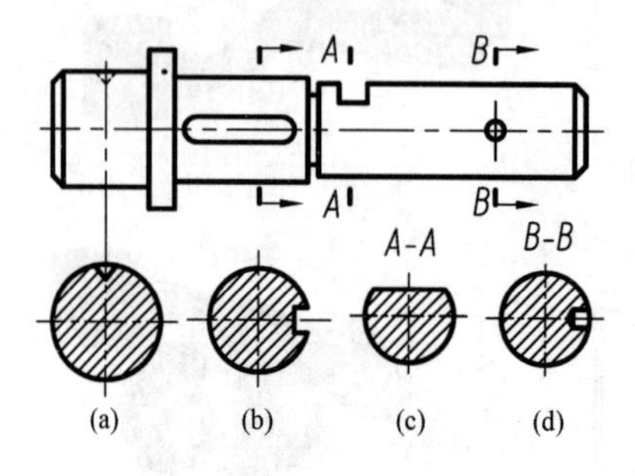

图 12-43　移出断面图的标注

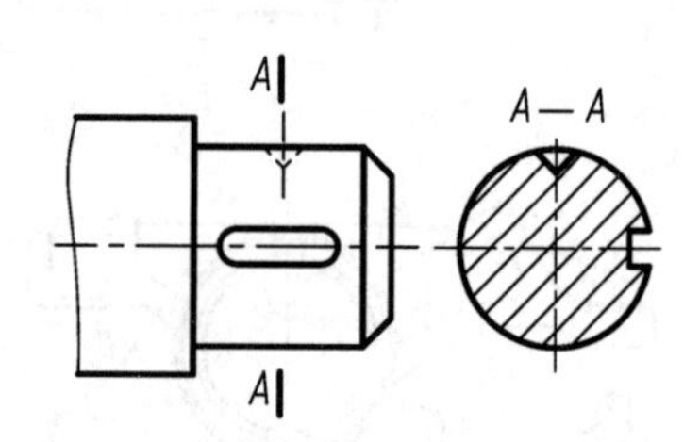

图 12-44　按投影关系配置的断面图标注

2. 重合断面图

画在视图内的断面图称为重合断面图，通常用于不影响图形清晰的场合。

1)重合断面图的画法

为得到断面真实形状，剖切面应垂直轮廓线。为使图形清晰，避免与视图中的图线混淆，其断面轮廓线用细实线画出。当视图中的图线与重合断面的图线重叠时，视图中的轮廓线仍须连续画出，不可间断，如图 12-45(a)所示。对称的重合断面必须画出剖切迹线(细点画线)，如图 12-45(b)所示。板状结构的重合断面轮廓不应封闭，如图 12-45(c)所示。

2)重合断面图的标注

对称的重合断面图不必标注，不对称的重合断面图也可省略标注，如图 12-45 所示。

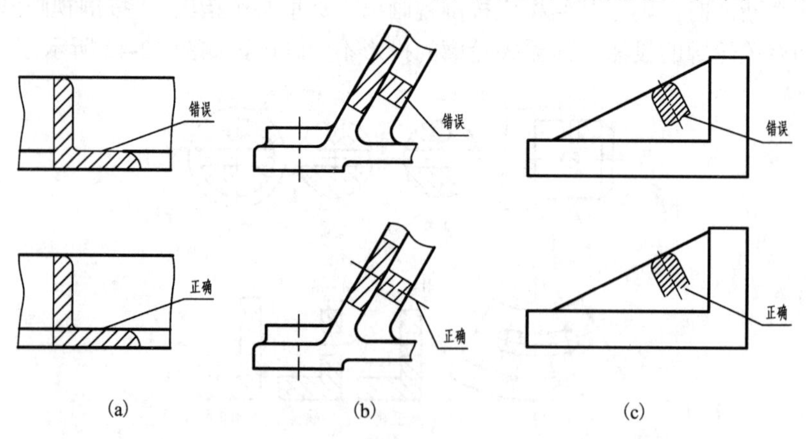

图 12-45　重合断面图的画法

12.4　局部放大图和简化画法

1. 局部放大图

用大于原图形所采用的比例画出机件上部分结构的图形称为局部放大图。局部放大图主要用来表达机件在原视图中尚未表达清楚的结构形状，并便于在放大图上标注尺寸。

1)局部放大图画法与配置

画局部放大图时，一般用细实线在原视图上圈出被放大部位，如图 12-46 所示的细实线圆和长圆形。局部放大图可画成视图、剖视图、断面图，它与被放大部分的原图所采用的表达方式无关，如图 12-47 中的两处局部放大图。局部放大图中的剖面线间隔和方向应与原图中的剖面线间隔和方向一致，如图 12-46 所示。同一机件上不同部位局部放大图相同或对称时，只需要画出一个放大图，如图 12-46(a) 所示。

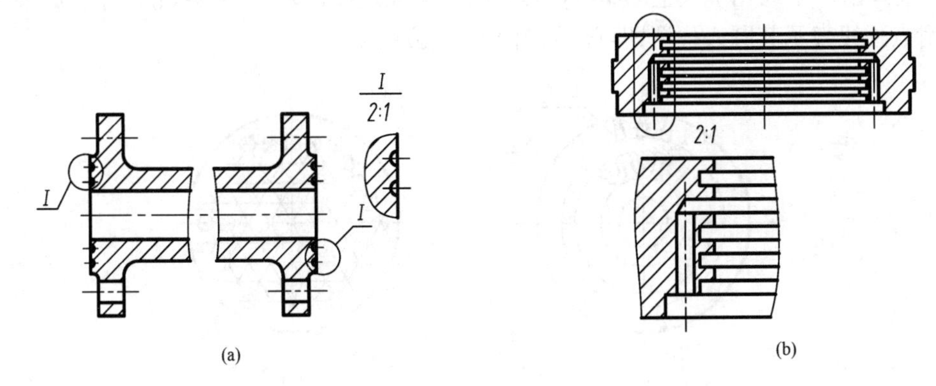

图 12-46　局部放大部位的表示法

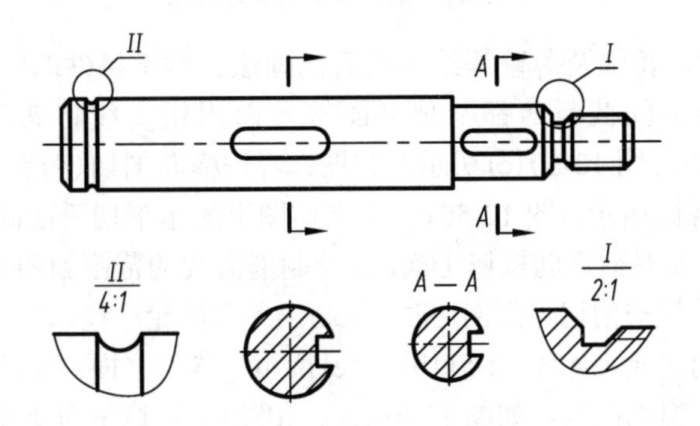

图 12-47　局部放大图画法与标注

局部放大图应尽量配置在被放大部位的附近。必要时，可用几个图形表达同一个被放大部分的结构，如图 12-48 所示。

2)局部放大图的标记

当机件上仅有一个需要放大部位时，在局部放大图的上方只需要注明所采用的比例，如图 12-46(b)。当机件上有两处或两处以上局部放大部位时，要用罗马数字在原图上顺序地标记，在相应局部放大图上方写上相同数字，并在横线下方写出采用的比例，如图 12-47 所示。

若同一机件不同部位的局部放大图相同，可注写同一个序号，如图 12-46(a) 所示。

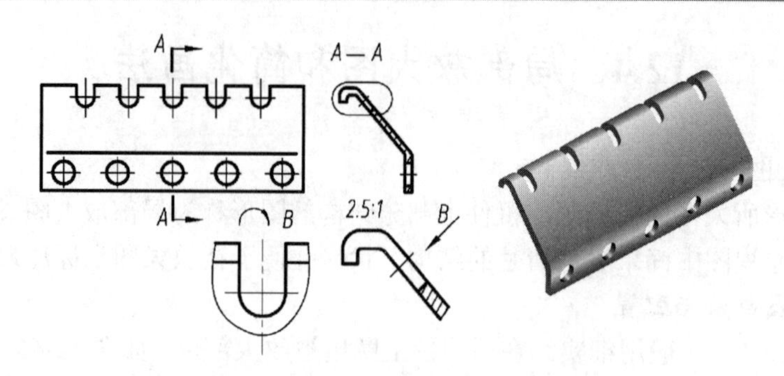

图 12-48 用两个局部放大图表示同一部位的形状

2. 简化画法

(1)视图中相同结构的简化画法。当机件具有若干形状相同且按规律分布的孔、槽等结构时，可以仅画出一个或几个完整的结构，其余用细实线连接，如图 12-49(a)所示；如果结构是圆，则用点画线表示其圆心位置即可，如图 12-49(b)所示。

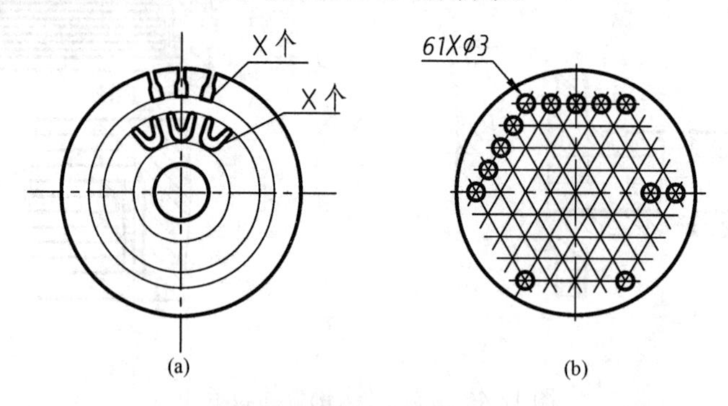

图 12-49 相同结构的简化画法

(2)剖视图中的肋、轮辐及薄壁等结构的简化画法。对于机件的肋、轮辐及薄壁等，如按纵向剖切，这些结构的截断面都不画剖面符号而用粗实线将其与邻接部分分开，如图 12-50(a)所示主视图及图 12-50(c)所示左视图；若按横向剖切(剖到断面)，则需要画剖面线，如图 12-50(a)左视图所示。图 12-50(b)中立体图上所示剖切平面同时剖到两块肋板，相对左右肋板属于纵剖，相对前后肋板属于横剖，绘制剖面线的范围如图 12-50(b)所示剖视图。

机件上的丁字形肋板被剖切平面剖切时，应画出各自的轮廓线，对于横剖的肋板应画剖面线，纵剖的肋板不画剖面线，如图 12-51(b)、(e)所示。剖切平面对于两块肋板均为横剖时，在呈丁字形的断面上画出剖面线，如图 12-51(c)、(d)所示。这里需要强调的是：肋板与其他结构相交时，纵向剖切的肋板应去掉与其他结构相交的交线，并按投影关系画出与其相交结构的轮廓线来确定肋板的形状，如图 12-51(e)是按投影关系画出圆筒的轮廓线来确定纵向肋板的形状，而图 12-51(f)、(g)图均是错误的画法。

图 12-52 给出了摇臂机件的表达方案。俯视图采用 *A—A* 旋转剖切后，对于前后肋板为纵剖其上不画剖面线，对于上下肋板为横剖要画出剖面线。肋板的有关尺寸通常标注在肋板的断面图上，如图 12-52(b)中的十字形断面图上标注肋板的厚度尺寸。

(3)当机件回转体上均匀分布的肋、轮辐、孔等结构不处于剖切平面上时，可将这些结构旋转到剖切平面上画出，可不加标注，如图 12-53 所示。

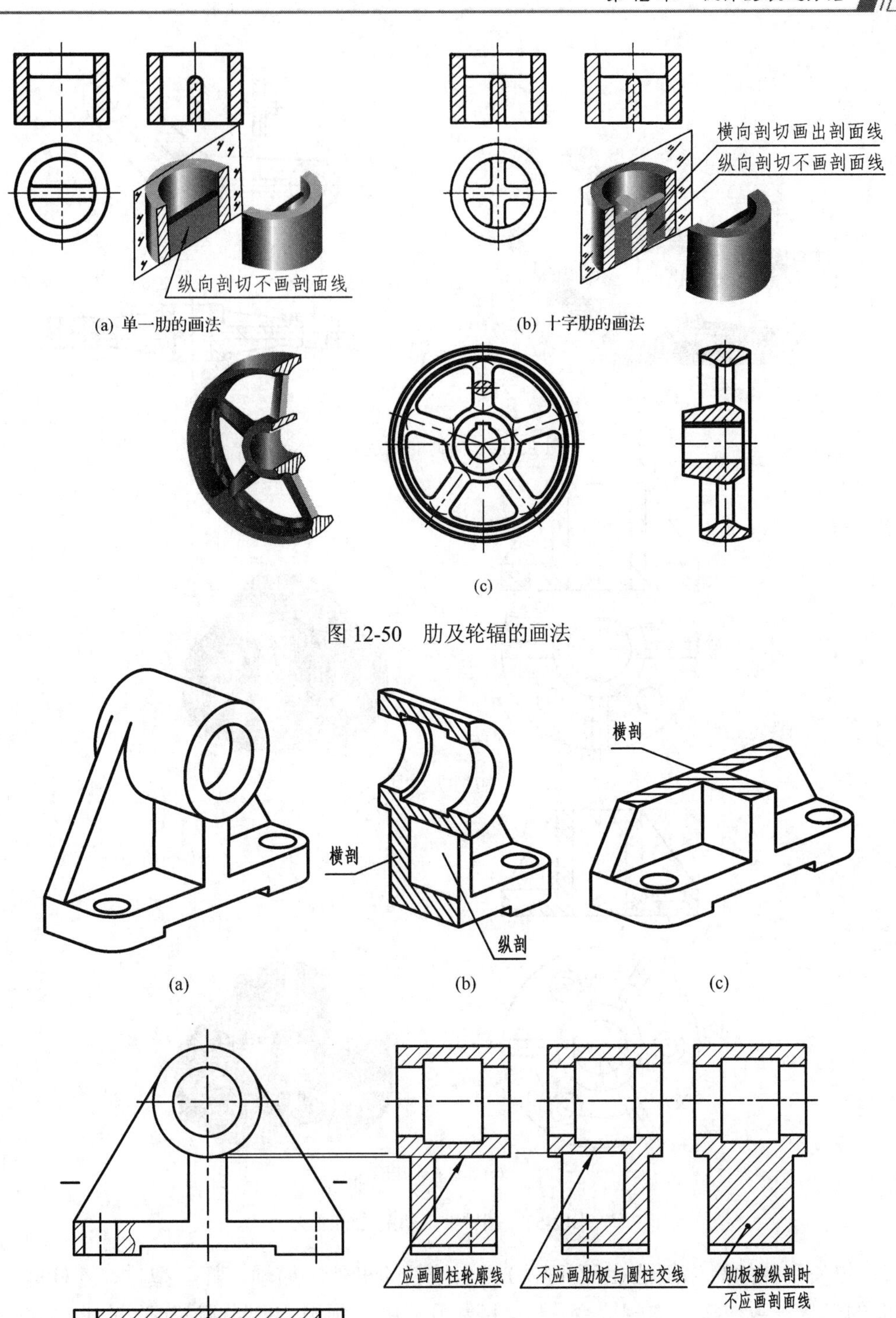

(a) 单一肋的画法　(b) 十字肋的画法

(c)

图 12-50　肋及轮辐的画法

(a)　(b)　(c)

(d)　(e)　(f)　(g)

图 12-51　肋板轮廓范围的确定

图 12-52

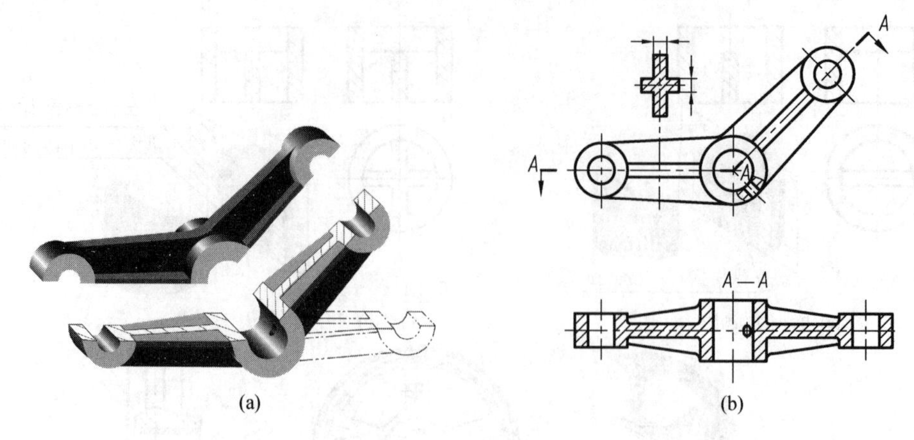

图 12-52　摇臂的表达方案

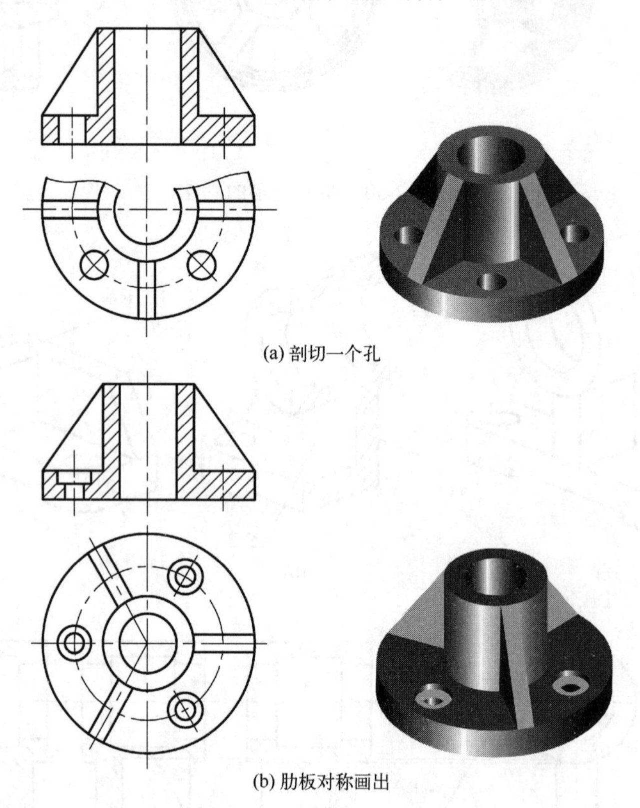

(a) 剖切一个孔

(b) 肋板对称画出

图 12-53　回转件上肋及孔的画法

(4)较长机件的简化画法(断裂画法)。当较长的机件，如轴、杆、型材、连杆等，沿长度方向的形状一致或按一定规律变化时，可断开后缩短画出，但要标注实际尺寸，如图 12-54 所示。

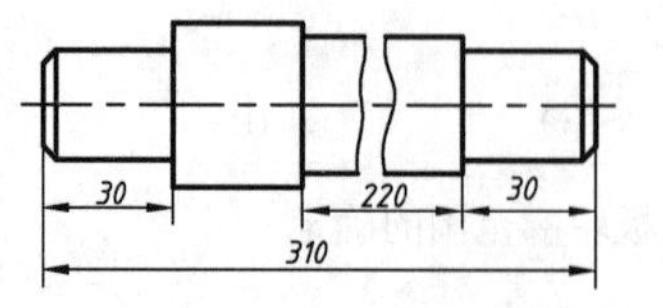

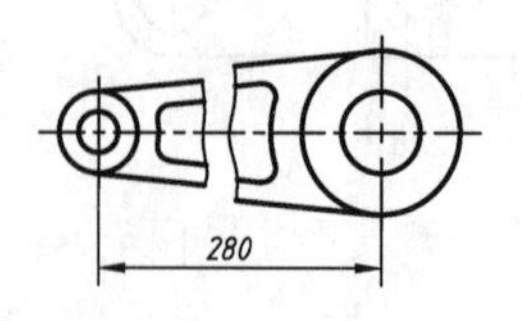

图 12-54　较长机件的断裂画法

(5) 当图形不能充分表达平面时，可用平面符号(相交的两条细线)表示，如图 12-55 所示。

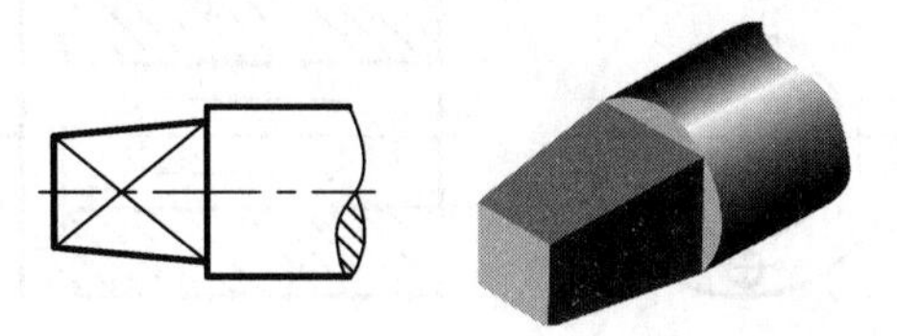
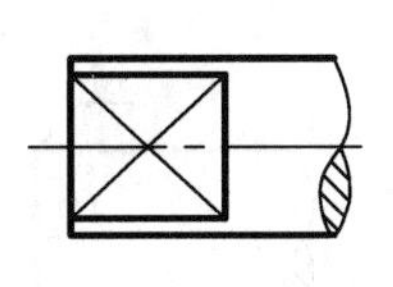
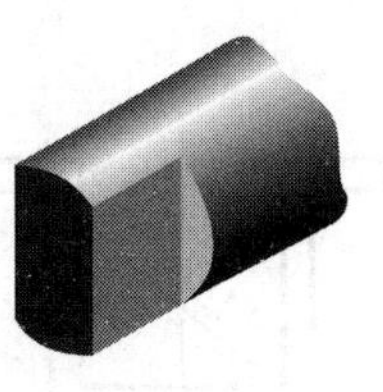

图 12-55　平面的表示法

(6) 与投影面倾斜的圆其投影为椭圆，但倾斜角度小于或等于 30°时，其投影可用圆或圆弧代替，如图 12-56 所示。

(7) 零件上对称结构的局部视图可按投影关系就近配置而不加标注，如图 12-57 所示。

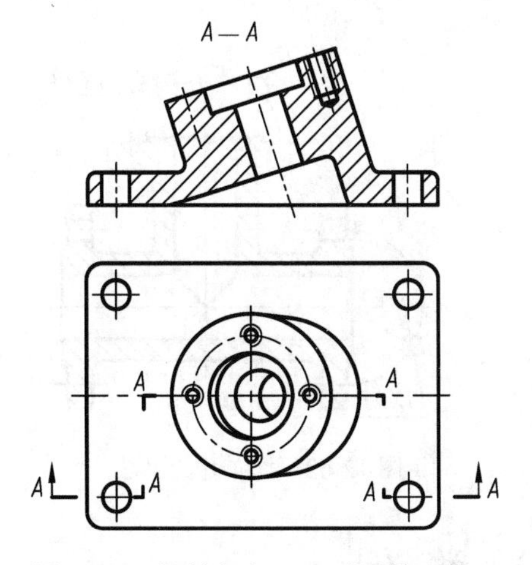

图 12-56　倾斜角度≤30°时圆的画法

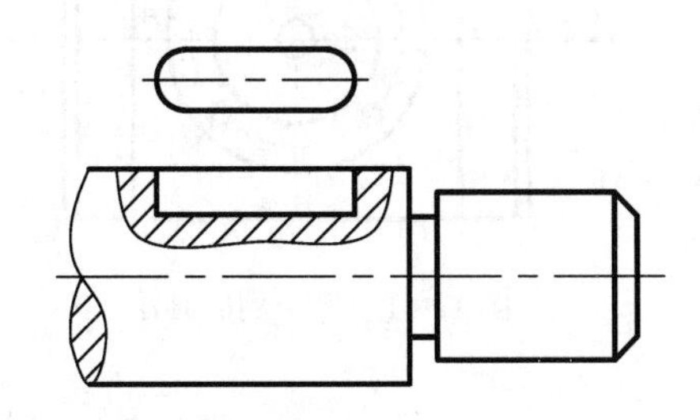

图 12-57　对称的局部结构的画法

(8) 交线、相贯线的简化画法。回转件上的孔、键槽等较小结构产生的表面交线、相贯线其画法允许简化。如图 12-58(a) 中的交线、相贯线可用图 12-58(b) 所示轮廓线替代。

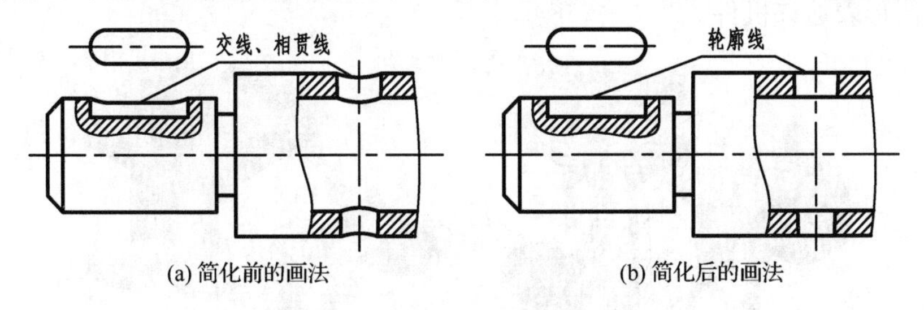

(a) 简化前的画法　　(b) 简化后的画法

图 12-58　交线、相贯线的简化画法

(9) 小圆角、小倒角的简化画法。在不致引起误解时，视图中的小圆角或 45°小倒角允许省略不画，但必须注明尺寸或在技术要求中加以说明，如图 12-59 所示。

(10) 在需要表示位于剖切平面前的结构时，这些结构按假想投影的轮廓线即双点画线画出，如图 12-60 所示。

(11) “剖中剖”的画法。在剖视图的断面中可再作一次局部剖，俗称“剖中剖”。采用这种表达方法时，两个断面的剖面线应同方向、同间隔，但要互相错开，并用指引线标注其名称，如图 12-61 所示。

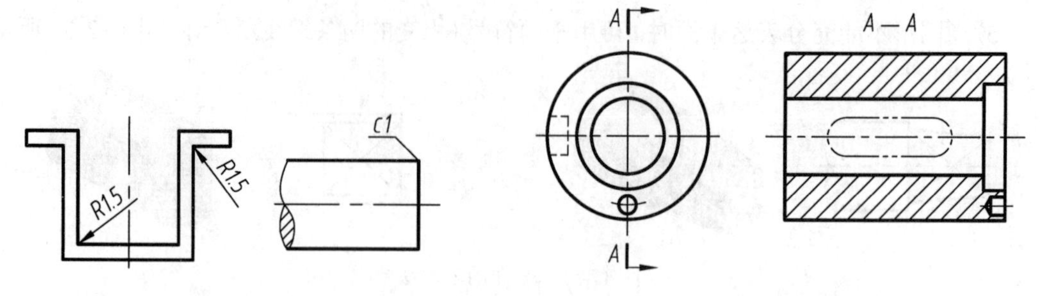

图 12-59　小结构画法和标注　　　　图 12-60　剖切面前面结构的画法

(12)圆柱形法兰(连接板)和类似机件上均匀分布的孔，可按图 12-62 所示方法表示。

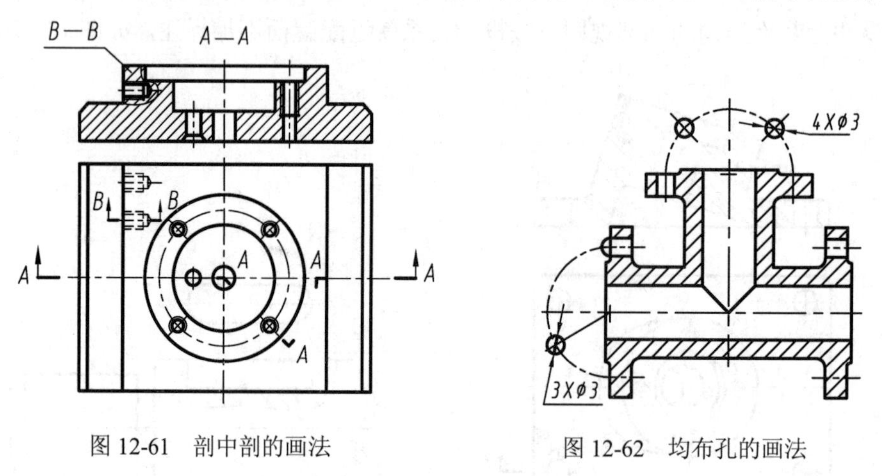

图 12-61　剖中剖的画法　　　　图 12-62　均布孔的画法

12.5　综 合 举 例

图 12-63 所示的阀体由上下、左右四个连接板和一个直立圆筒等构成。根据其结构特点，采用了五个图形表达该机件。

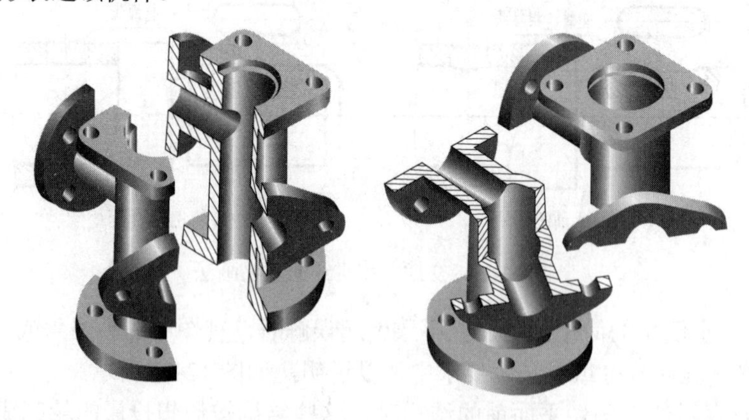

图 12-63　阀体的立体图

主视图 *B*—*B* 采用了旋转剖的方法得到的全剖视图，主要表达了机件的内部结构形状，以及上下、左右四个连接板及圆筒在高度和长度方向的相互位置关系；俯视图 *A*—*A* 是用阶梯剖的方法得到的全剖视图，主要表达了左右两个连接板轴线之间的角度，以及下部连接板的实形及其上圆孔的分布情况；用单一剖切面得到的局部剖视图 *C*—*C*，主要表达了左侧连接板的实形及其上面圆孔的数量和分布情况，同时还表达了与主体连接部分的断面形状；*E*—*E* 是用斜剖的方法得到的全剖视图，主要表达了右边连接板的实形和与主体连接部分的断面形状；采用的局部视图 *D*，表达了上部连接板的端面形状及其上四个圆孔的分布情况。

通过以上分析，阀体的表达方案如图 12-64 所示。

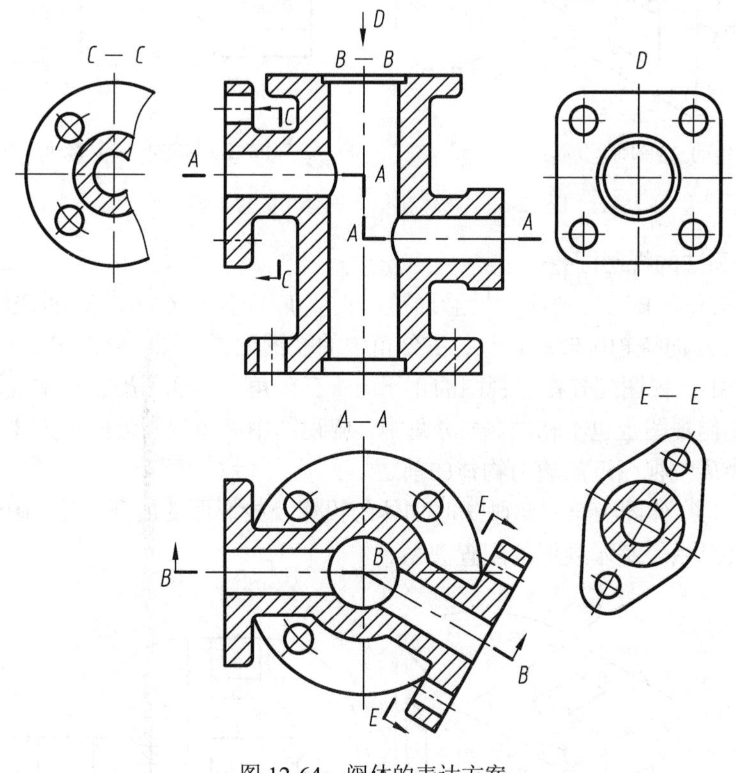

图 12-64　阀体的表达方案

12.6　第三角画法简介

目前世界各国的工程图样有两种画法，即第一角画法和第三角画法，国际标准 ISO 规定两种画法具有同等效力。我国和俄罗斯、德国、法国、捷克等欧洲国家普遍采用第一角画法绘制图样。美国、加拿大、澳大利亚、日本等国家则采用第三角画法。为了便于进行国际间的技术交流，下面对第三角画法作简要介绍。

1．分角及分角中的物体

图 12-65 给出的两个相互垂直的投影面 *H*、*V*，将空间分成 *I*、*II*、*III*、*IV* 四个分角，将空间物体分别置于第一和第三分角，然后分别向 *H*、*V* 面投影，即可得到各自的主视图和俯视图。从图 12-65 中可看出，第一角画法中，观察者、物体、投影面之间的位置关系是：将物体放在观察者与投影面之间，即观察者可直接看到物体；而第三角画法中是将投影面置于观察者和物体之间，此时若将第三角中的投影面看成是透明玻璃，则观察者隔着玻璃观测物体。

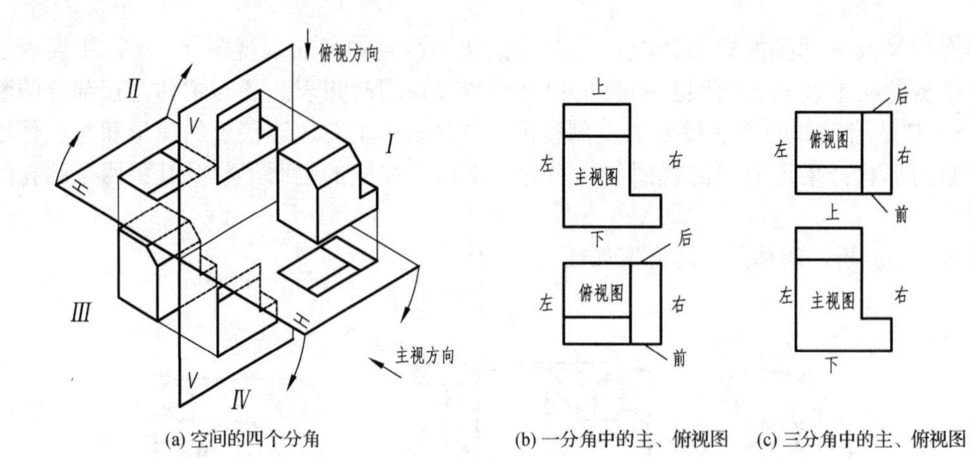

(a) 空间的四个分角　　(b) 一分角中的主、俯视图　　(c) 三分角中的主、俯视图

图 12-65　物体在一、三分角的投影区别

2. 第三角画法的视图配置

无论第一角还是第三角画法，投影面展开时，V 面保持不动，H 面绕轴旋转 90°，当图 12-65(a)中的 H 面绕轴旋转后，一、三分角中的视图配置如图 12-65(b)、(c)所示。从图中可看出：一分角中俯视图配置在主视图的正下方；三分角中俯视图配置在主视图的正上方；物体的前后方位在俯视图上也不相同。一分角中，俯视图中离主视图近的边为物体的后边；三分角中，俯视图中离主视图近的边为物体的前边。

图 12-66 中的立体图为第三角画法时物体的投影及投影面的展开方法，图 12-66 中的投影图为投影面展开后六个基本视图的配置关系。

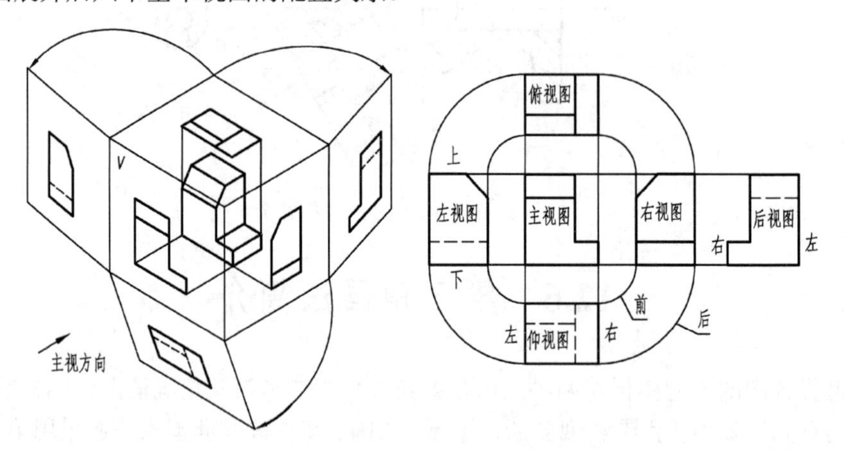

图 12-66　第三分角中物体的六个基本视图

第三角画法中六个基本视图的名称与第一角画法中六个基本视图的名称相同，但俯视图、仰视图、左视图和右视图位置发生变化。从图 12-66 中可看出：第三分角画法中，左视图置于主视图左侧，右视图置于主视图右侧，俯视图置于主视图上方，仰视图置于主视图下方，而后视图位置不变。按展开规律配置的六个基本视图仍符合“长对正、高平齐、宽相等”的投影规律。

图 12-67 为第一分角中物体的投影及六个基本视图。读者可将其与图 12-66 进行比较，观察分析第一分角和第三分角视图配置的区别。

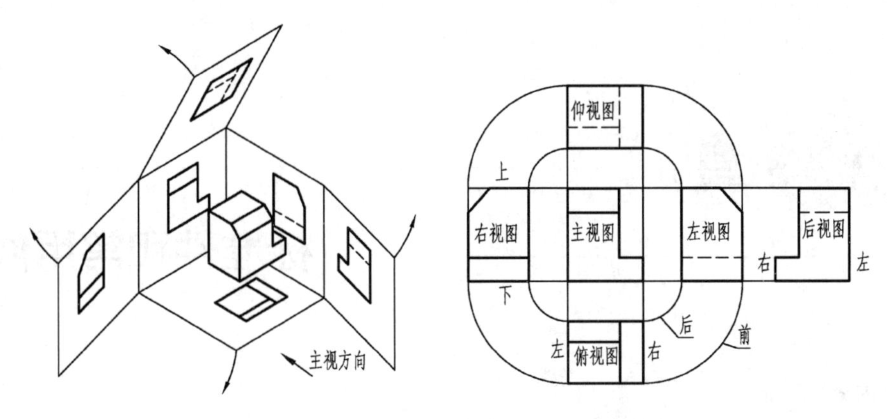

图 12-67　第一分角中物体的六个基本视图

当采用第三角画法时，必须在标题栏中的“投影符号”栏中画出第三角画法的识别符号，如果采用第一角画法，可填上第一角画法符号，也可以省略不填。分角符号如图 12-68 所示。

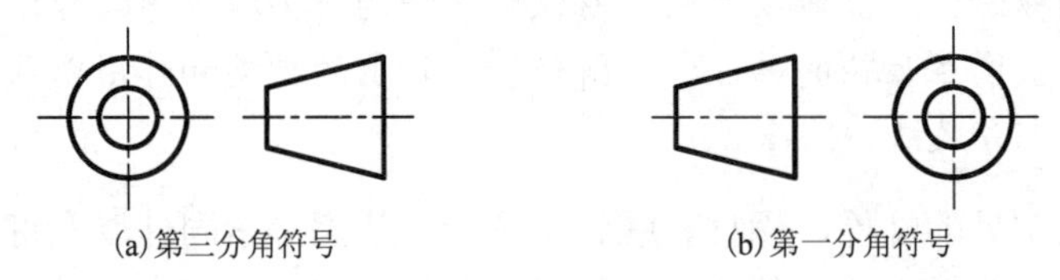

图 12-68　分角符号

图 12-69 为物体在第三分角中视图的画法。第一分角中物体的局部视图如果按第三角画法配置，可不加标注，但必须将局部视图配置在所需要表示物体局部结构的附近，并用细点画线将两者相连，如图 12-70 所示。

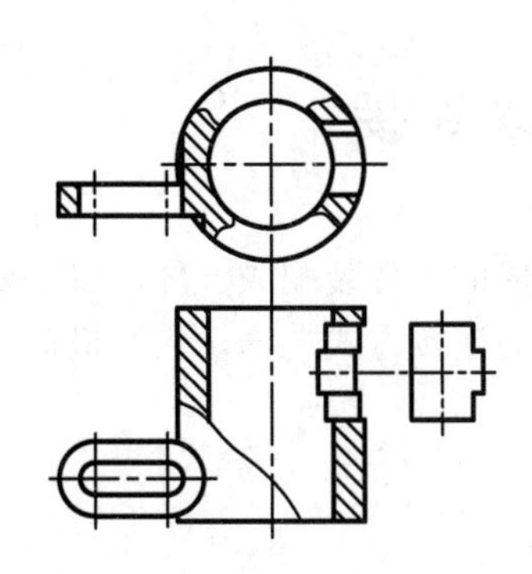

图 12-69　三分角中物体视图的画法

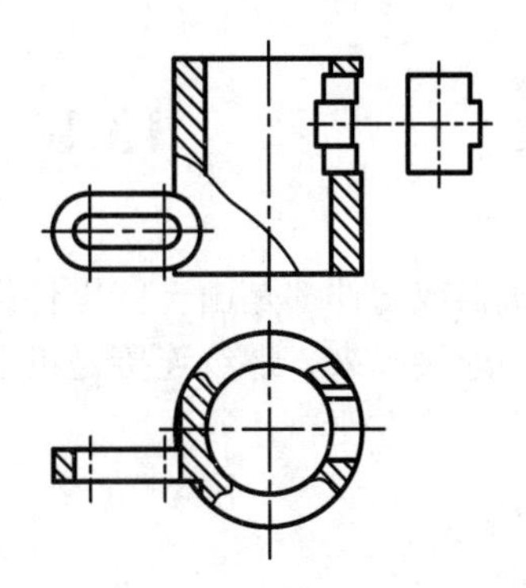

图 12-70　一分角中局部视图的配置

第13章 标准件和常用件

主要内容

螺纹及螺纹紧固件、键、销、滚动轴承等标准件的应用场合、规定画法和标记；齿轮和弹簧的作用、种类及规定画法。

学习要点

熟悉标准件的概念；掌握螺纹画法及螺纹紧固件的种类和应用场合；熟悉齿轮有关术语及各部分名称并掌握圆柱齿轮的画法；了解弹簧、轴承的种类和作用以及规定画法并能按规定标记查表确定各部分尺寸。

机器或部件上常见的螺栓、螺柱、螺钉、螺母、垫圈等紧固件以及键、销、滚动轴承等都是应用范围广、需要量大的零件。为了便于专业化生产，提高生产效率，降低成本，便于机器的装配和维修，对这些用量大、应用广的零件或组件，从结构形式、尺寸精度、加工质量到图形画法，国家标准均予以全面标准化，因此称它们为标准件。零件上部分结构形状和尺寸参数标准化的零件通常称为常用件，如齿轮、弹簧等零件。

本章主要介绍以上几种标准件和常用件的功能、应用场合、规定画法和标记等。

13.1 螺纹及螺纹连接

任何机器或部件都是由一些零件组成的，要把制成的零件装配成一体，就需要用一定的方式把它们连接起来。螺纹连接是机器设计中最常用的连接方式之一，它给机器的装配和维修带来了极大的方便。

13.1.1 螺纹

1. 螺纹的形成

在圆柱或圆锥表面上，沿着螺旋线所形成的具有相同断面的连续凸起和沟槽的结构称为螺纹。螺纹凸起部分称为牙，螺纹凸起部分顶端表面称为牙顶，螺纹沟槽底部表面称为牙底。在外表面上形成的螺纹称为外螺纹，在内表面上形成的螺纹称为内螺纹。

螺纹可以采用不同的加工方法制成。图 13-1 表示在车床上车削螺纹的情况。这时圆柱形工件做等速回转运动，刀具沿工件轴向做等速直线移动，其合成运动形成的即是螺纹。图 13-2 表示用丝锥加工内螺纹的情况，先用钻头钻出圆柱孔（图 13-2(a)），然后再用丝锥攻出内螺纹（图 13-2(b)）。

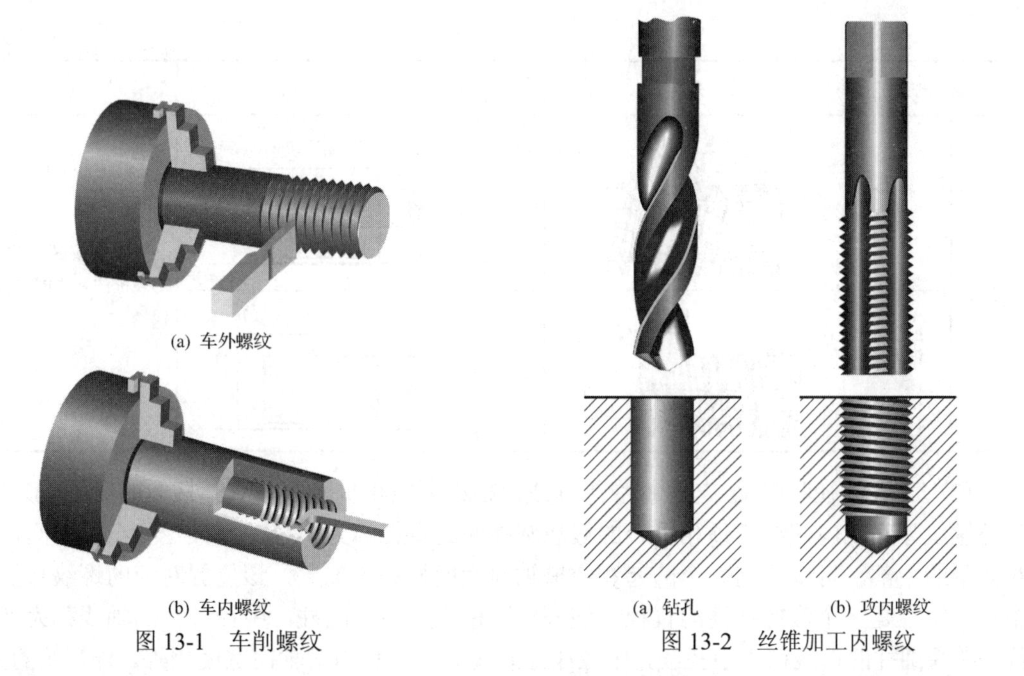

图 13-1 车削螺纹

图 13-2 丝锥加工内螺纹

(a)

(b)

图 13-1

丝锥加工内螺纹

梳削螺纹

挤压加工外螺纹

螺纹一般是在圆柱表面上形成，称为圆柱螺纹；也可在圆锥表面上形成，称为圆锥螺纹。

2．螺纹的要素

螺纹的结构和尺寸是由牙型、大径和小径、螺距和导程、线数、旋向等要素确定的。当内外螺纹相互旋合时，两者的要素必须匹配。国家标准对螺纹要素的术语作了规定。

(1)螺纹牙型。在通过螺纹轴线的断面上，螺纹的轮廓形状称为螺纹牙型。不同的螺纹牙型有不同的用途，并由不同的代号表示。常用的牙型见表 13-1。

表 13-1 螺纹的牙型、代号和标注示例

螺纹种类		牙型放大图	螺纹特征代号	标注示例	说明
连接螺纹	粗牙普通螺纹	60°	M	M12-5g6g	粗牙普通螺纹不注螺距，细牙普通螺纹应注螺距；中等旋合长度不注“N”、短旋合长度“S”和长旋合长度“L”则需要注出(以下同)；左旋螺纹注“LH”，右旋不注
	细牙普通螺纹			M12X1-6g-LH	
	55°非密封管螺纹	55°	G	G1/2B-LH	外螺纹公差等级分 A 级和 B 级两种，内螺纹公差等级仅一种，故省略标注
	55°密封管螺纹	55°	R_p R_c R_1 R_2	$R_1$3/8	R_p——圆柱内螺纹；R_c——圆锥内螺纹；R_1——与 R_p 相配的圆锥外螺纹；R_2——与 R_c 相配的圆锥外螺纹

续表

螺纹种类		牙型放大图	螺纹特征代号	标注示例	说明
传动螺纹	梯形螺纹	30°	Tr	Tr40×14P7-8e-L-LH	多线螺纹螺距和导程都须标注。"P"为螺距代号
	锯齿形螺纹	3° 30°	B	B40×6-7e	

(2)大径、小径和中径。与外螺纹牙顶或内螺纹牙底相重合的假想圆柱面的直径称为大径。与外螺纹牙底或内螺纹牙顶相重合的假想圆柱面的直径称为小径。在大径与小径中间，即螺纹牙型的中部，可以找到一个凸起和沟槽轴向宽度相等的位置，该位置对应的螺纹直径称为中径。中径是一个假想圆柱的直径，该假想圆柱称为中径圆柱，中径圆柱的轴线称为螺纹轴线，中径圆柱的母线称为中径线，中径线上螺纹的凸起和沟槽轴向宽度相等。外螺纹的大径、小径和中径分别用符号 d、d_1、d_2 表示，内螺纹的大径、小径和中径分别用符号 D、D_1、D_2 表示，如图 13-3 所示。

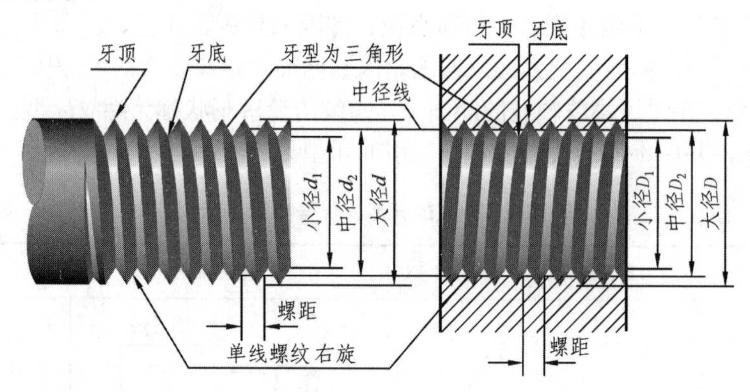

图 13-3　螺纹的要素

(3)线数。在同一圆柱面切削螺纹的线数如图 13-4 所示。沿一条螺旋线所形成的螺纹称为单线螺纹；沿两条或两条以上，在轴向等距离分布的螺旋线所形成的螺纹称为多线螺纹。

(4)螺距和导程。相邻两牙在中径线上对应两点间的轴向距离称为螺距，用字母"*P*"表示；而在同一条螺旋线上相邻两牙在中径线上对应两点间的轴向距离称为导程，用字母"*Ph*"表示。单线螺纹的螺距等于导程，多线螺纹的螺距等于导程/线数，如图 13-4 所示。

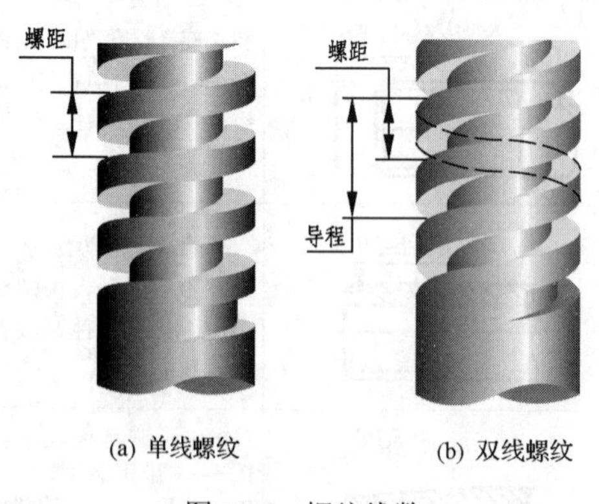

(a) 单线螺纹　　(b) 双线螺纹

图 13-4　螺纹线数

(5) 旋向。旋向分左旋和右旋两种，工程上常用的是右旋螺纹。顺时针旋转时沿轴向旋入的为右旋，逆时针旋转时沿轴向旋入的为左旋。

3．螺纹的分类

为了便于设计和制造，国家标准对螺纹的五个要素(牙型、大径、线数、螺距和导程、旋向)中的牙型、大径和螺距作了一系列的规定。因此螺纹按三要素是否符合国家标准分为：标准螺纹(牙型、大径、螺距均符合)、特殊螺纹(牙型符合，大径和螺距不符合)、非标准螺纹(牙型不符合)。

另外，螺纹按用途可分为连接螺纹(如普通螺纹、管螺纹)和传动螺纹(如梯形螺纹等)，见表 13-1。

4．螺纹的规定画法

螺纹的真实投影是比较复杂的。为了简化作图，GB/T 4459.1—1995 规定了螺纹的画法。

1) 外螺纹的画法(图 13-5)

外螺纹不论其牙型如何，螺纹的牙顶(即大径 d)用粗实线表示，牙底(即小径 d_1)用细实线表示(画图时小径尺寸可近似地取 $d_1 \approx 0.85d$)，在螺杆的倒角或倒圆部分也应画出。在垂直于螺纹轴线的投影面的视图(通常称为圆的视图)表示牙底的细实线圆只画约 3/4 圈，此时螺杆上表示倒角的圆省略不画。螺纹终止线在视图中用粗实线表示，在剖视图中则按图 13-5 右边图中画法绘制(即终止线只画螺纹牙型高度的一小段)。

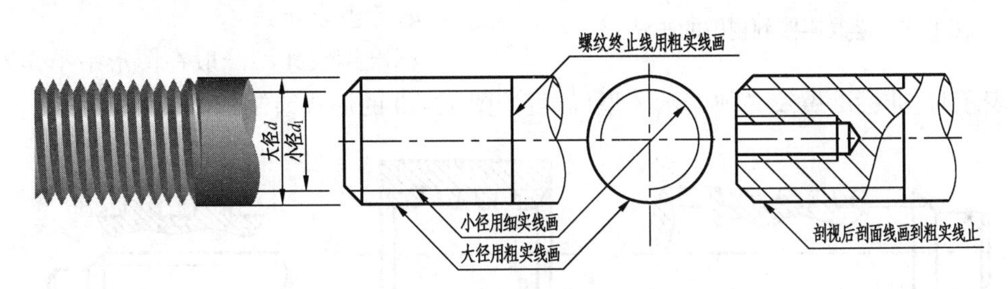

图 13-5　外螺纹的画法

2) 内螺纹的画法(图 13-6)

内螺纹不论其牙型如何，在剖视图中，螺纹的牙顶(即小径 D_1)用粗实线表示，牙底(即大径 D)用细实线表示。在垂直于螺纹轴线的投影面上的视图中，表示牙底的细实线圆只画约 3/4 圈，表示倒角的圆省略不画。螺纹终止线用粗实线表示，剖面线应画到粗实线为止。

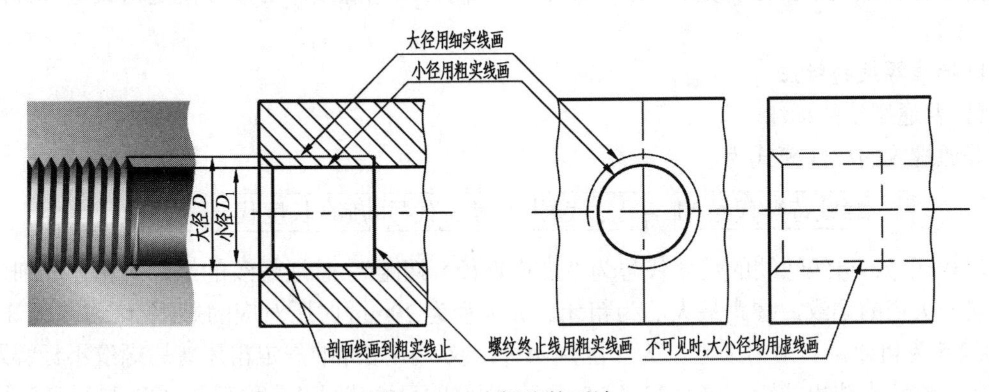

图 13-6　内螺纹的画法

当螺纹为不可见时，所有图线用虚线绘制。螺纹一般不表示螺纹的收尾部分(简称螺尾)。当需要表示时，螺尾部分的牙底用与轴线成30°角的细实线表示，如图13-7所示。螺孔中相贯线的画法，如图13-8所示。

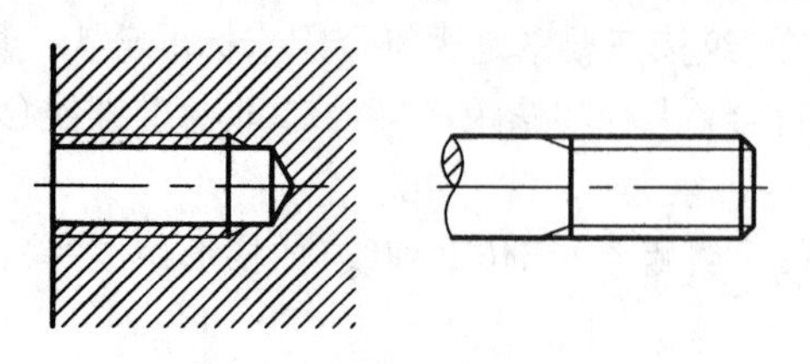

图 13-7　螺尾画法

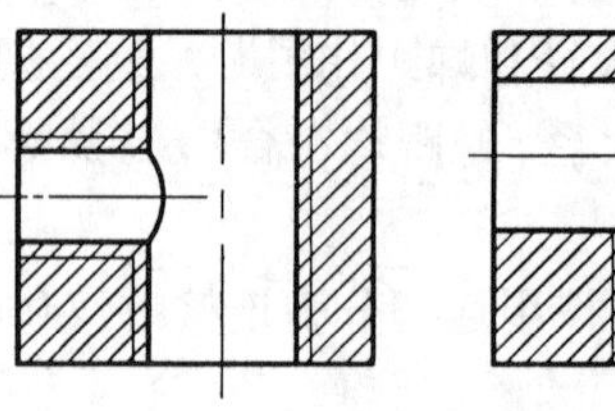

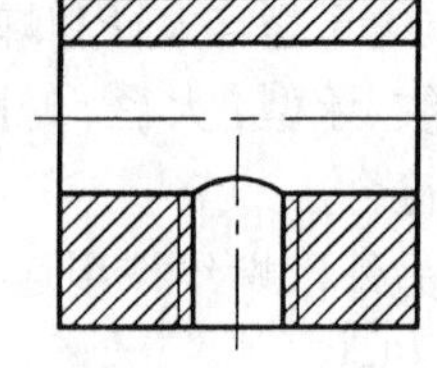

图 13-8　螺孔中的相贯线画法

3)内、外螺纹连接的画法(图13-9)

在剖视图中，内外螺纹旋合的部分应按外螺纹的画法绘制，其余部分仍按各自画法表示。需要注意的是，表示内螺纹大径的细实线和表示外螺纹大径的粗实线应对齐，表示内螺纹小径的粗实线和表示外螺纹小径的细实线应对齐。

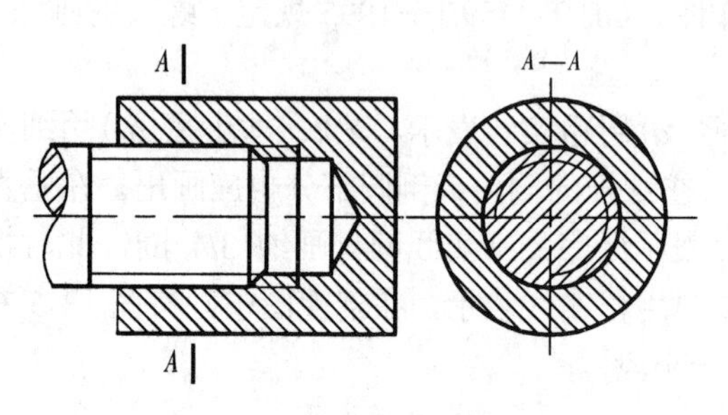

图 13-9　螺纹连接剖视图的画法

4)牙型表示法

标准螺纹牙型一般在图形中不作表示，当需要表示时(非标准螺纹必须表示牙型)，可按图13-10的形式绘制。

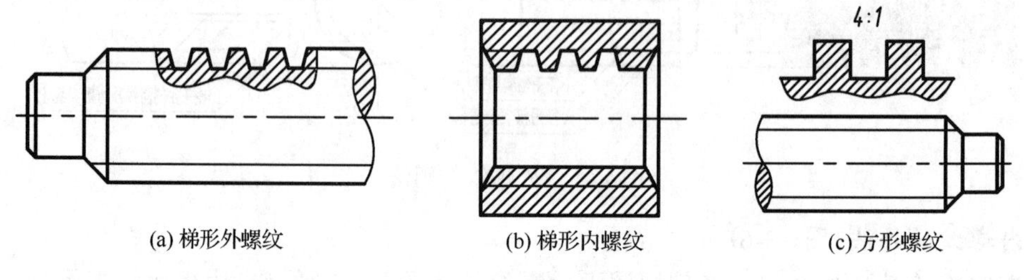

(a) 梯形外螺纹　　(b) 梯形内螺纹　　(c) 方形螺纹

图 13-10　牙型表示法

5. 螺纹的标注方法

由于各种螺纹的画法都是相同的，为区别不同种类的螺纹，必须按规定格式进行标注，见表13-1。

1)标准螺纹的标注

(1)普通螺纹的标注。

普通螺纹的标注模式为：

螺纹特征代号M　尺寸代号-公差带代号-旋合长度代号-旋向

尺寸代号：单线螺纹的尺寸代号为“公称直径×螺距”，普通螺纹的螺距有粗牙和细牙之分，同一大径的螺纹，螺距最大的为粗牙。如大径为20mm时所对应的螺距有2.5、2、1.5、1，则2.5为粗牙，其余为细牙。为了区别两种螺纹，国家标准规定粗牙普通螺纹不标螺距，细牙普通螺纹应注出螺距，如M20×1.5。多线螺纹的尺寸代号“公称直径×Ph导程P螺距”，如 M20×Ph4P2。

公差带代号：由数字表示的螺纹公差等级和字母(内螺纹用大写字母，外螺纹用小写字母)表示的基本偏差代号组成。公差等级在前，基本偏差代号在后。公差带代号包含中径公差带代号和顶径公差带代号，中径公差带代号在前，顶径公差带代号在后，如 5g6g 等。如果中径和顶径的公差带代号相同，则只注一个代号，如 M20×1.5–8H。内外螺纹旋合时其标注用分式表示，如 M20–7H/6e。普通螺纹公称直径大于或等于 1.6mm 时，中等精度公差带 6H 或 6g 可以省略；公称直径小于或等于 1.4mm 时，中等精度公差带 5H 或 6h 可以省略。

旋合长度：对螺纹的旋合长度规定为短(S)、中(N)、长(L)三组。在一般情况下，均采用中等旋合长度，因此不标注旋合长度代号 N；必要时，加注旋合长度代号 S 或 L，如 M10–5g6g–S。各种旋合长度所对应的具体数值可根据螺纹直径和螺距在有关标准中查出，在图样中标注样例见表 13-1，普通螺纹公差带如表 13-2 和表 13-3 所示。

旋向：右旋不标注，左旋需要标注代号“LH”，如 M20×1.5–LH。

表 13-2 普通内螺纹推荐公差带(GB/T 197—2018)

精度	公差带位置 G			公差带位置 H		
	S	N	L	S	N	L
精密				4H	5H	6H
中等	(5G)	* 6G	(7G)	* 5H	[* 6H]	* 7H
粗糙		(7G)	(8G)		7H	8H

表 13-3 普通外螺纹推荐公差带(GB/T 197—2018)

精度	公差带位置 e			公差带位置 f			公差带位置 g			公差带位置 h		
	S	N	L	S	N	L	S	N	L	S	N	L
精密								(4g)	(5g4g)	(3h4h)	* 4h	(5h4h)
中等		* 6e	(7e6e)		* 6f		(5g6g)	[* 6g]	(7g6g)	(5h6h)	6h	(7h6h)
粗糙		(8e)	(9e8e)					8g	(9g8g)			

注：□大量紧固件选用；*优先选用；不带*次之；()尽可能不用。推荐公差带仅适用于薄涂镀层的螺纹，如电镀螺纹。

(2)管螺纹的标注。

①55°非密封管螺纹。

标注模式：[螺纹特征代号 G] [尺寸代号] [公差等级代号] [旋向]

尺寸代号按表 13-1 标注，标注在螺纹特征代号之后，例如 G1/2。公差等级代号只对 55°非密封外管螺纹分为 A、B 两级标记，例如 G1/2A、G1/2B，对 55°非密封内管螺纹不标记。

当 55°非密封管螺纹的旋向为左旋时，在外螺纹的公差等级代号或内螺纹的尺寸代号后注 LH，例如 G1/2LH、G3/8A-LH。

②55°密封管螺纹。

标注模式：[螺纹特征代号 Rp 或 Rc 或 R_1 或 R_2] [尺寸代号] [旋向]

Rp 表示圆柱内螺纹，Rc 表示圆锥内螺纹，R_1 表示与 Rp 相配的圆锥外螺纹，R_2 表示与 Rc 相配的圆锥外螺纹。

尺寸代号标注在螺纹特征代号之后，例如 Rc1/2。

当 55°密封管螺纹的旋向为左旋时，在尺寸代号后注 LH，例如 $R_1 1\frac{1}{2}$LH。

55°非密封管螺纹内、外螺纹装配在一起时，只标外管螺纹，例如 G1B。55°密封管螺纹内、外螺纹装配在一起时，内、外螺纹的螺纹特征代号用斜线分开，左边表示内螺纹，右边表示外螺纹，尺寸代号只注写一次，例如 Rc/$R_2$1/2LH。

管螺纹的标注用指引线由螺纹的大径线引出见表 13-1。螺纹的大径、小径数值需根据螺纹特征代号和尺寸代号在相关标准中查得。例如 G1，查得螺纹大径为 33.249mm，小径为 30.291mm。

(3) 梯形螺纹的标注。

螺纹特征代号 Tr 公称直径×螺距-公差带代号-旋合长度代号-旋向 (用于单线螺纹)

螺纹特征代号 Tr 公称直径×导程 P 螺距-公差带代号-旋合长度代号-旋向(用于多线螺纹)

梯形螺纹只注中径公差带代号(选用范围见表 13-4)。

表 13-4 内、外梯形螺纹推荐公差带(GB/T 5796.4—2005)

精度	内螺纹(中径公差带)		外螺纹(中径公差带)	
	N	L	N	L
中等	7H	8H	7e	8e
粗糙	8H	9H	8c	9c

旋合长度有中等(N)和长(L)两组。例如，Tr32×7-7e 为大径 32mm、螺距 7mm、单线、中径公差带为 7e、中等旋合长度、右旋的梯形外螺纹。

Tr40×14P7-8H-L-LH 为大径 40mm、导程 14mm、螺距 7mm、双线、公差带为 8H、长旋合长度、左旋的梯形内螺纹，图样中的标注样例见表 13-1。

(4) 锯齿形螺纹标注。

锯齿形螺纹的标注包括螺纹特征代号(B)，尺寸代号、(中径)公差带代号和旋合长度代号(N、L)，左旋时标记 LH。例如，B32×12(P6) LH-8e-L 为大径 32mm、导程 12mm、螺距 6mm、双线、左旋、公差带为 8e、长旋合长度的锯齿形螺纹，图样中的标注样例见表 13-1。

2) 特殊螺纹的标注

特殊螺纹的标注应在螺纹特征代号前加注“特”字，并注出大径和螺距，如图 13-11 所示。

3) 非标准螺纹的标注

非标准螺纹应画出牙型，并注出所需要的尺寸，如图 13-12 所示。

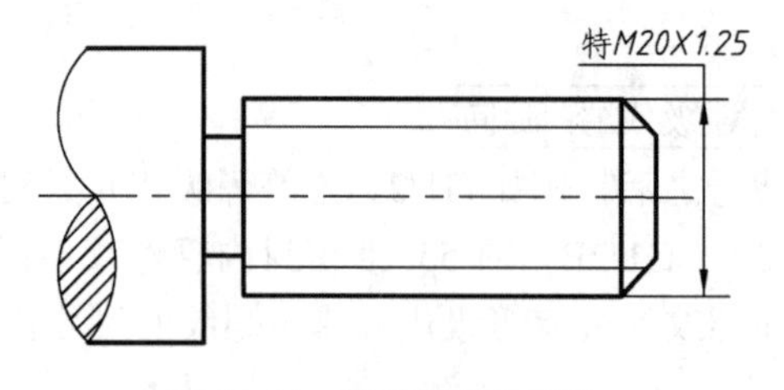

图 13-11 特殊螺纹的标注

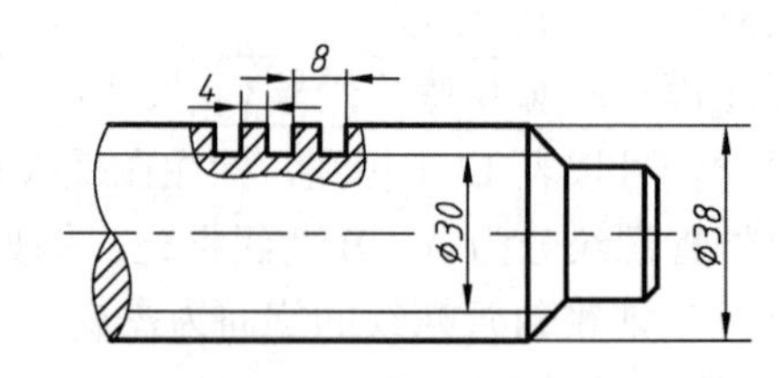

图 13-12 非标准螺纹的标注

13.1.2 螺纹紧固件连接

螺纹紧固件连接是工程上应用得最广泛的连接方式。按照所使用的螺纹紧固件的不同，可分为螺栓连接、螺柱连接、螺钉连接等。螺纹紧固件的种类很多，其中最常见的如图 13-13 所示。这类零件一般都是标准件，因此它们的结构形式和尺寸可按其标记在有关标准中查出(见书后附表)。

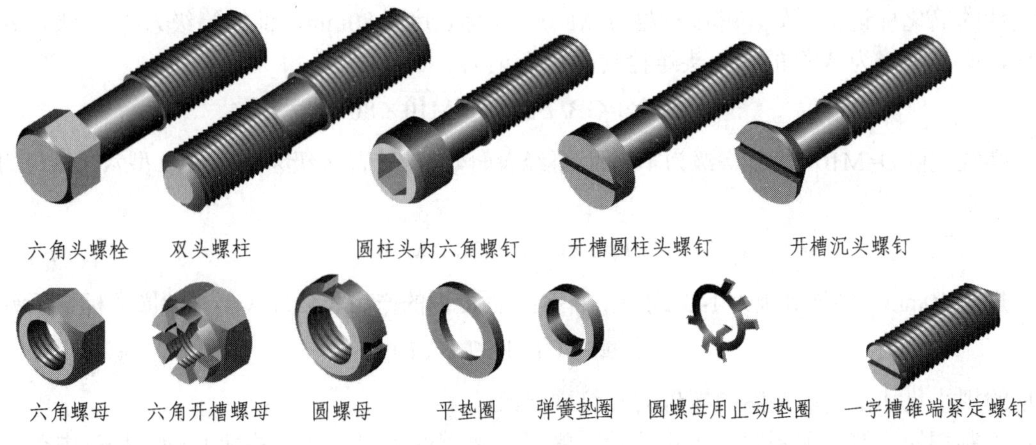

图 13-13　常见的螺纹紧固件

1．螺栓连接

在两被紧固的零件上允许加工成通孔，用螺栓、螺母、垫圈把它们紧固在一起，称为螺栓连接(如图 13-14)。装配时，从被紧固的零件一端装入螺栓，而另一端用垫圈、螺母紧固。装配后的螺栓、螺母、垫圈和被紧固零件的装配图，应遵守装配图的规定画法，并按规定对标准件进行标记。

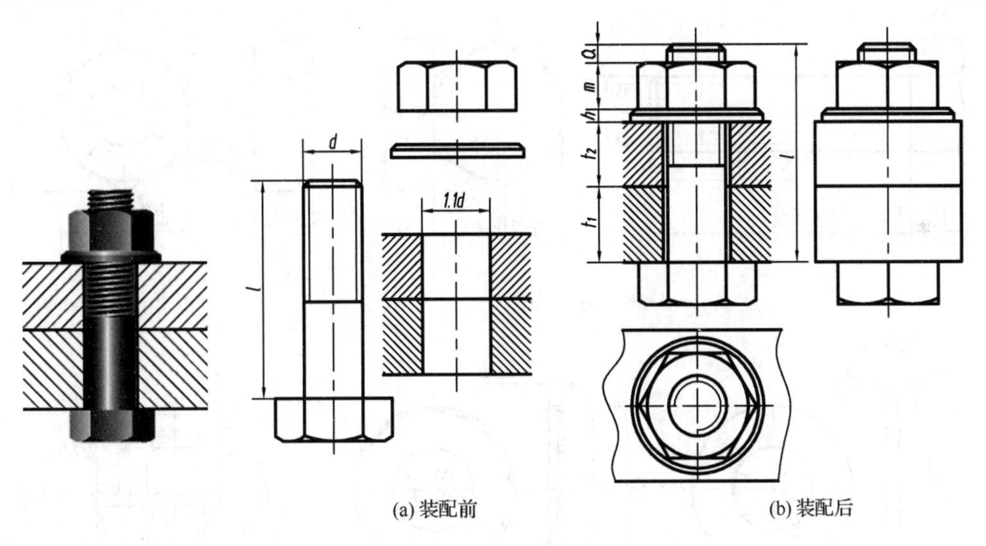

图 13-14

图 13-14　螺栓连接

1) 螺栓连接的画法

(1) 两零件的接触面处应画一条粗实线，而不得画成两条线或特别加粗，如图 13-14 所示的两被紧固零件的接触面画一条线。

(2) 在剖视图中，相邻两零件的剖面线方向应当相反或间隔不同，但同一零件在各个剖视图中，其剖面线方向和间隔必须相同。

(3) 在剖视图中，剖切平面通过实心零件或标准件轴线(或中心线)时，则这些零件均按不剖绘制，即仍画其外形，如图 13-14 所示。

2) 紧固件的标记

国家标准 GB/T 1237—2000 规定了紧固件产品的标记方法。在设计和生产中，一般采用紧固件的简化标记。例如，螺纹规格 d=M10，公称长度 l=80mm，性能等级为 10.9 级，表面氧化，产品等级为 A 级的六角头螺栓的简化标记为

螺栓　GB/T 5782　M10×80

螺纹规格 D=M10，性能等级为 10 级，不经表面处理，产品等级为 A 级的 1 型六角螺母的简化标记为

螺母　GB/T 6170　M10

规格 10mm，性能等级为 140HV 级，不经表面处理的产品等级为 A 级平垫圈的标记示例为

垫圈　GB/T 97.1　10

这里的规格尺寸是使用垫圈的螺母的螺纹规格尺寸。

绘制螺栓连接装配图时，可按螺栓、螺母、垫圈的标记，从有关标准(见附表)中查得绘图所需的尺寸进行绘图。但为了简便，通常可按各部分尺寸与螺纹大径(D、d)的近似比例关系绘图(简称比例画法)。如螺栓头部高度 $k\approx0.7d$，平垫圈厚度 $h\approx0.15d$ 等，如图 13-15 所示。另外，在六角头螺栓的头部和六角螺母的侧面上，由于有圆锥面形成的倒角，为使六个棱面与圆锥面相交形成的双曲线形状的截交线作图简便，可用圆弧代替双曲线，其具体画法如图 13-16 所示。螺母的画法与螺栓头部的画法基本相同，只是厚度不同。

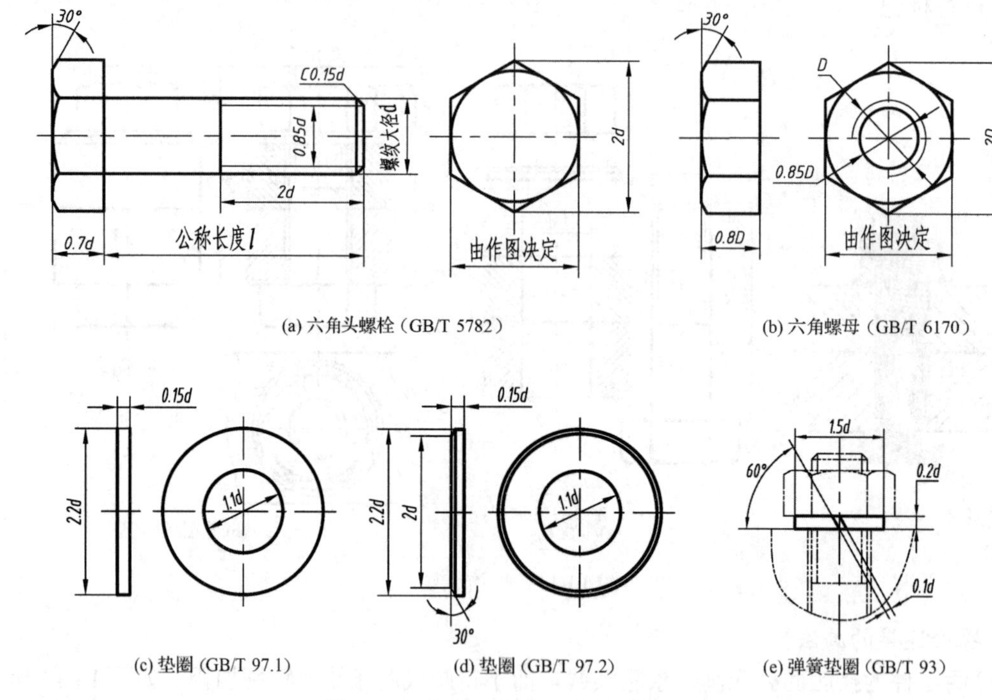

图 13-15　螺栓、螺母、垫圈比例画法

螺栓的公称长度 l，应通过计算后查表选定。由图 13-14 可知，螺栓公称长度为

$$l = t_1 + t_2 + h + m + a$$

式中，t_1、t_2 为被紧固零件的厚度；h 为垫圈厚度；m 为螺母高度；a 为螺栓伸出螺母的长度，一般取(0.2～0.3)d。计算出 l 后，还需从螺栓标准中的公称长度 l 系列中选取 l 的标准值。例如，计算出 l=48，可选标准值 l=50。

2. 双头螺柱连接

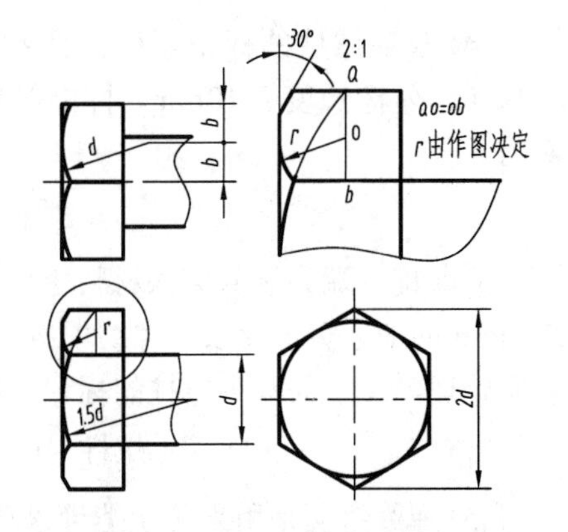

图 13-16　六角头螺栓头部简化画法

在被紧固零件之一较厚或不允许加工成通孔的情况下，用两端都有螺纹的双头螺柱(图 13-17(a))，一端旋入被连接零件的螺孔内，另一端穿过另一零件的通孔后，套上垫圈，拧紧螺母，这样的连接称为螺柱连接。螺柱连接的装配图画法(图 13-17(b))和标记如下。

双头螺柱连接的画法：

(1) 双头螺柱旋入螺纹孔中的螺纹长度 b_m 与被旋入零件的材料有关。按 b_m 的不同，相应有四项国家标准，可按表 13-5 选取。其中 d 为螺纹大径。

表 13-5　螺柱旋入端 b_m

被旋入机件材料	旋入端长度 b_m	标准编号
钢、青铜	$b_m=d$	GB/T 897—1988
铸铁、铁	$b_m=1.25d$，$b_m=1.5d$	GB/T 898—1988，GB/T 899—1988
铝合金	$b_m=2d$	GB/T 900—1988

(2) 双头螺柱旋入端的螺纹应画成全部旋入螺孔内。螺孔的螺纹深度应大于螺柱旋入端螺纹长度 b_m，一般螺孔的螺纹深度可近似取 $b_m+0.5d$，而钻孔深度则可取 b_m+d，见图 13-17。

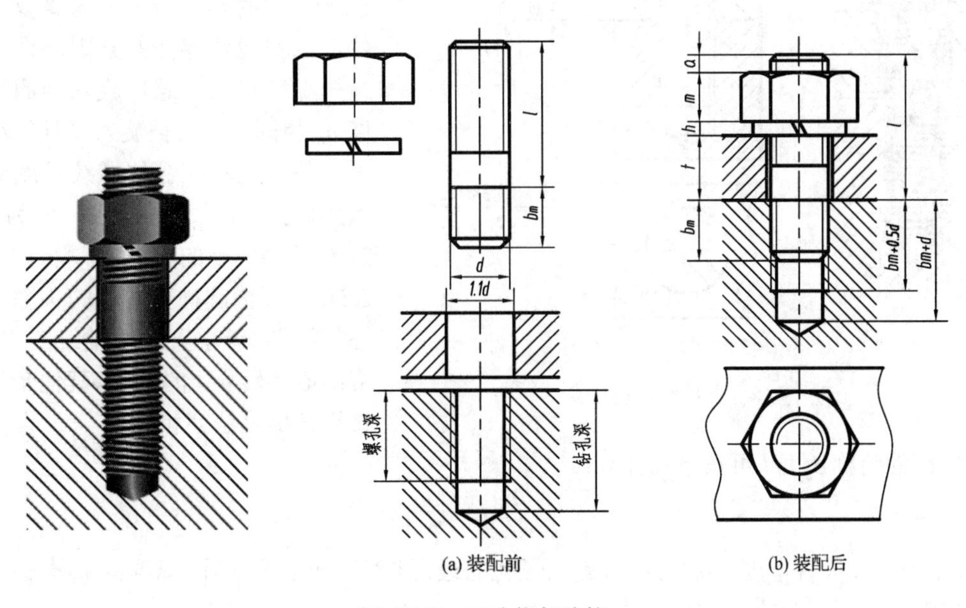

图 13-17　双头螺柱连接

(3) 双头螺柱的公称长度 l，可按下式计算：

$$l=t+h+m+a$$

式中，t 为有通孔零件的厚度；h 为垫圈厚度；m 为螺母高度；a 为螺柱伸出螺母的长度，约为 (0.2～0.3)d，见图 13-17。计算出 l 后，还需在标准的公称长度系列中选取与 l 相近且略大的标准值。

(4)双头螺柱的标记示例：两端均为粗牙普通螺纹，旋入钢材料零件中，其螺纹规格 d=M10，公称长度 l=40mm，性能等级为 4.8 级，不经表面处理，B 型的双头螺柱的标记示例为

螺柱 GB/T 897 M10×40

又如旋入端为旋入铸铁材料零件中的粗牙普通螺纹，螺纹规格 d=M10，而旋螺母一端为 P=1mm 的细牙普通螺纹，螺纹规格 d=M10×1，公称长度 l=50mm，性能等级为 8.8 级，不经表面处理，A 型的双头螺柱的标记示例为

螺柱 GB/T 898 AM10-M10×1×50

(5)弹簧垫圈是用来防止螺母松动的。画图时应注意弹簧垫圈开口方向应是阻止螺母松动方向，并画成与水平线成 60° 的两条线(或一条粗线)，两线间距离一般取 $0.1d$，见图 13-15(e)。螺纹规格 d=M10 即弹簧垫圈的公称直径，材料为 65Mn，热处理硬度 42～50HRC，表面氧化的标准型弹簧垫圈的标记示例为

垫圈 GB/T 93 10

3．螺钉连接

在被紧固零件之一较厚或不允许加工成通孔，且受力较小，又不经常拆卸的情况下，使用螺钉连接。螺钉按用途可分为连接螺钉(图 13-18)和紧定螺钉(图 13-19)，其尺寸规格可查附表。如图 13-18 所示螺钉连接是将螺钉由上部穿过带有通孔(孔直径约为 $1.1d$)的零件后，旋入具有螺纹孔的零件，以实现两零件的紧固。螺钉旋入最短深度与双头螺柱旋入端的螺纹长度 b_m 相同，它与被旋入零件的材料有关，但不能将螺钉的螺纹长度全部旋入到螺孔中，旋入的长度一般为 $(1.5～2)d$，而螺孔的深度一般可取 $(2～2.5)d$。开槽圆柱头螺钉的头部开槽口在俯视图(或垂直螺钉轴线的视图)上应画成旋转 45° 的位置，其他带开槽的螺钉开槽画法亦相同。

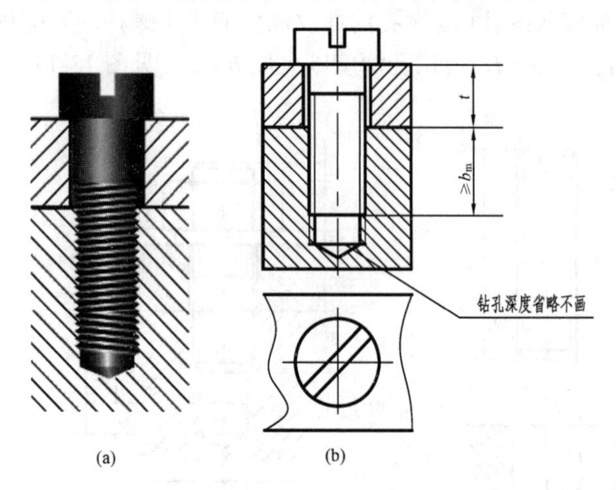

图 13-18 连接螺钉连接

螺钉的公称长度 l 可按下式计算：

$$l = t + b_m$$

式中，t 为通孔零件厚度；b_m 为螺钉旋入螺孔的最短长度。计算出 l 后，需要从标准的公称长度系列中选取相近且略大的标准值。

螺钉的标记：

螺钉的螺纹规格 d=M10，公称长度 l=40mm，性能等级为 4.8 级，不经表面处理的开槽圆柱头螺钉的标记示例为

螺钉 GB/T 65 M10×40

紧定螺钉是经常使用的一种螺钉。它用于防止两个相邻零件产生相对运动。图 13-19 表

示用开槽锥端紧定螺钉限定轮和轴的相对位置，使它们不能产生轴向相对移动和绕轴线的相对转动。图中所用螺钉为粗牙普通螺纹，螺纹规格 d=M10，公称长度 l=16mm，性能等级为 14H 级，表面氧化的开槽锥端紧定螺钉，其标记示例为

螺钉　GB/T 71　M10×16

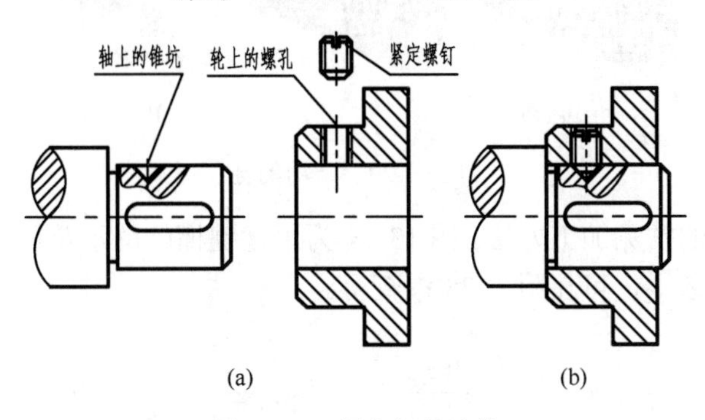

图 13-19　紧定螺钉连接

常用螺钉的近似画法(比例画法)如图 13-20 所示。若已知螺钉的螺纹规格 d 和公称长度 l，即可按比例画出。

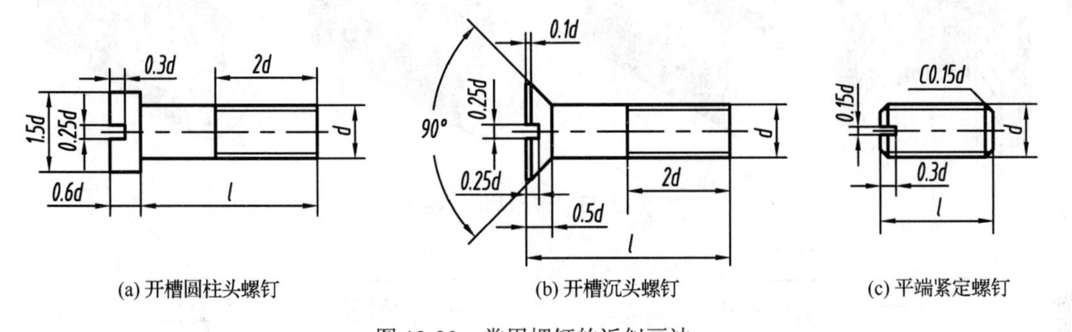

图 13-20　常用螺钉的近似画法

13.2　键、销及滚动轴承

13.2.1　键与花键连接

为使轴与轮连接在一起转动，通常在轴和轮孔中分别加工出键槽，将键嵌入；或将轴加工成花键轴，轮孔加工成花键孔，这里应强调轮孔中键槽是穿通的。键连接是可拆连接。两个回转件可用键连接或用花键连接。图 13-21 所示为键连接，图 13-28 所示为花键连接。

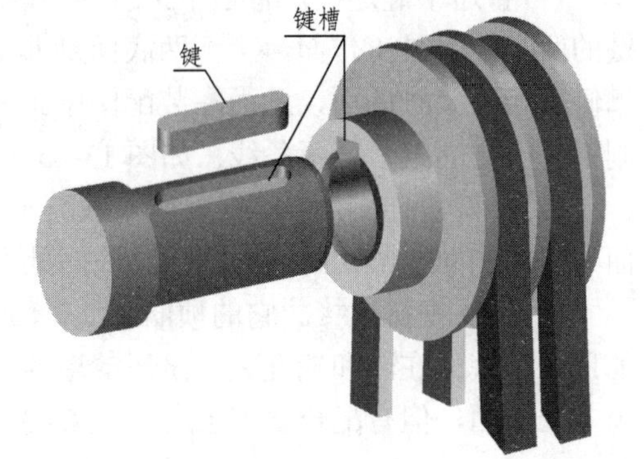

图 13-21　键连接

图 13-21

1．键连接

常用的键有普通平键、半圆键和钩头楔键三种，如图 13-22 所示，其中最常用的为普通平键。键已标准化，键的有关标准可查阅附表，键槽的形式和尺寸也随键的标准化而有相应的标准(见附表 28)。设计时，键槽的宽度、深度和键的宽

度、高度尺寸，可根据轴的材料和直径在标准中选用。键长及键槽长应在键的长度标准系列中选用(键长应小于轮毂轴向尺寸)。

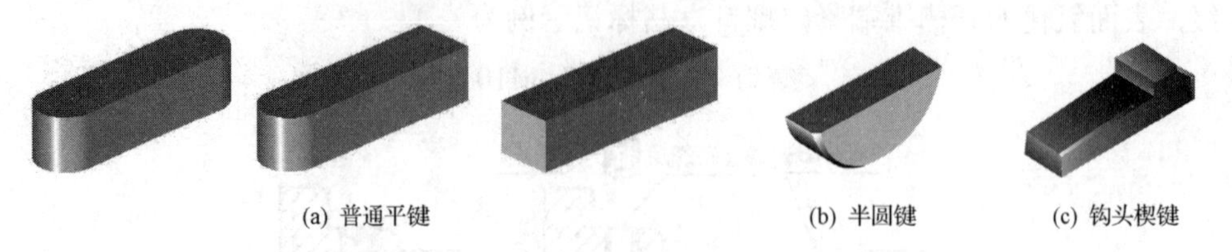

图 13-22 常用的键

图 13-23 为键槽的常见加工方法。图 13-24 为平键键槽的图示及尺寸标注。轴及轮毂上的键槽宽度 b 和深度 t_1 及 t_2，可在附表 28 中查得。

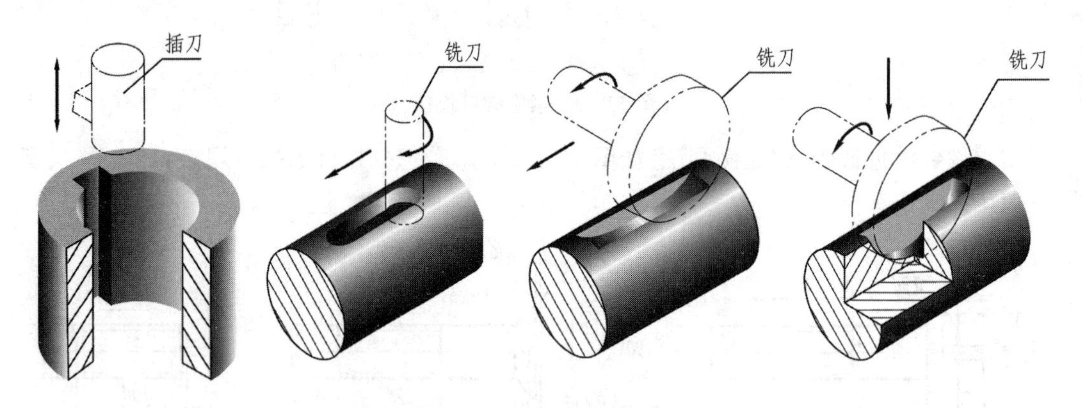

图 13-23 键槽加工示意图

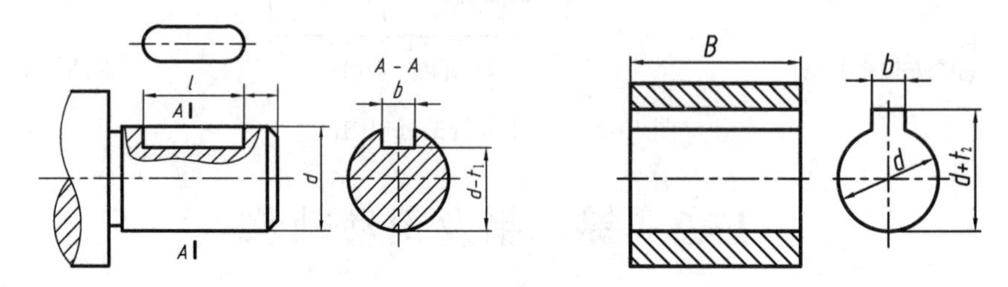

图 13-24 平键槽的图示及尺寸标注

1)键连接的画法

(1)普通平键连接。普通平键有 A 型(圆头)、B 型(方头)和 C 型(单圆头)三种。连接时键的两个侧面是工作面，上下两底面是非工作面。工作面即平键的两个侧面与轴和轮毂的键槽侧面相互接触的面，此面在装配图中画一条线，上底面与轮毂键槽的顶面之间(非工作面)则留有一定间隙，画两条线，如图 13-25 所示。

(2)半圆键连接。半圆键常用于载荷不大的传动轴上，连接情况与普通平键相似，即两侧面与键槽侧面接触，画一条线，上底面处留有间隙画两条线，如图 13-26 所示。

(3)钩头楔键连接。它的顶面有 1∶100 的斜度，连接时沿轴向把键打入键槽内。依靠键的顶面和底面在轴和轮孔之间挤压的摩擦力而连接，故上下面为工作面，画一条线，而侧面为非工作面，但有配合要求也应画一条线，如图 13-27 所示。

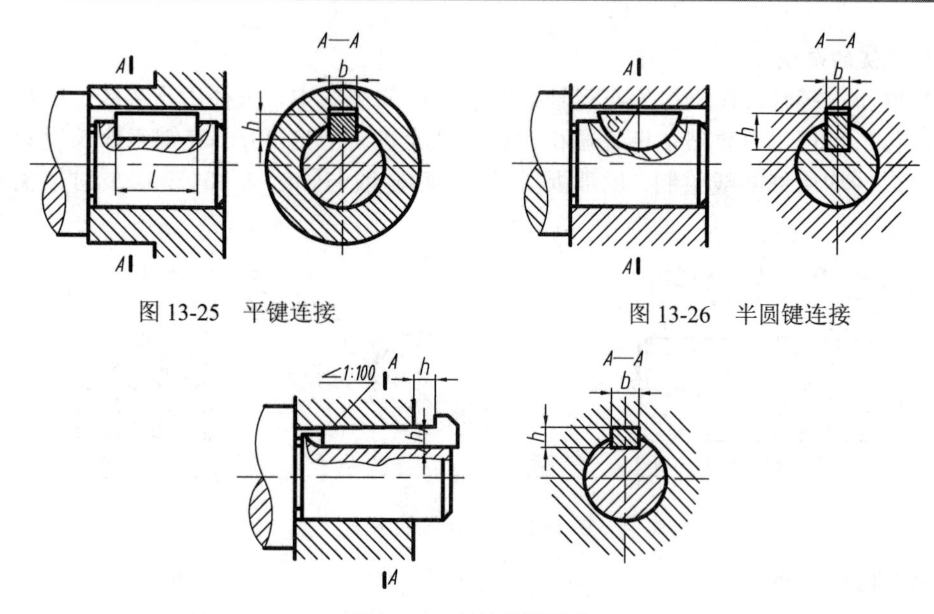

图 13-25　平键连接

图 13-26　半圆键连接

图 13-27　钩头楔键连接

2)各种键的规定标记示例

A 型普通平键，宽 b=12mm，高 h=8mm，长 l=50mm，其规定标记为

GB/T 1096　键　12×8×50

其中，A 型的 A 省略不注，而 B 型、C 型分别在键字后标注 B、C。

半圆键，宽 b=6mm，高 h=10mm，直径 d_1=25mm，其规定标记为

GB/T 1099.1　键　6×10×25

钩头楔键，宽 b=18mm，高 h=11mm，长 l=100mm，其规定标记为

GB/T 1565　键　18×100

2. 花键连接

花键是一种常用的标准要素，它本身的结构尺寸都已标准化，得到了广泛的应用。它的特点是键和键槽的数目较多，轴和键制成一体，适用于重载或变载定心精度较高的连接上。花键按齿形可分为矩形花键、三角形花键和渐开线花键，其中矩形花键应用最广，如图 13-28 所示。本书只介绍矩形花键画法。

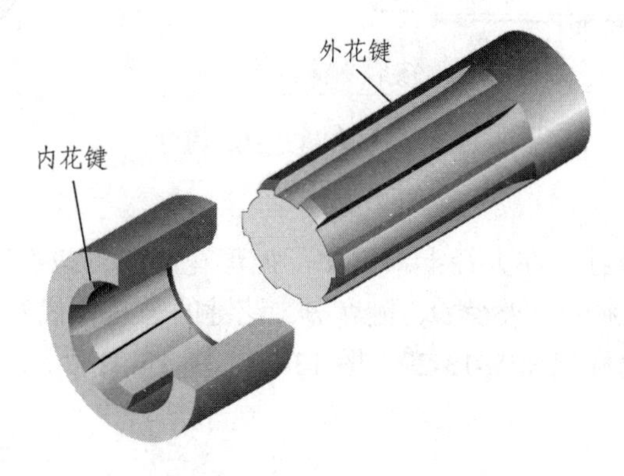

图 13-28　花键连接

1) 外花键的画法

外花键即花键轴。在平行外花键轴线的投影面的视图中，大径用粗实线、小径用细实线绘制，齿形可用垂直轴线的断面画出一部分或全部(图 13-29)。花键工作长度的终端和尾部长度末端均用细实线绘制，尾部画斜线，斜角一般与轴线成 30°，必要时按实际情况画出。

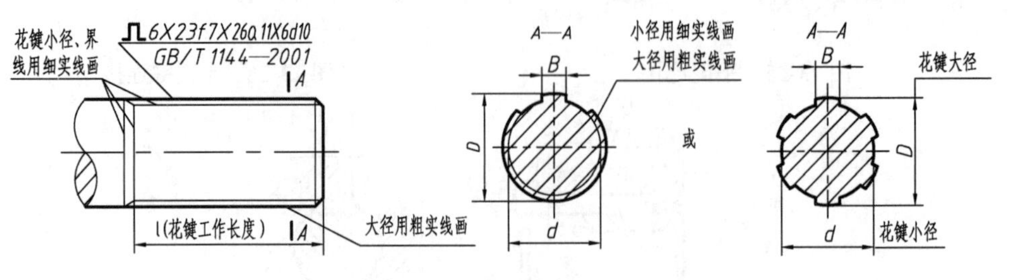

图 13-29 外花键的画法

2) 内花键的画法

内花键也就是花键孔，在平行于轴线的投影面的剖视图中，大径和小径均用粗实线绘制，并用局部视图画出一部分或全部齿形，如图 13-30 所示。

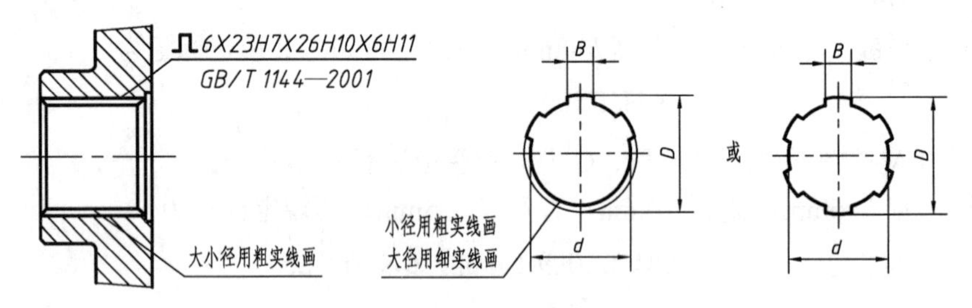

图 13-30 内花键的画法

3) 花键连接的画法

花键连接画法与螺纹连接画法类似，如图 13-31 所示。

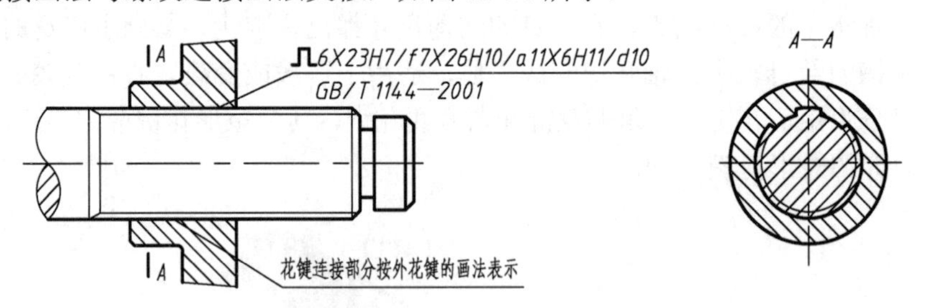

图 13-31 花键连接的画法

4) 花键的标记

花键代号应用指引线标注在大径上。例如，矩形花键代号按次序包括下列内容：矩形花键图形符号、键数 N、小径 d、大径 D、键宽 B、花键的公差带代号。有关外花键、内花键、花键副(内外花键连接)的标记如图 13-29、图 13-30、图 13-31 所示。

13.2.2 销连接

常用的销有圆柱销、圆锥销、开口销等，它们都是标准件。销在机器中可起定位和连接作用，而开口销常与开槽螺母配合使用，它穿过螺母上的槽和螺杆上的孔，以防止螺母松动。三种销及其连接画法如图 13-32、图 13-33、图 13-34 所示。

销的有关标准可查附表。圆柱销分为不淬硬钢和奥氏体不锈钢(GB/T 119.1)及淬硬钢和马氏体不锈钢(GB/T 119.2)两类。圆锥销分为 A、B 型，圆锥销的公称直径为小端直径。开口销公称直径 d 等于销孔的公称直径。下面举几个销的标记示例。

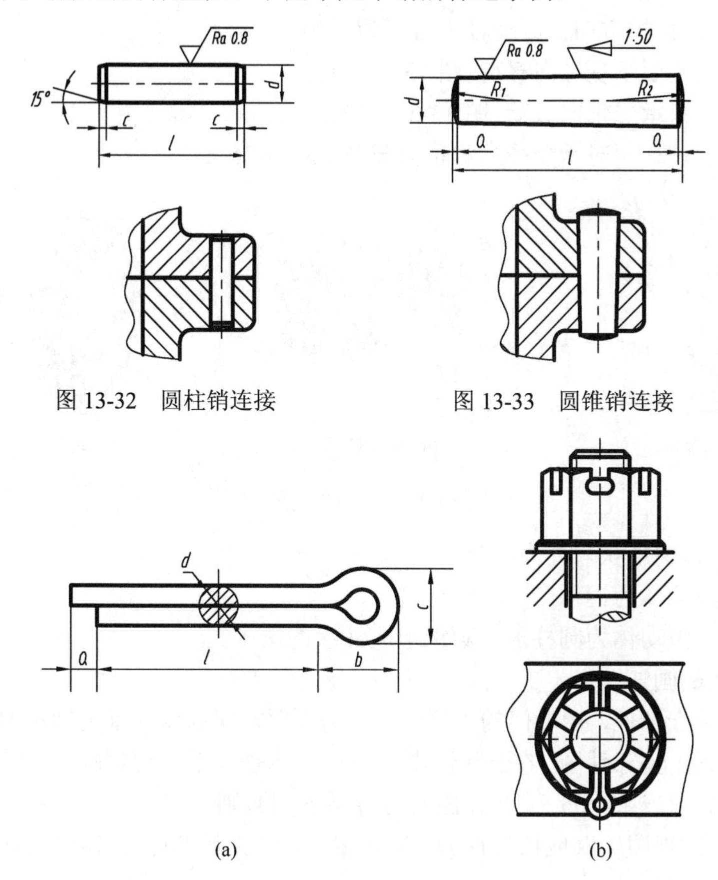

图 13-32　圆柱销连接

图 13-33　圆锥销连接

图 13-34　开口销连接

公称直径 d=10mm，公差为 m6，长度 l=60mm，材料为 35 钢，不经表面处理的圆柱销：

销　GB/T 119.1　10m6×60

公称直径 d=10mm，长度 l=60mm，材料为 35 钢，28～38HRC，表面氧化处理的 A 型圆锥销：

销　GB/T 117　10×60

公称直径 d=5mm，长度 l=50mm，材料为碳素钢，不经表面处理的开口销：

销　GB/T 91　5×50

13.2.3　滚动轴承

滚动轴承是用来支承轴的标准部件。滚动轴承由于摩擦阻力小、结构紧凑等优点，在机器中被广泛使用。它可以承受径向载荷，也可以承受轴向载荷或同时承受两种载荷。它由下列零件构成(图 13-35)：

内圈——装在轴上；

外圈——装在轴承座孔中；

滚动体——可以做成滚珠或滚子形状装在内外圈之间的滚道中；

保持架——用以把滚动体相互隔开，使其均匀分布在内外圈之间。

1. 滚动轴承的分类

(1)按可承受载荷的方向，滚动轴承可分为三类：

向心轴承——主要承受径向载荷(图 13-35(a))；

推力轴承——只承受轴向载荷(图 13-35(b))；

向心推力轴承——同时承受径向和轴向载荷(图 13-35(c))。

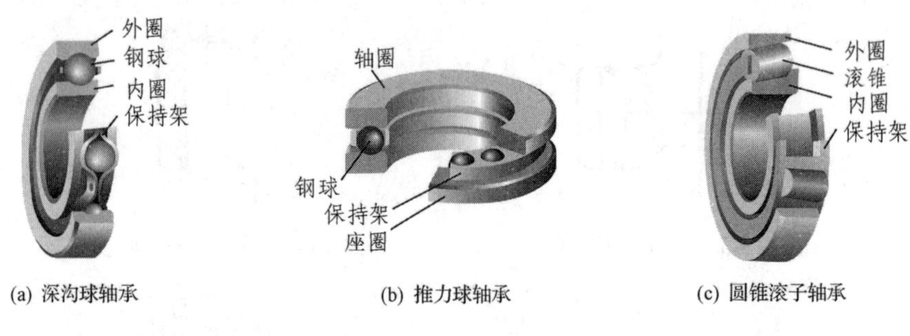

(a) 深沟球轴承　(b) 推力球轴承　(c) 圆锥滚子轴承

图 13-35　滚动轴承种类

(2)根据滚动体的形状可分为两类：

球轴承——滚动体为钢球;

滚子轴承——滚动体为圆柱形、圆锥形或针状的滚子。

2. 滚动轴承的画法

滚动轴承是标准部件，由专门的工厂生产。需要时，根据要求确定轴承的型号选购即可，因此通常不需要画出其部件图，在装配图中可根据国标规定采用规定画法和简化画法(通用画法、特征画法)画出(表 13-6)。具体作图时可遵循下列原则。

(1)滚动轴承剖视图轮廓应按外径 D、内径 d、宽度 B 等实际尺寸绘制，轮廓内可用规定画法或简化画法绘制。

(2)在剖视图中，当不需要确切地表示滚动轴承的外形轮廓、载荷特性、结构特征时，可用表中所示通用画法画出。

(3)在装配图中，需要较详细地表达滚动轴承的主要结构时，可采用规定画法(图 13-36(a))；只需要简单地表达滚动轴承主要结构时，可采用特征画法(图 13-36(b))。

(4)同一图样中应采用同一种画法。

(5)一般规定画法绘制在轴的一侧，另一半用通用画法绘制(图 13-36(a))。

(6)在垂直于滚动轴承轴线的投影面的视图中，无论滚动体的形状和尺寸如何，均可按图 13-37 所示特征画法绘制；在平行轴线的投影面的视图中，滚动轴承的规定画法和简化画法按表 13-6 所列尺寸和步骤绘制。

3. 滚动轴承的代号和标记

1)滚动轴承的代号

根据 GB/T 272—2017 规定，滚动轴承的代号由前置代号、基本代号、后置代号构成。三者的组合形式见表 13-7。

表 13-6　常用滚动轴承的形式和画法

名称、标准号、结构和代号	由标准中查出数据	规定画法	特征画法	通用画法
深沟球轴承 GB/T 276—2013  60000 型	D d B	①由 D、B 画出轴承外廓；②由 $(D-d)/2=A$ 画出内外圈断面；③由 $A/2$、$B/2$ 定出滚珠的球心，以 $A/2$ 为直径画滚珠；④由球心向上、下作 60°斜线交滚珠外形于两点；⑤自所求两点即可作出外(内)圈的内(外)轮廓	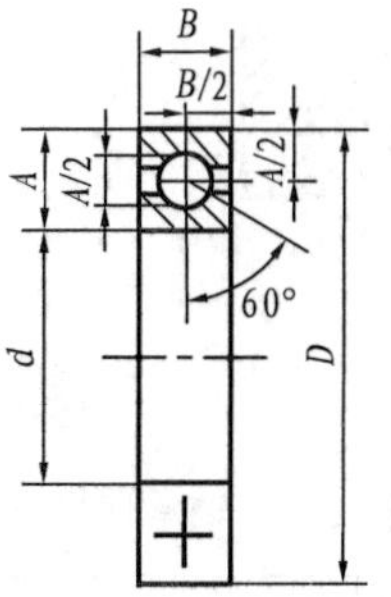	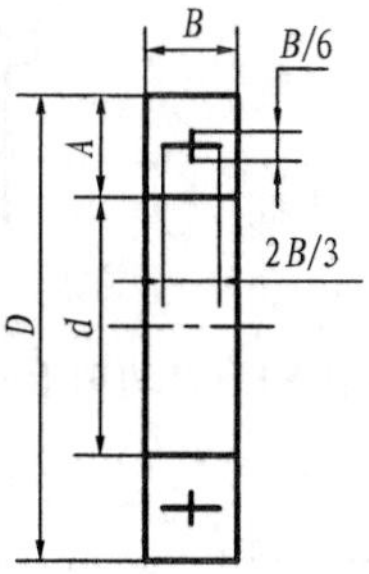 在剖视图中，当不需要确切地表示滚动轴承的外形轮廓、载荷特性、结构特征时，可用此种方法
圆锥滚子轴承 GB/T 297—2015  30000 型	D d T B C	①由 D、d、T、B、C 画出轴承外廓；②由 $(D-d)/2=A$ 画出内外圈断面；③由 $A/2$、$T/2$ 定出滚子的中心，再作倾斜 15°线画出滚子轴线；④由 $A/2$、$A/4$、C 作滚锥的外形线；⑤最后作出内外圈的轮廓 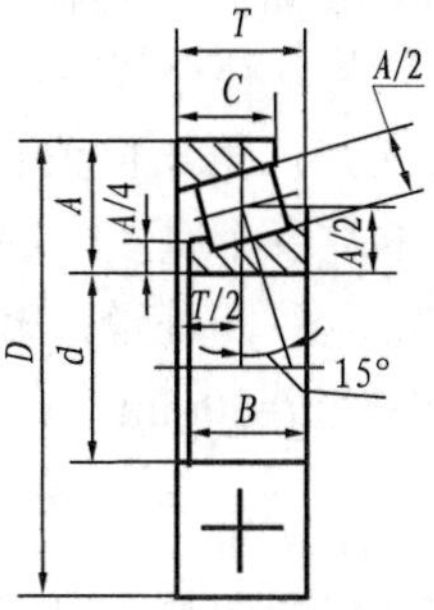 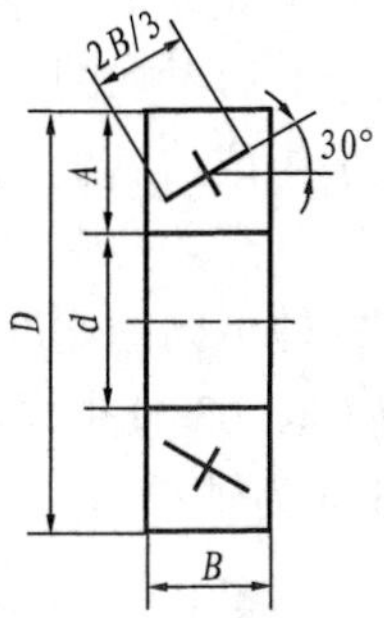 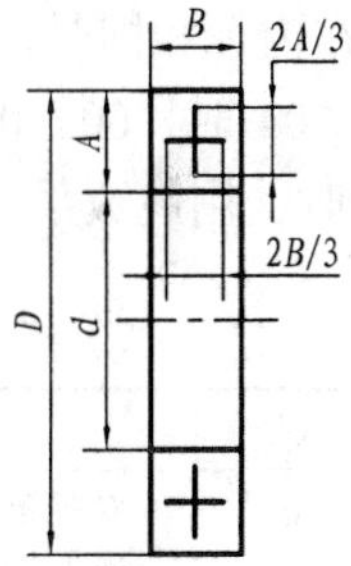		
推力球轴承 GB/T 301—2015  51000 型	D d T	①由 D、T 画出轴承外廓；②由 $(D-d)/2=A$ 画出内外圈断面；③由 $A/2$、$T/2$ 定出滚珠的中心，以 $T/2$ 为直径作滚珠；④由球心向上下作 60°斜线交滚珠外形于两点；⑤自所求两点即可作出左、右圈的轮廓线	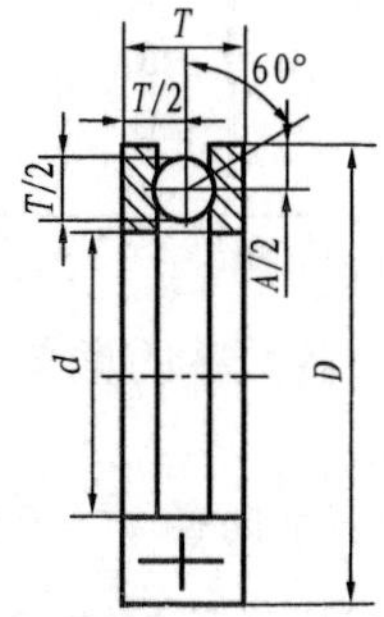	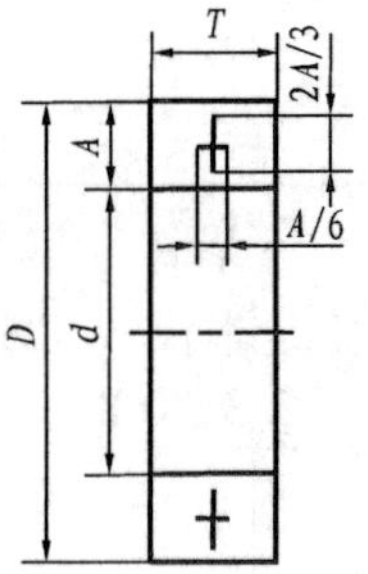

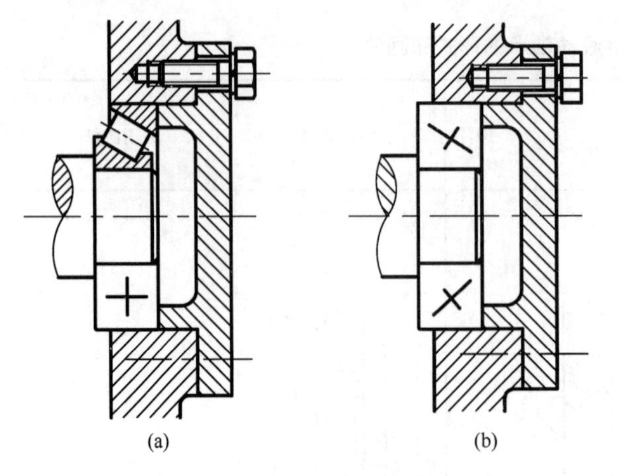

图13-36　装配图中滚动轴承的画法

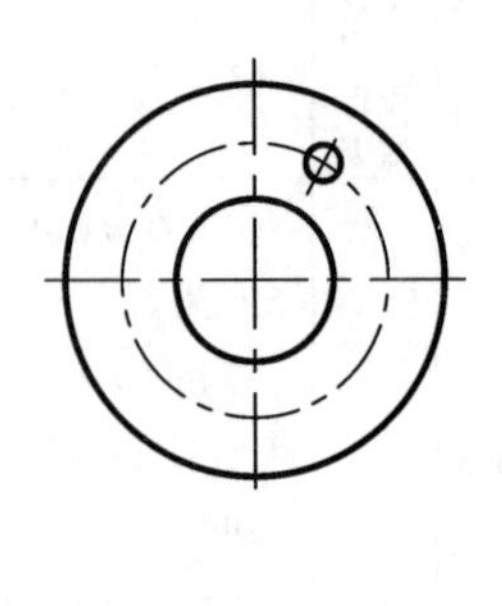

图13-37　滚动轴承轴线垂直于投影面的特征画法

表 13-7　轴承代号

<table>
<tr><td rowspan="3">前置代号</td><td colspan="4">基本代号</td><td rowspan="3">后置代号</td></tr>
<tr><td rowspan="2">类型代号</td><td colspan="2">尺寸系列代号</td><td rowspan="2">内径代号</td></tr>
<tr><td>宽度(或高度)系列代号</td><td>直径系列代号</td></tr>
</table>

轴承代号中基本代号是基础，前置、后置代号是在轴承的结构形状、尺寸和技术要求等有改变时，在基本代号前后添加的补充代号。补充代号的内容可由GB/T 272—2017查得。基本代号一般由五位数字组成，它们的含义是：第一位数表示轴承的类型，见表13-8；第二、三位数为轴承尺寸系列代号，其中第二位数表示宽度(或高度)系列，第三位数表示直径系列，即在内径相同时，有各种不同的宽度(或高度)和外径；第四、五位数表示轴承内径(当此两位数<04时，00、01、02、03分别表示内径 d=10mm、12mm、15mm、17mm；当此两位数≥04时；用此数乘以5即为轴承内径)。

表 13-8　轴承的类型代号(摘自GB/T 272—2017)

代号	轴承类型	代号	轴承类型
0	双列角接触球轴承	6	深沟球轴承
1	调心球轴承	7	角接触球轴承
2	调心滚子轴承和推力调心滚子轴承	8	推力圆柱滚子轴承
3	圆锥滚子轴承	N	圆柱滚子轴承双列或多列用字母 *NN* 表示
4	双列深沟球轴承	U	外球面球轴承
5	推力球轴承	QJ	四点接触球轴承

注：表中代号前或后加字母或数字表示该类轴承中的不同结构。

例 13-1　解释轴承基本代号32308中各数字的意义。

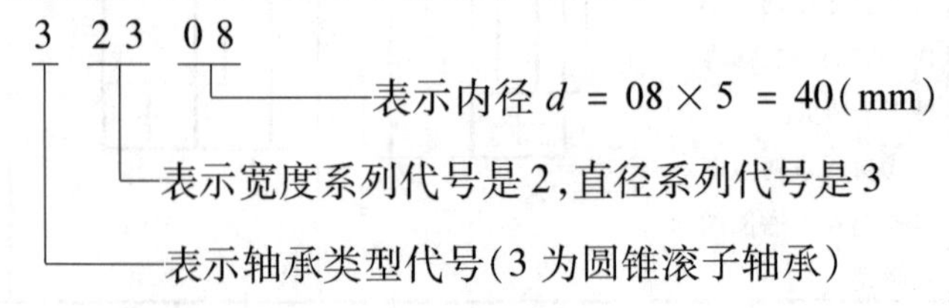

例 13-2　解释轴承基本代号6405中各数字的意义。

6——深沟球轴承；

4——尺寸系列代号“04”，“0”为宽度系列代号，按规定“0”省略不写，“4”为直径系列代号；

05——表示内径 d=05×5=25(mm)。

2)滚动轴承的标记

滚动轴承的标记由三部分组成：轴承名称、轴承代号、标准编号。标记示例为

滚动轴承 6405 GB/T 276

13.3 齿 轮

齿轮在机器中是传递动力和运动的零件，齿轮传动可以完成变换速度、改变力矩大小与方向等动作。齿轮种类很多，按其传动情况可分为三类：

(1)圆柱齿轮——用于两平行轴的传动(图 13-38(a)、(b))。

(2)锥齿轮——用于两相交轴的传动(图 13-38(c))。

(3)蜗轮蜗杆——用于两交叉轴的传动(图 13-38(d))。

(a) 直齿圆柱齿轮

(b) 斜齿圆柱齿轮

(c) 锥齿轮

(d) 蜗轮蜗杆

图 13-38 齿轮传动分类

齿轮有标准齿轮和非标准齿轮之分，具有标准齿形的齿轮称为标准齿轮。下面介绍的均为标准齿轮的基本知识和规定画法。

13.3.1 圆柱齿轮

圆柱齿轮主要用于两平行轴的传动，如图 13-38(a)、(b)所示。轮齿的方向有直齿、斜齿和人字齿等。

1. 直齿圆柱齿轮

1)直齿圆柱齿轮各部分名称及代号(图 13-39)

齿顶圆——通过齿轮齿顶的圆，其直径用 d_a 表示。

齿根圆——通过齿轮齿根的圆，其直径用 d_f 表示。

分度圆——设计、计算和制造齿轮的基准圆，其直径用 d 表示。

齿 距——分度圆上相邻两齿对应点之间的弧长，用 p 表示。齿距分为两段，一段称为齿厚，用 s 表示；一段称为槽宽，用 e 表示。分度圆上齿厚、槽宽与齿距的关系为：$s=e=p/2$。

齿 高——齿顶圆和齿根圆之间的径向距离，用 h 表示。齿高分为两段，一段叫齿顶高，

用 h_a 表示；一段叫齿根高，用 h_f 表示。两段高度分别是分度圆与齿顶圆和齿根圆的径向距离。齿高、齿顶高和齿根高的关系为：$h=h_a+h_f$。

节　圆——两啮合齿轮齿廓在两圆心连线上的接触点称为节点，用 k 表示，通过节点的两个圆分别为两个齿轮的节圆，用 d' 表示。标准齿轮分度圆与节圆重合，即 $d=d'$。

中心距——两啮合齿轮轴线之间的距离，用 a 表示，对于标准齿轮，中心距与两节圆的关系为：$a=(d_1+d_2)/2$。

传动比——主动齿轮转速 n_1(r/min)与从动齿轮的转速 n_2 之比；同时也等于从动齿轮齿数 z_2 与主动齿轮齿数 z_1 之比，用 i 表示，$i=n_1/n_2=z_2/z_1$。

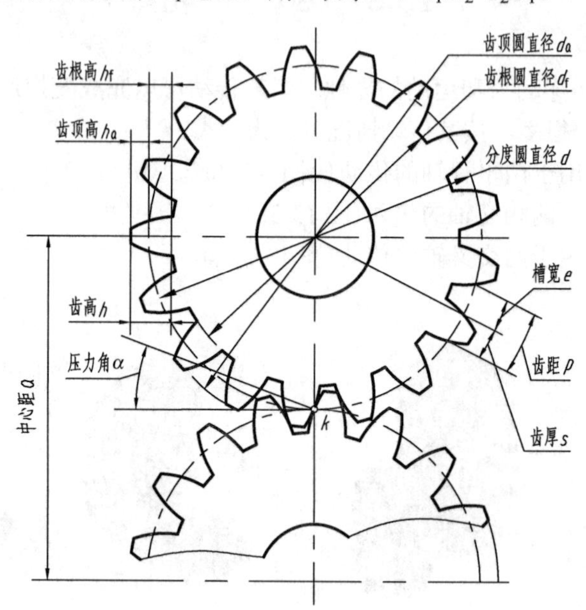

图 13-39　直齿圆柱齿轮各部分名称及代号

2) 直齿圆柱齿轮的基本参数

(1) 齿数 z：满足设计要求，根据传动比计算确定。

(2) 模数 m：齿轮的齿数 z、齿距 p 和分度圆直径 d 之间的关系是

$$d \cdot \pi = z \cdot p$$

即

$$d = (p / \pi) \cdot z$$

为便于设计制造，将 $p/\pi=m$ 称为模数，则 $d=m \cdot z$。

一对相互啮合的齿轮模数必须相等。模数是计算齿轮的主要参数。不同模数的齿轮要用不同模数的刀具来加工，为了减少加工齿轮刀具的数量，模数的数值已系列化，见表 13-9。

表 13-9　齿轮模数系列(GB/T 1357—2008)　(单位：mm)

第一系列	1　1.25　1.5　2　2.5　3　4　5　6　8　10　12　16　20　25　32　40　50
第二系列	1.125　1.375　1.75　2.25　2.75　3.5　4.5　5.5　(6.5)　7　9　11　14　18　22　28　36　45

表 13-9

(3) 压力角 α：在节点 k 处两齿廓的公法线(正压力方向)和两节圆的公切线方向(瞬时运动方向)所夹的角度称作压力角。我国规定标准齿轮的压力角 $\alpha=20°$。

3) 直齿圆柱齿轮各部分尺寸的计算公式

设计齿轮时，首先确定模数、齿数、压力角，其他各部分尺寸均可利用表 13-10 中各公式求出。

表 13-10　直齿圆柱齿轮各部分尺寸的计算公式

基本参数：模数 m、齿数 z			已知 $m=2$，$z=29$
名称	符号	计算公式	计算举例
齿距	p	$p=\pi m$	$p=6.28$
齿顶高	h_a	$h_a=m$	$h_a=2$
齿根高	h_f	$h_f=1.25m$	$h_f=2.5$
齿高	h	$h=2.25m$	$h=4.5$
分度圆直径	d	$d=mz$	$d=58$
齿顶圆直径	d_a	$d_a=m(z+2)$	$d_a=62$
齿根圆直径	d_f	$d_f=m(z-2.5)$	$d_f=53$
中心距	a	$a=\frac{1}{2}m(z_1+z_2)$	

4) 直齿圆柱齿轮的画法

(1) 单个齿轮的画法。

在投影为非圆的视图上(图 13-40(b))：齿顶线用粗实线绘制；分度线用细点画线绘制，并超出轮廓线 3～5mm；齿根线用细实线绘制或省略不画。当画成剖视图时(图 13-40(c))，齿根线用粗实线绘制，轮齿上不画剖面线。

在投影为圆的视图上(图 13-40(d))：齿顶圆用粗实线绘制；分度圆用细点画线绘制；齿根圆用细实线绘制或省略不画。

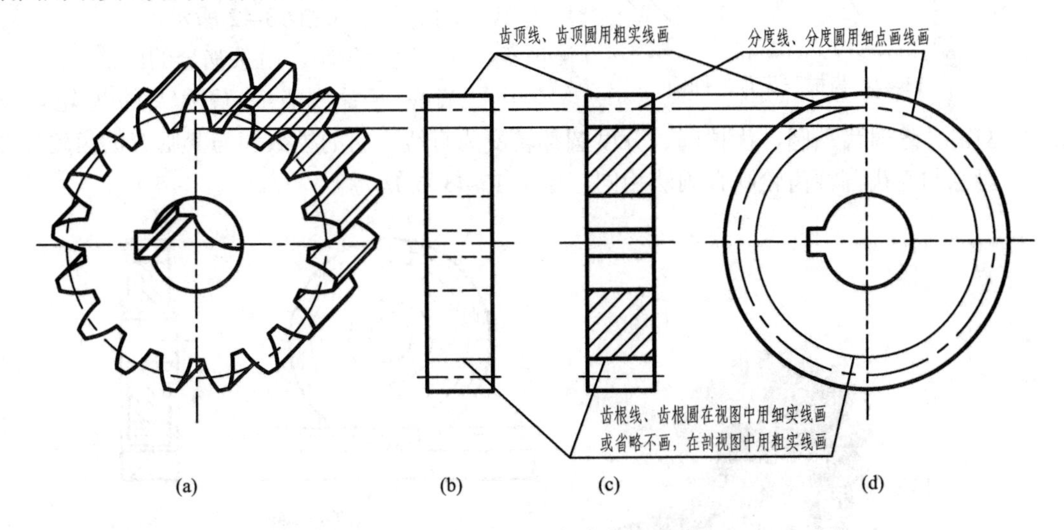

图 13-40　直齿圆柱齿轮的画法

(2) 直齿圆柱齿轮啮合的画法。

在投影为非圆的视图上：在剖视图中，啮合区共五条线，两齿轮节线(分度线)重合，画一条点画线；两齿轮齿根线均画粗实线；两齿轮齿顶线，一个画粗实线，另一个被遮挡画细虚线或省略不画，如图 13-41(a)所示。

在投影为圆的视图上：节圆(分度圆)相切，用细点画线绘制；齿顶圆用粗实线绘制；齿根圆用细实线绘制或省略不画，如图 13-41(b)、图 13-41(d)所示。

图 13-41

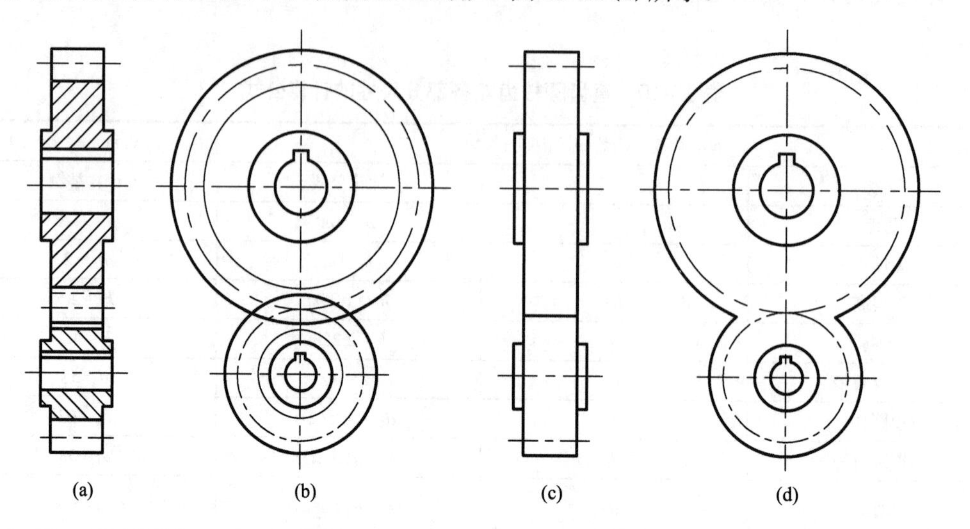

图 13-41　直齿圆柱齿轮啮合的画法

如不画剖视图，非圆视图啮合区内的齿顶线和齿根线均不画，分度线用粗实线画出(图 13-41(c))。在投影为圆的视图中，两节圆(分度圆)画完整，两齿顶圆画至相交处，齿根圆省略不画(图 13-41(d))。

(3)齿顶与齿根的间隙。

一对齿轮的齿根和齿顶之间必须要有间隙，其大小为 0.25m(m 为模数)，啮合区五条线之间的关系如图 13-42 所示。

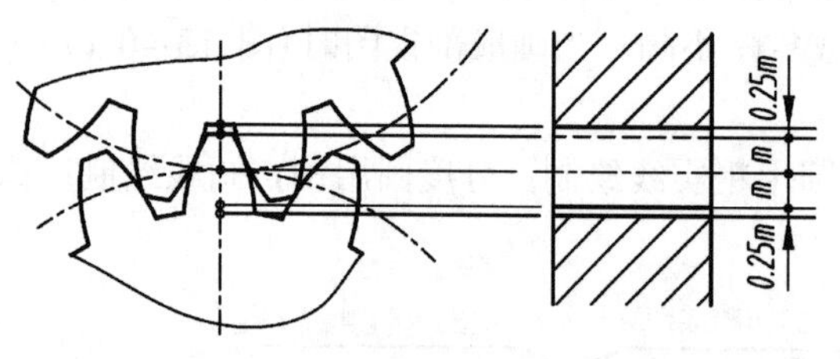

图 13-42　齿根与齿顶的间隙

(4)直齿齿轮、齿条啮合的画法。

齿条可看成直径无限大的齿轮，如图 13-43(a)，这时齿顶圆、齿根圆、分度圆都转变为直线。它的模数和与其啮合的齿轮模数相同。画法与直齿圆柱齿轮啮合画法相同，如图 13-43(b)所示。

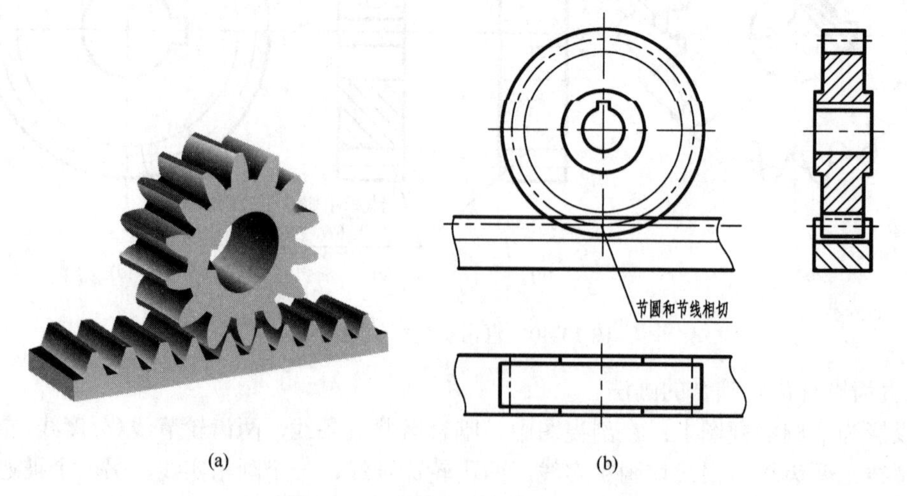

图 13-43　齿轮和齿条啮合的画法

5) 直齿圆柱齿轮的测绘

根据现有齿轮经测量计算，确定主要参数及各部分尺寸，绘制其零件图。

测绘步骤如下。

(1) 数出被测齿轮的齿数 z。

(2) 测量出齿顶圆直径 d_a。当齿轮的齿数是偶数时，d_a 可以直接量出(图 13-44(a))，当齿数为奇数时，d_a 要通过测量 e 和 D 的尺寸(图 13-44(c))，然后根据 d_a=D+2e 算出。其中，e 为齿顶到轴孔边缘的距离；D 为齿轮轴孔直径。

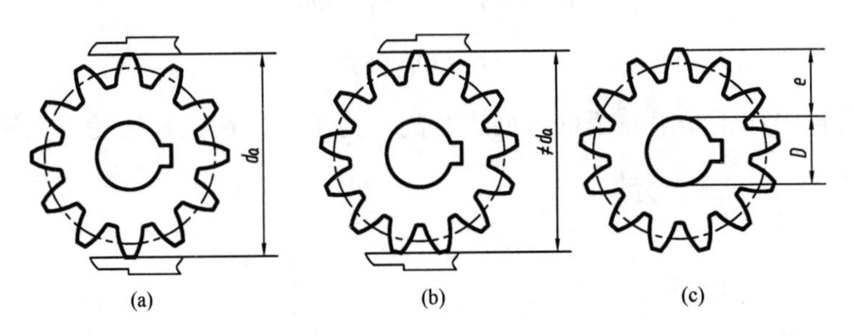

图 13-44　齿顶圆的测量

(3) 根据 d_a=m(z+2)，即 m=d_a/(z+2)，计算出模数 m。然后根据表 13-9，选取与其相近的标准模数。

(4) 根据标准模数，利用表 13-10，算出各基本尺寸 d、h、h_a、h_f、d_a、d_f 等。

(5) 所得尺寸要与实测的中心距核对，必须符合下式：

$$a=(d_1+d_2)/2=m(z_1+z_2)/2$$

(6) 测量其他各部分尺寸。

(7) 画出测绘草图。

(8) 根据草图绘制齿轮零件图。图 13-45 是一直齿圆柱齿轮零件图图例。

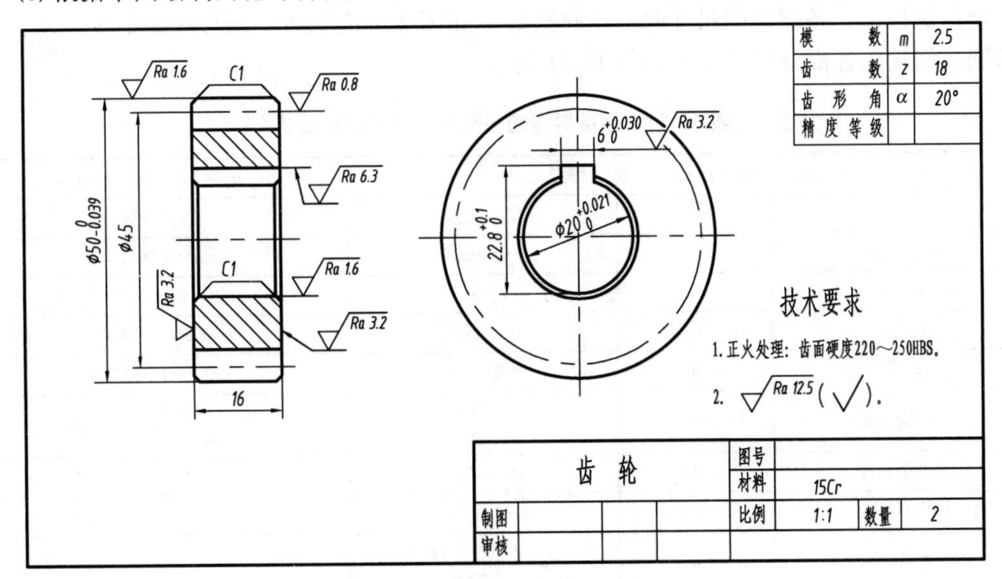

图 13-45　直齿圆柱齿轮零件图

2．斜齿圆柱齿轮

斜齿圆柱齿轮的轮齿与轴线倾斜一个角度，即成螺旋状，如图 13-46(a)所示，其轮齿与轴线夹角称为螺旋角，用 β 表示。由于轮齿与轴线倾斜，因此它的端面齿形和垂直轮齿方向的法向齿形不同(图 13-46(b))，其端面齿距 p_t 与法向齿距 p_n 也不同，故端面模数 m_t 与法向模数 m_n 必然不同，由图 13-46 可知

$$p_n = p_t \cos\beta$$

因为

$$p_n = \pi m_n, \qquad p_t = \pi m_t$$

所以

$$m_n = m_t \cos\beta$$

斜齿圆柱齿轮的加工是沿轮齿的方向进行的，为了与直齿圆柱齿轮刀具通用，规定法向模数为标准模数。

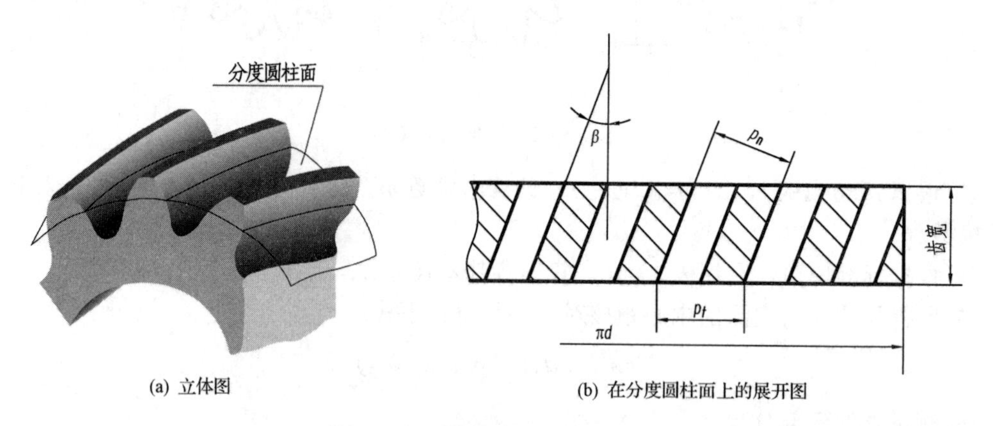

(a) 立体图　　(b) 在分度圆柱面上的展开图

图 13-46　斜齿圆柱齿轮的模数

1)斜齿圆柱齿轮各部分间的尺寸关系

斜齿圆柱齿轮各部分的尺寸除与法向模数 m_n 和齿数 z 有关外，还与螺旋角 β 有关。标准斜齿圆柱齿轮的各部分尺寸关系如表 13-11 所示。

表 13-11　标准斜齿轮各基本尺寸的计算公式

基本参数：法向模数 m_n、齿数 z、螺旋角 β			已知：m_n=3.5，z=21，β=21°47′12″
名称	符号	计算公式	计算举例
法向齿距	p_n	$p_n=\pi m_n$	p_n=3.5×3.14=10.99
齿顶高	h_a	$h_a=m_n$	h_a=3.5
齿根高	h_f	$h_f=1.25m_n$	h_f=1.25×3.5=4.375
齿高	h	$h=2.25m_n$	h=2.25×3.5=7.875
分度圆直径	d	$d=\dfrac{m_n z}{\cos\beta}$	$d=\dfrac{3.5\times 21}{\cos 21°47'12''}=79.15$
齿顶圆直径	d_a	$d_a=d+2m_n$	d_a=79.15+2×3.5=86.15
齿根圆直径	d_f	$d_f=d-2.5m_n$	d_f=79.15−2.5×3.5=70.4
中心距	a	$a=\dfrac{m_n(z_1+z_2)}{2\cos\beta}$	

2)斜齿圆柱齿轮的画法

(1)单个齿轮的画法。

斜齿圆柱齿轮的画法与直齿圆柱齿轮的画法基本相同,只是在投影为非圆的视图中画出三条与齿向一致的细实线表示斜齿(图 13-47(a))。当画成剖视图时，常采用局部剖视或半剖视，把三条细实线画在未剖处(图 13-47(b))。图 13-47(d)、(e)为人字形圆柱齿轮的画法。斜齿和人字齿圆柱齿轮投影为圆的视图与直齿轮画法一致(图 13-47(c))。

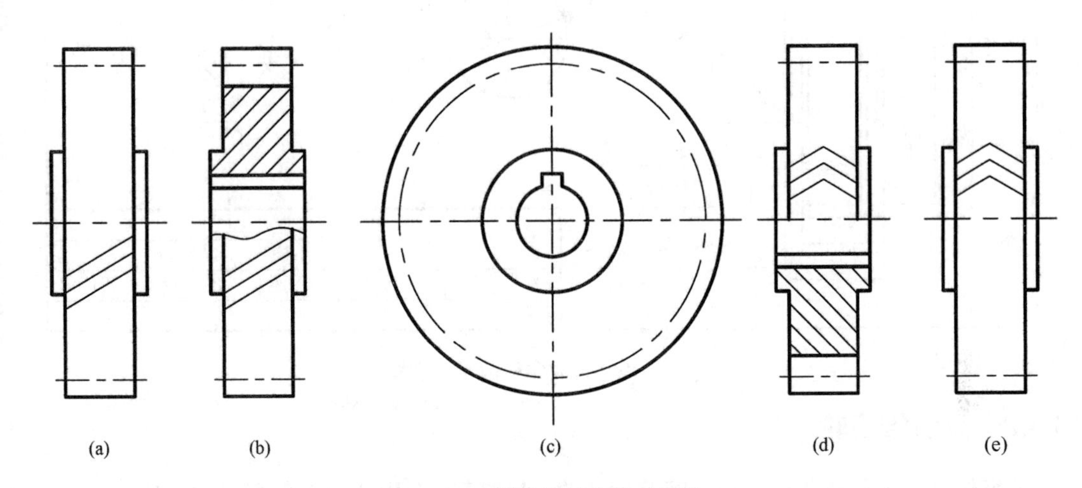

图 13-47　斜齿圆柱齿轮的画法

(2)斜齿圆柱齿轮啮合的画法。

一对相互啮合的斜齿圆柱齿轮，除模数相等外，螺旋角的大小必须相等，但方向相反，其投影为非圆视图的画法如图 13-48(a)、(b)所示。图 13-48(d)、(e)为人字齿圆柱齿轮啮合投影为非圆视图的画法。斜齿和人字齿圆柱齿轮啮合投影为圆的视图与直齿轮画法一致(图 13-48(c))。

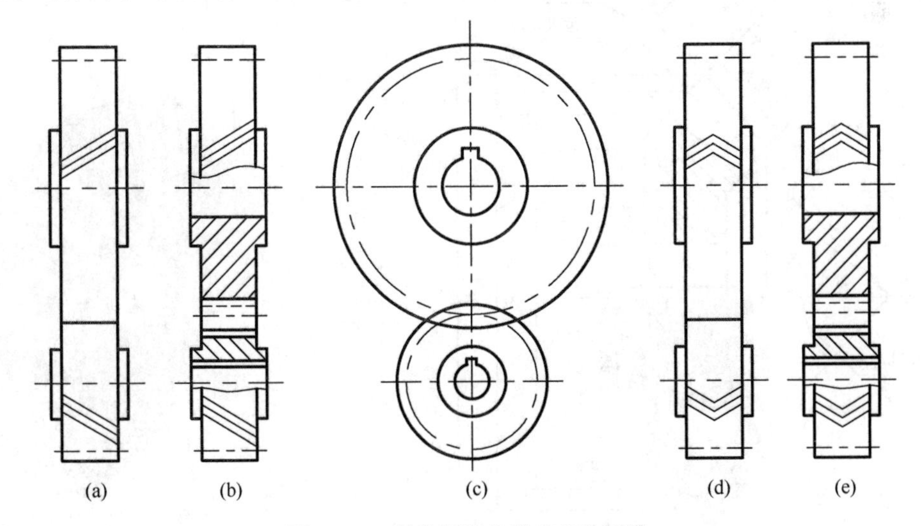

图 13-48　斜齿圆柱齿轮啮合的画法

3)斜齿圆柱齿轮的零件图

斜齿圆柱齿轮的零件图与直齿圆柱齿轮的零件图基本相同，只是在图中加入表示斜齿的三条细实线，且在参数中加入螺旋角 β 和旋向，如图 13-49 所示。

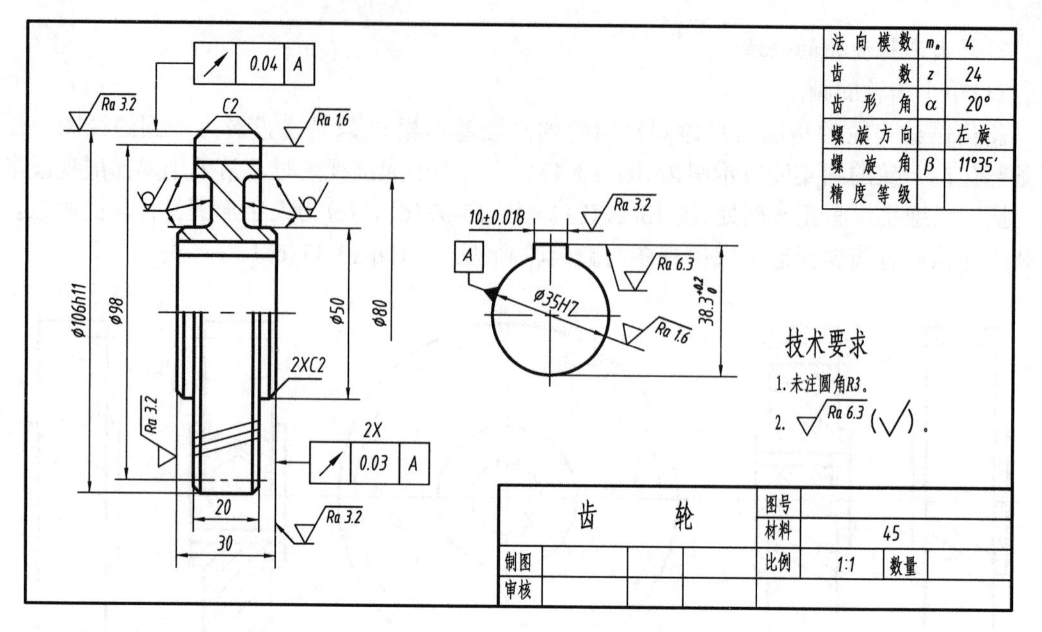

图 13-49　斜齿圆柱齿轮零件图

13.3.2　直齿锥齿轮

锥齿轮是用来传递两相交轴之间的运动的，通常情况下两轴相交 90°，如图 13-38(c)所示。

由于锥齿轮的齿形是在锥面上加工而成，所以齿顶圆、分度圆和齿根圆都形成了锥面，从大端到小端，其齿形由大逐渐变小，如图 13-50 所示。为了设计和制造方便，国家标准规定以大端模数为标准模数来确定其他部分尺寸。

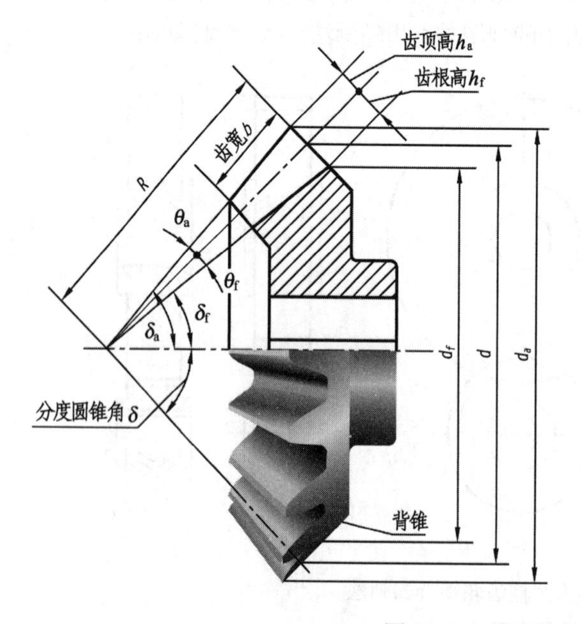

图 13-50　锥齿轮各部分名称

锥齿轮各部分名称如图 13-50 所示。

锥齿轮处于同一平面内的背锥素线与分度圆锥素线垂直，锥齿轮轴线与分度圆锥素线间的夹角称为分度圆锥角，是锥齿轮的一个基本参数。当两锥齿轮轴线垂直相交时，$\delta_1+\delta_2=90°$。

当锥齿轮的齿数 z、模数 m、分度圆锥角确定后，各部分的尺寸计算见表 13-12。

表 13-12　锥齿轮各部分尺寸的计算公式

基本参数：模数 m、齿数 z、分度圆锥角 δ			已知 $m=3.5$，$z=25$，$\delta=45°$
名称	符号	计算公式	计算举例
齿顶高	h_a	$h_a=m$	$h_a=3.5$
齿根高	h_f	$h_f=1.2m$	$h_f=4.2$
齿高	h	$h=2.2m$	$h=7.7$
分度圆直径	d	$d=mz$	$d=87.5$
齿顶圆直径	d_a	$d_a=m(z+2\cos\delta)$	$d_a=92.45$
齿根圆直径	d_f	$d_f=m(z-2.4\cos\delta)$	$d_f=81.55$
外锥距	R	$R=\dfrac{mz}{2\sin\delta}$	$R=61.88$
齿顶角	θ_a	$\tan\theta_a=\dfrac{2\sin\delta}{z}$	$\tan\theta_a=\dfrac{2\times\sin45°}{25}$，所以 $\theta_a=3°14'$
齿根角	θ_f	$\tan\theta_f=\dfrac{2.4\sin\delta}{z}$	$\tan\theta_f=\dfrac{2.4\times\sin45°}{25}$，所以 $\theta_f=3°53'$
分度圆锥角	δ	当 $\delta_1+\delta_2=90°$时，$\delta_1=90°-\delta_2$	
顶锥角	δ_a	$\delta_a=\delta+\theta_a$	$\theta_a=45°+3°14'=48°14'$
根锥角	δ_f	$\delta_f=\delta-\theta_f$	$\theta_f=45°-3°53'=41°07'$
齿宽	b	$b\leqslant L/3$	

1．单个锥齿轮的画法

单个锥齿轮的画法如图 13-51 所示，主视图通常采用全剖视图，左视图中要用粗实线画出齿轮大端和小端的齿顶圆，用点画线画出大端分度圆，而齿根圆不必画出。具体画图步骤如图 13-52 所示。

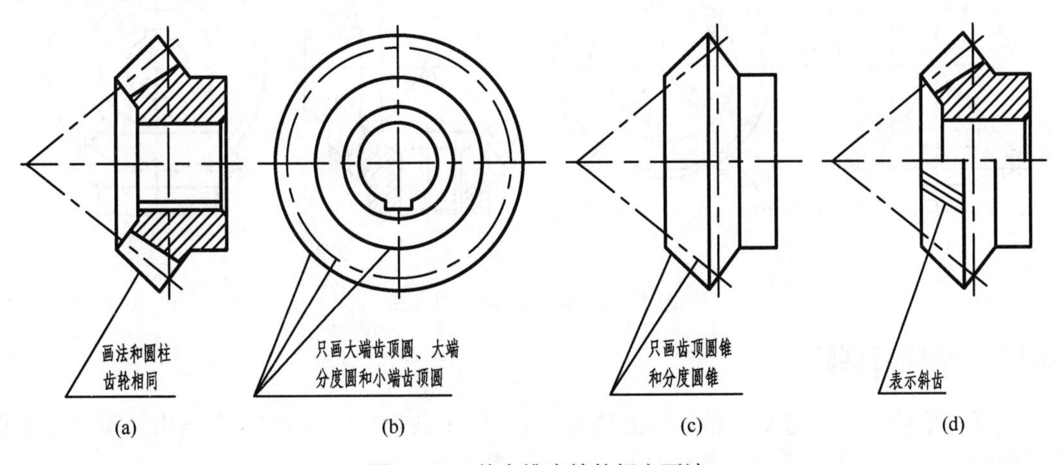

图 13-51　单个锥齿轮的规定画法

2．锥齿轮啮合的画法

锥齿轮啮合画法的作图步骤如图 13-53 所示，其啮合部分与圆柱齿轮画法相同，图 13-54 是锥齿轮的零件图。

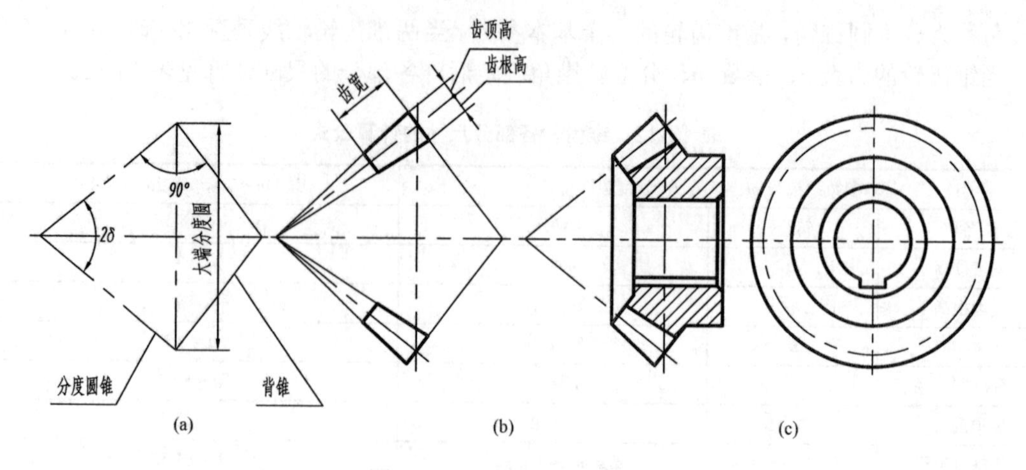

图 13-52　锥齿轮的画图步骤

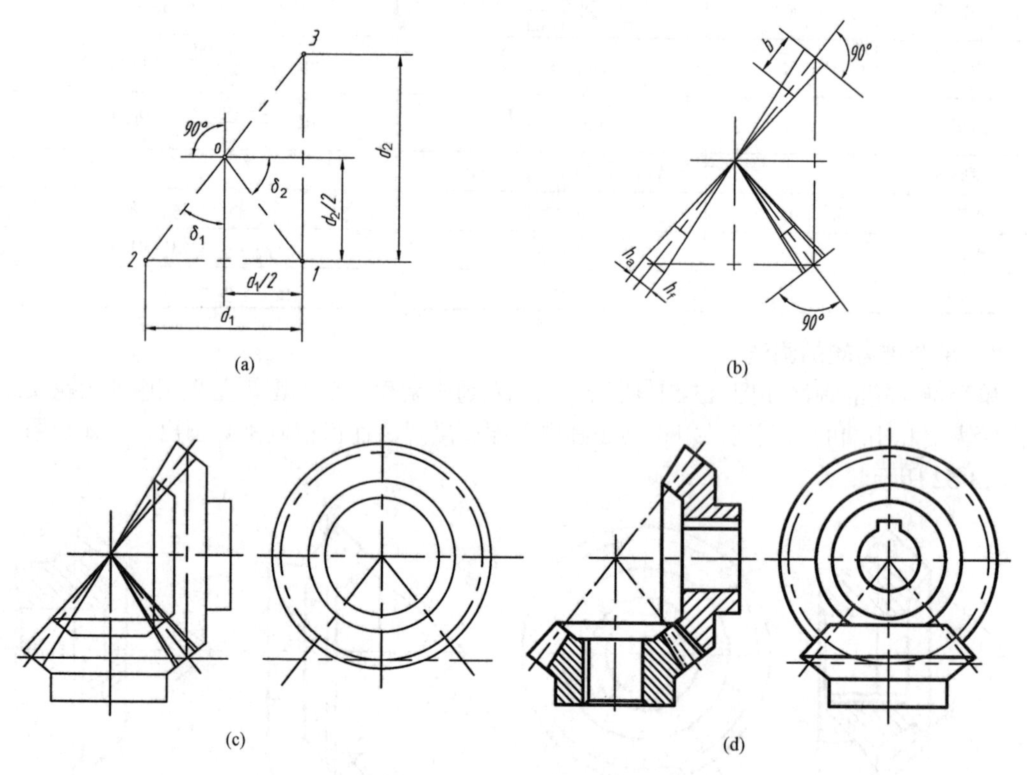

图 13-53　啮合锥齿轮的画法

13.3.3　蜗杆与蜗轮

蜗杆与蜗轮用于垂直交叉轴之间的传动，如图 13-38(d)所示。它具有结构紧凑、传动平稳、传动比大等优点，但由于摩擦力大，传动效率较低。

工作时蜗杆带动蜗轮旋转。蜗杆的齿数 z_1 称为头数，相当于传动螺纹的线数。蜗杆常用单头或双头。单头蜗杆转一圈，蜗轮只转过一个齿。因此可得到较大的传动比($i=z_2 / z_1$，z_2 为蜗轮的齿数)。一对啮合的蜗杆和蜗轮，必须有相同的模数和螺旋角。

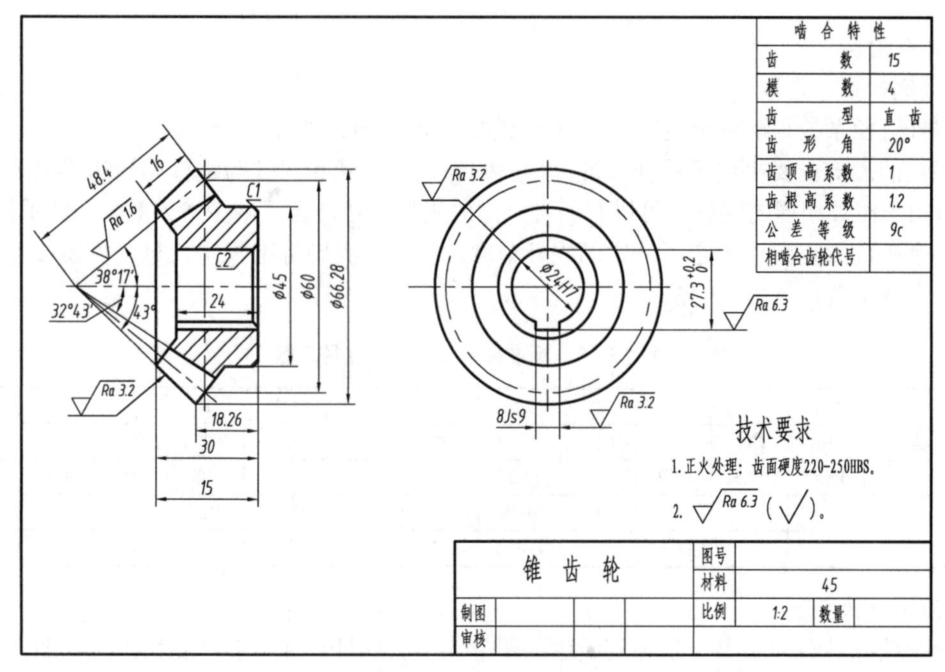

图 13-54　锥齿轮零件图

1. 蜗杆蜗轮各部分名称及尺寸计算

1) 蜗杆蜗轮各部分名称

蜗杆蜗轮各部分名称及代号如图 13-55 所示。

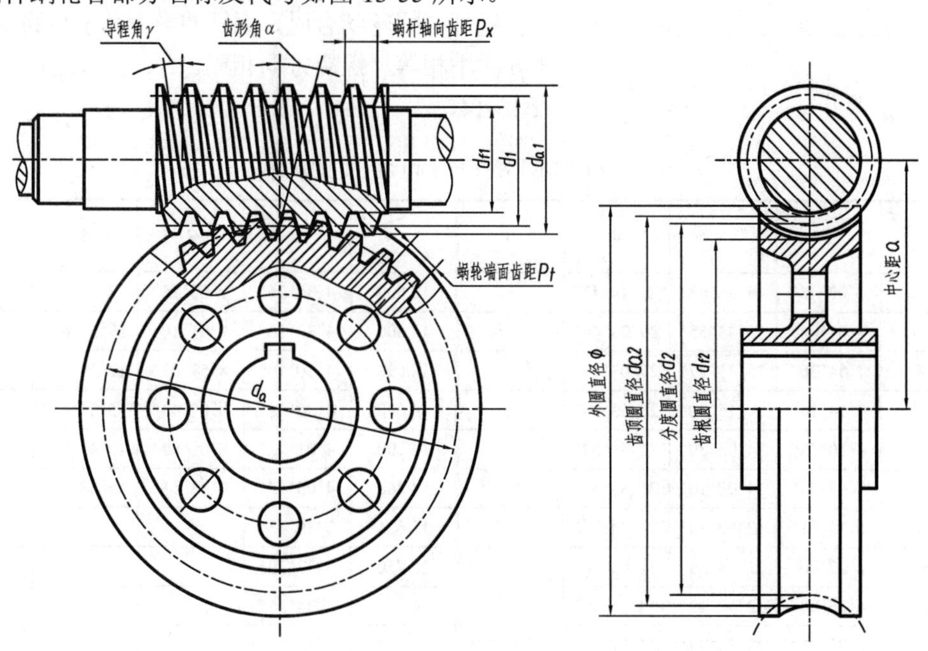

图 13-55　蜗杆与蜗轮各部分名称及代号

2) 主要参数及尺寸计算

(1) 模数 m。

蜗轮的模数规定以端面模数为标准模数，蜗杆的轴向模数应等于蜗轮的端面模数，可在

表 13-9 中选取。

(2) 蜗杆直径系数 q。

蜗杆直径系数是蜗杆分度圆直径 d_1 与模数 m 的比值，即 $q=d_1/m$。

蜗轮的齿形主要决定于蜗杆齿形，一般蜗轮是用形状和尺寸与蜗杆相同的蜗轮滚刀来加工。但由于模数相同的蜗杆，可以有多种不同的蜗杆直径，为了减少滚刀数量，便于标准化，对每一个模数都相应地规定了一定的蜗杆分度圆直径。我国标准规定，每一种模数可对应几个蜗杆直径系数，见表 13-13。

表 13-13 标准模数和蜗杆的直径系数

m	1	1.25	1.6	2	2.5	3.15	4	5	6.3	8	10	12.5	16
q	18	16	12.5	9	8.96	8.889	7.875	8	7.936	7.875	7.1	7.2	7
		17.92	17.5	11.2	11.2	11.27	10	10	10	10	9	8.96	8.75
				14	14.2	14.286	12.5	12	12.698	12.5	11.2	11.2	11.25
				17.75	18	17.778	17.75	18	17.778	17.5	16	16	15.625

(3) 蜗杆头数 z_1。

一个轮齿沿圆柱面上一条螺旋线运动即形成单头蜗杆。如使多个轮齿沿圆柱面上均匀分布的多条螺旋线运动，则形成多头蜗杆。

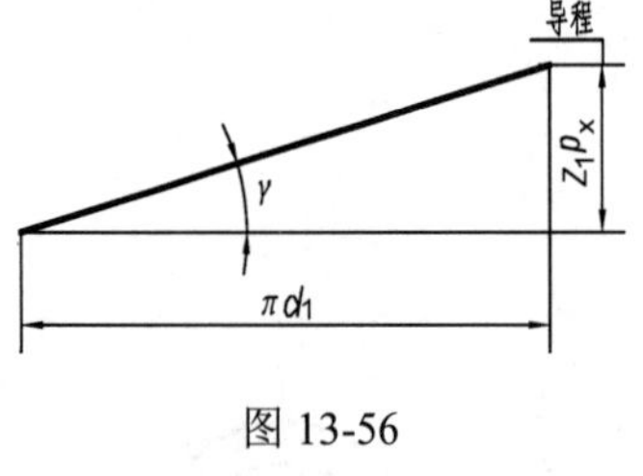

图 13-56

(4) 导程角 γ。

当蜗杆直径系数 q 和蜗杆头数 z_1 确定后，其导程角（在蜗杆分度圆柱上的螺旋线升角）随之确定，如图 13-56 所示。

蜗杆与蜗轮啮合时，蜗杆的导程角 γ 与蜗轮的螺旋角 β 大小相等，螺旋方向相同。z_1、q、γ 之间的关系见表 13-14。

表 13-14 蜗杆导程角 γ 和 z_1、q 的对应值

q \ γ \ z_1	1	2	4	6	q \ γ \ z_1	1	2	4	6
7.000	8°07′48″	15°56′43″	29°44′42″		12.500	4°34′26″	9°05′25″	17°44′41″	
7.100	8°01′02″	15°43′55″	29°23′46″		12.600	4°32′16″	9°01′10″	17°36′45″	
7.200	7°54′26″	15°31′27″	29°03′17″		12.698	4°30′10″	8°57′02″	17°29′04″	
7.875	7°14′14″	14°15′00″	26°55′40″		14.000	4°05′08″	8°07′48″	15°56′43″	
7.936	7°10′53″	14°08′39″	26°44′53″		14.200	4°01′42″	8°01′02″	15°45′55″	
8.000	7°07′30″	14°02′10″	26°33′54″		14.268	4°00′15″	7°58′11″	15°38′32″	
8.750	6°31′11″	12°52′30″	24°34′02″		15.625	3°39′43″			
8.960	6°22′06″	12°34′59″	24°03′26″		15.750	3°37′59″			
8.889	6°25′08″	12°40′49″	24°14′40″		16.000	3°34′35″			
9.000	6°20′25″	12°31′44″	23°57′45″	33°41′24″	17.500	3°16′14″			
10.000	5°42′38″	10°18′36″	21°48′05″	30°57′50″	17.750	3°14′28″			
11.200	5°06′08″	10°07′29″	19°39′14″	28°10′43″	17.778	3°14′10″			
11.250	5°04′47″	10°04′50″	19°34′23″		17.920	3°11′38″			
11.270	5°04′15″	10°03′48″	19°32′29″	28°01′50″	18.270	3°10′47″			

(5) 中心距 a。

蜗杆与蜗轮两轴线之间的距离称为中心距，它与模数 m、蜗杆直径系数 q、蜗轮齿数 z_2 之间的关系为：$a=m(z_2+q)/2$。

蜗杆、蜗轮各部分尺寸的计算分别见表 13-15 和表 13-16。

表 13-15　蜗杆各部分计算公式

名称	代号	计算公式	已知 $m=3$，$q=12$，$z_1=2$，$\gamma=9°27'44''$，$z_2=30$
分度圆直径	d_1	$d_1=mq$	$d_1=3\times12=36$
齿顶圆直径	d_{a1}	$d_{a1}=d_1+2h_{a1}=m(q+2)$	$d_{a1}=3(12+2)=42$
齿根圆直径	d_{f1}	$d_{f1}=d_1-2h_{f1}=m(q-2.4)$	$d_{f1}=3(12-2.4)=28.8$
齿顶高	h_{a1}	$h_{a1}=\frac{1}{2}(d_{a1}-d_1)=m$	$h_{a1}=3$
齿根高	h_{f1}	$h_{f1}=\frac{1}{2}(d_1-d_{f1})=1.2m$	$h_{f1}=3.6$
齿高	h_1	$h_1=h_{a1}+h_{f1}=\frac{d_{a1}-d_{f1}}{2}=2.2m$	$h_1=6.6$
轴向齿距	p_x	$p_x=\pi m$	$p_x=3\times3.14=9.42$
导程角	γ	$\tan\gamma=mz_1/d_1=z_1/q$	$\tan\gamma=\frac{2}{12}=\frac{1}{6}$，$\gamma=9°27'44''$
导程	P_z	$P_z=z_1p_x$	$p_z=2\times9.42=18.84$

表 13-16　蜗轮各部分计算公式

名称	代号	计算公式	计算举例已知 $m=3$，$z_2=30$，$q=12$
分度圆直径	d_2	$d_2=mz_2$	$d_2=3\times30=90$
喉圆直径	d_{a2}	$d_{a2}=m(z_2+2)$	$d_{a2}=3(30+2)=96$
齿根圆直径	d_{f2}	$d_{f2}=m(z_2-2.4)$	$d_{f2}=3(30-2.4)=82.8$
咽喉面半径	r_{ai}	$r_{ai}=\frac{d_1}{2}-m$	$r_{ai}=\frac{36}{2}-3=15$
中心距	a	$a=\frac{m}{2}(q+z_2)$	$a=\frac{3}{2}(12+30)=63$
齿顶高	h_{a2}	$h_{a2}=\frac{1}{2}(d_{a2}-d_2)=m$	$h_{a2}=3$
齿根高	h_{f2}	$h_{f2}=\frac{1}{2}(d_2-d_{f2})=1.2m$	$h_{f2}=1.2\times3=3.6$
齿高	h_2	$h_2=h_{a2}+h_{f2}=\frac{1}{2}(d_{a2}-d_{f2})=2.2m$	$h_2=2.2\times3=6.6$

2．蜗杆、蜗轮的画法

1) 蜗杆的画法

蜗杆一般用一个主视图和表示齿形的轴向断面来表示，如图 13-57 所示。

2) 蜗轮的画法

蜗轮常用非圆方向作为主视图并采用剖视，其轮齿部分画法与圆柱齿轮画法类同，左视图上，轮齿部分只用点画线画出分度圆和用粗实线画出最大直径圆，如图 13-58 所示。

3) 蜗杆蜗轮啮合的画法

图 13-59 (a) 是蜗杆、蜗轮啮合的剖视画法。当剖切面通过蜗轮轴线并垂直于蜗杆轴线时，蜗杆齿顶用粗实线绘制，蜗轮齿顶用虚线绘制或省略不画。图 13-59 (b) 是蜗杆、蜗轮啮合的外形视图的画法。

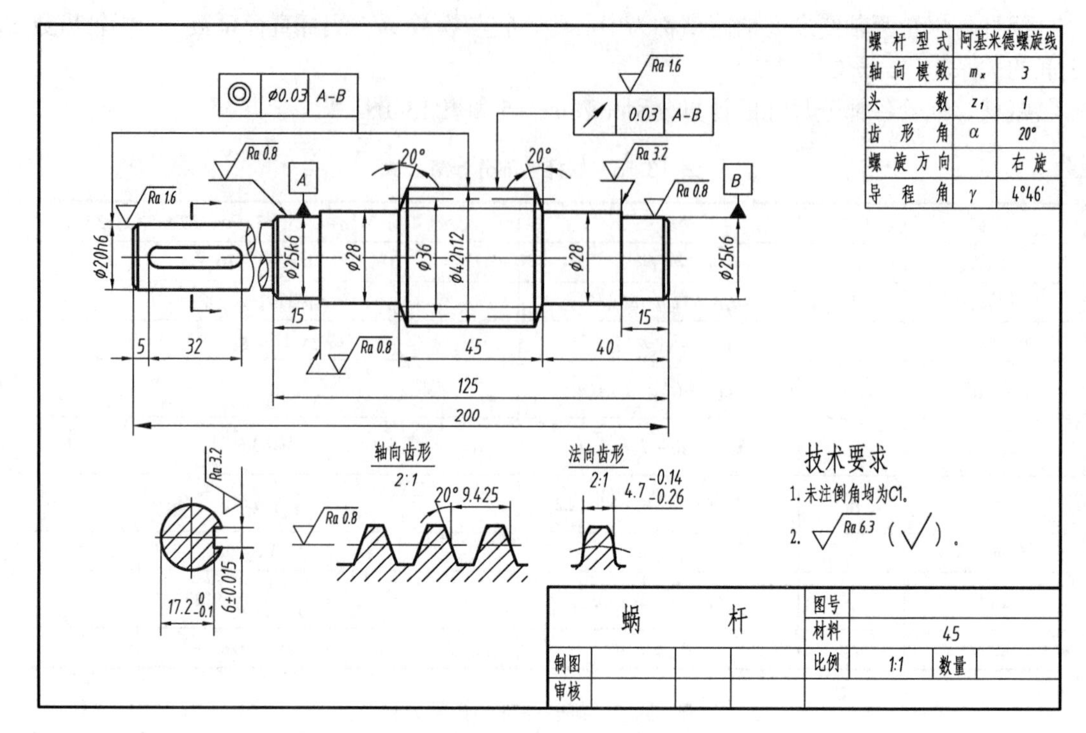

图 13-57 蜗杆零件图

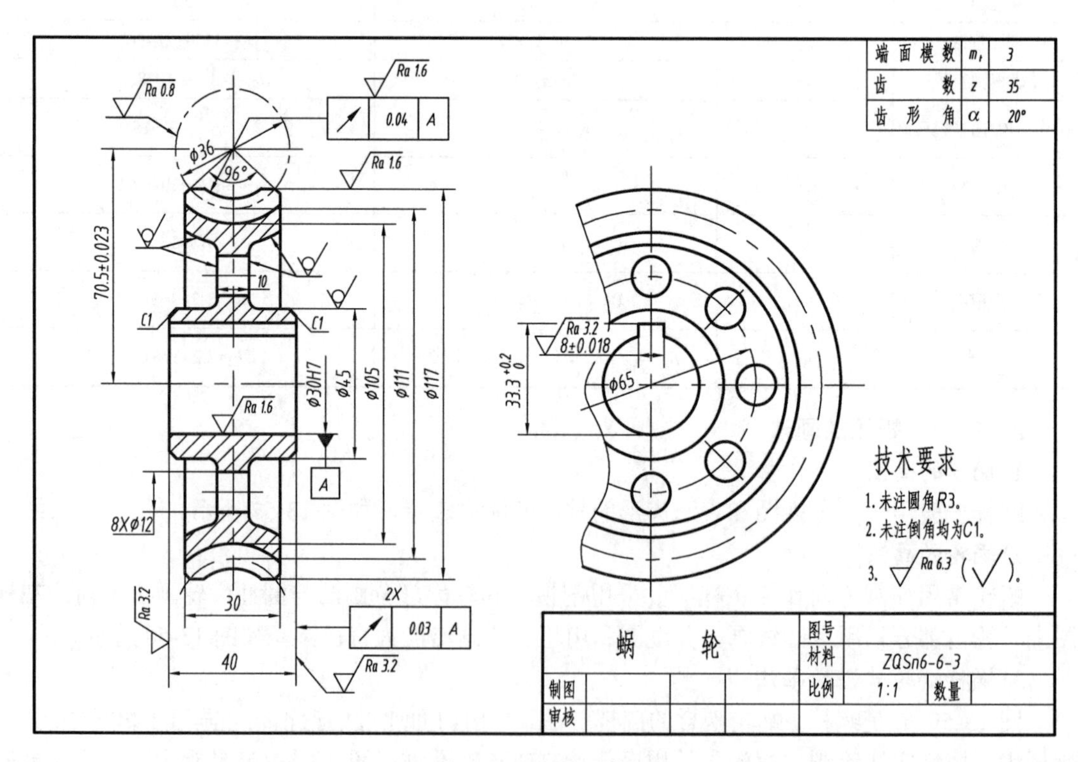

图 13-58 蜗轮零件图

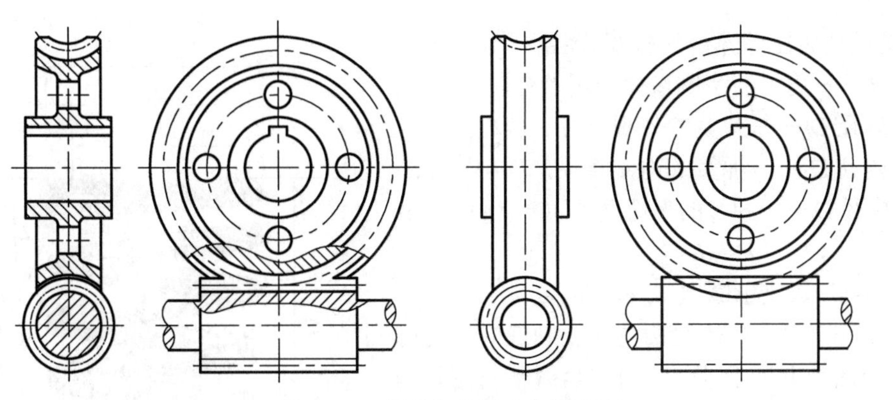

图 13-59　蜗轮与蜗杆啮合的画法

13.4　弹　　簧

弹簧的用途很广，主要用于减振、夹紧、承受冲击、储存能量、复位和测力等装置中。其特点是受力后能产生较大的弹性变形，去除外力后能恢复原状。

1．弹簧的种类

弹簧的种类很多，常见的有螺旋弹簧、弓形弹簧、碟形弹簧、涡卷弹簧、片弹簧等，其形状、受力形式及用途见表 13-17。

表 13-17　常用弹簧分类

类别		弹簧受力形式及用途	形状
圆柱螺旋弹簧	压缩弹簧	工作时承受压力，具有抵抗和缓冲压力的作用，在机械中广泛应用	
	拉伸弹簧	工作中承受拉力，用于机构的复位，在机械中广泛应用	
	扭转弹簧	工作中承受扭力矩，具有抵抗扭曲的性能，常用于机构的夹紧	
弓形板弹簧		工作中承受压力，主要用于减振，常见于汽车、拖拉机的悬挂机构中	
碟形弹簧		工作时承受压力，在冲击力较大的重型机械设备上应用较多	
蜗卷弹簧		用于储藏能量，在钟表、仪器、实验设备上应用较多	

2．圆柱螺旋压缩弹簧的各部分名称(图 13-60)

线径 d——用于缠绕制造弹簧用的金属丝直径。

弹簧外径 D_2——弹簧的外圈直径。

弹簧内径 D_1——弹簧的内圈直径，$D_1=D_2-2d$。

弹簧中径 D——弹簧的平均直径，$D=(D_2+D_1)/2=D_2-d$。

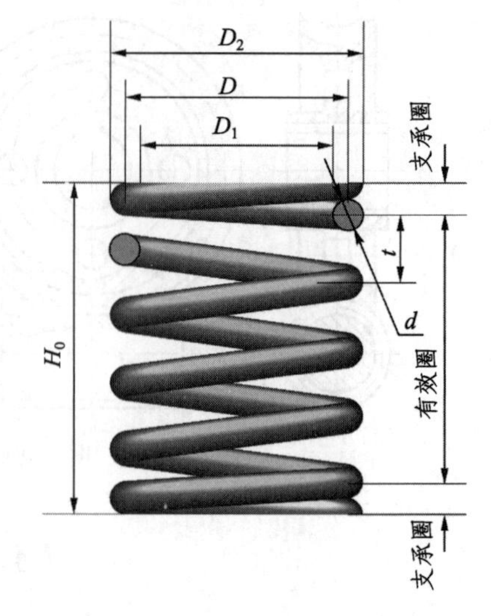

图 13-60　螺旋弹簧各部分名称

有效圈数 n、支承圈数 n_z 和总圈数 n_1——为使压缩弹簧工作平稳，端面受力均匀，制造时需将弹簧两端部分圈数并紧磨平，这些并紧磨平的圈称为支承圈，其余圈称为有效圈。有效圈数用于计算弹簧的总变形量。支承圈和有效圈的圈数之和称为总圈数($n_1=n+n_z$)，n_z 一般为 1.5、2、2.5 圈。

节距 t——相邻两有效圈上截面中心线间的轴向距离。

自由高度 H_0——未受负荷时的弹簧高度，$H_0=nt+(n_z-0.5)d$。

展开长度 L——制造弹簧时所需金属丝的长度，$L\approx n_1\sqrt{(\pi D)^2+t^2}$。

旋向——螺旋弹簧分右旋和左旋。

目前国家标准已对部分螺旋弹簧及碟形弹簧的结构尺寸、机械性能及标记作了规定，使用时应查阅相应标准。

3．圆柱螺旋压缩弹簧的规定画法

弹簧的真实投影很复杂，因此，国标(GB/T 4459.4—2003)规定了弹簧的画法。弹簧既可画成视图(图 13-61(a))，也可画成剖视图(图 13-61(b))。

1)螺旋弹簧的画法

图 13-61 和图 13-62 是螺旋弹簧的画法。

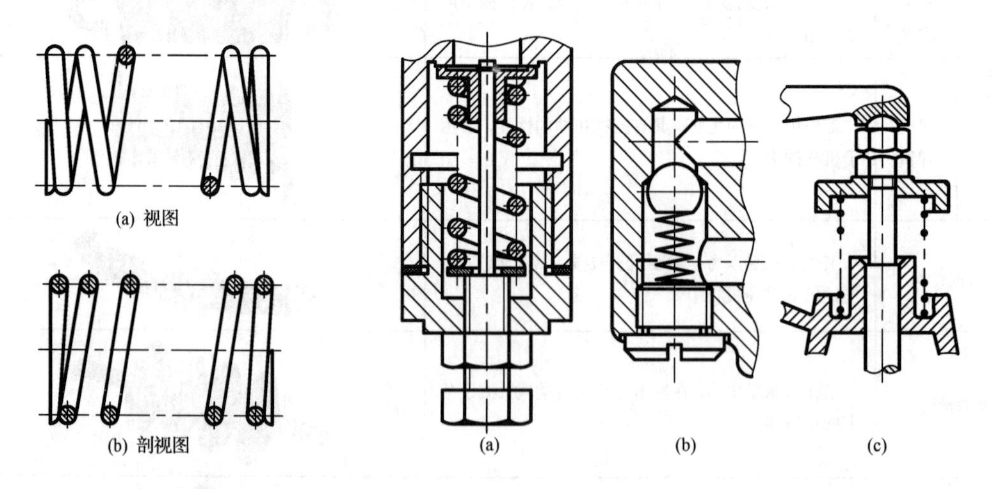

图 13-61　弹簧画法　　图 13-62　装配图中的画法

(1)弹簧在平行其轴线的投影面的视图中，其各圈轮廓应画成直线。

(2)有效圈数在四圈以上的弹簧，可以在每一端只画出 1～2 圈(支承圈除外)，中间只需通过簧丝断面中心的细点画线连起来(如图 13-61)，且可适当缩短图形长度。

(3) 螺旋弹簧均可画成右旋，对必须保证旋向要求时，应在技术要求中注明。

(4) 对于螺旋压缩弹簧，如要求两端并紧且磨平时，不论支承圈数多少和末端贴紧情况如何，均可以支承圈为 2.5 圈(有效圈是整数)的形式绘制，必要时也可按支承圈的实际结构绘制。

(5) 在装配图中，被弹簧挡住的结构一般不画出，可见部分从弹簧的外轮廓线或从通过簧丝断面中心的细点画线画起，如图 13-62(a)所示。

(6) 在装配图中，型材直径或厚度在图形上等于或小于 2mm 时，螺旋弹簧允许用示意图绘制，如图 13-62(b)所示；当弹簧被剖切时，剖面直径或厚度在图形上等于或小于 2mm 时，也可涂黑表示，且各圈的轮廓线不画，如图 13-62(c)所示。

2) 螺旋弹簧的画图步骤

画圆柱螺旋压缩弹簧时，可按图 13-63 所示分四步进行。

图 13-63 是按支承圈为 2.5 圈绘制的，标准规定不论实际圈数多少，均可如此绘制。这样并不影响加工制造，因为制造弹簧时是按图所注圈数加工的。

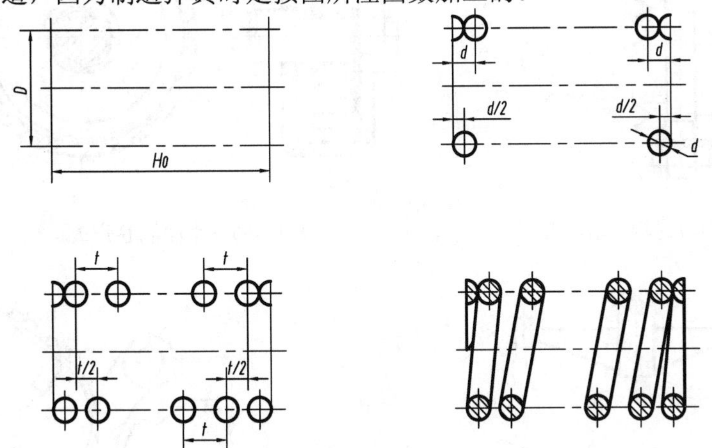

图 13-63　圆柱螺旋压缩弹簧画图步骤

图 13-64 是圆柱螺旋压缩弹簧的零件图。弹簧的参数应直接标注在图形上，当直接标注

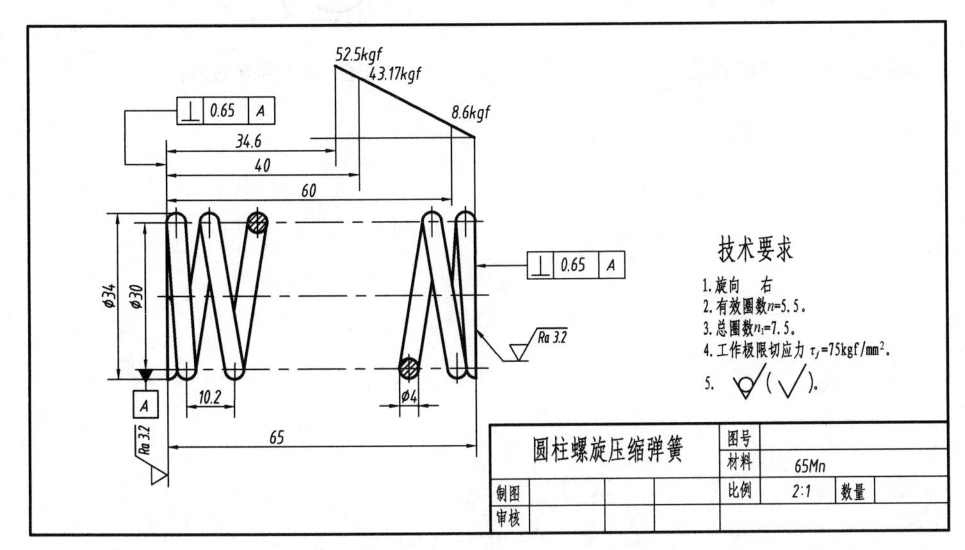

图 13-64　圆柱螺旋压缩弹簧零件图

有困难时可在“技术要求”中说明。机械性能曲线均画成直线，用粗实线绘出，并标注在主视图上方。

4．其他弹簧的示意画法

(1)碟形弹簧一般按外形轮廓画出。四束以上可只画两端，中间部分省略后用细实线画出轮廓范围，如图 13-65 所示。

(2)平面涡卷弹簧的画法如图 13-66 所示。

(3)板弹簧由许多零件组成，允许按图 13-67(a)、(b)所示的形式画出。

(4)片弹簧厚度等于或小于 2mm 时，无论是否被剖切，均用示意画法绘制，如图 13-68 所示。

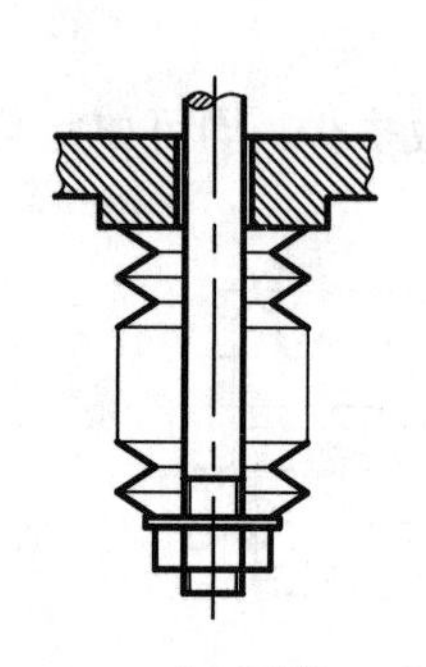

图 13-65 碟形弹簧画法

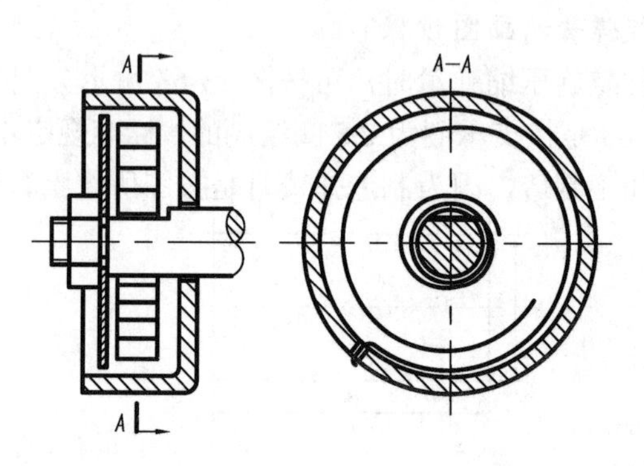

图 13-66 平面涡卷弹簧画法

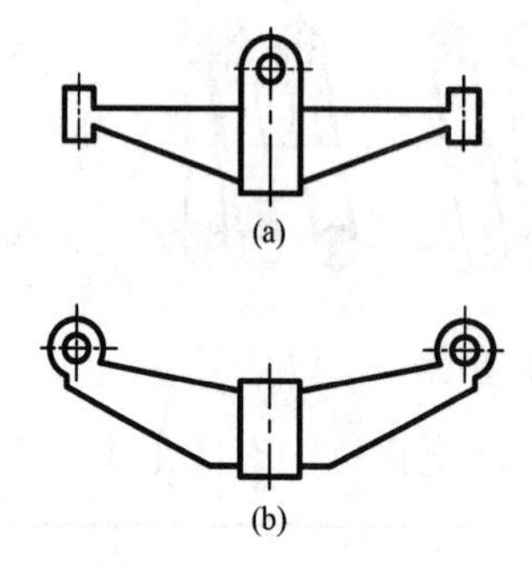

图 13-67 板弹簧画法

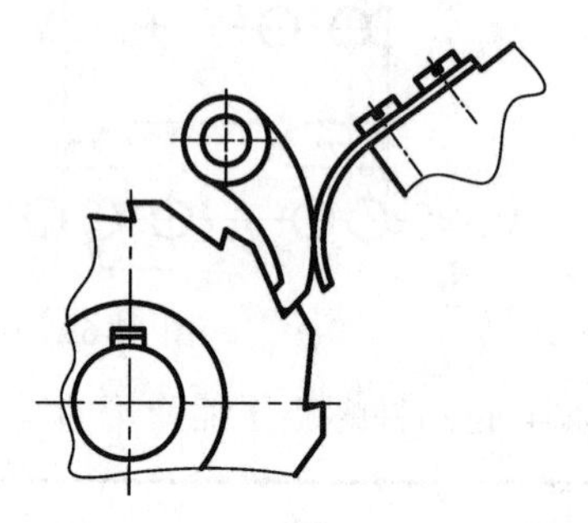

图 13-68 片弹簧画法

第14章 零件图

主要内容

零件图的作用和内容；零件的工艺结构；零件的表达方案；零件图中的尺寸标注；零件图中的技术要求和阅读零件图。

学习要点

了解零件图的作用和四个内容，掌握零件工艺结构的作用和画法；熟悉四种典型零件的结构特点并能确定合适的表达方案表达零件；熟悉设计基准和工艺基准的概念和作用，并能在零件图中正确标注尺寸；熟悉表面粗糙度、极限偏差、几何公差的概念和作用，能识读其含义并能在图样上按要求进行标注；掌握阅读零件图的方法和步骤。

14.1 零件的概述

任何机器或部件都是由零件装配而成，图14-1所示为铣刀头，是专用铣床上的一个部件，供装铣刀盘用。它由座体、转轴、带轮、端盖、滚动轴承、键、螺钉、毡圈等组成，工作原理是电机通过V形带带动带轮，带轮通过键把运动传给转轴，转轴将运动通过键传递给刀盘，从而进行铣削加工。

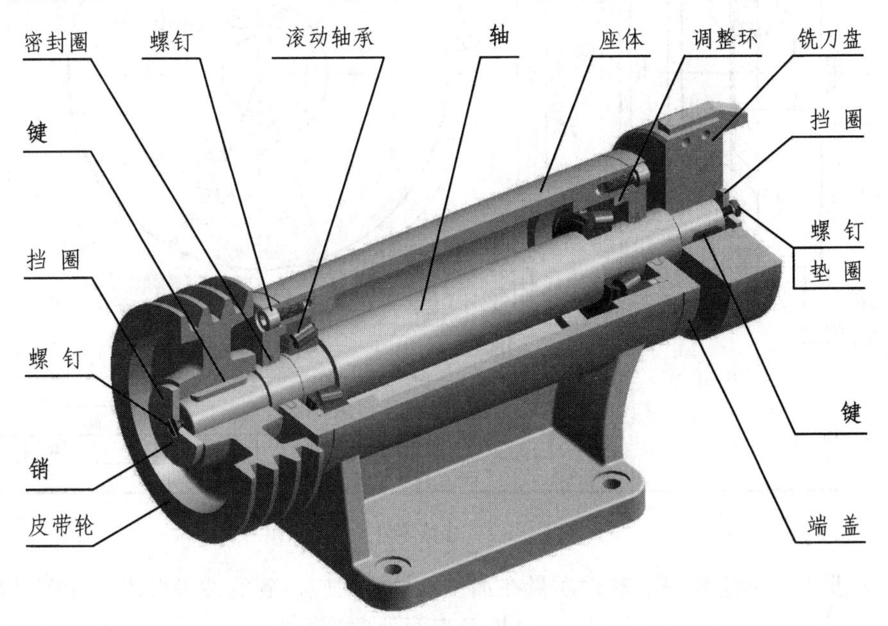

图14-1 铣刀头轴测图

根据零件在机器或部件上的应用频率，一般可将零件分为以下三种类型：

(1)标准件。它是结构、尺寸和加工要求、画法等均标准化、系列化了的零件，如螺栓、螺母、垫圈、键、销、滚动轴承等。

(2)常用件。它是部分结构、尺寸和参数标准化、系列化的零件，如齿轮、带轮、弹簧等。

(3)一般零件。通常可分为轴套类、轮盘类、叉架类、箱壳类等。这类零件必须画出零件图以供加工制造零件。

14.2 零件图的内容

零件工作图(简称零件图)是表达机器零件结构形状、尺寸大小和技术要求的图样。零件图是设计部门提供给生产部门的重要技术文件，是生产准备、加工制造、质量检查及测量的依据。一张完整的零件图应包括如下内容(以图 14-2 气动扳手中的端盖为例说明)。

(1)一组图形。选用适当的表达方法，准确清楚地表达出零件的结构形状。如图 14-2 中主视图选用全剖视图表示出气道及内部形状，左视图表示出端面气道形状及相对位置。

(2)全部尺寸。应正确、完整、清晰、合理地标注出零件的全部形状尺寸和相对位置尺寸。如图 14-2 中ϕ26H7 为装滚动轴承外圈直径的定形尺寸，R22±0.2 和 20°为确定气道孔位置的定位尺寸。

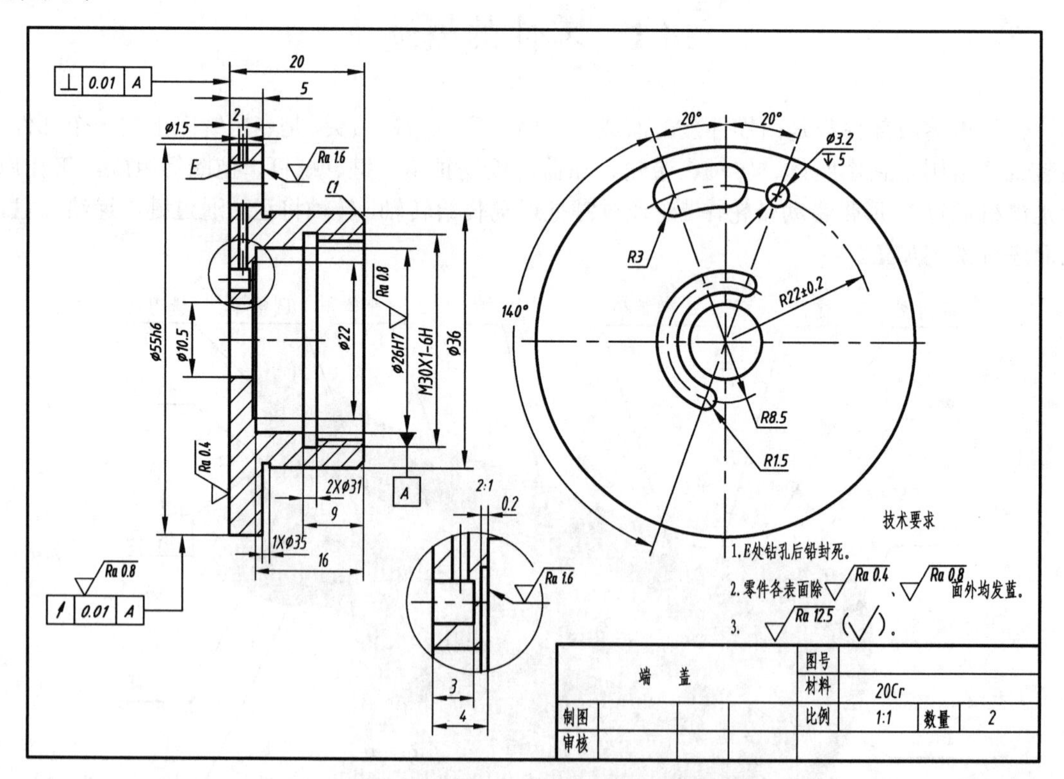

图 14-2 端盖零件图

(3)技术要求。标注为保证零件质量在加工、检验中应达到的技术要求，如图 14-2 中的尺寸公差、几何公差、表面粗糙度、热处理及表面处理等要求。

(4)标题栏。填写零件名称、绘图比例、材料、设计、审核、批准等。

14.3　零件的构型

零件在机器中的作用不同，其结构形状也各不相同。零件的构型是由设计要求、加工方法、装配关系、使用要求和工业美学等方面确定的。由于零件在机器中都有其相应的位置和作用，每个零件上可能具有包容、支承、连接、传动、定位、密封等一项或几项功能结构，而这些功能结构又要通过相应的加工方法(如铸造、锻造、车削等)来实现。因此零件的构型设计主要考虑两个方面：零件的功能结构和工艺结构。

14.3.1　零件的功能结构

零件的功能结构主要指包容、支承、连接、传动、定位、密封等方面。为使这些结构设计合理，应注意以下几个方面。

1．包容零件的构型

当零件间有包容与被包容的关系时，往往是根据被包容零件的形状确定包容件的内形，再根据其内形确定包容件的外形，如铣刀头座体中装有轴、轴承等回转件(图 14-1)。所以，座体包容部分的内外表面也应为回转面(图 14-3)。如果内形为方形，外形也应是相应的方形(图 14-4)。

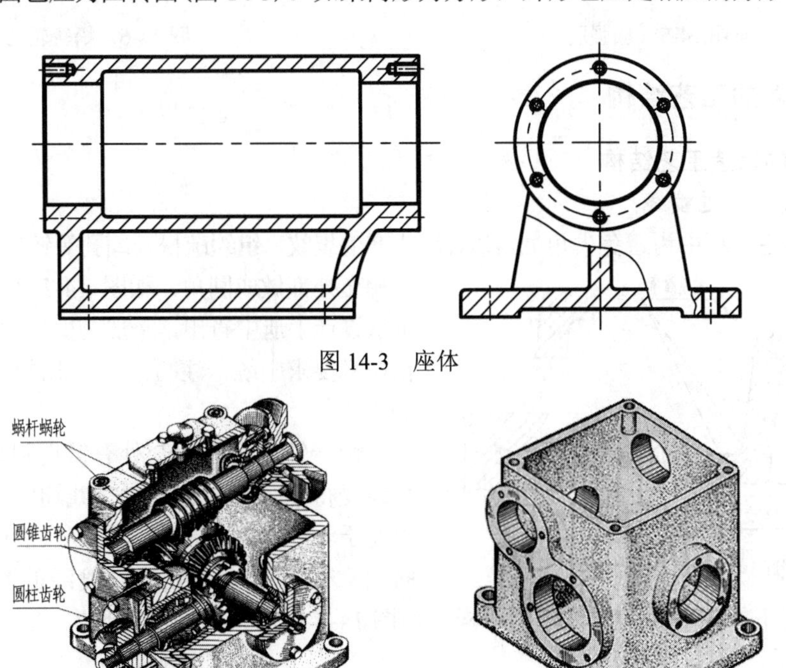

图 14-3　座体

图 14-4　相邻零件的构型

2．相邻零件的构型

相邻零件(尤其是箱体类和端盖类)间的外形与接触面应协调一致，使外观统一，给人以整体美感。图 14-4 中座体与箱盖、座体与端盖的形状协调一致。

3．受力与构型

机件的形状与机件的受力状况有密切的关系。机件上受力大的部位结构应厚些，或为提高强度增加一些加强肋等(图 14-5)。

4．质量与构型

在保证机件有足够强度、刚度的情况下，如何使机件质量最少、用料最省，这也是构型所要考虑的问题，如图 14-1 中的带轮、图 14-6 中的蜗轮轮芯。

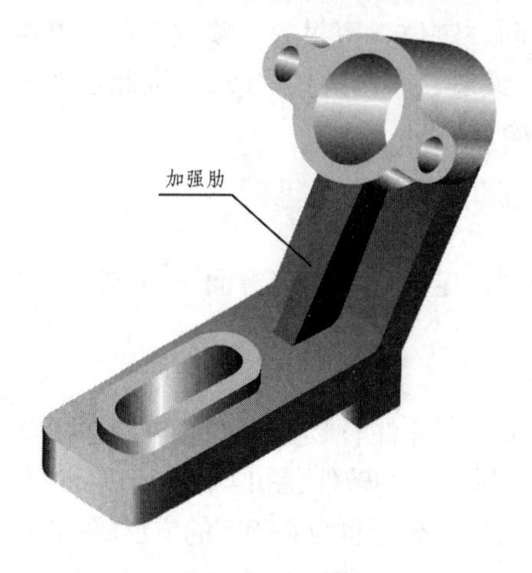

图 14-5 加强肋

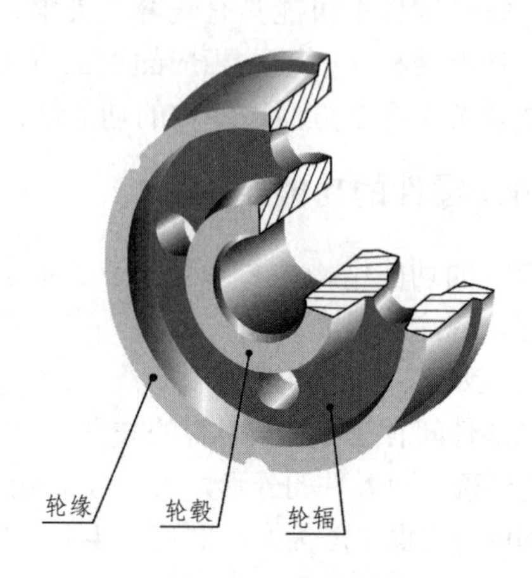

图 14-6 蜗轮轮芯

14.3.2 零件的工艺结构

1．零件的铸造工艺结构

1)铸造圆角、过渡线

铸件在铸造过程中为避免尖角处落砂，防止产生裂纹，组织疏松及缩孔等铸造缺陷，在各表面相交处都做成圆角，如图 14-7 所示。圆角半径可从设计手册中查出，一般为壁厚的 0.2～0.4 倍，在技术要求中统一注写，如“未注明圆角为 *R*3～*R*5”。

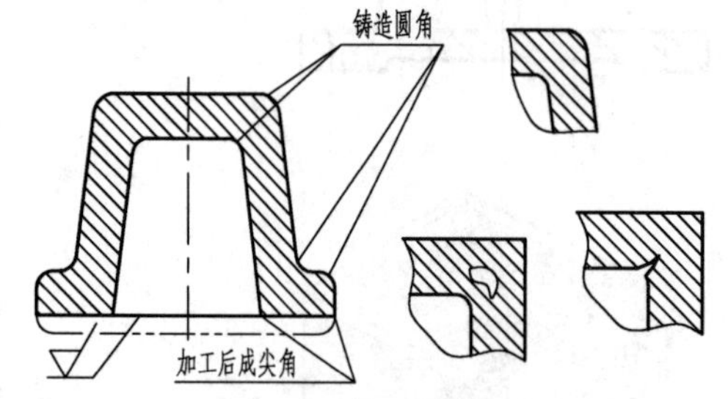

图 14-7 铸造圆角

图 14-7

由于铸件表面相交处有铸造圆角，使表面的交线变得不很明显，这种交线通常称为过渡线。为便于看图，在投影图中用细实线画出，对于两曲面立体表面相交处的过渡线的画法和没有铸造圆角的情况下的相贯线的画法基本一样，如图 14-8 所示。其他结构形式的过渡线的画法，如图 14-9 所示。

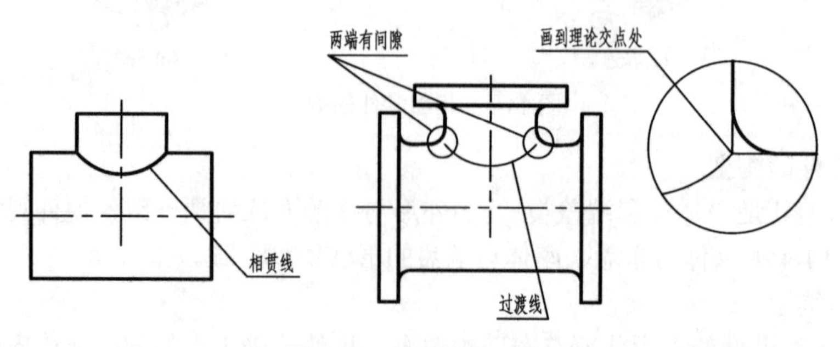

图 14-8 过渡线的画法

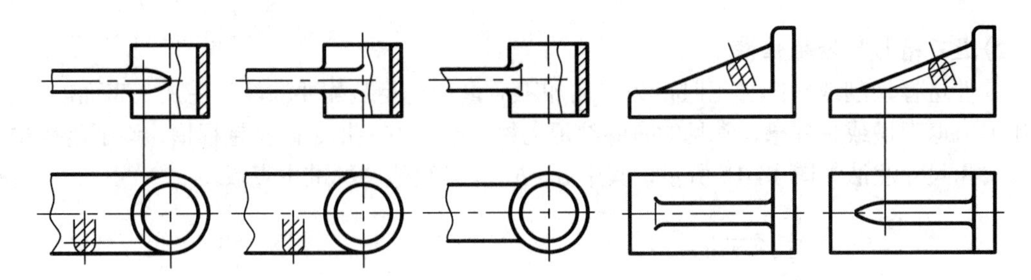

图 14-9 过渡线的画法

当铸件机械加工后，圆角被切去呈尖角，如图 14-7 所示。

2)起模斜度

在铸造工艺过程中，为了将模样从砂型中顺利取出，在铸件的内外壁上沿起模方向设计出起模斜度(或叫作铸造斜度)。

起模斜度在零件图上按小端尺寸绘制。起模斜度可省略不画，如图 14-10(a)；也可画出起模斜度，如图 14-10(b)。在对应的左视图上只绘制端部投影轮廓，如图 14-10(c)。起模斜度无论是否绘制，应在技术要求中注写，例如起模斜度不大于 3°。

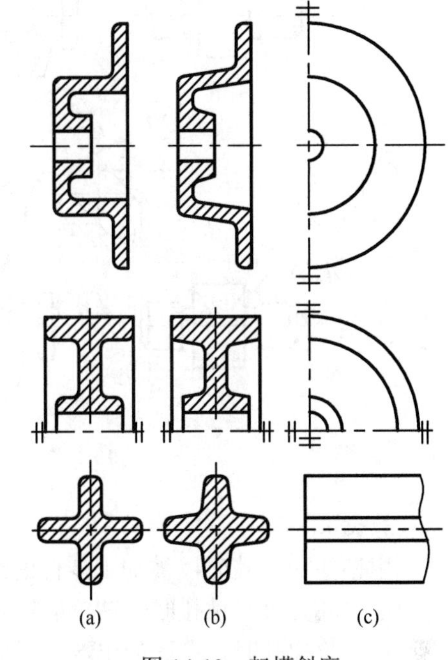

图 14-10 起模斜度

3)铸件壁厚要均匀

为保证铸件的铸造质量，防止产生组织疏松以致缩孔、裂纹等，铸件壁厚应均匀或逐渐变化。在两壁相交处应有过渡斜度如图 14-11 所示。等壁厚铸件其壁厚有时在技术要求中注写，如“未注明壁厚为 5mm。”

2. 零件上的机械加工工艺结构

1)倒角

为便于零件装配及保护装配面，一般轴端和孔端都加工倒角，其画法和尺寸注法如图 14-12 所示，其中 45° 倒角应在倒角轴向尺寸数字前加注符号“*C*”，角度数值可不标注，如 *C*2 表示倒角轴向尺寸 2mm、角度 45°。而非 45° 倒角的尺寸必须分别注出轴向尺寸和角度尺寸，如图 14-12 中 30° 和 60° 倒角。

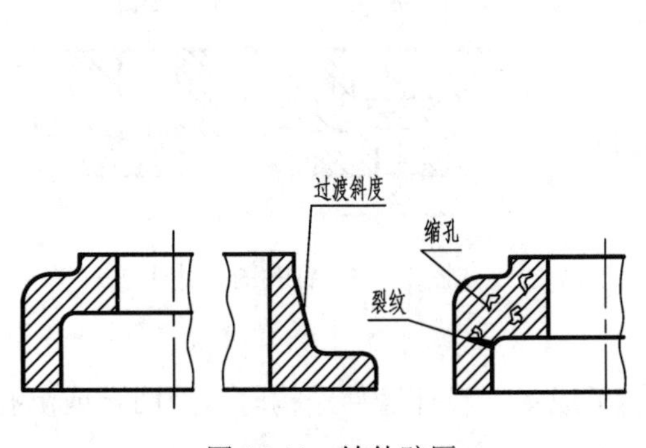

图 14-11 铸件壁厚

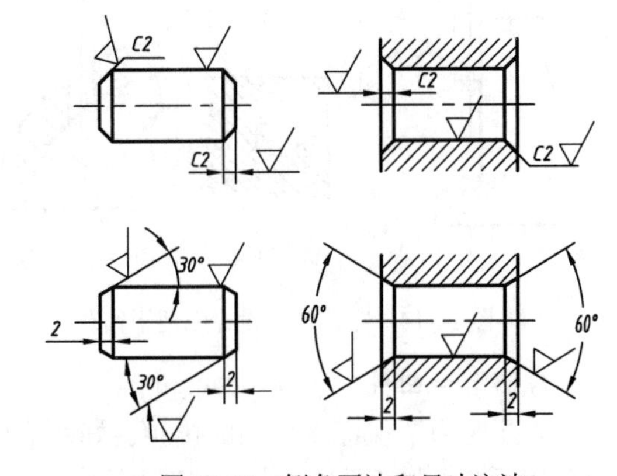

图 14-12 倒角画法和尺寸注法

2) 退刀槽与砂轮越程槽

零件进行切削或磨削加工时，为保证加工质量和满足装配要求，常在加工表面的台肩处先加工出退刀槽或越程槽，常见的有螺纹退刀槽、插齿空刀槽、砂轮越程槽、刨削越程槽等，其画法和尺寸注法如图 14-13 所示，其中 *a*、*b*、*h* 等数值由标准中查取。

图 14-13

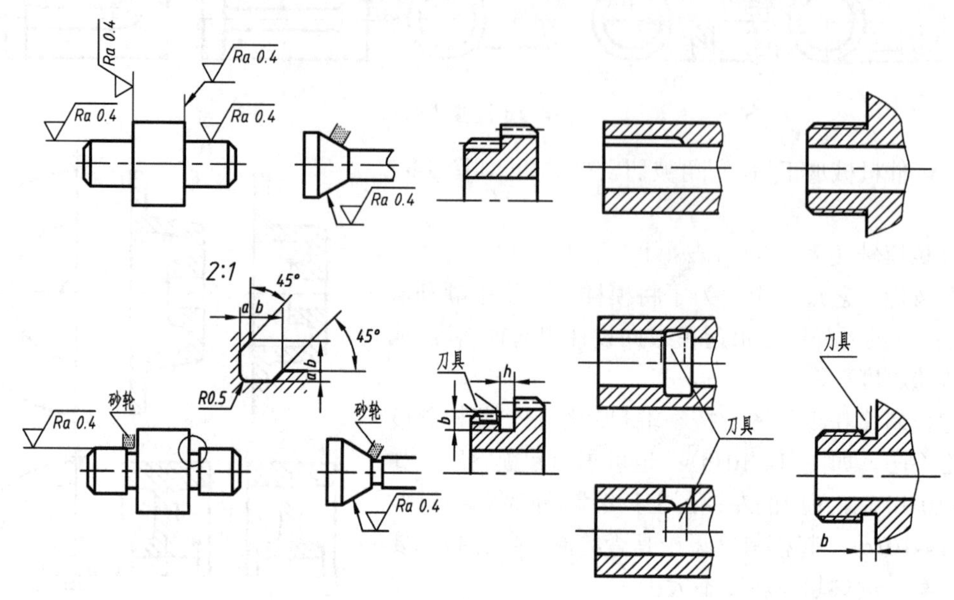

图 14-13　退刀槽或越程槽

3) 钻孔

用钻头加工孔时，被加工零件的结构设计应考虑到加工方便，以保证钻孔的主要位置准确和不损坏刀具。钻孔时，钻头的轴线应尽量垂直于被加工的表面，如图 14-14 所示。当钻不通孔或阶梯孔时，在孔的末端应画成 120° 锥坑，其画法及尺寸注法如图 14-15 所示。

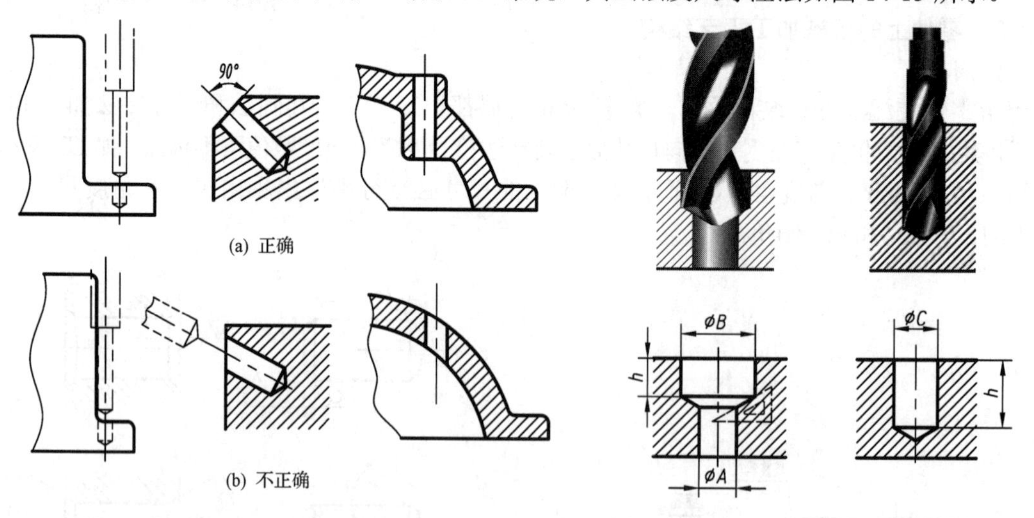

图 14-14　零件结构设计应便于钻孔

图 14-15　钻孔的尺寸注法

4) 凸台和凹坑

装配时为了保证零件间的接触良好及降低加工成本，设计铸件结构时常用凸台或沉孔结构来合理减少加工面，如图 14-16 所示。

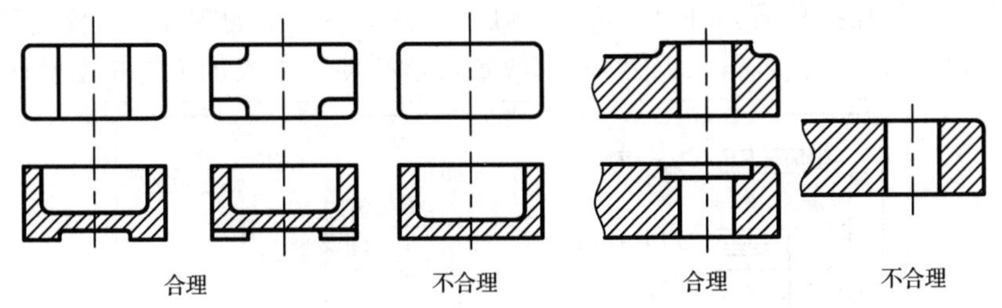

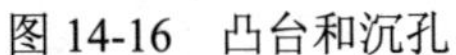
图 14-16　凸台和沉孔

图 14-16

5）滚花

塑料嵌接件的嵌接面或用手转动的手柄、圆柱头调整螺钉的头部等常做出滚花。滚花有直纹和网纹两种形式，其画法及尺寸注法如图 14-17 所示。

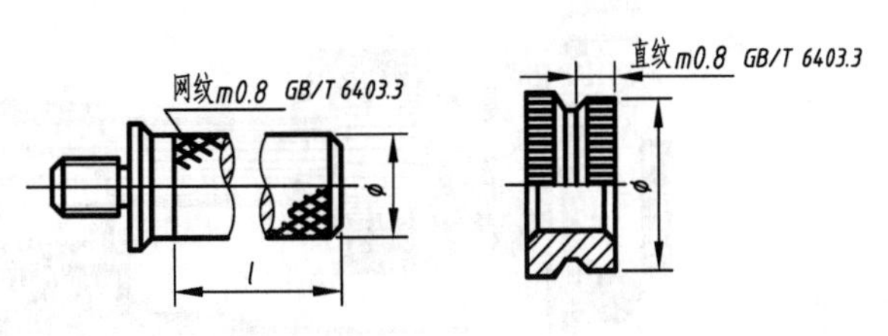

图 14-17　滚花

6）螺纹

零件常用螺纹连接，螺纹的画法如图 14-18 所示。

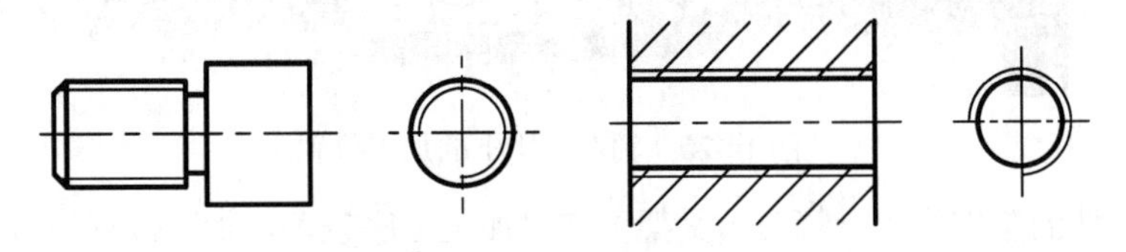

图 14-18　螺纹的画法

7）键槽

轴和轮类零件常带有键槽，通过键可以传递动力和运动，键槽的画法如图 14-19 所示。

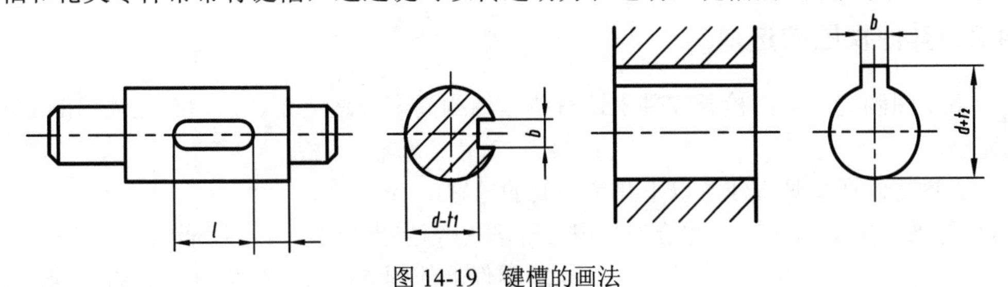

图 14-19　键槽的画法

14.4　零件的表达方案

在了解零件构型的基础上，利用前面所学的“机件的表达方法”，选用一组图形将零件全部结构形状正确、完整、清晰、简捷地表达出来。

主视图是零件图中最主要的视图，它选择的合理与否，直接影响到其他视图的表达和看图是否方便。选择主视图时应先确定零件的摆放位置，然后确定主视图投射方向。

14.4.1　主视图中零件的位置

主视图中零件的位置有两种：

(1)符合零件的加工位置。轴套、轮盘等以回转体构型为主的零件，主要是车床或外圆磨床加工，应尽量符合加工位置，即轴线水平放置，这样便于工人加工时看图操作(图 14-20)。

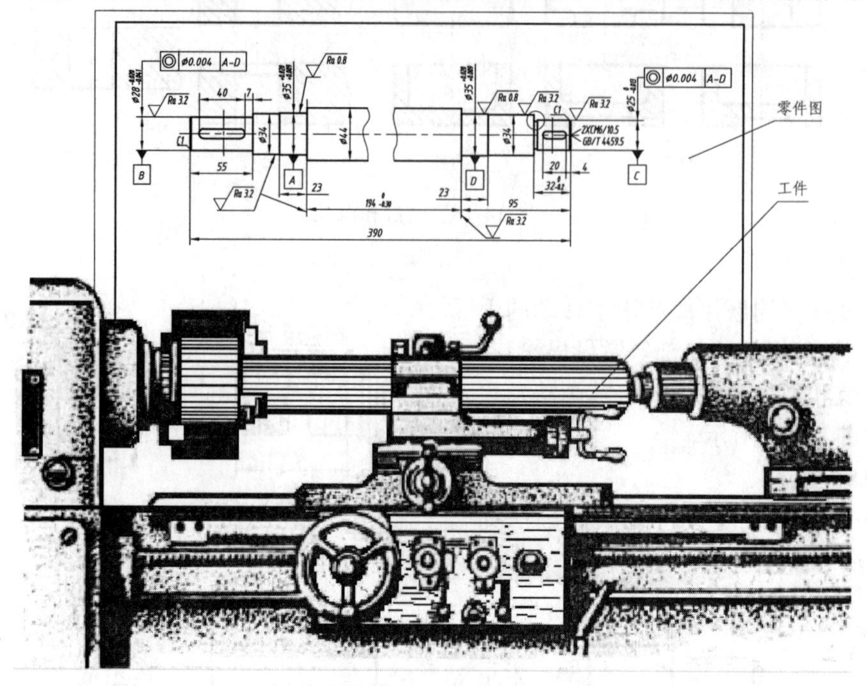

图 14-20　轴在车床上的加工位置

(2)符合零件的工作位置。箱壳、叉架类零件加工工序较多，加工位置经常变化，因此，这类零件应按其在机器中的工作位置摆放，这样图形和实际位置直接对应，便于看图和指导安装。

零件主视图的投射方向应该是最能反映零件特征，即较多地反映出零件各部分结构形状和相对位置的方向。

14.4.2　其他视图的选择

当主视图确定之后，检查零件上还有哪些结构尚未表达清楚，然后补充适当的图形将其表达完整。

在选择其他视图时应注意以下几个方面的问题：

(1)尽量选用基本视图，并恰当运用三种剖视表达零件的内外结构形状。

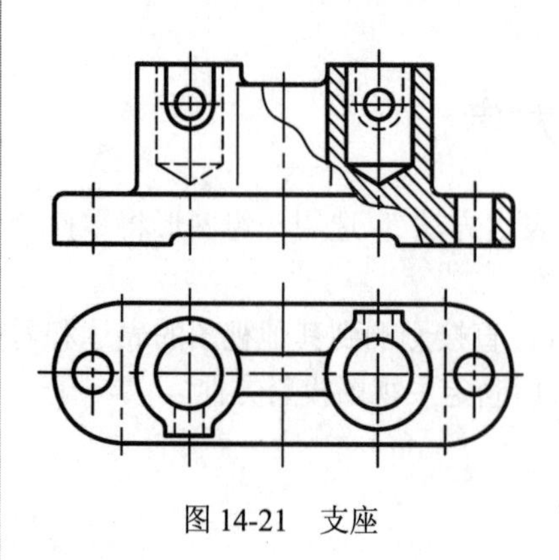

图 14-21　支座

(2)零件上的倾斜部分，用斜视图、斜剖视，在不影响尺寸标注的前提下尽可能按投射方向配置在相关视图附近，便于看图。

(3)零件中尺寸小的结构要素，采用局部放大图表示，便于标注尺寸。

(4)合理运用标准中规定的简化画法，使表达重点突出，简化绘图，又有利于看图。

(5)零件内部结构应尽可能采用剖视图表达，图中应减少虚线，当有助于看图和简化绘图时可适当运用虚线(图 14-21)。

14.4.3 零件的构型及表达分析

在考虑零件的表达方法之前，必须先了解零件上各结构的作用和特点，才能选择一组合适的表达方案将其全部结构表达清楚。

下面分别讨论轴套类、轮盘类、叉架类、箱壳类零件的结构特点和表达方案。

1．轴套类零件表达分析

1) 结构特点

这类零件的各组成部分多为回转体(同轴线)，轴向尺寸长，径向尺寸短。从总体上看为细长的回转体。

根据设计和工艺要求，这类零件常带有键槽、倒角、退刀槽、轴肩、螺纹、中心孔等结构(图 14-22)。

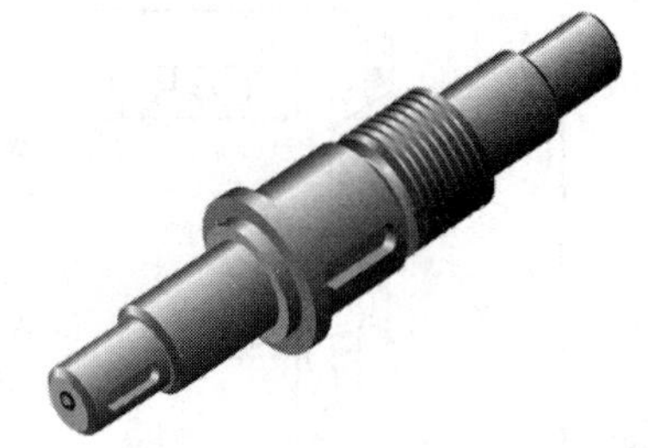

图 14-22 轴的结构

2) 常用表达方案

(1) 主视图的位置和投射方向。这类零件主要在车床上加工，主视图按加工位置，轴线水平放置，便于工人加工零件时看图(图 14-20)。

绘图时直径小的一端朝向右，平键槽朝前，半圆键槽朝上，采用垂直轴线方向为投射方向。

(2) 其他视图。常用断面图，局部放大图，局部剖视图，局部视图等来表达键槽、退刀槽和其他槽孔等结构。

3) 表达方案举例

(1) 结构分析。铣刀头中的轴(图 14-1) 在铣刀头中主要起支承零件、传递动力的作用。轴的两端装有带轮和铣刀盘，并通过平键与轴连接传递动力，还装有一对滚动轴承作为轴的支承。带轮、铣刀盘、滚动轴承等往轴上装配时，需要轴向定位，则有轴肩。因此轴的结构为直径不等的同轴线圆柱体轴段相接组成的主体结构。另外为满足装配、定位、连接、加工等设计和工艺要求，该轴上还有一些局部结构，如倒角、键槽、退刀槽、圆角、轴肩、中心孔等。

(2) 表达方案。根据对该轴结构分析，确定的表达方案主视图中轴线水平放置，符合加工位置。垂直轴线方向为投射方向，该图重点表达了各轴段的直径和长度，键槽的形状和位置，轴端倒角的大小。由于$\phi 44$ 轴段较长，采用了断开画法。此外采用两个断面图和一个局部放大图表达清楚了键槽的宽度和越程槽的详细结构。

当表达方案确定后，布图时各图形之间除保证投影关系外、应留适当的间隔，以便于标注尺寸，使整个图面匀称大方，富于美感(图 14-23)。

套类零件的主视图选择与轴类的零件相同。如图 14-24 为柱塞套的零件图，它是一个空心的圆柱体，主视图按加工位置轴线水平放置，并采用全剖视主要表达套的内部结构，其他视图采用 *D—D* 断面图和一个局部放大图。就可以将该零件表达完整。

2．轮盘类零件表达分析

1) 结构特点

带轮、齿轮等零件主体部分常由回转体组成，轴向尺寸小，径向尺寸大，一般有一个端面是与其他零件连接的重要接触面。轮是由轮毂、轮缘、轮辐三部分组成。根据用途不同，轮缘的结构也不同。在圆柱面上加工有带槽、轮齿等，轮毂与轴连接的孔内有键槽，连接轮

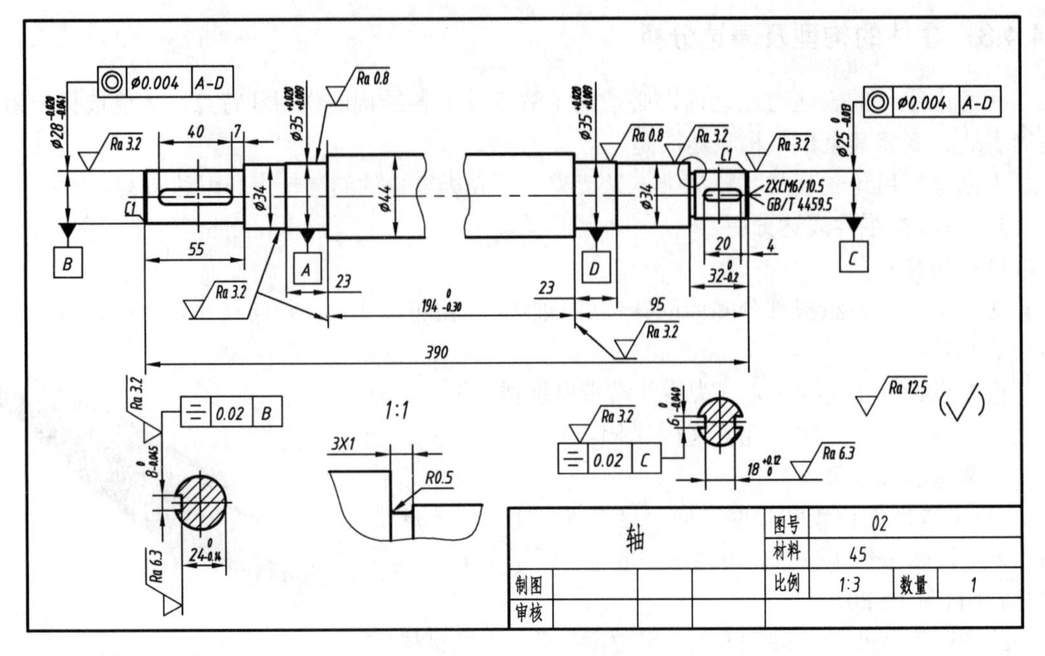

图 14-23　轴的零件图

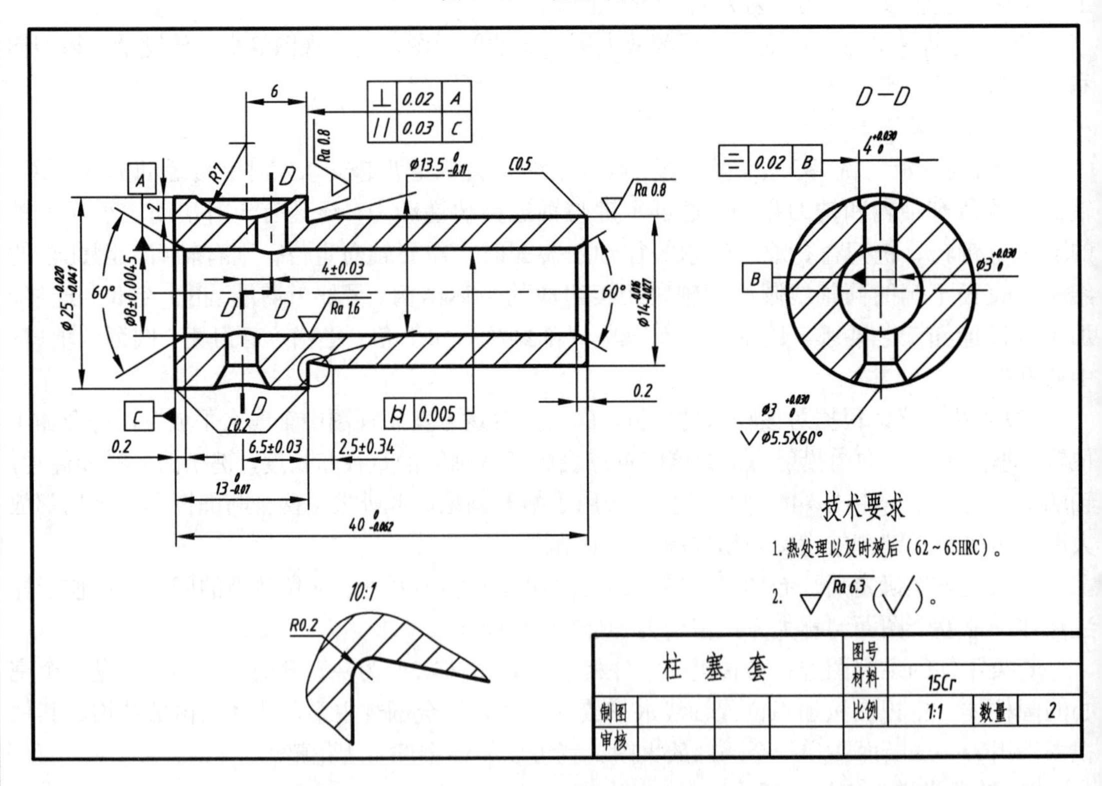

图 14-24　柱塞套零件图

缘与轮毂的轮辐可制成辐板式，为减轻重量和便于装夹，在辐板上常制有通孔。轮辐也可制成辐条式，辐条的断面有椭圆形，丁字形、十字形、工字形等如图 14-25(a)所示。

盘、盖类零件的端面上制有光孔、止口、凸台、沉孔、V 形槽等结构。

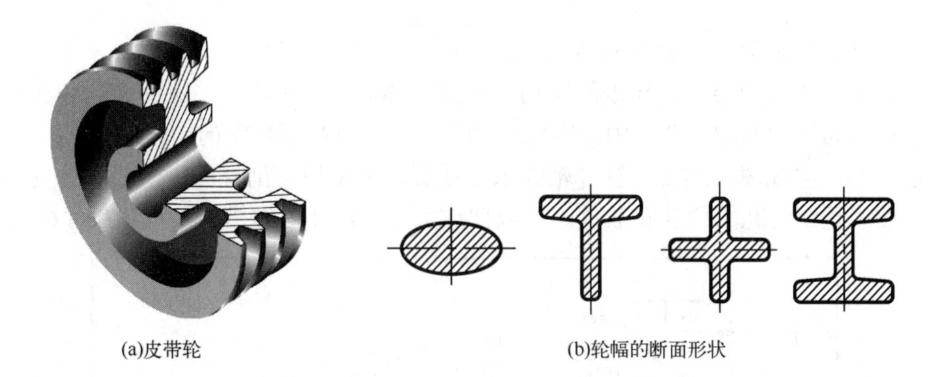

(a)皮带轮　　(b)轮幅的断面形状

图 14-25　皮带轮与轮幅断面

2)常用表达方案

(1)主视图。在车床加工的轮盘，按加工位置轴线水平放置。不以车削为主的盖，按工作位置放置。主视图主要表达内部结构，一般都采用全剖视图。

(2)其他视图。通常以左视图表示外形轮廓和孔及轮辐等结构的数量及相对位置。有时根据需要还可以选择其他表达方法。

3)表达方案举例

(1)结构分析。铣刀头中的带轮(图 14-25(b))，由于带传动的工作特点决定轮缘由安装 V 形带的带槽构成。轮毂为空心锥台，轴孔开有键槽，轮辐为辐板式结构。这三部分构成了带轮的主体结构，其特点是由同一轴线的多个回转面组成。

(2)表达方案。如图 14-26 所示，主视图表达轮毂键槽、轮缘带槽及轮辐的结构。

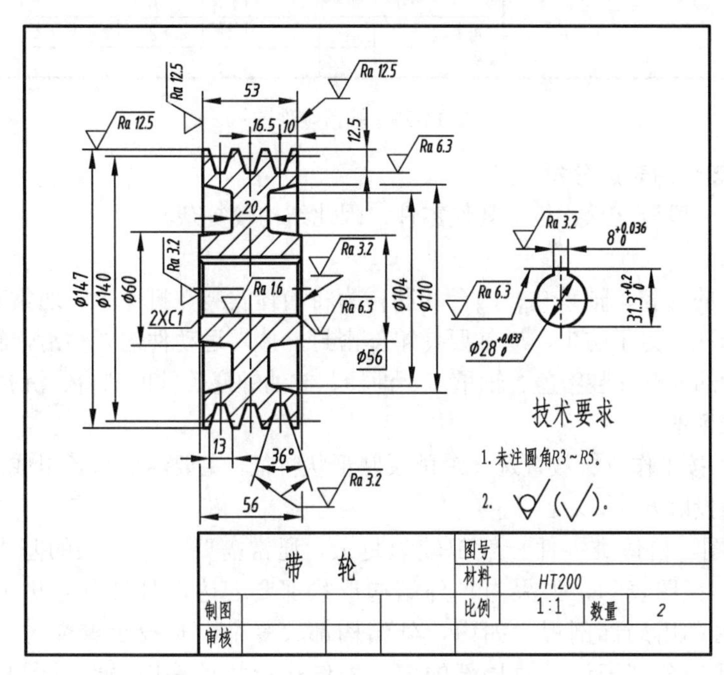

图 14-26　带轮零件图

由于主要结构为回转面，辐板结构简单，没有开孔，所以左视图只需要表示轮毂上键槽的形状，故采用局部视图。

端盖的结构和表达方案如图 14-27 所示。

由于装配、密封的要求，端盖的结构为短圆柱体，一端有止口，保证密封和配合要求。另外加工有分布均匀的螺钉孔、中间有输出轴孔，孔内有装配毡圈的沟槽结构。

表达方案：主视图按加工位置，轴线水平放置，并采用全剖视图，主要表达内部结构。左视图主要表达螺钉孔的位置和数量。用局部放大图表达孔内沟槽的结构和尺寸标注。

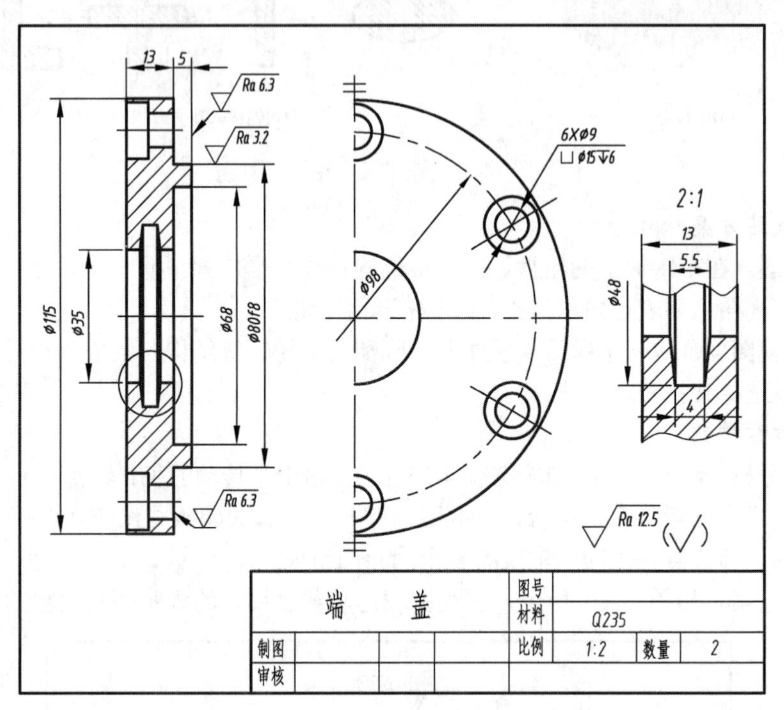

图 14-27 端盖零件图

3．箱壳类零件的表达分析

箱壳类零件一般为支承、包容其他零件，因此结构较复杂。

1)结构特点

通常有较大的内腔、轴承孔、凸台和肋；为将箱体安装在机座上，通常有安装底板、安装孔、螺孔、销孔；为了防尘，通常要使箱体密封，体内运动件需要润滑，箱体内应注入润滑油，因此箱壁部分有安装箱盖、轴承盖、油标、放油螺塞等件的凸台、沉孔、螺孔等结构。

2)常用表达方案

(1)主视图。按工作位置放置选择最能反映形状特征，主要结构与各组成部分相互关系的方向作为主视图投射方向。

(2)其他视图。箱体类零件一般都较为复杂，通常需要三个以上的基本视图，对内部结构形状采用剖视图表示，如果内、外结构形状都要表达，且具有对称平面时，可采用半剖视；如不对称用局部剖视；如内、外结构都较复杂，且投影重叠时，外部结构形状和内部结构形状应分别表达，对局部的内、外结构形状可采用局部视图和断面图表示。每一个视图都应有一定的表达重点，在表达完整的前提下视图数量尽量少，同时要考虑看图方便。

3) 表达方案举例

(1) 结构分析。铣刀头中的座体(图 14-1)，其主体结构是由它的功用(包容、支承、安装)所决定的，圆筒部分用以安装滚动轴承，底板用以将座体安装固定在机器上，用左、右支承板和中间肋板将圆筒与底板连接起来，这就构成了座体的总体结构。为了减少加工面(支承滚动轴承的柱面)，将内腔设计成阶梯孔，两端直径小，中间直径大。为了便于装夹工件需要较大的空间，使受力点保持在轴承下方的前提下，右侧支承板设计成弧状，这样既保证了座体的结构强度好，又能最大限度地满足工作的要求。为了轴承密封，安装轴承端盖，所以在圆筒两端面设计有凸台，凸台上加工有螺纹孔，为保证接触质量和减少加工面，底板的底部设计成凹槽。

(2) 表达方案。根据以上结构分析，选择的表达方案如图 14-28 所示。主视图按工作位置放置，垂直圆筒轴线方向为主视图投射方向。主视图采用全剖视，主要表达圆筒的内部结构以及圆筒与底板、支承板的相对位置。

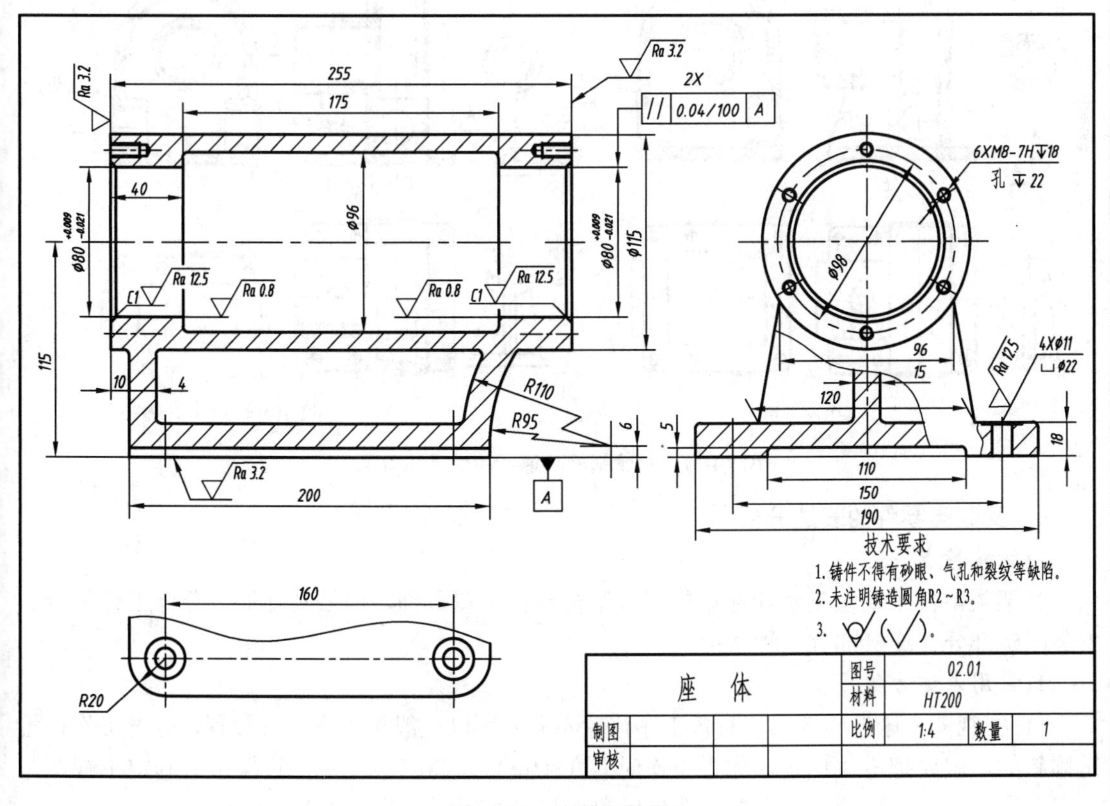

图 14-28

图 14-28 座体零件图

在主视图表达的基础上，利用左视图(作局部剖视)表达螺纹孔的分布情况及左右支承板的形状和中间肋板厚度。俯视的局部视图，主要表达底板的结构。

对于结构复杂的箱体类零件表达方案也不尽相同，但应遵守选用视图数量最少的原则，对其进行完整、清晰、简明的表达。

图 14-29 所示的蜗轮蜗杆减速器箱体，主要由四部分组成。按其工作和形状特征确定主视图(图 14-30)，在此基础上确定两组表达方案(图 14-31)，经比较，可看出方案Ⅱ比方案Ⅰ更加简洁明了。

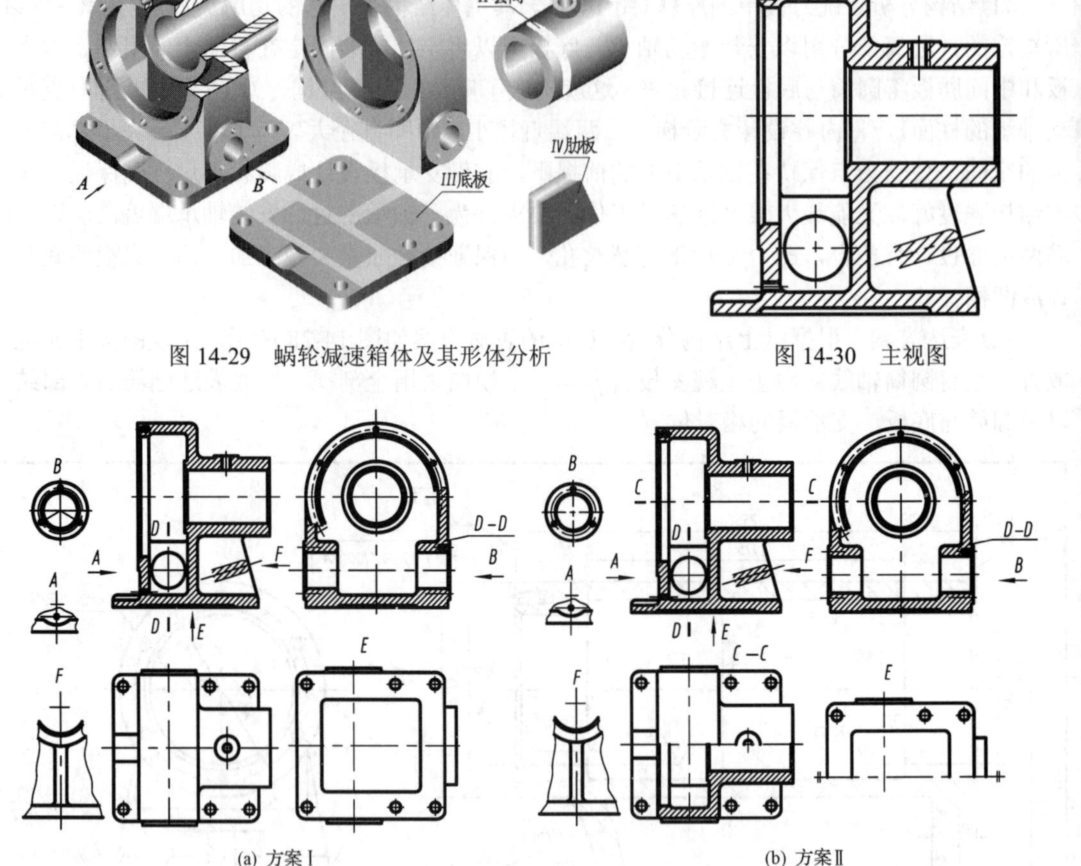

图 14-29 蜗轮减速箱体及其形体分析

图 14-30 主视图

(a) 方案Ⅰ

(b) 方案Ⅱ

图 14-31 蜗轮蜗杆减速器箱体表达方案

4. 叉架类零件的表达分析

1)结构特点

叉架类零件主要起支承和连接作用，结构形状千差万别，但按其功能可分为工作部分、安装固定部分、连接部分三种结构。

2)常用表达方案

(1)主视图。这类零件加工时各工序位置不同，所以一般按工作位置放置，有时工作位置是倾斜的，就要把零件摆正。如果工作时有几个位置，将其中一个位置摆正后确定主视图，然后选择反映形状特征的方向作为投射方向。

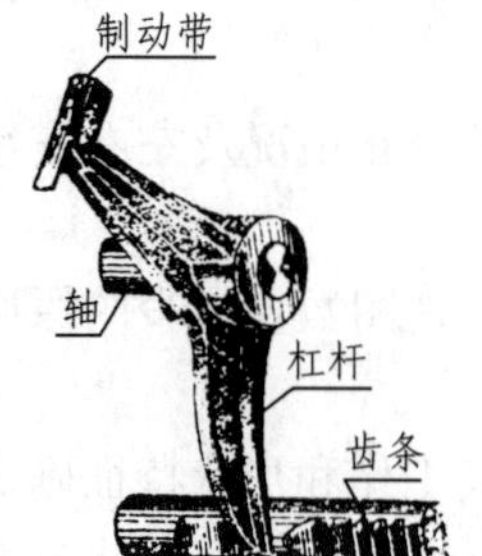

图 14-32 制动杠杆

(2)其他视图。叉架类零件的一个主视图不能表达完整，通常需要增加一个基本视图，表达主要结构。其余的细节部分还应采用局部视图、局部剖视图、斜视图、断面图、局部放大图表示。

3)表达方案举例

(1)结构分析。图 14-32 所示的车床制动杠杆是由上、下臂和套筒三部分组成的。上臂与制动带连接，下臂与齿条轴的曲面接触，若齿条轴做轴向移动，其曲面驱使杠杆绕轴心转动，再通过制动带实现制动。

(2) 表达方案。由于制动杠杆工作时是经常运动的，无固定工作位置，可以把臂摆正，主视图如图 14-33 (a) 所示，该投射方向能反映出上、下臂之间的角度关系，以及两臂与套筒的位置关系和两臂的形状特征。

当主视图确定后，两臂的断面形状、臂与套筒之间的轴向位置关系，以及其余细节部分的形状尚未表达清楚，就需要采用其他视图表示。

首先需要完整的左视图，集中表示上下臂加强肋的形状和臂与套筒之间的轴向位置关系。*A*、*B* 两个斜视图分别表示固定制动带的平面和下臂端面的形状。

臂和肋的断面形状用移出断面和重合断面表示。*C* 斜视图表示套筒上的螺孔与套筒前端面的位置关系。综上分析，制动杠杆的表达方案如图 14-34 所示。图 14-35 为拨叉的零件图。

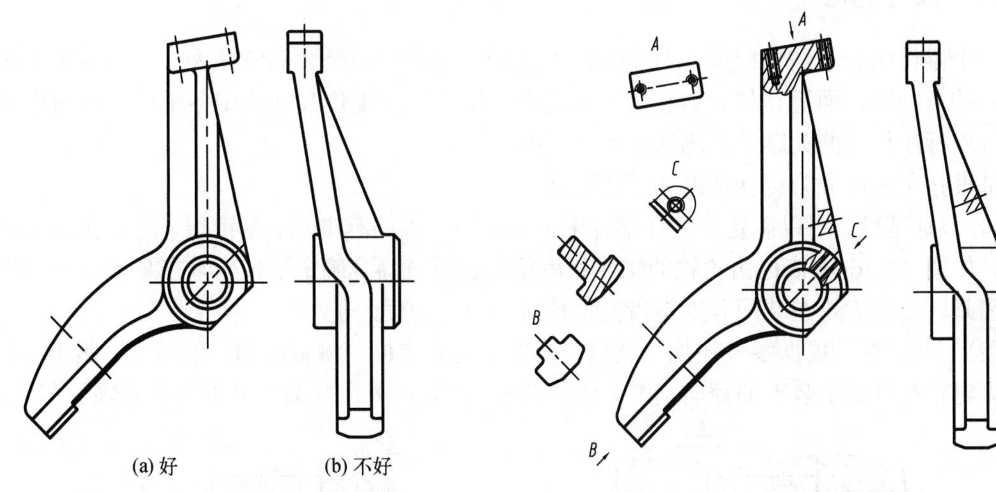

(a) 好　　(b) 不好

图 14-33　杠杆主视图的选择　　　　图 14-34　制动杠杆的视图选择

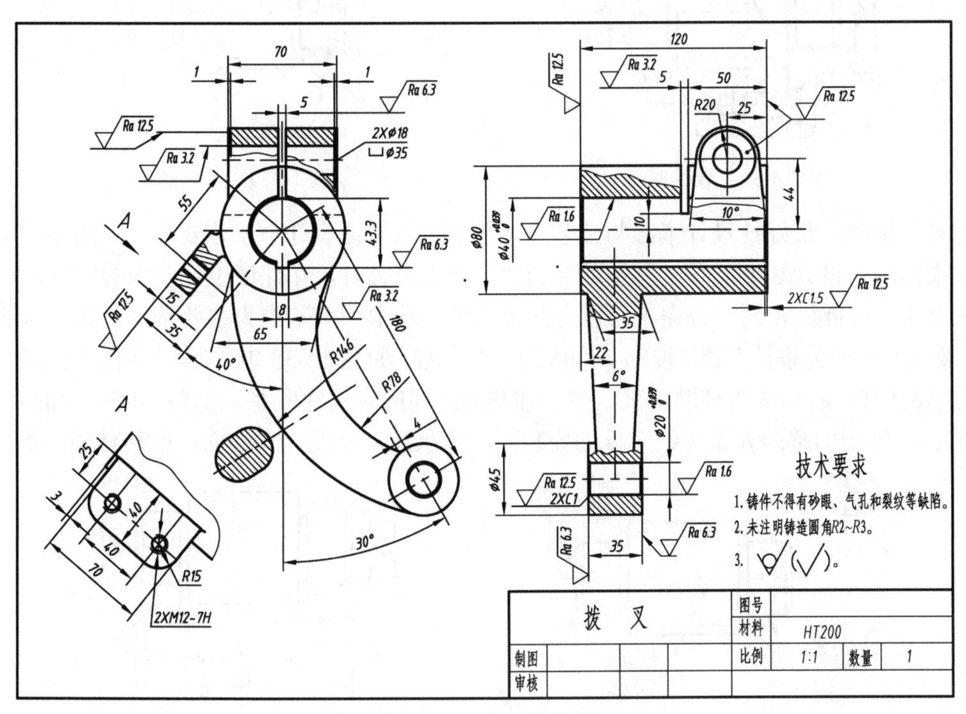

图 14-35　拨叉零件图

14.5　零件图中的尺寸标注

在零件图上标注尺寸应满足正确(符合国家标准的规定)、完整(尺寸齐全，不多不少)、清晰(尺寸布置合理，便于看图)、合理(满足设计和制造要求)四项要求。正确、完整、清晰三项要求在立体尺寸标注一节中已作介绍。本节重点介绍零件图中尺寸的合理标注。

合理标注尺寸，也就是所标注的尺寸既要满足零件在机器中使用的设计要求，以保证其工作性能，又要满足加工、测量、检验等制造方面的工艺要求。要真正做到这一点，需要具备一定的设计和制造方面的专业知识及实践经验。在这里仅对尺寸合理标注作初步介绍。

14.5.1　尺寸基准

一个零件由若干结构组成，每个结构不仅需要标注定形尺寸确定其大小，还要在零件上选择一些点、线、面等几何元素作为尺寸基准，用于标注定位尺寸确定各个结构间的相对位置。合理标注尺寸的关键是正确选择尺寸基准。

基准按用途可分为设计基准和工艺基准。

(1) 设计基准。用以确定零件在部件中正确安装位置的基准点、基准线、基准面称为设计基准。如图 14-36 中依据齿轮轴的轴线和齿轮左端面(轴肩)确定了齿轮轴在泵体中的安装位置，因此轴线和齿轮左端面分别是齿轮轴径向和轴向的设计基准。

(2) 工艺基准。根据零件在加工过程中为便于装夹定位、测量而确定的基准。图 14-37 所示为齿轮轴在机床上装夹的径向基准为轴的圆柱面、轴向方向的装夹基准为齿轮轴的左端面。

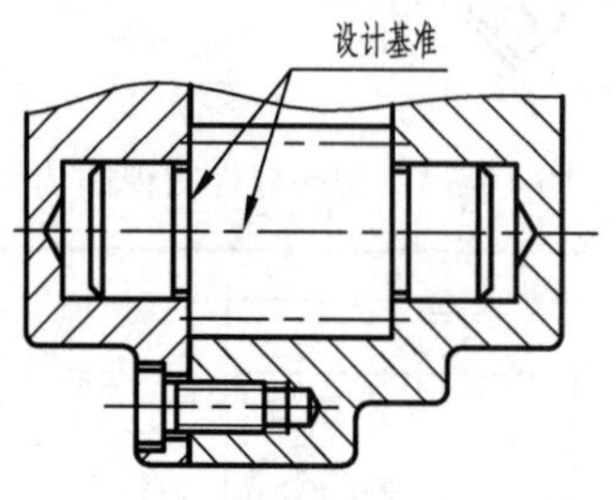

图 14-36　设计基准

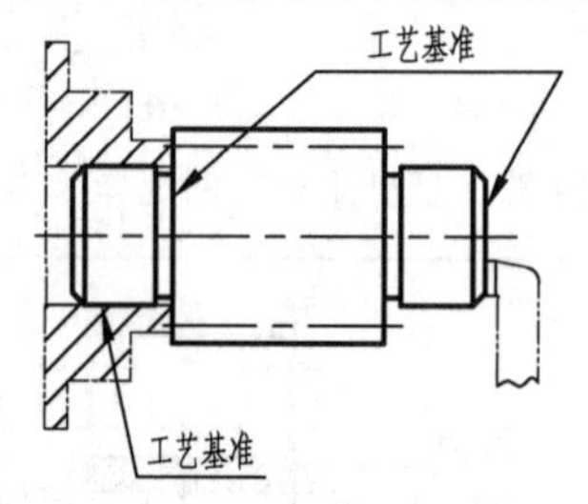

图 14-37　工艺基准

选择基准时，最好使设计基准与工艺基准重合，以保证设计与工艺要求，如图 14-38 所示齿轮左端面既是设计基准又是工艺基准。当两基准不重合时，在保证设计要求的同时，还应满足工艺要求。因此，在同一方向上可以有几个基准，其中一个基准为主要基准，其余为辅助基准。主要基准一般为设计基准，辅助基准应为工艺基准，如图 14-38 中，轴向方向齿轮左端面(轴肩)为主要基准，右轴端为辅助基准。主、辅基准之间应有尺寸联系，如图 14-39 中的尺寸 30 和尺寸 15。常用的基准要素有：零件的安装面、支承面、端面、对称面、回转体轴线等。

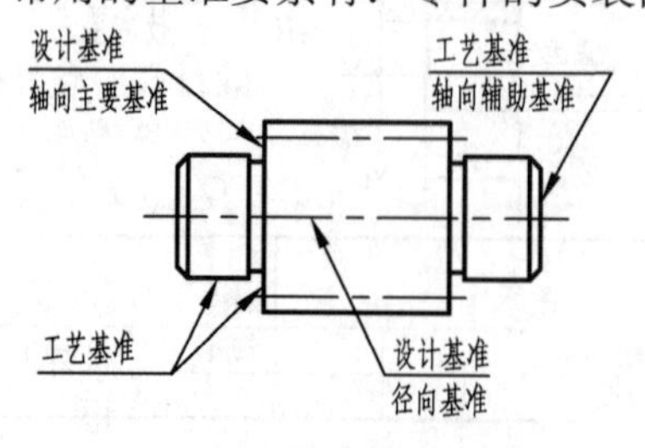

图 14-38　主要基准和辅助基准

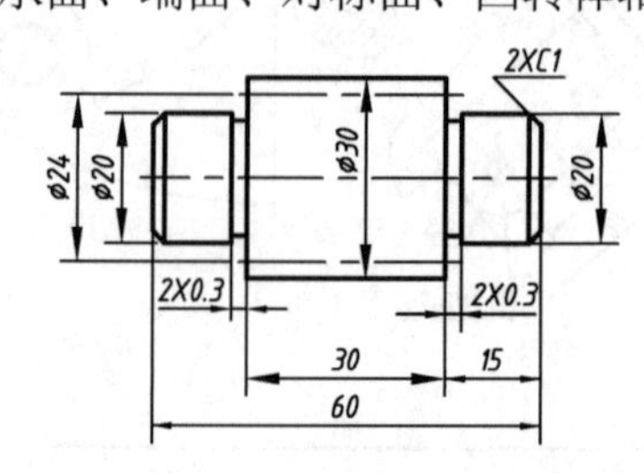

图 14-39　主、辅基准的尺寸联系

每个零件都有长、宽、高三个方向，标注尺寸前，应对零件进行结构、功能等方面的仔细分析，在每个方向上选好尺寸基准后再进行尺寸标注。

14.5.2　尺寸标注形式

根据零件的结构特点和零件间的联系关系，决定了尺寸标注的三种形式。

1．链状式

零件的同一方向尺寸依次首尾相接注写成链状，如图 14-40 挺杆导管体的各导管孔中心距的尺寸标注。这样标注尺寸，每个孔中心距的加工误差只影响该尺寸的精度，并不影响其他尺寸的精度，这是链状式标注尺寸的优点。但对于 *A* 孔与 *F* 孔的中心距，误差是各孔中心距尺寸误差之和，造成误差积累，这是该注法的缺点。因此，当零件中各孔中心距的尺寸精度要求较高或轴类零件对总长精度要求不高但对各轴段长度尺寸精度要求较高时，均可采用这种注法。

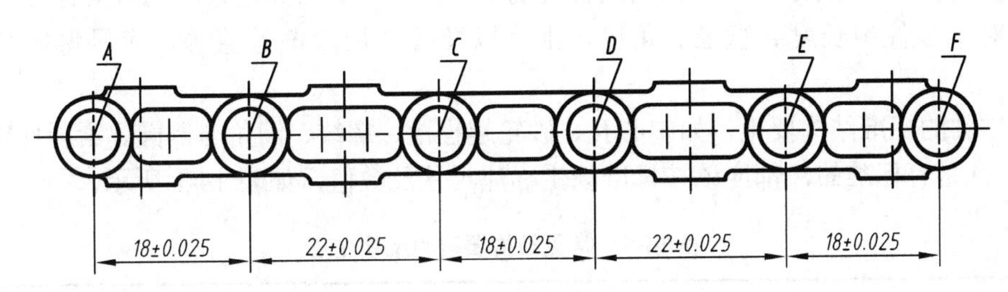

图 14-40　链状式尺寸

2．坐标式

零件的同一方向的尺寸都以一个选定的尺寸基准注起，如图 14-41 发动机凸轮轴各轴颈和各凸轮的定位尺寸，均从第一轴颈 *A* 面为尺寸基准注起。这样标注对其中任一尺寸精度只取决于该段加工误差，不受其他尺寸的影响，是该注法的优点。而某段尺寸(例如尺寸 118±1 和 187.5±1 之间的尺寸 *B*)的精度，取决于该两段尺寸误差之和。

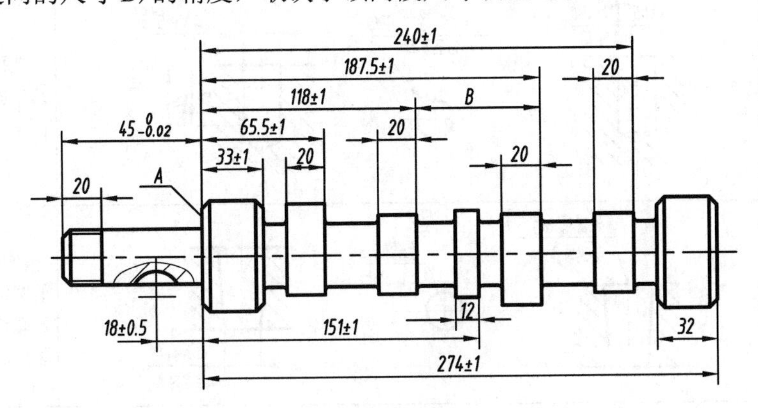

图 14-41　坐标式尺寸

3．综合式

这种尺寸注法根据零件的作用取前两种标注形式的优点，将尺寸误差积累到次要的尺寸段上。保证主要尺寸精度和设计要求，其他尺寸按工艺要求标注便于制造，如图 14-42。

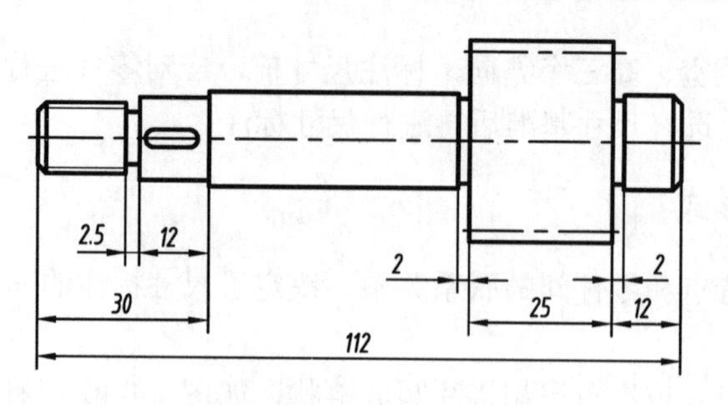

图 14-42　综合式尺寸

14.5.3　合理标注尺寸时应注意的事项

1. 注意认真贯彻标准

认真贯彻标准，有利于提高产品质量和劳动生产率，降低产品制造成本。在标注尺寸时，除了要认真贯彻制图国标中尺寸注法的有关规定外，还要贯彻其他方面的有关标准。

(1) 对于零件中长度、直径、角度、锥度以及尺寸极限偏差值等，应尽量按有关标准选取。

(2) 零件的标准结构要素，如中心孔、砂轮越程槽、螺纹、倒角与倒圆、紧固件的通孔与沉孔等，凡是有标准的，都应该按标准规定标注尺寸及数值，如表 14-1 所示。

表 14-1　常见结构要素的尺寸注法

零件结构类型		标注方法	说明
光孔	一般孔	4Xϕ5↧10　　4Xϕ5↧10　　4Xϕ5　10	4×ϕ5 表示直径为 5、有规律分布的四个光孔。孔深可与孔径连注，也可分开注出
	精加工孔	4X$\phi 5^{+0.012}_{0}$↧10 钻孔↧12　　4X$\phi 5^{+0.012}_{0}$↧10 钻孔↧12　　4X$\phi 5^{+0.012}_{0}$　10　12	光孔深为 12，钻孔后须精加工至 $\phi 5^{+0.012}_{0}$，深度为 10
	锥销孔	锥销孔 ϕ5 装配时作　　锥销孔 ϕ5 装配时作　　锥销孔ϕ5 装配时作	ϕ5 为与锥销孔相配的圆锥销小头直径。锥销孔通常是相邻两零件装配后一起加工的
沉孔	锥形沉孔	6Xϕ7 ⌵ϕ13X90°　　6Xϕ7 ⌵ϕ13X90°　　90°　ϕ13　6Xϕ7	6×ϕ7 表示直径为 7、有规律分布的六个孔。锥形沉孔尺寸可以旁注，也可直接注出

续表

零件结构类型		标注方法	说明
沉孔	柱形沉孔	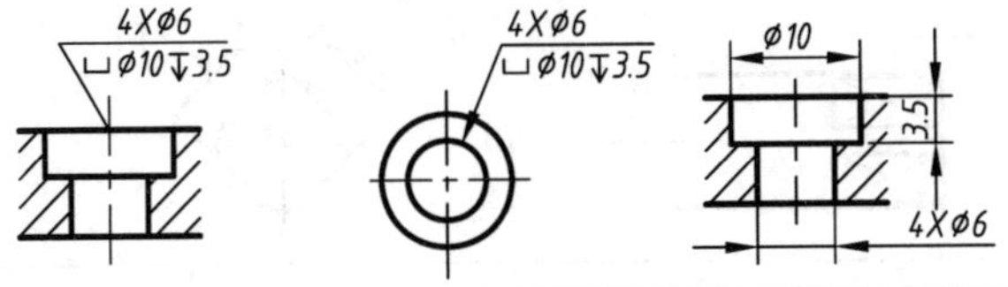 4Xϕ6 ⌴ϕ10↧3.5；4Xϕ6 ⌴ϕ10↧3.5；ϕ10、3.5、4Xϕ6	4×ϕ6的意义同上。柱形沉孔的直径为10，深度为3.5，均须注出
	锪平面	4Xϕ7 ⌴ϕ16；4Xϕ7 ⌴ϕ16；⌴ϕ16、4Xϕ7	锪平面ϕ16的深度不须标注，一般锪平到不出现毛面为止
螺孔	通孔	3XM6-7H；3XM6-7H；3XM6-7H	3×M6表示大径为6、有规律分布的三个螺孔。可以旁注，也可直接注出
	不通孔	3XM6-7H↧10；3XM6-7H↧10；3XM6-7H、10	螺孔深度可与螺孔直径连注，也可分开注出
		3XM6-7H↧10 孔↧12；3XM6-7H↧10 孔↧12；3XM6-7H、10、12	需要注出孔深时，应明确标注孔深尺寸
退刀槽及砂轮越程槽		45°、2:1、45°、a、b、a、b；bxa；D、b	为便于选择刀具，退刀槽宽度应直接注出，直径D可直接注出，也可注出切入深度a
倒角		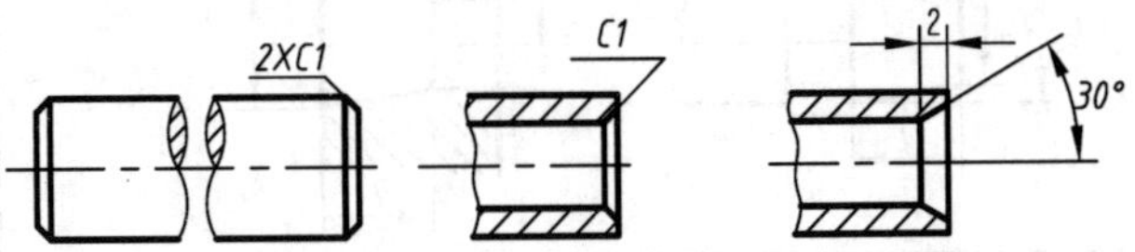 2XC1；C1；2、30°	倒角45°时可与倒角的轴向尺寸连注；倒角不是45°时，要分开标注
滚花		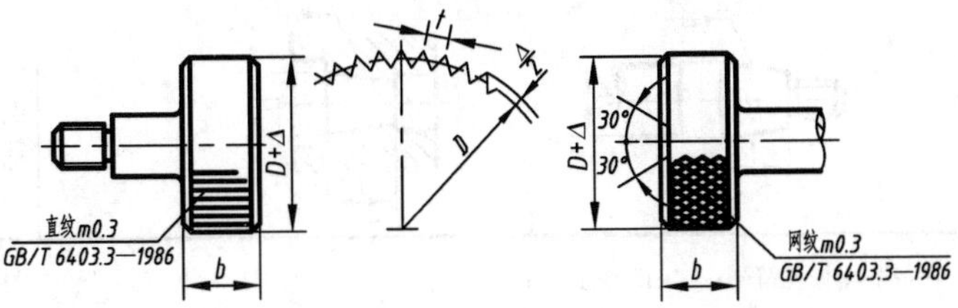 直纹m0.3 GB/T 6403.3—1986、D+Δ、b；t、D；D+Δ、30°、30°、网纹m0.3 GB/T 6403.3—1986、b	滚花有直纹与网纹两种形式。滚花前的直径尺寸为D，滚花后的直径为$D+\Delta$，Δ应按模数查相应的标准确定

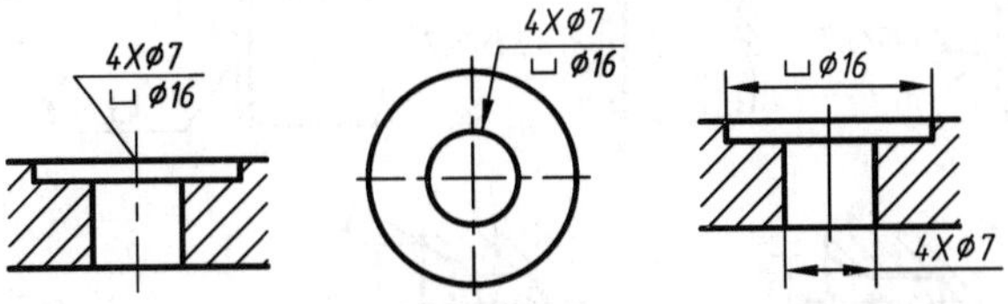

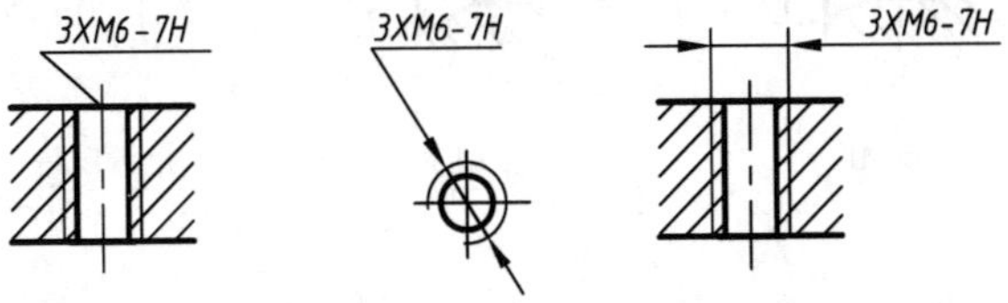

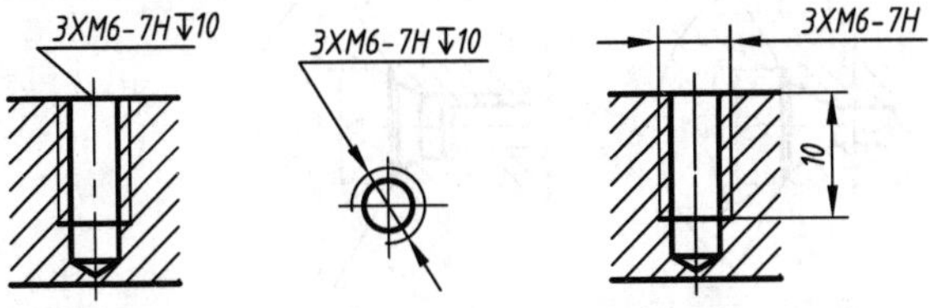

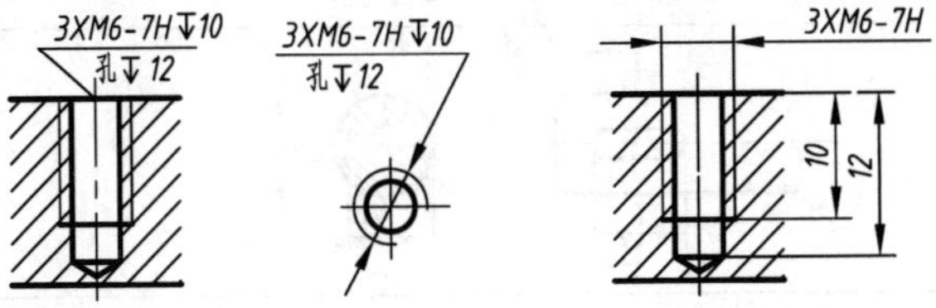

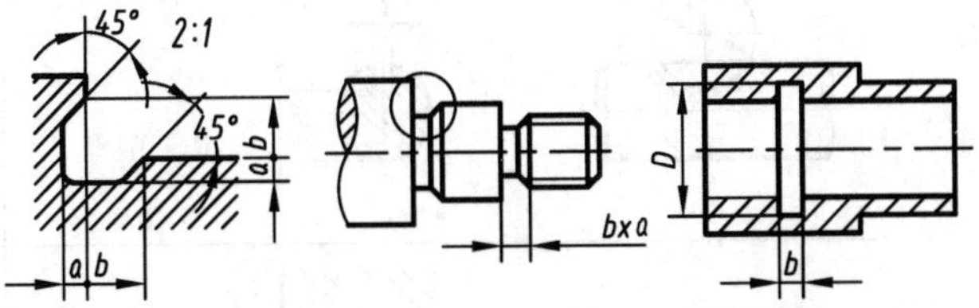

续表

零件结构类型		标注方法	说明
平面		□a	在没有表示正方形实形的图形上，该正方形的尺寸可用□a(a 为正方形边长)表示，否则要直接标注
中心孔		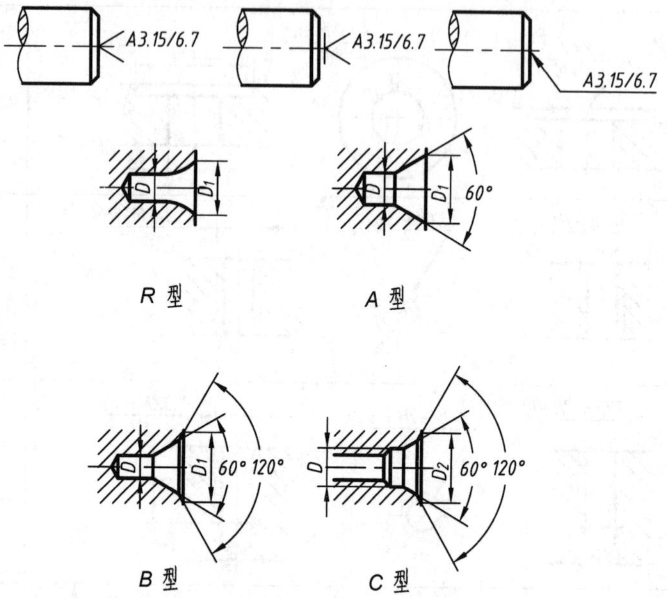 A3.15/6.7　A3.15/6.7　A3.15/6.7 R 型　A 型 B 型　C 型	中心孔是标准结构，如需在图纸上表明中心孔要求时，可用符号表示； 左图为完工零件上要求保留中心孔的标注示例； 中图为在完工零件上不要求保留中心孔的示例； 右图为在完工零件上是否保留中心孔都可以的标注示例。 中心孔分为 R 型、A 型、B 型、C 型等。B 型、C 型有保护锥面的中心孔。标注示例中，A3.15/6.7 表明采用 A 型中心孔，D=3.15，D_1=6.7
键槽	平键键槽	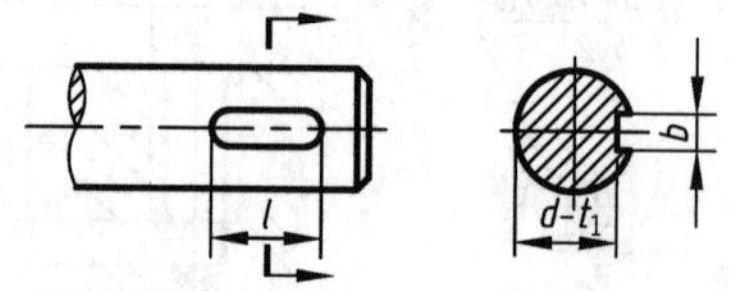	标注 $d-t_1$ 便于测量
	半圆键键槽	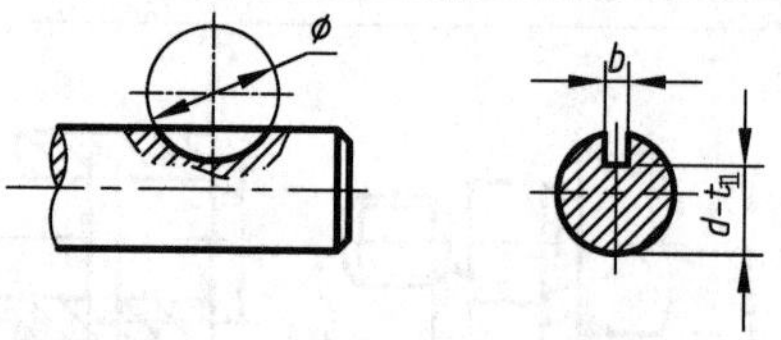	标注直径，便于选择铣刀，标注 $d-t_1$ 便于测量
锥轴、锥孔			当锥度要求不高时，这样标注便于制造
		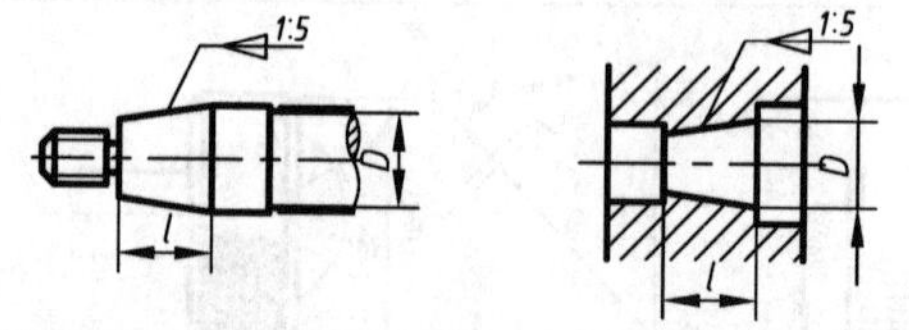 1:5　1:5	当锥度要求准确并需保证一端直径尺寸时的标注形式

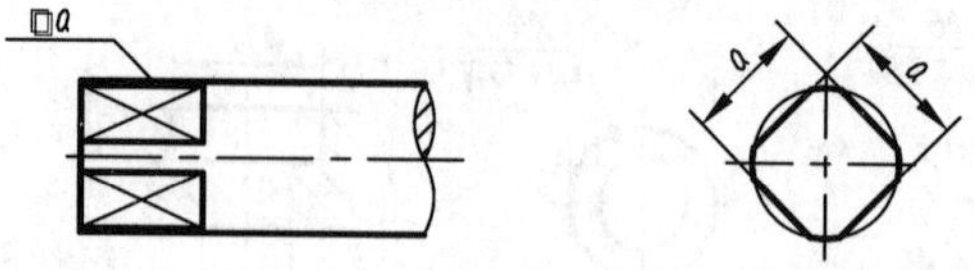

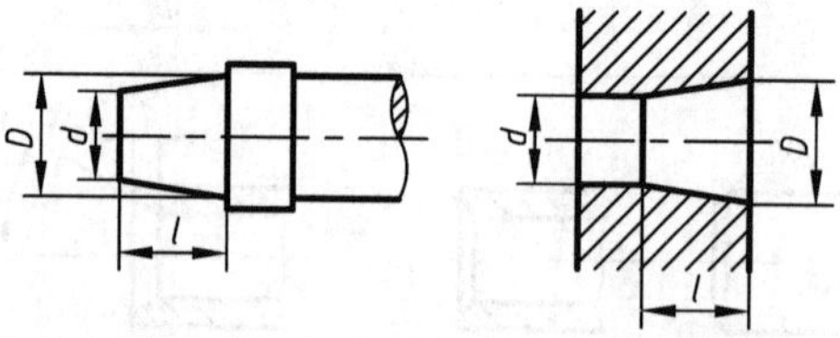

注：“↧”深度符号；“⌵”埋头孔符号；“⊔”沉孔或锪平符号。

2．满足设计要求

(1) 主要尺寸应以设计基准直接注出。在零件图的尺寸中，那些具有影响产品机械性能、工作精度及互换性的尺寸，称为主要尺寸。如配合表面的尺寸、零件之间连接尺寸、规格性能尺寸、安装尺寸、影响零件在部件中准确位置的尺寸等，要将这些主要尺寸直接标注出来，以保证设计要求，并有利于尺寸公差和几何公差的标注。

(2) 有联系的尺寸应协调一致。部件中各零件之间有配合、连接、传动等关系。标注零件间有联系的尺寸，应尽可能做到尺寸基准，标注形式及内容等协调一致。图 14-43 中一对齿轮传动中心距为 $27^{+0.052}_{0}$，左、右端盖的两个轴孔中心距及泵体齿轮室中心距，这三个零件的尺寸的基准、尺寸数值、偏差等都应协调一致。

(3) 不要注成封闭尺寸链。零件尺寸链为互相联系且按一定顺序排列的尺寸组合，其中每个尺寸称为尺寸链中一个组成环，如图 14-44(b) 所示的阶梯轴上长度方向的三个尺寸。

在加工零件时，要使尺寸做得绝对准确是不可能的。所以对零件上一些主要尺寸，都要给出允许的误差范围。图 14-44(b) 所示轴的总长为 50±0.1，小端长度为 30±0.1，根据这两个尺寸加工此零件时，大端长度最大可能做成 $50^{+0.1}-30_{-0.1}=20.2$，最小可能做成 $50_{-0.1}-30^{+0.1}=19.8$，其尺寸应在 20±0.2 范围内变动。由此可见，大端长度尺寸的误差为总长与小端尺寸误差之和，这就是误差积累。这个由各组成环推算出来的尺寸 20±0.2，叫作尺寸链的封闭环。由此可知，封闭环尺寸的误差等于各组成环尺寸误差之和。因此，零件尺寸链中的封闭环尺寸不应注出。如果注出，依据误差积累原则，根据 50±0.1，20±0.2 来加工，则小端尺寸可能做成 30±0.3，超出允许误差范围，使零件不符合设计要求造成废品。

零件图上不注出封闭环的尺寸链，称为开口尺寸链；不注出尺寸的封闭环，叫开口环，如图 14-44(a) 所示，开口环一般选在不重要的那段尺寸上。

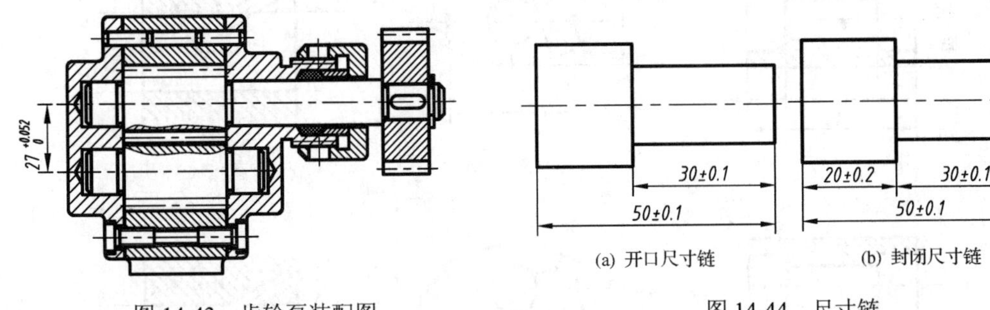

图 14-43　齿轮泵装配图

图 14-44　尺寸链

3．满足工艺要求

(1) 按加工顺序标注尺寸。轴套类零件或阶梯孔按加工顺序标注尺寸，便于加工测量，如图 14-45 所示减速器输出轴的尺寸标注。

(2) 同一种加工方法的尺寸应尽量集中标注。如图 14-45(f) 所示，轴上的键槽尺寸在铣床上加工，长度尺寸注在主视图上，而槽宽和槽深的尺寸集中标注在断面图上。

(3) 标注尺寸应尽量考虑测量方便，如图 14-46 所示。

(4) 铸件尺寸按形体分析法标注。铸件制造过程是先要做木模，木模是由基本形体拼合成的，因此，对铸件尺寸按形体分析法标注，既反映出设计意图，又接近制作木模的需要。图 14-47(b) 是木模分解图，按图 14-47(a) 标注尺寸，直接给出了各基本形体的定形尺寸和定位尺寸，是符合制作木模工艺要求的。

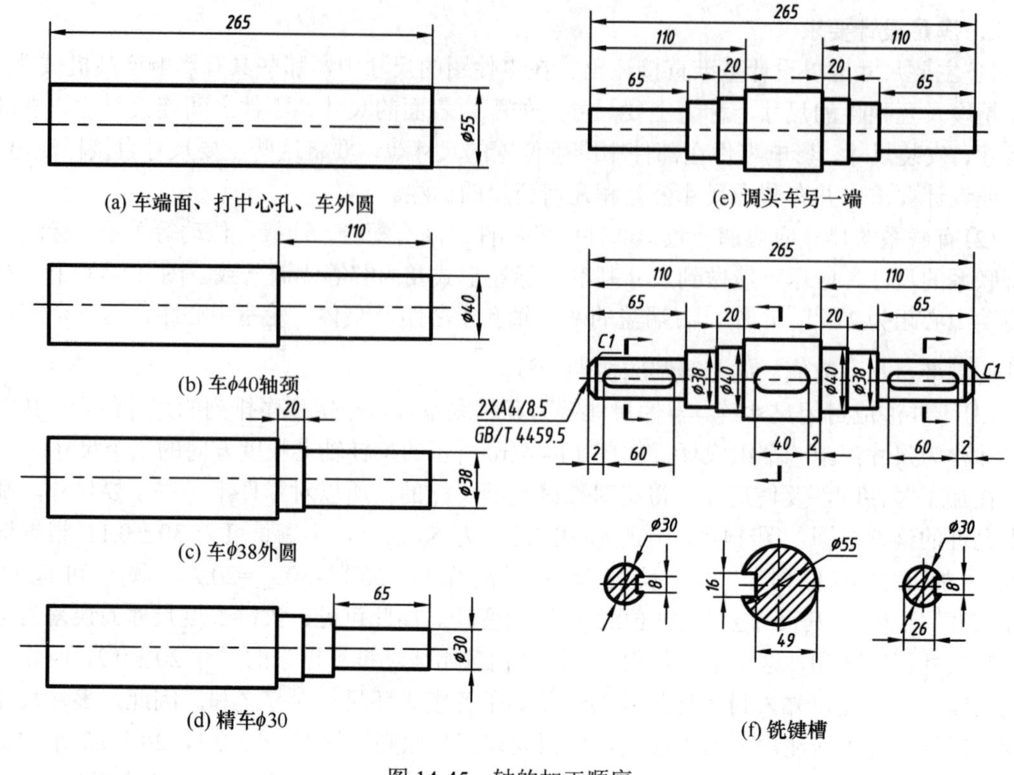

图 14-45 轴的加工顺序

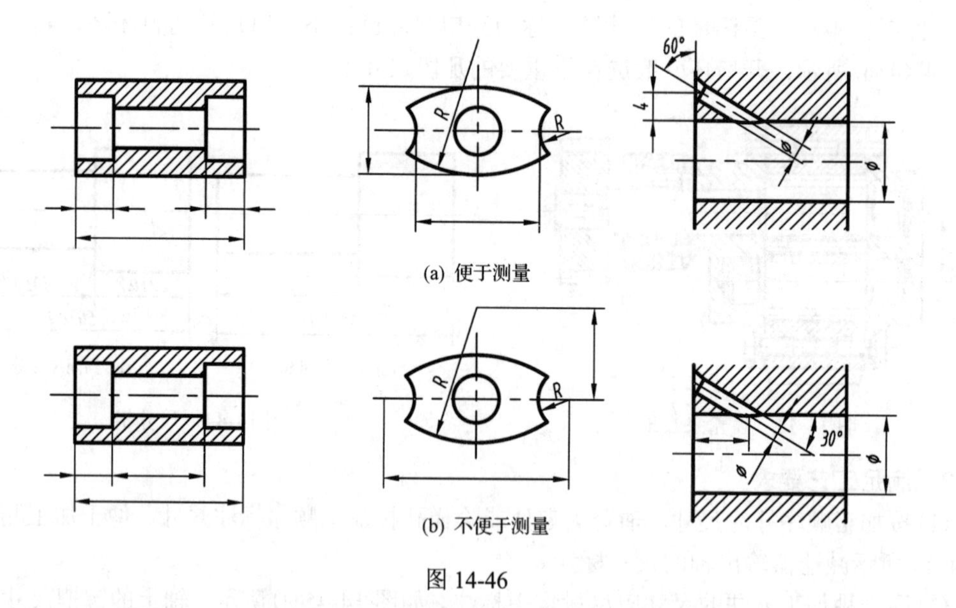

图 14-46

(5) 对铸件、锻件的加工表面与不加工表面尺寸按两组分别标注，而用一个尺寸将两表面联系起来。一般只能有一个联系尺寸，因为在加工过程中，粗加工使用的毛基准面一般只允许使用一次。如图 14-48(a) 所示，加工表面与不加工表面只有一个尺寸(与尺寸 5 关联的尺寸 7)相联系。这样不仅联系尺寸的精度要求容易保证，而且不加工表面的尺寸精度也能保证设计要求。图 14-48(b) 标注同一加工表面与多个不加工表面相联系，则不可能同时保证各尺寸的精度要求，不便于加工制造。

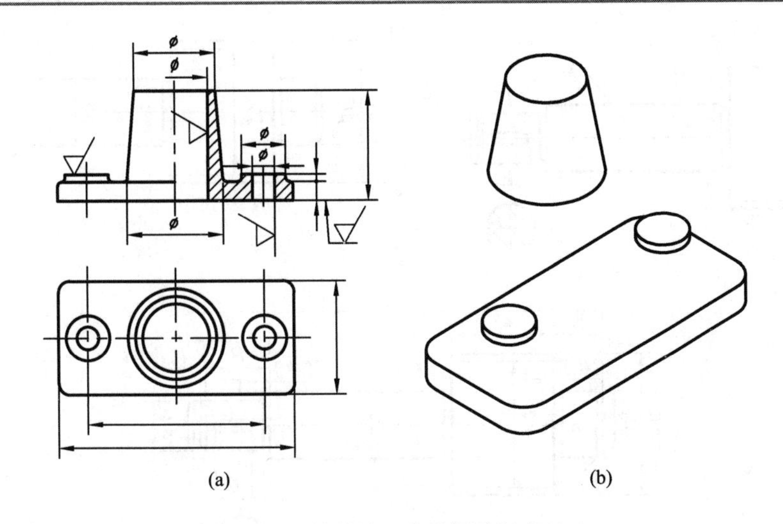

图 14-47 铸件按形体分析法标注尺寸

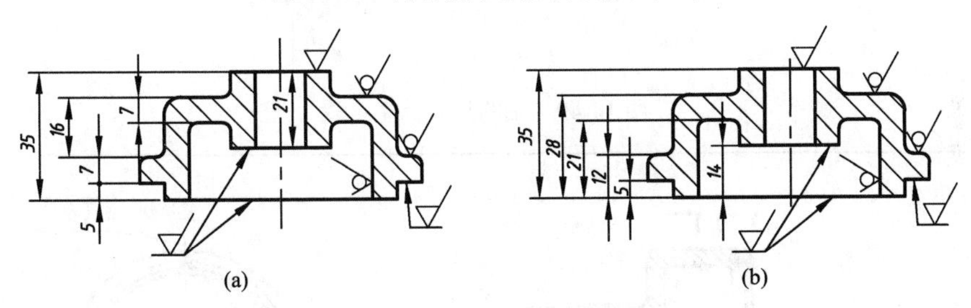

图 14-48 加工面与不加工面的尺寸联系

14.5.4 零件尺寸标注举例

下面以轴类零件和箱体类零件为例，说明尺寸标注步骤和特点。

例 14-1 标注图 14-43 装配图中主动齿轮轴的尺寸。

尺寸标注步骤如下：

(1)结构分析，确定基准。轴类零件主要标注轴向尺寸和径向尺寸，因此需要确定轴向基准和径向基准。从图 14-43 可看出该轴在泵体中的轴向定位面为齿轮右端面，选择该端面 *A* 为主要基准(设计基准)，选择齿轮轴左、右端面 *B* 为辅助基准(工艺基准)；齿轮轴径向定位为回转轴线，选择该轴线 *C* 为径向基准(设计和工艺基准重合)，基准选择如图 14-49(a)所示。

(2)标注径向尺寸。以轴线为基准，标注各轴段的径向尺寸，如图 14-49(b)所示。

(3)标注轴向尺寸。重要轴段尺寸从设计基准出发直接注出，如齿轮厚度尺寸 42。注出主要基准与辅助基准的联系尺寸，如 15 和 148。按加工顺序注出各轴段的轴向尺寸，注意不要注成封闭尺寸链。

(4)标注其他结构的尺寸。标注倒角、键槽等结构的尺寸。

(5)检查有无错误、漏掉尺寸等。完成后的尺寸标注如图 14-49(c)所示。

例 14-2 标注图 14-50 所示的蜗轮蜗杆减速器箱体的尺寸。

(1)结构分析，确定基准。由图 14-50 所示箱体的表达方案可看出该零件主要由五部分构成：底板、箱壳、圆筒、肋板、蜗杆支撑结构。根据其位置关系，选择蜗杆轴线为长度方向主要基准，选择箱体的对称平面为宽度方向主要基准，选择底板底面为高度方向主要基准，确定的基准如图 14-50 中的引线处所示。

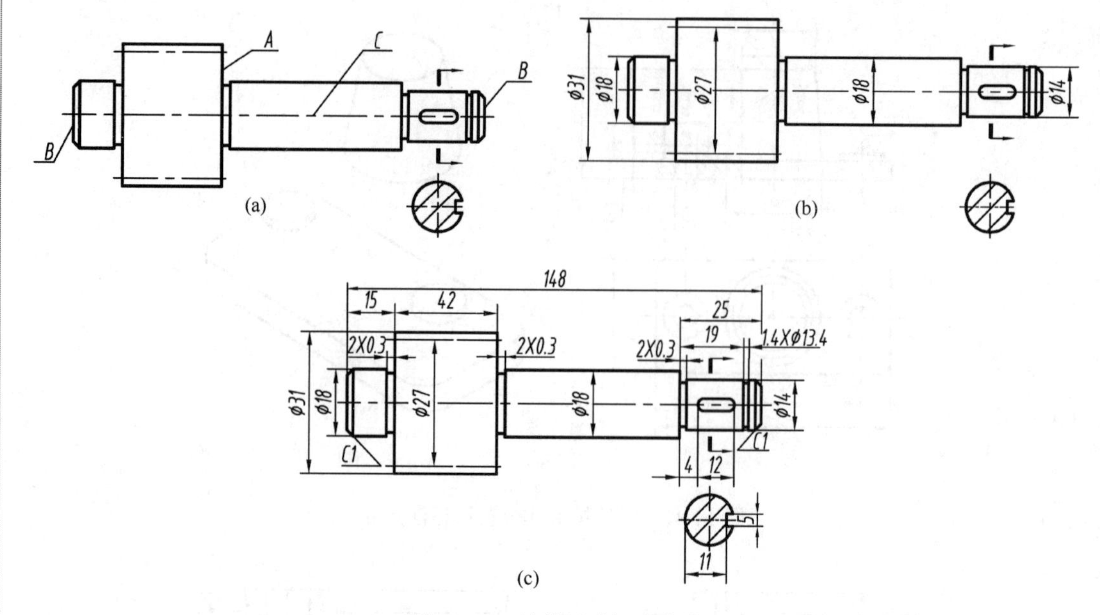

图 14-49 轴的尺寸标注步骤

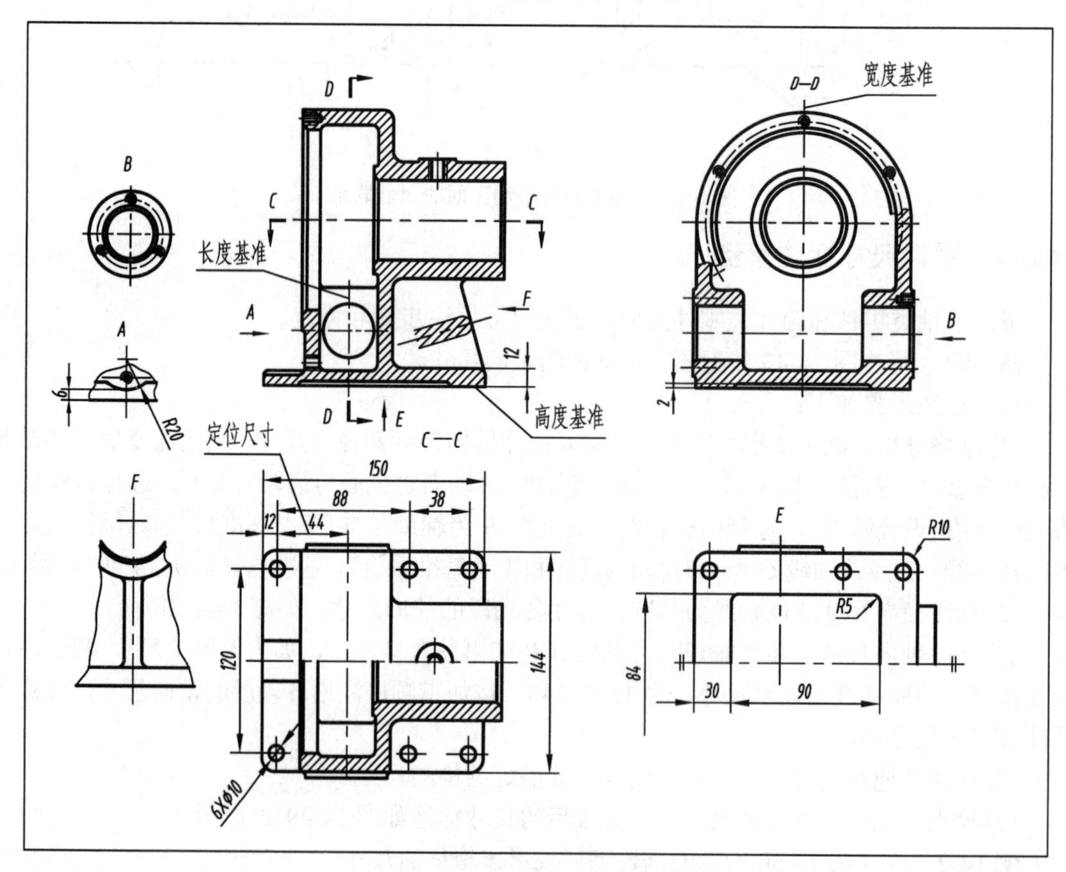

图 14-50 确定基准、标注底板的尺寸

(2) 逐一注出底板、箱壳、圆筒和肋板的定形和定位尺寸。

①标注底板的尺寸。底板是复合柱体，俯视图是特征视图。它的外形尺寸、底板上六个

通孔的直径尺寸及孔轴线的定位尺寸均应集中标注在俯视图上；底板底部的矩形凹槽尺寸集中标注在 *E* 向局部视图上；底板厚度尺寸和凹槽深度尺寸分别标注在主视图和左视图上；底板左侧的圆弧形凹槽的尺寸集中标注在A向局部视图上;底板的定位尺寸44标注在俯视图上。

②标注箱壳的尺寸。箱壳的内外形状均为拱形体，左视图是特征视图。拱形的内外结构尺寸及左端面上加工的六个螺纹孔的定形、定位尺寸标注在左视图上；拱形箱壳的内外结构的长度尺寸及左侧凸缘的厚度尺寸2及其上加工的ϕ120孔的尺寸及孔端倒角尺寸均标注在主视图上；箱壳左下方加工的螺孔尺寸标注在 *A* 向局部视图上。

③标注圆筒及肋板的尺寸。圆筒及肋板的尺寸均标注在主视图上。

④标注箱壳下部蜗杆支撑结构的尺寸。该结构对称分布在宽度基准两侧，在箱壳内部的结构是长方体，外部结构为圆形凸缘，凸缘上加工有轴承孔，端面上加工均布的螺纹孔，该结构的定形、定位尺寸分别标注在左视图和 *B* 向局部视图上。

(3) 检查、调整尺寸。逐一标注出各结构的定形、定位尺寸后，应仔细检查有无遗漏或多注出的尺寸，调整尺寸位置使其布置清晰。完成尺寸标注如图 14-51 所示。

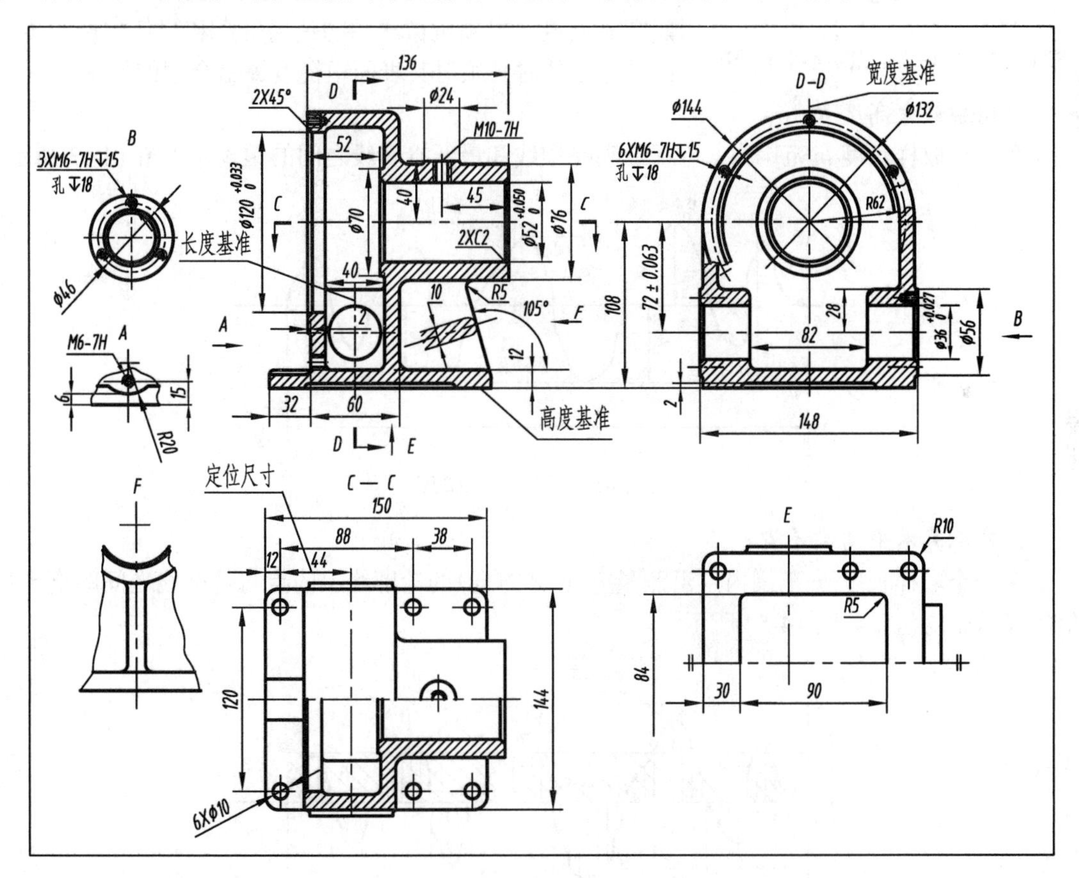

图 14-51　完成的尺寸标注

14.6　零件图中的技术要求

零件图是指导生产机器零件的重要文件。因此，它除了有图形和尺寸以外，还应有制造零件时应达到的质量要求，一般称为技术要求，用以保证零件加工制造精度，满足其使用性能。

零件图中的技术要求主要包括：表面粗糙度、极限与配合、几何公差、热处理以及其他有关制造的要求。上述要求应按照有关国家标准规定的代(符)号或用文字正确注写出来。

14.6.1 表面粗糙度

1. 表面粗糙度的概念(GB/T 3505—2009)

在加工过程中，由于机床和刀具的振动、材料的不均匀等因素，零件的表面都不是绝对的平整、光滑，放在放大镜(或显微镜)下观察，加工表面总留下高低不平的加工痕迹，如图 14-52 所示。这种加工表面上具有较小间距的峰谷所组成的微观几何形状特征，称为表面粗糙度。表面粗糙度对零件的耐磨性、抗腐蚀性、密封性、抗疲劳的能力以及接触刚度、配合精度等都有一定的影响。表面粗糙度是评定零件表面质量的重要指标，通常由 *Ra*、*Rz* 两个参数描述，其值越小，加工工艺越复杂，加工成本越高。因此，为保证产品质量，提高机械产品的使用寿命和降低生产成本，在设计零件时必须对其表面粗糙度提出合理的要求。

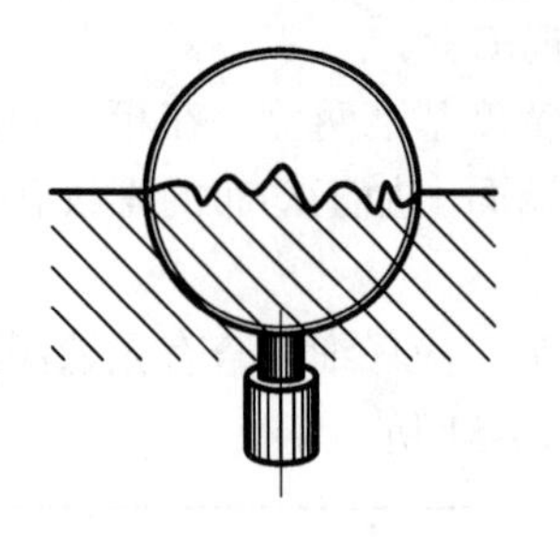

图 14-52 零件表面微小不平的情况

1)轮廓最大高度 *Rz*

在一个取样长度 *lr* 范围内，轮廓最高峰顶线和最低谷底线之间的距离，如图 14-53 所示。

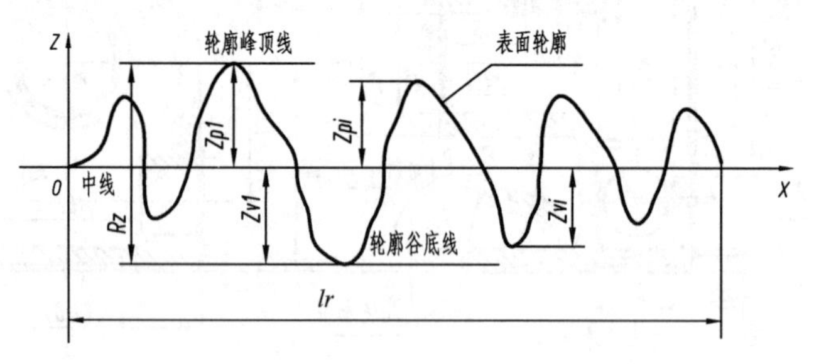

图 14-53 轮廓最大高度

2)轮廓算术平均偏差 *Ra*

在一个取样长度 *lr* 范围内，沿测量方向(*Z* 方向)的轮廓线上的点与基准线之间距离绝对值的算术平均值，如图 14-54 所示。

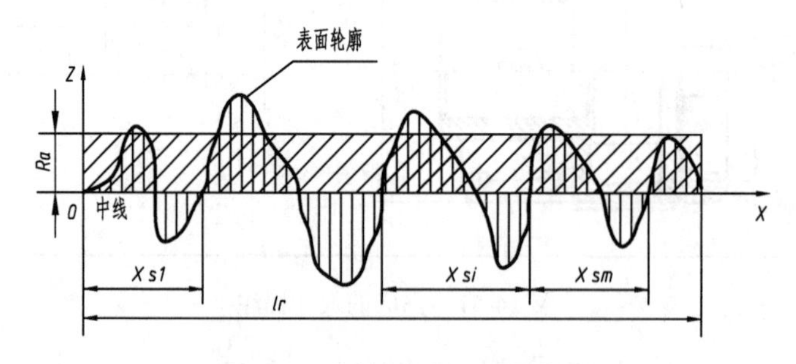

图 14-54 轮廓的算术平均偏差

Ra 值越大，表面越粗糙。*Ra* 相对于 *Rz*，能更客观、全面地反映表面微观几何形状特征。目前，一般机械制造工业中主要选用 *Ra*。*Ra* 值按下列公式表示：

$$Ra = \frac{1}{l_r}\int_0^{l_r} |Z(x)|\,\mathrm{d}x$$

式中，l_r——取样长度(一段基准线长度)；

Z——轮廓偏距(表面轮廓上点至基准线的距离)。

在 GB/T 1031—2009 中规定了 *Ra* 参数值(表 14-2)，表中第一系列为优先选用值。

表 14-2 *Ra* 的数值 (单位：μm)

第 1 系列	第 2 系列	第 1 系列	第 2 系列	第 1 系列	第 2 系列	第 1 系列	第 2 系列
	0.008						
	0.01						
0.012			0.125		1.25	12.5	
	0.016		0.16	1.6			16
	0.02	0.2			2		20
0.025			0.25		2.5	25	
	0.032		0.32	3.2			32
	0.04	0.4			4		40
0.05			0.5		5	50	
	0.065		0.63	6.3			63
	0.08	0.8			8		80
0.1			1		10	100	

2．表面粗糙度的选用

零件表面粗糙度数值的选用合理与否，关系到零件的性能、产品的质量、使用寿命和生产成本。应该既要满足零件表面的功用要求，又要考虑经济合理性。具体选用时，可参照生产中的实例，用类比法确定，同时注意下列问题：

(1) 在满足功能要求的前提下，尽量选用较大的 *Ra* 值，以降低生产成本。

(2) 在同一零件上，工作面比非工作面 *Ra* 值要小。

(3) 摩擦面比非摩擦面的 *Ra* 值要小。

(4) 相互配合的零件，轴的表面 *Ra* 值比孔的表面 *Ra* 值要小；同一公差等级的同类零件，小尺寸比大尺寸的表面 *Ra* 值要小。

(5) 受循环载荷作用的表面及容易产生应力集中的表面(如圆角，沟槽)的 *Ra* 值要小。

(6) 运动速度高、单位面积压力大的摩擦表面，比运动速度低、单位面积压力小的摩擦表面 *Ra* 值要小。

(7) 零件表面的 *Ra* 值应与该零件的尺寸公差和几何公差相协调。一般来说，尺寸精度和形状精度要求高，表面的 *Ra* 值要小。

不同的加工方法可以得到不同的 *Ra* 值，参照表 14-3。

3．表面粗糙度符号及其标注

零件表面粗糙度符号及其在图样上的注法应符合 GB/T 131—2006 的规定。图样上所标注的表面粗糙度符号，是对该表面完工后的要求。表面粗糙度符号见表 14-4。

表 14-3　表面粗糙度的表面特征、经济加工方法及应用示例

表面微观特性		Ra/μm	加工方法	应用举例
粗糙表面	明显见刀痕	≤20	粗车、粗刨、粗铣、钻、毛锉、锯断	半成品粗加工的表面、非配合的加工表面，如轴端面、倒角、钻孔、齿轮和带轮侧面、键槽底面、垫圈接触面等半
光表面	微见加工痕迹	≤10	车、刨、铣、镗、钻、粗铰	轴上不安装轴承、齿轮的非配合表面，紧固件的自由装配表面，轴和孔的退刀槽等
	微见加工痕迹	≤5	车、刨、铣、镗、拉、粗刮、滚压	半精加工表面、箱体、支架、盖面、套筒等和其他零件结合而无配合要求的表面，需要发蓝的表面等
	看不清加工痕迹	≤2.5	车、刨、铣、镗、磨、拉、刮、压、铣齿	接近于精加工表面，箱体上安装轴承的镗孔表面，齿轮的工作面等
	可辨加工痕迹方向	≤1.25	车、镗、磨、拉、刮、精铰、磨齿、滚压	圆柱销、圆锥销、与滚动轴承配合的表面，普通车床导轨面，内、外花键定心表面等
	微辨加工痕迹方向	≤0.63	精铰、精镗、磨、刮、滚压	要求配合性质稳定的配合表面，工作时受交变应力的重要零件，较高精度车床的导轨面等
	不可辨加工痕迹方向	≤0.32	精磨、珩磨、研磨、超精加工	精密机床主轴锥孔、顶尖圆锥面，发动机曲轴，凸轮轴工作表面，高精度齿轮齿面
极光表面	暗光泽面	≤0.16	精磨、研磨、普通抛光	精密机床主轴颈表面，一般量规工作表面，汽缸套内表面，活销表面等
	亮光泽面	≤0.08	超精磨、精抛光、镜面磨削	精密机床主轴颈表面，滚动轴承的滚珠，高压油泵中柱塞和柱塞孔配合的表面等
	镜状光泽面	≤0.04		
	镜面	≤0.01	镜面磨削、超精研	高精度量仪、量块的工作表面，光学仪器中的金属镜面等

表 14-4　表面粗糙度符号的画法及意义

符号	意义及说明	标注有关参数和说明
H_1 60° 60° H_2	基本符号，表示表面可用任何方法获得。当不加注粗糙度参数值有关说明(例如表面处理、局部热处理状况等)时，仅适用于简化代号标注 $H_1\approx\sqrt{2}h$，H_2 的大小取决于标注的内容，$H_2\geqslant 2H_1 d$=1/10h，d 为线宽，h 为字高	b "x"c/a e d
	基本符号加一短画，表示表面是用去除材料的方法获得，例如车、铣、刨、磨、剪切、抛光、腐蚀、电火花加工、气割等	a——粗糙度参数的代号及其数值(高度参数值的单位为 μm) b——加工要求、镀覆、涂覆、表面处理或其他说明等 c——传输带，包括滤波器截止波长(单位为 mm) d——加工纹理方向符号 e——加工余量(单位为 mm) x——滤波器类型(高斯滤波器或 2RC 滤波器)
	基本符号加一小圆，表示表面是用不去除材料的方法获得，例如铸造、锻造、冲压变形、热轧、冷轧、粉末冶金等，或者是用于保持原供应状况的表面(包括保持上道工序的状况)	

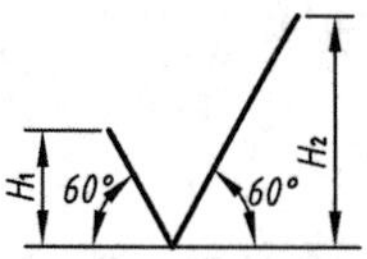

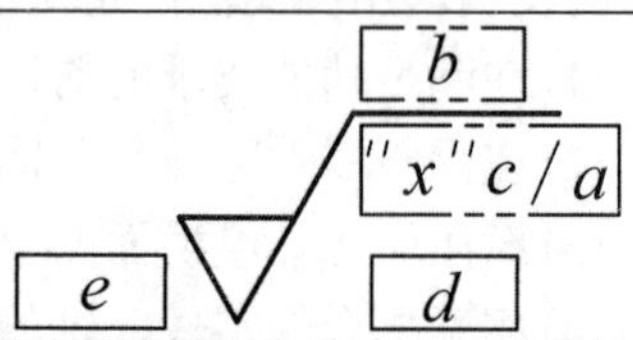

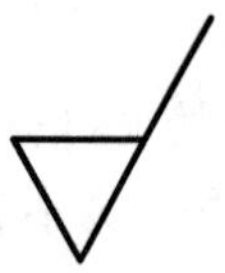

符号	意义及说明
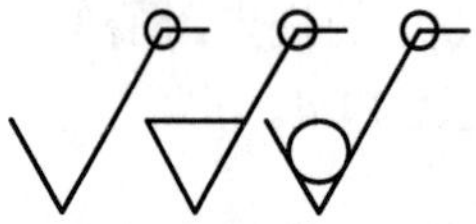	在上述三个符号上均可加一小圆，表示对投影视图上封闭的轮廓线所表示的各表面有相同的表面粗糙度要求

1) 表面粗糙度高度参数值的注写

表面粗糙度高度参数 *Ra* 标注及意义见表 14-5。*Ra* 在代号中用数值表示，单位为 μm。参数值前不能省略参数代号 *Ra*。其他参数的代号也不能省略。*Rz* 的标注见表 14-5。

表 14-5 表面粗糙度高度参数的注写

代号	意义	代号	意义
Ra 3.2	用任何方法获得的表面粗糙度，*Ra* 的上限值为 3.2μm	Rz 3.2	用任何方法获得的表面粗糙度，*Rz* 的上限值为 3.2μm
Ra 3.2	用去除材料方法获得的表面粗糙度，*Ra* 的上限值为 3.2μm	Rz 3.2 Rz 1.6	用去除材料方法获得的表面粗糙度，*Rz* 的上限值为 3.2μm，下限值为 1.6μm
Ra 3.2	用不去除材料方法获得的表面粗糙度，*Ra* 的上限值为 3.2μm	Rz 200	用不去除材料方法获得的表面粗糙度，*Rz* 的上限值为 200μm
Ra 3.2 Ra 1.6	用去除材料方法获得的表面粗糙度，*Ra* 的上限值为 3.2μm，*Ra* 的下限值为 1.6μm	Ra 3.2 Rz 6.3	用去除材料方法获得的表面粗糙度，*Ra* 的上限值为 3.2μm，*Rz* 的上限值为 6.3μm

2) 表面粗糙度在图样上标注

根据 GB/T 4458.4 及 GB/T 131 的规定，表面粗糙度在图样上标注的主要规定如下。

(1) 表面粗糙度符号的尖端或指引线箭头必须从材料外指向零件表面并与其表面接触。

(2) 粗糙度数值的标注应符合尺寸数字的标注规定，即数字的字头朝上或字头朝左。

(3) 在同一图样上，每一表面一般只标注一次符号，并尽可能标注在具有确定该表面大小或位置尺寸的视图上。

表面粗糙度符号可标注在轮廓线上，也可以标注在轮廓线延长线上，还可以标注在尺寸线、指引线、几何公差框格上。必要时表面结构也可用带箭头或黑点的指引线引出标注。表面粗糙度在图样上的标注方法见表 14-6。

表 14-6 表面粗糙度的标注方法

图例	说明	图例	说明
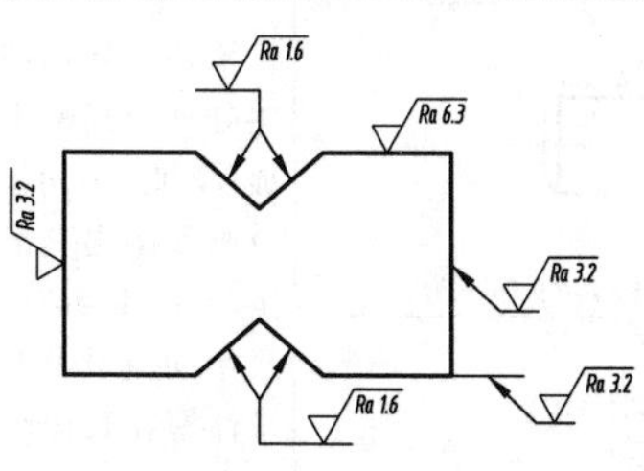	符号尖端或指引线箭头应从材料外指向零件表面并与其表面接触。下表面及右端面用带箭头的指引线引出标注	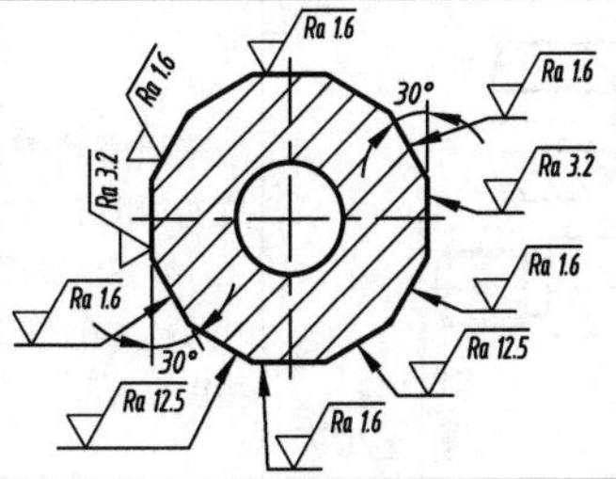	各倾斜表面符号的注法。符号的尖端必须从材料外指向表面
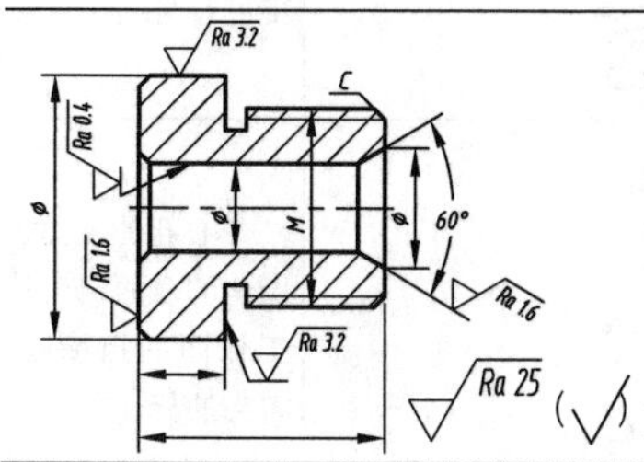	当零件的某些表面具有相同的粗糙度要求时，可统一标注在图样标题栏附近，并在其后加注其余的符号“(√)”，且为图形上其他符号的 1.4 倍	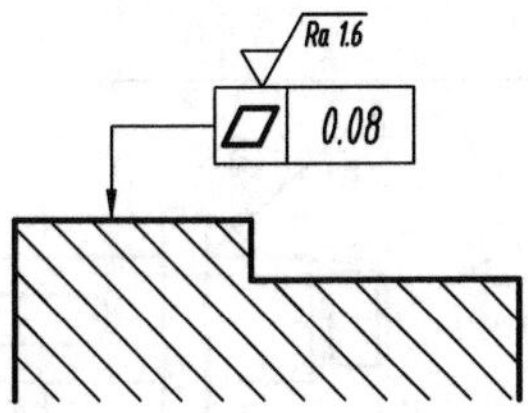	表面粗糙度符号可以标注在几何公差框格的上方

续表

图例	说明	图例	说明
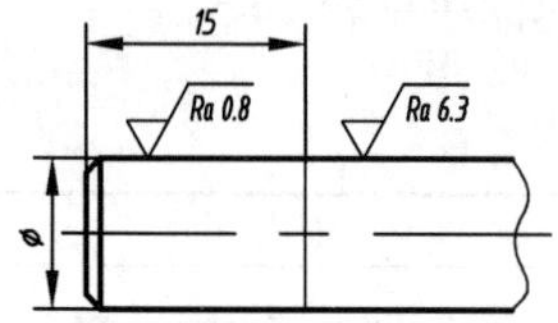	同一表面上有不同要求时，用细实线画出分界线，并注出相应的表面粗糙度代号和尺寸	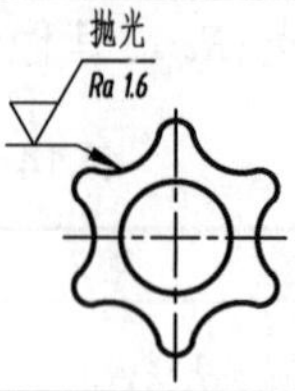	零件上的连续表面只标注一次，指向轮廓线的指引线应带箭头
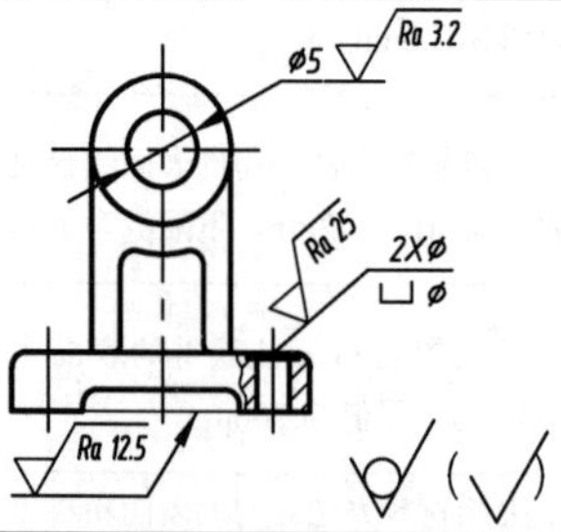	用细实线相连的不连续的同一表面也标注一次，指向轮廓线延长线的指引线应带箭头	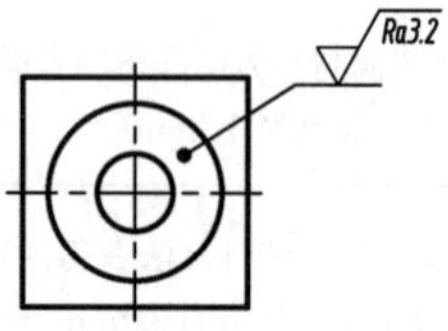	零件上的表面为封闭轮廓时，可用带实心圆点的指引线标注
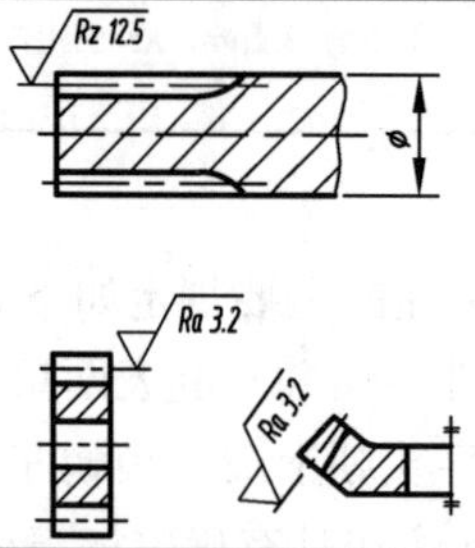	渐开线花键、齿轮齿面的表面粗糙度符号标注在分度线上	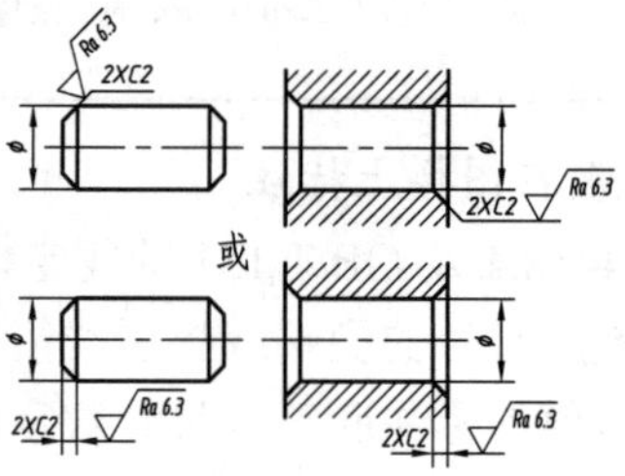	孔端和轴端倒角的表面粗糙度符号的标注
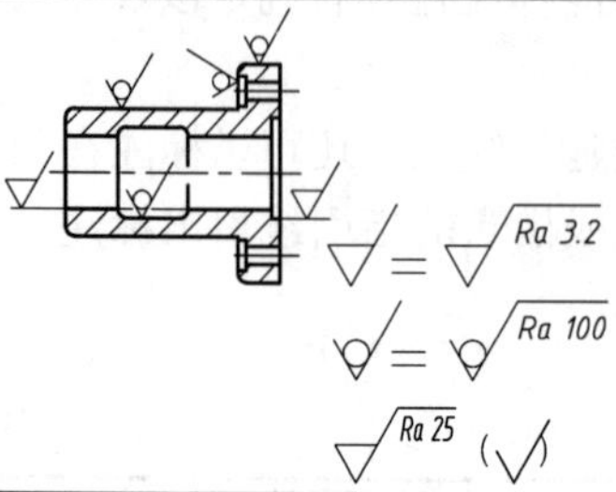	可以标注简化代号，但要在图形或标题栏附近，以等式的形式说明这些简化代号(或包含字母的简化代号)的意义	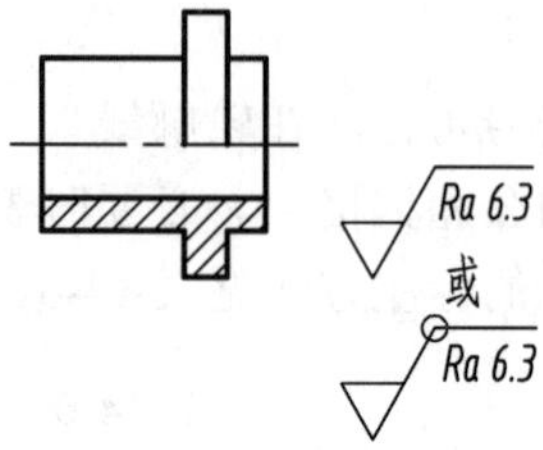	当零件所有表面具有相同的粗糙度要求时，其符号可在图样的标题栏附近统一标注，其符号应为图样中代号和文字的1.4倍
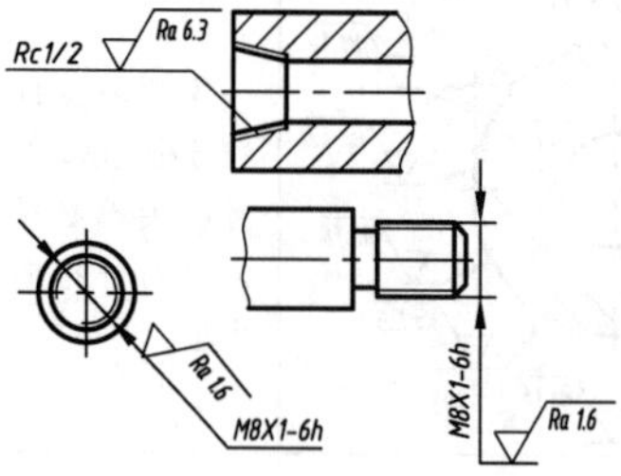	普通螺纹表面粗糙度符号标注在尺寸线上，管螺纹表面粗糙度代号标注在不带箭头的指引线上	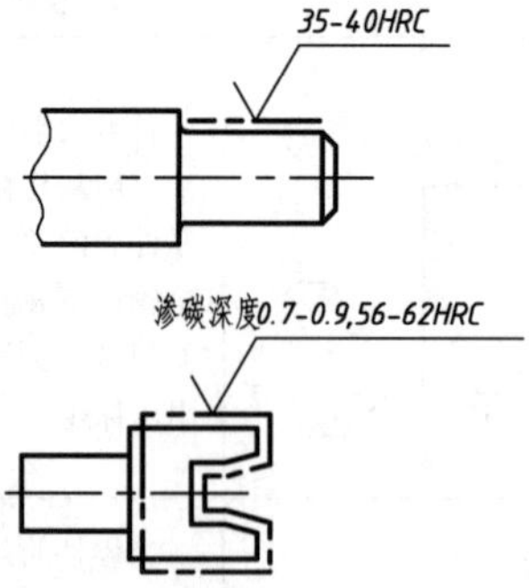	零件需要局部热处理或局部不镀(涂)时，应用粗点画线画出其范围，并标注相应的尺寸，也可将其要求注写在表面粗糙度符号内
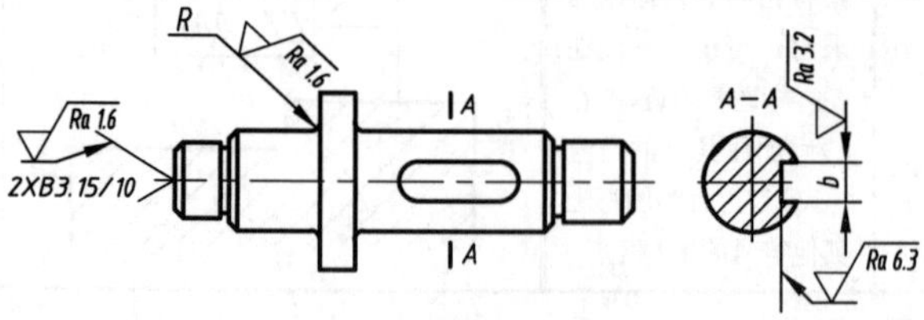			中心孔的表面、圆角的表面、键槽工作面的粗糙度符号的标注

14.6.2　极限与配合的概念及标注

配合的概念与标注主要用在装配图中，为便于学习，关于极限与配合的基本内容均在此介绍。

1．极限与配合的概念

1）零件互换性

在成批或大量生产中，规格大小相同的零件或部件，不经选择地任取一个零件（或部件）可以不需任何加工就能装配到产品上去，并能达到设计的性能要求，零件的这种性质称为互换性。零部件的互换性就是同一规格的零部件按规定的技术要求制造，能够彼此相互替换使用而效果相同的性能。互换性原则在机器制造中的应用，大大地简化了零件、部件的制造和装配过程，给机器的装配、维修带来方便，更重要的是为机器的现代化大量生产提供可能性。互换性是加快现代化生产速度，提高经济效益的重要保证。

要满足互换性的要求，就必须控制零件的尺寸。由于加工、测量的误差，零件的尺寸不可能制造得绝对准确。为此，在满足工作要求的条件下，允许尺寸有一个适当的变动范围，这一允许的变动量就称为尺寸公差。从使用要求来看，把轴装在孔里，两个零件相互结合时要求有一定的松紧程度，称之为配合。为了保证互换性，要规定两个零件表面的配合性质，建立公差与配合制度。

2）公差的有关术语（GB/T 1800.1—2020，如图 14-55 所示）

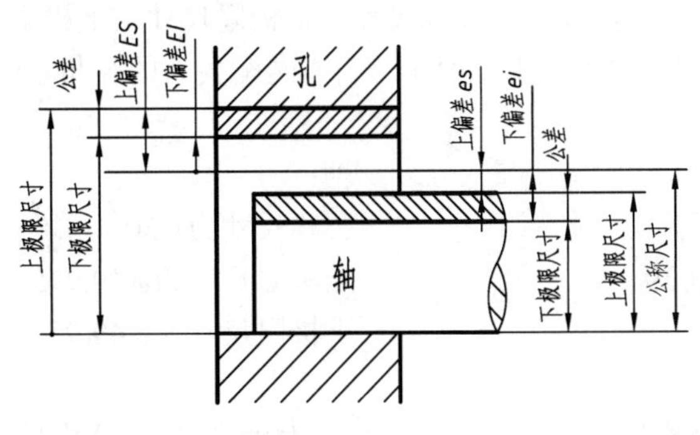

图 14-55　公差术语

（1）公称尺寸——设计确定的尺寸，用符号 D 表示。是确定偏差的起始尺寸，其数值应优先选用标准直径或标准长度。

（2）极限尺寸——孔或轴允许的尺寸的两个极限值。其中，允许的最大尺寸称为上极限尺寸，孔和轴的上极限尺寸分别用符号 $D_{\max}$ 和 $d_{\max}$ 表示；允许的最小尺寸称为下极限尺寸，孔和轴的下极限尺寸分别用符号 $D_{\min}$ 和 $d_{\min}$ 表示。

（3）实际尺寸——实际测量得到的尺寸，孔和轴的实际尺寸分别用符号 D_a 和 d_a 表示。

孔或轴实际尺寸的合格条件如下：

$$D_{\min} \leqslant D_a \leqslant D_{\max}，\quad d_{\min} \leqslant d_a \leqslant d_{\max}$$

（4）尺寸偏差（简称偏差）——某一尺寸（极限尺寸、实际尺寸）减其公称尺寸所得的代数差。该代数差可能是正值、负值或零。偏差值除零外，其前面必须冠以正号或负号。

偏差分为极限偏差和实际偏差，极限偏差是指极限尺寸减其公称尺寸所得的代数差。

上极限尺寸减其公称尺寸所得的代数差称为上极限偏差，孔和轴的上极限偏差分别用符号 Es 和 es 表示。用公式表示如下：

$$\mathrm{ES}=D_{\max}-D\text{，}\ \mathrm{es}=d_{\max}-D$$

下极限尺寸减其公称尺寸所得的代数差称为下极限偏差，孔和轴的下极限偏差分别用符号 EI 和 ei 表示。用公式表示如下：

$$\mathrm{EI}=D_{\min}-D\text{，}\ \mathrm{ei}=d_{\min}-D$$

实际偏差是指实际尺寸减其公称尺寸所得的代数差，孔和轴的实际偏差分别用符号 E_a 和 e_a 表示。用公式表示如下：

$$E_a=D_a-D\text{，}\ e_a=d_a-D$$

孔或轴实际偏差的合格条件如下：

$$\mathrm{EI}\leqslant E_a\leqslant \mathrm{ES}\text{，}\ \mathrm{ei}\leqslant e_a\leqslant \mathrm{es}$$

(5) 尺寸公差(简称公差)——允许尺寸的变动量。是指上极限尺寸减去下极限尺寸所得的差值，或上极限偏差减去下极限偏差所得的差值。孔和轴的尺寸公差分别用符号 T_h 和 T_s 表示。用公式表示如下：

$$T_h=D_{\max}-D_{\min}=\mathrm{ES}-\mathrm{EI}\text{，}\ T_s=d_{\max}-d_{\min}=\mathrm{es}-\mathrm{ei}$$

由于上极限尺寸总是大于下极限尺寸，因此尺寸公差值一定为正值。

根据上述参数的定义，可以得到公称尺寸、上极限尺寸、下极限尺寸、上极限偏差、下极限偏差、公差之间的计算关系。例如给出一对有装配关系的孔与轴的有关尺寸如下(以下数值单位均为 mm)。

孔：
公称尺寸为 $\phi 50$
上极限尺寸为 $\phi 50.039$
下极限尺寸为 $\phi 50$
则：
ES=上极限尺寸–公称尺寸
=50.039–50=+0.039
EI=下极限尺寸–公称尺寸
=50–50=0
公差=上极限尺寸–下极限尺寸
=50.039–50=0.039
=ES–EI=+0.039–0=0.039

轴：
公称尺寸为 $\phi 50$
上极限尺寸为 $\phi 49.975$
下极限尺寸为 $\phi 49.950$
es=上极限尺寸–公称尺寸
=49.975–50=–0.025
ei=下极限尺寸—公称尺寸
=49.950–50=–0.050
公差=上极限尺寸–下极限尺寸
=49.975–49.950=0.025
=es–ei=–0.025–(–0.050)
=0.025

通过以上计算可知：孔的尺寸变动量为 0.039，只要孔的实际尺寸在 $\phi 50.039$ 与 $\phi 50$ 之间，即为合格；而轴的尺寸变动量为 0.025，轴的实际尺寸在 $\phi 49.975$ 与 $\phi 49.950$ 之间，即为合格。

(6) 零线、公差带和公差带图——零线是确定偏差的一条基准线，通常以零线表示公称尺寸。

公差带表示公差大小和相对零线位置的一个区域。为了便于分析，一般将尺寸公差与公称尺寸的关系，按放大比例画成简图，称公差带图。在公差带图中，上、下偏差的距离应成比例，方框内绘制 45°细实线，用不同的方向与间隔分别表示轴、孔的公差带，公差带在零线垂直方向上的宽度代表公差值，单位为 μm。沿零线方向的长度可适当选取。根据以上计算绘制的公差带图如图 14-56 所示。

(7)标准公差——国家标准规定的公差。它的数值取决于孔或轴的标准公差等级和公称尺寸，其代号由 IT 和阿拉伯数字组成，它有 20 个等级，即 IT01、IT0、IT1～ IT18。公差等级表示尺寸精确程度；数字大表示公差大、精度低；数字小表示公差小、精度高。同一公称尺寸，公差等级越大，公差值越大；同一公差等级，公称尺寸越大，公差值越大，如附表 1 所示为标准公差数值。

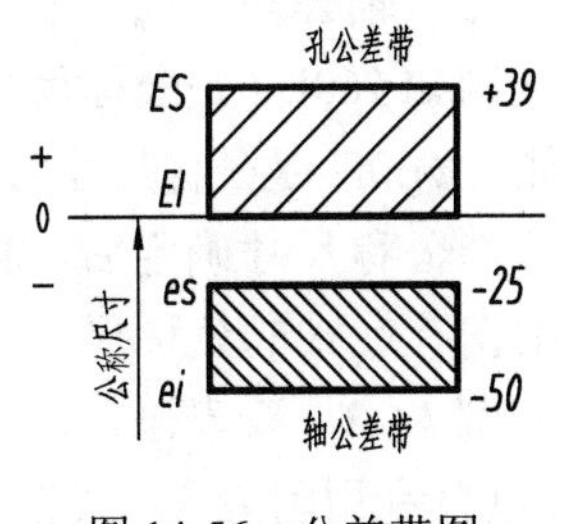

图 14-56 公差带图

(8)基本偏差——一般为距离零线较近的那个极限偏差，其代号用拉丁字母表示，孔、轴各有 28 个基本偏差代号，孔用大写字母表示，轴用小写字母表示，如图 14-57 所示。

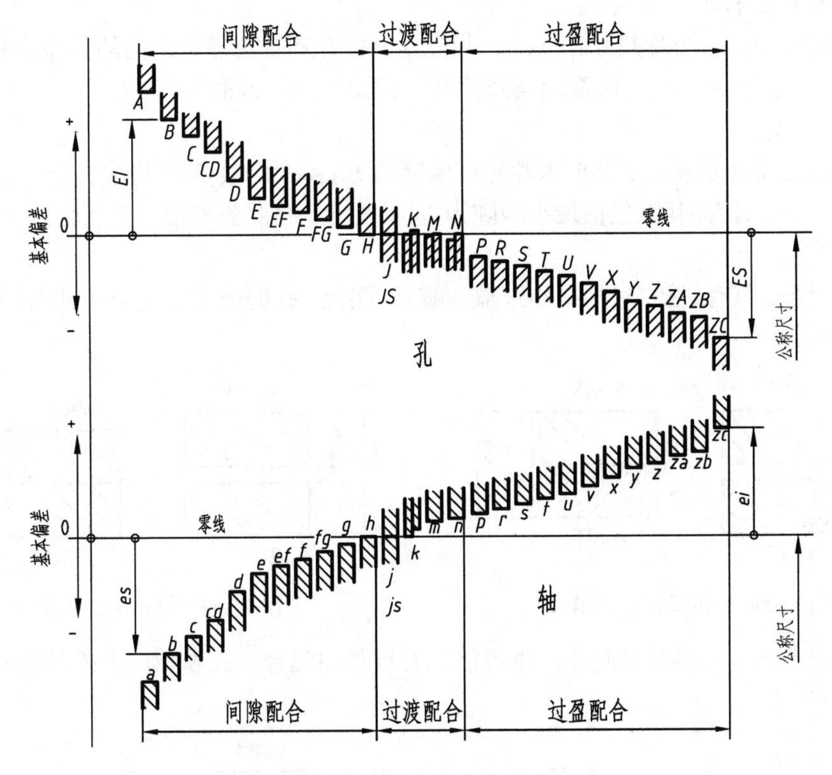

图 14-57 基本偏差系列

从图中可以看出：

凡位于零线之上的公差带，下偏差是基本偏差；凡位于零线之下的公差带，上偏差是基本偏差。

JS(js)的公差带相对于零线对称分布，基本偏差为上偏差 $+\dfrac{IT}{2}$ 或下偏差 $-\dfrac{IT}{2}$。

只要知道了孔、轴的基本偏差和标准公差，就可以根据下列代数式计算出孔、轴的另一个极限偏差。

孔的另一偏差(上偏差或下偏差)：ES=EI+IT，EI=ES−IT

轴的另一偏差(上偏差或下偏差)：es=ei+IT，ei=es−IT

孔、轴公差带代号——由基本偏差代号和公差等级数字组成并用同一字体书写。

例如ϕ60H8 是公称尺寸为 60mm，基本偏差代号为 H，公差等级为 8 级的孔的公差带代号。又如，ϕ60f7 是公称尺寸为 60mm，基本偏差代号为 f，公差等级为 7 级的轴的公差带代号。

当公称尺寸确定后，根据零件配合的性质和精度要求选定基本偏差代号和公差等级，然后根据孔或轴的公称尺寸、基本偏差和公差等级，查表得到孔和轴的上、下偏差值。

例 14-3 查表确定ϕ50f6 的上、下偏差。

(1) 利用附表 1，根据公称尺寸 50 和公差等级 6 级，查得 IT=16μm；

(2) 利用附表 2，根据公称尺寸 50 和基本偏差代号 f，查得上偏差 es=−25μm；

(3) 根据 ei=es−IT，得到下偏差 ei=−25−16=−41 (μm)。

优先配合的极限偏差可利用附表 4、附表 5 根据公称尺寸和公差带代号直接查出轴或孔的上、下偏差。

3) 配合的有关术语

在机器装配中，将公称尺寸相同的、相互结合的孔和轴公差带之间的关系，称为配合。由于孔和轴的实际尺寸不同，装配后可能产生“间隙”或“过盈”。

(1) 配合种类。

根据机器的设计要求、工艺要求和生产实际的需要，国家标准中将配合分为三大类。

①间隙配合。具有间隙(包括最小间隙为零)的配合。孔的公差带完全在轴的公差带上方，如图 14-58 所示。

②过盈配合。具有过盈(包括最小过盈为零)的配合。孔的公差带完全在轴的公差带下方，如图 14-59 所示。

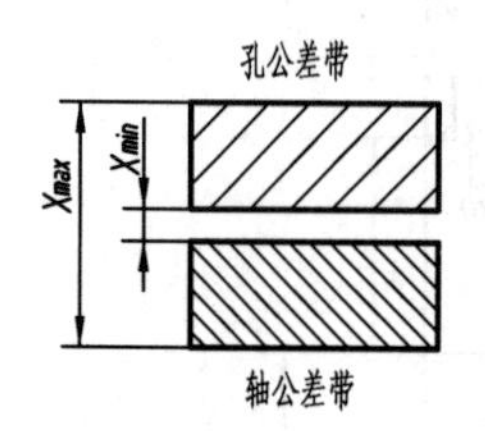

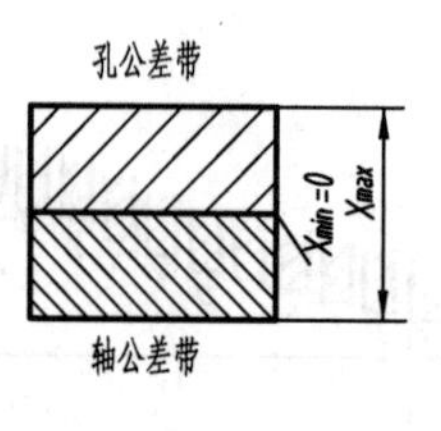

图 14-58 间隙配合示意图

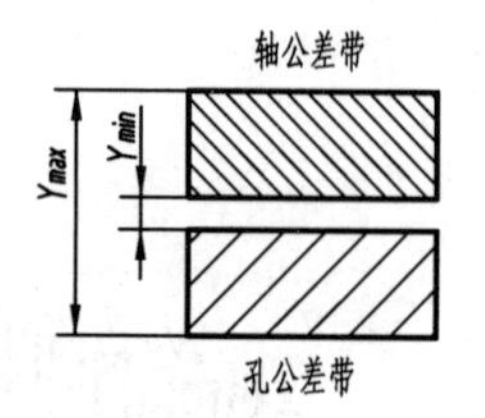

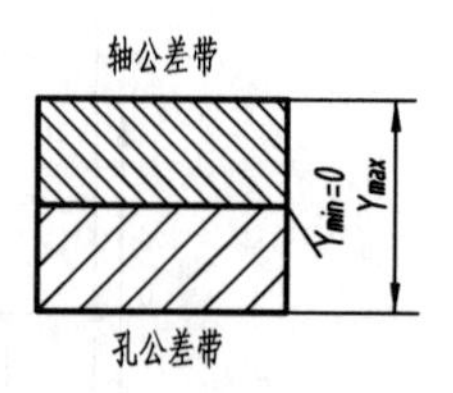

图 14-59 过盈配合示意图

③过渡配合——可能具有间隙，也可能具有过盈的配合。孔和轴的公差带相互交叠，如图 14-60 所示。

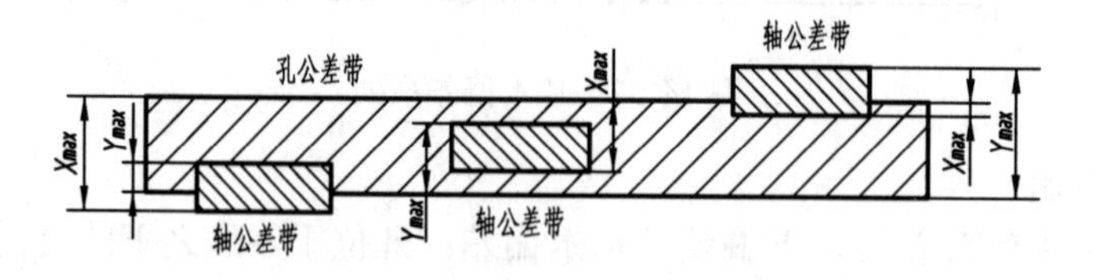

图 14-60 过渡配合示意图

(2) 配合制。

在机械产品中，有各种不同的配合要求，孔和轴的公差带位置可有各种不同的方案。为了获得最佳的技术经济效益，把其中孔公差带(或轴公差带)的位置固定，而改变轴公差带(或孔公差带)来实现所需要的各种配合。

用标准化的孔、轴公差带组成各种配合的制度称为配合制。分为基孔制和基轴制两种。

①基孔制——基本偏差为一定的孔的公差带，与不同基本偏差的轴的公差带形成各种配合的一种制度。基孔制配合的孔称为基准孔，其基本偏差代号为 H。基本偏差为下偏差，EI=0，所以公差带在零线上方，如图 14-61(a)所示。

②基轴制——基本偏差为一定的轴的公差带，与不同基本偏差的孔的公差带形成各种配合的一种制度。基轴制配合的轴称为基准轴，其基本偏差代号为 h，基本偏差为上偏差，es=0，所以公差带在零线下方，如图 14-61(b)所示。

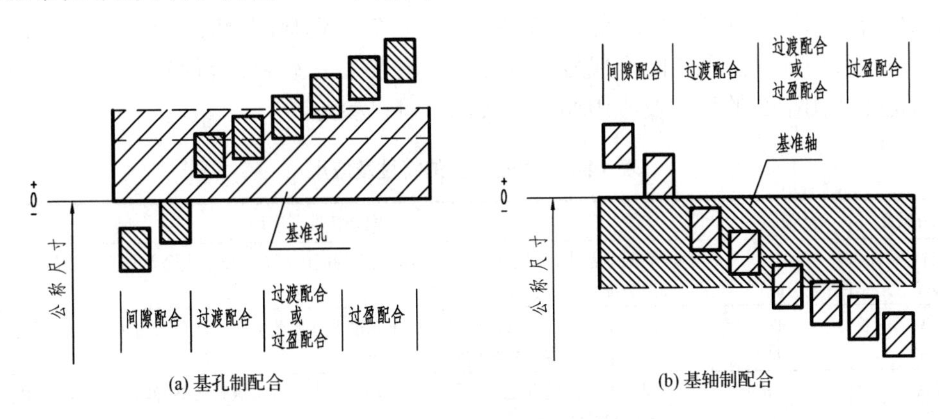

图 14-61　两种配合示意图

4)极限与配合的选用

正确的选择极限与配合，不但能提高机器的质量，而且能减少机械加工工作量，获得最佳的经济效益。但极限与配合的选择是一项技术性较强的工作，需要有较丰富的生产技术经验，极限配合的选择应包括配合制、公差等级和配合类别三项的选择。

(1)配合制的选择。

一般情况下，应优先选用基孔制配合。因为孔通常用定值刀具(如钻头、铰刀、拉刀等)加工，用极限量规检验。所以选用基孔制配合可以减少孔的公差带数量，因而是经济合理的。基轴制配合通常用于结构设计要求不适宜采用基孔制的情况，如一根冷拔的圆钢作轴与几个具有不同公差带的孔的配合，此时轴可不另行加工，显然比较经济合理。一些标准滚动轴承的外圈与孔的配合，也采用基轴制配合。为了满足配合的特殊需要，有时也允许孔与轴采用非基准制配合。

(2)公差等级的选择。

选择标准公差等级时，要正确处理使用要求与制作工艺、加工成本之间的关系。因此，选择标准公差等级的基本原则是在保证零件使用要求条件下，应尽量选择比较低的公差等级，以减少零件加工制造成本。由于孔的加工比轴的加工困难，对于间隙和过渡配合，标准公差等级为 8 级或高于 8 级的孔应与高一级的轴配合，例如 ϕ40H8/f7 、ϕ50H7/k6；标准公差等级为 9 级或低于 9 级的孔可与同一级的轴配合，例如 ϕ30H9/d9 ，ϕ40H10/d10 。对于过盈配合，标准公差等级为 7 级或高于 7 级的孔应与高一级的轴配合，例如 ϕ80H7/u6 、ϕ60H6/s5；标准公差等级为 8 级或低于 8 级的孔可与同一级的轴配合，例如 ϕ50H8/t8 。

(3)配合的选择。

选择配合种类实际上就是在确定了基准制的基础上，根据使用中允许间隙或过盈的大小及其变化范围，选定非基准件的基本偏差代号。配合种类的选择主要是解决配合件即孔和轴在工作时的相互关系，保证机器工作时各个零件之间的协调，满足预定的使用性能要求，同时保证一定的使用寿命和合理的加工经济性。因此，选择合适的配合是非常重要的。

标准公差有 20 个等级，基本偏差有 28 种，可组成大量公差带和配合。过多的公差带和配合，既不能发挥标准的作用，又不利于生产。因此，国家标准根据机械工业产品生产及使用的实际需要，避免定值刀具、量规以及工艺装备的品种和规格不必要的繁杂，规定了优先选用、常用和一般用途的孔、轴公差带。构成了基孔制优先配合 13 种，常用配合 59 种；基轴制优先配合 13 种，常用配合 47 种(见附表 6、附表 7)。选择配合时，应尽量选用优先和常用配合。可以采用计算法确定配合代号，也可以采用类比法选择配合代号，表 14-7 列举了国标规定的优先选用配合的特性及应用场合，类比时可以参考。

表 14-7　优先配合的特性及应用

基孔制配合	基轴制配合	配合特性及应用
$\frac{H11}{c11}$	$\frac{C11}{h11}$	间隙非常大。用于很松的、转动很慢的间隙配合，要求大公差与大间隙的外露组件，要求装配方便的、很松的配合
$\frac{H9}{d9}$	$\frac{D9}{h9}$	间隙很大的自由转动配合。用于精度非主要要求时，适用于有大的温度变动、高转速或大的轴颈压力时的配合
$\frac{H8}{f7}$	$\frac{F8}{h7}$	间隙不大的转动配合。用于中等转速与中等轴颈压力的精确转动，也用于装配较易的中等精度定位配合
$\frac{H7}{g6}$	$\frac{G7}{h6}$	间隙很小的滑动配合。用于轻载精密装置中的转动配合，也可用于要求明确的定位配合
$\frac{H7}{h6}$ $\frac{H8}{h7}$ $\frac{H9}{h9}$ $\frac{H11}{h11}$	$\frac{H7}{h6}$ $\frac{H8}{h7}$ $\frac{H9}{h9}$ $\frac{H11}{h11}$	广泛用于无相对转动的配合，零件可自由装卸，而工作时一般相对静止不动，最小间隙为零
$\frac{H7}{k6}$	$\frac{K7}{h6}$	过渡配合，用于精密定位，也常用于滚动轴承的内、外圈与轴颈、外壳孔的配合，用木槌装配
$\frac{H7}{n6}$	$\frac{N7}{h6}$	过渡配合，要求有较大平均过盈的更精确的定位配合之用
$\frac{H7}{p6}$	$\frac{P7}{h6}$	过盈定位配合，属于小过盈配合。用于定位精度特别重要时，能以最好的定位精度达到部件的刚性及对中性要求，而对内孔承受压力无特殊要求、不依靠配合的紧固性来传递摩擦负荷
$\frac{H7}{s6}$	$\frac{S7}{h6}$	中等压入的过盈配合，适用于一般钢件或用于薄壁件的冷缩的配合，用于铸铁件可获得紧的配合
$\frac{H7}{u6}$	$\frac{U7}{h6}$	压入的过盈配合，适用于承受大压入力的零件或不宜承受大压入力的冷缩的配合

(1)间隙配合的选择。

当零件间具有相对转动和移动时，必须选用间隙配合，或虽无相对运动但要求装拆方便的孔与轴配合，应该选用间隙配合。对于间隙配合，由于基本偏差的相反数等于最小间隙，在确定了配合的基准制和公差等级以后，可采用计算法按最小间隙确定配合件的基本偏差代号，给出满足设计要求的间隙配合。

(2)过盈配合的选择。

当零件间无键、销或螺钉等辅助紧固件，只依靠结合面之间的过盈来实现传动时，必须选择过盈配合，对于过盈配合，由于基本偏差与最小过盈有关，在确定了配合的基准制和公差等级以后，可采用计算法按最小过盈确定配合件的基本偏差代号，给出满足设计要求的过盈配合。

(3) 过渡配合的选择。

当零件之间不要求相对运动，同轴度要求较高，且不依靠配合传递动力却要求经常装、拆时，通常选用过渡配合。对于过渡配合，由于基本偏差与最大间隙有关，在确定了配合的基准制和公差等级以后，可用计算法按最大间隙确定配合件的基本偏差代号，给出满足设计要求的过渡配合。过渡配合的最大间隙应该较小，以保证具有良好的对中性；过渡配合的最大过盈也应该较小，以保证装拆方便。因此，过渡配合对孔和轴的要求都很高。

2．极限与配合在图样上的标注

1) 在装配图中的标注

在公称尺寸后面标注配合代号，配合代号由两个相互配合的孔和轴的公差带的代号组成，用分式形式表示。分子为孔的公差带代号，分母为轴的公差带代号，标注通用形式为

$$\text{公称尺寸}\,\frac{\text{孔的公差带代号}}{\text{轴的公差带代号}}$$

必要时可注写为

公称尺寸　孔的公差带代号/轴的公差带代号

具体标注如图 14-62 所示。

标注标准件、外购件与零件(孔或轴)的配合代号时，可以仅标注相配零件的公差带代号，如图 14-63 所示为与滚动轴承相配合时的配合代号注法。滚动轴承为标准部件，内圈直径与轴配合，按基孔制配合，只标轴的公差带代号。轴承外圈与零件孔的配合按基轴制配合，只标注零件孔的公差带代号。

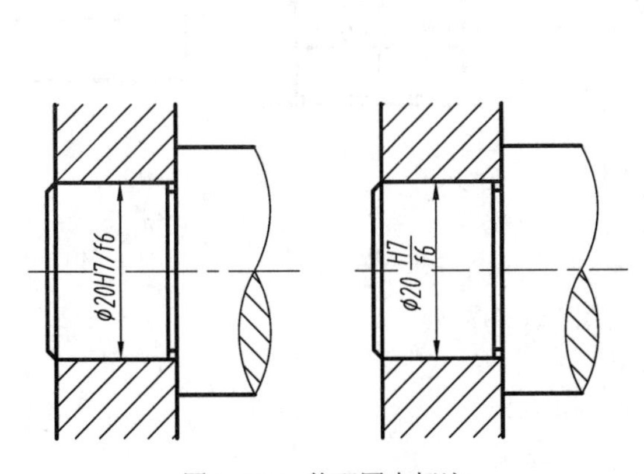

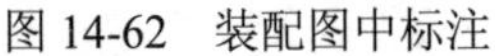
图 14-62　装配图中标注

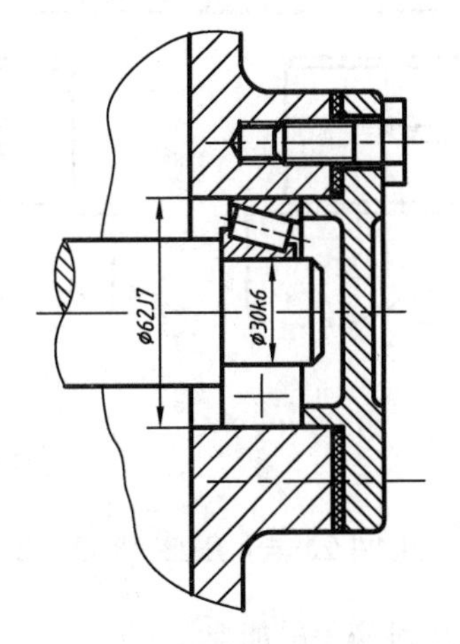

图 14-63　滚动轴承与孔、轴的配合代号注法

孔轴主要是指圆柱形的内、外表面，也包括其他内、外表面中由单一尺寸决定的部分，其装配图上的注法如图 14-64 所示。

2) 零件图中的标注

在零件图中标注线性尺寸公差有三种形式，如图 14-65。

(1) 标注公差带代号(图 14-65(a))。这种标注法与采用专用量具检验零件统一起来，以适应大批量生产的需要，因此，不需要标注偏差数值，只标注公差带代号。

(2) 标注极限偏差数值(图 14-65(b))。标注时，上偏差注在公称尺寸的右上角，下偏差注

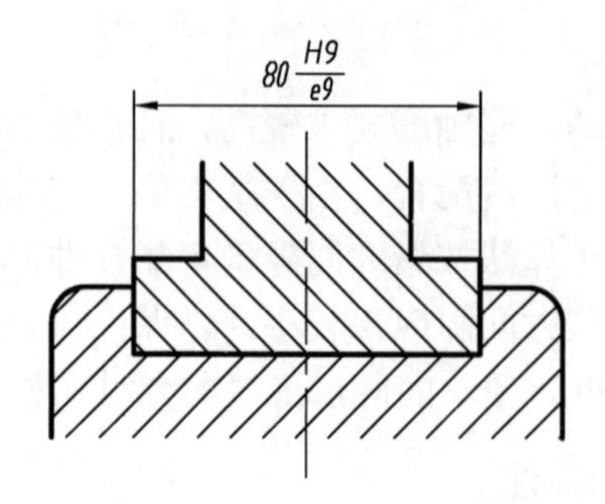

图 14-64　内、外表面的配合代号注法

在公称尺寸右下方，并与公称尺寸注在同一条尺寸线上，字号比公称尺寸小一号。上、下偏差值不为 0 时，小数点后保留位数相同，加正负号并应对齐。如果上或下偏差数值为零时，只注“0”，其余都不注。如上、下偏差数值相同而符号相反时，则在偏差数值前加注“±”符号，偏差数值字高与公称尺寸相同，如图 14-65(d)所示。这种形式标注常用于单件、小批量生产，以便加工、检验时对照。

(3)标注公差带代号和偏差数值。如图 14-65(c)，偏差数值应用括号括起来。偏差数值标注形式同上。

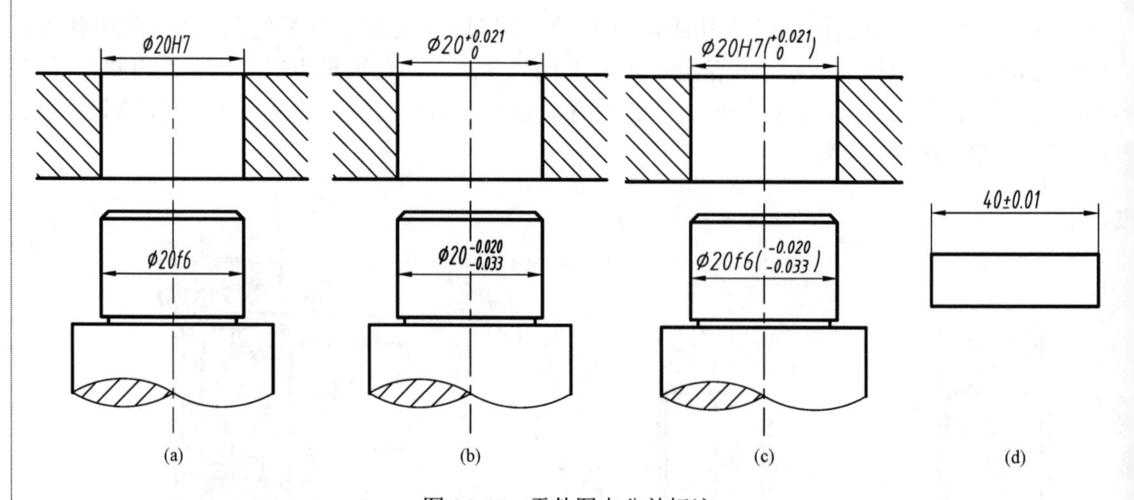

图 14-65　零件图中公差标注

14.6.3　几何公差(GB/T 1182—2018)

1．几何公差的概念

1)几何公差的定义

几何公差是针对构成零件几何特征的点、线、面的形状和位置误差所规定的公差。形状公差是指线和面的实际形状相对其理想形状的变动量。位置公差是指点、线、面的实际方向和位置相对其理想方向和位置的变动量。

零件在加工时所产生的形状和位置误差超出规定范围就会造成装配困难，影响产品的性能和质量。因此，在零件图上必须对重要表面提出适当的几何公差要求，以控制其误差的变化范围。

图 14-66 中加工后的销轴变得弯曲，其形状产生误差。图 14-67 中的阶梯轴加工后，两段圆柱轴线不在同一直线上，其位置产生误差。

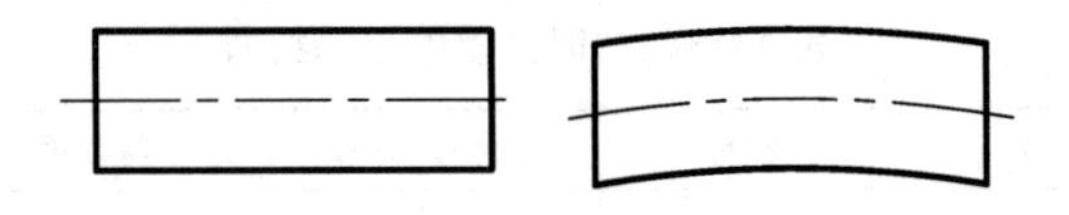

图 14-66　销轴的理想形状和实际形状

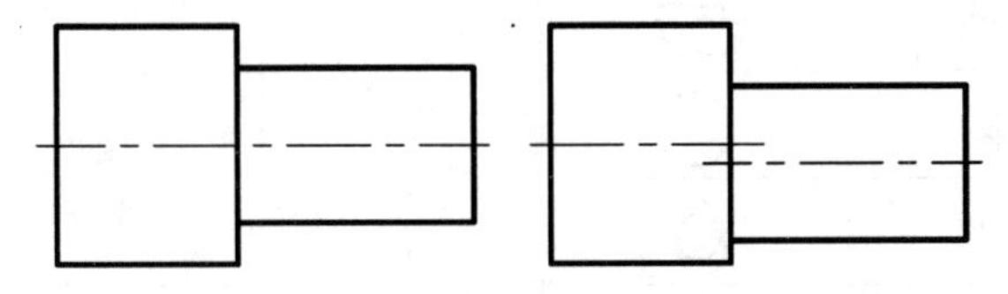

图 14-67　两段轴的理想位置和实际位置

2)要素的分类

几何要素(简称要素)是指构成零件几何特征的点、线、面。可分为组成要素(轮廓要素)、导出要素(中心要素)、被测要素、基准要素、单一要素和关联要素。

组成要素：构成零件外形，能被人们看得见，触摸到的点、线、面。如图 14-68 所示零件上的锥顶点、回转体的轮廓线，以及球面、圆锥面、端面、圆柱面。

导出要素：依附于组成要素而存在的点、线、面，这些要素看不见也触摸不到。如图 14-68 中圆球面的球心、圆锥和圆柱面的回转轴线，以及对称结构的对称平面。

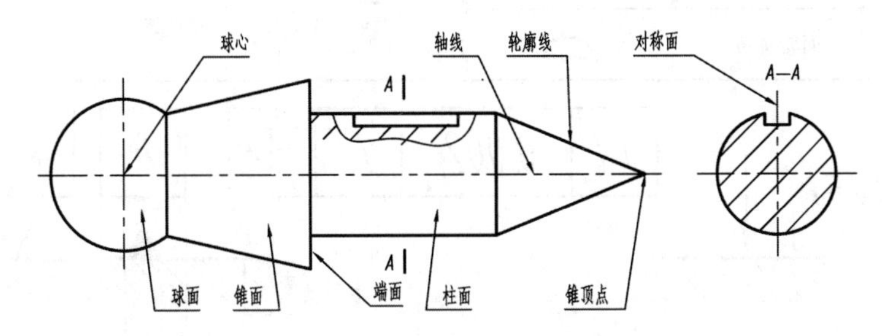

图 14-68　几何要素的概念

被测要素：图样上给出了几何公差要求的要素，是检测的对象。

基准要素：图样上规定用来确定被测要素几何位置关系的要素。

单一要素：按本身功能要求而给出形状公差的被测要素。

关联要素：相对基准要素有功能关系而给出位置公差的被测要素。

国家标准规定了 19 项几何公差特征项目，各特征项目的名称及符号见表 14-8。

2．几何公差的标注方法(GB/T 1182—2018)

在技术图样中标注几何公差时，按国标规定采用代号标注。代号是由公差项目符号、框格、指引线、公差数值和其他有关符号及基准符号组成。

1)几何公差框格和基准符号

几何公差框格用细实线画出，框格只能水平放置，框格的高度是图中尺寸数字的 2 倍。框格的格数根据需要而定，可为两格或多格。框格中的数字、字母和符号与图样中的数字同高。框格的宽度根据标注的符号或数值的不同适当调整，但不得小于框格的高度。从框格左端或右端引出一条带箭头的指引线指向被测要素。被测要素的基准在图样上用英文大写字母表示，基准符号由带方框的英文大写字母用细实线与实心或空心三角形即基准三角形相连而组成，其方框中的字母永远水平书写。图 14-69 中给出了框格和基准符号的形式。

表 14-8 几何公差项目的符号

公差类型	特征项目	符号	公差类型	特征项目	符号
形状公差	直线度	—	位置公差	同心度（用于中心点）	◎
	平面度	▱			
	圆度	○		同轴度（用于轴线）	◎
	圆柱度	⌭			
	线轮廓度	⌒		对称度	⌯
	面轮廓度	⌓		位置度	⌖
方向公差	平行度	//		线轮廓度	⌒
	垂直度	⊥		面轮廓度	⌓
	倾斜度	∠	跳动公差	圆跳动	↗
	线轮廓度	⌒			
	面轮廓度	⌓		全跳动	⌰

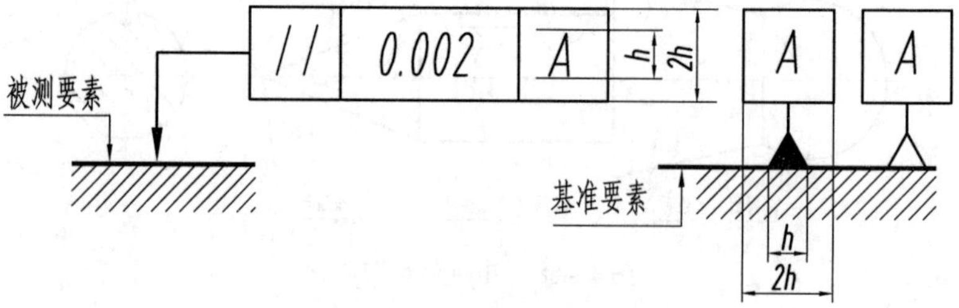

图 14-69 公差框格与基准符号

2）被测要素的标注

当被测要素为组成要素时，指引线的箭头应指向该要素的轮廓线上或它的延长线上，并且箭头指引线必须明显地与尺寸线错开，指示箭头的方向与几何公差值的测量方向一致，如图 14-70 所示。

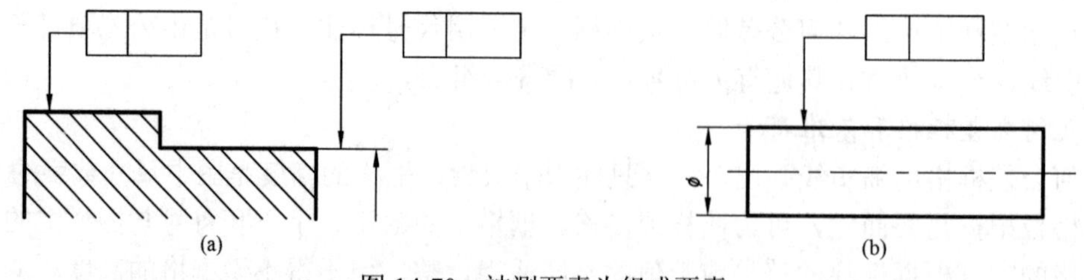

图 14-70 被测要素为组成要素

当被测要素为导出要素时，指引线的箭头应与该要素所对应尺寸要素（轮廓要素）的尺寸线对齐，如图 14-71 所示。

3)基准要素的标注

当基准要素为组成要素时，基准符号应置于该要素的轮廓线或轮廓面上，也可置于该要素轮廓的延长线上，且基准符号中的连线应与尺寸线明显错开，如图 14-72 所示。

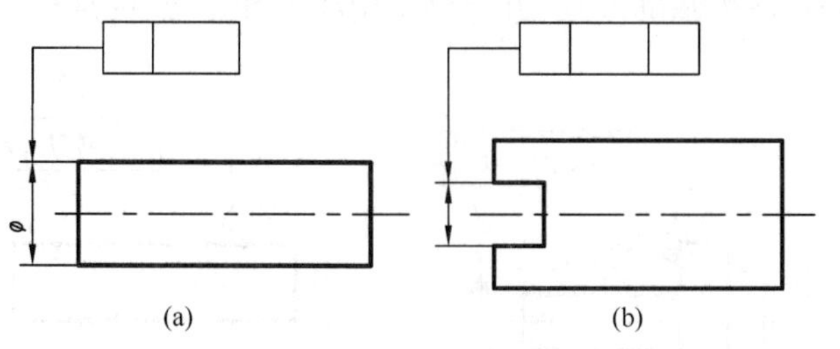

(a)　　(b)

图 14-71　被测要素为导出要素

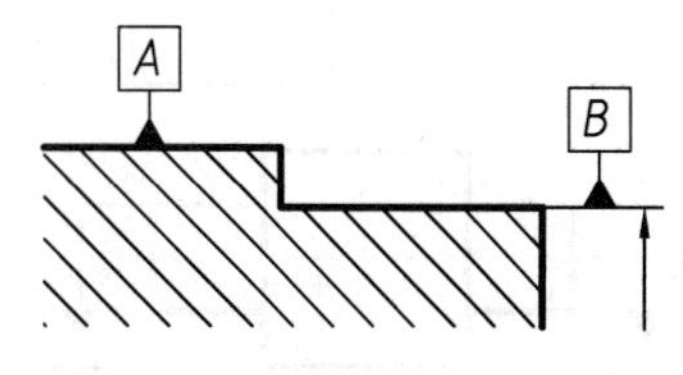

图 14-72　基准要素为组成要素

当基准要素是轴线或中心平面时，则基准符号应置于基准要素对应的轮廓线或尺寸界线上，且基准符号中的连线应与该尺寸线对齐，如图 14-73 所示。如尺寸线处无法画出两个箭头时，则一个箭头可不画，如图 14-73 所示。

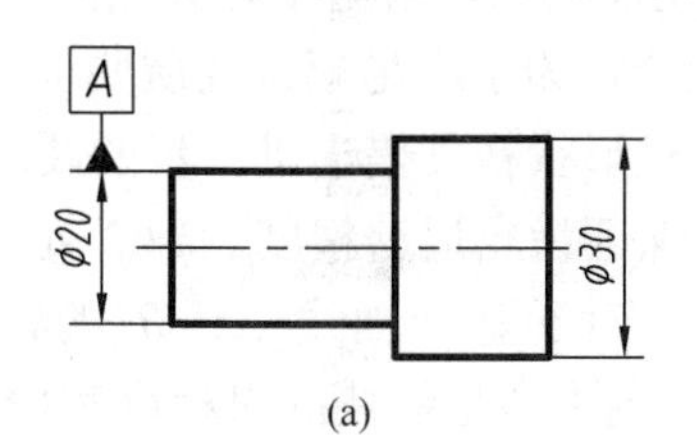

(a)

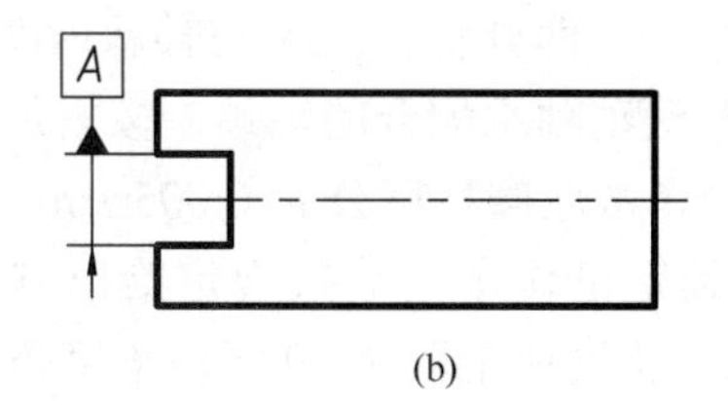

(b)

图 14-73　基准要素为导出要素

由于受图形的限制，基准符号需注在某个面上，可在面上画一小黑点，由黑点处引出参考线，基准符号可置于参考线上，如图 14-74 所示。

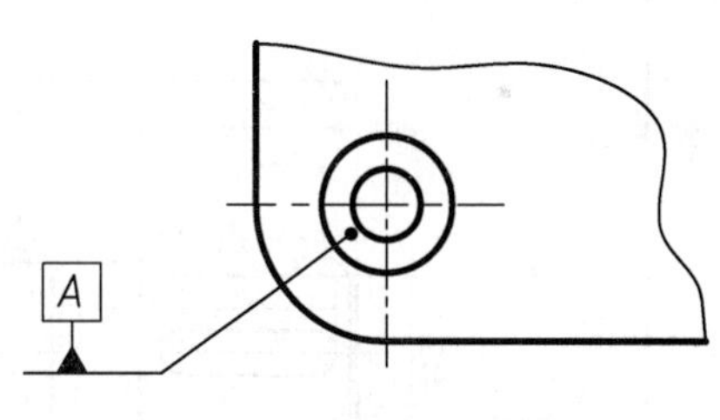

图 14-74　基准要素的标注

4)有关标注的说明

如对同一个被测要素有两个或两个以上的公差项目要求时，可将多个框格上下排在一起，引出一条公共指引线指向被测要素，如图 14-75(a)所示。

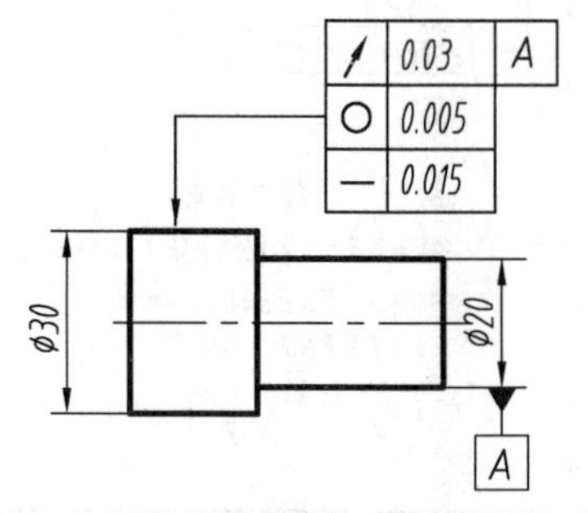

(a)同一要素有多项被测要求

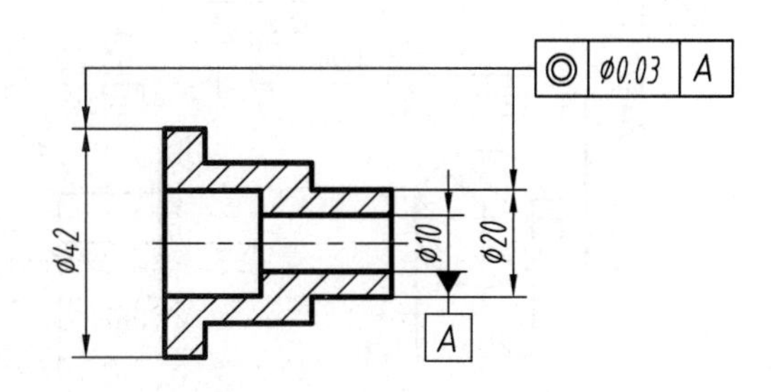

(b)多项被测要求有同一几何公差要求

图 14-75　同一要素有多项被测要求和多项被测要素有同一几何公差要求的标注

多项被测要素有相同的几何公差要求时，可绘制一个几何公差框格，引出一条指引线并分出多个箭头分别指向不同的被测要素，如图 14-75(b)所示。

当两个要素组成了公共基准，在框格中用横线将表示基准的两个大写字母隔开，如图 14-76 所示。由两个或三个要素组成的基准体系，如多基准组合，表示基准的大写字母应按基准的重要程度从左至右分别置于各格中，如图 14-77 所示。

任选基准，即互为基准的标注，必须注出基准符号，并在框格中注出基准字母，如图 14-78 所示。

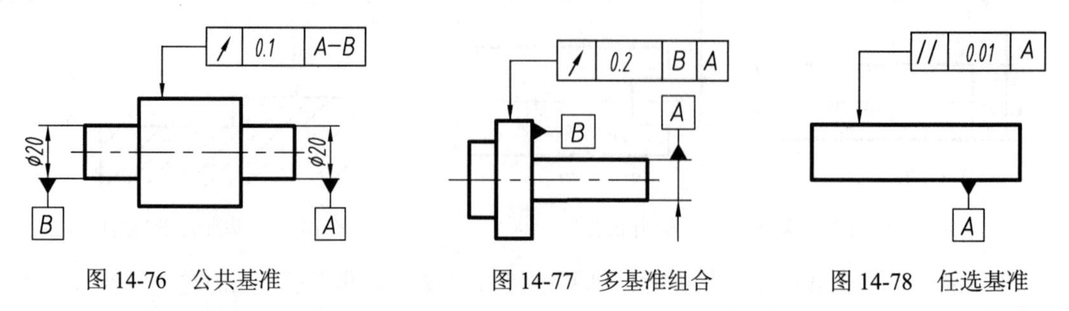

图 14-76　公共基准　　图 14-77　多基准组合　　图 14-78　任选基准

5) 几何公差在零件图上的标注与识读

图 14-79 为减速器的输出轴，根据对该轴的功能要求，给出了有关几何公差。轴颈ϕ45、ϕ58 与齿轮孔配合，两处轴径ϕ55 与轴承内圈配合，为了满足配合性质要求，均给出了相应的尺寸公差。与滚动轴承配合的轴颈，按规定应对形状精度提出进一步的要求，因该轴与滚动轴承内圈配合，故取圆柱度公差 0.005mm；为保证齿轮运动精度，ϕ62 处的两轴肩都是止推面，起一定的定位作用，故按规定给出它们相对于基准轴线 *A*—*B* 的轴向圆跳动公差 0.015mm。键槽对称度通常取 7～9 级对称度公差，图中两处键槽的对称度都按 8 级给出公差，故公差值为 0.02mm。

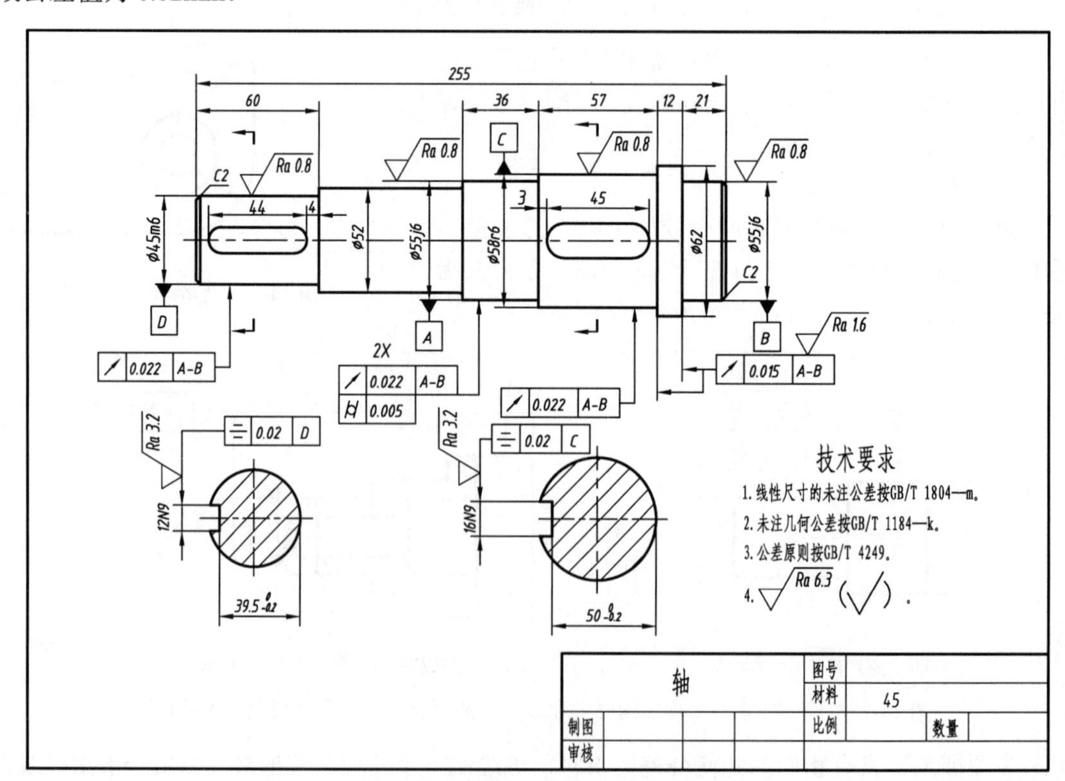

图 14-79　输出轴上几何公差应用示例

3．几何公差带(GB/T 1182—2018)

几何公差是指实际被测要素对图样上给定的理想形状、理想位置的允许变动量。几何公差带是用来限制实际被测要素变动的区域。这个区域可以是平面区域或空间区域。只要实际被测要素能全部落在给定的公差带内，就表明该实际被测要素合格。

几何公差带具有形状、大小和方位等特性。几何公差带的形状取决于被测要素的几何形状、给定的几何公差特征项目和标注形式。表 14-9 列出了几何公差带的九种主要形状，它们都是几何图形。几何公差带的大小用它们的宽度或直径来表示，由给定的公差值决定。几何公差带的方位则由给定的几何公差特征项目和标注形式确定。

表 14-9　几何公差带的九种主要形状

形状	说明	形状	说明
	两平行直线之间的区域	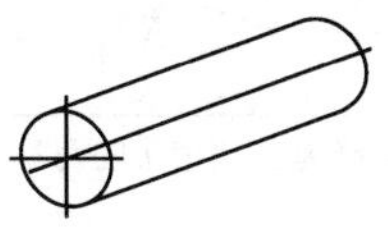	圆柱内的区域
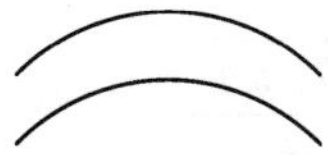	两等距曲线之间的区域	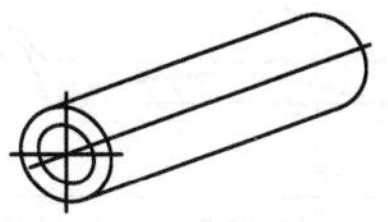	两同轴线圆柱面之间的区域
	两同心圆之间的区域	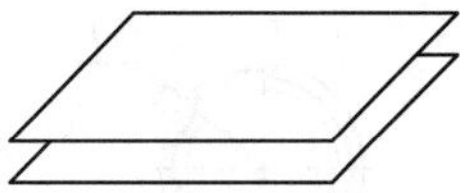	两平行平面之间的区域
	圆内的区域	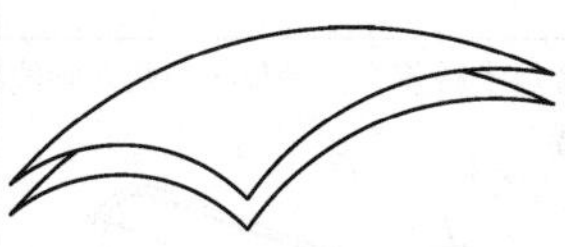	两等距曲面之间的区域
	球内的区域		

形状公差不涉及基准，形状公差带只有形状和大小的要求，没有方向和位置的要求。部分典型形状公差带、方向公差带、位置公差带的定义和标注示例参见表 14-10 和表 14-11。

表 14-10　部分典型形状公差带的定义和标注示例

特征项目	公差带定义	标注示例和解释
直线度公差	在给定平面内，公差带是距离为公差值 t 的两平行直线之间的区域 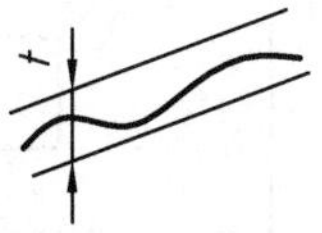 t	被测表面的素线必须位于平行图样所示投影面上，且距离为公差值 0.1mm 的两平行直线内 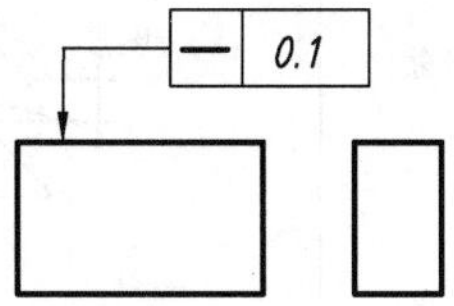 — 0.1

续表

特征项目	公差带定义	标注示例和解释
直线度公差	在给定方向上，公差带是距离为公差值 t 的两平行平面之间的区域 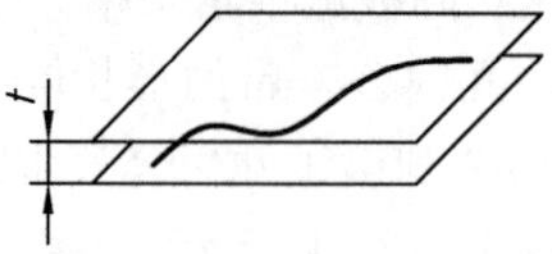	被测棱线必须位于箭头所示方向,且距离为公差值 0.02mm 的两平行平面内 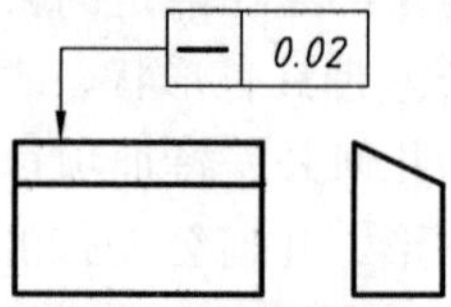
	在任意方向上，公差带是直径为公差值 t 的圆柱面内的区域 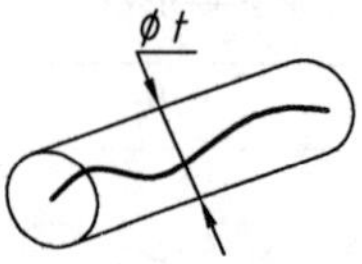	被测圆柱面的轴线必须位于直径为ϕ0.08mm 的圆柱面内 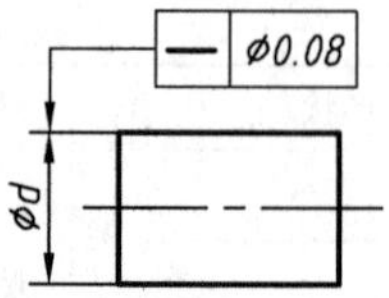
平面度公差	公差带是距离为公差值 t 的两平行平面之间的区域 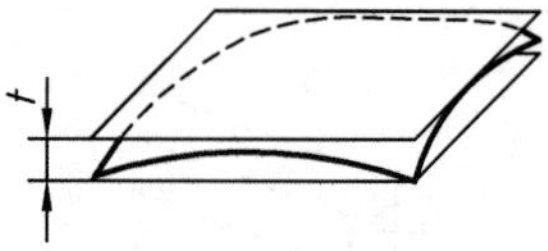	被测表面必须位于距离为公差值 0.08mm 的两平行平面内 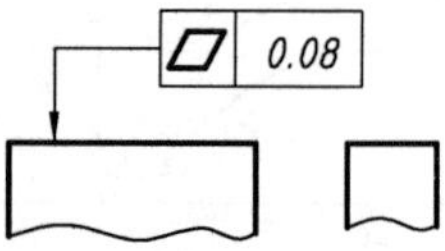
圆度公差	公差带是在同一正截面上，半径差为公差值 t 的两同心圆之间的区域 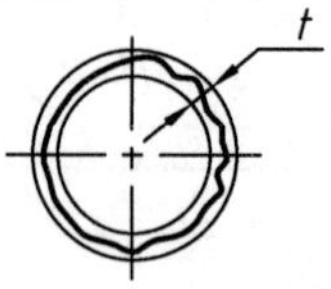	被测圆柱面任一正截面上的圆周必须位于半径差为公差值 0.03mm 的两同心圆之间 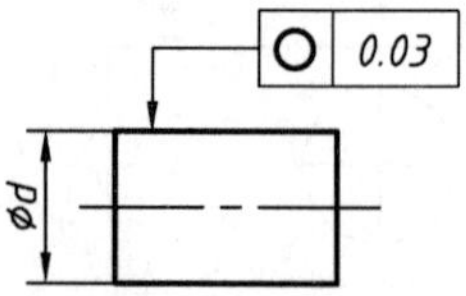
圆柱度公差	公差带是半径差为公差值 t 的两同轴线圆柱面之间的区域 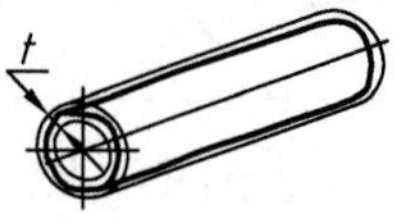	被测圆柱面必须位于半径差为公差值 0.1mm 的两同轴线圆柱面之间 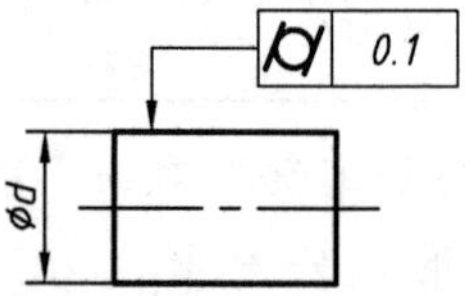

表 14-11　部分典型方向和位置公差带的定义和标注示例

特征项目	公差带定义	标注示例和解释
平行度公差	公差带是距离为公差值 t 且平行于基准平面的两平行平面之间的区域 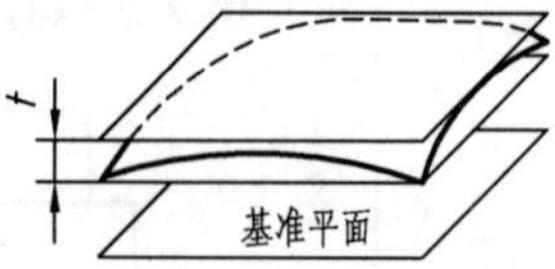 基准平面	被测表面必须位于距离为公差值 0.01mm，且平行于基准平面 A 的两平行平面之间 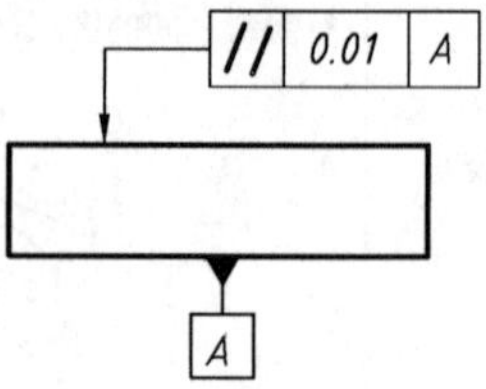

续表

特征项目	公差带定义	标注示例和解释
垂直度公差	公差带是距离为公差值 t 且垂直于基准平面的两平行平面之间的区域 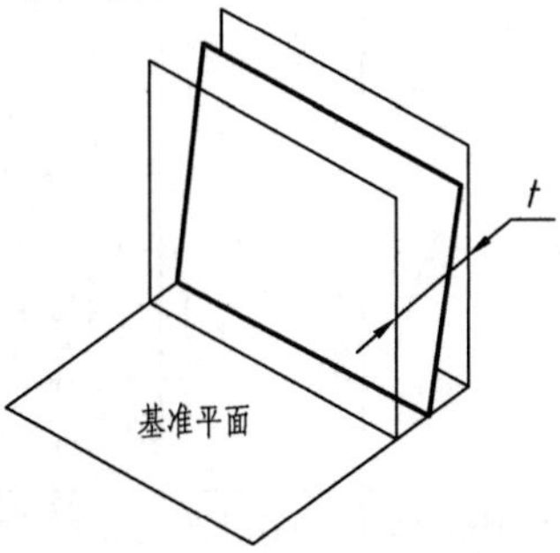	被测表面必须位于距离为公差值 0.01mm，且垂直于基准平面 A 的两平行平面之间 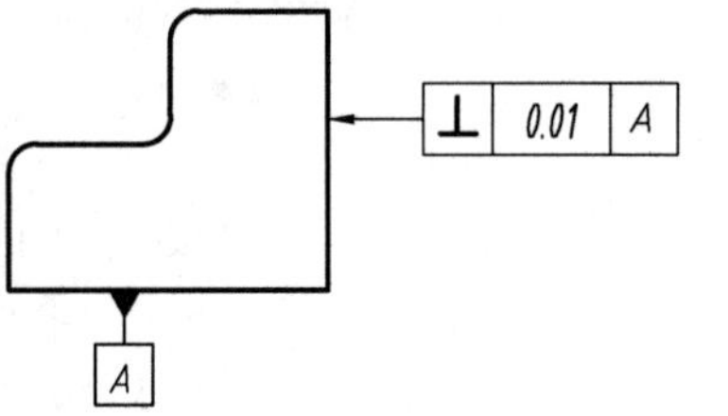
倾斜度公差	公差带是距离为公差值 t，且与基准平面成一给定理论正确角度 α 的两平行平面之间的区域 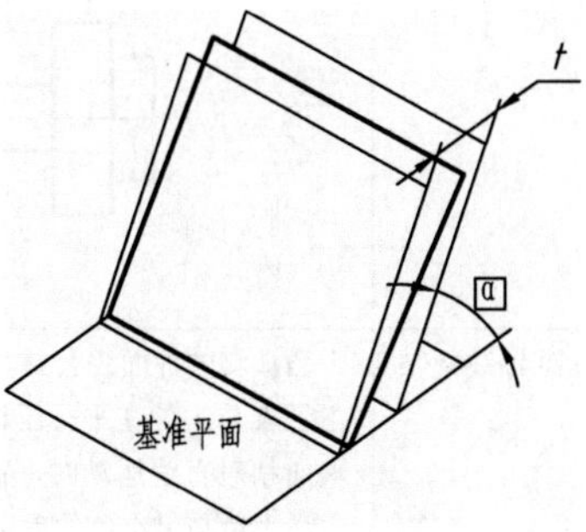	被测表面必须位于距离为公差值 0.01mm，且与基准平面 A 成理论正确角度 40° 的两平行平面之间 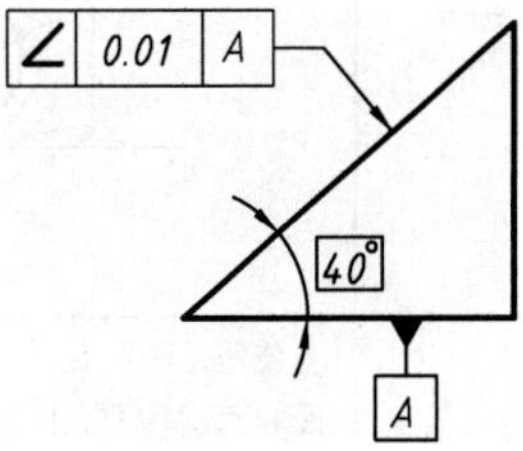
同轴度公差	公差带是直径为公差值 t 的圆柱面内的区域，该圆柱面的轴线与基准轴线同轴线 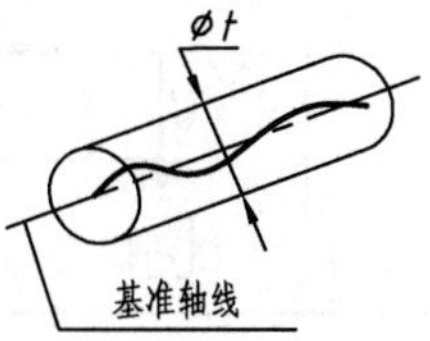	ϕ20 被测圆柱面的轴线必须位于直径为公差值 ϕ0.03mm，且与基准轴线 C 同轴线的圆柱面内 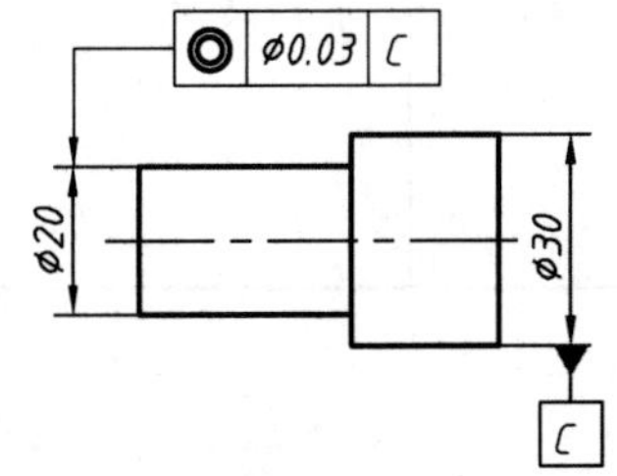
对称度公差	公差带是距离为公差值 t，且相对于基准轴线对称配置的两平行平面之间的区域 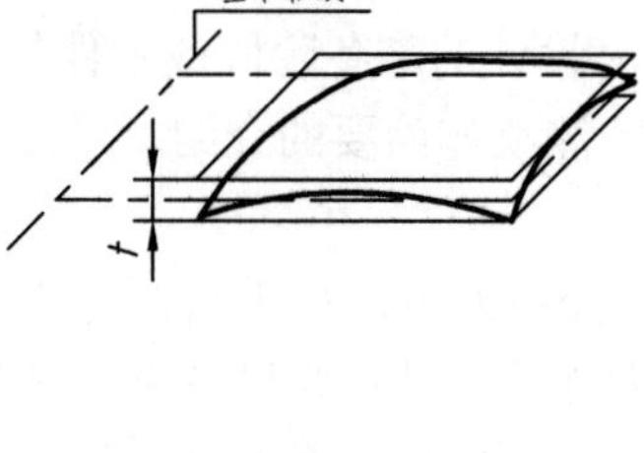	宽度为 b 的被测键槽的中心平面必须位于距离为公差值 0.05mm，且相对于基准轴线 C 对称配置的两平行平面之间 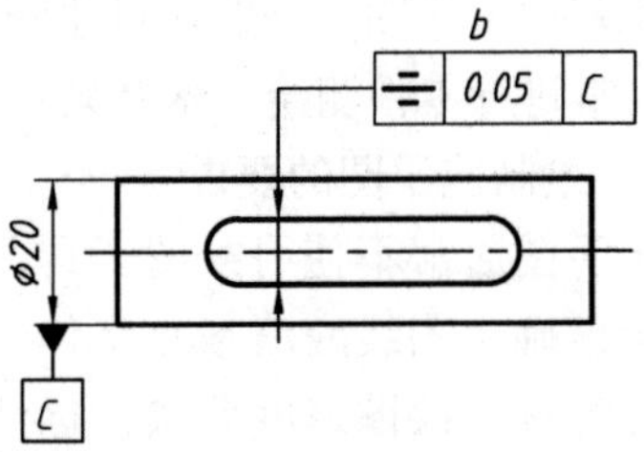

续表

特征项目	公差带定义	标注示例和解释
位置度公差	公差带是直径为公差值t，且以线的理想位置为轴线的圆柱面内的区域。公差带轴线的位置由基准和理论正确尺寸确定 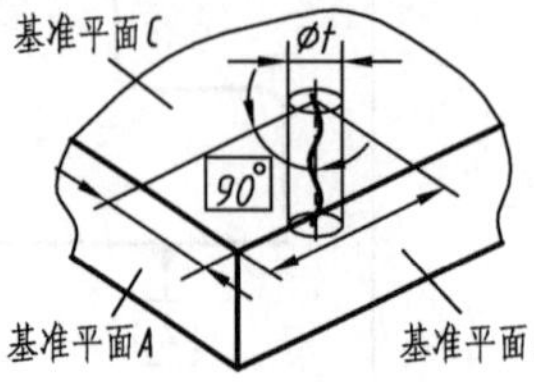 基准平面C ϕt 90° 基准平面A 基准平面B	ϕ20 被测孔的轴线必须位于直径为公差值ϕ0.05mm，由三基面体系C、B、A和相对于基准平面A、B的理论正确尺寸30、20所确定的理想位置为轴线的圆柱面内 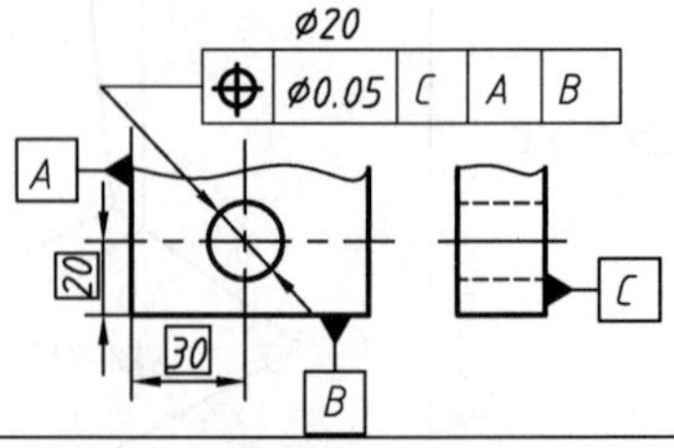 ϕ20 ⌖ ϕ0.05 C A B A 20 30 B C
圆跳动公差	公差带是在垂直于基准轴线的任意测量平面内，半径差为公差值t且圆心在基准轴线上的两同心圆之间的区域 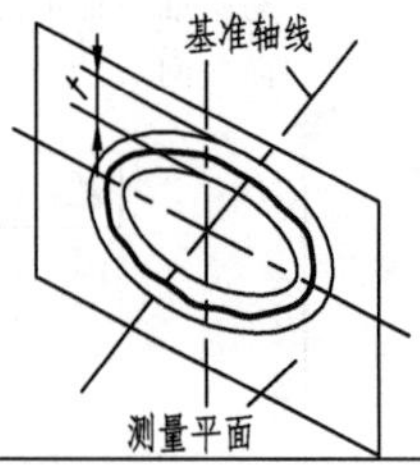 基准轴线 t 测量平面	当被测圆柱面绕基准轴线A旋转一转时，在任意测量平面内的径向圆跳动均不得大于0.1mm 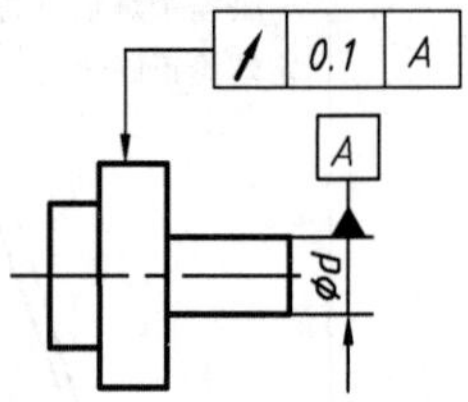 ↗ 0.1 A A ϕd
全跳动公差	公差带是半径差为公差值 t 且与基准轴线同轴线的两圆柱面之间的区域 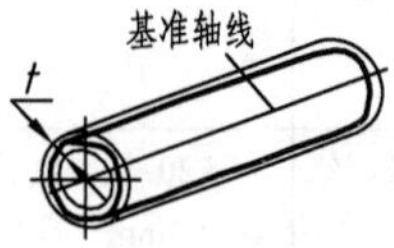 基准轴线 t	当被测圆柱面绕公共基准轴线A—B连续旋转，指示表与工件在平行于该公共基准轴线的方向作轴向相对直线运动时，被测圆柱面上各点的示值中最大值与最小值的差值不得大于0.1mm 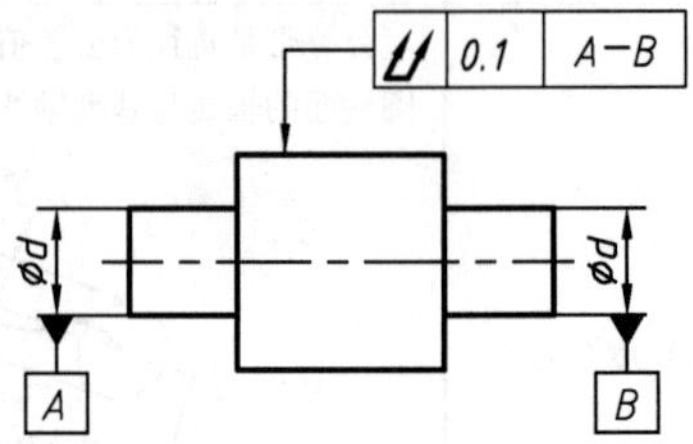 ⌰ 0.1 A−B ϕd ϕd A B

14.7 零 件 测 绘

零件测绘，就是依据实际零件选定表达方案，画出它的图形，测量并标注尺寸，制定必要的技术要求。测绘时，通常是先画出零件的徒手图(草图)，然后对徒手图进行必要的审核，再画出零件工作图。一般在机器测绘、新产品设计的准备阶段或零件的修配、准备配件等工作中，常进行零件测绘。本节只对一般零件的测绘作简要的介绍。

1. 绘制徒手图的要求

徒手图通常不使用绘图工具，目测其形状和大小，徒手绘制零件图。徒手图的要求：线型应正确，图线应清晰，字体应工整，目测尺寸误差要尽量小，使得机件的各部分形状和比例匀称；绘图速度要快，标注尺寸应完整、准确；绝不能认为草图就可以潦草，必须认真仔细。

2. 画零件徒手图的步骤

以 B650 刨床的机油泵体为例说明如何绘制零件草图。

零件草图的内容和工作图完全一样，区别在于徒手绘制。

1) 了解分析零件，选择表达方案

(1) 了解零件名称——机油泵体；鉴别材料——灰铸铁(HT200)。

(2) 对零件进行结构分析和形体分析，零件的每一结构都有一定的功用。所以必须弄清它们的工作部分与连接部分及其功用。这项工作对于破旧、磨损和带有某些缺陷的零件测绘尤为重要。该零件主体部分有齿轮室、进出油室、带螺纹的进出油孔、主动与从动轴孔、填料涵及螺孔等；另外有安装板及连接螺孔；主体与安装板之间由肋板连接。

(3) 拟定零件的表达方案，确定主视图，主视图按工作位置放置，选垂直齿轮轴线方向为主视图投射方向，这样零件的各部分相对位置比较清楚，并采用全剖视表达内部结构。选左视图、俯视图来表达主视图没有表达清楚的结构。

(4) 选择主要基准，长度方向选左端面，宽度方向选前后的对称平面，高度方向为底板安装面。

2) 画徒手零件草图步骤

(1) 定出零件总体尺寸，选定比例，定图幅，画图框及标题栏，布图画基准线，如图 14-80(a) 所示。

(2) 根据零件的结构特点，按组成部分画出零件的主要结构的形状轮廓，每部分的三个视图同时画出，画出零件的次要部分的结构形状，如图 14-80(b) 所示。

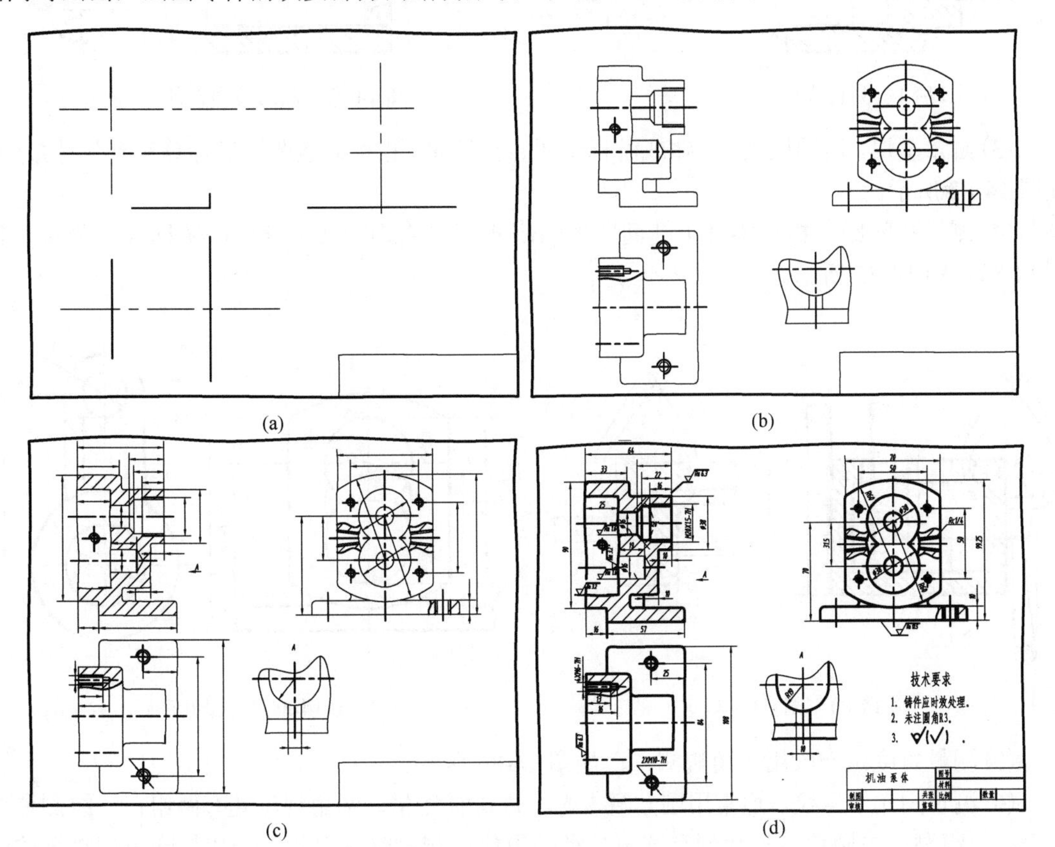

图 14-80　绘制徒手零件草图步骤

(3)选择尺寸基准画出全部尺寸界线和尺寸线，经认真检查，擦去多余作图线并画出剖面线，如图 14-80(c)所示。

(4)测量尺寸，协调联系尺寸，查有关标准，核对标准要素尺寸，制定必要的技术要求，填写尺寸数值和技术要求，填写标题栏，完成全部工作，如图 14-80(d)所示。

3．零件尺寸数值的测量方法

零件结构形状不同，尺寸数值的测量方法也不一样，这里介绍几种常用的测量方法。

(1)测量直线尺寸。一般可用钢板尺或游标卡尺直接测量得到尺寸数值的大小，如图 14-81 所示。

(2)测量回转面内外直径尺寸。通常用内外卡钳和游标卡尺直接测得尺寸数值，如图 14-82 所示。

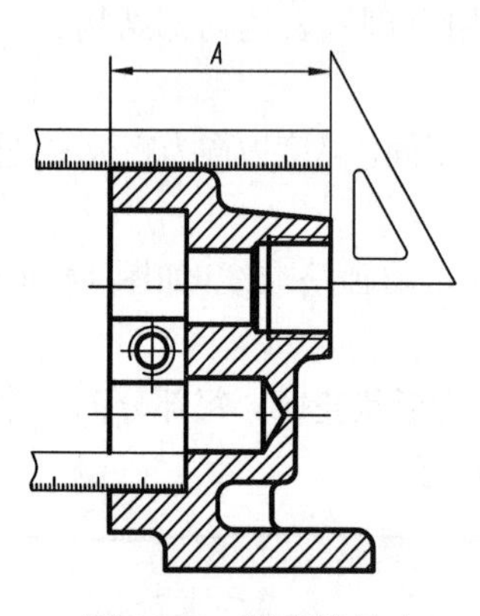

图 14-81 测直线尺寸

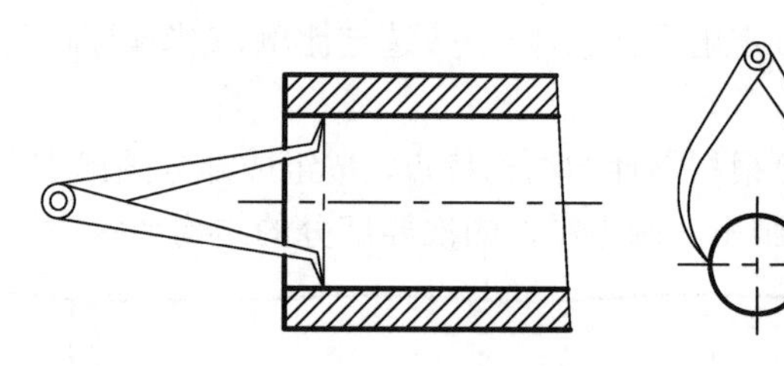

图 14-82 测回转面直径

(3)测量壁厚。用钢板尺、卡钳或游标卡尺直接测量，也可间接测量经计算得到尺寸数值，如图 14-83 所示。

(4)测量孔间距。根据零件上孔间距的情况不同，用钢板尺、卡钳或游标卡尺测量，如图 14-84、图 14-85 所示。

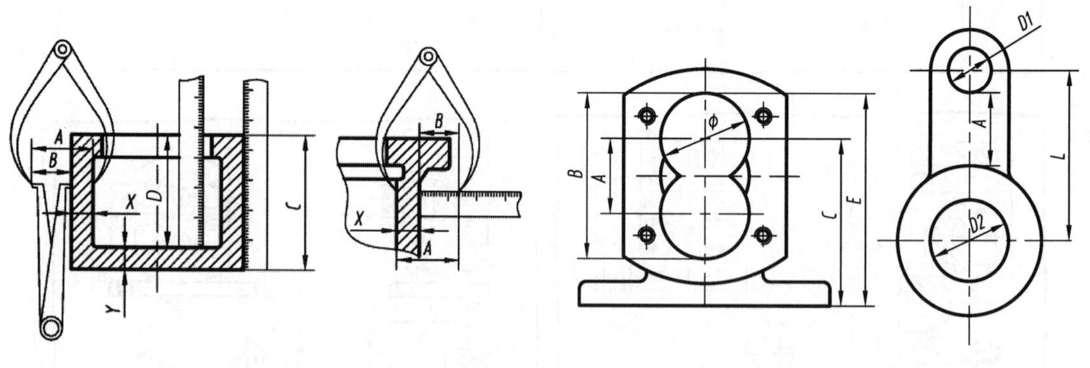

图 14-83 测量壁厚 图 14-84 测量孔间距

(5)测量角度。一般用量角规测量，如图 14-86 所示。

(6)测量圆角、螺纹。通常用圆角规、螺纹规进行测量。圆角规每套有两组：一组测量外圆角，一组测量内圆角。每片刻有圆角半径的数值，测量时从中找出一片与圆角相吻合的，并直接读出上面刻的数值，如图 14-87 所示。

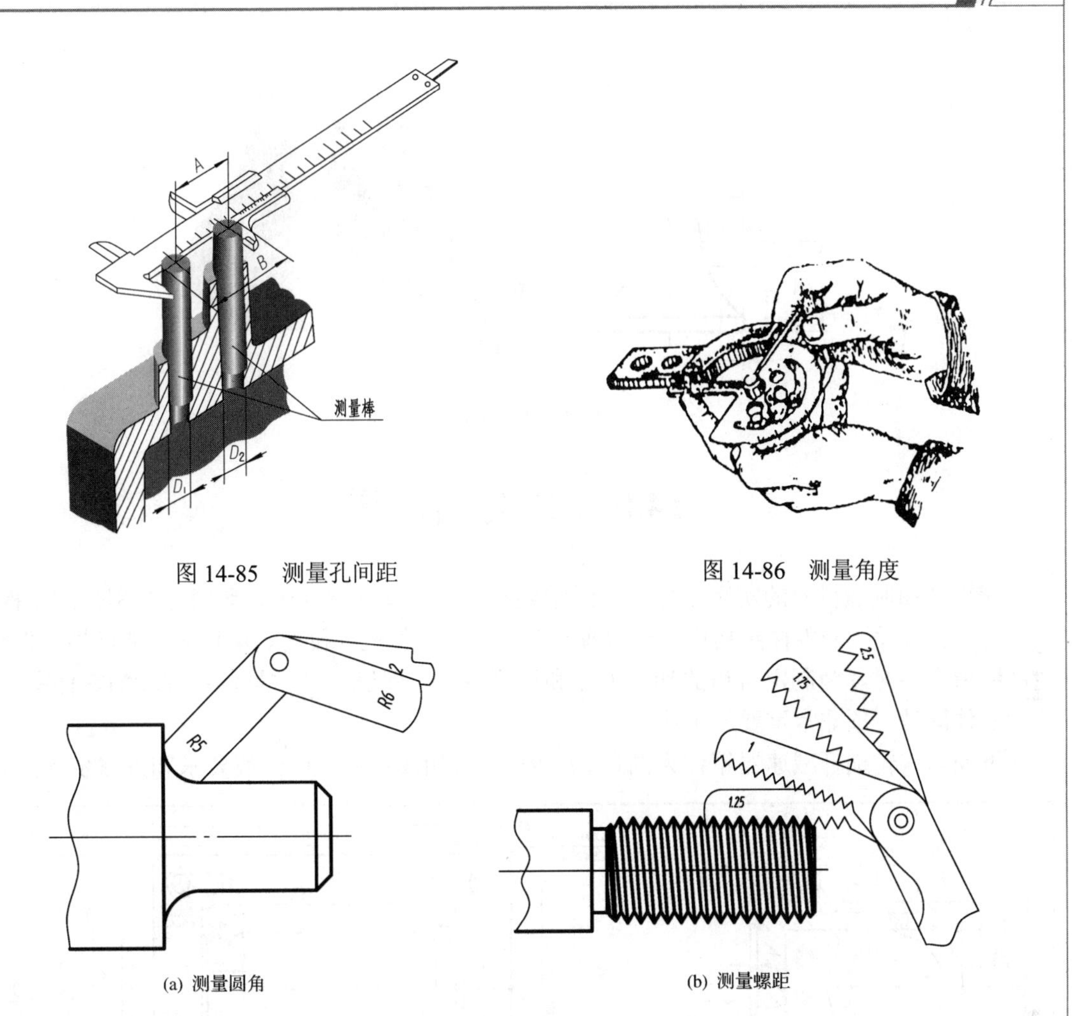

图 14-85　测量孔间距

图 14-86　测量角度

(a) 测量圆角

(b) 测量螺距

图 14-87　测量圆角和螺距

(7) 测量曲线或曲面。测量曲线或曲面的方法有：①拓印法，用纸在零件表面进行拓印，得到真实形状后再确定尺寸，如图 14-88 所示。②铅丝法，用软铅丝密合回转面轮廓线得到平面曲线再测量半径及连接情况，如图 14-89 所示。③坐标法，用直尺和三角板定出曲面上各点的坐标画出曲线，求出曲率半径，如图 14-90 所示。

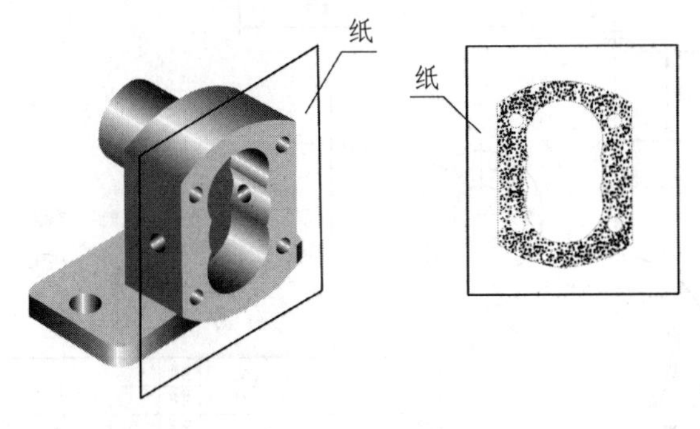

图 14-88　拓印法

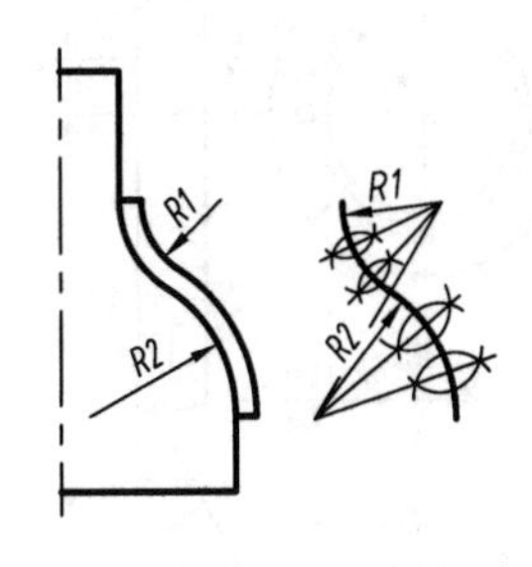

图 14-89　铅丝法

以上各种方法通常是测量非工作面的曲线曲面，而较高精度的工作表面要用精密量具进行测量，如发动机的配气凸轮的工作面，要在恒温条件下用光学分度头和光学测长仪来测量。

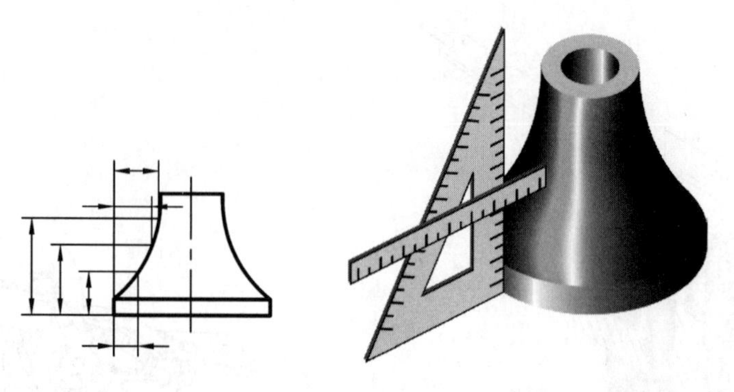

图 14-90 坐标法

14.8 读 零 件 图

在设计和制造机器的实际工作中，经常要参考同类型的零件图，研究分析零件的结构特点，使自己所设计的零件结构更先进合理。对设计的零件进行校对、审核时，要读懂零件图；生产制造零件时，为制定合适的加工方法和检测手段，保证产品质量，更要看懂零件图。因此读零件图是一项非常重要的工作。

下面以蜗轮蜗杆减速器箱体为例(图 14-91)，说明读零件图的一般要求和方法步骤。

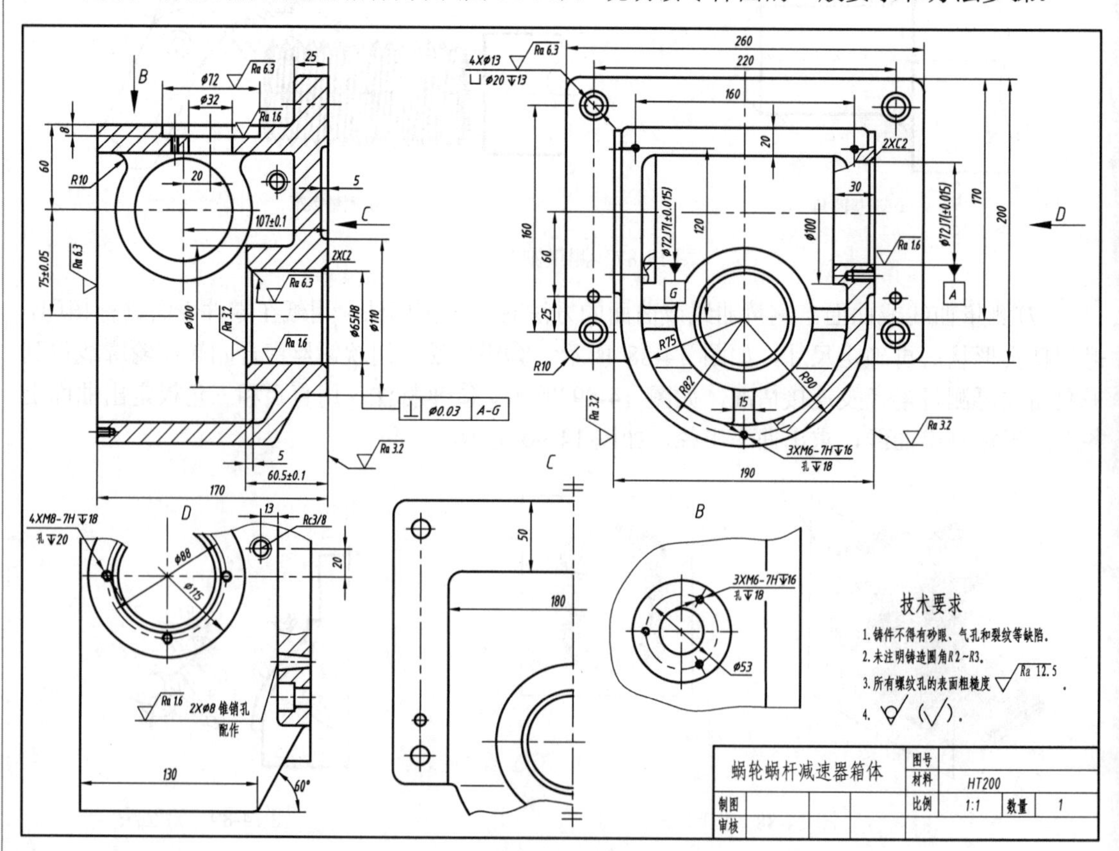

图 14-91 蜗轮蜗杆减速器箱体

1．读零件图的要求

(1) 了解零件的名称、用途、材料等。

(2) 了解组成零件各部分的结构形状、特点和功用及它们之间的相对位置。

(3) 了解零件的大小、制造方法和提出的技术要求。

2．读图的方法步骤

1) 概括了解

从标题栏中了解零件的名称、材料、比例等。由零件名称：蜗轮蜗杆减速器箱体可知是比较复杂的箱体类零件，是蜗轮减速器中的主要零件，主要起支承、包容蜗轮蜗杆等作用。从材料可知，该零件毛坯的制造方法为铸造，因此应具有铸造工艺结构。

2) 分析视图，想象形体

(1) 视图分析。

首先找出主视图及其他视图、局部视图等，了解各视图之间的关系及表达方法和内容。该零件用五个视图表达其结构和形状：主视图采用了全剖视，主要表达内部结构；左视图采用局部剖视；俯视方向为 *B* 局部视图；用 *D* 局部视图表示主视图的外形，并对定位销孔、连接螺钉沉孔作了局部剖视；右视方向为 *C* 局部视图。

(2) 根据投影关系，进行形体分析，想象出零件的整体结构形状。

以结构分析为线索，利用形体分析法逐个看懂各部分形状和相对位置。先看简单容易部分，后看复杂较难部分，先看大致轮廓定初形后看细节定真形，先外后内。注意用回转体转向线定形体与尺寸符号ϕ、*S*、*R* 等的意义，结合零件的结构特点，逐个分析，最后综合起来想出零件的整体结构形状，由蜗轮蜗杆减速器箱体主视图分析，大致分为四个组成部分。

①箱体。由主、左视图可以确定箱体为U形体，下边为由 *R*75、*R*90 确定的壁厚为 15 的半圆柱筒，上边为与之相切的顶部厚度为 20 的长方箱体所构成的U形体，前后两壁有蜗杆轴孔。由于安装滚动轴承需要有一定长度的支承面，壁的内外均有凸台；箱体上部有ϕ72 和ϕ32 形成的阶梯孔，并在阶梯面上加工有螺纹孔，为表明螺纹孔的数量和位置，用了 *B* 局部视图。再用线面分析法来研究主视图右下角倾斜部分是圆锥面的转向线还是正垂面。如果是圆锥面，则 *D* 局部视图在尺寸 130 处应有圆锥面与圆柱面相交处形成的交线，现在图上没有，故判定为正垂面与圆柱面相交，且按投影关系均可在左视图和 *C* 局部视图上找到两者在内外表面上的交线。其交线是用细实线表示的过渡线。由于上置蜗杆润滑和散热不良，在箱体的前后壁上有用螺纹密封的 *Rc*3/8 管螺纹孔，由此孔供油进行润滑与散热。箱体左端面与箱盖连接的螺纹孔由左视图确定。

②安装板。由主、左视图可确定安装板为 260×200×25 的矩形板，安装面(主视图右端面)的形状由 *C* 局部视图可以看出。为减少加工面，中间挖槽，安装板上四个螺栓连接沉孔、两个定位销孔的位置和结构由左视图、*D* 局部视图上的局部剖视表示。

③支承蜗轮轴的圆筒。由主、左视图完全可以确定其为有一定壁厚的圆筒。由于孔内安装滚动轴承，所以该圆筒应有相应长度，圆筒右端凸台与安装板的安装面平齐。圆筒左部分位于箱体内部，为增加强度，圆筒与箱体之间有三个肋板，其形状和位置由主、左视图确定。

综上所确定的各部分形体的形状结构及相对位置，便可以确定蜗轮蜗杆减速器箱体的整体结构形状，如图 14-92。

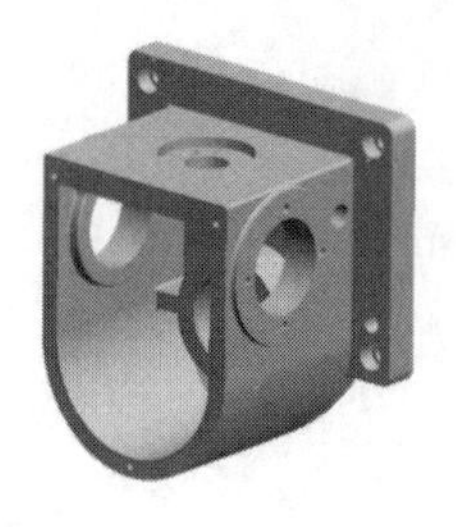

图 14-92 蜗轮蜗杆减速器箱体立体图

3）分析尺寸，找出基准

分析零件的尺寸，主要是根据零件的结构特点找出尺寸基准，分析影响性能的主要尺寸是否标注合理，标准要素标注是否符合规定，其余尺寸是否满足工艺要求，校核尺寸标注是否完整。

从图 14-91 可以看出，长度方向尺寸主要基准为箱体右端面、宽度方向尺寸主要基准为零件的前后对称平面、高度方向尺寸主要基准是蜗杆孔轴线，即ϕ72J7 轴线，直接影响传动性能的主要尺寸 107±0.1、60.5±0.1、75±0.05 等都是从尺寸主要基准直接注出的。对于安装板上螺钉孔的位置尺寸，高度由 60、25、160 来定位，宽度由 220 来定位，也是从尺寸主要基准注出，这是保证部件间的安装和定位。再分析配合尺寸及标准结构尺寸是否符合标准，不加工面的尺寸是否按形体分析法标注尺寸，尺寸是否完整，要逐项进行分析。

4）了解技术要求

零件图中提出的技术要求是零件的质量指标，在制造过程中应采取必要的工艺措施保证其要求。看图时就是根据零件在机器中的作用，分析零件的技术要求，是否在低成本的前提下，能保证产品质量。

主要分析零件的表面粗糙度、尺寸公差、几何公差以及制造、装配、表面处理等要求。

图 14-91 中的表面粗糙度：配合面 Ra =1.6μm，接触面 Ra =3.2μm，非接触加工面 Ra = 6.3μm 等，选择是合理的。配合尺寸和影响传动精度的定位尺寸均给了适当的尺寸公差和必要的几何公差。对零件的毛坯也提出了相应的质量要求。

5）综合考虑

通过分析视图、尺寸、技术要求等内容，对零件的结构形状、功用和特点有了全面的了解。在此基础上，再全面综合考虑零件的结构和工艺是否合理，表达方案和表达方法选择得是否恰当，以及检查有无看错或漏看等。

14.9 零件图的作用

零件图由设计部门的设计工程师完成绘制工作，提交给生产部门后，由工艺师根据零件图上的信息制定零件加工制造的工艺流程，制造车间的技术工人根据零件图和工艺流程制造零件。由此过程可知，零件图是生产准备、加工制造、质量检验的重要依据。下面利用图 14-93 所示挂轮轴零件图简要说明其加工制造流程。

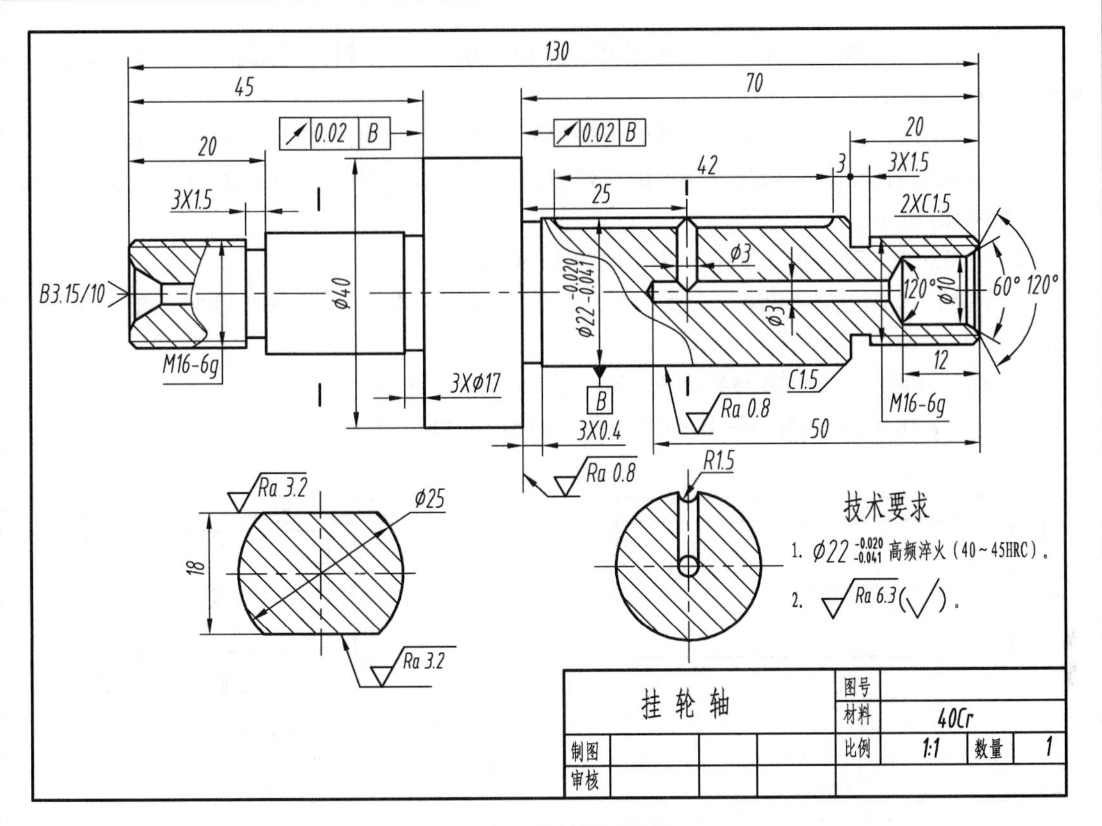

图 14-93　挂轮轴零件图

图 14-93

1．阅读零件图

1）读标题栏、分析视图

通过阅读标题栏知道该零件叫挂轮轴，制造材料为 40Cr。

挂轮轴通过一个主视图和两个断面图表达出该零件上加工有如下结构：

(1) 主视图表达了挂轮轴两端加工有中心孔，两端轴段还加工有 M16 外螺纹、3 个倒角、2 个退刀槽、2 个越程槽、2 处 $\phi 3$ 油孔和 1 处油槽；

(2) 左侧断面图表达 $\phi 25$ 轴段上加工有对称的轴扁平面；

(3) 右侧断面图表达 $\phi 22$ 轴段上加工的油槽形状为 $R1.5$ 的圆弧面；

2）分析尺寸

(1) 找出尺寸基准。通过所注尺寸可知 $\phi 40$ 轴段右端面为主要基准（设计基准），轴的左、右端面为辅助基准（工艺基准）。主、辅基准之间的联系尺寸是 70、130 和 45。

(2) 分析各个结构的定形尺寸和定位尺寸（略）。

3）分析技术要求

零件图中技术要求有：尺寸精度、表面精度、几何精度以及材料和热处理等方面的要求。由图中信息可知，$\phi 22$ 轴段的尺寸精度为上极限偏差−0.020mm、下极限偏差−0.041mm；$\phi 22$ 轴段圆柱面和 $\phi 40$ 轴段右端面的表面精度最高，其 Ra 值为 0.8μm；$\phi 40$ 轴段左、右端面相对 $\phi 22$ 轴段轴线的圆跳动公差均为 0.02mm；$\phi 22$ 轴段应高频淬火其洛氏硬度值为 40～45HRC。

2．制定工艺流程

通过阅读零件图的全部信息，确定的加工检验工序如下：

(1) 下料。根据图 14-93 所示总体尺寸ϕ40 和 130，所用型材圆钢直径应为 45、长为 135，如图 14-94(a) 所示。

(2) 在车床上进行粗车(粗车时每道工序都应按图中尺寸留出加工余量 1～2mm)。

① 卡住左端，粗车端面及外圆ϕ40×87(大于总长尺寸 130 减掉左端尺寸 45 之差 2mm)，如图 14-94(b) 所示。

② 粗车ϕ22×70，再车ϕ16×20，如图 14-94(c) 所示。

③ 钻ϕ10×12 孔，再钻ϕ3×50 盲孔，锪 60° 中心孔，车削 120° 保护锥面，如图 14-94(d) 所示。

④ 将工件调头，车削ϕ25×45 轴颈，如图 14-94(e) 所示。

⑤ 粗车ϕ16×20 轴颈，钻 B 型中心孔，如图 14-94(f) 所示。

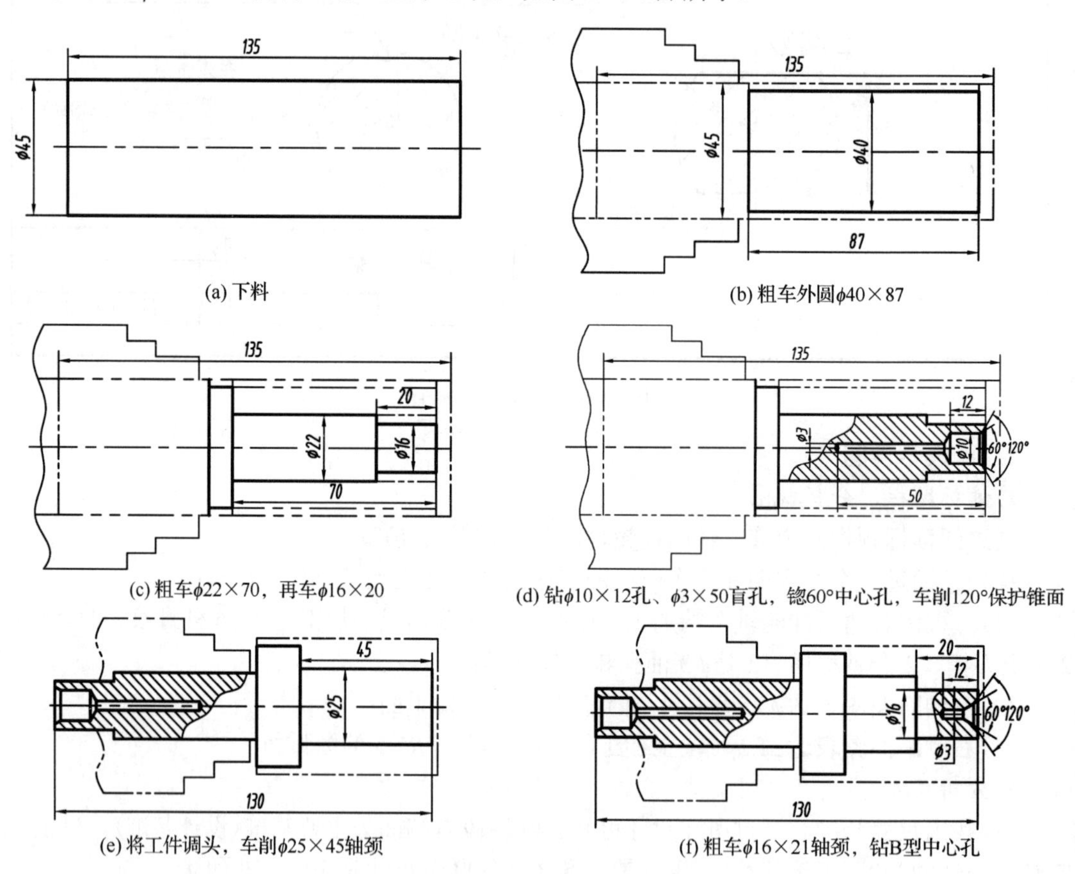

图 14-94 挂轮轴在车床上粗车

(3) 在车床上进行精车(精车时去除粗车留有的加工余量)。

① 轴两端用顶尖支撑，精车ϕ40 轴段，精车ϕ22 轴段(留磨削量 0.4～0.5mm)，精车 M16 螺纹轴段的外径，车削 3×1.5 螺纹退刀槽，车削 3×0.4 砂轮越程槽，车削两处 *C*1.5 倒角，车削 M16 螺纹，如图 14-95(a) 所示。

② 工件调头，精车ϕ25 外圆，精车 M16 螺纹轴段的外径，车削 3×1.5 螺纹退刀槽，车削 3×ϕ17 轴肩越程槽，车削 *C*1.5 轴端倒角，车削 M16 螺纹，如图 14-95(b) 所示。

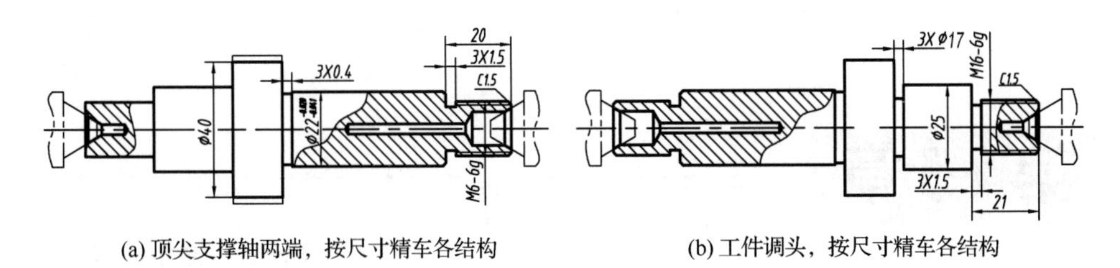

(a) 顶尖支撑轴两端，按尺寸精车各结构　　(b) 工件调头，按尺寸精车各结构

图 14-95　挂轮轴在车床上精车

(4) 换工序到铣床。

轴两端用顶尖支撑，用铣刀对称铣削ϕ25 轴段上的平面至尺寸 18，用指状铣刀铣削 R1.5×42 油槽，用钻头径向钻ϕ3 孔与轴向ϕ3 孔相交，如图 14-96(a) 所示。

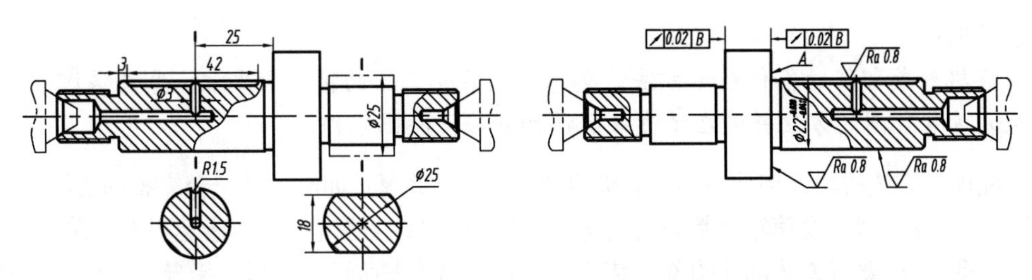

(a) 换工序到铣床，按尺寸铣削各结构　　(b) 换工序到磨床，磨削ϕ22轴段和轴肩面A

图 14-96　挂轮轴在铣床上铣削和在磨床上磨削

(5) 换工序到高频淬火机床，进行表面高频淬火，同时喷水冷却。

(6) 在硬度仪上测量ϕ22 轴段洛氏硬度应达到 40～45HRC。

(7) 换工序到磨床，磨削ϕ22 轴段和轴肩面 A，如图 14-96(b) 所示。

(8) 综合检验。

① 用粗糙度样块，重点检验ϕ22 轴段和轴肩面 A 的表面粗糙度。

② 用千分尺检验ϕ22 轴径的尺寸误差是否在上、下极限偏差$-0.020-(-0.041)=0.021$mm 之内。

③ 用螺纹环规检验螺纹精度。

④ 用振摆仪检验轴肩面相对ϕ22 轴线的圆跳动公差值是否在 0.02mm 范围之内。

当零件综合检验符合零件图要求即为合格产品。由以上传统加工过程可知，零件图是加工制造零件的依据，是重要的技术文件。

随着科学技术的发展，以上传统的加工方法已逐渐被现代加工方法取代，集多种加工方法于一体的数控加工已广泛应用于当今机械加工行业。图 14-97 是利用三维设计软件生成的三维数字模型，若将其数据传输到数控机床即可自动完成零件的加工。

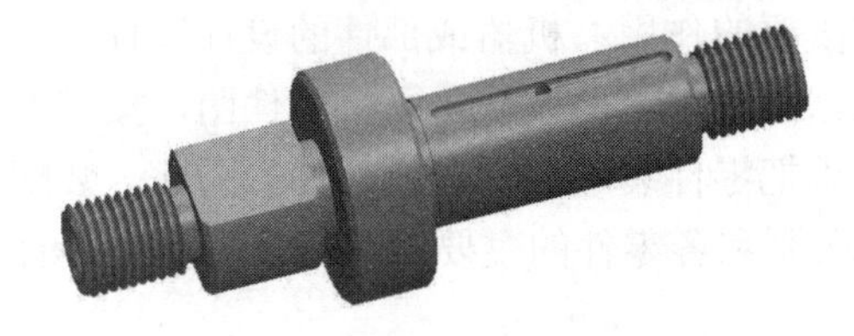

图 14-97　挂轮轴的三维模型

第 15 章 装配图

主要内容

装配图的作用和内容；机器和部件的表达方法；装配图画法；阅读装配图并由装配图拆画零件图。

学习要点

掌握机器或部件的各种表达方法；熟悉常见装配工艺的特点和画法；掌握装配图的画图步骤及阅读装配图的方法并能在读懂装配图的基础上拆画零件图。

装配图是表达机器或部件的图样。机器与部件的关系是：如汽车是一台完整的机器，而汽车上的发动机、离合器、变速箱等都是它的部件。在实际设计工作中，要有表达机器的总装配图(一般叫作总图)，也要有表达部件的部件装配图。它们都是表达设计思想、指导零部件装配和进行技术交流的重要图样。图 15-2 是根据图 15-1 所示齿轮油泵各零件的装配关系绘制的装配图。

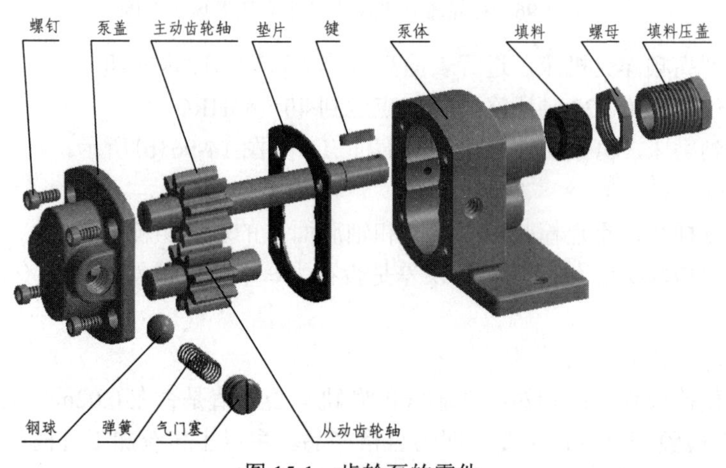

图 15-1 齿轮泵的零件

15.1 装配图的作用和内容

1. 装配图的作用

装配图在生产中具有重要的作用：机器或部件的设计过程中，首先要分析计算并绘制装配图，然后以装配图为依据，进行零件设计，画出零件图，按零件图制造零件，再按照装配图中的装配关系和技术要求把零件装配成机器或部件。因此，装配图应表达出机器或部件的工作原理、零件间的装配关系和各零件的主要结构形状及所需要的尺寸和技术要求。

2. 装配图的内容

根据装配图的作用，它应包括以下四个方面的内容(图 15-2)：

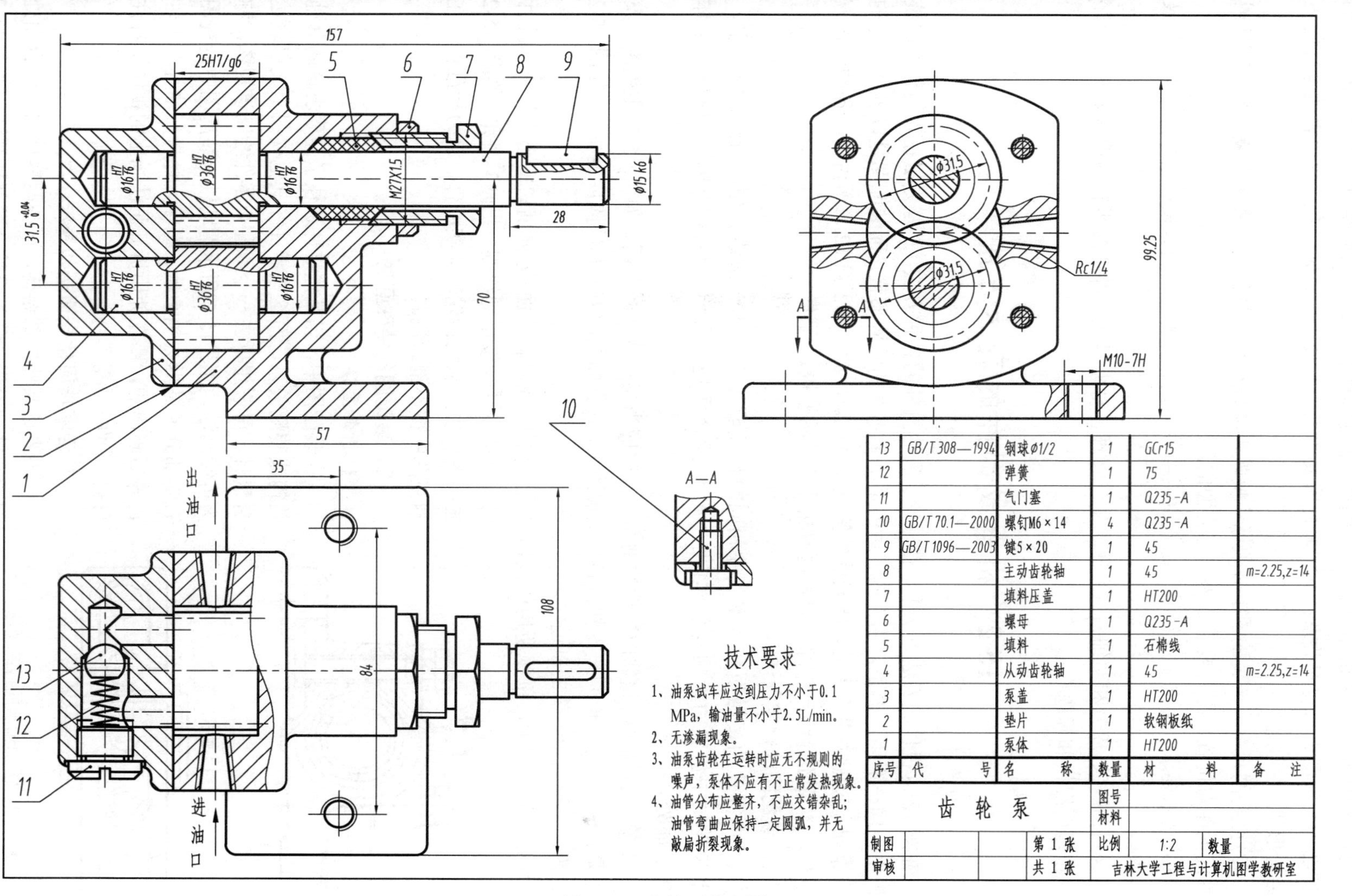

图 15-2 齿轮泵装配图

图 15-2

(1) 一组图形。表示机器或部件的工作原理及零件装配关系，零件的主要结构形状。如图 15-2 中主视图表示装配关系；左、俯视图表达工作原理；主、俯、左视图还表达零件的主要结构形状。

(2) 必要的尺寸。在装配图中必须标注反映机器或部件的性能、规格和安装情况、部件或零件间的相对位置、配合要求、外形等方面的尺寸。

(3) 技术要求。用文字或符号写出机器或部件质量、装配、检验、使用、维护等方面的技术要求。

(4) 标题栏、序号和明细栏。为便于生产管理，对机器或部件中的所有零件按顺序编写序号，填写明细栏和标题栏。

15.2 机器或部件的表达方法

在第 12 章机件的表达方法中，曾讨论了表达机件的各种方法，那些方法在表达部件的装配图中也同样适用。但是，零件图表达的是单个零件的结构形状，而装配图是以表达部件的工作原理和装配关系为主的，所表达的侧重面不同。因此，除了第 12 章所讨论的各种表达方法以外，本章还介绍一些部件的表达方法和装配图的规定画法。

1. 装配图的规定画法

(1) 两零件的接触面和基本尺寸相同的轴孔配合面应画一条线。如图 15-2 中，主、从动齿轮轴中齿轮的齿顶与泵体内腔 $\phi 36$ 配合面处，泵体、泵盖与垫片、螺母与泵体等接触面处。

(2) 在剖视图中，相邻两零件的剖面线方向应当相反或间隔不同，如图 15-2 主视图中泵盖与泵体的剖面线。但同一零件在各个剖视图中，其剖面线的方向和间隔应当相同，如图 15-2 主、俯、左视图中泵体的剖面线。

(3) 在剖视图中，剖视所用的剖切平面沿轴线(或对称平面)方向剖切实心零件和标准件时，这些零件均按不剖绘制，仍画其外形，如图 15-2 主视图中主、从动齿轮轴为实心件，键为标准件，在剖视图中按不剖绘制。

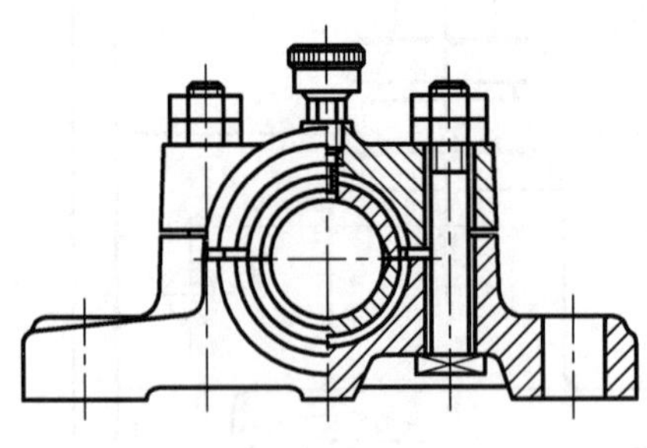
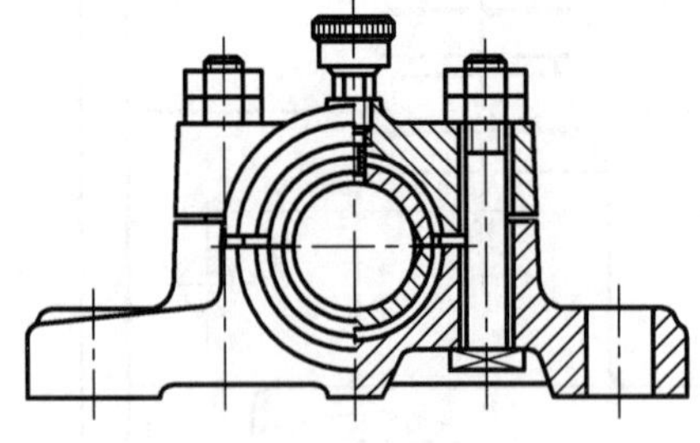
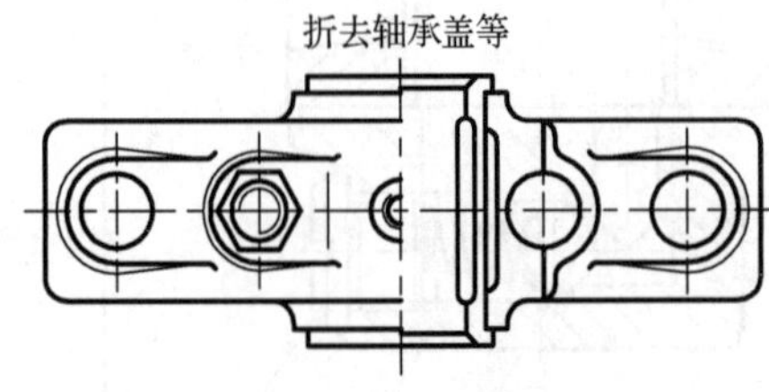

图 15-3 滑动轴承的拆卸画法

图 15-3

2. 装配图的特殊画法

1) 拆卸画法

在装配图中，当某些零件遮住了需要表达的其他结构或装配关系，而这些零件在其他视图上又已表达清楚时，可假想拆去一个或几个零件绘制该视图，称为拆卸画法，如图 15-3 所示滑动轴承装配图中俯视图右半部分就是拆去轴承盖、螺栓、螺母、油杯及上轴瓦等后画出的，要在使用拆卸画法画出的视图上标注“拆去零件×××等”。

2) 沿零件间结合面剖切画法

为表达某些内部结构，可在两零件间的结合面处剖切后进行投影，称为沿结合面剖切画法。如图 15-2

齿轮泵装配图中的左视图，即沿泵盖、泵体结合面剖切的，并将轴、销和螺钉切断。图 15-4 转子泵，*A*—*A* 剖视图为沿泵盖与泵体结合面剖切的。它与拆卸画法的区别在于是剖切而不是拆卸。

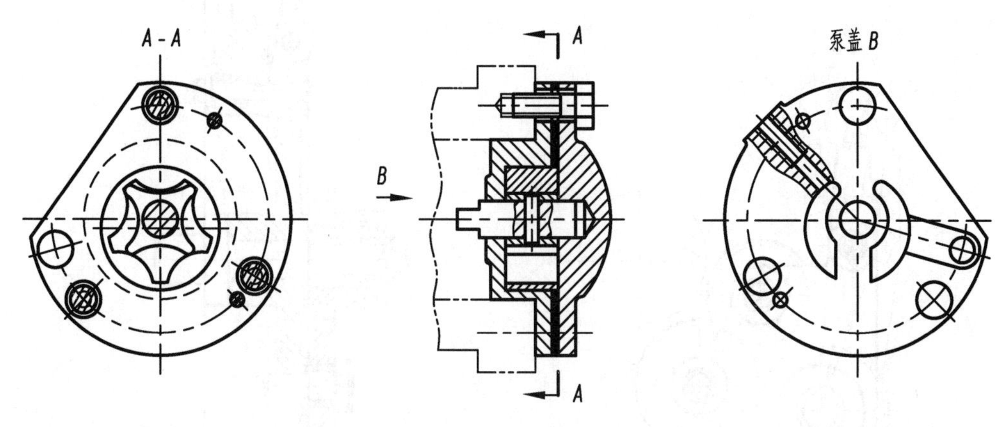

图 15-4　转子泵装配图

3) 单独画出某零件的某视图的画法

在装配图中，为表示某零件的形状，可另外单独画出该零件某一视图。如图 15-4 转子泵中零件泵盖的 *B* 向视图，并在该视图上方标注“泵盖 *B*”或“零件××*B*”。

4) 假想画法

表示与本部件有关的相邻零件或运动零件的运动极限位置时，可采用双点画线画出，这种表示方法称为假想画法，如图 15-5 车床尾架的床身、夹紧杆位置。图 15-4 主视图中双点画线表示转子泵的相邻零件。图 15-6 的挂轮架手柄位置，即运动零件极限位置。

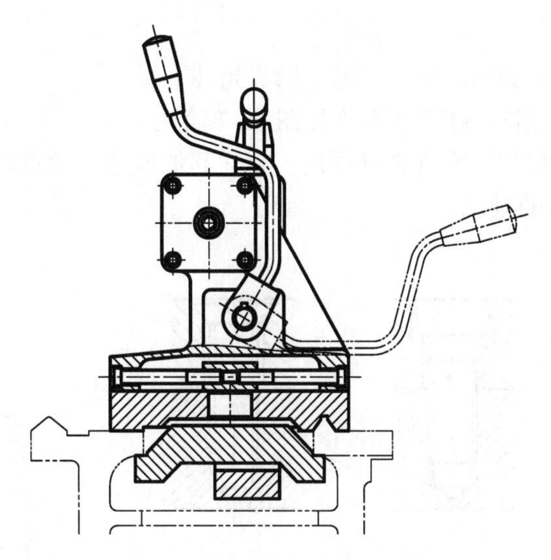

图 15-5　车床尾架的假想画法

5) 展开画法

为表示齿轮传动顺序和装配关系，将空间轴系按其传动顺序展开在一平面上，画出剖视图，这种画法称为展开画法，在展开图的上方注明“*X*—*X* 展开”字样。如图 15-6 的挂轮架装配图中采用了 *A*—*A* 展开画法。

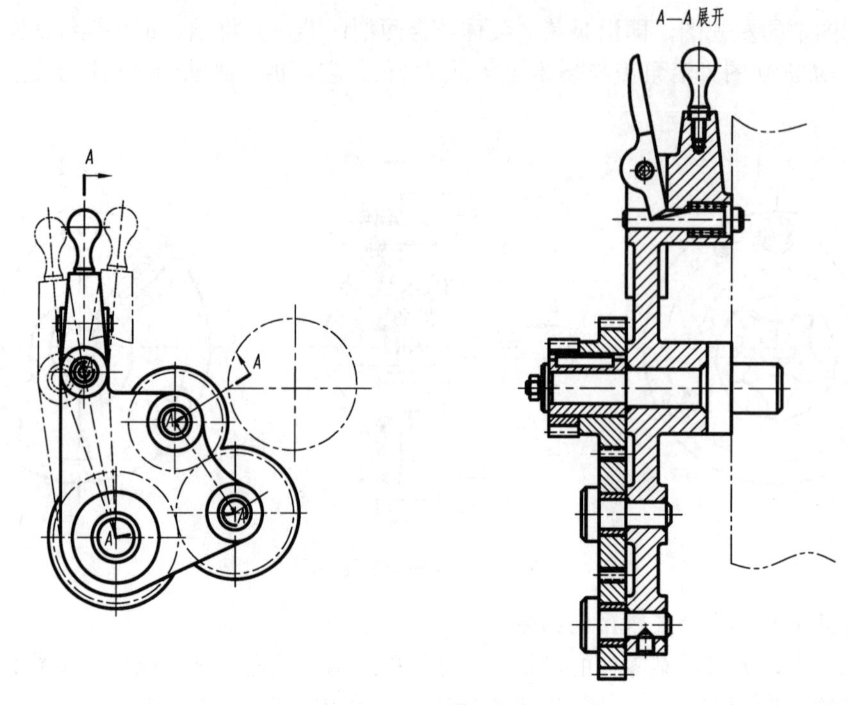

图 15-6 假想画法及展开画法

6) 夸大画法

在画装配图时，有时遇到薄片零件、细丝弹簧、微小间隙，无法按其实际尺寸画出，可采用夸大画法，即将薄片、间隙夸大画出，如图 15-4 转子泵中垫片是夸大画出的(主视图涂黑处)。

7) 简化画法

在装配图中零件的小圆角、倒角、退刀槽等允许不画。

在装配图中螺母、螺栓、螺钉等允许按图 15-7 简化。

对于对称或均布零件组，允许详细画出一处，其他位置用细点画线表明其装配位置，如图 15-8 对称螺纹紧固件的画法。

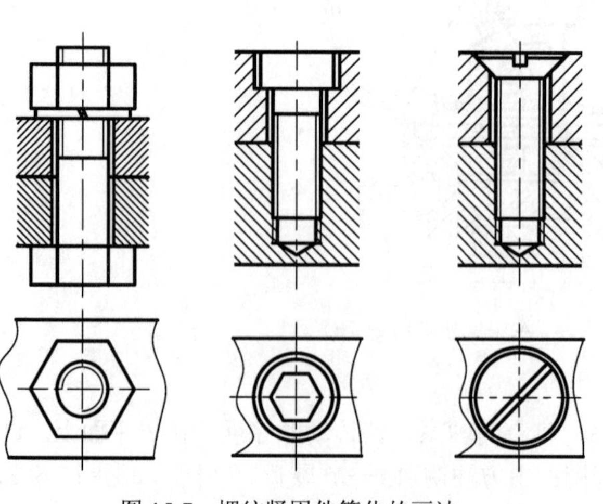

图 15-7 螺纹紧固件简化的画法

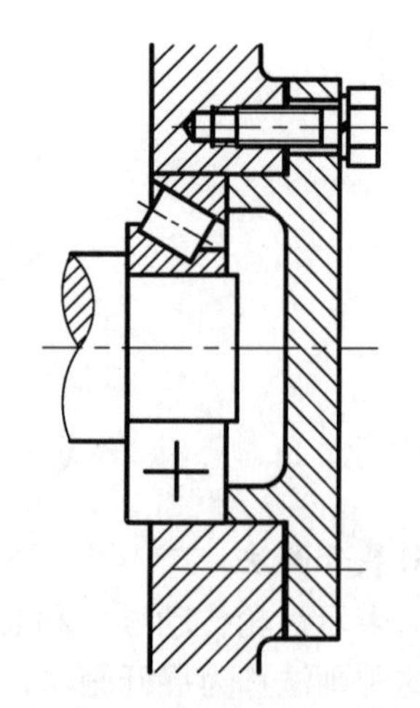

图 15-8 对称零件组画法

15.3 装配图中的尺寸标注和技术要求

1. 装配图中的尺寸标注

装配图中应标出必要的尺寸，这些尺寸是根据装配图的作用确定的，用来说明机器的性能、工作原理、装配关系和安装等要求。为便于分析，归纳为下列尺寸。

1)性能尺寸(规格尺寸)

性能尺寸或规格尺寸表示机器的性能或规格，是在设计时确定的，同时也是设计、了解和选用机器的依据。如图 15-2 齿轮泵进油口、出油口的尺寸 *Rc*1/4 为性能尺寸，可作为齿轮泵流量计算的参考，又如图 15-32 顶尖座装配图中顶尖高尺寸 125 亦属规格尺寸。

2)装配尺寸

装配尺寸由两部分组成，一是各零件间的配合尺寸，另一是零件间的相对位置尺寸。如图 15-2 齿轮泵泵盖、泵体中轴孔的配合尺寸ϕ16H7/f6；两齿轮的中心距$31.5^{+0.04}_{0}$表示装配齿轮泵时需要保证的两齿轮间相对位置的尺寸。

3)外形尺寸(总体尺寸)

表示机器(或部件)外形的总长、总宽、总高的尺寸，在安装、运输时依此确定所占空间的大小。如图 15-2 齿轮泵总长 157，总宽 108，总高 99.52。

4)安装尺寸

机器或部件安装在地基上或与其他部件相连接时所需要的尺寸，称为安装尺寸。如图 15-2 齿轮泵底座的尺寸 108、57 及其上两螺纹孔 M10 及它的定位尺寸 35 和 84。

5)其他重要尺寸

在设计过程中经过计算确定或选定的尺寸，但又不包括在上述几类尺寸之中的尺寸，称为其他重要尺寸。这类尺寸在拆画零件图时应保证。如图 15-2 齿轮泵的主轴高度 70 和齿轮分度圆直径ϕ31.5，是拆画泵体和齿轮零件图时必须保证的。

2. 装配图中的技术要求

在装配图中，有些技术上的要求和说明必须用文字及符号才能表达清楚，这些技术要求一般有如下几个方面：

(1)装配要求：装配时必须达到的精度；装配过程中的要求；指定的装配方法等。

(2)检验要求：包括检验、试验的方法和条件及应达到的指标。如图 15-2 中“油泵试车压力不大于 0.1MPa，输油量不小于 2.5L/min”等。

(3)使用要求：包括包装、运输、维护保养及使用操作的注意事项等。

技术要求通常写在明细栏左侧或其他空白处。

15.4 装配图中的零部件序号及明细栏

装配图上对每种零件或部件都必须标注序号，并填写明细栏，以便统计零件数量，进行生产的准备工作时使用。同时，在看装配图时，也是根据序号查阅明细栏，以了解零件的名称、材料和数量等，有利于看图和图样管理及组织生产。

1. 零、部件序号

(1)序号的指引线应从各零件轮廓范围引出，并在起始端画一小圆点。另一端用细实线画横线或圆，或两者均不画，并将数字填写在横线上或圆内，或写在指引线末端，如图 15-9 所示。序号数字要比该装配图中所注尺寸数字大一号(图 15-9(a))，也可按图 15-9(b)所示的序号数字比尺寸数字大两号。若在所指部分内不宜画圆点时，可在指引线末端画出指向该部分轮廓的箭头，如图 15-10 所示。

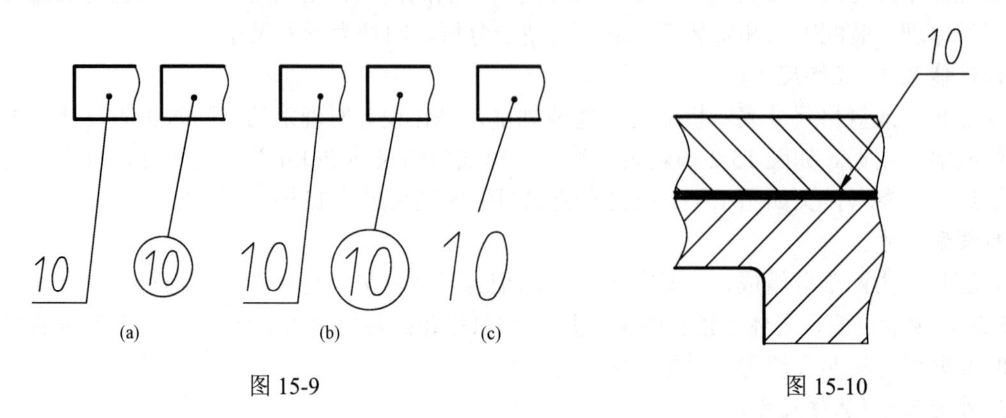

图 15-9　　图 15-10

(2)指引线尽可能分布均匀，并且不要彼此相交，也不要过长。指引线通过有剖面线的区域时，要尽量不与剖面线平行，必要时可画折线，但只允许曲折一次，如图 15-11 所示。同一组紧固件或装配关系清楚的零件组，允许采用公共指引线，如图 15-12 所示。

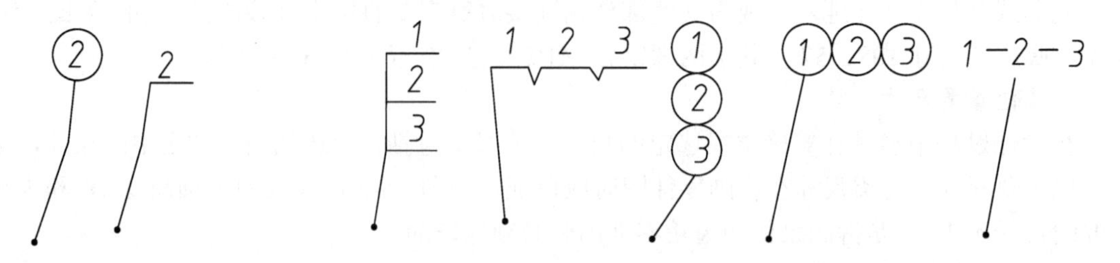

图 15-11　指引线　　图 15-12　紧固件组公共指引线

(3)每种零件在视图上只编一个序号，对同一标准部件(如油杯、滚动轴承)，在装配图上只编一个序号。

(4)序号数字要沿水平或垂直方向对齐，并按顺时针或逆时针次序填写，如图 15-2 所示。

(5)为使全图能布置得美观整齐，在编注零件序号时，应先按一定位置画好横线或圆圈，然后再与零件一一对应，画出指引线。在同一装配图中标注序号的形式应一致。

(6)常用的序号编排方法有两种：一种是将装配图中所有零件、部件包括标准件在内，按一定顺序编号，如图 15-2 齿轮泵装配图所示；另一种是装配图中所有标准件按其标记注写在指引线的横线处，而将非标准零件按一定顺序编号。

2．明细栏

装配图的明细栏画在标题栏上方，如图 15-13 所示。假如地方不够，也可在标题栏的左方再画一排，根据 GB/T 10609.1—1989 标题栏和 GB/T 10609.2—1989 明细栏规定的“也可按实际需要增加或减少”的原则画出。明细栏中“序号”一栏数字排列应由下向上逐渐增大填写。“代号”一栏中填写零件的代号或标准件的标准编号。“名称”栏中填写零件的名称，对于标准件还要填其规格。有些零件还要在“备注”栏填写一些特殊项目，如齿轮应填写“$m=$　”、“$z=$　”。如果在装配图中标准件直接标注了标记，则明细栏只填写非标准零件即可。

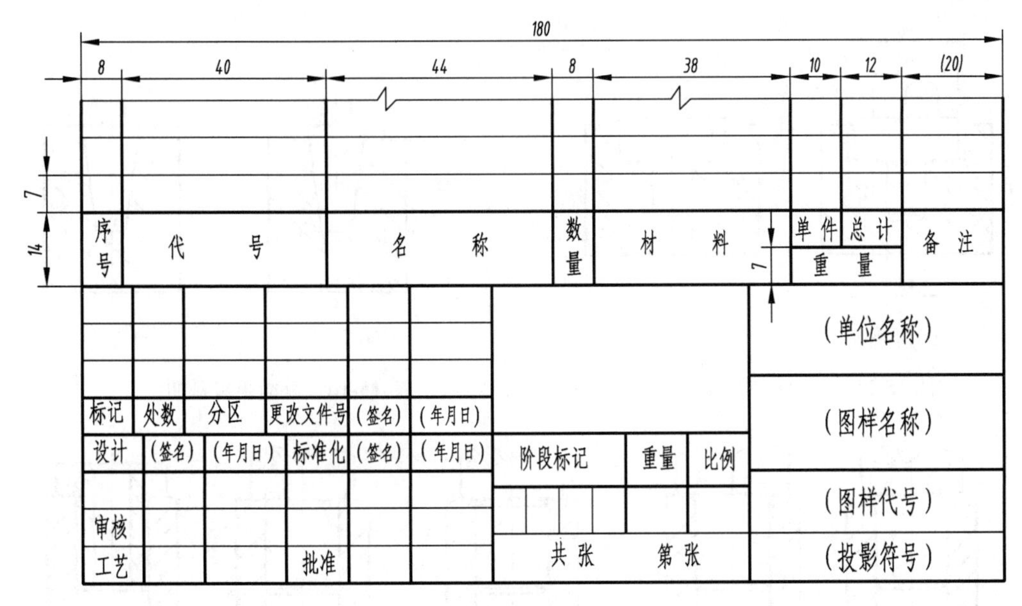

图 15-13　标题栏和明细栏

15.5　装配工艺结构的合理性

为了使零件装配成机器或部件后能达到性能要求，并考虑装拆方便，对装配工艺结构应有合理的要求。下面介绍几种常见的装配工艺结构，供画装配图时参考。

1．接触面及配合面的结构

(1) 接触面的数量。两零件在同一方向上只能有一对接触面，否则会给零件的制造和装配带来困难，如图 15-14 所示。

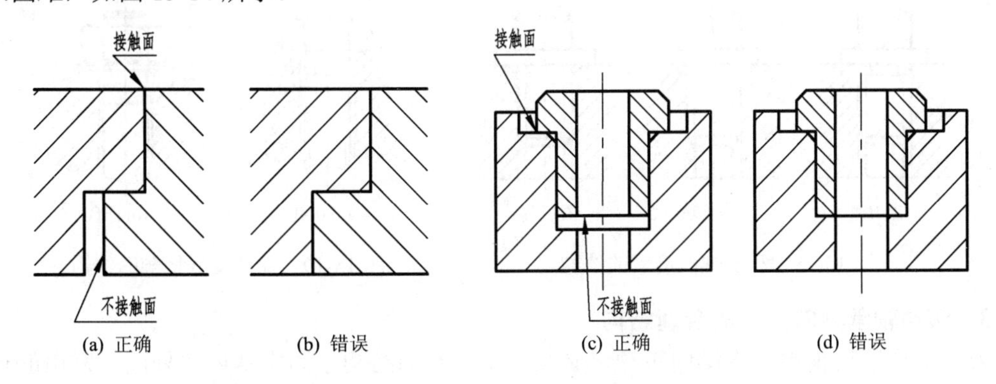

(a) 正确　(b) 错误　(c) 正确　(d) 错误

图 15-14　同一方向上只能有一对接触面

(2) 轴与孔的配合面。在图 15-15 中，为了保证 ϕA 配合面，则 ϕB 和 ϕC 就不能再形成配合面，否则将给加工带来困难，此时 ϕB 应大于 ϕC。

(3) 锥面的配合。锥面配合面须同时保证轴向和径向的位置，因此当锥孔不通时，锥体顶部与锥孔底部之间必须留有间隙，如图 15-16 所示，必须保持 $L_1 < L_2$，否则得不到稳定的配合。

(4) 轴肩与孔端面的结构。为保证轴肩与孔端面接触良好，孔端应加工出倒角或轴上应加工有退刀槽、凹槽或燕尾槽，如图 15-17 所示。

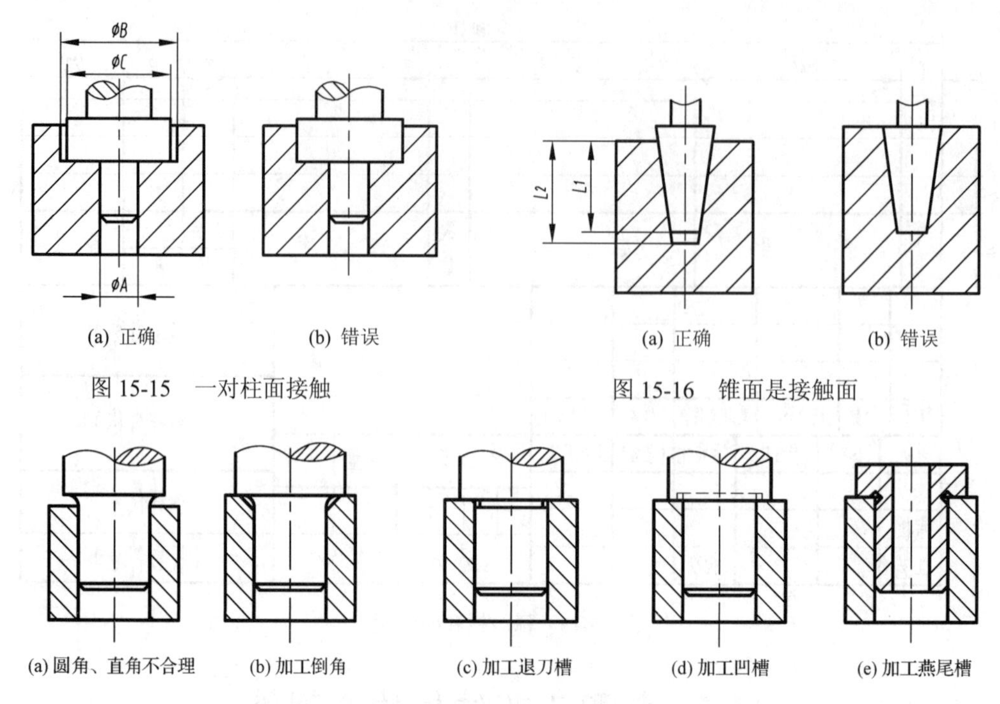

(a) 正确　(b) 错误

图 15-15　一对柱面接触

(a) 正确　(b) 错误

图 15-16　锥面是接触面

(a) 圆角、直角不合理　(b) 加工倒角　(c) 加工退刀槽　(d) 加工凹槽　(e) 加工燕尾槽

图 15-17　轴肩与孔端面的结构

2．螺纹连接的合理结构

为了保证螺纹旋紧，应在螺纹尾部留出退刀槽或在螺纹孔端部加工出凹坑或倒角，如图 15-18 所示。

为了保证连接件与被连接件间良好接触，被连接件上应做成沉孔或凸台以减少加工面，如图 15-19 所示。被连接件通孔的直径应大于螺纹大径或螺杆直径，以便装配。

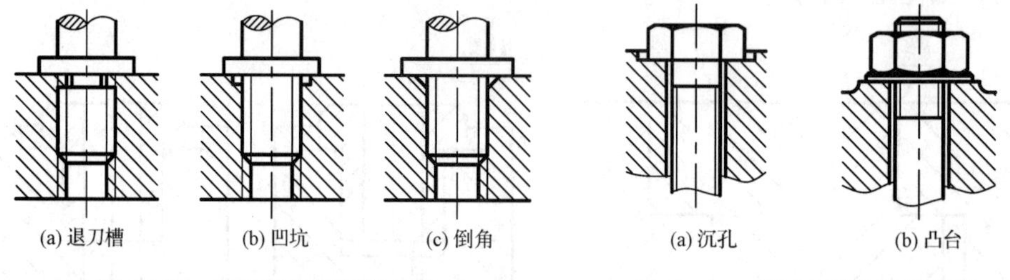

(a) 退刀槽　(b) 凹坑　(c) 倒角

图 15-18　利于螺纹旋紧的结构

(a) 沉孔　(b) 凸台

图 15-19　保证良好接触的结构

3．滚动轴承轴向固定的合理结构

为了防止滚动轴承产生轴向窜动，必须采用一定的结构来固定其内、外圈。常用的轴向固定结构形式有：轴肩、台肩、弹性挡圈、端盖凸缘、圆螺母和止退垫圈、轴端挡圈等，如图 15-20 所示。书后附表列有孔用和轴用弹性挡圈的标准尺寸，供选用。

为了使滚动轴承转动灵活和热胀后不致卡住，应留有少量的轴向间隙(一般为 0.2～0.3mm)，常用的调整方法有：更换不同厚度的金属垫片或用螺钉止推盘等。

4．密封和防漏结构

机器或部件上的旋转轴或滑动杆的伸出处，应有密封或防漏装置，用以防止外界的灰尘杂质侵入内部或阻止工作介质(液体或气体)沿轴、杆泄漏。机器能否正常运转，在很大程度上取决于密封或防漏结构的可靠性。

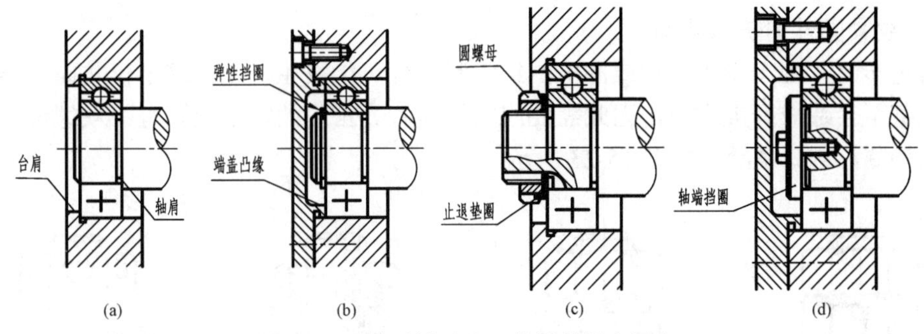

图 15-20 滚动轴承内、外圈的轴向固定

1) 滚动轴承的密封

常见的密封方法有毡圈式、沟槽式、皮碗式、挡片式等，如图 15-21 所示。

以上各种密封方法所用的零件，如皮碗和毡圈已标准化，某些相应的局部结构，如毡圈槽、油沟等也为标准结构，其尺寸可由有关标准中查取，画图时应正确表示。

2) 防漏结构

在机器的旋转轴或滑动杆(阀杆、活塞杆等)伸出箱体(或阀体)的地方，做成一填料箱(涵)，填入具有特殊性质的软质填料，用压盖和螺母将填料压紧，使填料紧贴在轴(杆)上，达到既不阻碍轴(杆)运动，又起密封防漏作用，画图时，压盖画在表示填料加满，并开始压紧填料的位置，如图 15-22 所示。

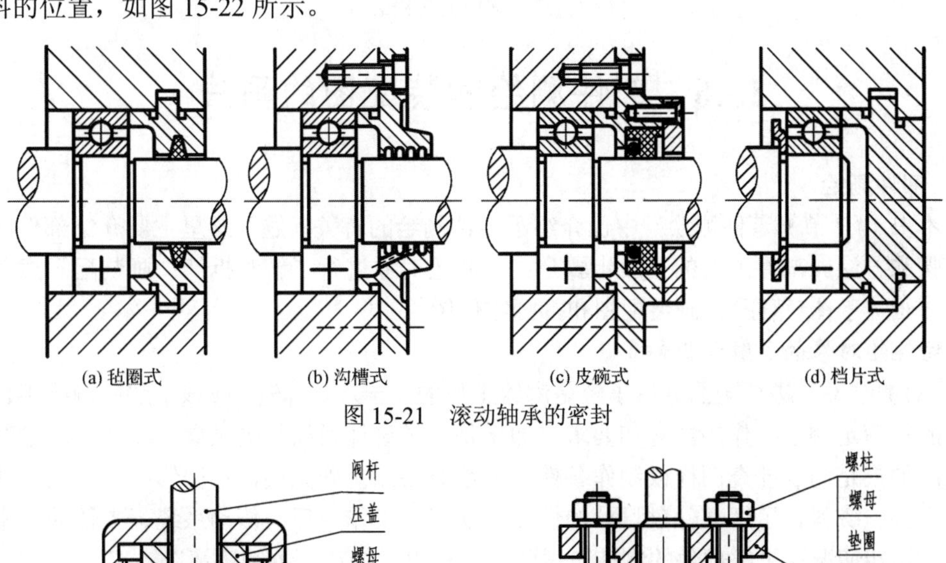

图 15-21 滚动轴承的密封

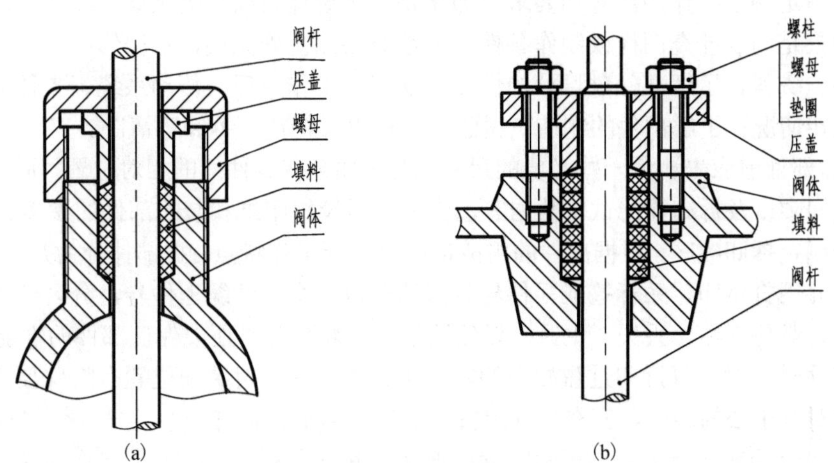

图 15-22 防漏结构

5. 螺纹紧固件的防松结构

机器运转时，由于受到振动或冲击，螺纹紧固件可能发生松动，这不仅妨碍机器正常工作，有时甚至会造成严重事故，因此需要用防松装置。常用的防松装置有：双螺母、弹簧垫圈、止退垫圈、开口销等，如图 15-23 所示。

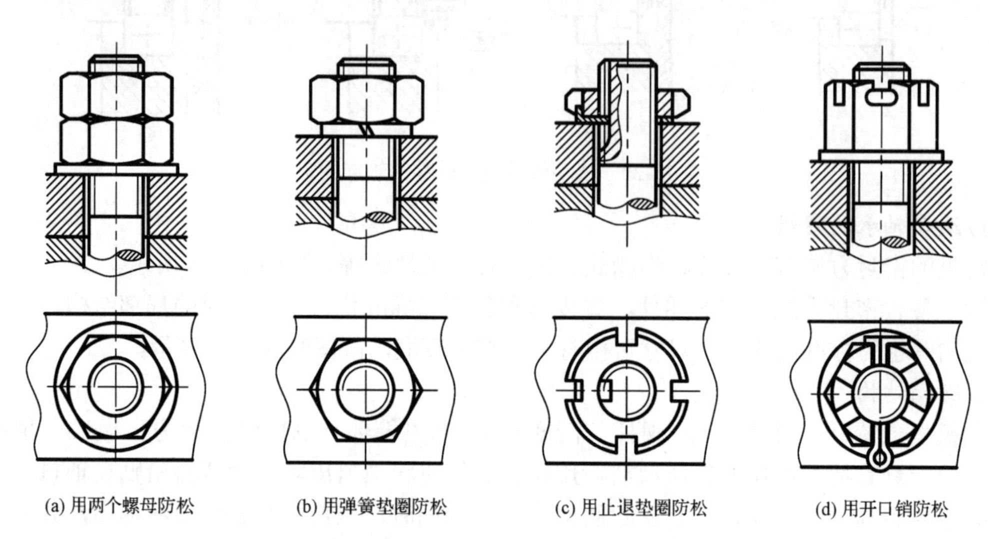

(a) 用两个螺母防松　(b) 用弹簧垫圈防松　(c) 用止退垫圈防松　(d) 用开口销防松

图 15-23　常用的防松装置

15.6　部件测绘和装配图的画法

1. 部件测绘

在本书 14.7 节“零件测绘”中已介绍了零件测绘的有关问题，这里主要介绍部件测绘的一般步骤和方法。部件测绘的一般步骤是：对测绘对象进行了解和拆卸；画装配示意图；测绘零件，画徒手图(草图)；画装配图和拆画零件图。

1)对测绘对象的了解和拆卸

(1)对测绘部件进行全面分析了解是测绘工作的第一步。首先，应该了解所测绘工作的任务和目的，确定测绘工作的内容和要求。如果是为了设计新产品提供参考图样，测绘时可进行修改；如果是为了补充图样或制作备件，测绘时必须正确无误，不得修改。其次，通过阅读有关文件、资料，了解部件(机器)的性能、功用、工作原理、传动系统、大体的技术性能和使用、运转情况；了解部件的制造、试验、修理以及构造、拆卸等情况。

(2)拆卸部件前应先测量一些必要的尺寸数据，如某些零件间的相对位置、运动件的极限位置、装配间隙以及拆卸前的试验数据等，作为以后校核图纸和装配部件的参考。

要周密制定拆卸顺序，根据部件的组成情况及装配工作特点，把部件分为几个组成部分，依次拆卸，并用打钢印、系标签或写件号等方法对每一个零件编上件号，分区分组的放置在规定的地方，避免损坏、丢失、生锈，以便测绘后重新装配时还能保证部件的性能和要求。

拆卸零件时，对不可拆和过盈配合的零件尽量不拆卸。对装配位置有特殊要求的零件或装配时需要对准中心的零件，应在零件上打上位置记号后再拆卸。

拆卸时应合理地选用工具和正确的拆卸方法，保证顺利拆卸，不致损伤零件。保证部件原有的完整性、精确性和密封性。

2) 画装配示意图

在全面了解部件后，可以绘制部分示意图。因只有在拆卸之后，才能显示出零件之间的真实的装配关系，所以，在拆卸时必须一边拆卸，一边补充、更正所画出的示意图，记录各零件间的装配关系，作为绘制装配图和重新装配的依据。

装配示意图一般用简单的图线和符号画出零件的大致轮廓，国家标准《机械制图》中也规定了一些零件的简图符号。画装配示意图时，通常对各类零件的表达可不受前后层次的限制。画机构传动的示意图时，应按简图符号绘制。图 15-24 所示为齿轮泵的装配示意图。

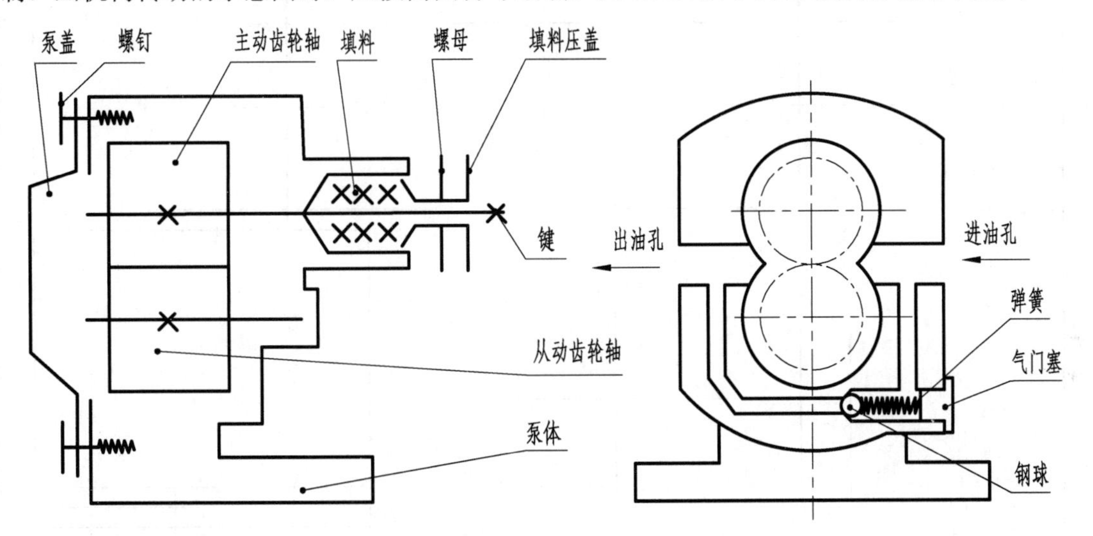

图 15-24 齿轮泵装配示意图

3) 测绘零件画徒手图和确定标准件规格

部件中除标准件外，所有零件都需要画出徒手图(草图)。标准件要测量出规格，并查找出标准，填写标准件明细表。零件的测绘方法与徒手图(草图)画法在本书 14.7 节中已介绍。

4) 画装配图和拆画零件图

根据装配示意图和零件草图、标准件明细表画出装配图，再由装配图拆画零件图。

2. 画装配图的方法与步骤

1) 拟定表达方案

表达方案包括选择主视图，确定视图数量和表达方法。

(1) 主视图的选择一般按机器(或部件)的工作位置确定，使主视图能够表示机器的工作原理、传动系统、零件间主要的装配关系，如图 15-2 齿轮泵的主视图。由于机器的种类不同，选择的视图就不同，所以，并不是所有的机器都是使用主视图来表达上述要求。

(2) 视图的数量和表达方法要根据部件的结构特点、复杂程度来选取，表达方法与视图数量一般是同时确定的。

机器上都存在一些装配干线，例如，以一根轴为主线装配，为了清楚表示这些装配关系，一般都通过装配干线(轴线)选取剖切平面，画出剖视图来表达。图 15-2 所示为齿轮泵的装配图。全图共有四个视图。主视图采用全剖视图，表达齿轮泵的主要装配关系和工作原理。左视图采用沿泵盖和泵体结合面剖切的全剖视图，并在剖视图中采用“剖中剖”的局部剖视，表达工作原理、进出油孔的结构等内容。俯视图采用局部剖视表达尚未表示清楚的安全溢流装置。用 *A—A* 局部剖视图表示内六角螺钉紧固泵盖及泵体。

2)画装配图的步骤(图 15-25)

(1)根据表达方案，确定画图比例和图幅。留出标题栏及明细栏的位置，画出主要基准线。即画出三视图中主动齿轮轴和从动齿轮轴两条装配干线的轴线和中心线，如图 15-25(a)所示。

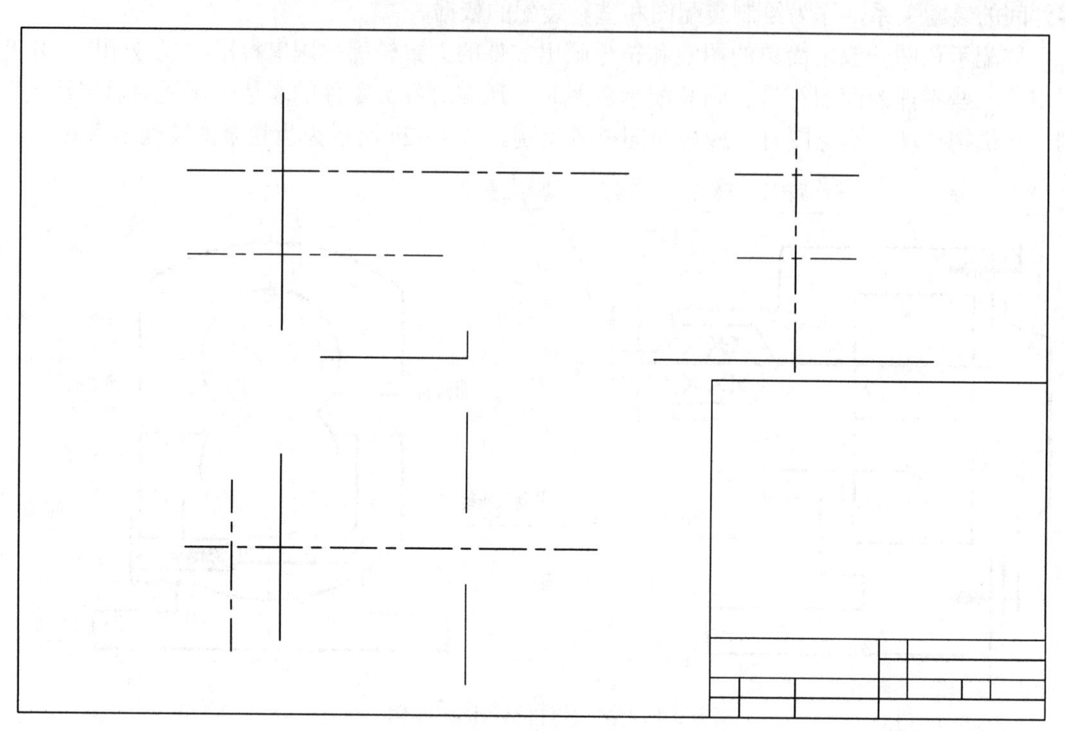

(a) 画出主要基准

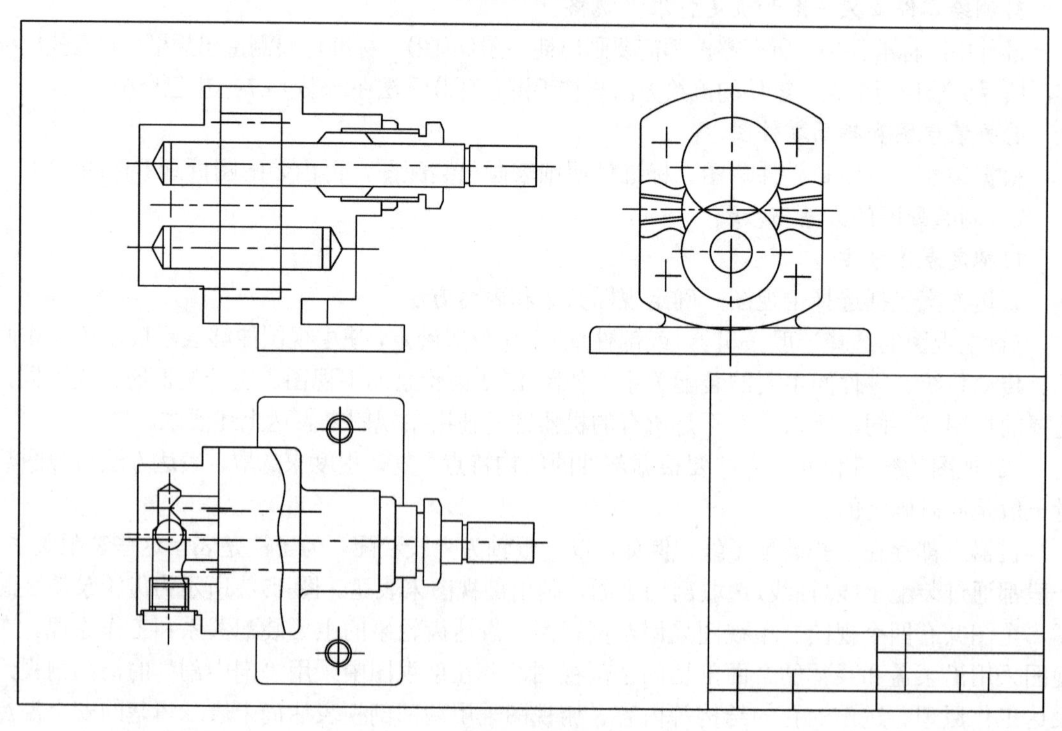

(b) 画出主要轮廓

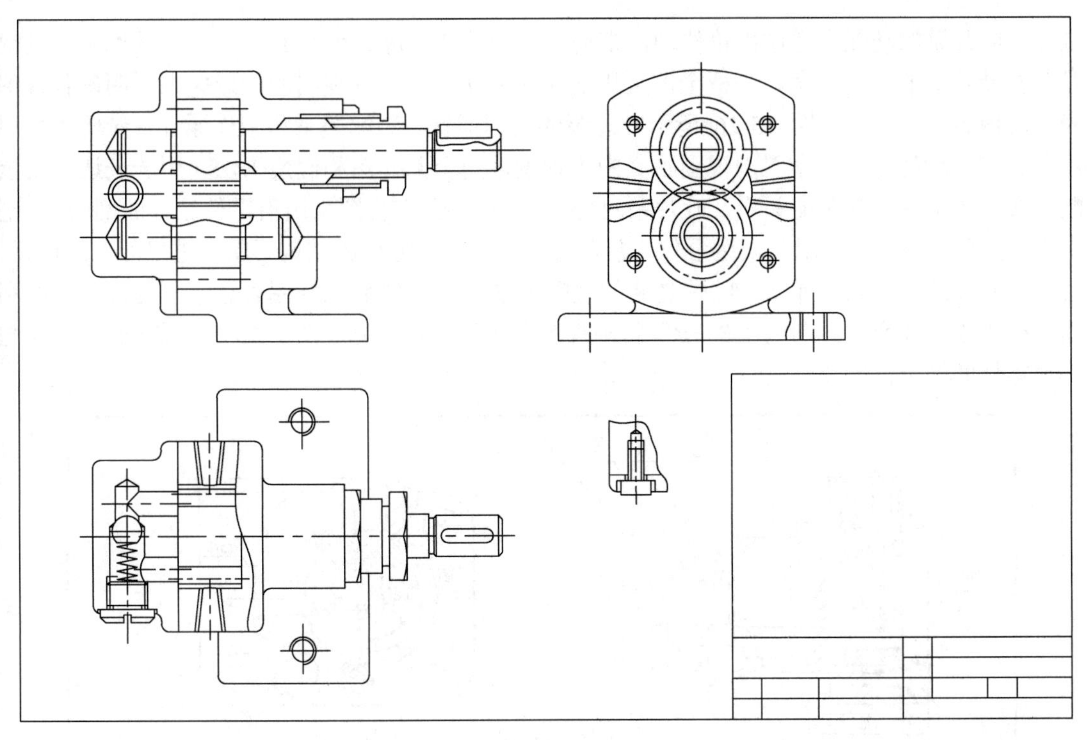

(c) 画出细节，检查错误

图 15-25 画装配图的方法与步骤

(2) 画图时，一般可从主视图入手，沿着装配干线从里向外或从外向内画起，先画主要结构，后画次要结构和细节，几个视图配合一起画，如图 15-25(b) 所示。

(3) 完成主要装配干线后，再将其他装配零件一一画完，例如键、螺钉、弹簧等，如图 15-25(c) 所示。

(4) 完成底稿后应仔细检查，判断零件间互相遮挡的关系，被遮住部分不应画出，检查、描深全图，标注尺寸，编写序号，填写明细栏、标题栏和技术要求，完成的装配图如图 15-2 所示。

15.7 读装配图和由装配图拆画零件图

读装配图的目的是了解设计者的意图和要求。通过图样中的图形、符号和文字等信息应看懂下列内容：机器(或部件)的功能和工作原理、各零件之间的装配关系、零件的拆装顺序以及各零件的主要结构形状和作用。

1. 读装配图的方法和步骤

下面以叶片泵为例，说明读装配图的一般方法和步骤。叶片泵装配图如图 15-26 所示。

1) 概括了解

首先阅读有关资料(如产品说明书等)，然后通过看标题栏、明细栏、序号和技术要求等内容，了解部件的名称、零件种类、数量和功能。例如通过阅读图 15-26 所示装配图中的以上内容，知道该部件为叶片泵，是机器润滑系统中的主要部件，共有 8 个一般零件、4 种标准件。叶片泵的功能是通过齿轮传动，带动叶片转动完成每分钟不少于 5 升的输油量。其次是分析叶片泵的表达方案，分析全图采用的表达方法，分析各视图的投影关系，明确各视图表达的内容。为了表达图 15-26 所示叶片泵的结构形状、装配关系和工作原理，装配图采用了主、左两个视图和两个斜剖视图。其中主视图采用全剖视图和假想画法，用于表达主要装配干线上各个零件的装配关系及叶片泵对外安装的情况。左视图采用沿零件结合面剖切和“剖中剖”的局部剖视图，用来表达泵体、泵盖等零件在左视方向的结构形状、进出油口的位置、月牙形储油腔形状以及弹簧与叶片之间的装配关系。“*A—A*”斜剖视图表达了环与泵体之间利用圆柱销连接和定位。利用“*B—B*”斜剖视图表达了叶片泵通过两个螺栓(假想画法)实现与其他零件间的定位安装。

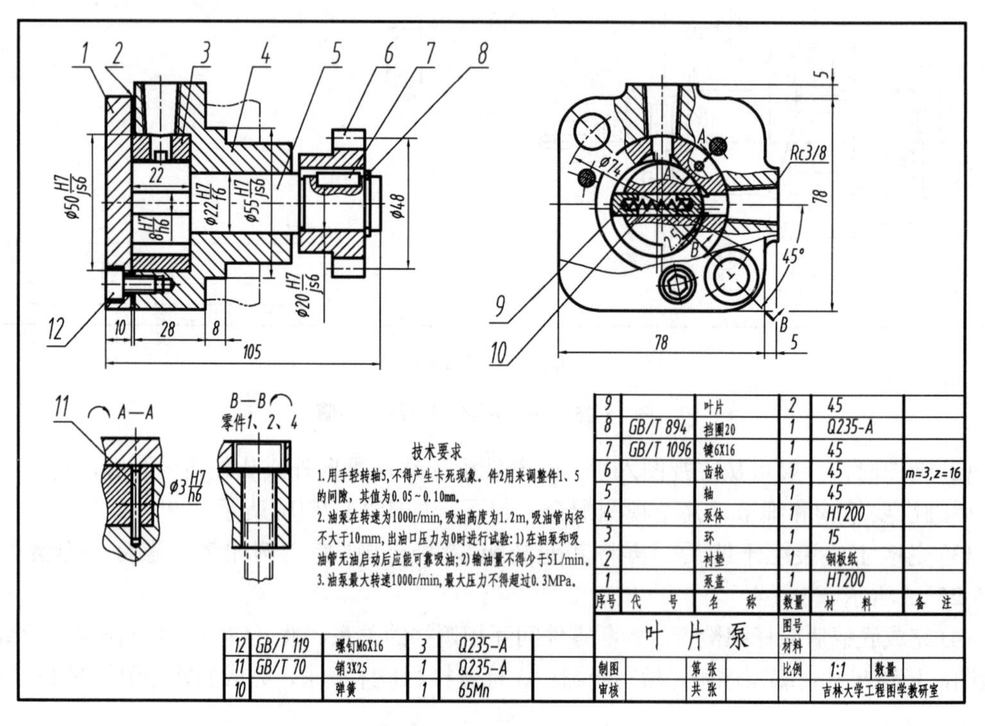

图 15-26 叶片泵装配图

图 15-26

2) 详细分析

通过概括了解后，进一步仔细阅读装配图，以便掌握其装配关系和工作原理等信息。

从主视图入手配合其他视图，按零件序号及零件的投影关系，根据装配图的规定画法、特殊画法等方法逐一分析各个零件的结构形状及其功能和零件间的装配关系。例如“根据剖视时，相邻零件其剖面线方向相反或间隔不同的”规定画法，分清各个零件的轮廓范围。通过标注的配合尺寸可知哪些零件间具有间隙配合、过盈配合和过渡配合的装配关系。

利用以上方法分析可知，在主视图的装配干线上，都以零件 4(泵体)作为主件进行装配：零件 3(环)装配在泵体$\phi 50$ 的孔中，由配合尺寸$\phi 50$H7/js6 说明两者是过渡配合的关系。由 *A—A* 图可知，泵体与环是利用件 11($\phi 3$ 圆柱销)定位，防止环在泵体内转动，由左视图可看出，环上有两孔与泵体 *Rc*3/8 两圆锥螺纹孔(进、出油孔)相通；件 5(轴)从左向右装入泵体$\phi 22$ 的孔中，由配合尺寸$\phi 22$H7/f6 说明两者是间隙配合的关系。由轴左端标注的尺寸 22 和 8H/h6，再按投影关系对应到左视图可知：轴左端加工有长度 22、公称尺寸 8 的通槽，该槽内装有件

9(前后两个叶片)，两叶片与轴端通槽是间隙配合的关系；由左视图还可看出两个叶片上分别加工有盲孔，盲孔内装有件 10(压缩弹簧)，利用弹簧的弹力使得两个叶片在轴左端的通槽内自由伸缩并使叶片的圆弧面始终与环的内表面接触。由于环的内外柱面偏心，当轴装入环内时，便形成一个月牙形的储油腔，该储油腔被两个叶片分割成高、低压区，当叶片随着轴转动时，由进油口吸入的低压油被叶片挤入到高压区内经出油口输出。轴的连续旋转便实现了油或其他液体的连续输出。而轴是通过件 7(键)连接的件 6(齿轮)转动实现旋转的。利用件 8(挡圈—轴用挡圈)防止齿轮脱落。

件 1(泵盖)和泵体之间装有调整泵盖和轴左端面间隙并起密封作用的件 2(衬垫)。泵体和泵盖用 3 个内六角螺钉连接。由主视图配合尺寸ϕ55H7/js6 和 B—B 剖视图可知，叶片泵是装入机体ϕ55 的孔中(过渡配合)，并用两个内六角螺栓(假想画法)将其固定。

通过以上方法逐步看懂部件的装配关系、拆装顺序和零件的功能及主要结构形状。

3)归纳总结

在对装配关系、工作原理和零件的结构形状进行分析后，还应对技术要求、所注尺寸进行分析研究，从而了解机器(或部件)的设计意图和装配工艺性。经过归纳总结，进一步看懂装配图，并为拆画零件图打下基础。

2. 由装配图拆画零件图

由装配图拆画出零件图是机器设计工作中的重要环节，是机器生产制造前的准备工作。由装配图拆画零件图简称拆图。认真看装配图、了解设计意图、弄清装配关系和零件的结构形状是拆图的前提。而拆图时，要从设计、制造来考虑问题，使拆画出的零件图达到设计和工艺要求，即满足使用要求又方便加工制造。下面以阅读后的图 15-26 所示叶片泵装配图为例，说明由装配图拆画零件图的步骤。

1)对零件进行分类

机器上的零件一般分为：

(1)标准零件。标准零件也称标准件，拆图时标准件不画出零件图，只要按规定标记汇总于标准件明细表中即可，例如图 15-26 中的键、销、螺钉、挡圈等。

(2)借用零件或外协零件。借用零件是定型产品上的零件，外协零件是由协作厂制造的零件，这类零件可利用已有的图样，而不必再拆画零件图。

(3)常用件。对于齿轮、链轮等常用件应根据给定的模数、齿数等参数经计算后确定轮齿的几何尺寸，轮上的其他结构应按照装配图所示的形状绘制零件图。

(4)一般零件。这类零件基本上是按照装配图所示的形状、大小和有关的技术要求来绘制零件图。对于像风扇叶片等由曲面构成的特殊零件，在设计说明书中都附有这类零件的图样或重要数据。拆图时，应按给出的图样数据绘制零件图。

2)确定零件图的表达方案

(1)分离零件，初步确定表达方案。由装配图拆画零件图时，将所拆画零件在原装配图中的各个视图上的形状分离出来后，对所得到的一组视图进行分析，若该组视图确定的表达方案对所拆画零件的表达是合适的(符合 14.4 节“零件的表达方案”)，则可直接采用；否则应进行适当调整或重新确定表达方案。由装配图拆画零件图的一般规律是：零件图的表达方案应优先选择装配图的表达方案。例如图 15-27 泵体的表达方案和图 15-28 轴的表达方案均与图 15-26 叶片泵的装配图表达方案一致(因为它们符合诸如箱体类零件的主视图按工作位置摆放，轴套类零件的主视图轴线水平放置，采用垂直轴线方向为投射方向等规则)。

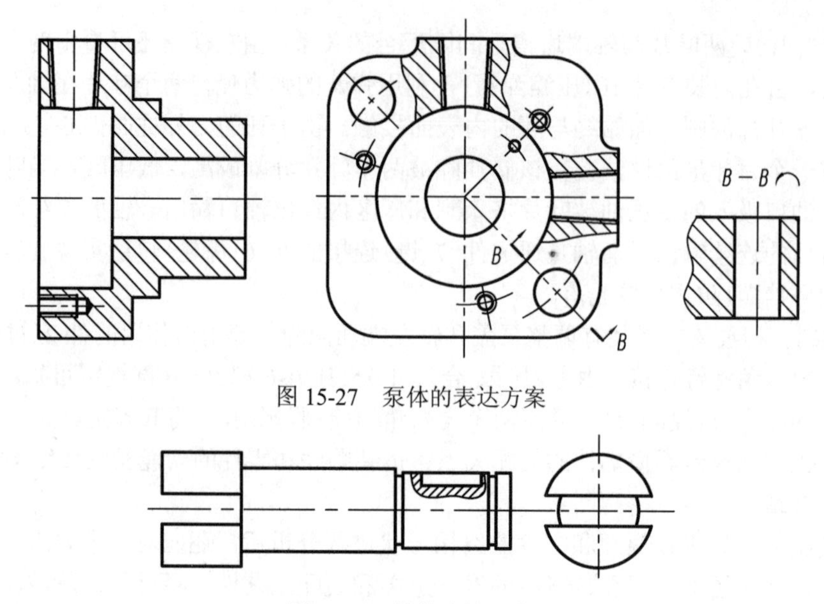

图 15-27　泵体的表达方案

图 15-28　轴的表达方案

(2)完善表达方案。因为装配图重在表达部件的装配关系、工作原理和零件的主要结构形状，所以零件上某些局部结构在装配图中形状不确定，例如零件上的倒角、圆角、退刀槽等标准工艺结构在装配图中允许不画。但拆图时，应结合设计和工艺要求补充必要的结构，并按投影关系将未定形状的结构表达清楚；对于标准工艺结构应按轴径、孔径等相关尺寸在设计手册中查表确定其大小并补画出这些结构。图 15-29 和图 15-30 分别是泵体和轴完整的表达方案(两图补充了 *A* 向局部视图、局部放大图、断面图及补画的倒角和越程槽等)。

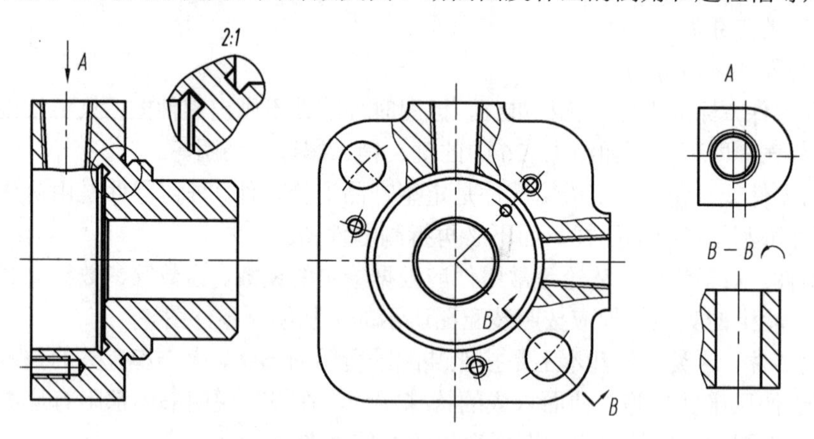

图 15-29　泵体完整的表达方案

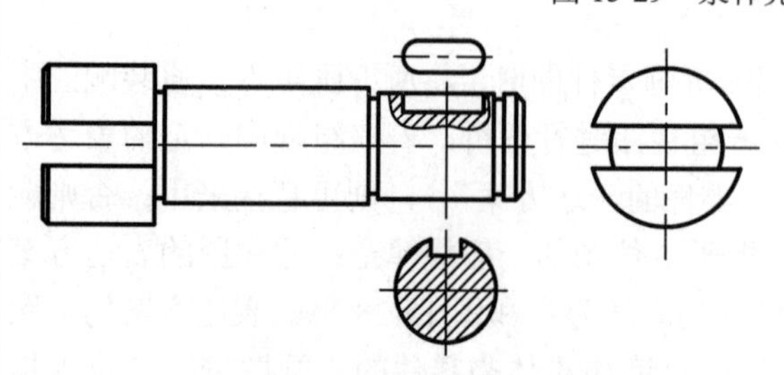

图 15-30　轴完整的表达方案

3) 标注尺寸

零件图上的尺寸标注应按第 14 章讨论过的方法和要求进行合理标注。在拆图过程中，零件的尺寸数值应从以下几个方面确定：

(1)抄注零件的有关尺寸。凡是装配中已注出的与该零件有关的尺寸都应直接抄抄注到图上，一般不得任意改动。如图15-26叶片泵中的ϕ50H7、22、28、8、ϕ22H7、ϕ55js6、78、5、ϕ74、45°等尺寸均可抄注到图15-31所示泵体零件图上。

(2)查表确定零件的尺寸。凡属标准结构(如倒角、退刀槽、越程槽、沉孔、螺纹孔、键槽等)的尺寸以及极限与配合中的极限偏差值，均应根据装配图中所给定的公称尺寸或标准代号在有关手册中查阅后确定，如图15-31中倒角、越程槽及M6螺纹深度尺寸等。

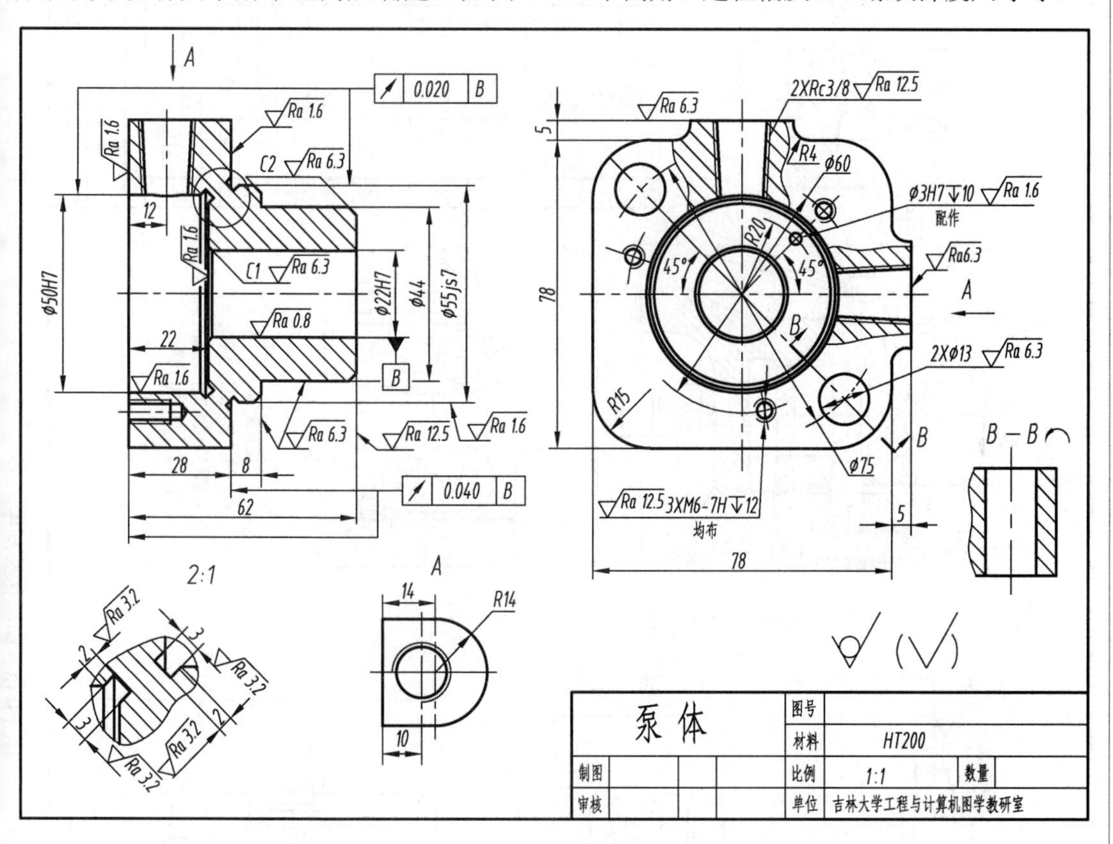

图15-31 泵体的零件图

(3)计算确定零件的尺寸。零件上有些结构的尺寸需要计算后精确确定。如拆画齿轮时应根据齿数、模数等参数经计算后确定齿轮相关的尺寸。

(4)测量确定零件的尺寸。凡装配图中未给出的、属于零件的自由表面(不与其他零件接触的表面)和不影响装配精度的尺寸，可用分规和直尺直接在图中量取，再根据装配图的画图比例转换圆整后标注实际尺寸。

4)编写技术要求、填写标题栏

零件图上技术要求很重要，确定技术要求涉及许多专业知识，本教材只简单介绍表面粗糙度、极限与配合、几何公差等技术要求，这些内容已在第14章作了介绍。拆图时，应分析零件各表面的性质、功能和要求，选择表面粗糙度的参数值、尺寸公差值和几何公差。

例如配合面表面粗糙度参数值小于接触面参数值，接触面表面粗糙度参数值小于自由表面参数值。有关数值的确定可查阅设计手册，也可参考同类产品的技术文件。完成的泵体零件图如图15-31所示。

例15-1 读懂如图15-32所示顶尖座装配图，拆画件14(底座)等零件的零件图。

图 15-32

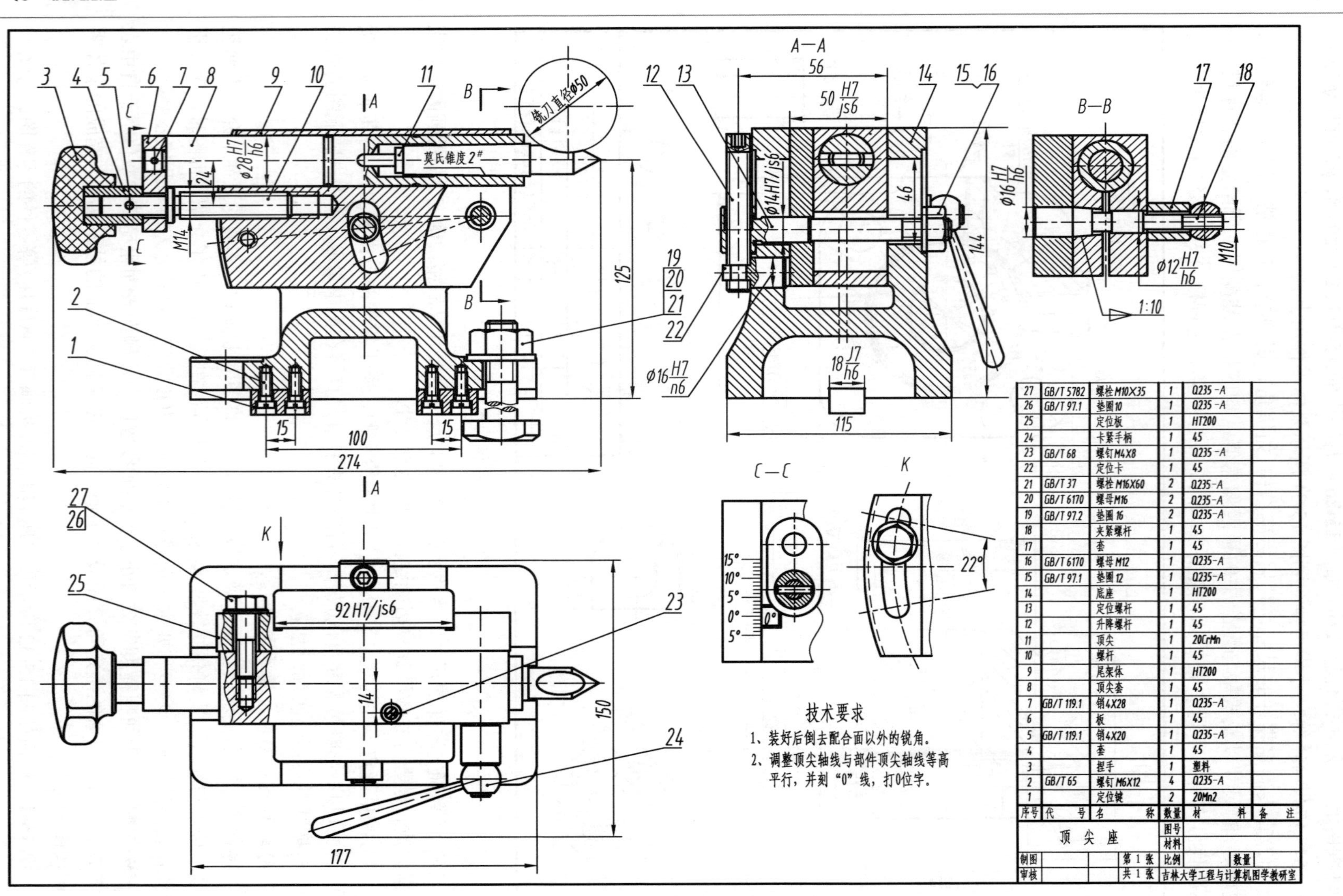

序号	代号	名称	数量	材料	备注
27	GB/T 5782	螺栓M10X35	1	Q235-A	
26	GB/T 97.1	垫圈10	1	Q235-A	
25		定位板	1	HT200	
24		卡紧手柄	1	45	
23	GB/T 68	螺钉M4X8	1	Q235-A	
22		定位卡	1	45	
21	GB/T 37	螺栓M16X60	2	Q235-A	
20	GB/T 6170	螺母M16	2	Q235-A	
19	GB/T 97.2	垫圈16	2	Q235-A	
18		夹紧螺杆	1	45	
17		套	1	45	
16	GB/T 6170	螺母M12	1	Q235-A	
15	GB/T 97.1	垫圈12	1	Q235-A	
14		底座	1	HT200	
13		定位螺杆	1	45	
12		升降螺杆	1	45	
11		顶尖	1	20CrMn	
10		螺杆	1	45	
9		尾架体	1	HT200	
8		顶尖套	1	45	
7	GB/T 119.1	销4X28	1	Q235-A	
6		板	1	45	
5	GB/T 119.1	销4X20	1	Q235-A	
4		套	1	45	
3		捏手	1	塑料	
2	GB/T 65	螺钉M6X12	4	Q235-A	
1		定位键	2	20Mn2	

顶尖座		图号	
		材料	
制图	第1张	比例	数量
审核	共1张	吉林大学工程与计算机图学教研室	

图 15-32 尾架体装配图

1)概括了解

图 15-32 所示顶尖座是铣床上的一个部件，用来支承工件。因加工零件需求，顶尖座需要实现顶紧、升降或转动三个动作，因此顶尖座的主要结构形状、装配连接关系等都是为实现这些功能而设计的。通过阅读标题栏和明细栏知道顶尖座共有 27 种零件，其中标准件 11 种。为了表达该部件的结构形状、装配关系和工作原理，装配图采用了三个视图、一个 *K* 向局部视图、一个 *B*—*B* 剖视图和一个 *C*—*C* 剖视图。

主视图表达了顶尖座主视方向形状、工作原理和主装配干线上零件间的装配关系。俯视图表达了顶尖座俯视方向形状和定位板的固定情况。左视图表达了顶尖座左视方向形状和升降螺杆、尾架体、定位板及底座等零件的前后、上下之间的装配关系。*B*—*B* 剖视图表达了夹紧结构，*C*—*C* 剖视图表达转角极限角度，*K* 向局部视图说明定位板限定锁紧螺栓与尾架体的转动范围。

2)详细分析

从主视图入手并结合其他视图，进一步分析装配关系、工作原理和零件的主要结构形状，读懂顶尖套和顶尖的伸缩，定位板与尾架体、顶尖套、顶尖等零件的升降，以及尾架体、顶尖套、顶尖等零件的转动三个动作。

(1)伸缩动作。从图 15-32 主视图中可看出伸缩动作：件 3(捏手)、件 4(套)、件 5(圆柱销)和件 10(螺杆)装配在一起；件 6(板)和件 8(顶尖套)用件 7(圆柱销)连接；由配合尺寸 ϕ28H7/h6 可知件 8(顶尖套)装配在件 9(尾架体)ϕ28 孔内，两者之间形成间隙配合；件 11(顶尖)装配在件 8(顶尖套)的锥孔中。转动捏手时，旋转件 9(尾架体)中的件 10(螺杆)推动件 6(板)带动件 8(顶尖套)和件 11(顶尖)做直线运动即可实现顶紧工件的伸缩动作。

(2)转动动作。从左视图可看出件 9(尾架体)和件 25(定位板)装夹在件 14(底座)内，由尺寸 50H7/js6 可知它们之间形成过渡配合；从俯视图中的尺寸 92H7/js6 可知定位板和底座之间在长度方向也形成过渡配合；在 *B*—*B* 剖视图上，沿着件 18(夹紧螺杆)的轴线方向，装配有定位板、尾架体、件 17(套)和件 24(卡紧手柄)。在此图上可看出尾架体上加工有一个夹紧槽，在此槽前面由配合尺寸 ϕ12H7/h6 可知件 18(夹紧螺杆)与尾架体形成间隙配合；件 18(夹紧螺杆)的锥轴与尾架体的锥孔之间通过锥度尺寸 1∶10 锥面配合；夹紧螺杆与定位板由配合尺寸 ϕ16H7/h6 形成间隙配合。装配在一起的以上零件构成了一个夹紧装置，当顺时针或逆时针旋转件 24(卡紧手柄)时即可控制尾架体上夹紧槽的松紧度。

同时松开件 24(卡紧手柄)、连接定位板与尾架体的件 27(螺栓)后，上下抬动捏手，件 27(螺栓)连同尾架体、顶尖套和顶尖等零件就会以件 18(卡紧螺杆)轴线为铰点转动相应的角度。通过 *K* 向局部视图可知上述各零件由件 27(螺栓)限定其转动范围 22°；通过 *C*—*C* 剖视图中定位板上的刻度上可看出尾架体、顶尖等零件可调的角度。

(3)升降动作。从左视图配合尺寸 ϕ16H7/n6 可知件 22(定位卡)与件 14(底座)是过盈装配在一起；件 12(升降螺杆)旋入装配在定位板中的件 13(定位螺杆)并使其下端卡在件 22(定位卡)中。由配合尺寸 ϕ14H7/js6 可知件 13(定位螺杆)与件 25(定位板)之间形成过渡配合。当松开件 16(螺母)时，转动件 12(升降螺杆)，则件 13(定位螺杆)带动定位板、尾架体、顶尖套、顶尖等零件一起水平升降。

由以上分析可知：伸缩动作需要先逆时针转动卡紧手柄，松开夹紧装置，转动捏手直到顶尖顶紧工件，再顺时针转动卡紧手柄锁定位置。升降动作需要松开或锁紧件 16(螺母)，转动件 12(升降螺杆)来实现。旋转动作需要同时松开或锁紧件 27(螺栓)和件 24(卡紧手柄)来实现。

图 15-32 中件 2、5、7、15、16、19、20、21、23、26、27 均为标准件。其中件 2(4 个螺钉)将件 1(2 个定位键)固定在件 14(底座)上。定位键起导向作用，当顶尖座整体在床身上

移动到相应位置后，用件 19、20、21(两组螺栓、垫圈和螺母)紧固。俯视图中的件 23(螺钉 M4×16)为注油孔的螺塞。

通过以上详细分析即可对顶尖座的工作原理、装配关系、各个零件的主要结构形状有了全面清晰的了解，在此基础上即可按前述“由装配图拆画零件图”的步骤，拆画有关零件。

图 15-33 是顶尖座和尾架体的立体图，可辅助读者了解各个零件的形状及装配关系。

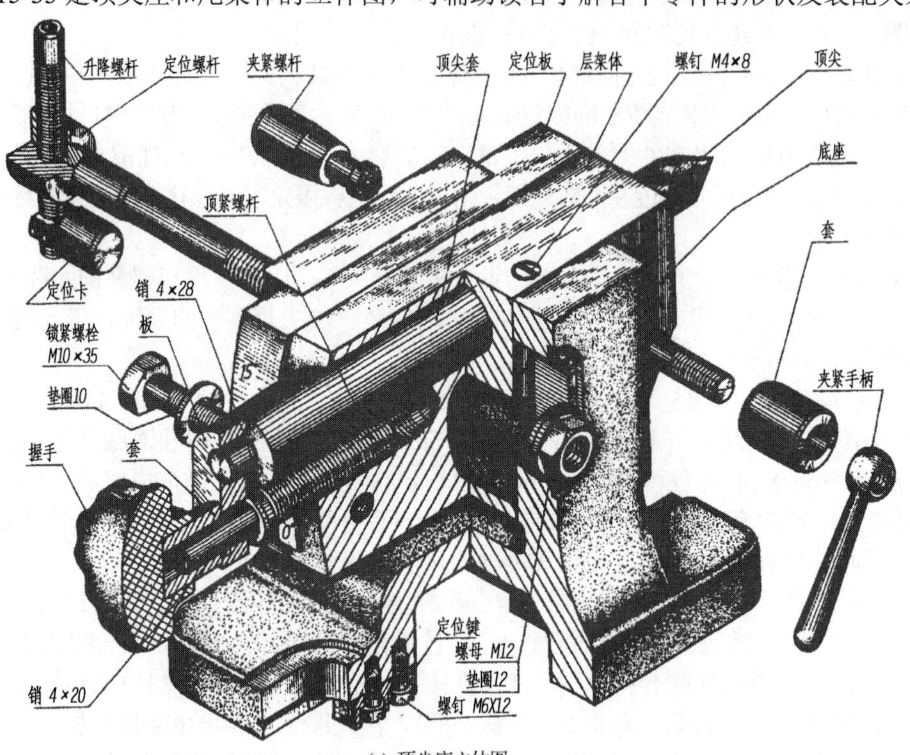

(a) 顶尖座立体图

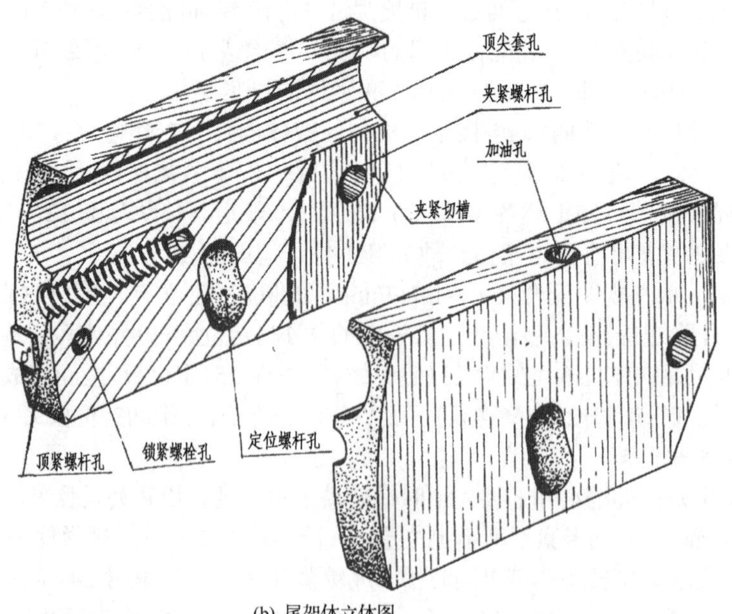

(b) 尾架体立体图

图 15-33 顶尖座及尾架体立体图

图 15-34～图 15-36 给出了由顶尖座装配图拆画的部分零件的零件图，从中可看出由装配图拆画零件图时在表达方案和尺寸标注等方面的一些特点。

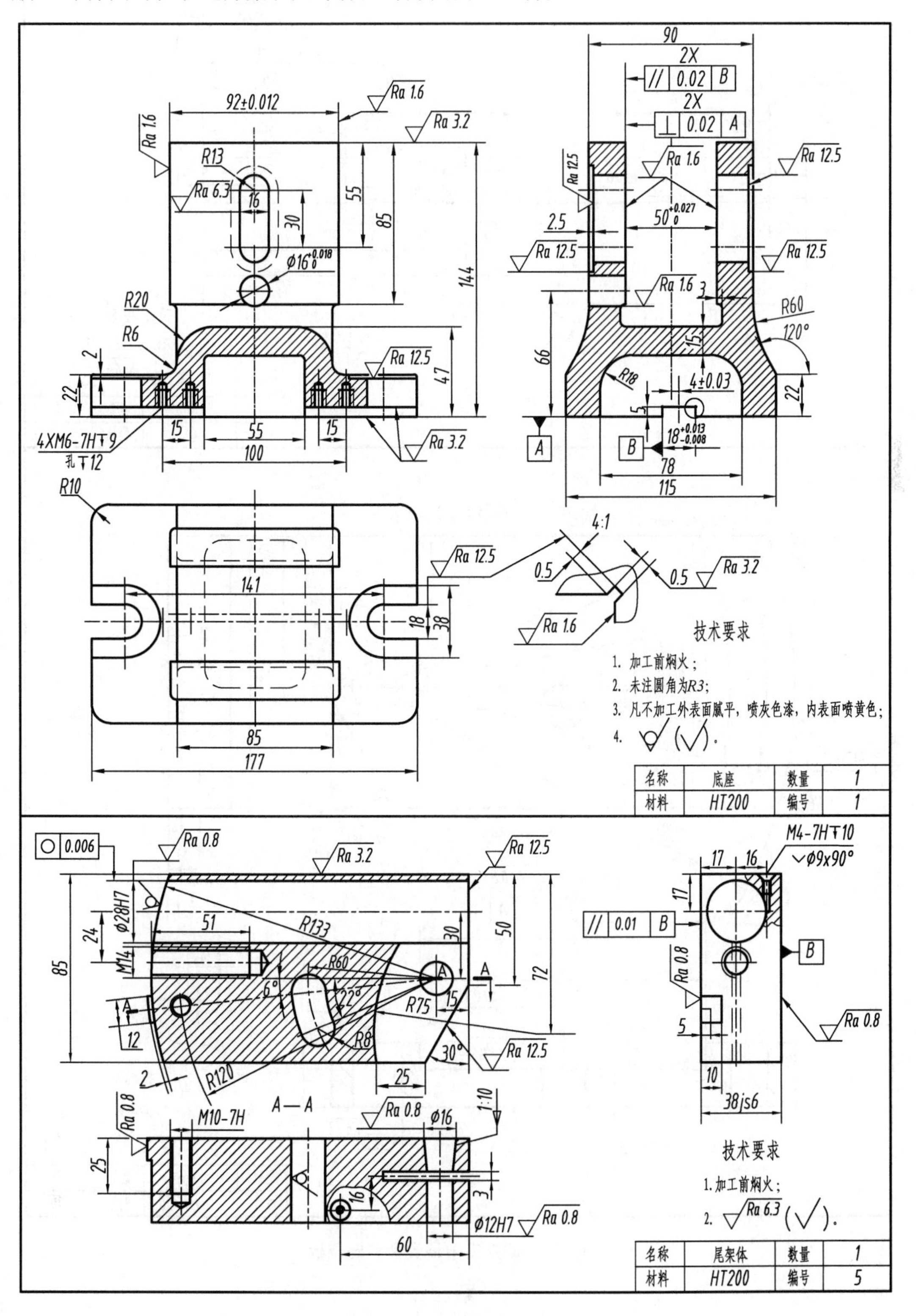

图 15-34　顶尖座的底座和尾架体

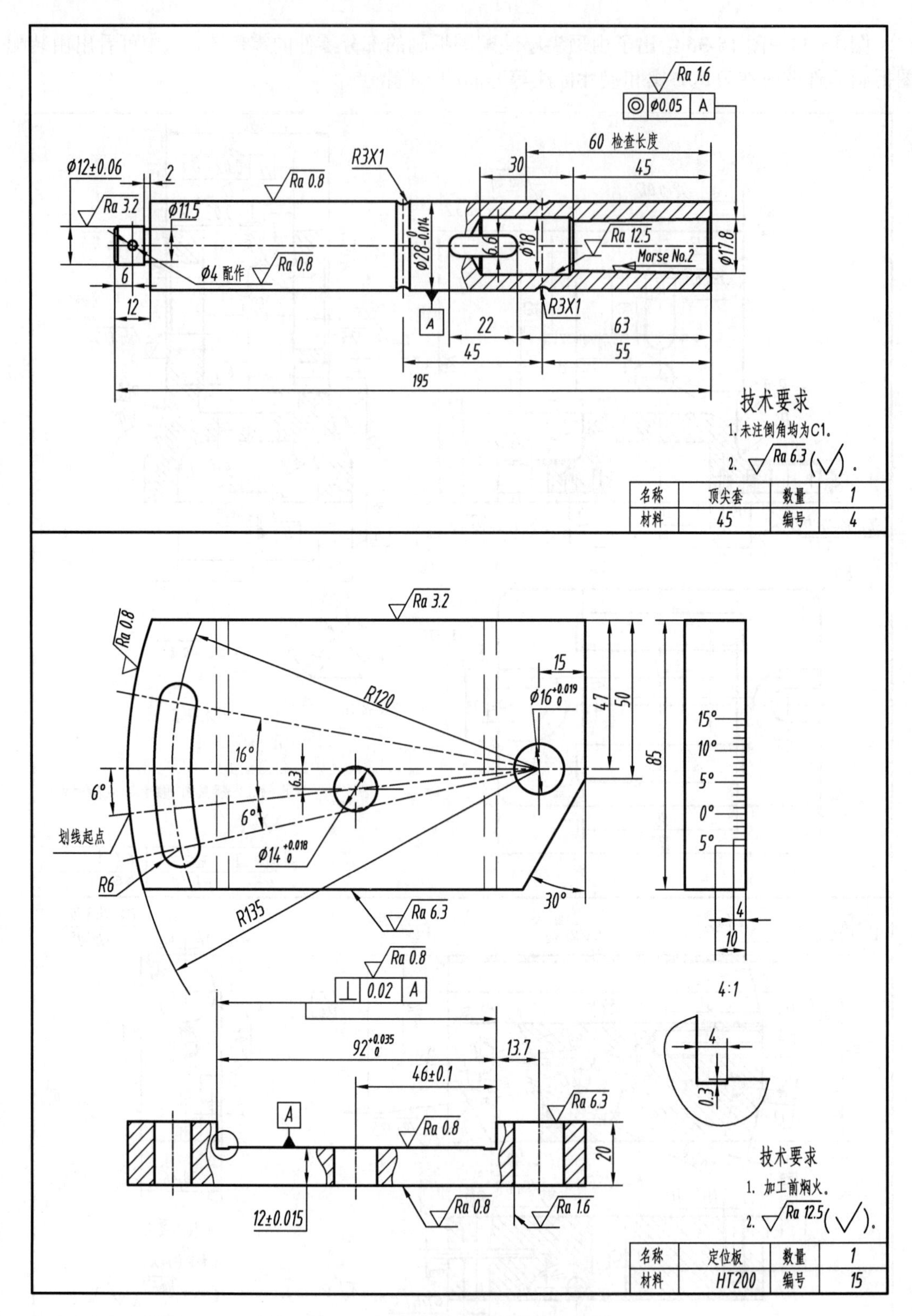

图 15-35 顶尖座中顶尖套和定位板

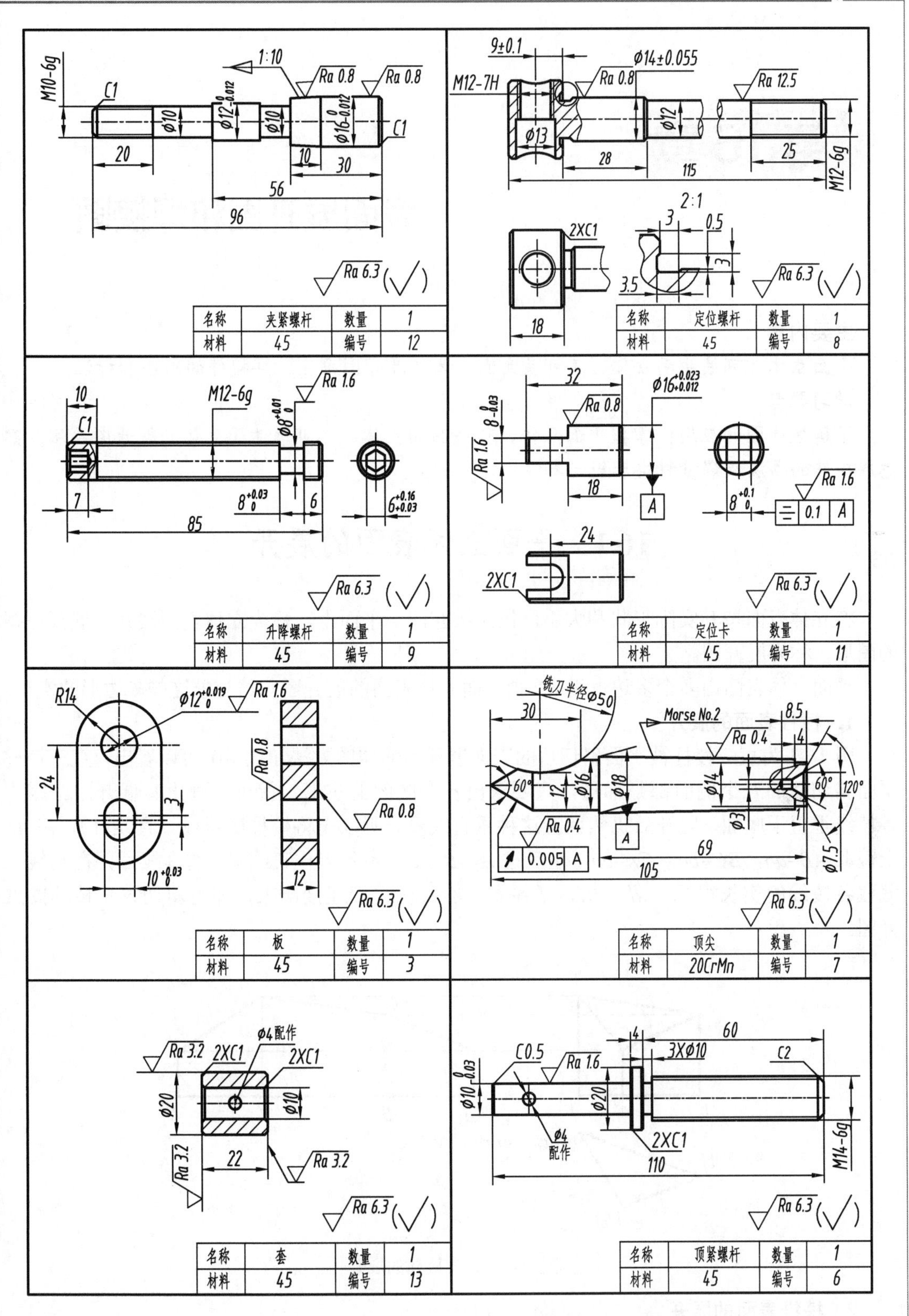

图 15-36 顶尖座中夹紧螺杆等零件

第16章 表面展开图和焊接图

主要内容

平面立体、可展曲面立体、不可展曲面立体的展开图画法；焊接件的画法和标注。

学习要点

了解展开图的应用；掌握平面立体、可展曲面立体、不可展曲面立体的展开图画法；熟悉焊接件的画法及焊缝种类和规定标注。

16.1 平面立体表面的展开

将立体表面按其实际形状和大小，依次摊在同一平面上，称为立体表面展开。展开所得的图形，称为展开图。

平面立体表面由多个多边形组成。画平面立体表面的展开图归结为求这些多边形的实形。

1. 棱柱表面的展开

图16-1为直三棱柱被平面斜切后的表面展开图的作图方法。从图中可以看出，直三棱柱平面斜切后的三个侧面都是梯形，只要求出各个侧面的实形，就可以画出其展开图。因为各棱线垂直于底面，展开后仍然保持这种垂直关系，所以先将棱柱底展成一直线 *AA*，在 *AA* 上截取 *AB*=*ab*，*BC*=*bc*，*CA*=*ca*，然后过 *A*、*B*、*C*、*A* 各点作直线 *AA* 的垂线，并在垂线上截取各棱线的实长得 *Ⅰ*、*Ⅱ*、*Ⅲ*、*Ⅰ* 各点，然后将它们连接起来，即得斜切直三棱柱的展开图。

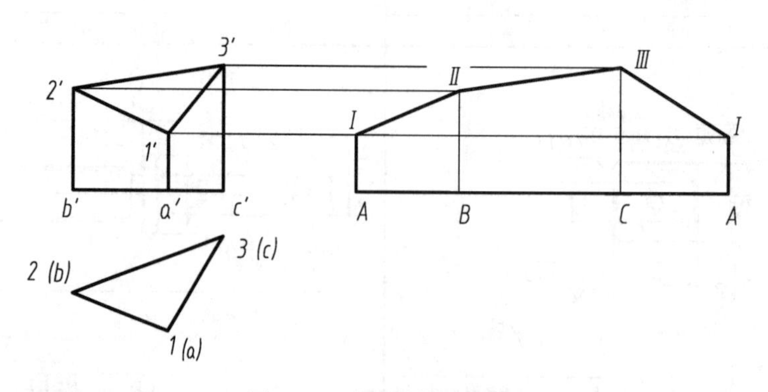

图16-1 直三棱柱的展开

2. 棱锥表面的展开

图16-2为截头三棱锥表面展开图的作图方法。从图中可以看出，先延长三棱锥棱线，求出锥顶点 *S*，就可得出完整的三棱锥。因为棱锥的棱面都是三角形，所以只要求出棱线实长，

就可求出它们的实形。得到三棱锥的展开图后，在各条棱线上减去延长部分的实长，即得到截头三棱锥的展开图。

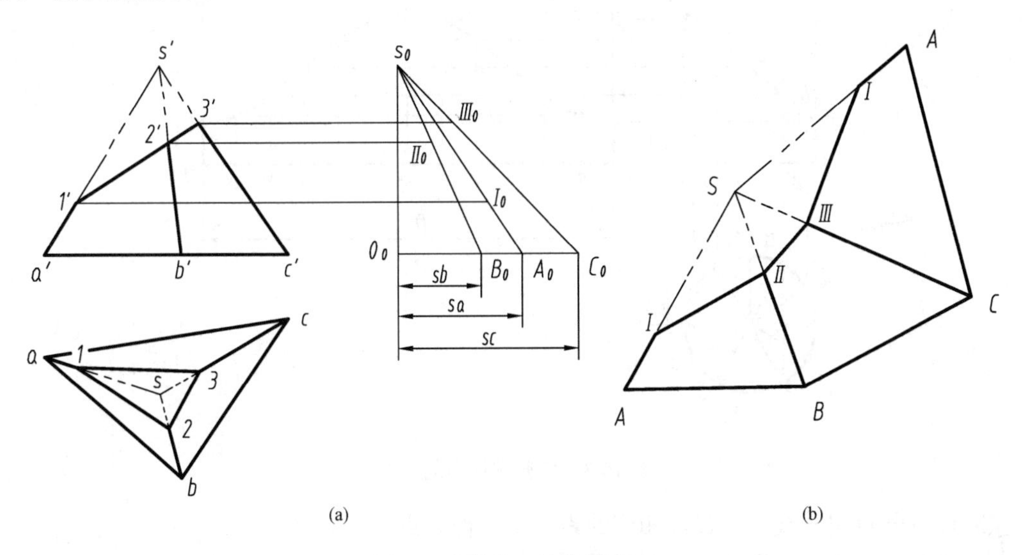

(a)　(b)

图 16-2　截头三棱锥的展开

作图步骤：

(1) 利用直角三角形法求出各棱线的实长。先作垂直线 S_0O_0，使它的长度等于各棱线的高度差，为简化作图，将三个直角三角形重叠画在一起，因此过 O_0 作水平线，使 $O_0A_0=sa$，$O_0B_0=sb$，$O_0C_0=sc$，则 S_0A_0、S_0B_0、S_0C_0 为各棱线的实长。

(2) 分别过 1′、2′、3′作水平线，与相应的线相交于 $Ⅰ_0$、$Ⅱ_0$、$Ⅲ_0$，则 $S_0Ⅰ_0$、$S_0Ⅱ_0$、$S_0Ⅲ_0$ 为棱线上延长部分的实长。

(3) 因 $AB=ab$，$BC=bc$，$AC=ac$，则以 S 为顶点，分别依次作△SAB、△SBC、△SCA，即得完整三棱锥的展开图，然后截取 $Ⅰ$、$Ⅱ$、$Ⅲ$，即得截头三棱锥的展开图。

16.2　可展曲面的展开

可展曲面为准确地展成平面图形的曲面。可展曲面上相邻两素线是互相平行或相交的。在对可展曲面作展开图时，可以将相邻两素线间的曲面当作平面来展开。因此，可展曲面的展开方法与棱柱、棱锥的展开方法类似。

1．柱面的展开

柱面可看作棱线无穷多的直棱柱面，它的展开方法与棱柱类似。

图 16-3 为斜截圆柱面展开图的作图方法。从图中可以看出，斜截圆柱面用斜截正十二棱柱来代替。显然，正棱柱底面的边数越多，其展开图的精度越高。并且，柱面各素线的正面投影反映其实长。

作图步骤：

(1) 将底圆周分为 12 等份，并自各分点引素线的正面投影。

(2) 将底圆周长展成直线，并作 12 等份。

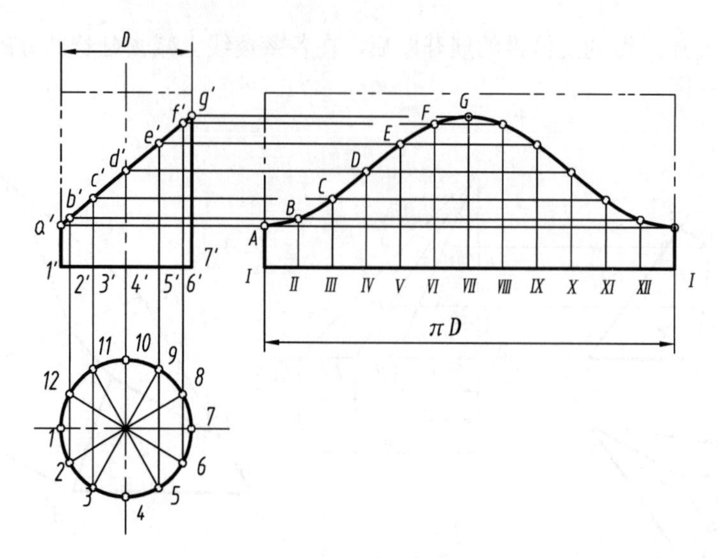

图 16-3 斜截圆柱面的展开

(3)过各分点引垂线，并量取相应的素线长，得端点 A、B、C、…。

(4)将各端点连成光滑曲线，即得所求的展开图。

2. 锥面的展开

锥面可看作棱线无穷多的棱锥，它的展开方法与棱锥类似。

图 16-4 为斜截圆锥面展开图的作图方法。从图中可以看出，斜截圆锥面的展开方法是从锥顶所引的若干条素线中，把相邻两素线间的表面作为一个三角形平面，先画出整个圆锥面的展开图，然后求出斜截后各点至锥顶的实长，并将它们截取到展开图相应的素线上。图中圆锥面用正十二棱锥来代替。

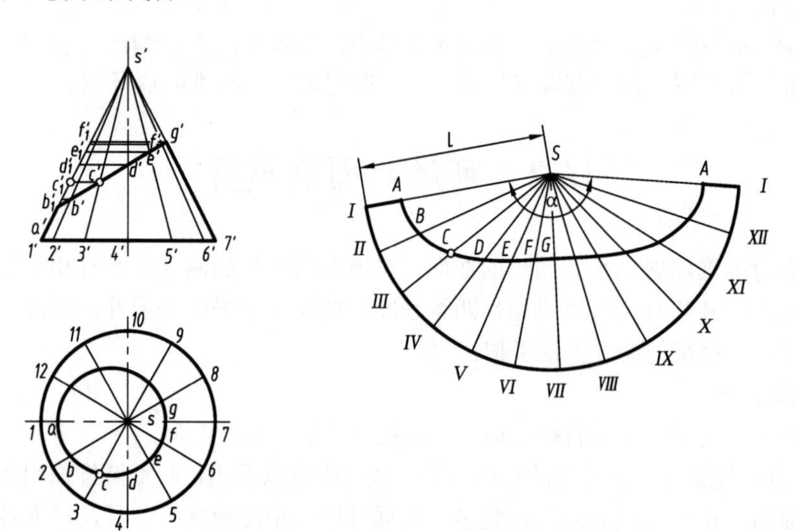

图 16-4 斜截圆锥面的展开

作图步骤：

(1)将底圆分为 12 等份，过各分点引素线。

(2)各素线的实长相等，其长度等于圆锥轮廓线 $s'1'$及 $s'7'$。求斜截后各点到顶点的实长时，应分别过各点作水平线，与圆锥轮廓线分别相交，则 $s'a_1'=SA$，$s'b_1'=SB$，$s'c_1'=SC$，…，为被截去的线段实长。

(3) 以 S 为圆心，素线实长 $s'1'$ 为半径画圆弧，在该圆弧上截取弦长 12= Ⅰ Ⅱ，23= Ⅱ Ⅲ，…，顺次画出等腰三角形。

(4) 在展开图的各素线上量取被截部分实长，得端点 $A,B,C,\cdots$。

(5) 光滑连接各端点及三角形的底边顶点，即得斜截圆锥面的展开图。

16.3　不可展曲面的展开

工程上常见的不可展曲面有球面、环面、螺旋面等。这些不可展曲面需要展开时，只能采用近似的方法作图，也就是将不可展曲面分为若干部分，使每一部分近似地看成是可展的平面、柱面、锥面来进行展开。

1．球面的展开

球面是不可展曲面，需要用近似展开法画出展开图。圆球面的近似展开法有多种，常用柱面法或锥面法展开，也可把两种方法结合起来展开。

图 16-5 为用柱面法作出球面展开图的作图方法。图 16-5(a) 为按柱面展开情况，图中将球面分为若干等分(即若干瓣)，为了将各瓣的球面摊平，采用柱面法近似展开球面。图 16-5(b) 为球的投影图，将球的水平投影过圆心分成 12 等份，图中只画出了其中一小瓣。图 16-5(c) 为球面的 1/12 近似展开图。

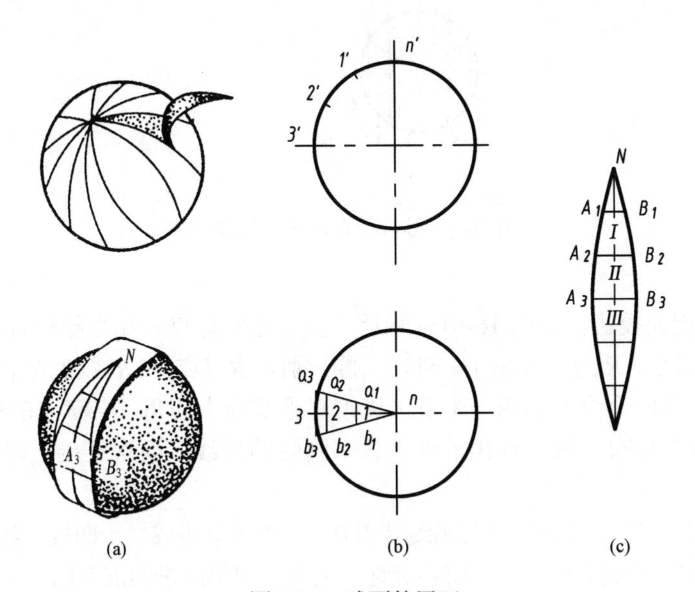

图 16-5　球面的展开

作图步骤：

(1) 将正面投影的轮廓线分为若干等分(图中为三等分)，由 1′、2′、3′各点求出其水平轴投影 1、2、3 各点。

(2) 在水平投影上，过 1、2、3 各点作垂直于 $n3$ 的直线，与 na_3、nb_3 分别相交于 a_1、a_2 及 b_1、b_2。

(3)过点 N 作铅垂线，使 $NI=n'1'$，$I\,II=1'2'$，$II\,III=2'3'$；再过点 I、II、III分别作水平线，使 $A_1B_1=a_1b_1$，$A_2B_2=a_2b_2$，$A_3B_3=a_3b_3$。

(4)光滑连接各端点，所得出的平面图形 NA_3B_3 为 1/12 球面这一小瓣的上半部分形状，下半部分形状与上半部分形状对称，作图方法相同。

(5)按这种方法画出 12 瓣，即得到球面的近似展开图。

2．等直径直角弯管的展开

等直径直角弯管用来连接两互相垂直的圆管管道，理论上它应是 1/4 圆环面，它的展开方法用多节斜截圆柱面来近似展开。

图 16-6(a)为等直径直角弯管，弯管由六节斜截圆柱面组成，中间的四节是两面倾斜的全节，端部的两节是一面倾斜的半节。弯管的弯曲半径为 R，弯管的管口直径为 D。

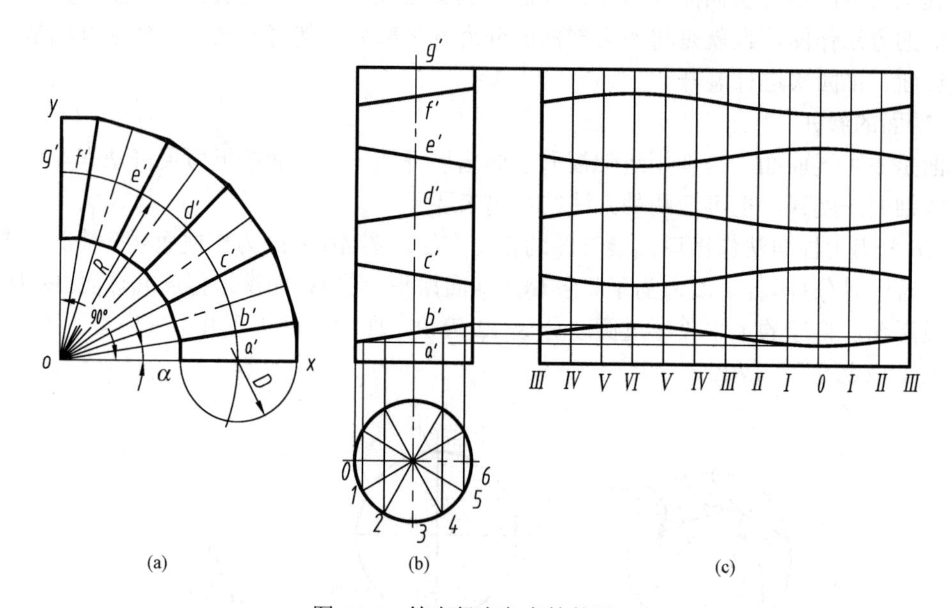

图 16-6　等直径直角弯管的展开

作图步骤：

(1)作弯管的正面投影，如图 16-6(a)所示。首先过任意点 o 作互相垂直的两条点画线 ox 及 oy，以点 O 为圆心、R 为半径画 1/4 圆弧。再分别以 $R-D/2$ 和 $R+D/2$ 为半径画内、外两圆弧。因为整个弯管由四个全节和两个半节组成，其半节的中心角 $\alpha=90°/10=9°$，将直角作十等分，画出弯管各节的分界线。作出外切于各节圆弧的切线，顺次连接，即完成六节直角弯管的正面投影。

(2)把 BC、DE、FG 三节分别绕其轴线转 180°，将各节拼成一个圆柱，如图 16-6(b)所示。

(3)按照斜截圆柱面展开的方法，将各节逐一展开，即得所求的展开图，如图 16-6(c)所示。

在生产中如用钢板制作弯管，只需要求出半节的中心角，作出半节的正面投影，按照斜截圆柱面展开的方法画出半节的展开图，把半节的展开图作为样板，在钢板上恰当地画线下料，能够充分利用材料，如图 16-6(c)所示。

3．正圆柱螺旋面的展开

正圆柱螺旋面是与轴线垂直相交的直线(母线)沿圆柱螺旋线运动所形成的曲面。它的相邻两素线是不共面的交叉直线，所以是不可展曲面，只能用近似方法展开。

图 16-7 为用三角形法作出正圆柱螺旋面一个导程部分展开图的作图方法。

作图步骤：

(1)将水平投影的圆周作 12 等分，对应将正面投影的导程作 12 等分，通过各等分点作螺旋面的素线，得到一系列相等的四边形曲面(如 *AB Ⅰ Ⅱ*)；

(2)用对角线把这些曲面近似地分成两个三角形平面，并分别以弦长代替内、外螺旋线的长度；

(3)分别求出三角形各边的实长，即可作出△*A Ⅰ Ⅱ*、△*A ⅡB*，将它们依次画出，然后将它们的各端点连成光滑曲线，即得到正圆柱螺旋面的一个导程的近似展开图。

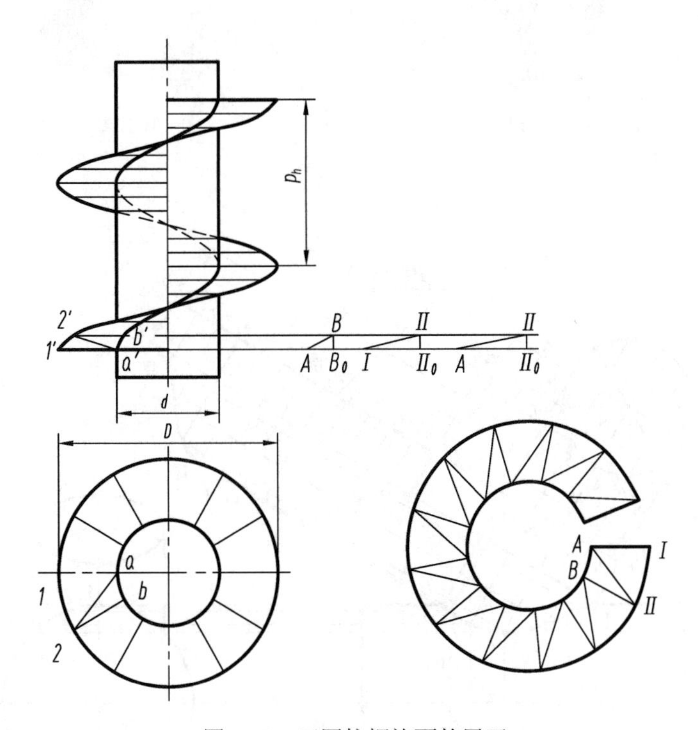

图 16-7　正圆柱螺旋面的展开

16.4　应用举例

在机器或设备中，经常遇到由金属板材制成的零件。制造时要在金属板上画出展开图，再经下料、焊接或咬缝而成。图 16-8 为工程上应用的分离器、吸尘罩，它们都由金属板材加工形成。下面通过两个例子介绍工程实际中应用的相贯体、变形接头表面展开图的画法。

1. 相贯体表面的展开

图 16-9 为两圆柱相贯体表面展开图的作图方法。作相贯体的表面展开图，首先要在投影图上准确地求出相贯线，依据相贯线区分两曲面，然后分别画出两曲面的展开图。

作图步骤：

(1)在投影图上画出两圆柱相贯线(画法叙述从略)。

(2)画小圆柱的展开图。先作小圆柱顶圆的实形，并将圆周进行 12 等分，过各等分点作小圆柱的素线，素线与相贯线相交，其长度反映实长。然后将小圆柱顶圆周长展开成一直线

$I_1 I_1$，也将其进行 12 等分，过各等分点引 $I_1 I_1$ 直线的垂线。在对应的等分点位置量取素线的实长，得 I，II，…，I 点，将所求各点连成光滑曲线，即得小圆柱的展开图。

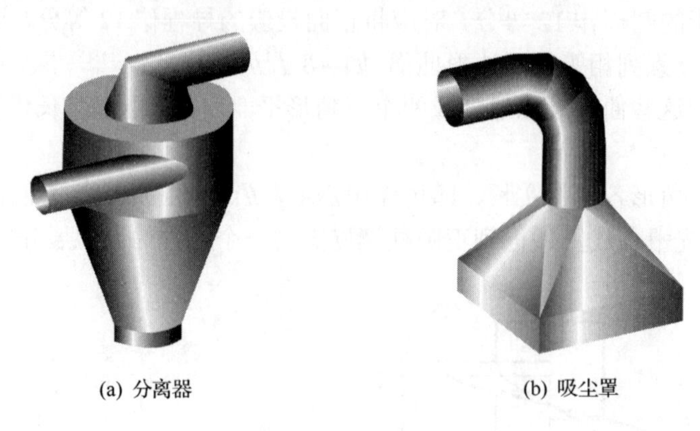

(a) 分离器　　(b) 吸尘罩

图 16-8

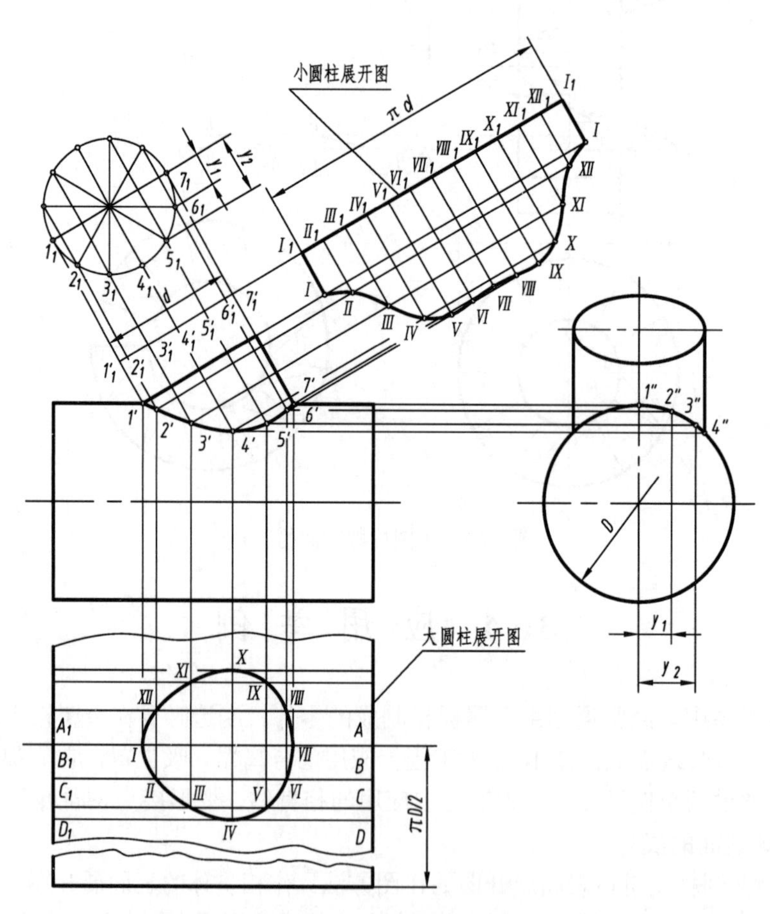

图 16-9　两圆柱相贯的展开

(3) 画大圆柱的展开图。将大圆柱展开，在展开图上画出对称线 AA_1，以弦长代替弧长，在展开图上截取线段 AB=1″2″，BC=2″3″，CD=3″4″，定出 A、B、C、D 各点。过 A、B、C、D 各点作大圆柱的素线。自正面投影上各点 1′, 2′, …, 7′作大圆柱素线的垂线，得相应交点 I，II, …, VII。用同样的方法作出它们的对称点，最后将所求各点连成光滑曲线，即得大圆柱的展开图。

2．变形接头表面的展开

把不同截形的管子连接起来的过渡部分叫作变形接头。变形接头的表面一般应设计成可展面，以保证其表面能准确展开。变形接头有多种，下面以图 16-10 为例说明变形接头展开图的画法。

图 16-10 所示为连接圆口管(*EFGH*)与方口管(*ABCD*)的上圆下方变形接头表面的展开图的作图方法。根据图 16-10(a)所示，变形接头顶面为圆形，则该变形接头一定是由曲面包围该圆，而底面为矩形，则可由平面图形与矩形各边联系。可见这变形接头的表面由四个三角形平面和四个锥面组成，这样可按平面和锥面进行展开。

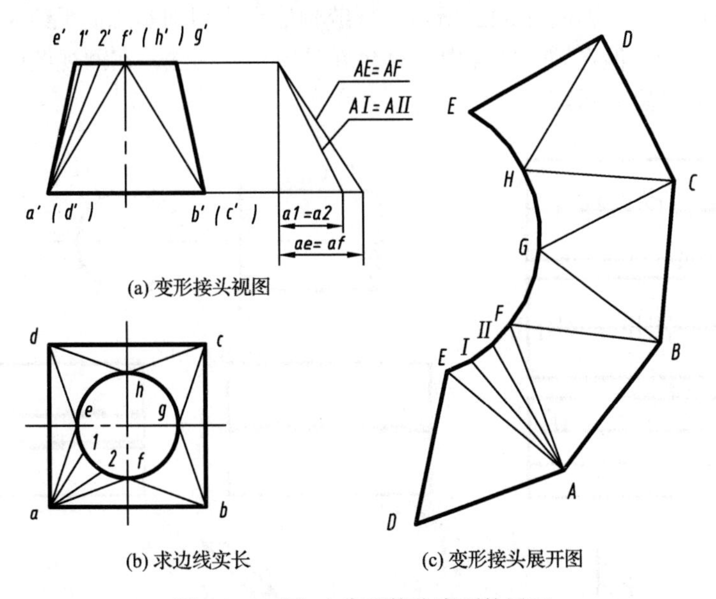

(a) 变形接头视图

(b) 求边线实长　　(c) 变形接头展开图

图 16-10　圆–方变形接头表面的展开

为了保证整个表面的光滑，在圆上所取的四个分界点 *E*、*F*、*G*、*H* 应该是这样的点，即过这些点作的切线分别平行于方口的四条边。作展开图时，可先用直角三角形法求出三角形各边的实长和锥面中几条素线的实长(图 16-10(b))，根据三角形的三边实长画三角形平面，如 *EAD*，然后沿 *EA* 边作锥面 *EAF* 展开图，接着继续画其他三个分别与三角形 *EAD* 相同的三角形平面及锥面 *EAF* 相同的锥面，即可得到整个变形接头表面的展开图(图 16-10(c))。

16.5　焊　接　件

焊接是一种不可拆连接。焊接是将被连接件在连接处通过局部加热或加压来连接。焊接具有施工简单、连接可靠等优点，它的应用很广泛。

焊接图是供焊接加工时所用的一种图样。它除了把焊接件的结构表达清楚以外，还必须把焊接的有关内容表示清楚，如焊接接头形式、焊缝形式、焊缝尺寸、焊接方法等。为了简化制图，国家标准规定了焊缝的画法、符号、尺寸标注方法和焊接方法的表示代号。本节只介绍常见的焊缝符号及其标注。

1．焊缝的种类和规定画法

焊接结构的接头形式有对接接头、T 形接头、角接接头和搭接接头，如图 16-11 所示。

(a) 对接接头

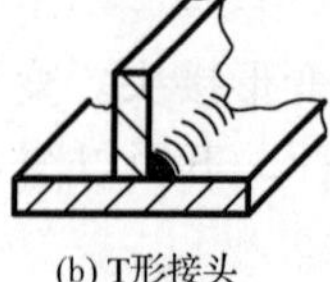
(b) T形接头

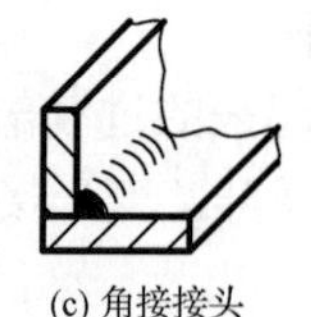
(c) 角接接头

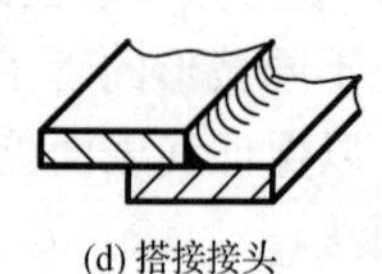
(d) 搭接接头

图 16-11　焊接接头形式

焊件经焊接后形成的结合部分称为焊缝。在技术图样中一般采用 GB/T 324—2008 规定的焊缝符号表示焊缝。需要在图样中简易地绘制焊缝时，可用视图、剖视图或剖面图表示，也可用轴测图示意地表示，如图 16-12 所示。焊缝画法允许用细实线徒手绘制，也允许用粗实线($2b$～$3b$)表示焊缝。但在同一图样中，只允许采用一种画法。在剖视图或剖面图上焊缝的金属熔焊区通常应涂黑表示。

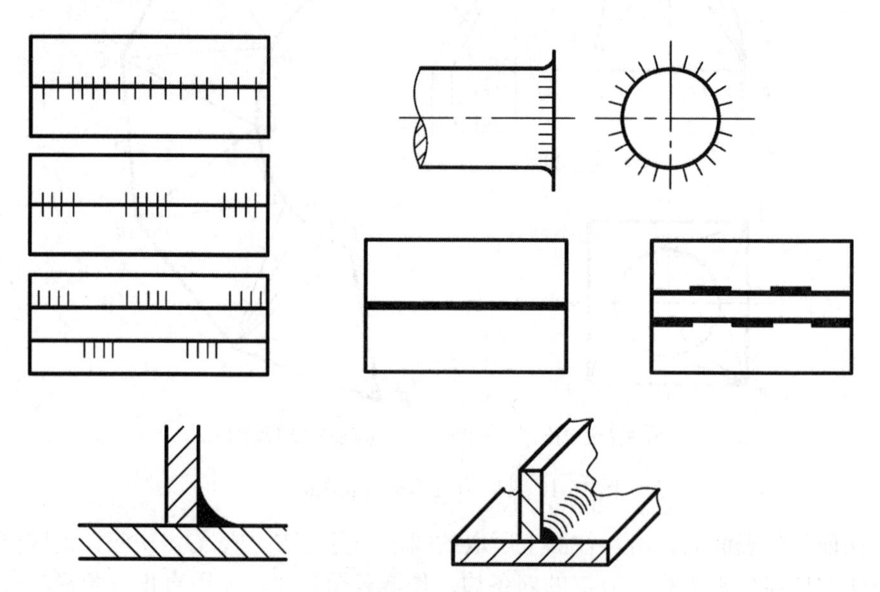

图 16-12　焊缝的画法

2．焊缝符号

为了简化图样上焊缝，一般采用 GB/T 324—2008 规定的焊缝符号表示。焊缝符号由基本符号与指引线组成，必要时还可加上辅助符号、补充符号和焊缝尺寸符号。

1）基本符号

基本符号是表示焊缝横截面形状的符号。常用的基本符号见表 16-1。

2）辅助符号

辅助符号是表示焊缝表面形状特征的符号。常用的辅助符号见表 16-2。

3）补充符号

补充符号是为了补充说明焊缝某些特征而采用的符号。常用的补充符号见表 16-3。

4）指引线

指引线用细实线绘制，一般由带箭头的指引线(简称箭头线)和两条基准线(其中一条为细实线，另一条为虚线)组成，如图 16-13 所示。必要时允许箭头线弯折一次，需要时可在基准线的细实线末端加一尾部符号，作其他说明之用(如焊接方法、相同焊缝数量等)。基准线的虚线可以画在基准线的细实线下侧或上侧。基准线一般应与图样标题栏的长边平行，特殊情况下也可与长边相垂直。

表 16-1　常见基本符号

名称	示意图	符号	名称	示意图	符号
I 形焊缝	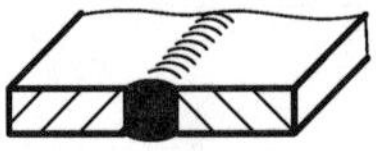	‖	带钝边 V 形焊缝	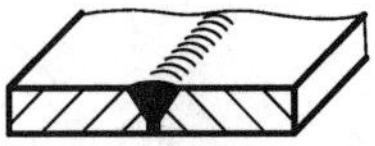	Y
V 形焊缝		V	带钝边 U 形焊缝	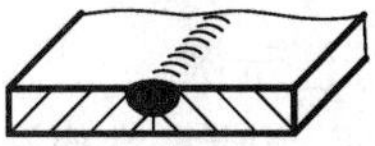	Y
单边 V 形焊缝	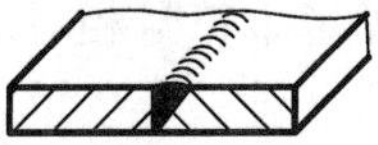	V	带钝边 J 形焊缝	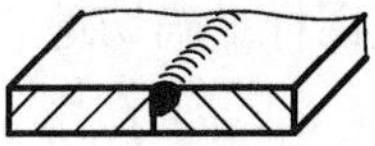	Y
角焊缝	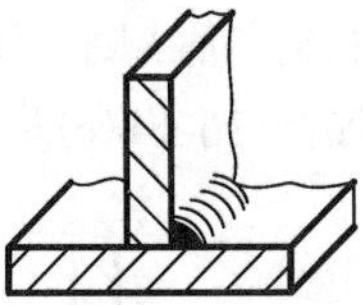	◺	点焊缝	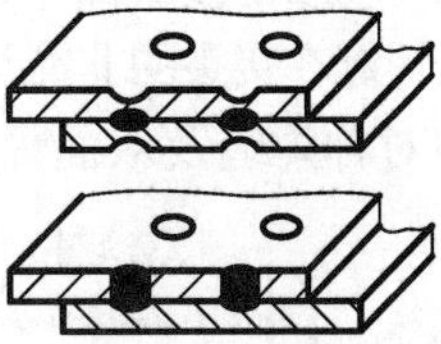	○

表 16-2　辅助符号

名称	示意图	符号	说明
平面符号	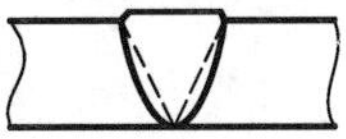	—	焊缝表面齐平(一般通过加工)
凹面符号	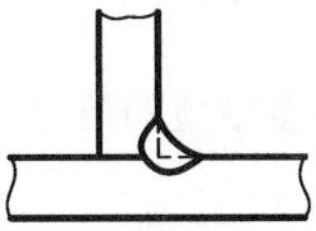	◡	焊缝表面凹陷
凸面符号	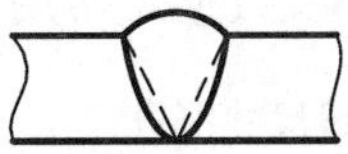	◠	焊缝表面凸起

表 16-3　常用的补充符号

名称	示意图	符号	说明	名称	符号	说明
带垫板符号	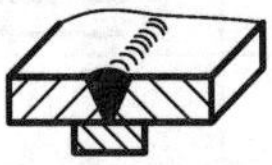	▭	表示焊缝底部有垫板	现场符号	⚑	表示在现场或工地上进行焊接
三面焊缝符号	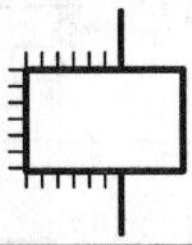	⊏	表示三面带有焊缝	尾部符号	<	可以参照 GB/T 5185—1985 标注焊接方法等内容
周围焊缝符号	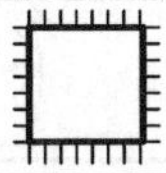	○	表示环绕工件周围焊缝	交错断续焊接符号	Z	表示焊缝由交错断续的相同焊缝组成

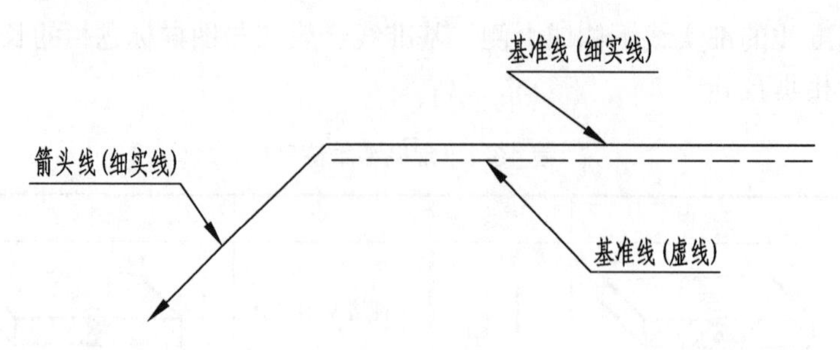

图 16-13 指引线

3. 焊缝标注示例

1)基本符号相对基准线的位置

为了能在图样上确切地表示焊缝的位置，标准中规定了基本符号相对基准线的位置，如图 16-14 所示。

(1)如果焊缝在接头的箭头侧，则将基本符号标注在基准线的实线侧，如图 16-14(a)所示。

(2)如果焊缝在接头的非箭头侧，则将基本符号标注在基准线的虚线侧，如图 16-14(b)所示。

(3)标注对称焊缝及双面焊缝时，基准线可不加虚线，如图 16-14(c)所示。

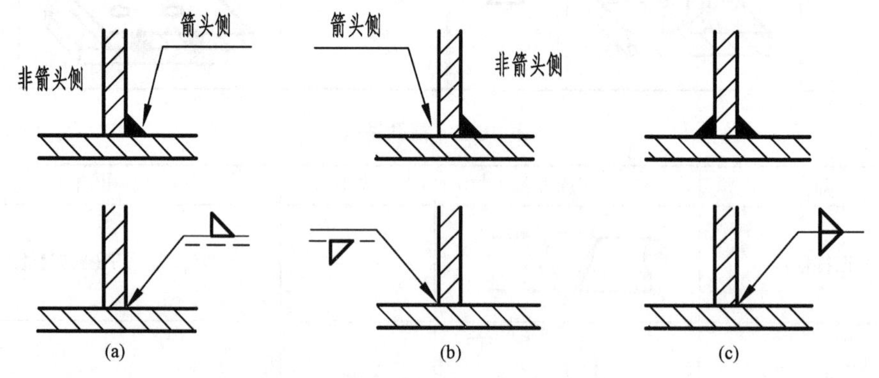

图 16-14 基本符号相对基准线的位置

2)焊缝尺寸的标注位置

焊缝标注时，除基本符号外还可附带尺寸符号及数据。常用的焊缝尺寸符号见表 16-4。

表 16-4 常用的焊缝尺寸符号

符号	名称	示意图	符号	名称	示意图
δ	工件厚度		e	焊缝间距	
α	坡口角度		K	焊角尺寸	
b	根部间隙		d	熔核直径	

续表

符号	名称	示意图	符号	名称	示意图
p	钝边		*S*	焊缝有效厚度	
c	焊缝宽度		*N*	相同焊缝数量符号	
R	根部半径		*H*	坡口深度	
l	焊缝长度		*h*	余高	
n	焊缝段数		*β*	坡口面角度	

焊缝尺寸符号标注位置如图 16-15 所示。

(1) 焊缝横剖面上的尺寸 (*p*、*H*、*K*、*h*、*S*、*R*、*c*、*d*) 标注在基本符号的左侧。

(2) 焊缝长度方向的尺寸 (*n*、*l*、*e*) 标注在基本符号右侧。

(3) 坡口角度、坡口面角度、根部间隙等尺寸 (*α*、*β*、*b*) 标注在基本符号上侧或下侧。

(4) 相同焊缝数量符号和焊接方法标注在尾部。

(5) 当标注数据较多时，可在数据前增加相应尺寸符号。

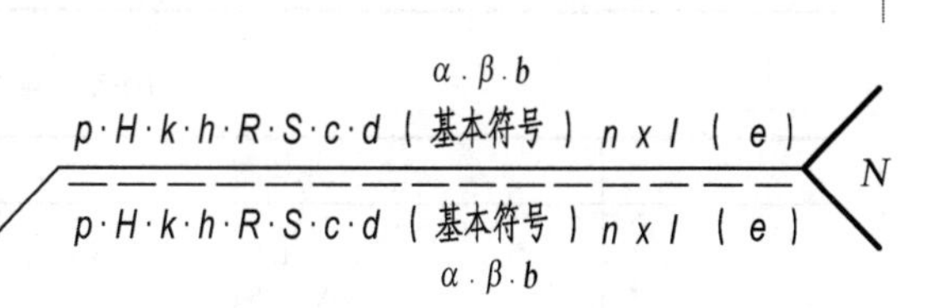

图 16-15　焊缝尺寸符号标注位置

4．常见焊缝标注（表 16-5、表 16-6）

表 16-5　常用的基本符号、辅助符号、补充符号的组合应用

名称	示意图	标准示例	说明
焊缝表面平齐			平面 V 形焊缝
焊缝表面凹陷			凹面角焊缝

续表

名称	示意图	标准示例	说明
焊缝表面凸起		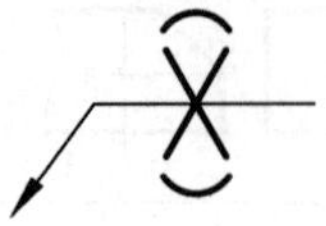	凸起双面 V 形焊缝
		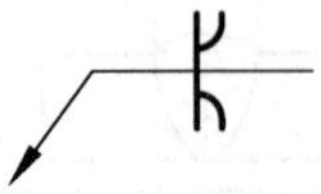	凸起双面 J 形焊缝
带垫板		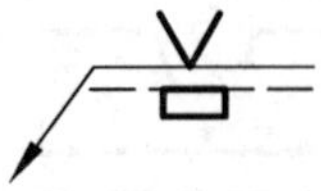	V 形焊缝的底部有垫板
三面焊缝	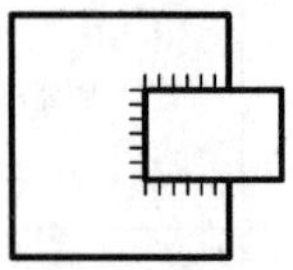	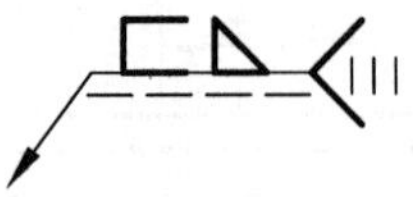	工件三面焊缝，焊接方法为手工电弧焊
现场、周围焊缝	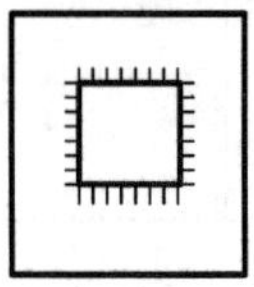	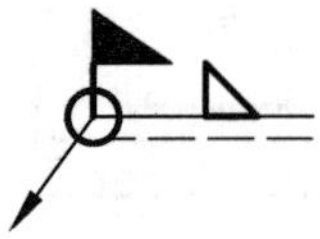	在现场沿工件周围焊缝

表 16-6　常见的焊缝标注示例

名称	示意图	标准示例	说明
对接接头	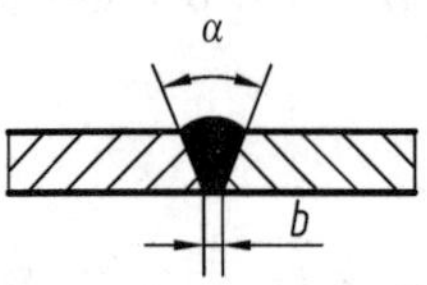	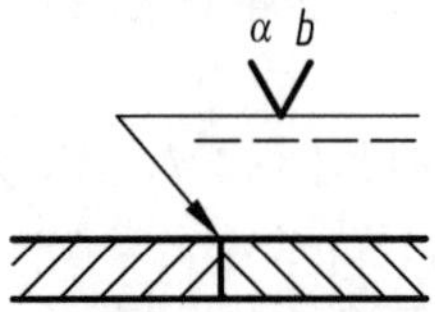	V 形焊缝，坡口角度为 α，根部间隙为 b
		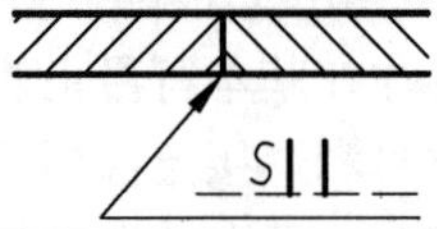	I 形焊缝，焊缝的有效厚度为 S
T 形接头	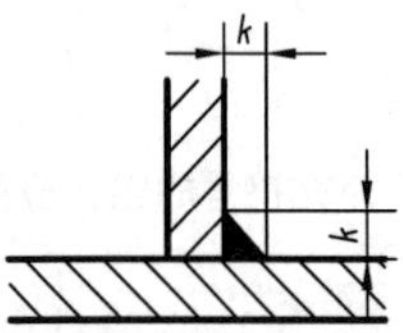	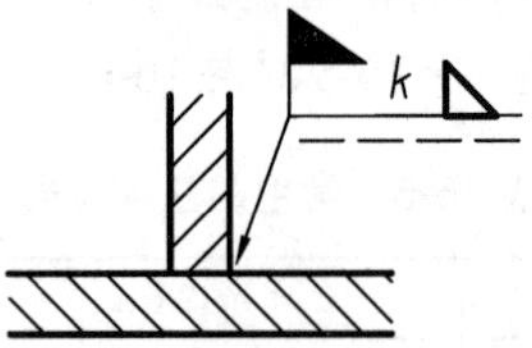	在现场角焊缝，角焊缝高度为 K
	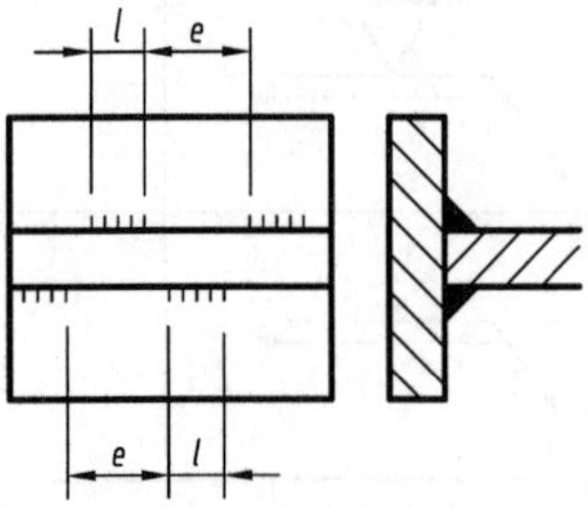	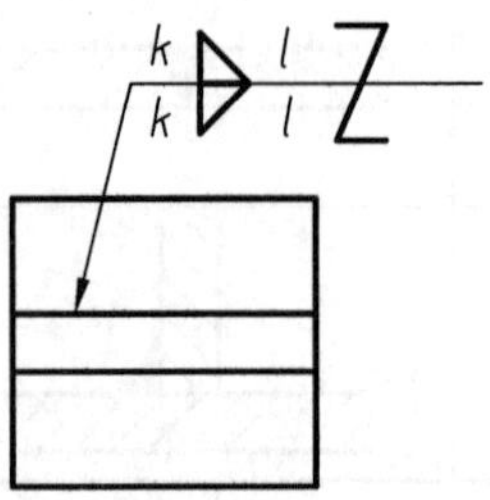	对称交错断续角焊缝，焊缝长度 l，焊缝间距为 e，焊角高度为 K

续表

名称	示意图	标准示例	说明
角接接头			双面焊缝，上面为单边 V 形焊缝，坡口面角度为 β，钝边为 P，根部间隙为 b，下面为角焊缝
搭接接头			点焊，熔核直径为 d，焊缝间距为 e，焊缝起始焊点中心位置的定位尺寸为 L

5．焊接件标注示例(图 16-16)

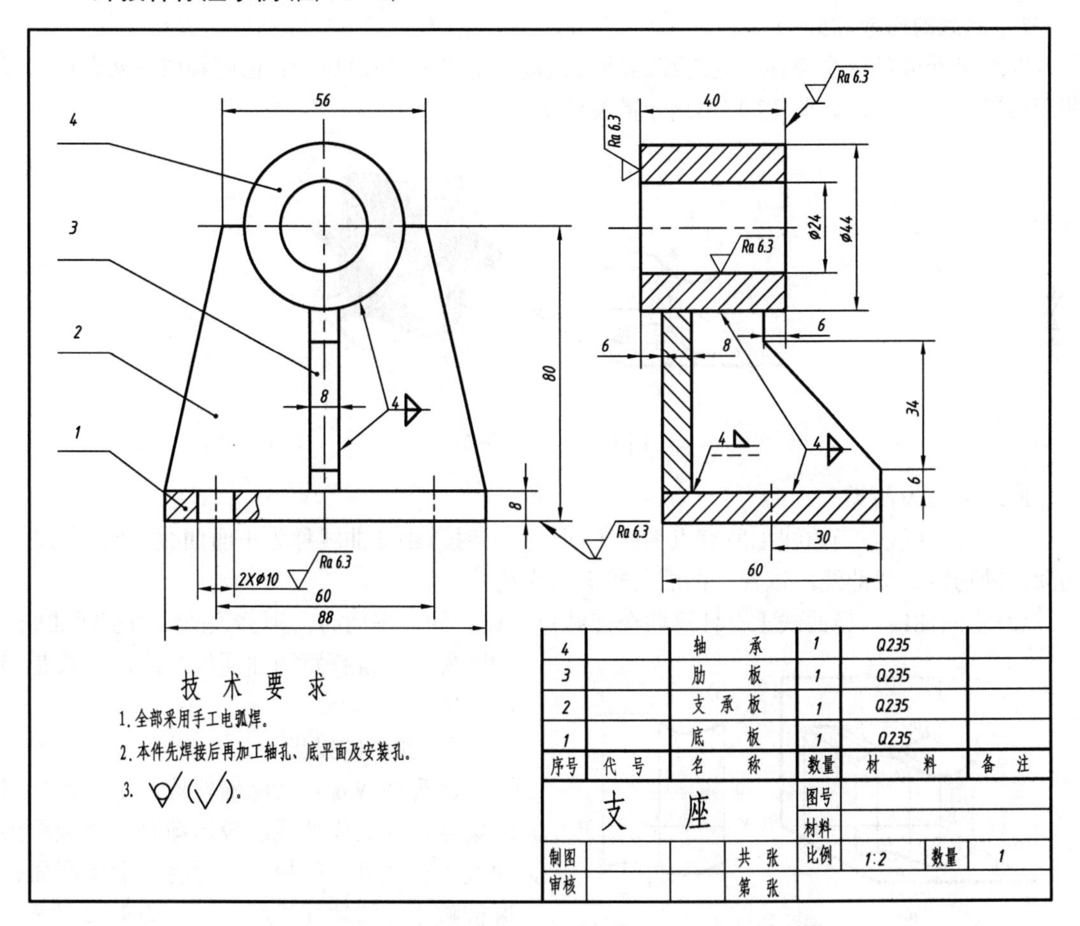

图 16-16　支座焊接图

第 17 章 曲线和曲面

主要内容

曲线曲面的定义、形成、分类及投影图的画法。

学习要点

熟悉曲线曲面的定义、形成、分类；掌握常见曲线曲面的投影特性及投影图的画法。

17.1 曲线概述

1. 曲线的形成和分类

曲线可看成是一个点在空间连续运动的轨迹，如图 17-1(a)所示；也可看成是两曲面，或曲面与平面的交线，如图 17-1(b)所示的交线 K。

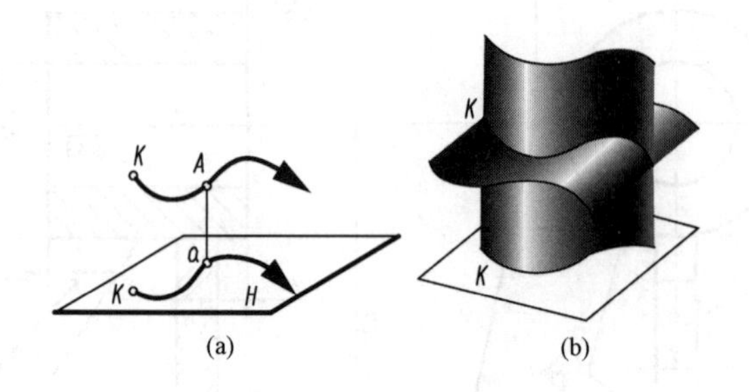

图 17-1 曲线的形成

曲线可分为两类：

(1)平面曲线。当曲线上所有点都属于同一平面时，则该曲线称为平面曲线，例如，圆、椭圆、抛物线、双曲线，以及一曲面与平面的交线等。

(2)空间曲线。当曲线上有任意四个连续点不属于同一平面时，则称该曲线为空间曲线，如螺旋线以及任意两曲面的交线，一般是空间曲线。

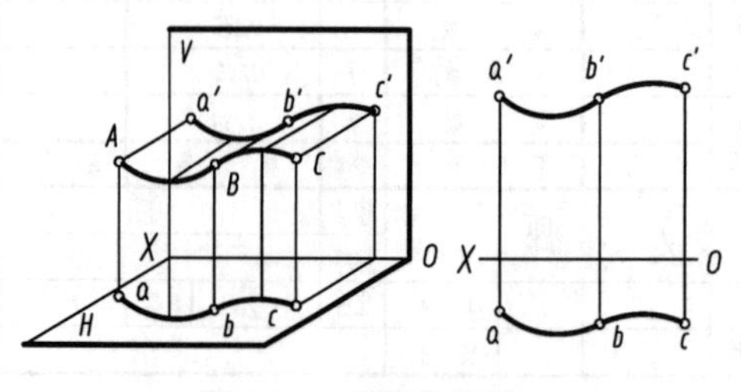

图 17-2 曲线的投影

2. 曲线的投影

因为曲线是点运动的轨迹，是一系列点的集合，因此作曲线的投影图时，必须画出曲线上一系列点的投影，再将它们的同面投影按顺序光滑地连接起来，如图 17-2 所示。

3．曲线的投影特性

(1) 曲线的投影在一般情况下仍是曲线。如图 17-2 所示，将曲线 *ABC* 向投影面进行投射时，投射线形成一个柱面，该柱面与投影面的交线 *abc* 及 *a'b'c'* 必为一曲线，故曲线的投影一般仍为曲线。但对于平面曲线来说，当其所在的平面处于特殊位置时，投影可能成直线或反映曲线的实形。当曲线 *ABC* 所在的平面 *P* 垂直于投影面 *H* 时，该曲线 *ABC* 的投影 *abc* 为一直线，如图 17-3 (a) 所示；当曲线 *ABC* 所在的平面 *P* 平行于投影面 *H* 时，该曲线 *ABC* 的投影 *abc* 反映曲线的实形，如图 17-3 (b) 所示。

(2) 当直线和曲线在空间相切时，它的投影仍然相切。如图 17-4 中，直线 *MN* 与曲线 *ABC* 在空间相切于点 *B*，则投影面 *H* 上的投影 *abc* 与切线 *MN* 的投影 *mn* 相切于 *b* 点，这是因为切点 *B* 是曲线 *ABC* 与切线 *MN* 的共有点。

(3) 一般情况下，二次曲线的投影仍为二次曲线，在特殊情况下也可能是圆或直线。

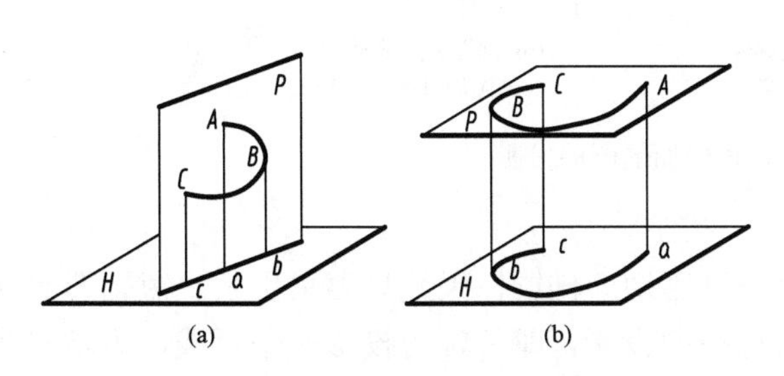

图 17-3　特殊位置曲线的投影

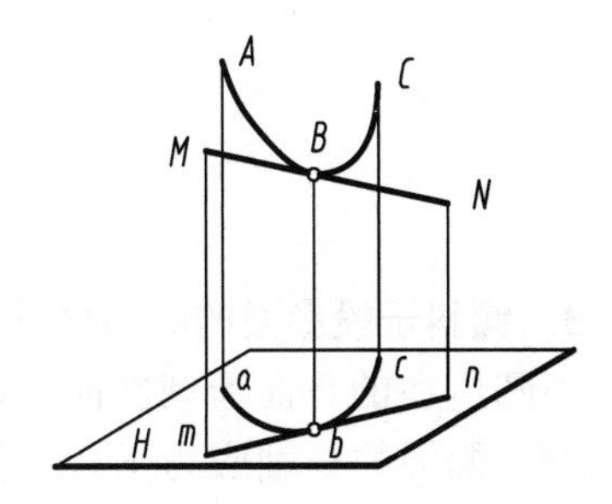

图 17-4　曲线上某点切线的投影

17.2　平 面 曲 线

工程上常用的平面曲线有圆、椭圆、双曲线、抛物线、渐开线等。本节主要介绍圆的投影。

圆所在的平面相对投影面的位置可分为平行、垂直、倾斜三种情况，位置不同，其投影也不同。下面分别讨论这三种情况。

1．平行投影面的圆的投影

平行投影面的圆在其所平行的投影面上的投影反映该圆的实形；在另两投影面上的投影为直线，其长度等于圆的直径，如图 17-5 所示。

2．垂直于投影面的圆的投影

垂直于投影面的圆在其所垂直的投影面上的投影为直线，其长度等于圆的直径；在另一投影面上的投影为椭圆。

当圆的投影为椭圆时(图 17-6 (a))，圆上任一对互相垂直的直径投影均为椭圆上的一对共轭直径。对某一投影来说，圆上只有一对互相垂直的直径投影后为椭圆的一对互相垂直的共轭直径，这对直径为椭圆的长轴和短轴。圆上这对互相垂直的直径，一条为该投影面的平行线(图 17-6 (a) 中的直径 *CD*)，另一条为对该投影面的最大斜度线(圆所在平面上对投影面 *H* 倾角最大的直线，如图 17-6 (a) 中的直径 *AB*)。

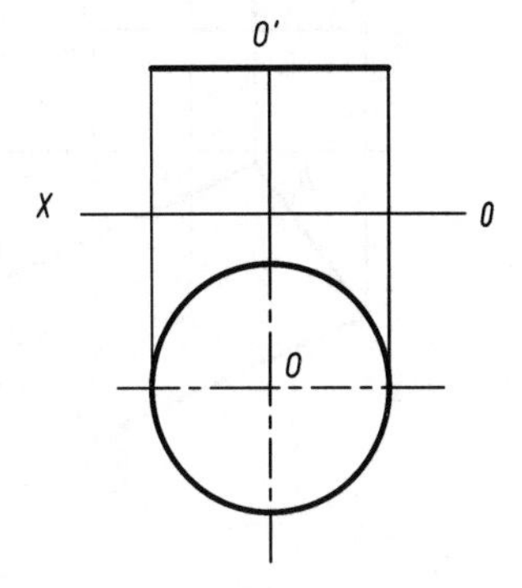

图 17-5　平行投影面的圆的投影

由以上分析可画出垂直于投影面的圆的两个投影(图 17-6(b))，正面投影为直线，其长度等于圆的直径；水平投影为椭圆，其长轴等于圆的直径，短轴与长轴垂直，长度根据投影关系求出。

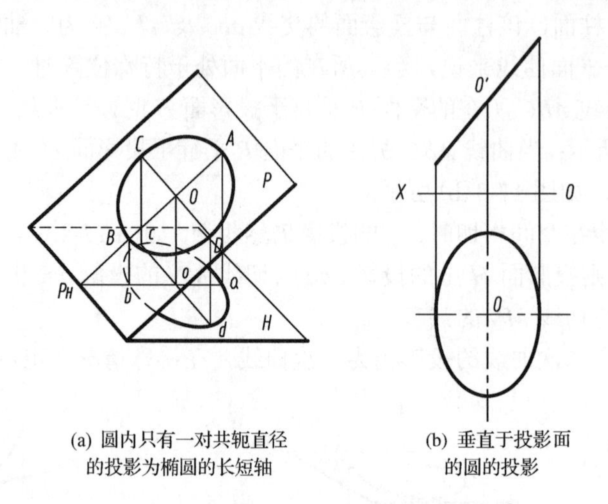

(a) 圆内只有一对共轭直径的投影为椭圆的长短轴

(b) 垂直于投影面的圆的投影

图 17-6　垂直投影面的圆的投影

3．倾斜于投影面的圆的投影

当圆所在的平面为倾斜面时，圆的两个投影均为椭圆。因此只要求出长、短轴即可作出椭圆。椭圆的长轴应为平行于投影面的直径的投影，即长轴为投影面平行线，短轴与长轴垂直。

例 17-1　在平面四边形 *ABCD* 上过点 *O* 作直径为定长 *L* 的 *H* 面、*V* 面投影(图 17-7(a))。由于圆所在的平面为倾斜面，因此 *H* 面、*V* 面投影均为椭圆，可利用换面法将四边形平面变为投影面垂直面，即可求出长短轴的方向和大小。具体步骤见图 17-7(b)。

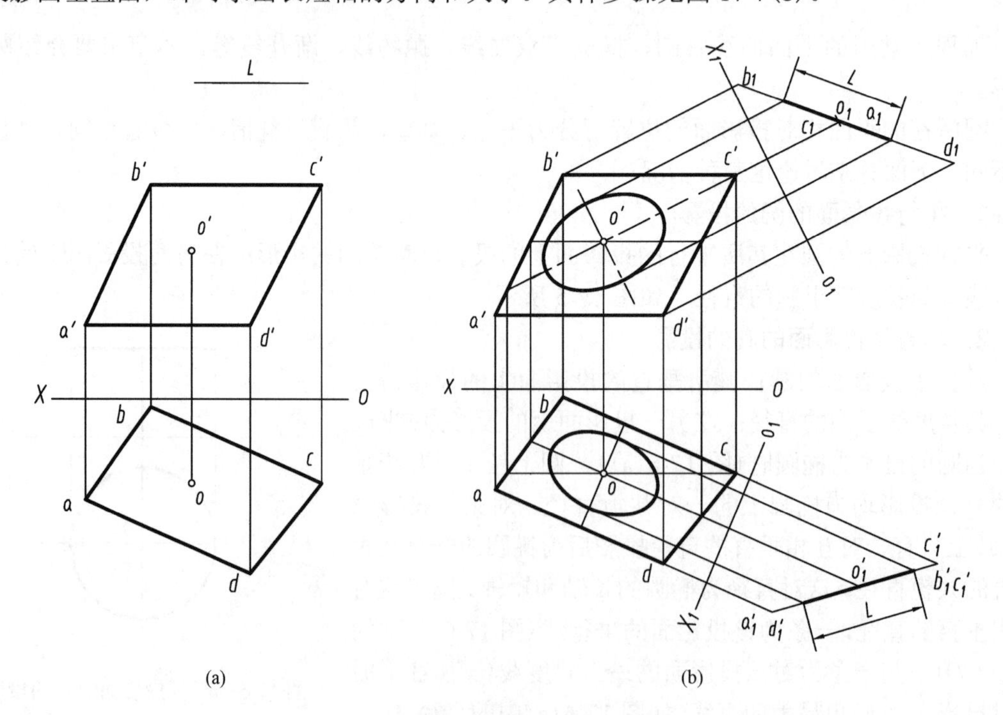

(a)　　(b)

图 17-7　用换面法作倾斜位置圆的投影

17.3　空 间 曲 线

空间曲线中分为规则曲线和不规则曲线。工程上常见的规则曲线为螺旋线等。螺旋线又可分为圆柱螺旋线、圆锥螺旋线。本节只讨论圆柱螺旋线。

1．圆柱螺旋线的形成

如图 17-8 所示，一动点 M 沿着圆柱面的母线 AB 等速移动，同时圆柱母线 AB 又绕轴做等角速回转，则点 M 的复合运动的轨迹称为圆柱螺旋线。母线 AB 所在的圆柱称为螺旋线的导圆柱。

由于圆柱母线绕轴旋转方向的不同，形成的螺旋线可分为右螺旋线和左螺旋线。当圆柱轴线为铅垂线时，右螺旋线的特点是螺旋线的可见部分自左向右升高，如图 17-8(a)所示，左螺旋线的特点是螺旋线的可见部分自右向左升高，如图 17-8(b)所示。

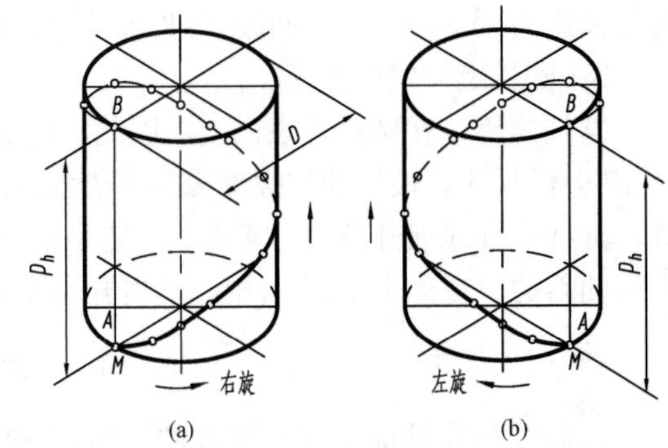

(a)　(b)

图 17-8　圆柱螺旋线的形成

当母线 AB 旋转一周时，动点 M 沿母线 AB 移动后在轴线方向移动的距离称为螺旋线的导程，用 P_h 表示。当导圆柱的直径 D、螺旋线的旋转方向和导程 P_h 的大小一定时，螺旋线的形状就确定了。所以直径 D、旋转方向和导程 P_h 是确定圆柱螺旋线的三个基本要素。

2．圆柱螺旋线投影图的画法

若已知圆柱螺旋线的三个基本要素(导圆柱直径 D、螺旋线旋转方向、导程 P_h 的大小)，就可以画出圆柱螺旋线的投影图。以图 17-9 所示的圆柱螺旋线的投影图为例，说明圆柱螺旋线投影图的画法。

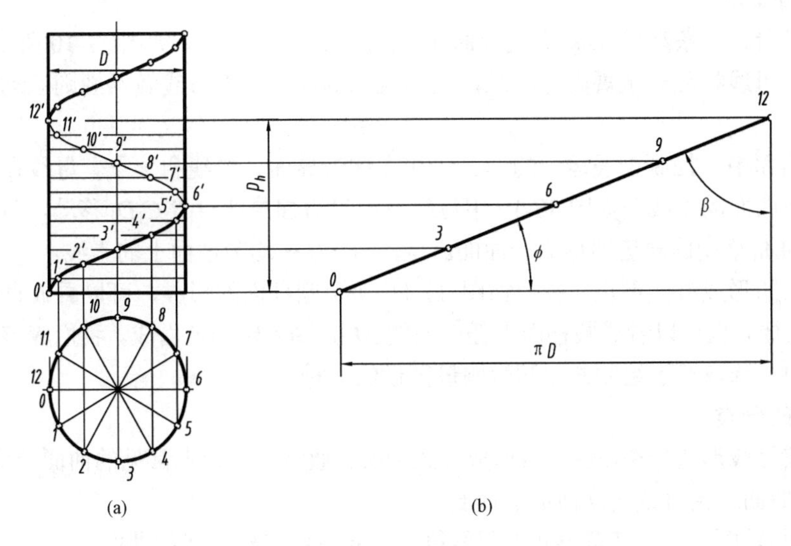

(a)　(b)

图 17-9　圆柱螺旋线的画法与展开

作图步骤：

(1) 先根据导圆柱的直径 D 画出导圆柱的投影图，如图 17-9(a)所示；再把它的水平投影

(圆周)分成 n 等分(图中 n 取 12)，按逆时针方向注写 0，1，2，…，12 各分点。

(2)在轴线的正面投影上取一导程 P_h，将导程 P_h 也分为 n 等分(n 也取 12)，过导程 P_h 上各分点作水平线(因为回转一周时，动点沿母线在轴线方向上移动距离为 P_h，故当转 $1/n$ 周时，动点沿母线在轴线方向上向上移动 P_h/n)。

(3)过水平投影圆周上各分点作 OX 轴的垂线，它与正面投影的相应水平线相交，分别得到交点 0′，1′，2′，…，12′，即为圆柱螺旋线上若干点的正面投影。

(4)将这些点顺次光滑连接成一条曲线，这就是圆柱螺旋线的正面投影。

圆柱螺旋线的水平投影与导圆柱有积聚性的水平投影重合。注意区分正面投影中圆柱螺旋线投影的可见与不可见问题(可见部分画粗实线，不可见部分画虚线)。

3．圆柱螺旋线的展开

圆柱螺旋线在圆柱的表面上，因此，将圆柱表面展开即可得到圆柱螺旋线的展开图。如图 17-9(b)所示，根据圆柱螺旋线的形成规律，点在水平方向和垂直方向移动都是等速的，因此，圆柱螺旋线展开后为一条直线。它是以导圆柱的周长 πD 和导程 P_h 为两直角边的直角三角形的斜边。在一个导程 P_h 中，其展开长度 L 为

$$L=\sqrt{(\pi D)^2+P_h^2}$$

螺旋线与圆柱面上任一素线的夹角 β 称为螺旋角，它的余角 ϕ 称为螺旋线的升角，如图 17-9(b)所示。

17.4 曲 面 概 述

在工程上经常要设计各种曲面，如某些机器零件的表面、飞机机身、汽车外壳以及船体表面等。为了表示这些曲面，必须了解它们是如何形成的。

1．曲面的形成

曲面可以看作一条动线 AA_0(直线或曲线)在空间运动的轨迹，如图 17-10 所示。动线 AA_0 称为母线。当母线按照一定规则运动时，则形成规则曲面，当母线做不规则运动时，则形成不规则曲面。

在规则曲面中，控制母线运动的面、线和点称为导面、导线和导点。母线在曲面中的任一位置，称为曲面的素线。如图 17-10 中母线 AA_0 沿着曲导线 $A_1B_1C_1D_1$ 移动，且始终平行于直导线 KL，AA_0 移动的轨迹即形成一曲面。L_1、L_2、L_3…均为曲面上的素线。

同一曲面的形成方式不止一种。如图 17-11 所示圆柱面的形成，可以看成直母线 AB 绕 OO_1 轴回转而成，也可以看成圆柱面上任一曲线 M 绕 OO_1 轴回转而成。我们应该从形成曲面的各种方法中，选取对于绘制曲面和解题最简便的一种。

2．曲面的分类

曲面可按母线形式分类，也可按形成方式分类。通常把工程上常见的曲面分成下列几类：

(1)直线曲面。由直线运动而成的曲面。

(2)曲线回转面。由一任意形式的母线绕一固定轴线旋转而成的曲面。

(3)螺旋面。由一任意形式的母线沿螺旋线运动而成的曲面。

(4)复杂曲面。不能按照简单规律形成的曲面。

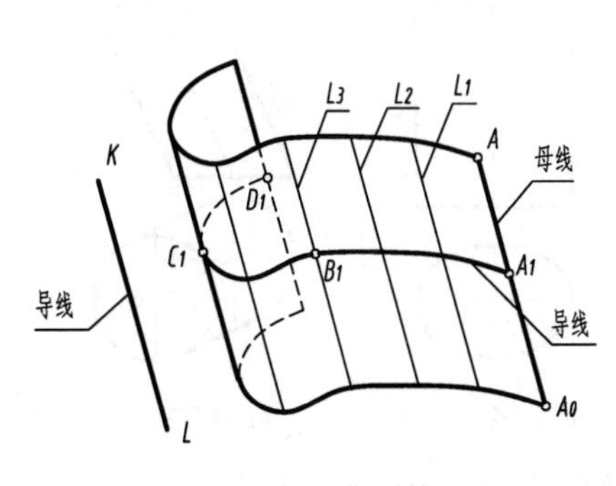

图 17-10　曲面的形成

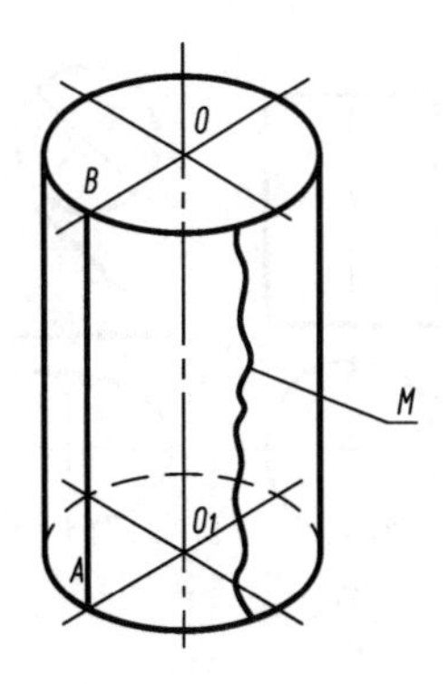

图 17-11　圆柱面的形成

3．曲面的表示

在投影图上表示曲面时，应当画出母线和导面或导线、导点的投影，并画出曲面的轮廓线。当曲面比较复杂时，还应当再画出素线的几个主要位置。

17.5　常见曲面

在工程上最常见的曲面是直线曲面中的柱面、锥面及曲线回转面、正螺旋面等。

1．柱面

直母线 AA_1 沿曲导线 $A_1B_1C_1$ 移动，且始终平行于直导线 MN 所得曲面是柱面，如图 17-12 所示。曲导线可以是闭合的，也可以是不闭合的。

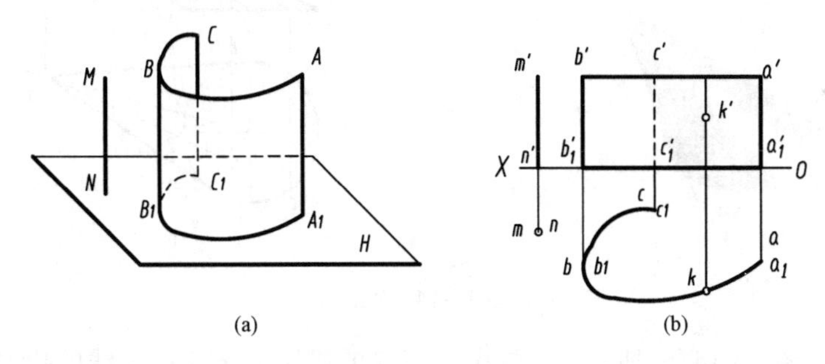

(a)　(b)

图 17-12　柱面

它的投影图见图 17-12。首先画出母线 AA_1 的投影 aa_1、$a'a_1'$ 和曲导线 $A_1B_1C_1$ 的投影 $a_1b_1c_1$、$a_1'b_1'c_1'$ 以及直导线 MN 的投影 mn、$m'n'$。为了定出曲面的范围，还应画出曲面的边界线 AA_1、CC_1 的投影和外视转向线 BB_1 的投影。注意区分可见与不可见部分的外形轮廓线，在图 17-12(b) 中 V 面转向线的正面投影为 $b'b_1'$，它是曲面对 V 面可见与不可见部分的分界线，因此边界线 CC_1 属于曲面的不可见部分，其正面投影 $c'c_1'$ 在图中画成虚线。因为导线 MN 垂直于水平面，所以每条素线均为铅垂线，这个柱面的水平投影积聚为曲线 abc。属于柱面的全部点(如点 K)的水平投影(点 K 的水平投影 k)均属于曲线 abc。

柱面通常是以用垂直于柱面素线的截平面(正截面)所得的交线的形状来命名，如图 17-13 所示的各种柱面。

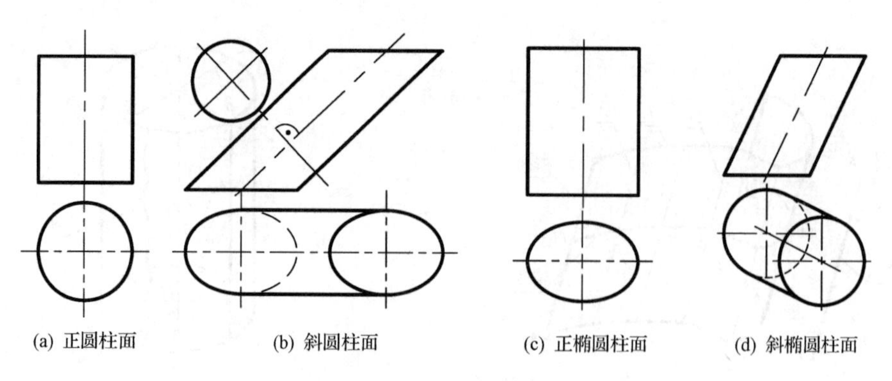

图 17-13　各种柱面的投影

图 17-13(a)中柱面的正截面的形状为圆，称为圆柱面，又因其轴线垂直于圆柱的底面，故称为正圆柱面。若圆柱面的轴线不垂直于圆柱的底面，则称为斜圆柱面，如图 17-13(b)所示。正截面的形状为椭圆的称为椭圆柱面，其轴线垂直于底面时称正椭圆柱面，如图 17-13(c)所示。若轴线不垂直于底面时，则称为斜椭圆柱面，如图 17-13(d)所示。

2．锥面

使直母线沿着曲导线移动，且始终通过定点 S 时，所得曲面是锥面，如图 17-14(a)所示。导点 S 称为锥面的顶点。锥面的曲导线可以是闭合的，也可以是不闭合的。

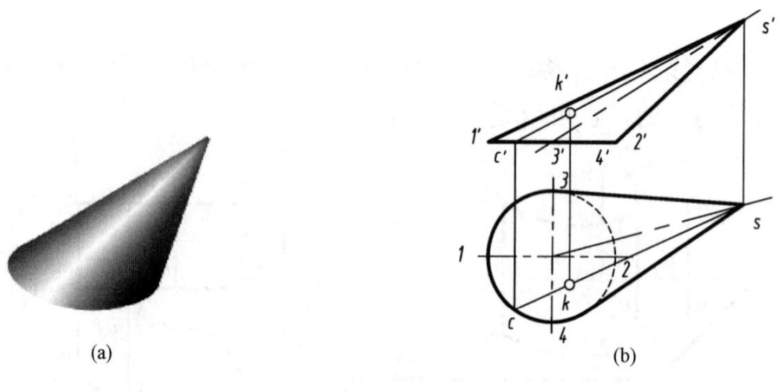

图 17-14　锥面

它的投影图如图 17-14(b)所示，须画出导点 S 的投影 s、s'和曲导线的投影 1234、1′2′3′4′，并画出转向线的投影。V 面转向线的正面投影为 $s'1'$和 $s'2'$，H 面转向线的水平投影为 $s3$ 和 $s4$。它们分别是曲面对 V 面和 H 面的可见和不可见部分的分界线。

欲取属于锥面的点可利用素线作辅助线，如图 17-14(b)中表示了用素线 SC 定出属于锥面的点 K 的投影 k、k'。

与柱面相似，锥面是以垂直于轴线的正截面与锥面的交线形状来命名的。如图 17-15 所示各种锥面，正截交线为圆的称为圆锥面，正截交线为椭圆的称为椭圆锥面。圆锥面的轴线垂直于底面的称为正圆锥面，如图 17-15(a)所示。椭圆锥面的轴线垂直于底面的称为正椭圆锥面，如图 17-15(b)所示。圆锥面的轴线不垂直于底面的称为斜圆锥面，如图 17-15(c)所示。椭圆锥面的轴线不垂直于底面的称为斜椭圆锥面，如图 17-15(d)所示。

3．曲线回转面

曲线回转面是由任意形式的母线(直线或曲线)绕一固定轴线回转而形成的。在形成曲线

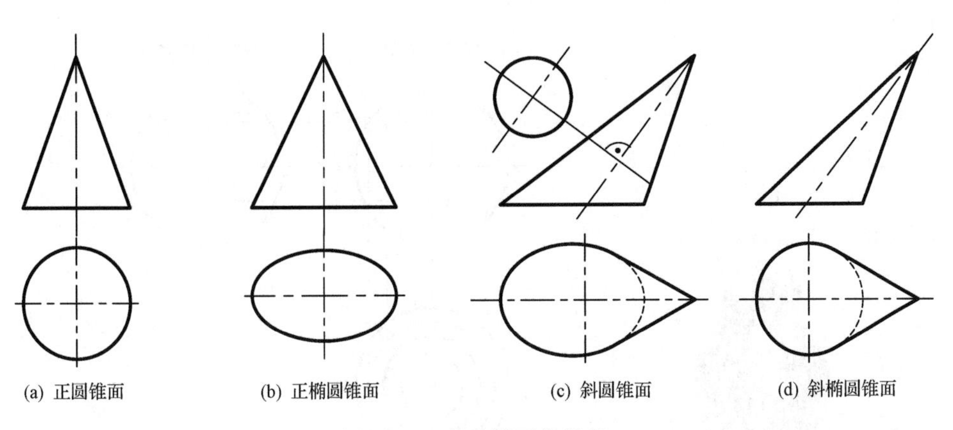

图 17-15　各种锥面的投影

回转面的过程中，母线上任意点的轨迹都是圆，这些圆称为纬线圆。最小的纬线圆(较相邻纬线的直径都小)称为喉圆；最大的纬线圆(较相邻纬线的直径都大)称为赤道圆。通常见到的曲线回转面，其轴线多为投影面垂直线。此时在轴线所垂直的投影面上，应画出它的喉圆和赤道圆的投影。

下面分别讨论单叶双曲回转面和一般曲线回转面的形成和投影。

1)单叶双曲回转面

它是由一直线绕一根与它成交叉位置的轴(如轴线 *O-O*)旋转而成的，如图 17-16(a)所示。用包含轴线的平面截切单叶双曲回转面，其截交线的形状为双曲线，因此，单叶双曲回转面也可看作以双曲线为母线绕它的虚轴回转而成。

当轴线为铅垂线时，单叶双曲回转面的两投影如图 17-16(b)所示。其正面投影(*V* 面)的轮廓线为双曲线，在水平投影面(*H* 面)上表示了喉圆和底圆的投影。

如果要在上述单叶双曲回转面上画出任意一条素线，应先画出它的 *H* 面投影，如 *ab*，使其与喉圆的 *H* 投影相切，然后再画出它的 *V* 面投影 *a'b'*。

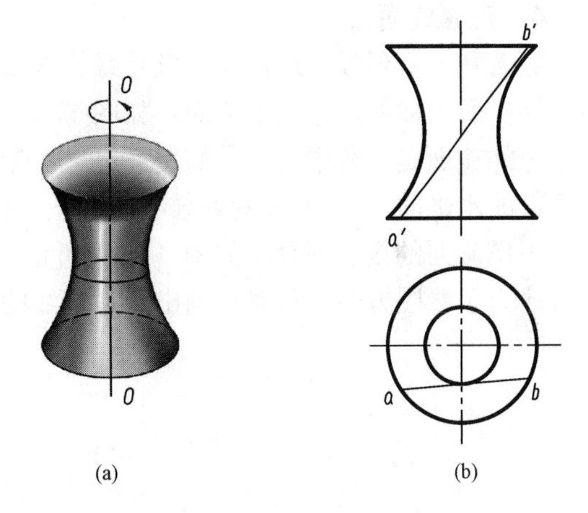

图 17-16　单叶双曲回转面

2)一般曲线回转面

一般曲线回转面是由曲线绕一轴线回转而形成的，如图 17-17(a)所示。

当轴线为铅垂线时，它的投影图如图 17-17(b)所示。这时回转面的正面投影和侧面投影形状相同，在水平投影面上，表示了曲线回转面的喉圆、赤道圆以及顶圆的投影。此时应注意，*V* 面转向线(点 *A* 所在线)的水平投影和侧面投影在点画线上；侧面转向线(点 *B* 所在的线)的正面投影和水平投影在点画线上。

为了求曲线回转面上点的投影，一般需要包含已知点作辅助纬线圆，如图 17-17(b)所示，点 *K* 在该曲线回转面上。已知点 *K* 的正面投影 *k'*，求它的水平投影 *k*，其作图步骤如下：

(1)过点 *k'*作辅助纬线圆的正面投影(积聚成直线)；

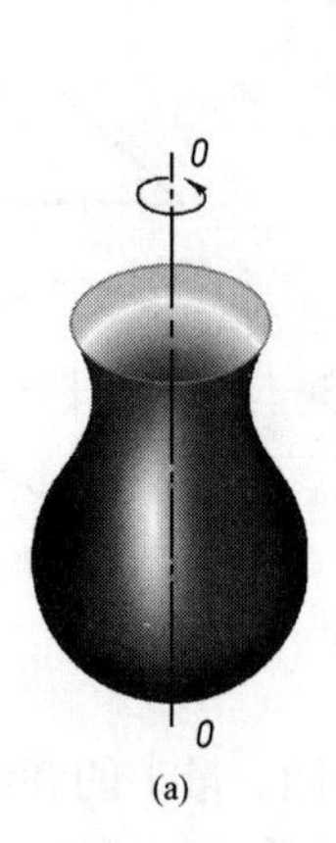

(a)

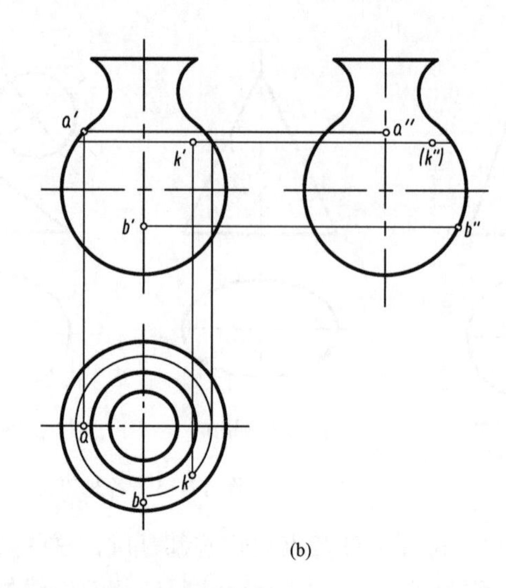

(b)

图 17-17 一般曲线回转面

(2)利用投影关系求出该纬线圆的水平投影(反映实形的圆)；

(3)在辅助纬线圆的水平投影上，由 k'和 k 的投影关系，可求出水平投影 k。

曲线回转面中最常见的还有球面、环面、椭圆回转面等。

4．正螺旋面

假若使一直母线 AB 沿一条圆柱螺旋线 M(导线)运动，并且始终与圆柱轴线相交成 90°角，这样所得曲面叫作正螺旋面，如图 17-18 所示。

正螺旋面是工程中常见的螺旋面之一。它的母线始终平行于某一平面(在这里平行于轴线所垂直的水平面 H)；而其两条导线，一条为螺旋线，一条为圆柱的轴线。

正螺旋面的投影图画法如图 17-19 所示。根据曲面的表示方法，画出了导线及螺旋线的投影。为了看图方便，有时也画出一些素线的投影。

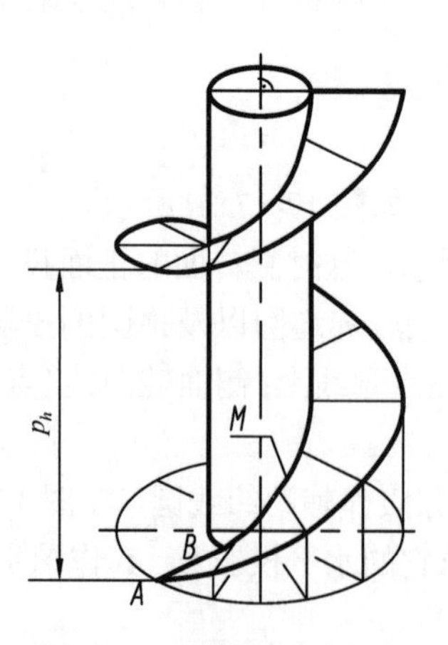

图 17-18 正螺旋面的形成

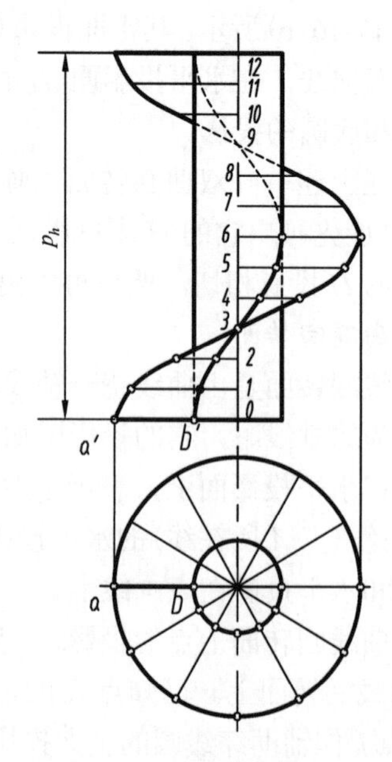

图 17-19 正螺旋面的投影

17.6　常见平面曲线绘制

工程上常用的平面曲线有圆弧、椭圆、抛物线、双曲线、阿基米德螺旋线、渐开线和摆线等。其中，阿基米德螺旋线在凸轮、车床卡盘、涡旋弹簧、扬水机等设计中应用较多；渐开线和摆线又常作为齿轮的齿廓线。这里着重介绍它们的画法。

1．阿基米德螺旋线的画法

如图 17-20 所示，平面内动点 *M* 的初始位置在点 *A*，点 *M* 沿着一射线 *AB* 匀速移动，同时射线 *AB* 又绕 *A* 点做匀角速度回转，则点 *M* 的复合运动轨迹称为阿基米德螺旋线。射线 *AB* 旋转一周，动点 *M* 的径向运动距离称为导程，用 P_h 表示。射线 *AB* 的旋转方向和导程 P_h 的大小一定时，螺旋线的形状就确定了。所以旋转方向和导程 P_h 是确定阿基米德螺旋线的两个基本要素。

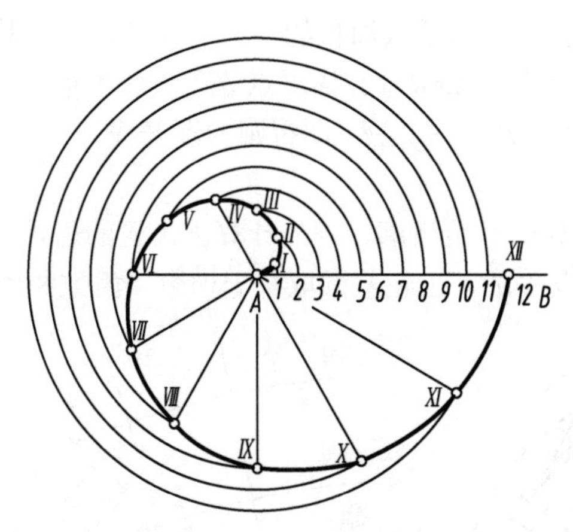

图 17-20　阿基米德螺旋线的画法

阿基米德螺旋线的作图方法见图 17-20，具体步骤如下。

(1) 将射线 *AB* 按固定长度（导程/*n*）分段（*n* 取 12），两端点即是螺旋线上的点；

(2) 旋转 *AB*，当转过角度 1×(360°/12) 时，描出 0*A* 上第 1 分点的位置 *Ⅰ*；

(3) 旋转 *AB*，当转过角度 2×(360°/12) 时，描出 0*A* 上第 2 分点的位置 *Ⅱ*，依此类推；

(4) 圆滑连接所描各点，即得到阿基米德螺旋线。

2．渐开线的画法

1）渐开线的产生

如图 17-21 所示，在平面内固定一段圆柱；细线一端固定缠在圆柱表面上，另一端 *M* 的初始位置在圆柱分点 12；拉紧端点 *M* 以保证细线始终与圆柱相切，按缠线的反方向绕线，*M* 点将依次经过点 *Ⅰ*、*Ⅱ*、*Ⅲ*、…、*Ⅻ*，点 *M* 在该平面上的轨迹就是渐开线。圆柱的截圆称为渐开线的基圆，细绳所在切线称为渐开线的发生线。当基圆的大小、发生线的旋转方向一定时，就确定了渐开线的形状。所以旋转方向和基圆半径 *R* 是确定渐开线的两个基本要素。

2）渐开线的画法

渐开线的作图方法见图 17-21，具体步骤如下：

(1) 将基圆圆周 *n* 等分（*n* 取 12），用周长 $2\pi R$ 作线段并作相同等分。

(2) 过各等分点作基圆的切线。

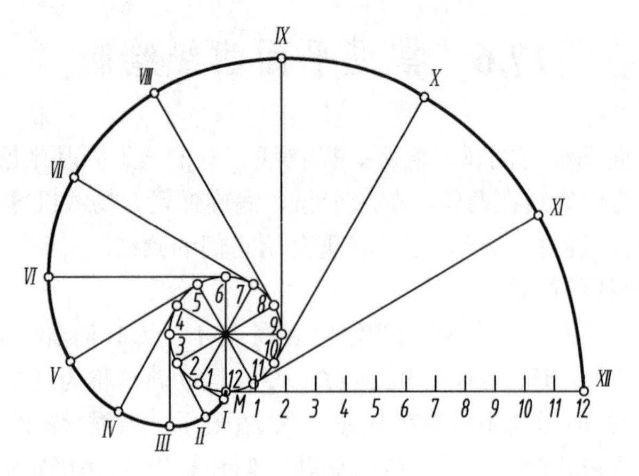

图 17-21　渐开线的画法

(3) 在第一条切线上，自切点起量取周长的一个等分 ($2\pi R/12$) 描出点 *I*；在第二条切线上，自切点起量取周长的两个等分 ($2\times2\pi R/12$) 描出点 *II*；依此类推。

(4) 光滑连接点 *I*、*II*、*III*、…、*XII*，即得圆的渐开线。

3) 渐开线齿廓的画法

如图 17-22 所示，设计渐开线齿廓，须先计算出齿轮的齿顶圆、齿根圆、分度圆和基圆的直径。基圆是渐开线的发生圆，齿轮基圆取决于模数、齿数和压力角。

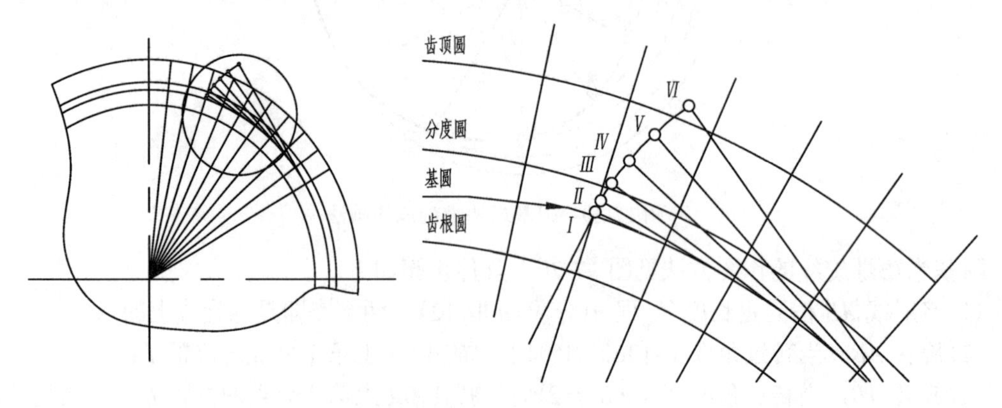

图 17-22　渐开线齿廓曲线的画法

把基圆周长 60 等分，同时把圆周角 60 等分，按渐开线的画法画出基圆以外的渐开线轮廓，用到 *I* 点至 *VI* 点这几个交点。基圆以内无渐开线，用过 *I* 点和 *II* 点两个交点的直线段代替。

根据齿轮的齿数，按图 17-23 所示的方法均分分度圆，齿廓曲线必须通过分度圆与均分射线的交点。按镜像法产生所有齿廓，描深。

3. 摆线的画法

一个动圆沿一条引导线做纯滚动时，动圆上一固定点 M 的轨迹称为摆线，引导线简称为导线。当动圆沿直导线滚动时形成平摆线；当导线为圆（称为导圆），圆在导圆上做外切滚动时形成外摆线，做内切滚动时形成内摆线。对平摆线来说，只要动圆的半径 R 确定，摆线的形状就确定了，R 是平摆线的唯一要素。而内、外摆线的形状还与导圆的半径 r 有关，所以动圆半径 R 和导圆半径 r 是内、外摆线的两个要素。

1) 平摆线的画法

如图 17-24 所示，圆在一条直导线上滚动。平摆线的画法如下。

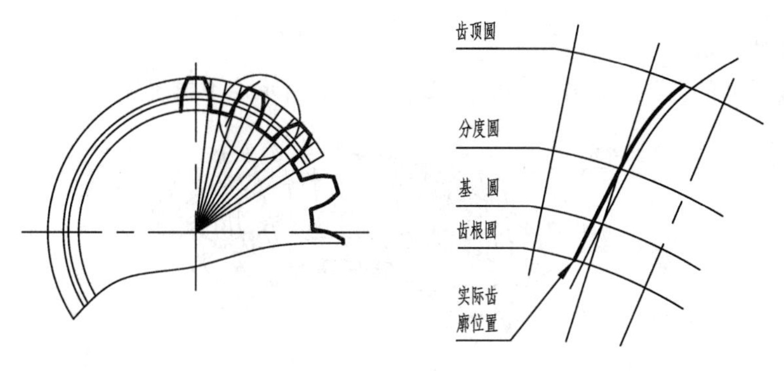

图 17-23　渐开线齿廓的画法

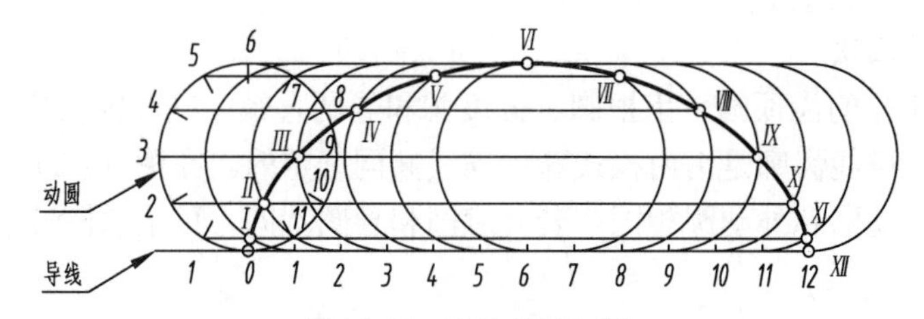

图 17-24　平摆线的画法

(1) 以圆与直线的初始切点为起点，按顺时针方向把圆周 n 等分(n 取 12)。

(2) 同时从左到右把导线上等于动圆周长 $2\pi R$ 的线段 12 等分，根据平摆线的形成原理，线段的两个端点 0 和 12 都是平摆线上的点。

(3) 把动圆圆心的轨迹 12 等分，过这些圆心分别作出动圆 O_1，O_2，…，O_{11}；过初始圆周的等分点 1 作水平线，它与 O_1 左半圆周的交点 *I* 是平摆线上的点；同理过初始圆周分点 2～6 作水平线分别与 O_2～O_6 的左半圆相交得到 *II*～*VI* 五个摆线上的点；过初始圆周分点 7～11 作水平线分别与 O_7～O_{11} 的右半圆相交得到另外 *VII*～*XI* 五个摆线上的点。

(4) 圆滑连接所求出的 13 个摆线上的点，即得到平摆线。

2) 外摆线的画法

如图 17-25 所示，动圆在一导圆上做外切滚动。外摆线的画法如下。

(1) 在导圆上取弧长 $2\pi R$ 并 n 等分(n 取 12)，由外摆线形成原理可知，点 0 和点 12 是外摆线上的点。

(2) 同时 12 等分初始位置动圆，12 等分动圆的圆心轨迹，作出动圆 O_1，O_2，…，O_{11}。

(3) 以导圆圆心为圆心，从初始动圆的各个分点画圆弧，分别与对应动圆弧相交得相关 11 个外摆线上的点 *I*～*XI*。

(4) 圆滑连接所求出的 13 个点，即得到外摆线。

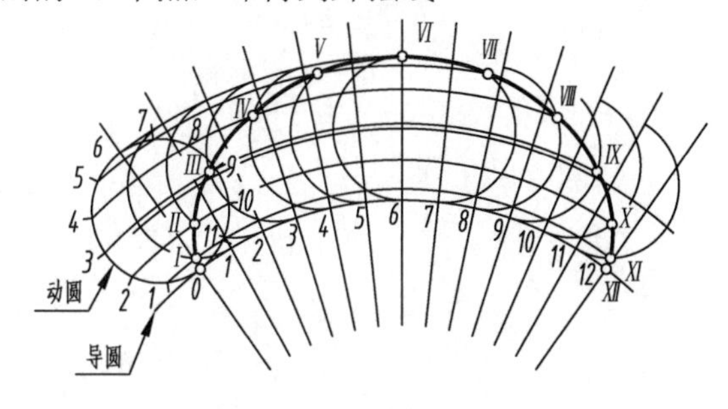

图 17-25　外摆线的画法

3）内摆线的画法

用外摆线类似的方法可画出内摆线，如图 17-26 所示，不再赘述。

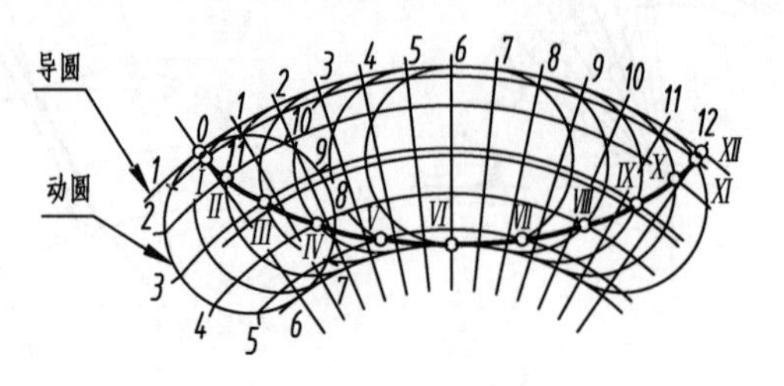

图 17-26　内摆线的画法

4）摆线齿廓的画法

首先计算出齿轮的齿顶圆、齿根圆、分度圆和导圆直径，同时需要确定内外摆线的内动圆和外动圆直径。摆线齿廓是由内摆线和外摆线共同确定的。在图 17-27 的画法中，设分度圆和导圆相同、内动圆和外动圆相同。若分度圆和导圆不同，可采取图 17-23 的处理方法平移齿廓曲线。

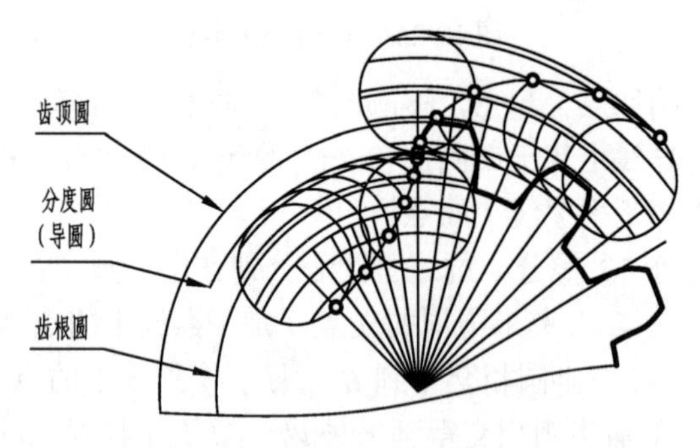

图 17-27　摆线齿廓的画法

参 考 文 献

陈锦昌, 2004.本科工程图学课程教学基本要求的修改.工程图学学报, 25(3): 101-105
大连理工大学, 2006. 机械制图. 北京: 高等教育出版社
戴立玲, 卢章平, 2006. 工程图学与基本 CAD 应用技术融入式教学体系的研究探讨. 工程图学学报, 27(6): 116-120
窦忠强, 续丹, 陈锦昌, 2009. 工业产品设计与表达. 北京: 高等教育出版社
侯洪生, 谷艳华, 文立阁, 等, 2007a. 基于三维数字化的工程图学课程体系改革与实践. 中国图学新进展: 346-348
侯洪生, 张秀芝, 谷艳华, 等, 2007b. 轴测投影在现代工程图学课程中的地位和作用. 中国图学新进展: 430-432
侯洪生, 张云辉, 朱玉祥, 等, 2008. 工程图学教材中传统内容与三维 CAD 融合性的研究. 工程图学学报, 29(2): 173-177
侯洪生, 刘广武, 2014. CATIA V5 机械设计案例教程. 北京: 人民邮电出版社
江洪, 张培耘, 吴巨龙, 2006. 美国工程图学教材对我国图学教育改革和精品课程建设的启示. 工程图学学报, 27(6): 145-151
蒋知民, 张洪鏸, 2010. 怎样识读机械制图新标准. 北京: 机械工业出版社
李学京, 2013. 机械制图和技术制图国家标准学用指南. 北京: 中国标准出版社
毛昕, 张秀艳, 黄英, 等, 2004. 画法几何及机械制图. 北京: 高等教育出版社
佟国治, 2000. 现代工程设计图学. 北京: 机械工业出版社
童秉枢, 易素君, 徐晓慧, 2004. 工程图学中引入三维几何建模的情况综述与思考. 工程图学学报, 26(4): 130-137
汪凯, 蒋寿伟, 1998. 技术制图与机械制图标准实用手册. 北京: 中国标准出版社
张彤, 樊红丽, 焦永和, 2006. 机械制图. 北京: 北京理工大学出版社
赵云波, 鲁君尚, 侯洪生, 等, 2007. CATIAV5 基础教程. 北京: 人民邮电出版社
朱冬梅, 胥北澜, 2000. 画法几何及机械制图. 北京: 高等教育出版社

附　录

1．极限与配合

附表 1　标准公差数值(GB/T 1800.1—2020)

公称尺寸/mm		标准公差等级																	
		IT1	IT2	IT3	IT4	IT5	IT6	IT7	IT8	IT9	IT10	IT11	IT12	IT13	IT14	IT15	IT16	IT17	IT18
大于	至	μm											mm						
—	3	0.8	1.2	2	3	4	6	10	14	25	40	60	0.1	0.14	0.25	0.4	0.6	1	1.4
3	6	1	1.5	2.5	4	5	8	12	18	30	48	75	0.12	0.18	0.3	0.48	0.75	1.2	1.8
6	10	1	1.5	2.5	4	6	9	15	22	36	58	90	0.15	0.22	0.36	0.58	0.9	1.5	2.2
10	18	1.2	2	3	5	8	11	18	27	43	70	110	0.18	0.27	0.43	0.7	1.1	1.8	2.7
18	30	1.5	2.5	4	6	9	13	21	33	52	84	130	0.21	0.33	0.52	0.84	1.3	2.1	3.3
30	50	1.5	2.5	4	7	11	16	25	39	62	100	160	0.25	0.39	0.62	1	1.6	2.5	3.9
50	80	2	3	5	8	13	19	30	46	74	120	190	0.3	0.46	0.74	1.2	1.9	3	4.6
80	120	2.5	4	6	10	15	22	35	54	87	140	220	0.35	0.54	0.87	1.4	2.2	3.5	5.4
120	180	3.5	5	8	12	18	25	40	63	100	160	250	0.4	0.63	1	1.6	2.5	4	6.3
180	250	4.5	7	10	14	20	29	46	72	115	185	290	0.46	0.72	1.15	1.85	2.9	4.6	7.2
250	315	6	8	12	16	23	32	52	81	130	210	320	0.52	0.81	1.3	2.1	3.2	5.2	8.1
315	400	7	9	13	18	25	36	57	89	140	230	360	0.57	0.89	1.4	2.3	3.6	5.7	8.9
400	500	8	10	15	20	27	40	63	97	155	250	400	0.63	0.97	1.55	2.5	4	6.3	9.7
500	630	9	11	16	22	32	44	70	110	175	280	440	0.7	1.1	1.75	2.8	4.4	7	11
630	800	10	13	18	25	36	50	80	125	200	320	500	0.8	1.25	2	3.2	5	8	12.5
800	1000	11	15	21	28	40	56	90	140	230	360	560	0.9	1.4	2.3	3.6	5.6	9	14
1000	1250	13	18	24	33	47	66	105	165	260	420	660	1.05	1.65	2.6	4.2	6.6	10.5	16.5
1250	1600	15	21	29	39	55	78	125	195	310	500	780	1.25	1.95	3.1	5	7.8	12.5	19.5
1600	2000	18	25	35	46	65	92	150	230	370	600	920	1.5	2.3	3.7	6	9.2	15	23
2000	2500	22	30	41	55	78	110	175	280	440	700	1100	1.75	2.8	4.4	7	11	17.5	28
2500	3150	26	36	50	68	96	135	210	330	540	860	1350	2.1	3.3	5.4	8.6	13.5	21	33

注：1．公称尺寸大于 500mm 的 IT1～IT5 的标准公差数值为试行的。

2．公称尺寸小于或等于 1mm 时，无 IT14～IT18。

附表 2　轴的基本偏差数值(GB/T 1800.1—2020)　　　　(单位：μm)

公称尺寸/mm		基本偏差数值（上极限偏差 es）												基本偏差数值（下极限偏差 ei）				
		所有标准公差等级												IT5和IT6	IT7	IT8	IT4至IT7	≤IT3 >IT7
大于	至	a	b	c	cd	d	e	ef	f	fg	g	h	js	j			k	
—	3	-270	-140	-60	-34	-20	-14	-10	-6	-4	-2	0	偏差 = ± $\frac{ITn}{2}$，式中 ITn 是 IT 值数	-2	-4	-6	0	0
3	6	-270	-140	-70	-46	-30	-20	-14	-10	-6	-4	0		-2	-4		+1	0
6	10	-280	-150	-80	-56	-40	-25	-18	-13	-8	-5	0		-2	-5		+1	0
10	14	-290	-150	-95		-50	-32		-16		-6	0		-3	-6		+1	0
14	18																	
18	24	-300	-160	-110		-65	-40		-20		-7	0		-4	-8		+2	0
24	30																	
30	40	-310	-170	-120		-80	-50		-25		-9	0		-5	-10		+2	0
40	50	-320	-180	-130														
50	65	-340	-190	-140		-100	-60		-30		-10	0		-7	-12		+2	0
65	80	-360	-200	-150														
80	100	-380	-220	-170		-120	-72		-36		-12	0		-9	-15		+3	0
100	120	-410	-240	-180														
120	140	-460	-260	-200		-145	-85		-43		-14	0		-11	-18		+3	0
140	160	-520	-280	-210														
160	180	-580	-310	-230														
180	200	-660	-340	-240		-170	-100		-50		-15	0		-13	-21		+4	0
200	225	-740	-380	-260														
225	250	-820	-420	-280														
250	280	-920	-480	-300		-190	-110		-56		-17	0		-16	-26		+4	0
280	315	-1050	-540	-330														
315	355	-1200	-600	-360		-210	-125		-62		-18	0		-18	-28		+4	0
355	400	-1350	-680	-400														
400	450	-1500	-760	-440		-230	-135		-68		-20	0		-20	-32		+5	0
450	500	-1650	-840	-480														

续表

公称尺寸/mm		基本偏差数值（下极限偏差 ei）													
		所有标准公差等级													
大于	至	m	n	p	r	s	t	u	v	x	y	z	za	zb	zc
—	3	+2	+4	+6	+10	+14		+18		+20		+26	+32	+40	+60
3	6	+4	+8	+12	+15	+19		+23		+28		+35	+42	+50	+80
6	10	+6	+10	+15	+19	+23		+28		+34		+42	+52	+67	+97
10	14	+7	+12	+18	+23	+28		+33		+40		+50	+64	+90	+130
14	18								+39	+45		+60	+77	+108	+150
18	24	+8	+15	+22	+28	+35		+41	+47	+54	+63	+73	+98	+136	+188
24	30						+41	+48	+55	+64	+75	+88	+118	+160	+218
30	40	+9	+17	+26	+34	+43	+48	+60	+68	+80	+94	+112	+148	+200	+274
40	50						+54	+70	+81	+97	+114	+136	+180	+242	+325
50	65	+11	+20	+32	+41	+53	+66	+87	+102	+122	+144	+172	+226	+300	+405
65	80				+43	+59	+75	+102	+120	+146	+174	+210	+274	+360	+480
80	100	+13	+23	+37	+51	+71	+91	+124	+146	+178	+214	+258	+335	+445	+585
100	120				+54	+79	+104	+144	+172	+210	+254	+310	+400	+525	+690
120	140	+15	+27	+43	+63	+92	+122	+170	+202	+248	+300	+365	+470	+620	+800
140	160				+65	+100	+134	+190	+228	+280	+340	+415	+535	+700	+900
160	180				+68	+108	+146	+210	+252	+310	+380	+465	+600	+780	+1000
180	200	+17	+31	+50	+77	+122	+166	+236	+284	+350	+425	+520	+670	+880	+1150
200	225				+80	+130	+180	+258	+310	+385	+470	+575	+740	+960	+1250
225	250				+84	+140	+196	+284	+340	+425	+520	+640	+820	+1050	+1350
250	280	+20	+34	+56	+94	+158	+218	+315	+385	+475	+580	+710	+920	+1200	+1550
280	315				+98	+170	+240	+350	+425	+525	+650	+790	+1000	+1300	+1700
315	355	+21	+37	+62	+108	+190	+268	+390	+475	+590	+730	+900	+1150	+1500	+1900
355	400				+114	+208	+294	+435	+530	+660	+820	+1000	+1300	+1650	+2100
400	450	+23	+40	+68	+126	+232	+330	+490	+595	+740	+920	+1100	+1450	+1850	+2400
450	500				+132	+252	+360	+540	+660	+820	+1000	+1250	+1600	+2100	+2600

注：1．公称尺寸小于或等于 1mm 时，基本偏差 a 和 b 均不采用。

2．公差带 js7～js11，若 IT*n* 值数是奇数，则取偏差 $=\pm\dfrac{\mathrm{IT}n-1}{2}$。

附表 3　孔的基本偏差数值(GB/T 1800.1—2020)　　(单位：μm)

公称尺寸/mm		基本偏差数值（下极限偏差 EI）												基本偏差数值（上极限偏差 ES）								
		所有标准公差等级												IT6	IT7	IT8	≤IT8	>IT8	≤IT8	>IT8	≤IT8	>IT8
大于	至	A	B	C	CD	D	E	EF	F	FG	G	H	JS	J			K		M		N	
—	3	+270	+140	+60	+34	+20	+14	+10	+6	+4	+2	0	偏差 = ± $\frac{ITn}{2}$，式中 ITn 是 IT 值数	+2	+4	+6	0	0	−2	−2	−4	−4
3	6	+270	+140	+70	+46	+30	+20	+14	+10	+6	+4	0		+5	+6	+10	−1 + Δ		−4 + Δ	−4	−8 + Δ	0
6	10	+280	+150	+80	+56	+40	+25	+18	+13	+8	+5	0		+5	+8	+12	−1 + Δ		−6 + Δ	−6	−10 + Δ	0
10	14	+290	+150	+95		+50	+32		+16		+6	0		+6	+10	+15	−1 + Δ		−7 + Δ	−7	−12 + Δ	0
14	18																					
18	24	+300	+160	+110		+65	+40		+20		+7	0		+8	+12	+20	−2 + Δ		−8 + Δ	−8	−15 + Δ	0
24	30																					
30	40	+310	+170	+120		+80	+50		+25		+9	0		+10	+14	+24	−2 + Δ		−9 + Δ	−9	−17 + Δ	0
40	50	+320	+180	+130																		
50	65	+340	+190	+140		+100	+60		+30		+10	0		+13	+18	+28	−2 + Δ		−11 + Δ	−11	−20 + Δ	0
65	80	+360	+200	+150																		
80	100	+380	+220	+170		+120	+72		+36		+12	0		+16	+22	+34	−3 + Δ		−13 + Δ	−13	−23 + Δ	0
100	120	+410	+240	+180																		
120	140	+460	+260	+200		+145	+85		+43		+14	0		+18	+26	+41	−3 + Δ		−15 + Δ	−15	−27 + Δ	0
140	160	+520	+280	+210																		
160	180	+580	+310	+230																		
180	200	+660	+340	+240		+170	+100		+50		+15	0		+22	+30	+47	−4 + Δ		−17 + Δ	−17	−31 + Δ	0
200	225	+740	+380	+260																		
225	250	+820	+420	+280																		
250	280	+920	+480	+300		+190	+110		+56		+17	0		+25	+36	+55	−4 + Δ		−20 + Δ	−20	−34 + Δ	0
280	315	+1050	+540	+330																		
315	355	+1200	+600	+360		+210	+125		+62		+18	0		+29	+39	+60	−4 + Δ		−21 + Δ	−21	−37 + Δ	0
355	400	+1350	+680	+400																		
400	450	+1500	+760	+440		+230	+135		+68		+20	0		+33	+43	+66	−5 + Δ		−23 + Δ	−23	−40 + Δ	0
450	500	+1650	+840	+480																		

续表

公称尺寸/mm		基本偏差数值（上极限偏差 ES）													Δ 值					
		≤IT7	标准公差等级大于 IT7												标准公差等级					
大于	至	P 至 ZC	P	R	S	T	U	V	X	Y	Z	ZA	ZB	ZC	IT3	IT4	IT5	IT6	IT7	IT8
—	3	在大于 IT7 的相应数值上增加一个 Δ 值	−6	−10	−14		−18		−20		−26	−32	−40	−60	0	0	0	0	0	0
3	6		−12	−15	−19		−23		−28		−35	−42	−50	−80	1	1.5	1	3	4	6
6	10		−15	−19	−23		−28		−34		−42	−52	−67	−97	1	1.5	2	3	6	7
10	14		−18	−23	−28		−33		−40		−50	−64	−90	−130	1	2	3	3	7	9
14	18							−39	−45		−60	−77	−108	−150						
18	24		−22	−28	−35		−41	−47	−54	−63	−73	−98	−136	−188	1.5	2	3	4	8	12
24	30					−41	−48	−55	−64	−75	−88	−118	−160	−218						
30	40		−26	−34	−43	−48	−60	−68	−80	−94	−112	−148	−200	−274	1.5	3	4	5	9	14
40	50					−54	−70	−81	−97	−114	−136	−180	−242	−325						
50	65		−32	−41	−53	−66	−87	−102	−122	−144	−172	−226	−300	−405	2	3	5	6	11	16
65	80			−43	−59	−75	−102	−120	−146	−174	−210	−274	−360	−480						
80	100		−37	−51	−71	−91	−124	−146	−178	−214	−258	−335	−445	−585	2	4	5	7	13	19
100	120			−54	−79	−104	−144	−172	−210	−254	−310	−400	−525	−690						
120	140		−43	−63	−92	−122	−170	−202	−248	−300	−365	−470	−620	−800	3	4	6	7	15	23
140	160			−65	−100	−134	−190	−228	−280	−340	−415	−535	−700	−900						
160	180			−68	−108	−146	−210	−252	−310	−380	−465	−600	−780	−1000						
180	200		−50	−77	−122	−166	−236	−284	−350	−425	−520	−670	−880	−1150	3	4	6	9	17	26
200	225			−80	−130	−180	−258	−310	−385	−470	−575	−740	−960	−1250						
225	250			−84	−140	−196	−284	−340	−425	−520	−640	−820	−1050	−1350						
250	280		−56	−94	−158	−218	−315	−385	−475	−580	−710	−920	−1200	−1550	4	4	7	9	20	29
280	315			−98	−170	−240	−350	−425	−525	−650	−790	−1000	−1300	−1700						
315	355		−62	−108	−190	−268	−390	−475	−590	−730	−900	−1150	−1500	−1900	4	5	7	11	21	32
355	400			−114	−208	−294	−435	−530	−660	−820	−1000	−1300	−1650	−2100						
400	450		−68	−126	−232	−330	−490	−595	−740	−920	−1100	−1450	−1850	−2400	5	5	7	13	23	34
450	500			−132	−252	−360	−540	−660	−820	−1000	−1250	−1600	−2100	−2600						

注：1. 公称尺寸小于或等于 1mm 时，基本偏差 A 和 B 及大于 IT8 的 N 均不采用。

2. 公差带 JS7～JS11，若 ITn 值数是奇数，则取偏差 $=\pm\frac{\mathrm{IT}n-1}{2}$。

3. 对小于或等于 IT8 的 K、M、N 和小于或等于 IT7 的 P～ZC，所需 Δ 值从表内右侧选取。例如：18～30mm 段的 K7，Δ=8μm，所以 ES=−2+8=+6(μm)；18～30mm 段的 S6，Δ=4μm，所以 ES=−35+4=−31(μm)。

4. 特殊情况：250～315mm 段的 M6，ES=−9μm(代替−11μm)。

附表 4　优先配合轴的极限偏差(GB/T 1800.2—2020，GB/T 1801—2020)　(单位：μm)

公称尺寸/mm		公差带												
		c	d	f	g	h				k	n	p	s	u
大于	至	11	9	7	6	6	7	9	11	6	6	6	6	6
—	3	-60 -120	-20 -45	-6 -16	-2 -8	0 -6	0 -10	0 -25	0 -60	+6 0	+10 +4	+12 +6	+20 +14	+24 +18
3	6	-70 -145	-30 -60	-10 -22	-4 -12	0 -8	0 -12	0 -30	0 -75	+9 +1	+16 +8	+20 +12	+27 +19	+31 +23
6	10	-80 -170	-40 -76	-13 -28	-5 -14	0 -9	0 -15	0 -36	0 -90	+10 +1	+19 +10	+24 +15	+32 +23	+37 +28
10	14	-95 -205	-50 -93	-16 -34	-6 -17	0 -11	0 -18	0 -43	0 -110	+12 +1	+23 +12	+29 +18	+39 +28	+44 +33
14	18													
18	24	-110 -240	-65 -117	-20 -41	-7 -20	0 -13	0 -21	0 -52	0 -130	+15 +2	+28 +15	+35 +22	+48 +35	+54 +41
24	30													+61 +48
30	40	-120 -280	-80 -142	-25 -50	-9 -25	0 -16	0 -25	0 -62	0 -160	+18 +2	+33 +17	+42 +26	+59 +43	+76 +60
40	50	-130 -290												+86 +70
50	65	-140 -330	-100 -174	-30 -60	-10 -29	0 -19	0 -30	0 -74	0 -190	+21 +2	+39 +20	+51 +32	+72 +53	+106 +87
65	80	-150 -340											+78 +59	+121 +102
80	100	-170 -390	-120 -207	-36 -71	-12 -34	0 -22	0 -35	0 -87	0 -220	+25 +3	+45 +23	+59 +37	+93 +71	+146 +124
100	120	-180 -400											+101 +79	+166 +144
120	140	-200 -450	-145 -245	-43 -83	-14 -39	0 -25	0 -40	0 -100	0 -250	+28 +3	+52 +27	+68 +43	+117 +92	+195 +170
140	160	-210 -460											+125 +100	+215 +190
160	180	-230 -480											+133 +108	+235 +210
180	200	-240 -530	-170 -285	-50 -96	-15 -44	0 -29	0 -46	0 -115	0 -290	+33 +4	+60 +31	+79 +50	+151 +122	+265 +236
200	225	-260 -550											+159 +130	+287 +258
225	250	-280 -570											+169 +140	+313 +284
250	280	-300 -620	-190 -320	-56 -108	-17 -49	0 -32	0 -52	0 -130	0 -320	+36 +4	+66 +34	+88 +56	+190 +158	+347 +315
280	315	-330 -650											+202 +170	+382 +350
315	355	-360 -720	-210 -350	-62 -119	-18 -54	0 -36	0 -57	0 -140	0 -360	+40 +4	+73 +37	+98 +62	+226 +190	+426 +390
355	400	-400 -760											+244 +208	+471 +435
400	450	-440 -840	-230 -385	-68 -131	-20 -60	0 -40	0 -63	0 -155	0 -400	+45 +5	+80 +40	+108 +68	+272 +232	+530 +490
450	500	-480 -880											+292 +252	+580 +540

附表 5　优先配合孔的极限偏差(GB/T 1800.2—2020，GB/T 1801—2020)　(单位：μm)

公称尺寸/mm		公差带												
		C	D	F	G	H				K	N	P	S	U
大于	至	11	9	8	7	7	8	9	11	7	7	7	7	7
—	3	+120 +60	+45 +20	+20 +6	+12 +2	+10 0	+14 0	+25 0	+60 0	0 −10	−4 −14	−6 −16	−14 −24	−18 −28
3	6	+145 +70	+60 +30	+28 +10	+16 +4	+12 0	+18 0	+30 0	+75 0	+3 −9	−4 −16	−8 −20	−15 −27	−19 −31
6	10	+170 +80	+76 +40	+35 +13	+20 +5	+15 0	+22 0	+36 0	+90 0	+5 −10	−4 −19	−9 −24	−17 −32	−22 −37
10	14	+205 +95	+93 +50	+43 +16	+24 +6	+18 0	+27 0	+43 0	+110 0	+6 −12	−5 −23	−11 −29	−21 −39	−26 −44
14	18													
18	24	+240 +110	+117 +65	+53 +20	+28 +7	+21 0	+33 0	+52 0	+130 0	+6 −15	−7 −28	−14 −35	−27 −48	−33 −54
24	30													−40 −61
30	40	+280 +120	+142 +80	+64 +25	+34 +9	+25 0	+39 0	+62 0	+160 0	+7 −18	−8 −33	−17 −42	−34 −59	−51 −76
40	50	+290 +130												−61 −86
50	65	+330 +140	+174 +100	+76 +30	+40 +10	+30 0	+46 0	+74 0	+190 0	+9 −21	−9 −39	−21 −51	−42 −72	−76 −106
65	80	+340 +150											−48 −78	−91 −121
80	100	+390 +170	+207 +120	+90 +36	+47 +12	+35 0	+54 0	+87 0	+220 0	+10 −25	−10 −45	−24 −59	−58 −93	−111 −146
100	120	+400 +180											−66 −101	−131 −166
120	140	+450 +200	+245 +145	+106 +43	+54 +14	+40 0	+63 0	+100 0	+250 0	+12 −28	−12 −52	−28 −68	−77 −117	−155 −195
140	160	+460 +210											−85 −125	−175 −215
160	180	+480 +230											−93 −133	−195 −235
180	200	+530 +240	+285 +170	+122 +50	+61 +15	+46 0	+72 0	+115 0	+290 0	+13 −33	−14 −60	−33 −79	−105 −151	−219 −265
200	225	+550 +260											−113 −159	−241 −287
225	250	+570 +280											−123 −169	−267 −313
250	280	+620 +300	+320 +190	+137 +56	+69 +17	+52 0	+81 0	+130 0	+320 0	+16 −36	−14 −66	−36 −88	−138 −190	−295 −347
280	315	+650 +330											−150 −202	−330 −382
315	355	+720 +360	+350 +210	+151 +62	+75 +18	+57 0	+89 0	+140 0	+360 0	+17 −40	−16 −73	−41 −98	−169 −226	−369 −426
355	400	+760 +400											−187 −244	−414 −471
400	450	+840 +440	+385 +230	+165 +68	+83 +20	+63 0	+97 0	+155 0	+400 0	+18 −45	−17 −80	−45 −108	−209 −272	−467 −530
450	500	+880 +480											−229 −292	−517 −580

附表 6 基孔制优先、常用配合(GB/T 1801—2020)

基准孔	轴																				
	a	b	c	d	e	f	g	h	js	k	m	n	p	r	s	t	u	v	x	y	z
	间隙配合								过渡配合			过盈配合									
H6						H6/f5	H6/g5	H6/h5	H6/js5	H6/k5	H6/m5	H6/n5	H6/p5	H6/r5	H6/s5	H6/t5					
H7						H7/f6	H7*/g6	H7*/h6	H7/js6	H7*/k6	H7/m6	H7*/n6	H7*/p6	H7/r6	H7*/s6	H7/t6	H7*/u6	H7/v6	H7/x6	H7/y6	H7/z6
H8					H8/e7	H8*/f7	H8/g7	H8*/h7	H8/js7	H8/k7	H8/m7	H8/n7	H8/p7	H8/r7	H8/s7	H8/t7	H8/u7				
				H8/d8	H8/e8	H8/f8		H8/h8													
H9			H9/c9	H9*/d9	H9/e9	H9/f9		H9*/h9													
H10			H10/c10	H10/d10				H10/h10													
H11	H11/a11	H11/b11	H11*/c11	H11/d11				H11*/h11													
H12		H12/b12						H12/h12													

注：1. H6/n5、H7/p6 在公称尺寸小于或等于 3mm 和 H8/r7 在小于或等于 100mm 时为过渡配合。

2. 标注*的配合为优先配合。

附表 7 基轴制优先、常用配合(GB/T 1801—2020)

基准轴	孔																				
	A	B	C	D	E	F	G	H	JS	K	M	N	P	R	S	T	U	V	X	Y	Z
	间隙配合								过渡配合			过盈配合									
h5						F6/h5	G6/h5	H6/h5	JS6/h5	K6/h5	M6/h5	N6/h5	P6/h5	R6/h5	S6/h5	T6/h5					
h6						F7/h6	G7*/h6	H7*/h6	JS7/h6	K7*/h6	M7/h6	N7*/h6	P7*/h6	R7/h6	S7*/h6	T7/h6	U7*/h6				
h7					E8/h7	F8*/h7		H8*/h7	JS8/h7	K8/h7	M8/h7	N8/h7									
h8				D8/h8	E8/h8	F8/h8		H8/h8													
h9				D9*/h9	E9/h9	F9/h9		H9*/h9													
h10				D10/h10				H10/h10													
h11	A11/h11	B11/h11	C11*/h11	D11/h11				H11*/h11													
h12		B12/h12						H12/h12													

注：标注*的配合为优先配合。

2. 螺纹

附表 8 普通螺纹(GB/T 193—2003，GB/T 196—2003，GB/T 197—2018)

标 记 示 例

粗牙普通螺纹，公称直径 10mm，右旋，中径公差带代号 5g，顶径公差带代号 6g，短旋合长度的单线外螺纹：

MG10 — 5g6g — S

细牙普通螺纹，公称直径 10mm，螺距 1mm，左旋，中径和顶径公差带代号都是 7H，中等旋合长度的双线内螺纹：

M10×Ph2P1—7H—LH

（单位：mm）

公称直径 D、d		螺距 P		粗牙小径 D_1、d_1
第一系列	第二系列	粗牙	细牙	
3		0.5	0.35	2.459
	3.5	0.6		2.850
4		0.7	0.5	3.242
	4.5	0.75		3.688
5		0.8		4.134
6		1	0.75	4.917
	7	1	0.75	5.917
8		1.25	1，0.75	6.647
10		1.5	1.25，1，0.75	8.376
12		1.75	1.25，1	10.106
	14	2	1.5，1.25^a，1	11.835
16		2	1.5，1	13.835
	18	2.5	2，1.5，1	15.294
20		2.5		17.294

公称直径 D、d		螺距 P		粗牙小径 D_1、d_1
第一系列	第二系列	粗牙	细牙	
	22	2.5	2，1.5，1	19.294
24		3		20.752
	27	3		23.752
30		3.5	(3)，2，1.5，1	26.211
	33	3.5	(3)，2，1.5	29.211
	60	5.5	3，2，1.5	54.046
36		4		31.670
	39	4		34.670
42		4.5	4，3，2，1.5	37.129
	45	4.5		40.129
48		5		42.587
	52	5		46.587
56		5.5		50.046

注：1. 优先选用第一系列，括号内尺寸尽可能不用。
2. 公称直径 D、d 第三系列未列入。
3. a 仅用于发动机的火花塞。

附表 9 55°非密封管螺纹(GB/T 7307—2001)

标 记 示 例

尺寸代号 $1\frac{1}{2}$ 的左旋 A 级外螺纹：

$G1\frac{1}{2}A$—LH

（单位：mm）

螺纹尺寸代号	每 25.4mm 内的牙数	螺距 P	基本直径		螺纹尺寸代号	每 25.4mm 内的牙数	螺距 P	基本直径	
			大径 d,D	小径 d_1,D_1				大径 d,D	小径 d_1,D_1
1/8	28	0.907	9.728	8.566	$1\frac{1}{2}$	11	2.309	47.803	44.845
1/4	19	1.337	13.157	11.445	$1\frac{3}{4}$		2.309	53.746	50.788
3/8		1.337	16.662	14.950	2		2.309	59.614	56.656
1/2	14	1.814	20.955	18.631	$2\frac{1}{4}$		2.309	65.710	62.752
5/8		1.814	22.911	20.587	$2\frac{1}{2}$		2.309	75.184	72.226
3/4		1.814	26.441	24.117	$2\frac{3}{4}$		2.309	81.534	78.576
7/8		1.814	30.201	27.877	3		2.309	87.884	84.926
1	11	2.309	33.249	30.291	$3\frac{1}{2}$		2.309	100.330	97.372
$1\frac{1}{8}$		2.309	37.897	34.939	4		2.309	113.030	110.072
$1\frac{1}{4}$		2.309	41.910	38.952	$4\frac{1}{2}$		2.309	125.730	122.772

附表 10 普通螺纹的螺纹收尾、肩距、退刀槽和倒角(GB/T 3—1997)

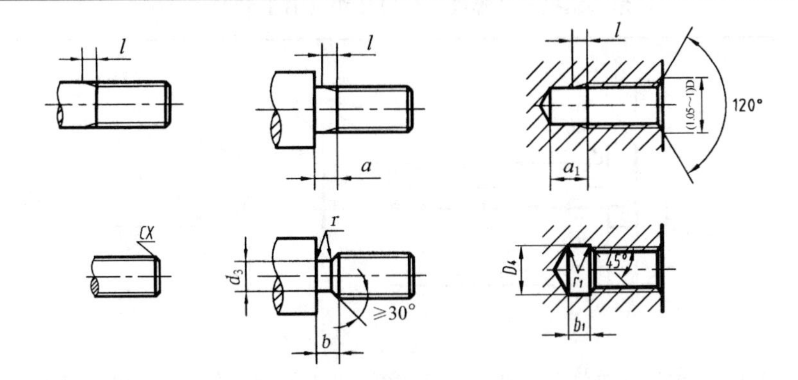

（单位：mm）

螺距 P	外螺纹 粗牙螺纹大径 D,d	外螺纹 螺纹收尾 l max 一般	外螺纹 螺纹收尾 l max 短的	外螺纹 肩距 a max 一般	外螺纹 肩距 a max 长的	外螺纹 肩距 a max 短的	外螺纹 退刀槽 b max	外螺纹 退刀槽 r ≈	外螺纹 退刀槽 d_3	外螺纹 CX	内螺纹 螺纹收尾 l max 一般	内螺纹 螺纹收尾 l max 短的	内螺纹 肩距 a_1 一般	内螺纹 肩距 a_1 长的	内螺纹 退刀槽 b_1 一般	内螺纹 退刀槽 r_1 ≈	内螺纹 退刀槽 D_4
0.5	3	1.25	0.7	1.5	2	1	1.5	0.2	$d-0.8$	倒角深度应大于或等于螺纹牙型高度	2	1	3	4	2	0.2	$D+0.3$
0.6	3.5	1.5	0.75	1.8	2.4	1.2	1.8	0.4	$d-1$		2.4	1.2	3.2	4.8	2.4	0.3	
0.7	4	1.75	0.9	2.1	2.8	1.4	2.1	0.4	$d-1.1$		2.8	1.4	3.5	5.6	2.8	0.4	
0.75	4.5	1.9	1	2.25	3	1.5	2.25	0.4	$d-1.2$		3	1.5	3.8	6	3	0.4	
0.8	5	2	1	2.4	3.2	1.6	2.4	0.4	$d-1.3$		3.2	1.6	4	6.4	3.2	0.4	
1	6,7	2.5	1.25	3	4	2	3	0.6	$d-1.6$		4	2	5	8	4	0.5	$D+0.5$
1.25	8	3.2	1.6	4	5	2.5	3.75	0.6	$d-2$		5	2.5	6	10	5	0.6	
1.5	10	3.8	1.9	4.5	6	3	4.5	0.8	$d-2.3$		6	3	7	12	6	0.8	
1.75	12	4.3	2.2	5.3	7	3.5	5.25	1	$d-2.6$		7	3.5	9	14	7	0.9	
2	14,16	5	2.5	6	8	4	6	1	$d-3$		8	4	10	16	8	1	
2.5	18,20,22	6.3	3.2	7.5	10	5	7.5	1.2	$d-3.6$		10	5	12	18	10	1.2	
3	24,27	7.5	3.8	9	12	6	9	1.6	$d-4.4$		12	6	14	22	12	1.5	
3.5	30,33	9	4.5	10.5	14	7	10.5	1.6	$d-5$		14	7	16	24	14	1.8	
4	36,39	10	5	12	16	8	12	2	$d-5.7$		16	8	18	26	16	2	
4.5	42,45	11	5.5	13.5	18	9	13.5	2.5	$d-6.4$		18	9	21	29	18	2.2	
5	48,52	12.5	6.3	15	20	10	15	2.5	$d-7$		20	10	23	32	20	2.5	
5.5	56,60	14	7	16.5	22	11	17.5	3.2	$d-7.7$		22	11	25	35	22	2.8	
6	64,68	15	7.5	18	24	12	18	3.2	$d-8.3$		24	12	28	38	24	3	

3. 常用的标准件和零件结构

附表 11 六角头螺栓—A 和 B 级(GB/T 5782—2000)
六角头螺栓—全螺纹—A 和 B 级(GB/T 5783—2000)

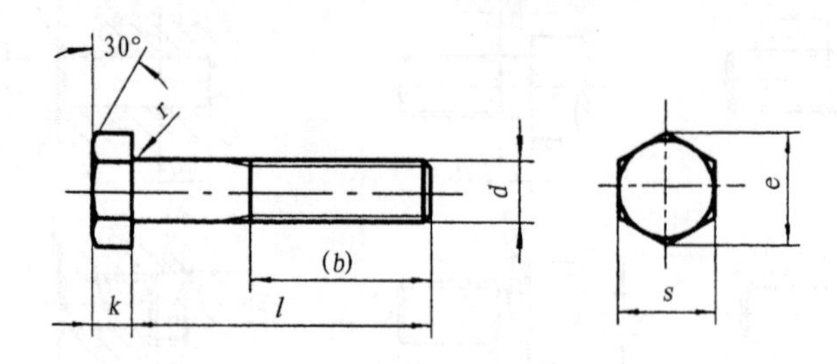

标 记 示 例

螺纹规格 d = M12、公称长度 l = 80mm、性能等级为 8.8 级、表面氧化、A 级的六角头螺栓：

螺栓 GB/T 5782 M12×80

（单位：mm）

螺纹规格 d		M3	M4	M5	M6	M8	M10	M12	(M14)	M16	(M18)	M20	(M22)	M24	(M27)	M30	M36
s 公称 = max		5.5	7	8	10	13	16	18	21	24	27	30	34	36	41	46	55
k		2	2.8	3.5	4	5.3	6.4	7.5	8.8	10	11.5	12.5	14	15	17	18.7	22.5
r min		0.1	0.2	0.2	0.25	0.4	0.4	0.6	0.6	0.6	0.6	0.8	0.8	0.8	1	1	1
e min	A	6.01	7.66	8.79	11.05	14.38	17.77	20.03	23.36	26.75	30.14	33.53	37.72	39.98	—	—	—
	B	5.88	7.50	8.63	10.89	14.20	17.59	19.85	22.78	26.17	29.56	32.95	37.29	39.55	45.2	50.85	60.79
(b) GB/T 5782	l≤125	12	14	16	18	22	26	30	34	38	42	46	50	54	60	66	—
	125 < l≤200	18	20	22	24	28	32	36	40	44	48	52	56	60	66	72	84
	l > 200	31	33	35	37	41	45	49	53	57	61	65	69	73	79	85	97
l 范围 (GB/T5782)		20 ~ 30	25 ~ 40	25 ~ 50	30 ~ 60	40 ~ 80	45 ~ 100	50 ~ 120	60 ~ 140	65 ~ 160	70 ~ 180	80 ~ 200	90 ~ 220	90 ~ 240	100 ~ 260	110 ~ 300	140 ~ 360
l 范围 (GB/T 5783)		6 ~ 30	8 ~ 40	10 ~ 50	12 ~ 60	16 ~ 80	20 ~ 100	25 ~ 120	30 ~ 140	30 ~ 150	35 ~ 150	40 ~ 150	45 ~ 150	50 ~ 150	55 ~ 200	60 ~ 200	70 ~ 200
l 系列		6，8，10，12，16，20，25，30，35，40，45，50，55，60，65，70，80，90，100，110，120，130，140，150，160，180，200，220，240，260，280，300，320，340，360，380，400，420，440，460，480，500															

附表 12　双头螺柱

$b_m = 1d$(GB/T 897—1988)，　$b_m = 1.25d$(GB/T 898—1988)

$b_m = 1.5d$(GB/T 899—1988)，　$b_m = 2d$(GB/T 900—1988)

A型

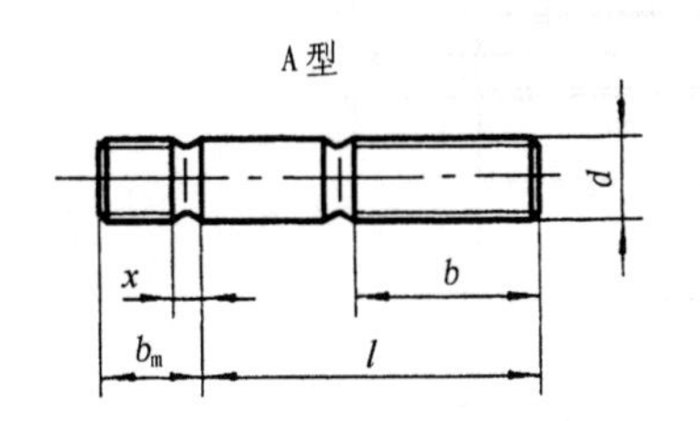

B型

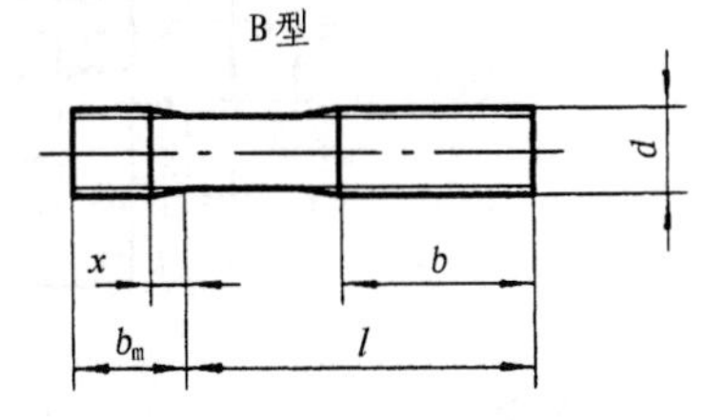

标　记　示　例

两端均为粗牙普通螺纹，螺纹规格 d = M10、公称长度 l = 50mm、性能等级为 4.8 级、不经表面处理、b_m = 1d、B 型的双头螺柱：

螺柱　GB/T 897　M10×50

旋入机体一端为粗牙普通螺纹，旋螺母一端为螺距 P = 1mm 的细牙普通螺纹，螺纹规格 d = M10、公称长度 l = 50mm、性能等级为 4.8 级，不经表面处理、A 型、b_m = 1d 的双头螺柱：

螺柱　GB/T 897　AM10 - M10×1×50

（单位：mm）

螺纹规格 d	b_m				l/b
	GB/T 897—1988	GB/T 898—1988	GB/T 899—1988	GB/T 900—1988	
M5	5	6	8	10	$\frac{16\sim(22)}{10}$、$\frac{25\sim50}{16}$
M6	6	8	10	12	$\frac{20\sim(22)}{10}$、$\frac{25\sim30}{14}$、$\frac{(32)\sim(75)}{18}$
M8	8	10	12	16	$\frac{20\sim(22)}{12}$、$\frac{25\sim30}{16}$、$\frac{(32)\sim90}{22}$
M10	10	12	15	20	$\frac{25\sim(28)}{14}$、$\frac{30\sim(38)}{16}$、$\frac{40\sim120}{26}$，$\frac{130}{32}$
M12	12	15	18	24	$\frac{25\sim30}{16}$、$\frac{(32)\sim40}{20}$、$\frac{45\sim120}{30}$、$\frac{130\sim180}{36}$
M16	16	20	24	32	$\frac{30\sim(38)}{20}$、$\frac{40\sim(55)}{30}$、$\frac{60\sim120}{38}$、$\frac{130\sim200}{44}$
M20	20	25	30	40	$\frac{35\sim40}{25}$、$\frac{45\sim(65)}{35}$、$\frac{70\sim120}{46}$、$\frac{130\sim200}{52}$
M24	24	30	36	48	$\frac{45\sim50}{30}$、$\frac{(55)\sim(75)}{45}$、$\frac{80\sim120}{54}$、$\frac{130\sim200}{60}$
M30	30	38	45	60	$\frac{60\sim(65)}{40}$、$\frac{70\sim90}{50}$、$\frac{(95)\sim120}{66}$、$\frac{130\sim200}{72}$、$\frac{210\sim250}{85}$
M36	36	45	54	72	$\frac{(65)\sim(75)}{45}$、$\frac{80\sim110}{60}$、$\frac{120}{78}$、$\frac{130\sim200}{84}$、$\frac{210\sim300}{97}$
l 系列	16、(18)、20、(22)、25、(28)、30、(32)、35、(38)、40、45、50、(55)、60、(65)、70、(75)、80、(85)、90、(95)、100、110、120、130、140、150、160、170、180、190、200、210、220、230、240、250、260、280、300				

附表 13 开槽螺钉

开槽圆柱头螺钉(GB/T65—2016)、开槽沉头螺钉(GB/T 68—2016)、开槽盘头螺钉(GB/T 67—2016)

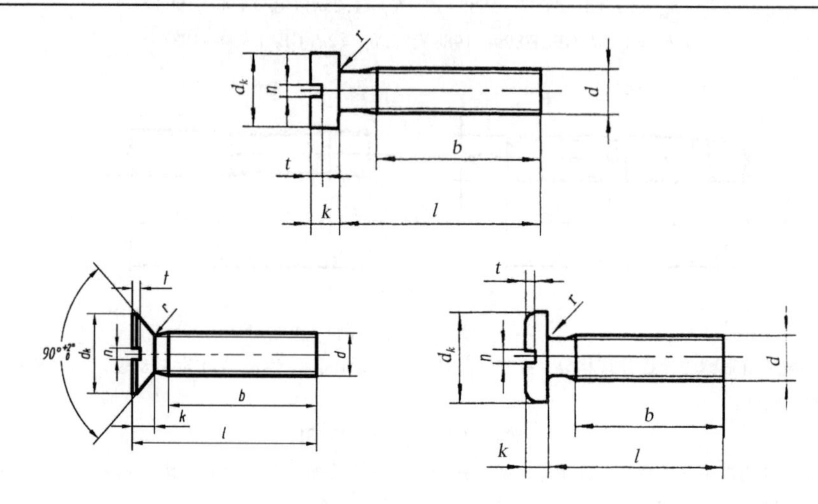

标 记 示 例

螺纹规格 d = M5，公称长度 l = 20mm、性能等级为 4.8 级、不经表面处理的开槽圆柱头螺钉：

螺钉 GB/T 65 M5×20

（单位：mm）

螺纹规格 d		M1.6	M2	M2.5	M3	M4	M5	M6	M8	M10
GB/T 65—2000	d_k 公称 = max	3.00	3.80	4.50	5.50	7.00	8.50	10.00	13.00	16.00
	k 公称 = max	1.10	1.40	1.80	2.00	2.60	3.30	3.9	5.0	6.0
	t min	0.45	0.6	0.7	0.85	1.1	1.3	1.6	2	2.4
	r min	0.1	0.1	0.1	0.1	0.2	0.2	0.25	0.4	0.4
	l	2～16	3～20	3～25	4～30	5～40	6～50	8～60	10～80	12～80
	全螺纹时最大长度	16	20	25	30	40	40	40	40	40
GB/T 67—2008	d_k 公称 = max	3.2	4.0	5.0	5.6	8.00	9.50	12.00	16.00	20.00
	k 公称 = max	1.00	1.30	1.50	1.80	2.40	3.00	3.6	4.8	6.0
	t min	0.35	0.5	0.6	0.7	1	1.2	1.4	1.9	2.4
	r min	0.1	0.1	0.1	0.1	0.2	0.2	0.25	0.4	0.4
	l	2～16	2.5～20	3～25	4～30	5～40	6～50	8～60	10～80	12～80
	全螺纹时最大长度	16	20	25	30	40	40	40	40	40
GB/T 68—2000	d_k 公称 = max	3.0	3.8	4.7	5.5	8.40	9.30	11.30	15.80	18.30
	k 公称 = max	1	1.2	1.5	1.65	2.7	2.7	3.3	4.65	5
	t min	0.32	0.4	0.50	0.60	1.0	1.1	1.2	1.8	2.0
	r max	0.4	0.5	0.6	0.8	1	1.3	1.5	2	2.5
	l	2.5～16	3～20	4～25	5～30	6～40	8～50	8～60	10～80	12～80
	全螺纹时最大长度	16	20	25	30	45	45	45	45	45
n 公称		0.4	0.5	0.6	0.8	1.2	1.2	1.6	2	2.5
b min		25				38				
l 系列		2、2.5、3、4、5、6、8、10、12、(14)、16、20、25、30、35、40、45、50、(55)、60、(65)、70、(75)、80								

附表 14　内六角圆柱头螺钉(GB/T 70.1—2008)

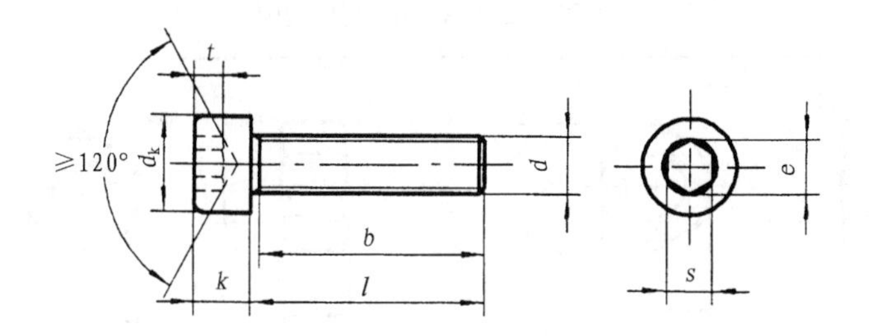

标　记　示　例

螺纹规格 d = M5、公称长度 l = 20mm、性能等级为 8.8 级、表面氧化的内六角圆柱头螺钉：

螺钉 GB/T 70.1　M5×20

(单位：mm)

螺纹规格 d	M2.5	M3	M4	M5	M6	M8	M10	M12	(M14)	M16	M20	M24	M30	M36
d_k max	4.50	5.50	7.00	8.50	10.00	13.00	16.00	18.00	21.00	24.00	30.00	36.00	45.00	54.00
k max	2.50	3.00	4.00	5.00	6.00	8.00	10.00	12.00	14.00	16.00	20.00	24.00	30.00	36.00
t min	1.1	1.3	2	2.5	3	4	5	6	7	8	10	12	15.5	19
r	0.1		0.2		0.25	0.4		0.6			0.8		1	
s	2	2.5	3	4	5	6	8	10	12	14	17	19	22	27
e min	2.303	2.873	3.443	4.583	5.723	6.863	9.149	11.429	13.716	15.996	19.437	21.734	25.154	30.854
b(参考)	17	18	20	22	24	28	32	36	40	44	52	60	72	84
l 系列	4, 5, 6, 8, 10, 12, (14), (16), 20, 25, 30, 35, 40, 45, 50, (55), 60, (65), 70, 80, 90, 100, 110, 120, 130, 140, 150, 160, 180, 200													

注：b 不包括螺尾。

附表 15　开槽紧定螺钉

锥端(GB/T 71—2018)、平端(GB/T 73—2017)、长圆柱端(GB/T 75—2018)

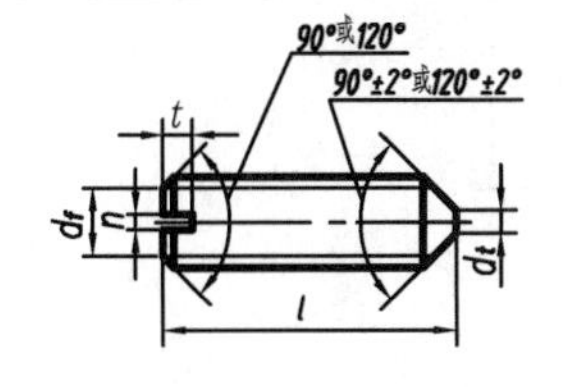

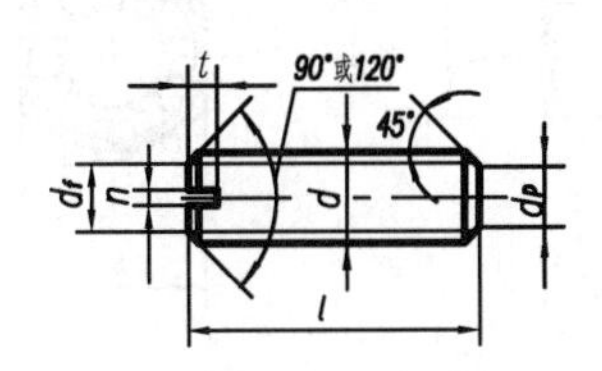

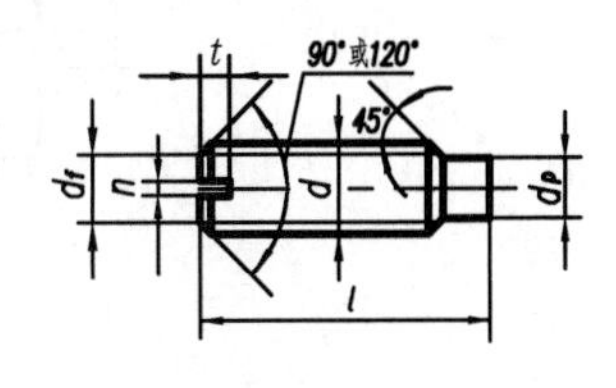

标　记　示　例

螺纹规格 d = M5、公称长度 l = 12mm、性能等级为 14H 级、表面氧化的开槽锥端紧定螺钉：

螺钉　GB/T 71　M5×12

(单位：mm)

螺纹规格 d	M2	M2.5	M3	M4	M5	M6	M8	M10	M12
d_f ≈	螺纹小径								
d_t max	0.2	0.25	0.3	0.4	0.5	1.5	2	2.5	3
d_p max	1	1.5	2	2.5	3.5	4	5.5	7	8.5
n	0.25	0.4	0.4	0.6	0.8	1	1.2	1.6	2
t	0.84	0.95	1.05	1.42	1.63	2	2.5	3	3.6
z	1.25	1.5	1.75	2.25	2.75	3.25	4.3	5.3	6.3
l 系列	2, 2.5, 3, 4, 5, 6, 8, 10, 12, (14), 16, 20, 25, 30, 35, 40, 45, 50, (55), 60								

附表 16　六角螺母—C 级(GB/T 41—2016)、1 型六角螺母(GB/T 6170—2015)、六角薄螺母(GB/T 6172.1—2016)

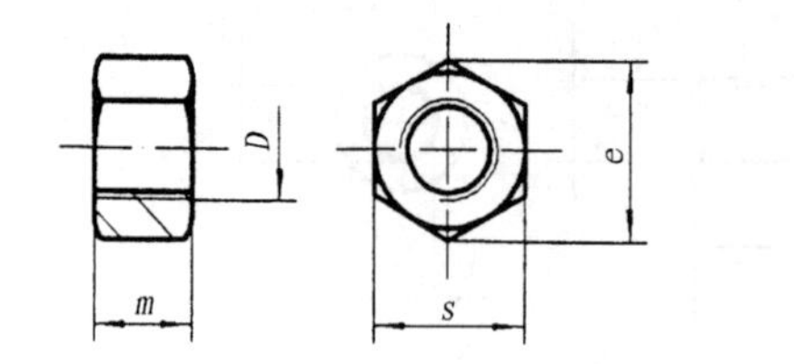

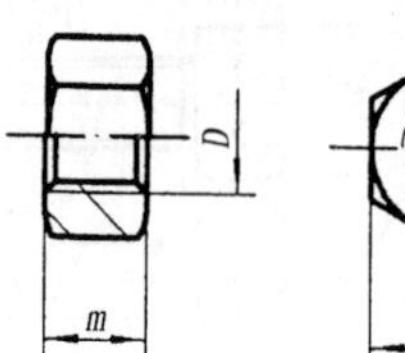

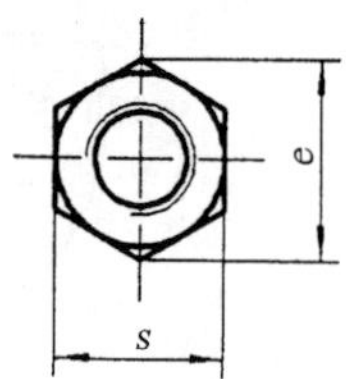

标　记　示　例

螺纹规格 D = M12、性能等级为 5 级、不经表面处理、C 级的六角螺母：

螺母　GB/T 41　M12

（单位：mm）

螺纹规格 D		M3	M4	M5	M6	M8	M10	M12	(M14)	M16	(M18)	M20	(M22)	M24	(M27)	M30	M36	M42	M48
e min	GB/T 41	—	—	8.63	10.89	14.20	17.59	19.85	22.78	26.17	29.56	32.95	37.29	39.55	45.2	50.85	60.79	71.3	82.6
	GB/T 6170	6.01	7.66	8.79	11.05	14.38	17.77	20.03	23.36	26.75	29.56	32.95	37.29	39.55	45.2	50.85	60.79	71.3	82.6
	GB/T 6172.1	6.01	7.66	8.79	11.05	14.38	17.77	20.03	23.35	26.75	29.56	32.95	37.29	39.55	45.2	50.85	60.79	71.3	82.6
s 公称 = max		5.5	7	8	10	13	16	18	21	24	27	30	34	36	41	46	55	65	75
m max	GB/T 6170	2.40	3.2	4.7	5.2	6.80	8.40	10.80	12.8	14.8	15.8	18.0	19.4	21.5	23.8	25.6	31.0	34.0	38.0
	GB/T 6172.1	1.8	2.2	2.7	3.2	4	5	6	7	8	9	10	11	12	13.5	15	18	21	24
	GB/T 41			5.6	6.4	7.9	9.5	12.2	13.9	15.9	16.9	19	20.2	22.3	24.7	26.4	31.9	34.9	38.9

注：1．不带括号的为优先系列。

2．A 级用于 $D\leqslant16$ 的螺母；B 级用于 $D>16$ 的螺母。

附表 17　1 型六角开槽螺母—A 和 B 级(GB/T 6178—1986)

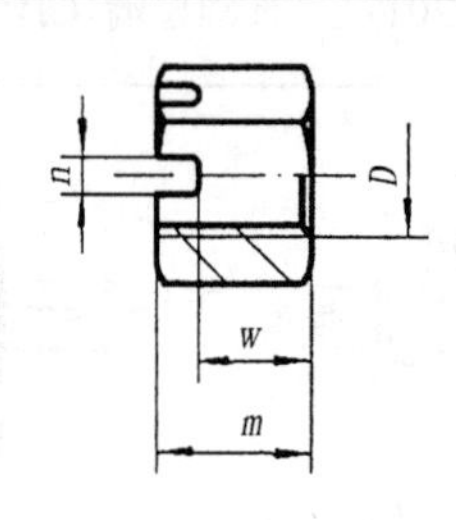

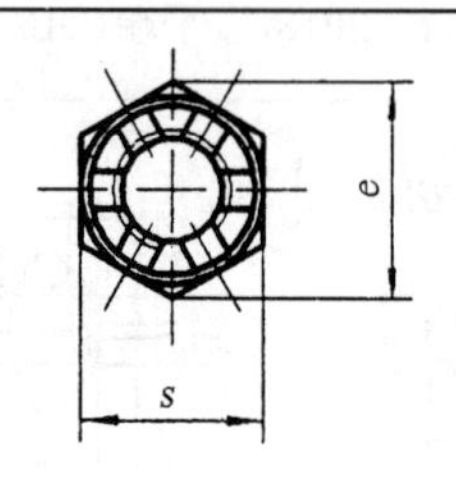

标　记　示　例

螺纹规格 D = M5、性能等级为 8 级、不经表面处理、A 级的 1 型六角开槽螺母：

螺母　GB/T 6178　M5

（单位：mm）

螺纹规格 D	M4	M5	M6	M8	M10	M12	(M14)	M16	M20	M24	M30
e　min	7.66	8.79	11.05	14.38	17.77	20.03	23.35	26.75	32.95	39.55	50.85
m　max	5	6.7	7.7	9.8	12.4	15.8	17.8	20.8	24	29.5	34.6
n　min	1.2	1.4	2	2.5	2.8	3.5	3.5	4.5	4.5	5.5	7
s　max	7	8	10	13	16	18	21	24	30	36	46
w　max	3.2	4.7	5.2	6.8	8.4	10.8	12.8	14.8	18	21.5	25.6
开口销	1 ×10	1.2 ×12	1.6 ×14	2 ×16	2.5 ×20	3.2 ×22	3.2 ×25	4 ×28	4 ×36	5 ×40	6.3 ×50

注：1．尽可能不采用括号内的规格。

2．A 级用于 $D\leqslant16$ 的螺母；B 级用于 $D>16$ 的螺母。

附表 18　紧固用通孔及沉孔尺寸(GB/T 5277—1985、GB/T152.2～152.4—1988)

(单位：mm)

螺栓或螺钉直径 d			3	4	5	6	8	10	12	14	16	20	24	30	36
通孔直径 D_1 (GB/T 5277—1985)	精装配		3.2	4.3	5.3	6.4	8.4	10.5	13	15	17	21	25	31	37
	中等装配		3.4	4.5	5.5	6.6	9	11	13.5	15.5	17.5	22	26	33	39
	粗装配		3.6	4.8	5.8	7	10	12	14.5	16.5	18.5	24	28	35	42
六角头螺栓和六角螺母用沉孔(GB/T 152.4—1988)	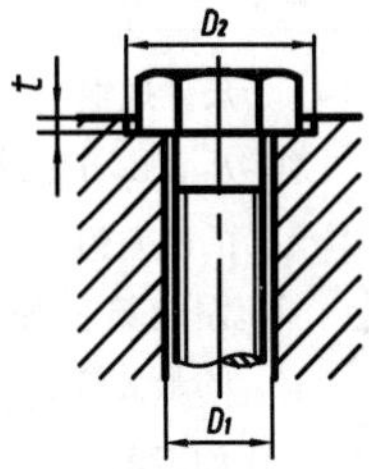	D_2	9	10	11	13	18	22	26	30	33	40	48	61	71
		t	只要能制出与通孔轴线垂直的圆平面即可												
沉头螺钉用沉孔(GB/T 152.2—2014)	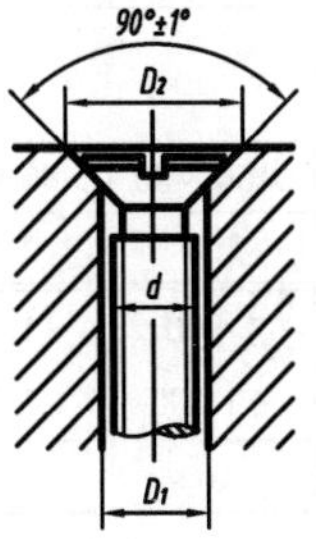	D_2 公称=min	6.3	9.4	10.40	12.60	17.30	20.0	—	—	—	—	—	—	—
开槽圆柱头用的圆柱头沉孔(GB/T 152.3—1988)	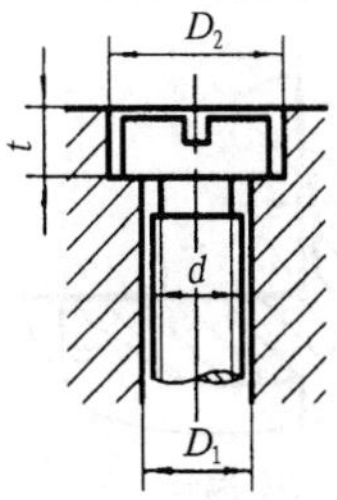	D_2	—	8	10	11	15	18	20	24	26	33	—	—	—
		t	—	3.2	4	4.7	6	7	8	9	10.5	12.5	—	—	—
内六角圆柱头用的圆柱头沉孔(GB/T 152.3—1988)	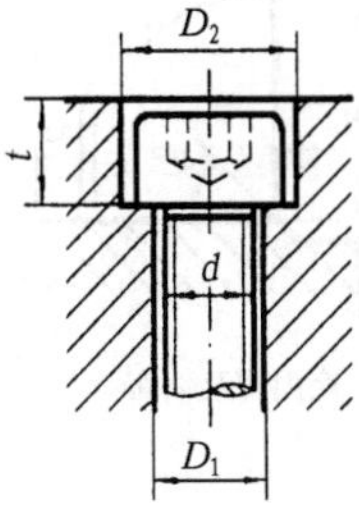	D_2	6	8	10	11	15	18	20	24	26	33	40	48	57
		t	3.4	4.6	5.7	6.8	9	11	13	15	17.5	21.5	25.5	32	38

附表 19 零件倒圆与倒角（GB/T 6403.4—2008） （单位：mm）

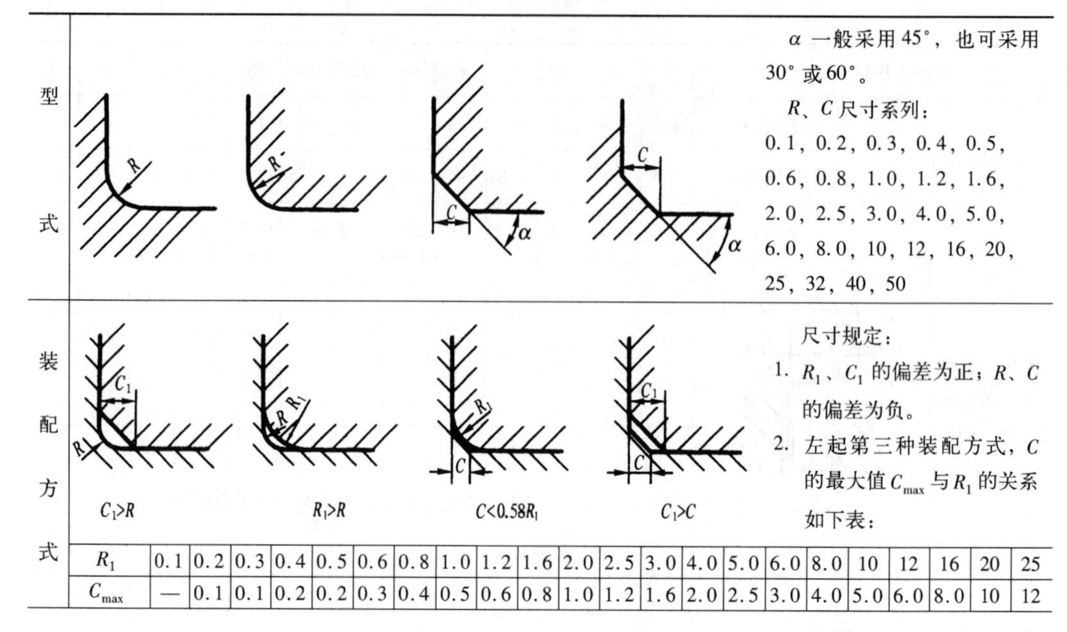

α 一般采用 45°，也可采用 30° 或 60°。

R、C 尺寸系列：

0.1，0.2，0.3，0.4，0.5，0.6，0.8，1.0，1.2，1.6，2.0，2.5，3.0，4.0，5.0，6.0，8.0，10，12，16，20，25，32，40，50

尺寸规定：

1. R_1、C_1 的偏差为正；R、C 的偏差为负。
2. 左起第三种装配方式，C 的最大值 C_{max} 与 R_1 的关系如下表：

R_1	0.1	0.2	0.3	0.4	0.5	0.6	0.8	1.0	1.2	1.6	2.0	2.5	3.0	4.0	5.0	6.0	8.0	10	12	16	20	25
C_{max}	—	0.1	0.1	0.2	0.2	0.3	0.4	0.5	0.6	0.8	1.0	1.2	1.6	2.0	2.5	3.0	4.0	5.0	6.0	8.0	10	12

直径 ϕ 相应的倒角 C 倒圆 R 的推荐值 （单位：mm）

ϕ	~3	>3~6	>6~10	>10~18	>18~30	>30~50	>50~80	>80~120	>120~180
C 或 R	0.2	0.4	0.6	0.8	1.0	1.6	2.0	2.5	3.0
ϕ	>180~250	>250~320	>320~400	>400~500	>500~630	>630~800	>800~1 000	>1 000~1 250	>1 250~1 600
C 或 R	4.0	5.0	6.0	8.0	10	12	16	20	25

附表 20 砂轮越程槽（用于回转面及端面）（GB/T 6403.5—2008）

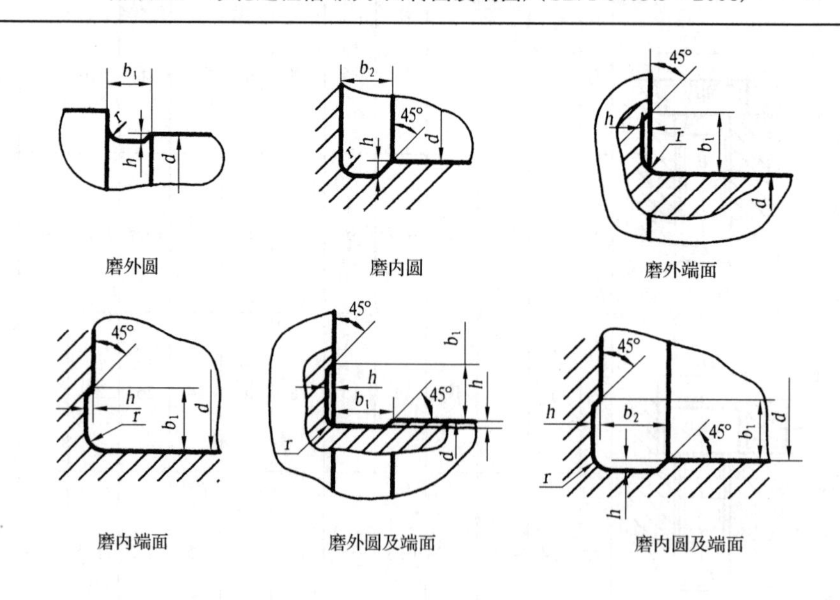

（单位：mm）

b_1	0.6	1.0	1.6	2.0	3.0	4.0	5.0	8.0	10
b_2	2.0	3.0		4.0		5.0		8.0	10

续表

h	0.1	0.2	0.3	0.4	0.6	0.8	1.2
r	0.2	0.5	0.8	1.0	1.6	2.0	3.0
d	~10		>10~50		>50~100	>100	

注：1. 越程槽内二直线相交处，不允许产生尖角。
　　2. 越程槽深度 h 与圆弧半径 r 要满足 $r \leqslant 3h$。
　　3. 磨削具有数个直径的工件时，可使用同一规格的越程槽。
　　4. 直径 d 值大的零件，允许选择小规格的砂轮越程槽。
　　5. 砂轮越程槽的尺寸公差和表面粗糙度根据零件的结构性能确定。

附表 21　平垫圈　A 级(GB/T 97.1—2002)、平垫圈　倒角型—A 级(GB/T 97.2—2002)

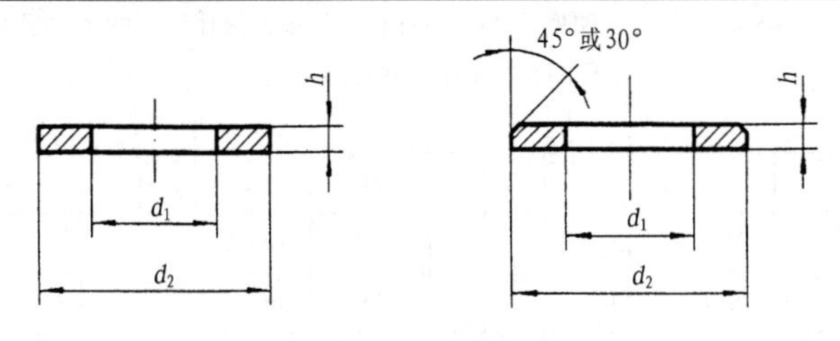

标　记　示　例

标准系列，公称尺寸 $d=8$mm，性能等级为 140HV 级，不经表面处理的平垫圈：

垫圈　GB/T 97.1　8—140HV

优选系列　（单位：mm）

规格(螺纹直径)	2	2.5	3	4	5	6	8	10	12	16	20	24	30	36
内径 d_1 公称 = min	2.2	2.7	3.2	4.3	5.3	6.4	8.4	10.5	13	17	21	25	31	37
外径 d_2 公称 = max	5	6	7	9	10	12	16	20	24	30	37	44	56	66
厚度 h 公称	0.3	0.5	0.5	0.8	1	1.6	1.6	2	2.5	3	3	4	4	5

附表 22　标准型弹簧垫圈(GB/T 93—1987)、轻型弹簧垫圈(GB/T 859—1987)

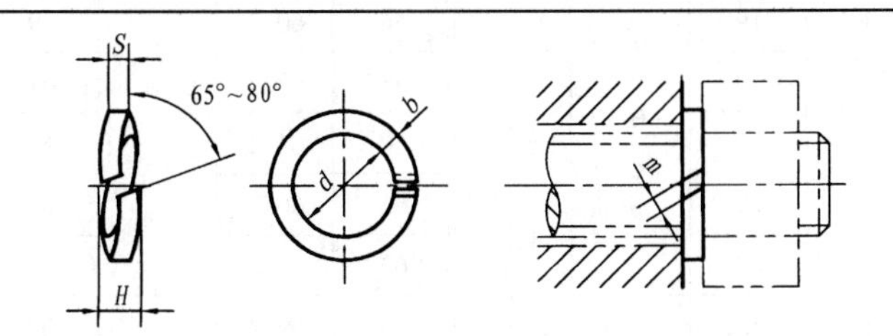

标　记　示　例

公称直径 16mm、材料为 65Mn、表面氧化的标准型弹簧垫圈：

垫圈　GB/T 93　16

（单位：mm）

规格(螺纹直径)		2	2.5	3	4	5	6	8	10	12	16	20	24	30	36	42	48
d min		2.1	2.6	3.1	4.1	5.1	6.1	8.1	10.2	12.2	16.2	20.2	24.5	30.5	36.5	42.5	48.5
H	GB/T 93—1987	1	1.3	1.6	2.2	2.6	3.2	4.2	5.2	6.2	8.2	10	12	15	18	21	24
min	GB/T 859—1987			1.2	1.6	2.2	2.6	3.2	4	5	6.4	8	10	12			
$S(b)$	GB/T 93—1987	0.5	0.65	0.8	1.1	1.3	1.6	2.1	2.6	3.1	4.1	5	6	7.5	9	10.5	12
S	GB/T 859—1987			0.6	0.8	1.1	1.3	1.6	2	2.5	3.2	4	5	6			
$m \leqslant$	GB/T 93—1987	0.25	0.33	0.4	0.55	0.65	0.8	1.05	1.3	1.55	2.05	2.5	3	3.75	4.5	5.25	6
	GB/T 859—1987			0.3	0.4	0.55	0.65	0.8	1	1.25	1.6	2	2.5	3			
b	GB/T 859—1987			1	1.2	1.5	2	2.5	3	3.5	4.5	5.5	7	9			

附表 23　孔用弹性挡圈—A 型（GB/T 893.1—1986）

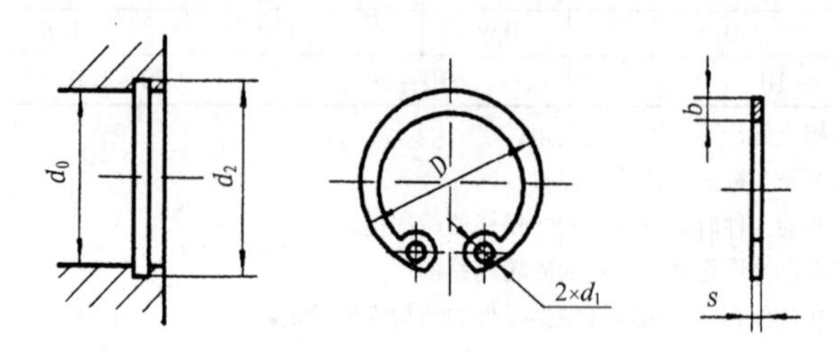

标 记 示 例

孔径 d_0 =50mm，材料为 65Mn，热处理硬度为 44～51HRC，经表面氧化处理的 A 型孔用弹性挡圈：

挡圈 50　GB/T 893. 1—1986

（单位：mm）

<table>
<tr><th>孔径 d_0</th><th>D</th><th>S</th><th colspan="2">d_2</th><th>d_1</th><th>b ≈</th><th>孔径 d_0</th><th>D</th><th>S</th><th colspan="2">d_2</th><th>d_1</th><th>b ≈</th></tr>
<tr><td>8</td><td>8. 7</td><td rowspan="2">0. 6</td><td>8. 4</td><td rowspan="2">+0. 09
0</td><td rowspan="2">1</td><td>1</td><td>37</td><td>39. 8</td><td rowspan="6">1. 5</td><td>39</td><td rowspan="5">+0. 25
0</td><td rowspan="3">2. 5</td><td rowspan="2">3. 6</td></tr>
<tr><td>9</td><td>9. 8</td><td>9. 4</td><td>1. 2</td><td>38</td><td>40. 8</td><td>40</td></tr>
<tr><td>10</td><td>10. 8</td><td rowspan="4">0. 8</td><td>10. 4</td><td rowspan="8">+0. 11
0</td><td rowspan="3">1. 5</td><td rowspan="4">1. 7</td><td>40</td><td>43. 5</td><td>42. 5</td><td rowspan="2">4</td></tr>
<tr><td>11</td><td>11. 8</td><td>11. 4</td><td>42</td><td>45. 5</td><td>44. 5</td><td rowspan="22">3</td></tr>
<tr><td>12</td><td>13</td><td>12. 5</td><td>45</td><td>48. 5</td><td>47. 5</td><td rowspan="6">4. 7</td></tr>
<tr><td>13</td><td>14. 1</td><td>13. 6</td><td rowspan="6">1. 7</td><td>47</td><td>50. 5</td><td>49. 5</td></tr>
<tr><td>14</td><td>15. 1</td><td rowspan="9">1</td><td>14. 6</td><td rowspan="5">2. 1</td><td>48</td><td>51. 5</td><td>50. 5</td><td rowspan="10">+0. 30
0</td></tr>
<tr><td>15</td><td>16. 2</td><td>15. 7</td><td>50</td><td>54. 2</td><td rowspan="7">2</td><td>53</td></tr>
<tr><td>16</td><td>17. 3</td><td>16. 8</td><td>52</td><td>56. 2</td><td>55</td></tr>
<tr><td>17</td><td>18. 3</td><td>17. 8</td><td>55</td><td>59. 2</td><td>58</td></tr>
<tr><td>18</td><td>19. 5</td><td>19</td><td rowspan="5">+0. 13
0</td><td>56</td><td>60. 2</td><td>59</td><td rowspan="6">5. 2</td></tr>
<tr><td>19</td><td>20. 5</td><td>20</td><td rowspan="9">2</td><td rowspan="6">2. 5</td><td>58</td><td>62. 2</td><td>61</td></tr>
<tr><td>20</td><td>21. 5</td><td>21</td><td>60</td><td>64. 2</td><td>63</td></tr>
<tr><td>21</td><td>22. 5</td><td>22</td><td>62</td><td>66. 2</td><td>65</td></tr>
<tr><td>22</td><td>23. 5</td><td>23</td><td>63</td><td>67. 2</td><td>66</td></tr>
<tr><td>24</td><td>25. 9</td><td rowspan="7">1. 2</td><td>25. 2</td><td rowspan="4">+0. 21
0</td><td>65</td><td>69. 2</td><td rowspan="10">2. 5</td><td>68</td></tr>
<tr><td>25</td><td>26. 9</td><td>26. 2</td><td rowspan="2">2. 8</td><td>68</td><td>72. 5</td><td>71</td><td rowspan="3">5. 7</td></tr>
<tr><td>26</td><td>27. 9</td><td>27. 2</td><td>70</td><td>74. 5</td><td>73</td></tr>
<tr><td>28</td><td>30. 1</td><td>29. 4</td><td rowspan="4">3. 2</td><td>72</td><td>76. 5</td><td>75</td></tr>
<tr><td>30</td><td>32. 1</td><td>31. 4</td><td rowspan="6">+0. 25
0</td><td>75</td><td>79. 5</td><td>78</td><td rowspan="6">+0. 35
0</td><td rowspan="2">6. 3</td></tr>
<tr><td>31</td><td>33. 4</td><td>32. 7</td><td rowspan="5">2. 5</td><td>78</td><td>82. 5</td><td>81</td></tr>
<tr><td>32</td><td>34. 4</td><td>33. 7</td><td>80</td><td>85. 5</td><td>83. 5</td><td rowspan="3">6. 8</td></tr>
<tr><td>34</td><td>36. 5</td><td rowspan="3">1. 5</td><td>35. 7</td><td rowspan="3">3. 6</td><td>82</td><td>87. 5</td><td>85. 5</td></tr>
<tr><td>35</td><td>37. 8</td><td>37</td><td>85</td><td>90. 5</td><td>88. 5</td></tr>
<tr><td>36</td><td>38. 8</td><td>38</td><td>88</td><td>93. 5</td><td>91. 5</td><td>7. 3</td></tr>
</table>

附表 24　轴用弹性挡圈—A 型（GB/T 894.1—1986）

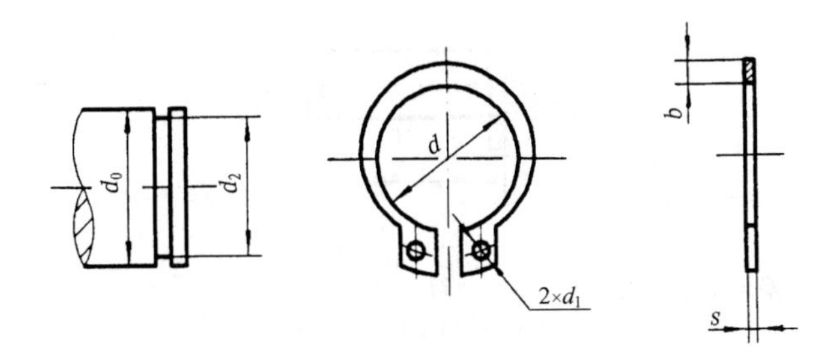

标 注 示 例

轴径 $d_0=50$mm、材料为 65Mn、热处理硬度为 44～51HRC、经表面氧化处理的 A 型轴用弹性挡圈：

挡圈 50　GB/T 894.1—1986

（单位：mm）

轴径 d_0	d	S	d_2		d_1	$b\approx$	轴径 d_0	d	S	d_2		d_1	$b\approx$
3	2.7	0.4	2.8	$^{0}_{-0.04}$	1	0.8	28	25.9	1.2	26.6	$^{0}_{-0.21}$	2	3.60
4	3.7		3.8	$^{0}_{-0.048}$		0.88	29	26.9		27.6			3.72
5	4.7	0.6	4.8			1.12	30	27.9		28.6			
6	5.6		5.7		1.2	1.32	32	29.6		30.3	$^{0}_{-0.25}$	2.5	3.92
7	6.5		6.7	$^{0}_{-0.058}$			34	31.5	1.5	32.3			4.32
8	7.4	0.8	7.6				35	32.2		33			4.52
9	8.4		8.6			1.44	36	33.2		34			
10	9.3	1	9.6		1.5		37	34.2		35			
11	10.2		10.5	$^{0}_{-0.11}$		1.52	38	35.2		36			5.0
12	11		11.5			1.72	40	36.5		37.5			
13	11.9		12.4		1.7	1.88	42	38.5		39.5		3	
14	12.9		13.4				45	41.5		42.5			
15	13.8		14.3			2.0	48	44.5		45.5			
16	14.7		15.2			2.32	50	45.8	2	47			5.48
17	15.7		16.2			2.48	52	47.8		49			
18	16.5		17				55	50.8		52	$^{0}_{-0.30}$		
19	17.5		18		2		56	51.8		53			6.12
20	18.5		19	$^{0}_{-0.13}$		2.68	58	53.8		55			
21	19.5		20				60	55.8		57			
22	20.5		21				62	57.8		59			
24	22.2	1.2	22.9	$^{0}_{-0.21}$		3.32	63	58.8	2.5	60			
25	23.2		23.9				65	60.8		62			
26	24.2		24.9				68	63.5		65			6.32

附表 25 圆柱销 不淬硬钢和奥氏体不锈钢（GB/T 119.1—2000）

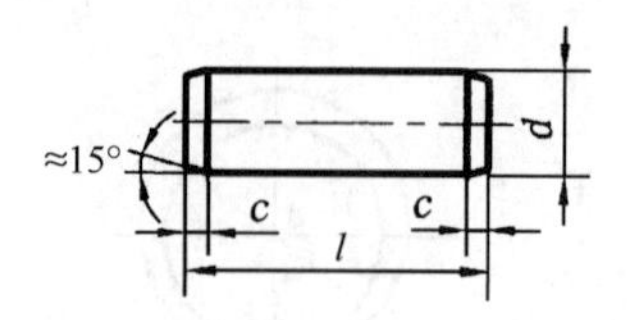

标 记 示 例

公称直径 $d=8$mm、公差为 m6、长度 $l=30$mm、材料 35 钢、不经淬火、不经表面处理的圆柱销：

销 GB/T119.1 8m6×30

（单位：mm）

d	1	1.2	1.5	2	2.5	3	4	5	6	8	10	12
$c\approx$	0.20	0.25	0.30	0.35	0.40	0.50	0.63	0.80	1.2	1.6	2	2.5
l 系列	2，3，4，5，6，8，10，12，14，16，18，20，22，24，26，28，30，32，35，40，45，50，55，60，65，70，75，80，85，90，95，100，120，140，160，180											

附表 26 圆锥销（GB/T 117—2000）

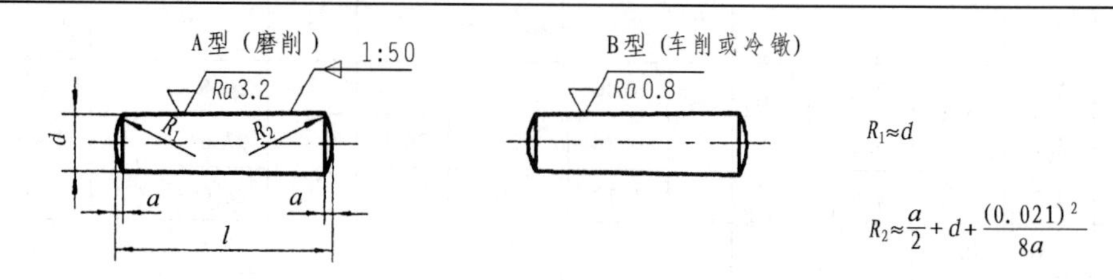

标 记 示 例

公称直径 $d=10$mm、长度 $l=60$mm、材料 35 钢、热处理硬度 28～38HRC、表面氧化处理的 A 型圆锥销：

销 GB/T 117 10×60

（单位：mm）

d	1	1.2	1.5	2	2.5	3	4	5	6	8	10	12
$a\approx$	0.12	0.16	0.2	0.25	0.3	0.4	0.5	0.63	0.8	1	1.2	1.6
l 系列	2，3，4，5，6，8，10，12，14，16，18，20，22，24，26，28，30，32，35，40，45，50，55，60，65，70，75，80，85，90，95，100，120，140，160，180											

附表 27 开口销（GB/T 91—2000）

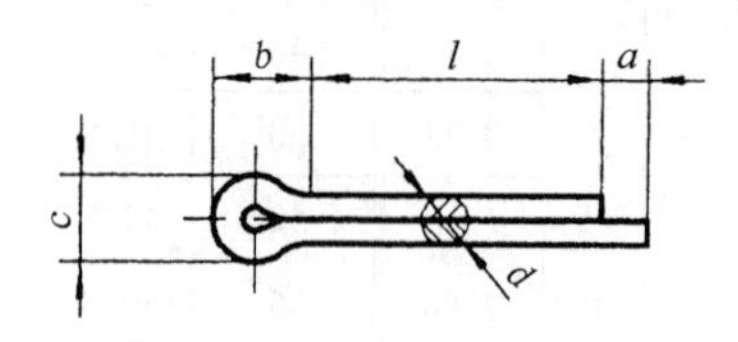

标 记 示 例

公称直径 $d=5$mm、长度 $l=50$mm、材料为 Q215 或 Q225，不经表面处理的开口销：

销 GB/T91 5×50

（单位：mm）

公称规格	1	1.2	1.6	2	2.5	3.2	4	5	6.3	8	10	13
d max	0.9	1.0	1.4	1.8	2.3	2.9	3.7	4.6	5.9	7.5	9.5	12.4
c min	1.6	1.7	2.4	3.2	4.0	5.1	6.5	8.0	10.3	13.1	16.6	21.7
$b\approx$	3	3	3.2	4	5	6.4	8	10	12.6	16	20	26
a max	1.6	2.50				3.2	4				6.30	
l 系列	6，8，10，12，14，16，18，20，22，25，28，32，36，40，45，50，56，63，71，80，90，100，112，125，140，160，180，200，224，250，280											

附表 28 平键 键槽的剖面尺寸(GB/T 1095—2003)、普通型 平键(GB/T 1096—2003)

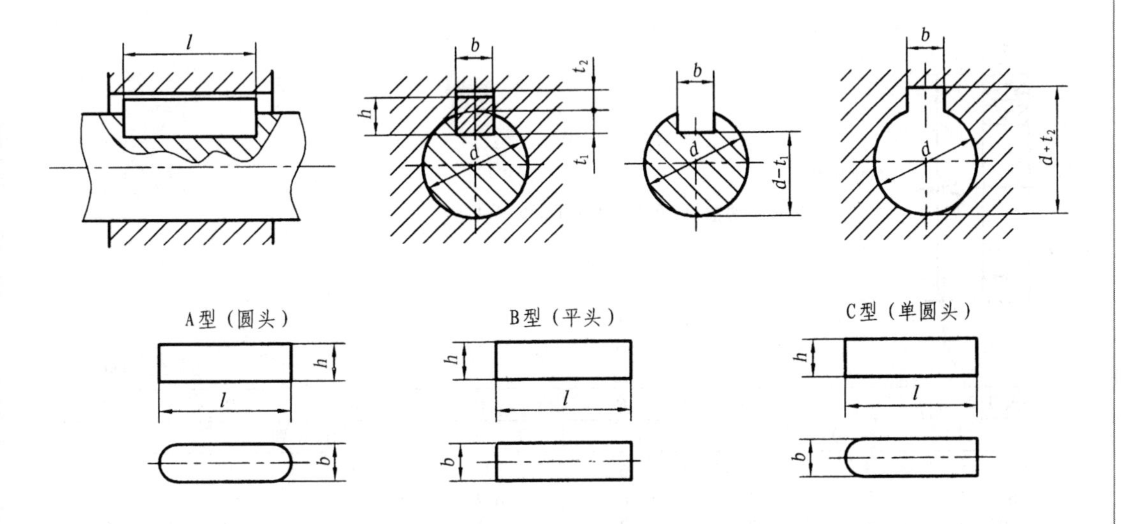

标 记 示 例

A 型普通平键 $b=16$mm, $h=10$mm, $l=100$mm：GB/T 1096—2003 键16×10×100

B 型普通平键 $b=16$mm, $h=10$mm, $l=100$mm：GB/T 1096—2003 键16×10×100

（单位：mm）

轴径 d	键尺寸 $b\times h$	键槽									
		宽度 b						深度			
		基本尺寸	极限偏差					轴 t_1		毂 t_2	
			正常联结		紧密联结	松联结					
			轴 n9	毂 JS9	轴和毂 P9	轴 H9	毂 D10	基本尺寸	极限偏差	基本尺寸	极限偏差
6～8	2×2	2	−0.004 −0.029	±0.0125	−0.006 −0.031	+0.025 0	+0.060 +0.020	1.2	+0.1 0	1.0	+0.1 0
>8～10	3×3	3						1.8		1.4	
>10～12	4×4	4	0 −0.030	±0.015	−0.012 −0.042	+0.030 0	+0.078 +0.030	2.5		1.8	
>12～17	5×5	5						3.0		2.3	
>17～22	6×6	6						3.5		2.8	
>22～30	8×7	8	0 −0.036	±0.018	−0.015 −0.051	+0.036 0	+0.098 +0.040	4.0	+0.2 0	3.3	+0.2 0
>30～38	10×8	10						5.0		3.3	
>38～44	12×8	12	0 −0.043	±0.0215	−0.018 −0.061	+0.043 0	+0.0120 +0.050	5.0		3.3	
>44～50	14×9	14						5.5		3.8	
>50～58	16×10	16						6.0		4.3	
>58～65	18×11	18						7.0		4.4	
>65～75	20×12	20	0 −0.052	±0.026	−0.022 −0.074	+0.052 0	+0.149 +0.065	7.5		4.9	
>75～85	22×14	22						9.0		5.4	
>85～95	25×14	25						9.0		5.4	
>95～110	28×16	28						10.0		6.4	
>110～130	32×18	32	0 −0.062	±0.031	−0.026 −0.088	+0.062 0	+0.180 +0.080	11.0	+0.3 0	7.4	+0.3 0
>130～150	36×20	36						12.0		8.4	
l系列	6、8、10、12、14、16、18、20、22、25、28、32、36、40、45、50、56、63、70、80、90、100、110、125、140、160、180、200、250、280、320、360、400、450										

注：表中轴径 d 仅供使用时参考。

附表 29 深沟球轴承(GB/T 276—2013)

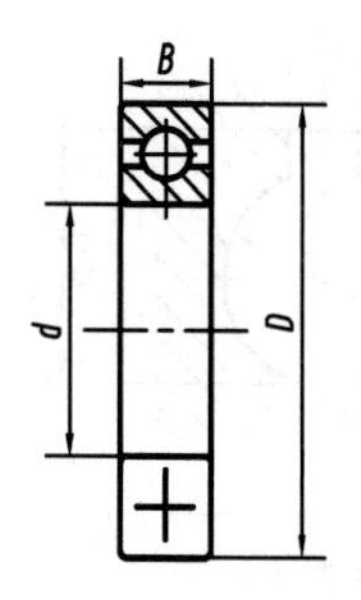

60000 型

标 记 示 例

滚动轴承 6012 GB/T 276—2013

(单位：mm)

轴承代号	d	D	B	轴承代号	d	D	B
10 系列				03 系列			
606	6	17	6	633	3	13	5
607	7	19	6	634	4	16	5
608	8	22	7	635	5	19	6
609	9	24	7	6300	10	35	11
6000	10	26	8	6301	12	37	12
6001	12	28	8	6302	15	42	13
6002	15	32	9	6303	17	47	14
6003	17	35	10	6304	20	52	15
6004	20	42	12	6305	25	62	17
6005	25	47	12	6306	30	72	19
6006	30	55	13	6307	35	80	21
6007	35	62	14	6308	40	90	23
6008	40	68	15	6309	45	100	25
6009	45	75	16	6310	50	110	27
6010	50	80	16	6311	55	120	29
6011	55	90	18	6312	60	130	31
6012	60	95	18	6313	65	140	33
02 系列				04 系列			
623	3	10	4				
624	4	13	5	6403	17	62	17
625	5	16	5	6404	20	72	19
626	6	19	6	6405	25	80	21
627	7	22	7	6406	30	90	23
628	8	24	8	6407	35	100	25
629	9	26	8	6408	40	110	27
6200	10	30	9	6409	45	120	29
6201	12	32	10	6410	50	130	31
6202	15	35	11	6411	55	140	33
6203	17	40	12	6412	60	150	35
6204	20	47	14	6413	65	160	37
6205	25	52	15	6414	70	180	42
6206	30	62	16	6415	75	190	45
6207	35	72	17	6416	80	200	48
6208	40	80	18	6417	85	210	52
6209	45	85	19	6418	90	225	54
6210	50	90	20	6419	95	240	55
6211	55	100	21	6420	100	250	58
6212	60	110	22				

附表 30　圆锥滚子轴承(GB/T 297—2015)

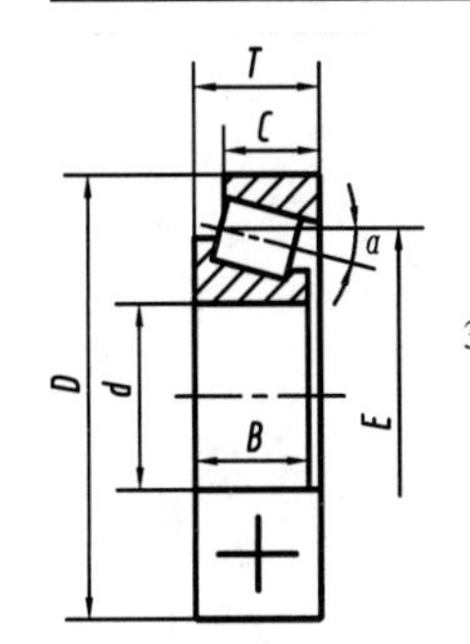

30000 型

标记示例

滚动轴承　30204　GB/T 297—2015

(单位：mm)

轴承代号	d	D	T	B	C	E	α	轴承代号	d	D	T	B	C	E	α
02 系列								22 系列							
30204	20	47	15.25	14	12	37.3	12°57′10″	32206	30	62	21.25	20	17	48.9	14°02′10″
30205	25	52	16.25	15	13	41.1	14°02′10″	32207	35	72	24.25	23	19	57	14°02′10″
30206	30	62	17.25	16	14	49.99	14°02′10″	32208	40	80	24.75	23	19	64.7	14°02′10″
30207	35	72	18.25	17	15	58.8	14°02′10″	32209	45	85	24.75	23	19	69.6	15°06′34″
30208	40	80	19.75	18	16	65.7	14°02′10″	32210	50	90	24.75	23	19	74.2	15°38′32″
30209	45	85	20.75	19	16	70.4	15°06′34″	32211	55	100	26.75	25	21	82.8	15°06′34″
30210	50	90	21.75	20	17	75.1	15°38′32″	32212	60	110	29.75	28	24	90.2	15°06′34″
30211	55	100	22.75	21	18	84.2	15°06′34″	32213	65	120	32.75	31	27	99.5	15°06′34″
30212	60	110	23.75	22	19	91.9	15°06′34″	32214	70	125	33.25	31	27	103.8	15°38′32″
30213	65	120	24.75	23	20	101.9	15°06′34″	32215	75	130	33.25	31	27	108.9	16°10′20″
30214	70	125	26.25	24	21	105.7	15°38′32″	32216	80	140	35.25	33	28	117.5	15°38′32″
30215	75	130	27.25	25	22	110.4	16°10′20″	32217	85	150	38.5	36	30	124.9	15°38′32″
30216	80	140	28.25	26	22	119.1	15°38′32″	32218	90	160	42.5	40	34	132.6	15°38′32″
30217	85	150	30.5	28	24	126.6	15°38′32″	32219	95	170	45.5	43	37	140.3	15°38′32″
30218	90	160	32.5	30	26	134.9	15°38′32″	32220	100	180	49	46	39	148.2	15°38′32″
30219	95	170	34.5	32	27	143.4	15°38′32″								
30220	100	180	37	34	29	151.3	15°38′32″								
03 系列								23 系列							
30304	20	52	16.25	15	13	41.3	11°18′36″	32304	20	52	22.25	21	18	39.5	11°18′36″
30305	25	62	18.25	17	15	50.6	11°18′36″	32305	25	62	25.25	24	20	48.6	11°18′36″
30306	30	72	20.75	19	16	58.2	11°51′35″	32306	30	72	28.75	27	23	55.7	11°51′35″
30307	35	80	22.75	21	18	65.8	11°51′35″	32307	35	80	32.75	31	25	62.8	11°51′35″
30308	40	90	25.25	23	20	72.7	12°57′10″	32308	40	90	35.25	33	27	69.2	12°57′10″
30309	45	100	27.75	25	22	81.8	12°57′10″	32309	45	100	38.25	36	31	78.3	12°57′10″
30310	50	110	29.25	27	23	90.6	12°57′10″	32310	50	110	42.25	40	33	86.3	12°57′10″
30311	55	120	31.5	29	25	99.1	12°57′10″	32311	55	120	45.5	43	35	94.3	12°57′10″
30312	60	130	33.5	31	26	107.8	12°57′10″	32312	60	130	48.5	46	37	102.9	12°57′10″
30313	65	140	36	33	28	116.8	12°57′10″	32313	65	140	51	48	39	111.8	12°57′10″
30314	70	150	38	35	30	125.2	12°57′10″	32314	70	150	54	51	42	119.7	12°57′10″
30315	75	160	40	37	31	134	12°57′10″	32315	75	160	58	55	45	127.9	12°57′10″
30316	80	170	42.5	39	33	143.1	12°57′10″	32316	80	170	61.5	58	48	136.5	12°57′10″
30317	85	180	44.5	41	34	150.4	12°57′10″	32317	85	180	63.5	60	49	144.2	12°57′10″
30318	90	190	46.5	43	36	159	12°57′10″	32318	90	190	67.5	64	53	151.7	12°57′10″
30319	95	200	49.5	45	38	165.9	12°57′10″	32319	95	200	71.5	67	55	160.3	12°57′10″
30320	100	215	51.5	47	39	178.6	12°57′10″	32320	100	215	77.5	73	60	171.6	12°57′10″

附表 31 单向平底推力球轴承(GB/T 301—2015)

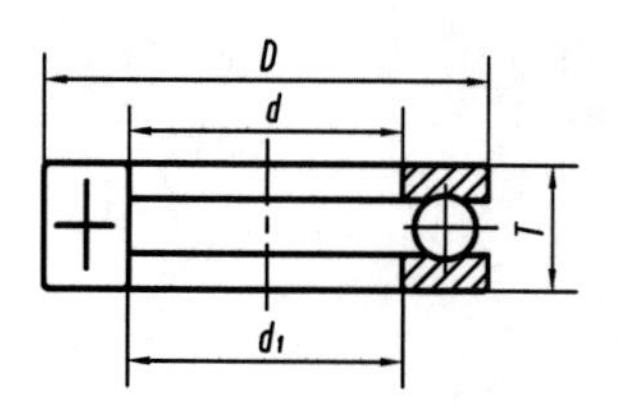

50000 型

标 记 示 例

滚动轴承 51214 GB/T 301— 2015

(单位：mm)

轴承代号	d	d_1	D	T
11 系列				
51100	10	11	24	9
51101	12	13	26	9
51102	15	16	28	9
51103	17	18	30	9
51104	20	21	35	10
51105	25	26	42	11
51106	30	32	47	11
51107	35	37	52	12
51108	40	42	60	13
51109	45	47	65	14
51110	50	52	70	14
51111	55	57	78	16
51112	60	62	85	17
51113	65	67	90	18
51114	70	72	95	18
51115	75	77	100	19
51116	80	82	105	19
51117	85	87	110	19
51118	90	92	120	22
51120	100	102	135	25
12 系列				
51200	10	12	26	11
51201	12	14	28	11
51202	15	17	32	12
51203	17	19	35	12
51204	20	22	40	14
51205	25	27	47	15
51206	30	32	52	16
51207	35	37	62	18
51208	40	42	68	19
51209	45	47	73	20
51210	50	52	78	22
51211	55	57	90	25
51212	60	62	95	26
51213	65	67	100	27
51214	70	72	105	27
51215	75	77	110	27
51216	80	82	115	28
51217	85	88	125	31
51218	90	93	135	35
51220	100	103	150	38
13 系列				
51304	20	22	47	18
51305	25	27	52	18
51306	30	32	60	21
51307	35	37	68	24
51308	40	42	78	26
51309	45	47	85	28
51310	50	52	95	31
51311	55	57	105	35
51312	60	62	110	35
51313	65	67	115	36
51314	70	72	125	40
51315	75	77	135	44
51316	80	82	140	44
51317	85	88	150	49
14 系列				
51405	25	27	60	24
51406	30	32	70	28
51407	35	37	80	32
51408	40	42	90	36
51409	45	47	100	39
51410	50	52	110	43
51411	55	57	120	48
51412	60	62	130	51
51413	65	68	140	56
51414	70	73	150	60
51415	75	78	160	65
51416	80	83	170	68
51417	85	88	180	72

4．密封件

附表 32　外六角螺塞(JB/ZQ 4450—2006)　　(单位：mm)

d	D	e	s	l	h	d_1	b	b_1
M12×1.25	22	15	13	24	12	10.2	3	3
M20×1.5	30	24.2	21	30	15	17.8		
M24×2	34	31.2	27	32	16	21	4	
M30×2	42	39.3	34	38	18	27		4

标　记　示　例

螺塞　M20×1.5 JB/ZQ 4450—2006

附表 33　毡圈油封形式和尺寸(JB/ZQ 4606—1997)　　(单位：mm)

轴径 d	毡圈			槽				
	D	d_1	B	D_0	d_0	b	δ min 用于钢	δ min 用于铸铁
15	29	14	6	28	16	5	10	12
20	33	19		32	21			
25	39	24	7	38	26	6	12	15
30	45	29		44	31			
35	49	34		48	36			
40	53	39		52	41			
45	61	44	8	60	46	7		
50	69	49		68	51			
55	74	53		72	56			
60	80	58		78	61			
65	84	63		82	66			
70	90	68		88	71			
75	94	73		92	77			
80	102	78	9	100	82	8	15	18
85	107	83		105	87			
90	112	88		110	92			
95	117	93	10	115	97			
100	122	98		120	102			
105	127	103		125	107			
110	132	108		130	112			
115	137	113		135	117			
120	142	118		140	122			
125	147	123		145	127			

标　记　示　例

d＝50mm 的毡圈油封：

毡圈 50　JB/ZQ 4606—1986

附表 34　J 型无骨架橡胶密封（HG/T 4-338—1966）

（单位：mm）

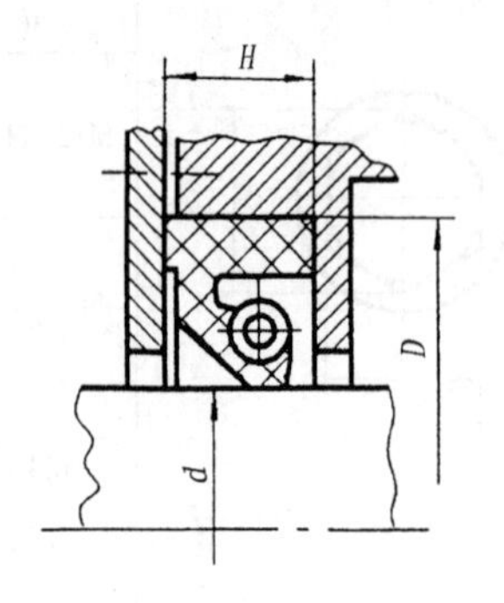

d	30 ～ 95
D	$d+25$
H	12
D_1	$d+16$
d_1	$d-1$

标　记　示　例

$d=50\text{mm}, D=75\text{mm}, H=12\text{mm}$，耐油橡胶 I-1 的 J 形无骨架橡胶油封：

J 形油封 50×75×12 橡胶 I-1　HG/T 4-338—1966

附表 35　液压传动　旋转轴唇形密封圈（GB/T 9877—2008）

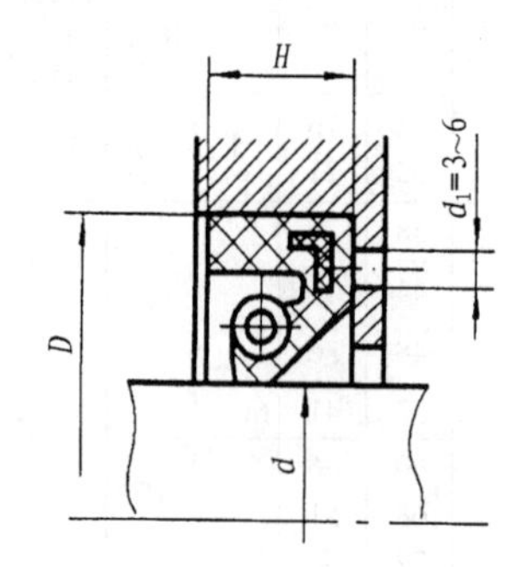

标　记　示　例

$d=50\text{mm}, D=72\text{mm}, H=8\text{mm}$，

B 型内包骨架旋转轴唇形密封圈：

油封　B50×72×8　GB/T 9877—1988

（单位：mm）

d	D	H	d	D	H	d	D	H
16	30、35	7	38	55、58、62	8	75	95、100	10
18	30、35	7	40	55、60、62	8	80	100、110	10
20	35、40、45	7	42	55、62	8	85	110、120	10
22	35、40、47	7	45	62、65	8	90	115、120	12
25	40、47、52	7	50	68、70、72	8	95	120	12
28	40、47、52	7	55	72、75、80	8	100	125	12
30	42、47、50、52	7	60	80、85	8	105	130	12
32	45、47、52	8	65	85、90	8	110	140	12
35	50、52、55	8	70	90、95	10	120	150	12

注：1．为便于拆卸密封圈，在壳体上应有 d_1 孔 3～4 个。

2．在一般情况下（中速），采用胶种为 B 丙烯酸酯橡胶（ACM）。

5. 常用的金属材料和非金属材料

附表 36 黑色金属材料

标准	名称	牌号	说明
GB/T 700—2006	碳素结构钢	Q215	碳素结构钢按屈服强度等级分成五个牌号。如Q215中Q为屈服强度符号，215为屈服强度数值。其质量等级分为A、B、C、D级，其中常用A级 GB/T 700—1979 中 A_3 相当Q235-A
		Q235	
		Q255	
GB/T 699—1999	优质碳素结构钢	10	牌号的两位数字表示平均含碳量，45号钢即表示平均含碳量为0.45%。 含锰量较高的钢，须加注化学元素“Mn”。 含碳量≤0.25%的碳钢是低碳钢（渗碳钢）。 含碳量在0.25%～0.60%之间的碳钢是中碳钢（调质钢）。 含碳量在0.60%的碳钢是高钢
		15	
		20	
		25	
		30	
		35	
		45	
		50	
		55	
		60	
		15Mn	
		45Mn	
GB/T 3077—2015	合金结构钢	20Mn2	两位数字表示钢中含碳量。钢中加入一定量合金元素，提高了钢的机械性能的耐磨性，也提高了钢的淬透性，保证金属在较大截面上获得高机械性能
		45Mn2	
		15Cr	
		40Cr	
		35SiMn	
		20CrMnTi	

标准	名称	牌号	说明
GB/T 9439—2010	灰铸铁	HT150	“HT”为灰、铁二字汉语拼音的第一个字母，后面的数字代表力学性能。 例如，HT150表示抗拉强度为150MPa的灰铸铁
		HT200	
		HT250	
		HT300	
		HT350	
GB/T 1348—2019	球墨铸铁	QT500-7	“QT”是球墨铸铁的代号，QT后面的第一组数字表示抗拉强度值，第二组表示延伸率值。 如QT500-7即表示球墨铸铁的抗拉强度为500MPa，延伸率为7%
		QT450-10	
		QT400-18	
GB/T 9440—2010	可锻铸铁	KTH300-06	KTH为黑心可锻铁； KTZ为珠光体可锻铸铁； KTB为白心可锻铸铁。 数字说明与球墨铸铁相同
		KTH350-10	
		KTZ550-04	
		KTB350-04	
GB/T 11352—2009	一般工程用铸造碳钢件	ZG200-400	铸钢件前面应加“铸钢”或汉语拼音字母“ZG”，后面数字表示力学性能，第一数字表示屈服强度，第二数字表示抗拉强度
		ZG230-450	

附表 37 有色金属材料

<table>
<tr><th>标准</th><th>名称及代号</th><th>应用举例</th><th>说明</th></tr>
<tr><td rowspan="3">GB/T
1176—2013</td><td>铸造锰黄铜
ZCuZn38Mn2Pb2</td><td>用于制造轴瓦、轴套及其他耐磨零件</td><td>“Z”表示“铸”，ZCuZn38Mn2Pb2 表示含铜 57%～60%、锰 1.5%～2.5%、铅 1.5%～2.5%</td></tr>
<tr><td>铸造锡青铜
ZCuSn5Pb5Zn5</td><td>用于受中等冲击负荷和在液体或半液体润滑及耐蚀条件下工作的零件，如轴承、轴瓦、蜗轮</td><td>ZCuSn5Pb5Zn5 表示含锡 4%～6%、锌 4%～6%、铅 4%～6%</td></tr>
<tr><td>铸造铝青铜
ZCuAl10Fe3</td><td>用于在蒸汽和海水条件下工作的零件及摩擦和腐蚀的零件，如蜗轮、衬套、耐热管配件</td><td>ZCuAl10Fe3 表示含铝 8%～10%、铁 2%～4%</td></tr>
<tr><td>GB/T
1173—2013</td><td>铸造铝合金
ZL102</td><td>用于承受负荷不大的铸造形状复杂的薄壁零件，如仪表壳体、船舶零件</td><td>“ZL”表示铸铝，后面第一位数字分别为 1、2、3、4，它分别表示铝硅、铝铜、铝镁、铝锌系列合金，第二、第三位数字为顺序序号。优质合金，其代号后面附加字母“A”</td></tr>
<tr><td>GB/T
5231—2012</td><td>白铜
B19</td><td>医疗用具，精密机械及化学工业零件、日用品</td><td>白铜是铜镍合金，“B19”为含镍 19%，其余为铜的普通白铜</td></tr>
</table>

附表 38 非金属材料

<table>
<tr><th>标准</th><th colspan="2">材料名称</th><th>代号</th><th>应用</th><th>材料</th><th>标准</th><th>名称</th><th>应用</th></tr>
<tr><td rowspan="3">GB/T
5574—2008</td><td rowspan="3">工业用
橡胶板</td><td>耐酸碱</td><td>2707</td><td rowspan="3">冲制各种形状的垫圈、垫板石棉制品</td><td rowspan="4">石棉</td><td>GB/T
539—2008</td><td>耐油石棉橡胶板</td><td rowspan="2">用于管道法兰连接处的密封衬垫材料</td></tr>
<tr><td>耐油</td><td>3707</td><td>GB/T
3985—2008</td><td>石棉橡胶板</td></tr>
<tr><td>耐热</td><td>4708</td><td rowspan="2">JC/T
1019—2006</td><td>橡胶石棉密封填料</td><td rowspan="2">用于活塞和阀门杆的密封材料</td></tr>
<tr><td rowspan="3">FJ/T
25001—2012</td><td rowspan="3">工业用
毛毡</td><td>细毛</td><td>T112-32～44</td><td rowspan="3">用于密封材料</td><td>油浸石棉密封填料</td></tr>
<tr><td>半粗毛</td><td>T122-30～38</td><td rowspan="2">尼龙</td><td rowspan="2"></td><td>尼龙 66</td><td rowspan="2">用于一般机械零件传动件及耐磨件</td></tr>
<tr><td>粗毛</td><td>T132-32～36</td><td>尼龙 1010</td></tr>
</table>

注：上述各附表均摘自国标的部分内容。